JN440450

한국의 뢰스 지형학

한국의
뢰스 지형학

The Geomorphology based on Loess-Paleosol sequence in Korea

윤순옥 지음

경희대학교 출판문화원

사사

이 저서는 2017년 정부(교육부)의 재원으로 한국연구재단의 지원을 받아 수행된 연구임(NRF-2017S1A6A4A01019517).
This work was supported by the National Research Foundation of Korea Grant funded by the Korean Government (NRF-2017S1A6A4A01019517).

서문

뢰스 연구는 한국 지형을 연구하는 과정에서 가장 해결하기 어려운 지형면의 편년 설정 문제를 해결하고자 한 아이디어에서 시작되었다. 이 연구를 시작하던 시기에는 국내 관련 학계에서 한반도의 뢰스 존재 가능성을 대체로 받아들이지 않는 분위기인 데다, 기존에 뢰스와 관련하여 학술적인 연구를 수행한 경험을 가지고 있는 국내 연구자로부터도 어떤 권위 있는 설명을 들을 기회가 없었다.

그렇지만 필자는 화분분석 연구를 통해, 최종 빙기 동안 한반도는 건조기후 지역이었으며 목본 화분 비율이 현저하게 낮아 식생이 빈약했던 초원 경관이었으므로, 바람에 의해 운반된 물질이 퇴적되기에 적합한 환경이었음을 알고 있었다. 그리고 이 시기 현재 황해는 건륙화되었으며 한반도는 편서풍과 한대전선제트기류의 영향을 받았기 때문에, 보다 서쪽의 중국 황토고원으로부터 뢰스가 운반되어 와 퇴적될 가능성이 상당히 높다고 판단하였다.

한편 야외조사에서 뢰스층을 구분해 내는 데 있어서 퇴적암으로 된 지역에서 실트 층준은 기반암 풍화층과 구분하여야 하는 부담이 있으며, 서해안의 해안단구에서는 플라이스토세(Pleistocene) 간석지 퇴적층과의 차이를 확인해야 하고, 하안단구 위에 쌓여 있는 실트층은 과거 배후습지 퇴적층으로 볼 수도 있어서 뢰스 연구를 시작하는 입장에서는 뢰스의 존재 여부를 판단하는 일 자체가 매우 어려웠다. 이론적으로 뢰스는 바람에 의해 운반되므로 필자는 한반도에 뢰스가 있다면 퇴적층이 가장 두꺼울 수 있는 서해안지역부터 조사를 시작하였다.

최초로 관찰한 뢰스는 1990년경 독일 프라이부르크대학(Albert-Ludwigs University, Freiburg im Breisgau)의 지형학 답사 지역 가운데 하나인 카이저스툴(Kaiserstuhl) 구릉지에서 멕켈(R. Mäckel) 교수의 지도로 살펴본 두께 5m 이상인 밝은 황색 뢰스 노두였으며, 이후 중국 시안(西安) 주변 답사에서 뢰스를 관찰할 수 있었다. 그리고 1994년 여름 울산에서 와타나베(渡辺滿久) 교수와 함께 하안단구에 대해 토론하는 가운데 그가 보여 준 밝은 황색의 가볍고 부슬부슬한 흙 한 줌이 우리나라에서 처음 본 현생 뢰스였다.

뢰스층을 구분하는 방법을 찾기 위해 먼저 고(故) 박동원 서울대 교수가 1985년 발표한 논문의 연구 지역들을 다니면서 뢰스층으로 제시한 층준을 조사하였다. 그러나 이들 토양층이 예상과 달리 얇고 조립질 모래나 그래뉼(granule)급 자갈의 석영 입자를 포함하고 있어서, 독일과 중국에서 본 황색의 실트질로 된 뢰스와는 확실히 느낌이 달랐다. 그때만 해도 뢰스 노두 앞에서 뢰스인지 아닌지 명확하게 구분할 수 있는 수준에도 도달하지 못하였으므로 본격적으로 조사를 시작하기 어려웠다. 그럼에도 불구하고 서해안지역의 단구와 구릉지에서 뢰스 퇴적층으로 추정되는 노두를 찾는 조사는 지속적으로 행하였다.

1990년 초기 국내에서 몇몇 학자들이 나루세 교수와 공동으로 뢰스 연구를 진행하고 있었으나, 그들이 조사한 노두를 정확하게 확인하는 것은 대단히 어려웠다. 야외조사를 기반으로 연구가 진행되는 지형학 연구는 현장에서 이루어지는 조사에 참여하는 경험 자체가 일종의 노하우이므로 연구팀에 참여하지 않는 한 유용한 기술을 획득하는 일은 거의 불가능하다.

우리나라에서 뢰스층의 존재를 확인하고 관찰하여 층준을 구분하는 필자의 과제는 2004년 일본 효고교육대학(兵庫教育大學)에서 한국, 중국, 일본의 뢰스를 연구한 나루세(成瀨敏郎) 교수를 만나면서 실마리를 풀 수 있었다. 그는 충남 보령의 해안단구 지형면 상부에 퇴적된 대천 단면 L3(MIS 8)의 황색 실트층이 한국에서 자신이 관찰한 가장 전형적인 뢰스이며, 뢰스와 교호하는 붉은 토색의 실트층이 고토양이라고 설명하면서 노두 발견을 축하해 주었다.

야외에서 독자적으로 뢰스를 조사하려면 우선 노두를 찾아서 분석용 시료를 채취하고 토양시료의 물리적, 화학적 분석 방법을 찾기 위해 궁리해야 할 것이다. 그리고 분석된 결과를 해석하기 위해 기존 논문을 정독하여 이해하고 새로운 정보를 추출하기 위한 공부를 꾸준히 되풀이해야 한다. 이 책은 이런 긴 고민의 결과물이므로 연구를 시작하고자 하는 연구자들이 겪을 시행착오를 줄이는 데 도움이 될 수 있을 것이다. 이 책에는 가능한 한 뢰스와 관련된 내용을 모두 담는 것을 기본으로 하여 최대한 많은 자료를 포함시켰으며, 기존에 논문으로 쓴 글 가운데 이해하기 어려운 부분들은 수정 보완하여 가독성을 높이도록 노력하였다.

이러한 과정을 거치면서 거의 20년간 연구한 결과, 필자는 한반도 도처에는 두께에 차이가 있을지라도 뢰스가 분포한다는 사실을 확신하였다. 뢰스 층준에 대한 정보는 선상지, 해안단구, 하안단구 등 다른 지형면과 연계하여 논의할 수 있으므로 지형발달을 해석하는 데 열쇠를 제공할 수 있다. 앞으로 한국 뢰스에 대해 다양한 측면의 연구가 진행되고 그 결과가 축적된다면 한국 및 동아시아의 지형학과 제4기학 연구에 기여할 수 있고, 나아가 지형학의 연구 영역을 확장하는 일도 가능할 것이다. 이런 관점에서 필자는 '한국의 뢰스 지형학'이 전문 학술 서적으로서 미래의 뢰스 연구자들에게 의미 있는 역할을 하였으면 좋겠다는 바람이 있다.

이 책은 제1부에서 제6부까지 19개의 장으로 구성되어 있다.

제1부 서론에서는 뢰스를 연구하는 목적, 뢰스의 특징과 의미 그리고 뢰스의 분포 특징과 형성 과정을 설명하였다. 그리고 우리나라 뢰스를 이해하는 데 의미 있는 중국과 일본 뢰스의 연구 성과와 내용을 발달사적으로 소개하였다.

제2부에서는 뢰스를 연구하는 데 필요한 분석 방법론을 소개하였다. 가장 기본적으로 적용되는 방법으로는 입도분석, 대자율 분석이 있고 그 밖에 토색이나 유기물 함량, 밀도 분석, 토양발달지수, X-Ray 회절분석, 주원소, 미량원소 및 희토류원소 분

석 등이 있다. 입도분석은 연구자마다 차별적으로 전처리 과정을 행할 경우 분석 결과가 동일할 수 없다. 따라서 적절한 전처리 과정을 거치는 것이 신뢰성 높은 자료를 획득하는 데 반드시 필요하다고 인식되지만, 다양한 전처리 과정에 따른 결과의 차이를 밝히려는 연구는 거의 없다. 그러므로 많은 지면을 할애하여 10가지 전처리 방법을 추출하였고 각 방법으로 이루어진 입도분석 결과들을 비교하였다. 마지막으로 와이불(Weibull) 함수를 이용하여 충북 해미 단면 뢰스-고토양 연속층의 입도를 분리한 내용도 추가하였다.

제3부에서는 한국 뢰스의 분포 특성을 두 부분으로 나누어 고찰하였다. 다른 연구자들에 의해 보고된 내용을 중심으로 한 '한국 뢰스 연구 I'에서는 김제시, 정읍시 지역을 시작으로 경기 연천군 전곡리 지역, 제주 지역, 경기 용인시 평창리 지역, 강원 홍천군 지역, 경기 안성시 일죽 지역 및 경기 남양주시 덕소리 지역을 소개하였고, '한국 뢰스 연구 II'에서는 필자와 공동연구진에 의해 이루어진 충남 보령시 대천 지역을 비롯한 전북 부안 지역, 전북 완주군 봉동 지역, 경남 거창 지역, 충남 서산시 해미 지역, 울산 울주군 언양 지역, 충북 진천 지역, 강원 고성군 아야진 지역, 강원 강릉시 지역 그리고 경북 경주시 황룡사 지역의 뢰스 노두 단면에 대한 연구 성과를 소개하였다.

제4부에서는 퇴적 시기와 입도 특성을 통해 황사와 뢰스의 공통점과 차이점을 논의하였다. 주로 봄철에 발생하는 황사는 현재 및 역사시대에 국한하여 중국 뢰스고원 및 중국 내륙에서 불려 오는 먼지를 지칭하며, 뢰스는 플라이스토세 동안 주로 빙기에 풍성먼지가 바람에 의해 다량으로 운반되어 쌓인 토양층이라고 정의를 내렸다. 2010년 봄 서울 지역에서 포집한 황사를 대상으로, 전처리 과정을 생략한 최소 확산(minimal or effective dispersion)과 확산제를 사용하여 전처리 과정을 거친 최대 확산

(ultimate or full dispersion) 방법을 각각 적용하여 레이저 입도분석기로 입도분석을 하였다. 결과적으로 황사는 빙기에 운반된 뢰스 퇴적물과 동일한 특징을 가지며 동일한 기원지에서 운반되어 온 것으로 결론지었다.

제5부에서는 식물 규소체를 이용하여 거창 지역 뢰스-고토양 연속층에서 고기후를 복원하고, 낙동강의 지류인 황강이 만든 하안단구 지형면의 편년을 행하였다. 일반적으로 하안단구는 형성 시기가 OSL-dating의 한계를 넘어서는 경우가 많다. 따라서 330cm 두께의 거창 단면에서 입도분석을 실시하고 대자율 및 가능한 절대연대 자료를 획득하였으며, 상부에 퇴적된 2m가량의 뢰스-고토양 층서를 이용하여 황강 하안단구가 MIS 7 시기에 형성되었음을 규명하였다.

제6부 '최종 빙기 최성기 자연환경과 뢰스-고토양 연속층의 형성'은 13장에서 19장까지 이 책의 후반부를 구성한다. 특히 뢰스 연구에서 가장 중요한 주제인 풍계를 규명하기 위해 최종 빙기 최성기(LGM) 동아시아 고기후를 복원하였다. 화분분석 자료를 기초로 당시의 동아시아 기후 분포를 추정하였으며, 이를 통해 한대전선, 한대전선제트기류, 여름과 겨울 기압배치와 계절풍에 대해 논의하였다. 이 논의에서 1990년대와 2000년대 일본 연구자들에 의해 이루어진 연구 결과를 분석한 후, ESR 분석을 통한 풍계 복원의 문제점들을 적시하고 필자의 생각을 제시하였다. 일본 연구자들에 의해 적용되고 있는 전자스핀공명(ESR) 분석은 뢰스 물질의 대부분을 차지하는 20μm 이하 미세 석영의 산소 공공량 신호강도로부터 석영의 생성 연대를 구할 수 있다는 데서 출발하는데, 이 원리를 통해 석영의 산지를 동정하여 뢰스를 구성하는 석영의 기원지를 밝힐 수 있다는 가정 아래 그들은 풍성먼지의 기원지 추정과 함께 고풍계를 복원하였다.

그러나 이들이 동일한 지역에서 같은 방법을 적용하였음에도 불구하고 1998년을 경계로 이전과 이후 연구 결과가 상이하였다. 따라서 필자는 이들이 제시한 가설의 문제점을 지적하고 MIS 2의 풍계를 검증하고자 최종 빙기 최성기 동아시아의 고환경을 복원하였다. 특히 한국, 중국, 일본의 화분분석 결과를 종합하여 동아시아 식생대와 기후대를 복원하고 계절별 한대전선의 위치를 확인한 것은 중요한 성과이다.

이와 같은 고기후에 대한 필자의 견해는 지형학과 제4기학 연구를 시작하면서 설정한 연구 목표 가운데 하나였다. 이 책에서 이 목표에 거의 도달한 결과를 발표할 수 있었으며, 2009년에 필자가 발표한 '한반도와 주변 지역의 최종 빙기 최성기 자연환경'에서 최종 빙기 최성기(LGM)의 여름철 한대전선의 위치가 잘못되었다는 사실을 발견하여 바로잡았다. 이 책에서 이루어진 일본 연구자들과의 논쟁은 현재도 우리나라 지형학 연구의 기저에 소위 '통설'로서 자리하고 있는 20세기 초 일본 연구자들의 주장을 검증하는 필자의 작업과 연결하고 싶다.

또한 제6부 18장에서는 세계 뢰스 연구자들의 관심이 집중되어 있는 중국의 뢰스-고토양 연속층 형성 모델과 함께 한반도의 뢰스-고토양 연속층 형성 모델을 제시하였다. 중국과 달리 한반도는 뢰스 공급지의 주변부에 위치하므로 빙기에 퇴적되는 풍성먼지의 양이 상대적으로 적다. 또한 간빙기에는 중국 뢰스고원보다 기온이 높고 강수량이 훨씬 많아서 풍화작용이 심하게 진행되므로 차별적인 한국의 뢰스-고토양 연속층 형성 모델이 요구되었다.

참으로 긴 세월 동안 필자와 함께한 공동 연구자들이 있어서 제3부 '한국의 뢰스 연구 II'의 연구가 가능하였다. 특히 석사와 박사 과정 동안 경희대학교 이과대학 지형학 실험실에서 실질적으로 노두에서 시료를 채취하고 입도분석을 비롯한 다양한 물리적, 화학적 분석을 행한 박충선 박사는 이 책의 공동저자가 되어야 마땅하지만, 연구비 지원을 받은 연구재단의 규정에 의해 필자의 단독 저서로 출판하게 되어 미안한 마음이 참으로 크다. 또한 뢰스 연구로 석사학위논문을 완성한 강창혁 석사와 박사과정의 진민경 선생에게도 고마움을 전한다. 아울러 이 책을 출간해 준 경희대학교 출판문화원에도 감사의 마음을 전하고 싶다. 그리고 본인의 모든 연구 활동에 언제나 함께한 경북대학교 사회과학대학 지리학과 황상일 교수도 공동저자가 되어야 하지만 유감스럽게도 이름을 올리지 못하였다.

연구자로서 달려온 긴 학문의 여정 동안 엄마의 자리를 지키지 못한 탓에 어려서부터 많은 문제들을 혼자서 해결해야 했던 환경이었음에도 불구하고 멋진 어른으로 성장한 딸 황하엽에게 고마움을 전하며 이 책을 바친다.

2022년 여름

윤순옥

차례

| 제2부 | **뢰스 연구방법론**

| 제3부 | 한국 뢰스의 분포 특성

| 제6부 | 최종 빙기 최성기 자연환경과 뢰스-고토양 연속층의 형성

표 차례

그림 차례

| 제1부 |

서론

1.

왜 뢰스를 연구하는가

우리나라 해안에는 곳곳에 해안 충적평야와 해안단구가 분포하며, 내륙에는 범람원, 선상지, 하안단구가 비교적 연속적으로 나타나므로 많은 지형학자들이 해안지형과 하천지형을 연구한다. 그들은 개별 지형의 지형 형성 작용뿐 아니라 이 연구 성과들을 종합하여 신생대 제4기 한반도에서 진행된 기후변화, 해면변동, 지반운동을 검토하고, 나아가 한반도의 지표면과 지체구조의 형성 과정에 대해 논의하려고 한다. 이 과정에서 지형학자들은 '시간'의 문제에 봉착하게 된다. 따라서 지형학 연구에서 개별 지형면의 형성 시기를 편년하여야 하지만, 연대측정의 기술적인 한계, 기존 연구의 무비판적인 수용 등으로 '시간'에 대한 다양한 견해가 제시되고 있으며 개별 지형과 한반도 형성 과정을 정확하게 이해하는 일은 여전히 어려운 실정이다.

해안 충적평야와 범람원에서는 형성 시기를 알 수 있는 많은 자료를 비교적 용이하게 얻을 수 있으나, 해안단구, 선상지, 하안단구는 연대측정을 할 수 있는 재료가 제한되며 현재까지의 기술로 이런 재료에서 얻을 수 있는 연대의 상한도 10만 년 전 내

외[1] 정도이다. 한편 일제강점기 일본인 연구자들의 주장을 기정사실로 보고 논의를 이어 가는 경우가 있는데 새로운 연구 성과가 축적되면서 이에 대한 비판이 제기되고 있다. 따라서 기존에 편년된 지형면들의 형성 시기가 재조정되어야 하는 문제가 발생한다. 예를 들면 고바야시(小林, 1931)는 동해안에서 대략 해발고도 200m 이상에 분포하는 지형면을 형성 시기가 중생대까지 소급되는 소위 저위평탄면인 영동면이라고 설정하였다. 김상호(1973)도 고바야시의 주장을 지지하였으며 저위침식면으로 구분하고 영동면을 인용하였으나, 형성 시기에 관해서는 신생대 제3기 Pleiocene 이래 융기한 것으로 보았다. 그러나 황상일, 윤순옥(2020a, b)은 남동해안 감포 지역에서 구정선 고도가 200m 이상인 해안단구를 확인하고 해안단구 상고위면으로 분류하였다. 해안단구 상고위면은 제4기 Pleistocene에 형성된 후 융기 작용을 받았다.

1983년 삼천포 지역 선상지 연구 이후 필자는 1995년 경희대학교 지리학과에서 지형학 강의와 논문 지도를 시작하며 이러한 문제의 해결을 위한 다양한 방안을 강구하였다. 2000년대에 들어와 OSL 연대측정이 소개되면서 5만 년 정도까지 신뢰할 수 있는 ^{14}C 연대측정의 한계를 훨씬 넘어 대략 10만 년 BP까지 확장되었으나, 최종 간빙기 이전에 형성된 해안단구 중위면, 하안단구 중위면과 선상지 중위면 이상의 지형면 형성 시기를 논의하는 데에는 여전히 한계가 있었다. 따라서 지형 편년 문제를 절대연대 측정으로 해결하기 위해서는 너무 많은 시간을 기다려야 한다고 판단하여 퇴적학적으로 의미 있는 방법을 고민하였다. 이런 과정을 통해서 얻은 결과는 하천의 홍수위와 해안에서 침식기준면인 해면보다 더 높게 융기한 지형면에 퇴적될 수 있는 화산재(tephra)와 뢰스(loess)로부터 퇴적학적 연대 자료를 획득하는 것이 가능하다는 점이었다.

이 가운데 화산재는 일본에서 분화되어 서쪽으로 이동하여 퇴적된 것을 이용하

1 최근 가장 광범위하게 사용하는 연대측정 방법은 OSL(optically stimulated luminescence)인데 10만 년보다 더 오래된 지형면 시료의 측정값에서는 신뢰도가 낮다. OSL 연대측정법은 연대측정 대상 시료가 석영과 장석 등의 무기 결정인데, 이것들은 토양을 구성하는 주 광물이므로 시료의 제한이 없다. 석영을 이용한 OSL 연대측정에서 석영의 고고선량(paleodose)은 일반적으로 200Gy 부근에서 포화되므로 약 6만 년 이상의 OSL 연대의 신뢰성에 대해서는 재검토가 필요하다(김명진, 2020). OSL 연대측정은 측정 가능한 연대 상한이 6만 년 이상을 상회할 수 없다는 한계를 극복하기 위해 K-장석을 이용한 IRSL 연대측정이 현재 전 세계적으로 활발히 시도되고 있다.

여야 하는데 우리나라는 편서풍 지역이므로 화산재층이 얇아서 확인하기 어렵다. 아울러 화산재를 동정하기 위한 기술 습득도 여의치 않고, 또한 이 기술을 우리나라에서 지속적으로 활용하여 발전시킬 가능성이 낮기 때문에 화산재 동정을 위해 인력을 투입할 수 있는 여건도 아니었다. 특히 다양한 시기의 화산재가 두껍게 퇴적되어 있고 보존 상태가 양호한 일본과 달리 우리나라에서는 화산재 존재 자체를 확인하기 어렵다. 화산재는 유리질이므로 해안단구와 하안단구 저위면, 해안 충적평야 등에는 보존되어 있다. 그러나 우리나라에서는 화산재가 토양층 사이에 대단히 얇게 퇴적되어 있고 또한 오랫동안 화학적 풍화가 심하게 진행되었으며, 지형면의 토양층에서 화산재를 찾아도 유리질 표면이 풍화되었으므로 동정을 정확하게 하는 데 한계가 있을 것으로 생각되었다.

한편 뢰스는 기원지인 중국 대륙, 몽골 그리고 건륙화되었던 황해 지역에서 제4기 기후변화와 함께 한반도에 대량으로 운반되어 올 수 있다. 또한 일본에서는 1980년대부터 뢰스 연구가 본격적으로 진행되어 연구 성과가 축적되었으므로, 일본보다 서쪽에 있는 한반도는 당연히 뢰스층의 두께가 두꺼워 연구를 진행하는 데 유리할 것이라고 생각되었다. 아울러 뢰스만 찾을 수 있다면 외국에 가서 연구방법을 배우지 않더라도 국내에서 거의 모든 관련된 분석이 가능하므로 뢰스가 가장 효과적인 지형면 연대측정 방법이 될 수 있다고 판단하였다.

뢰스를 확인하기 위해 박동원(1985) 이래 뢰스 연구가 이루어진 경기도에서 호남지방까지 조사지점의 퇴적층 노두에서 토양층 특성을 검토하면서 서해안 일대를 조사하였다. 기존에 출간된 토양도에 기재된 소위 적색토가 두껍게 분포하는 지역들을 중심으로 답사하면서 뢰스층으로 판단되는 여러 개의 퇴적층 노두를 발견하였고, 우리나라 서해안에 뢰스가 보편적으로 퇴적되어 있을 것으로 판단되었다.

이런 가운데 2005년 가을 일본 효고교육대학에서 1980년대 이래 뢰스를 주로 연구한 나루세(成瀨敏郎) 교수를 소개받고, 조사 지역으로 염두에 둔 충남 대천 지역의 해안단구 지형면상에 퇴적된 토양층 노두에 대해 자문할 기회를 가졌다. 그는 대천 단면의 뢰스-고토양 연속층에는 층준마다 제4기 후기 기후변화가 잘 반영되어 있어 한국에서 본 가장 아름다운 뢰스 노두라고 놀라움을 드러냈다. 중국 황토고원, 일본과 한국의 뢰스-고토양 층서를 현장 조사한 경험과 전문적 지식을 갖춘 그의 설명을 통해, 해안단구 자갈층 위에 퇴적된 대천 단면의 토양층은 뢰스-고토양 연속층이 분명하다고 확신하였다. 그리고 대천 단면의 연구를 기초로 뢰스층을 덮고 있는 해안단구의 형성 시기를 논의할 수 있었다.

지금까지 한반도에서는 뢰스 분포, 뢰스 기원지, 풍성먼지의 운반 메커니즘, 뢰스 층준의 구조적 특성 등에 대해 종합적으로 파악한 연구가 많이 이루어지지 않았다. 그럼에도 불구하고 동해안, 서해안, 제주도, 중부와 남부 내륙에서도 뢰스층이 확인되므로, 한반도 전 지역에 뢰스가 퇴적되어 있을 것으로 생각된다. 그리고 지역에 따라 층준의 두께나 입도 조성 및 화학적인 성분에서도 공통점과 차이점이 있을 것으로 예상되지만 여기에 대한 정보는 거의 없다. 특히 뢰스 연구자가 극히 적고 연구 성과가 꾸준히 발표되고 있지 않으며, 더 나아가 뢰스 존재 자체에 대해서도 확신을 갖지 못하는 연구자도 여전히 있다.

뢰스는 입도 조성에서 실트가 대부분을 차지한다는 특징 때문에 토양학적으로도 특별한 의미를 가진다. 한반도의 경우 실트로 이루어진 토양층 분포 연구는 강영복(1973, 1978, 1987 등)의 적색토 연구가 있으며, 그는 이를 기반으로 적색토 분포를 지도화하였다. 우리나라에서 실트가 퇴적될 수 있는 환경은 조차가 큰 서해안의 내만 간석지, 충적평야, 이암(혈암)의 풍화층, 그리고 평탄한 지형면상에 잔존하는 뢰스-고토양 연속층이다. 사면 경사가 완만하거나 평탄한 지형면 노두에서 관찰되는 실트 중심의 세립질 퇴적층에 대해서 특별한 의미를 부여하지 않고, 이것을 단순히 자갈이나 모래가 퇴적된 이후 유수 또는 파랑 에너지가 낮은 환경에서 퇴적된 세립질 퇴적층이나 시간의 경과에 따른 풍화작용으로 형성된 층준으로 규정한 경우가 대부분이었다. 그리고 토양의 입도 조성에 대한 훈련을 받은 지형학자들도 이런 층준을 뢰스-고토양 연속층으로 분류한 연구 사례는 거의 없었다. 실트 비율이 높은 이러한 토양층은 제4기 기후변화와 관련하여 퇴적된 풍성층이지만, 우리나라 토양도의 설명서에는 그러한 내용이 거의 반영되지 않고 단순히 토색이나 토양 조성 등의 표기에 그치고 있다. 토양도 작성자들은 뢰스가 황토고원을 비롯한 중국에만 분포하는 것으로 판단하고, 한반도 뢰스에 대한 정보를 거의 얻을 수 없었으므로 독립된 단위로 구분하지 않았을 것이다.

설사 중국의 황토고원을 비롯한 뢰스 분포 지역에서 뢰스-고토양 연속층을 직접 관찰했다 하더라도 한반도의 뢰스-고토양 연속층이 이와 동일한 풍성 과정을 통해 만들어진 퇴적층이라고 판단하기란 쉽지 않았을 것이다. 그것은 한반도의 기후 특성이 황토고원 지역과 달라서 야외조사에서 입도 조성을 비롯한 토양의 물리적 특성으로 두 지역 뢰스-고토양 연속층 사이의 차이에 대한 원인이나 중국과의 관련성을 제대로 파악할 수 없는 데 기인한다고 생각된다. 실제로 한국 연구자가 중국과 정치적으로 수교가 이루어지기 전에 황토고원을 방문하는 것은 불가능하였다.

한편 풍성층이 최초에 퇴적되면 체적에 비해 공극이 많고 가벼워 다양한 요인에 의해 침식을 받아 제거된다. 경사진 사면에서는 사면 아래로 재이동되어 하곡을 통해 제거되거나 사면의 조립 물질과 섞여서 본래 토양의 물리적 특성을 잃어버린다. 그러므로 현재 한반도에서 뢰스-고토양 연속층은 대부분 평탄하거나 경사가 대단히 완만한 사면에서 확인할 수 있다. 이런 장소에서는 뢰스층이 누적적으로 퇴적되어 있으며, 퇴적층에 화분이나 식물 규소체와 같은 미화석이 보존되어 있으므로 퇴적 당시의 환경에 대한 정보를 얻을 수 있다.

뢰스-고토양 연속층은 기존의 절대연대 측정 방법으로 해결될 수 없었던, 형성된 지 오래된 지형면의 형성 시기를 논의하는 자료로 활용될 수 있다. 특히 해발고도 약 90m인 고위면이 제4기 해안단구 가운데 가장 오래된 것이라고 보고 제3기 플라이오세까지 형성 시기를 제시하기도 하였으나(이동영, 김주용, 1990, 2001), 해발고도 150~160m의 고고위면 그리고 이보다 구정선 고도가 더 높은 해안단구가 연이어 보고되었고(황상일 외, 2000, 2003; 윤순옥 외, 2003; 최성길 외, 2003; 황상일, 윤순옥, 2020a) 동해안에서 해안단구가 해발고도 약 246m까지 분포한다는 사실이 최근 연구에서 확인되었다(황상일, 윤순옥, 2020b). 이러한 해안단구뿐 아니라 한반도에 넓게 분포하는 하안단구, 선상지 등 신생대 제4기에 형성된 다양한 지형면의 형성 시기를 편년하는 데 뢰스는 대단히 유용한 열쇠가 될 것으로 기대된다.

우리나라 중부와 남부 지방에서는 선사시대 유물과 유구가 뢰스층에서 확인되는 경우가 있다. 선사인들에게 실트질의 균질하고 부드러운 뢰스질 토양층은 주거지 조성에 유리할 뿐 아니라 토기의 재료로도 활용될 수 있다. 뢰스층 위에 조성된 수혈주거지는 바닥을 높은 온도로 경화시켜 습기 방지에 효과적이므로 주거지 유구와 이와 관련된 유물이 뢰스층 표면에 조성되었을 가능성이 높다. 특히 구석기 유물은 동굴 외 노지에서는 전곡리, 홍천, 언양 등 뢰스층에서 발견되는 사례가 상당히 많다(신재봉 외, 2004, 2005; 윤순옥 외, 2010). 한편 전근대적 시기에는 뢰스가 건축재료로 사용되었는데 일반적으로 '황토'라고 불리며 벽체, 바닥재 그리고 기와지붕의 보토 등에 활용되었다. 아울러 논을 조성할 때에도 광범위하게 활용되는 미립질 재료들 가운데 하나였다.

뢰스의 원천이 되는 풍성먼지는 현대에도 미세먼지, 황사 등으로 우리들의 삶에 가까이 있다. 이것은 한반도에 퇴적된 풍성먼지가 빙기뿐 아니라 간빙기에도 대륙으로부터 운반되었을 가능성을 시사하며, 뢰스층 형성 과정을 이해하는 데 의미 있는 현상으로 생각된다.

본 저술에서는 한반도 서해안, 동해안 및 내륙 등 전역에 걸쳐 뢰스-고토양 연속층이 광범위하게 분포하고 있음을 확인하고 이 토양층의 형성 과정을 논의하였다. 특히 뢰스-고토양 층서의 성격을 규명하고, 뢰스층이 분포하는 최적의 지형 환경을 살펴보며, 뢰스층의 편년을 기초로 선상지, 해안단구 및 하안단구의 형성 시기를 검토하였다. 그리고 한반도 뢰스의 특징이 중국 황토고원의 뢰스와 어떤 관계에 있는지를 논의하였다. 마지막으로 연구자들 간에 가장 의견이 분분한 뢰스-고토양의 기원지와 풍성먼지 운반에 기여한 풍계 등을 동아시아 LGM의 기후 및 식생 복원을 통해 제시하였다.

뢰스의 존재를 확인하기 위해 서해안의 충남 보령시 대천 지역, 전북 부안 지역, 전북 완주군 봉동 지역, 충남 서산시 해미 지역, 동해안의 강원 고성군 아야진 지역, 강원 강릉 지역, 내륙의 경남 거창 지역, 충북 진천 지역, 울산 울주군 언양 지역, 경북 경주 지역 등 총 10개 지역의 뢰스-고토양 연속층을 대상으로 직접 조사한 내용을 제시하였다.

한반도 중서부와 남부 지방 그리고 동해안 일대에서 조사 지역을 비교적 고르게 선정한 것은 한반도의 다양한 지역에 유사한 방법을 적용함으로써 뢰스의 기원지로 가설을 세운 중국 황토고원으로부터의 거리에 따른 퇴적물 특성의 차이를 파악하기 위함이다. 토양의 물리적 분석으로는 입도분석과 대자율 분석을 공통으로 실시하였으며, 지구화학적 분석은 주원소 분석, 미량원소 분석, 희토류 분석을 경우에 맞게 선택하였고, 그 밖에도 가능한 다양한 분석 방법을 활용하였다. 이들 가운데 특히 입도분석은 뢰스 기원지 분석을 비롯한 뢰스-고토양 연속층의 토양특성을 밝히는 데 있어서 가장 중요한 자료를 제공한다. 뢰스-고토양 연속층은 대개 실트 60%, 점토 30%, 세사 10% 정도로 구성되어 입도 조성이 대단히 세립질이므로, 입도분석 시 동일한 시료라도 다양한 전처리 과정을 적용하게 되면 차별적인 결과가 도출된다는 사실도 이 책에서 밝히고자 하였다.

그리고 뢰스-고토양 연속층의 입도 분리는 적용하는 이론에 따라 결과가 달라질 수 있다. 이러한 문제에 대해서는 기존에 발표한 논문들을 기초로 뢰스 연구방법론을 기술하였다. 이것은 뢰스 연구에 관심이 있는 연구자들이 시행착오를 거치지 않고 전처리 방법을 선택하는 데 유용한 정보가 될 것으로 생각한다. 그리고 Park et al.(2014)의 논문은 와이불(weibull) 함수를 이용한 퇴적물 입도 분리에 대한 자신의 관점을 정리하는 데 참고가 될 것이다.

한편 우리나라에는 봄이 되면 중국과 몽골에서부터 황사가 바람에 날려 온다. 이에 대해서는 고대 문헌에도 기록되어 있으므로 자연현상으로 간주할 수 있으나, 산업화된 이후 자연재해로 분류되었으므로 국가 간 협력을 통해 국가가 해결해야 하는 과제가 되었다. 이 책에서는 황사를 직접 채집하여 물리적, 화학적 분석을 통해 황사와 뢰스-고토양 연속층이 어떤 관계에 있는지에 대해서도 논의하였다.

이 책은 뢰스에 관심을 가진 연구자들과 토양의 물리적, 지구화학적 분석에 관심을 가지는 연구자들을 위한 전문서의 성격을 갖는다. 한편 우리나라의 경우 지리학과를 비롯한 대학의 강의에서 뢰스는 개론적인 내용을 소개하는 수준으로 대단히 소략하게 취급하고 있다. 이것은 뢰스-고토양 연속층의 두께가 얇아서 독립된 지형 단위로서 자체적인 기복을 가지지 못하므로 야외조사에서 눈으로 쉽게 확인할 수 없으며, 더 나아가 한반도의 뢰스 존재 자체에 대한 불확실성 때문에 중요한 연구 대상에서 제외된 측면도 있다. 뢰스 연구가 본격화되지 않은 또 하나의 이유는 전형적인 뢰스 노두를 확인하기 어려워 야외조사에서 실습할 주제로도 한계가 있으므로 중국, 미국, 유럽의 뢰스를 소개하는 정도에 그치고 있기 때문인 것으로 생각된다.

이러한 연구 환경에서 우리나라뿐 아니라 동아시아 뢰스를 전문적으로 조사하고자 하는 연구자들에게 이 책은 유용할 것으로 기대한다. 또한 이 책에서는 뢰스 일반론에 대해 다양한 자료를 수집하여 기술하였다. 황사와 더불어 뢰스가 앞으로 중요한 연구 대상이 될 수 있으므로, 여기에 제시된 정보를 토대로 야외에서 뢰스-고토양 연속층을 보다 자주 만나면서 이 풍성 퇴적층이 가지는 지형학 및 지구환경학적 의미를 해석할 수 있을 것이다. 특히 뢰스 사례 지역들은 뢰스 연구자들뿐 아니라 뢰스-고토양 연속층을 활용하여 다양한 정보를 얻고자 하는 이들에게 의미 있는 장소가 될 것이다. 뢰스는 지형 및 장소에 따라 두께의 차이가 있으며 차별적인 특성을 보이므로 앞으로도 계속 연구할 여지가 많다.

그리고 뢰스-고토양 연속층에서 고기후 대리 자료를 추출하는 기술을 개발하고 뢰스와 고토양 층준을 구분하는 기술을 확립한다면 고환경 복원 분야와 지형학 발전에 크게 공헌할 수 있다고 생각한다. 필자는 '한국의 뢰스 지형학'이 디딤돌이 되어 이 분야의 연구가 활발하게 이루어져 지형학의 학술적 영역을 확장하는 데 기여할 수 있기를 기대한다. 그 밖에 뢰스는 한반도 전역에 분포하므로 농업적인 측면에서도 학술적 의미가 크다. 따라서 토양분류 단위의 하나로 포함시켜 한반도에서 차지하는 뢰스 토양의 특별한 의미를 재정립하여야 할 것이다.

2.

뢰스란 무엇인가

뢰스(Löß 또는 loess)는 그 기원지로 알려져 있는 중국 황토고원에 주로 분포하는 부슬부슬한 누런 흙의 퇴적체를 일컫는 용어로서 황토(黃土, Huangtu, yellow earth)라고 불린다. 엄격하게 말하면 중국의 황토는 단순히 색깔이 황색인 실트(silt)나 먼지(dust)의 축적물이므로 토양학에서 정의하는 뢰스와는 다르다. 황토라는 용어는 대략 2,000년 전 중국 문헌에서 발견된다. 반고의 한서 오행지 권제칠지상(漢書 五行志 卷第七之上)에는 한(漢)나라 성제(成帝) 통치기(BC 33~7년)인 원봉 건시(元封 建始, Yuanfeng Jianshi) 3년 4월 어느 날 아침 강한 바람이 북으로부터 불어왔으며, 적황색의 얇은 구름이 하늘에 걸려 있었고, 황색 먼지(황토)가 아침부터 저녁까지 땅에 떨어졌다고 기록되어 있다. 이 기사는 고대 중국인들이 황토와 풍성먼지의 관계를 이해하고 황토의 중요한 특성을 잘 알고 있었음을 시사한다.

중국 황토의 동의어는 뢰스인데 영어의 경우 loess, 러시아어 Лёсс, 프랑스어 Leuss이며 이 단어들은 독일어 Loß 또는 Löß에서 유래하였다. 라인 계곡 지역 주민들이 부슬부슬한 토양(loose soil)을 Lösch라고 명명하였으며 Löß라는 용어는 여기에서 유래되었다. Lösch 또는 Losch와 Los는 모두 유사하게 loose 또는 loose texture라는 의미를 가진다. Löß, Loess, Пёсс, Leuss의 원래 의미로 볼 때 중국에서 사용하는 황토가 뢰스 원래의 학술적 의미를 보다 적확하게 표현하는 것으로 생각된다. 현재 중국 내륙의 황토고원은 세계적인 뢰스 분포지로 알려져 있으며 뢰스 연구의 중심지로서 뢰스고원으로도 불린다.

리히트호펜(F. von Richthofen, 1877)은 중국의 '황토'와 독일 라인(Rhine) 하곡의 'Löß'를 비교하여, 중국 황토와 독일의 뢰스는 기본적으로 같다고 보았다. 즉 '가볍고, 회황색의 알칼리성 양토(loam)이며, 부슬부슬하고 다공질로서 두꺼운 층을 이루지만 층서를 형성하지 않으며, 수직 벽개가 잘 발달하여 절벽을 이루고, 가끔 육지에 사는 연체동물을 포함하는 특징이 있다'고 하였다. 그는 이와 같은 특징을 가진 토양을 뢰스로 정의하였는데, 뢰스는 일반적으로 기원지로부터 바람에 의해 이동하여 온 풍성먼지(風成塵)이므로 호성(湖成)의 유사 뢰스 퇴적물(loess-like deposits)과는 다르다고 생각하였다.

류 외(Liu et al., 1985)는 뢰스가 '바람에 의해 운반되고 이차적으로 교란되지 않았으며 층리를 형성하지 않는 알칼리성 다공질의 황색 실트질토양 퇴적층'이라고 정의하였으며, 또한 산서성(山西省), 섬서성(陝西省) 그리고 감숙성(甘肅省)의 황토고원을 전형적인 뢰스 지역으로 분류하였다. 그리고 풍성먼지 외에도 모래와 자갈이 협재된 층준을 포함하고, 기원지가 풍성먼지와는 다른 층리가 있는 황색 실트층이 혼합되어 있는 것을 확인하여 유사 뢰스 퇴적층(loess-like deposits)으로 구분하였으며, 뢰스가 섞여 있으므로 '이차 뢰스(secondary loess)'라고 하였다. 유사 뢰스 퇴적층을 구성하는 요소들 가운데 풍성먼지를 제외한 나머지는 건조지역이나 반건조지역에서 물에 의해 재퇴적된 뢰스이다. 그러므로 이차 뢰스의 토양적 특성 및 물리적, 화학적 성질은 뢰스와 유사하다.

우리나라에서 뢰스(Löß)와 유사하게 사용되는 용어로 '황토(黃土)', '적색토(赤色土)' 그리고 '황사(黃砂)'가 있으나 정확한 의미는 다르다. 일반적으로 언급되는 황토는 단지 토색에 중점을 둔 것으로 '노란색 또는 주황색 계열의 풍화토'를 통칭하며, 기본적으로 토양의 압밀도나 바람에 의한 운반에 대한 개념은 없으므로 중국의 황토 또는 뢰스와의 관련성을 고려하지 않은 토양이다. 한 예로 부안 지역 주민들은 주황색 계열의 화강암 풍화토를 가리켜 황토, 뢰스-고토양 연속층에 대해서는 '노티' 혹은 '느티'라 칭하고 있다. 우리나라에서 황토와 혼용하여 쓰는 용어는 적색토이다.

적색토는 우리가 보통 황토라고 부르는 것으로 이해되고 있으며 우리나라 구릉지 또는 야산의 표토에서 확인할 수 있다. 강영복(1987)에 의하면 적색토는 표토 두께 1~1.5m의 적황색이고, 심토는 적색 내지 적황색을 띠며, 토층의 구분이 명확하지 않고 유기물의 함량이 극히 적다. 그는 규산(SiO_2), 산화철(Fe_2O_3), 산화알루미늄(Al_2O_3)이 전체적으로 풍부한 이 토양이 아열대성 습윤기후 환경에서 생성되었으며 그 형성 시기가 제3기까지 소급되는 것으로 해석하고 염기의 용탈이 극심해서 척박하다고 설명하고 있다.

강영복(1973, 1978)은 우리나라 적색토가 고온 습윤한 아열대기후 지역에서 형성되는 성대토양으로서 적색토인 '라테라이트(laterite)'와 유사하다고 보았으며, 토양교질물의 화학적 특성에 의하면 우리나라 각지의 적색토가 라테라이트와 대체로 상당히 유사한 특성을 보이는데 이는 동일한 환경에서 풍화작용 및 토양생성 과정을 거친 결과라고 판단하였다. 또한 그는 한반도 중부, 남부 및 서부의 구릉지, 산록면 그리고 고위 단구 등 평탄면 지형에 존재하는 적색토가 제4기 초 내지 전기에 형성되었고 현재의 기후에서 대부분 갈색토화 작용을 겪고 있는 것으로 추론하였다. 한편 강영복, 박종원(2000)은 남한강 상류 쌍천 하안단구 지형면에 퇴적되어 있는 적색토가 제4기에 형성되었다고 보았다. 강영복(1987)이 우리나라의 적색토가 제4기 기후와 달랐던 제3기에 형성되었으며 더욱이 풍성층이 아닌 것으로 파악한 것은 필자의 견해와 차이가 있다.

한편 뢰스와 유사하게 이해하면서 혼용하고 있는 황사라는 용어는 두 가지 의미가 있다. 표준국어대사전(www.korean.go.kr)에 의하면 '누런 모래' 또는 '중국 대륙의 사막이나 황토 지대에 있는 가는 모래가 강한 바람으로 인하여 날아올랐다가 점차 내려오는 현상'으로 설명하고 있다. 여기에서 모래 또는 가는 모래는 각각 단거리 운반과 장거리 운반에 의한 것을 표현한 것으로 볼 수 있다. 뢰스를 구성하는 토양입자는 현재에도 한반도 전역에서 봄철에 빈번하게 발생하는 황사와 동일한 기원지에서 바람에 의해 장거리 운반으로 이동되어 온 물질로 판단된다. 다만 현재 풍성먼지가 가라앉아서 쌓이는 얇은 토양층을 뢰스라고 하지는 않는다. 황사는 현재 중국 대륙으로부터 바람에 운반되어 우리나라의 대기에 도착하는 현상이기도 하지만 이들이 지표면에 얇게 쌓인 것도 황사라고 한다. 즉 황사는 현재 풍성먼지가 널리 퇴적되어 있는 토양층이므로 뢰스의 형성 과정과 동일하다. 단, 황사는 시기적으로 현재 진행 중이며 학술 연구를 위해 정밀하게 황사를 포집할 경우에도 토층의 두께는 연간 수mm에 불과할 정도로 매우 얇다. 그리고 황사 입자의 대부분은 모래가 아니고 실트이다.

역사시대 동안 한반도에서는 아달라이사금 21년(AD 174) 이래 하늘에서 흙이 떨어지는 현상을 관측하고 기록하였다(和田, 1917). 삼국사기에는 우토(雨土)로 기록하였는데 우는 빗방울 자체보다 떨어져 내리는 움직임을 의미하였으며, 고려시대에는 우토와 흙먼지를 뜻하는 매(霾), 조선시대에는 '토우(土雨)'로 기록되었다(전영신 외, 2000).

세계적인 뢰스 연구 성과를 소개하여 학문적으로 뢰스 분야를 확장하는 데 기여한 연구자인 페치(Pécsi, 1990)가 뢰스를 정의한 내용을 소개하면 다음과 같다. 전형적인 뢰스(typical loess)의 경우, 대부분 조립 실트로서 층리를 이루지 않고 다공질이며 침투성이 있고 토양층단면의 경사가 급한데도 안정성을 유지하고 또한 물에 의해 쉽게 침식되며, 세립의 갈철광(limonite) 때문에 엷은 노란색을 띠는데 주요 구성 광물은 석영(40~80%)이고 장석과 점토광물(5~20%) 그리고 탄산염(1~20%) 등도 포함한다. 그리고 뢰스가 단순히 바람에 의해 운반, 퇴적된 것이 아니며 퇴적지의 특정한 환경에서 일정 시간 받는 속성작용, 즉 '뢰스화작용(loessification)'을 통해 형성된다고 하였다. 또한 그는 9개의 항목, 즉 입도 조성, 층리 현상, 성분, 탄산염 집적, 공극비, 토양층단면 경사의 가파름, 침식 정도, 함유 화석, 운반 정도 등이 전형적인 뢰스를 정의하는 데 사용된다고 하였다.

또한 페치(Pécsi, 1995)는 전형적인 뢰스의 특징으로 다음 6가지를 제시하였다. ① 뢰스는 실트를 주로 하는 대체로 균질한 입자로 구성되고 층리가 발달하지 않는다. 회황색을 기본으로 하지만 퇴적 지역의 기후 환경에 따라 차이가 크다. ② 입도 조성이 균질하지만 장소에 따라서 5~25%의 점토나 모래 등을 포함한다. 한편 INQUA(International Quaternary Association, 국제제4기학회)에서는 입도 조성의 차이에 따라 뢰스(20~60μm), 사질 뢰스(20~60μm 입자와 200~500μm 입자의 쌍봉형(bimodality) 혼합 물질), 점토질 뢰스(20~60μm 입자와 2μm 이하 입자가 25~30% 혼합된 물질), 뢰스상 물질(뢰스의 이차 퇴적물 혹은 변질되거나 풍화한 물질) 등 4가지로 분류된다. ③ 석영을 40~80%, 평균 60~70% 포함하고 그 밖에 장석, 운모, 방해석 등을 포함하지만, 구성 광물은 기원지의 기반암에 따라 크게 달라진다. 과거에는 석회질 성분을 다량 함유하는 것이 뢰스의 중요한 특징으로 생각되었지만, 이것은 유럽 뢰스의 기원지에 석회암이 널리 분포하고 있기 때문이다. 한국 뢰스는 본래 석회질 성분이 많은 아시아 대륙으로부터 날아온 물질이지만 많은 강수량으로 인해 석회질이 거의 용탈되었다. 남미의 팜파스 뢰스나 뉴질랜드 뢰스와 같이 바람맞이 지역에 화산이 위치하는 경우 뢰스에 화산재 물질이 다량 함유되어 있고 석회질 성분은 극히 소량에 그친다. ④ 다공질이기 때문에 테프라 등에는 없는 가벼운 느낌이 있다. ⑤ 유수에 의해 퇴적물이 침식되지 않는 지형, 예를 들면 고사구, 현무암 원정구, 고립 구릉 등의 상부에 주로 퇴적되어 있다. ⑥ 뢰스층의 단애는 수직으로 발달하고 침식을 받기 쉽다.

파이(Pye, 1995)는 뢰스를 바람에 의해 운반된 실트 입자가 주성분인 육성의 쇄설성 퇴적층으로 정의하고, 대부분 지역적인 재이동, 생물 활동에 의한 교란 그리고 퇴적 이후의 풍화작용 등에 의해 퇴적 당시의 특성이 다소 변한다고 보았다. 특히 페치(Pécsi, 1995)의 주장과는 다르게 뢰스화작용이 풍성 퇴적층을 뢰스라 부르는 데 반드시 필요한 것은 아니라고 하였다.

한편 한국의 뢰스-고토양 연속층은 제4기 빙기와 간빙기의 기후변화에 따른 토양생성작용을 통해 형성되었으며 기후변화에 따라 형성 과정이 뚜렷이 대비된다. 빙기 동안 강력한 서풍을 타고 운반되어 오랜 기간 비교적 두껍게 퇴적되었으나, 간빙기에는 상대적으로 운반과 퇴적작용이 미약하였고 또한 퇴적지 기후 환경의 영향을 크게 받았으므로 두께가 얇고 토양생성작용이 진행되었다. 따라서 현재 한반도 전역에서 뢰스-고토양 연속층이 드물지 않게 발견되고 있으므로, 정밀한 토양분석을 통해 공간 분포와 과거 기후 환경의 지역 차이가 보다 명확하게 밝혀지기를 기대한다.

3.

풍성먼지와 뢰스의 물리화학적 특성

뢰스는 제4기 동안 빙기와 간빙기의 기후변화를 거치면서 다양한 물리적, 지구화학적 특성을 갖게 되었으며, 이것을 기초로 뢰스의 기본적인 성격과 형성 메커니즘 그리고 기원지를 확인할 수 있다. 여기서는 나루세(成瀬, 2006)가 제시한 뢰스의 입경 및 입도 조성, 풍성먼지의 이동 거리와 입자크기 및 퇴적 속도, 토색과 입자 형태의 특성을 요약하여 정리하였다.

1) 입경 및 입도 조성

건조한 지표로부터 상공으로 날아오른 풍성먼지는 고층을 흐르는 제트기류에 의해 대단히 먼 거리를 이동하는 경우가 있다. 이동하던 풍성먼지는 오래지 않아 중력낙하하거나 비나 눈의 핵이 되어 지표에 강하하여 퇴적된다. 지표에 누적된 풍성먼지는 그 두께가 증가하여 뢰스층을 형성하게 되는데, 회황색을 띠고 층리가 없으며 분급이 양호한 균질한 입자로 구성되고 다공질로 수직의 벽개를 형성하기도 한다. 뢰스

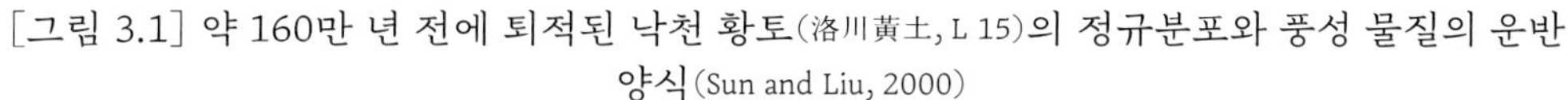
[그림 3.1] 약 160만 년 전에 퇴적된 낙천 황토(洛川黃土, L 15)의 정규분포와 풍성 물질의 운반 양식(Sun and Liu, 2000)

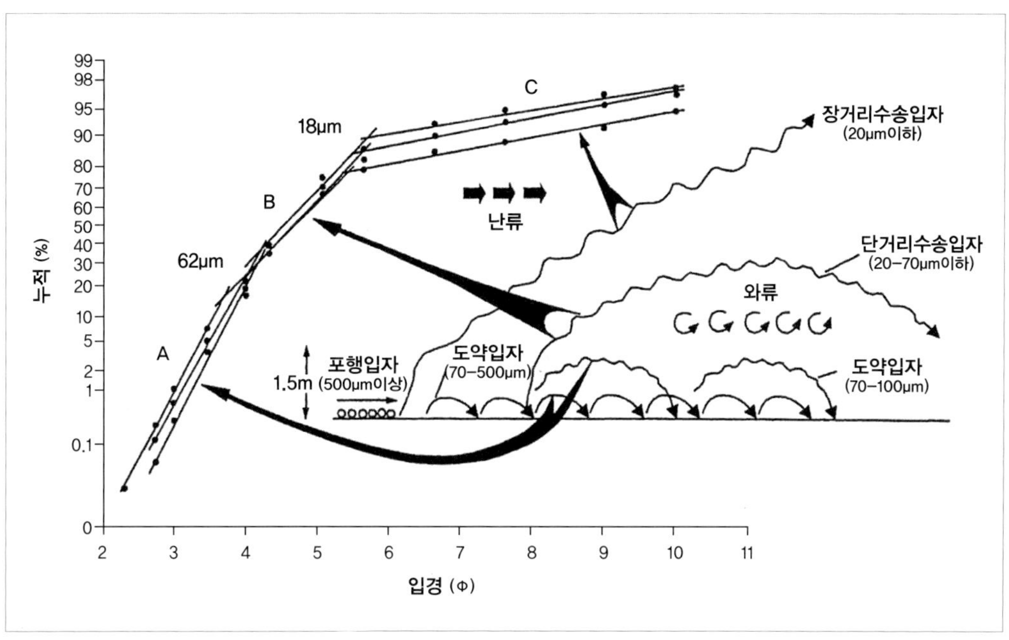

A: 도약 물질, B: 단거리 이동 부유물질, C: 장거리 이동 부유물질

는 기원지로부터의 거리에 따라 입경이 달라지며 느슨하고 점착성이 작아서 침식을 받기 쉽다. 퇴적지의 기후나 기반암 조건에 따라 풍화 정도나 색깔에서 차이를 보이므로 중국 황토고원의 뢰스 기준을 적용하게 되면, 상대적으로 온난하고 습윤한 지역에서는 뢰스를 발견하기 쉽지 않다.

그림 3.1에서 확인할 수 있듯이 풍성먼지 가운데 500μm 이상의 조립 입자는 지표면을 포행하여 바람의지 지역으로 이동하고, 70~100μm 입자는 와류(渦流)에 의해 지상 1.5m까지 도약하면서 이동하므로 더 멀리 운반된다. 이와 대조적으로 20~70μm 입자는 지표 부근에서 부는 초속 6~10m의 바람을 타고 솟아올라 더욱 멀리 운반된다. 그리고 20μm 이하의 입자는 난류(亂流)에 의해 상공을 높이 날아오른다(Sun and Liu, 2000). 수천m의 고공을 날아오른 입자는 고층을 흐르는 제트기류에 의해 수천km까지 운반되는 경우도 있어, 하와이 상공에서 100μm 크기의 풍성먼지가 포집되기도 한다(Betzer et al., 1988).

[그림 3.2] 타림 분지의 풍성먼지 발생과 쿤룬 산맥 사면의 황토 퇴적(Sun, 2002)

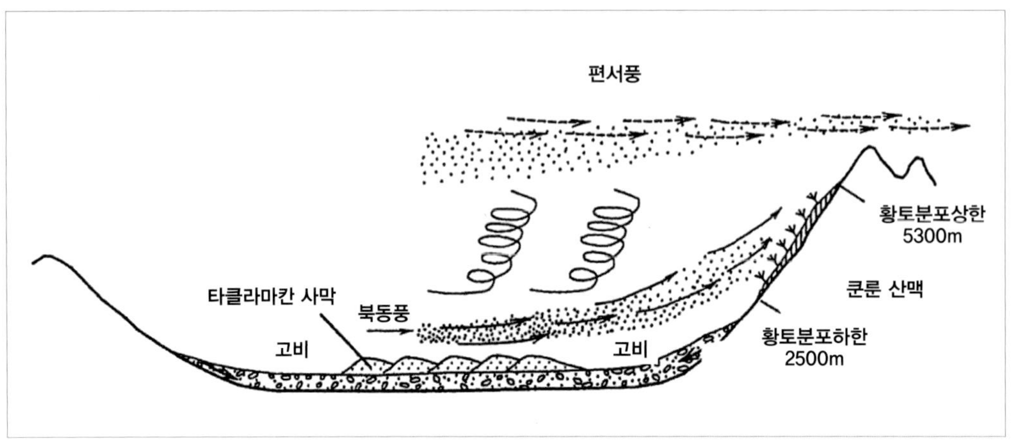

[그림 3.3] 1979년 4월 나고야에 비래한 황사의 라이다(파장 0.6943μm) 관측(岩判 외, 1982; Iwasaka et al., 1983)

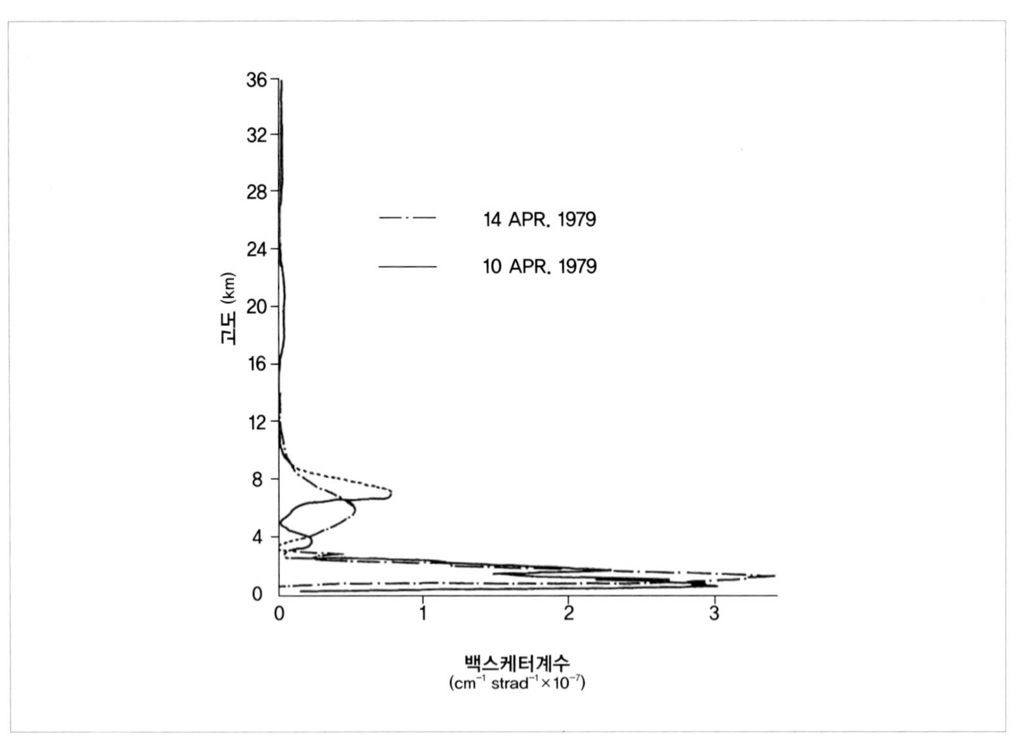

봄부터 여름에 걸쳐 한랭전선을 동반하는 저기압이 통과하는 경우에 난류가 발생하는 일이 많고, 특히 지표면이 건조할 때 빈번하게 풍성먼지가 공기 중으로 날아오른다. 이 밖에 여름이 되면 강한 일교차로 인해 지표면이 가열되어 소규모의 맹렬한 회오리가 발생하고, 건조한 지표면으로부터 흙먼지가 날아오르는 일이 잦아진다. 경우에 따라 뇌우(雷雨)로 인한 하강기류(downburst)가 생겨 대규모의 모래폭풍과 함께 대량의 풍성먼지가 발생하는 일이 있다.

타림 분지의 모래사막에서 날아오른 풍성먼지가 북동풍을 타고 쿤룬 산맥의 북사면을 날아오르며 황토가 퇴적되는데, 황토의 상한은 해발고도 5,300m, 하한은 해발고도 2,500m가 된다(그림 3.2). 높은 곳까지 날아오른 풍성먼지가 편서풍을 타고 멀리까지 운반된다(Sun, 2002).

풍성먼지가 어느 정도의 고도를 날아가는지, 이동 시간 등에 대해 1979년 4월 나고야에서 라이다(lidar)를 사용하여 황사를 관측한 사례가 있다(岩板 외, 1982; Iwasaka et al., 1983). 관측일에 황사 입자의 수직 농도 분포는 두 층으로 이루어지는데, 상층 6,000~7,000m의 고농도의 대기는 타클라마칸 사막과 중가리아 분지의 것이고, 하층에 해당하는 약 2,000m의 것은 고비 사막이나 황하 유역의 것으로 추정되고 있다(그림 3.3).

2) 이동 거리와 입자크기

무라야마(村山, 1987)는 경계층 역학 모델을 적용하여 황사의 운송 시뮬레이션을 실행하고 황사의 이동 거리와 고도 및 퇴적량을 검토하였다. 황사의 발생지를 중국 내륙부 건조지역 해발고도 1,000m로 설정하고, 춘분(春分)의 일사 조건과 지면 습윤도를 고려하여, 마찰속도를 μ, 수직 유입(퇴적)량 $F=0.73\mu^{3.08}mg/m^2 \cdot s$로 한 다음 풍성먼지가 발생할 경우 장거리 운송 시뮬레이션의 2차원 패턴을 얻었다.

이에 의하면, 풍성먼지의 침강은 중력 낙하만을 가정한 경우, 80μm의 입자는 높이 날지 않았고 20~30μm 입자는 고도 5,000m까지 상승하였다. 이러한 결과를 기초로 입자크기와 이동 거리를 추산하여, 고도 5,000m까지 상승한 입자 가운데 10~20μm의 입자는 2,000~3,000km 거리를 이동하였고 5μm 이하의 입자는 약 9일

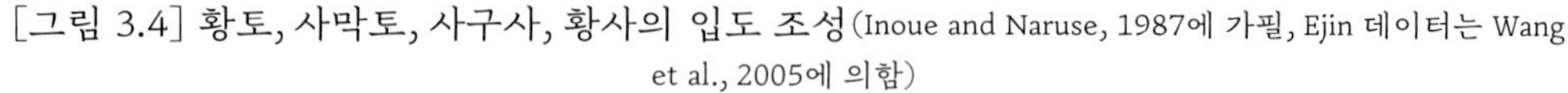

[그림 3.4] 황토, 사막토, 사구사, 황사의 입도 조성(Inoue and Naruse, 1987에 가필, Ejin 데이터는 Wang et al., 2005에 의함)

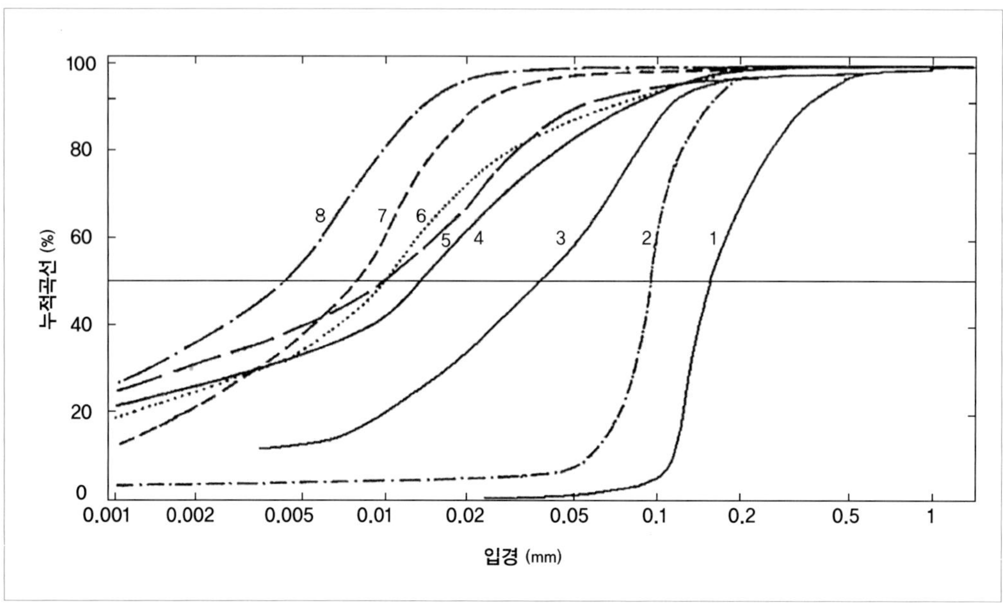

1: Ejin 사구(102°E), 2: 우웨이(武威) 사막토(103°E), 3: Ejin 황사(101°E), 4: 시안(西安) 황토(109°E), 5: 우한(武漢) 황토(114°E), 6: 가토우(加東) 황사(135°E), 7: 하치반효우(八幡平) 황사(140°E), 8: 모리오카(盛岡) 황사(141°E)

후 1만 1,000km 떨어진 하와이 제도까지 도달하였다는 결론을 얻었다. 따라서 이런 계산에 의하면 10~20μm의 풍성먼지는 일본열도에 충분히 도달할 수 있다.

그림 3.4는 중국 황토의 입경 중앙값(median, Md)[2]을 비교하여 그래프로 나타낸 것이다. 기원지가 되는 바다인자란 사막의 하라포트 유적 근처 에진(Ejin, 102°E)에서 이동 중인 사구사(1)의 Md는 150~280μm로 분급이 좋았고, 이와 대조적으로 사구사에서부터 날아온 풍성먼지(3)의 Md는 30~40μm이며, 조립 물질은 입경이 200μm를 넘었다. 그러나 조립 물질은 즉시 낙하하므로 세립 물질만 바람의지(leeward)에 운반된다. 우웨이(103°E)의 사막토(2)는 유수나 바람에 의해 저지로 운반된 세립 물질이며 Md는 90μm로 분급이 좋았다. 사막의 바람의지인 황토지대에 해당하는 시안 황토(4)(109°E)는 Md가 13μm이지만 여기에는 조립 물질과 세립 물질이 모두 많다. 시안 황토

2 누적곡선의 50%에 해당하는 입경.

[그림 3.5] 북반구 워시 퇴적물, 사막사, 뢰스, 뢰스질 토양, 원양성 퇴적물, 풍성층의 입경 중앙값과 기원지로부터의 거리(井上, 成瀨, 1990)

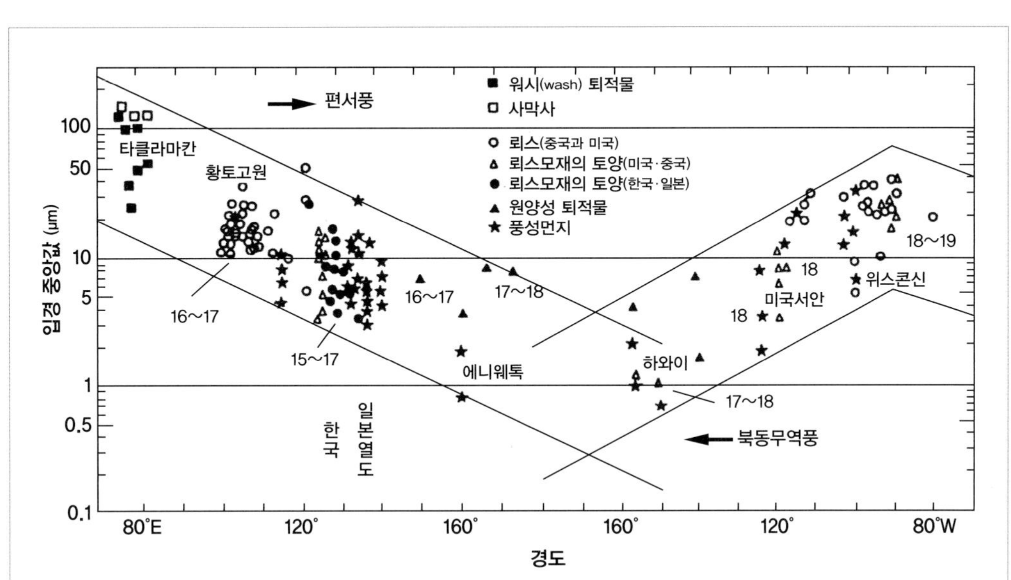

수치는 산소 동위체비를 나타냄

는 사막 인근 지역에 퇴적된 황토층이다. 더욱이 바람의지에 해당하는 우한 황토(114°E)의 뢰스(5)는 Md 10μm로 훨씬 세립질이며 입도 조성은 시안 황토(4)와 유사하고 조립 물질과 세립 물질 모두 다량 포함한다.

일본에서 효고 현 가토우(135°E)에 강하한 황사(6)는 우한 황토(5)와 Md가 같지만, 그보다 분급이 좋고 장거리를 이동하면서 세립 및 조립 성분이 모두 감소했다. 특히 동쪽의 이와테 현 하치반효우(7)(140°E)에 이르면 Md는 8μm, 모리오카(8)(141°E)에서는 4μm로 세립화한다.

한편 태평양을 순환하는 편서풍과 북동무역풍에 의해 운반된 풍성먼지의 입경 변화는 그림 3.5와 같다. 여기에서는 사막사, 워시(wash) 퇴적물,[3] 뢰스, 뢰스질 토양, 해저퇴적물, 풍성먼지의 각 입경 중앙값을 제시하고 있다(Inoue and Naruse, 1991).

---

3 캘리포니아 주의 모하비 사막을 포함한 미국 남서부 사막에서는 비가 올 때만 흐르는 물길을 워시(wash)라고 부르며, 사하라 사막에서는 비가 내릴 때만 물이 흐르는 골짜기를 와디(wadi)라고 한다.

이에 의하면 사막사는 50~200μm, 워시 퇴적물은 20~110μm, 황토고원의 황토는 10~35μm, 중국 동부와 한국 및 일본의 뢰스와 황사는 3~20μm이다. 기원지에서 멀리 떨어진 태평양 위에서 채취된 풍성먼지나 북태평양 해저퇴적물의 입경은 특히 세립화하여 0.6~10μm가 된다. 즉 기원지로부터 동쪽으로 갈수록 입경이 기하급수적으로 세립화되고 있다.

이와는 대조적으로 하와이 제도에서 북태평양의 동부에 걸쳐서는 동쪽으로 향할수록 풍성먼지와 뢰스 입경이 오히려 조립화한다. 이러한 사실은 이 퇴적물들이 북미 대륙 내륙부의 건조지역이나 중앙 평원으로부터 북동무역풍에 의해 서쪽에 있는 하와이 제도 쪽으로 운반되었음을 의미한다.

또한 그림 3.5에서는 뢰스나 풍성먼지 등으로부터 분리, 정제된 1~10μm 미세 석영 산소 동위체비의 개략적인 값을 보여 주고 있다. 중국 내륙부 뢰스의 석영과 북미 내륙부 뢰스의 석영 간에는 근소하지만 $\delta^{18}O$ 값에 차이가 있는데, 중국 황토 쪽이 상대적으로 가벼운 산소를 더 많이 함유하고 있다. 즉 상대적으로 무거운 $\delta^{18}O$이 중국 내륙부에서 하와이 제도를 향하여 약간 증가하지만 역으로 북미 내륙부에서 하와이 제도를 향하여 감소하고 있다.

일반적으로 석영 입자가 세립화할수록 $\delta^{18}O$이 약간 증가하는 경향이 있으므로, 중국 내륙부에서 하와이 제도를 향하여 풍성먼지가 세립화하고 이에 따라 $\delta^{18}O$이 약간 증가한다. 한편 북미에서 하와이 제도를 향하여 풍성먼지가 세립화하는 데도 불구하고 역으로 $\delta^{18}O$이 약간 감소하는 것을 설명하기가 쉽지 않다. 따라서 이런 현상은 하와이 제도 부근에서는 중국과 북미에서 운반된 미세 석영이 서로의 $\delta^{18}O$에 영향을 미친 데 기인하는 것으로 생각된다.

미국 중서부를 흐르는 미주리 강 유역에는 최종 빙기에 확대된 로렌시아 빙상으로부터 운반된 뢰스가 넓게 분포하고 있다(그림 3.6). 그 두께가 네브래스카 주 오마하의 미주리 강 대안에서는 19.2m이다. 뢰스는 동쪽을 향하면서 얇아지는데, 위스콘신 주와 아이오와 주의 경계를 흐르는 미시시피 강 연안에서는 9.6~2.4m, 동쪽 가장자리에 가까운 미시간 호 연안에서는 0.6m 이하로 두께가 얇아진다. 이 두 지역 사이의 거리는 500km이다. 이 지역의 뢰스 대부분은 최종 빙기의 강한 편서풍에 의해 동쪽으로 운반된 것이지만, 표층부는 홀로세에 운반된 풍성먼지이다.

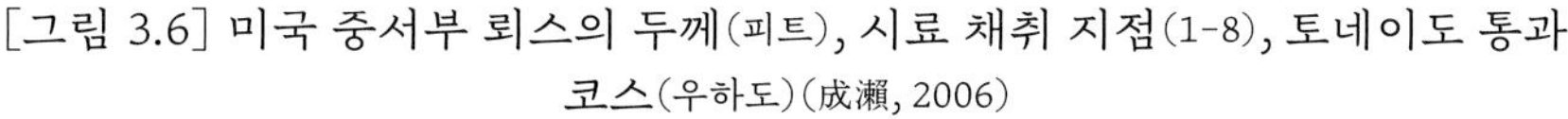
[그림 3.6] 미국 중서부 뢰스의 두께(피트), 시료 채취 지점(1-8), 토네이도 통과 코스(우하도)(成瀨, 2006)

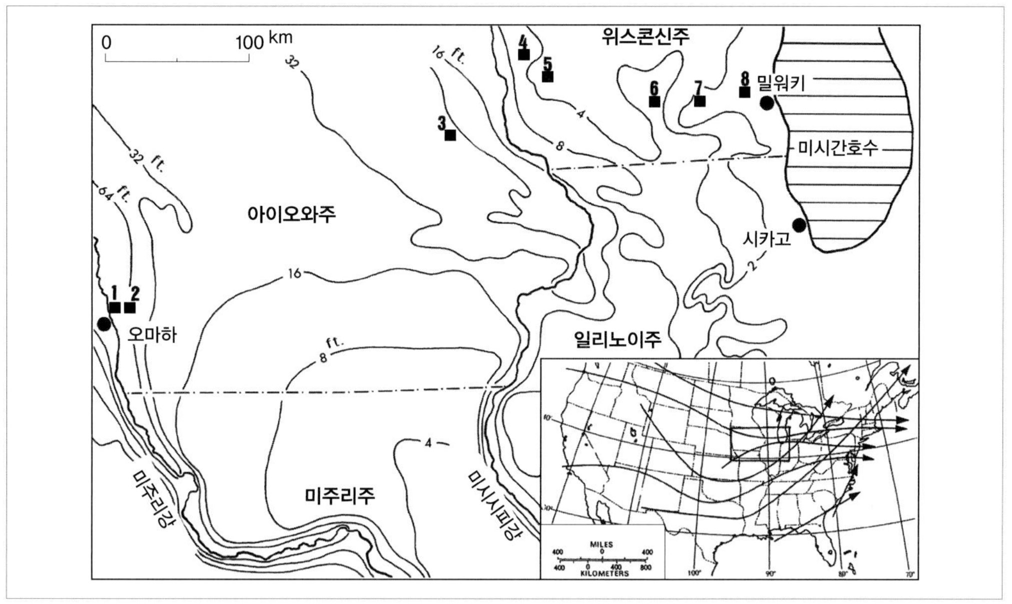

[그림 3.7] 미주리 강~밀워키 간의 뢰스, 풍성먼지, 뢰스질 토양 A층의 입경 중앙값(成瀨, 2006)

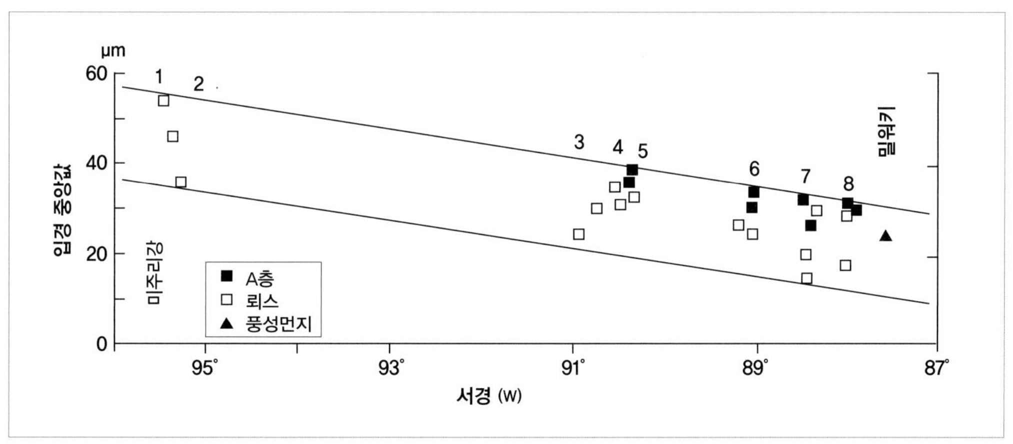

1–8의 위치는 그림 3.6에 제시되어 있음

뢰스의 입경 중앙값 Md는 오마하 부근 미주리 강 좌안에서 36~52μm이지만 350km 떨어진 미시시피 강 동안에서는 25~35μm로 세립화된다(그림 3.7). 밀워키 쪽의

6, 7, 8 지점에서는 뢰스의 두께가 1m 이하이며 Md는 16~30μm가 되고, 드럼린(drumlin) 위에는 뢰스를 주 모재로 하는 두께 50~150cm의 뢰스질 토양이 발달하고 있다.

토양층 가운데 A층의 입경 중앙값은 롤링그라운드(5)에서 36μm, 매디슨(6)은 30~33μm, 밀로드(8)에서는 28~30μm가 되어 동쪽으로 갈수록 세립화한다. 특히 밀로드에서는 밀워키의 위스콘신대학 옥상에서 채취한 풍성먼지의 Md 25μm와 유사하다.

3) 퇴적 속도

동아시아와 북태평양 풍성먼지의 퇴적 속도를 표 3.1에 정리하였다(Inoue and Naruse, 1987; 井上, 溝田, 1988; Uematsu et al., 1983). 이 표에 의하면, 중국 감숙성 란저우(蘭州), 섬서성 루오추안(洛川) 및 베이징의 풍성먼지 퇴적 속도가 70~260mm/1,000년인데 반하여 북태평양에서 풍성먼지의 퇴적 속도는 위도와 경도에 따라 다소 다르지만 0.1~2.0mm/1,000년이다. 따라서 풍성먼지의 퇴적 속도는 기원지와 멀어질수록 감소한다.

[표 3.1] 중국, 일본, 태평양 해역에서 풍성먼지 운반에 기여하는 탁월풍과 풍성먼지 퇴적 속도(Inoue and Naruse, 1987; 井上, 溝田, 1988; Uematsu et al., 1983)

지역	탁월풍	풍성먼지 퇴적 속도(mm/1,000년)
중국 감숙성 란저우	제트기류	260
섬서성 루오추안	제트기류	70
베이징	제트기류	100
일본 MIS 1	제트기류	3.6~7.1
MIS 2	제트기류와 북서 계절풍	13.5~22.9
북태평양	극동풍과 제트기류	0.8
>50°N	제드기류	0.4~2.0
6~50°N	무역풍	0.3
11°N	제트기류	0.1~0.7

[그림 3.8] 중국과 한반도의 황사 및 모래폭풍의 일수(자료: 1975년, 일본 기상청)

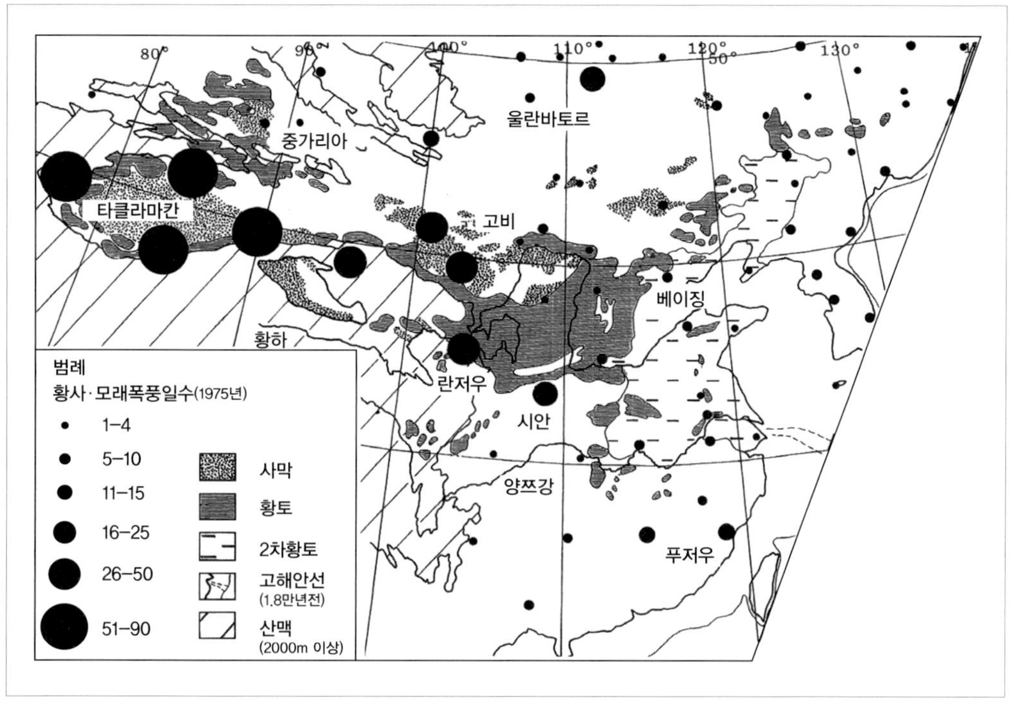

우에마츠 외(Uematsu et al., 1983)가 측정한 중국, 일본, 북태평양의 풍성먼지 퇴적 속도에 의하면, 풍성먼지 유입량은 아시아 대륙 내륙부의 건조지역이나 편서풍의 분포 범위에 해당하는 북위 25~40°의 중위도에서 컸다. 이 결과는 그림 3.8에 제시된 황사와 모래폭풍 일수 경향과 일치하며, 일본열도와 한국도 풍성먼지가 이동하는 이 편서풍대에 위치하고 있다.

일본에 있어서 풍성먼지 퇴적 속도는, 동해 연안에 발달하는 고사구에 협재된 뢰스 두께와 테프라 연대로 계산할 경우, 최종 빙기 동안에는 13.5~22.9mm/1,000년이 된다. 또한 현재의 황사 퇴적량이나 홀로세 토탄층에 포함된 풍성먼지의 양은 3.6~7.1mm/1,000년으로 계측되었다(井上, 成瀨, 1990). 이에 따르면 일본의 최종 빙기 풍성먼지 퇴적량은 홀로세의 평균 3.4배, 최대 6.4배에 해당한다.

4) 토색

뢰스나 황토는 기본적으로 회황색을 띠고 있지만 상부는 토양화가 진행되어 흑색토가 생성되는 경우가 많다.[4] 이것은 뢰스에 포함된 칼슘이 부식질을 고정하는 능력이 크기 때문이다. 이와 같은 토양층이 분포하는 지역은 대부분 우크라이나로 대표되는 반건조기후이고, 초원 환경에서는 봄에 발아한 풀이 여름에 번성하고 겨울에 고사한다. 그사이에 산불이 종종 발생하여 초목의 재가 생성되고 시간이 경과하면서 점차 지표에 부식질(humus)이 집적된다. 흑색토, 즉 체르노젬은 뢰스 지대의 대표적인 토양이다. 체르노젬의 표층 1m는 부식질이 풍부한 흑색토이고 하위 뢰스층과 사이에 있는 백색의 탄산칼슘 집적층이 특징적이다.

뢰스층 사이에는 종종 고토양이 매몰되어 있고 MIS(Marine Isotope Oxygen Stage, 심해저 산소 동위원소 시기) 3보다도 오래된 토양은 적색을 띠는 경우가 많다. 한국 뢰스는 황색~황갈색이지만, 일본의 뢰스는 갈색~적갈색을 띠고 고토양의 색은 아간빙기인 MIS 3의 경우 갈색이다. 최종 간빙기인 MIS 5의 고토양은 2~3층으로 이루어지는데, 최종 간빙기 가운데 기온이 가장 높았던 MIS 5e에 형성된 고토양은 5~2.5YR의 적색을 띠는 경우가 많으며 이 층준은 두꺼워서 열쇠층이 될 수 있다. 중국 북동부의 창춘(長春) 지역에서 뢰스는 회황색이며, MIS 3의 고토양은 흑갈색(10YR 3/2)을 띠고, MIS 5의 고토양은 7.5~5YR 정도의 적갈색을 띤다. 그러나 MIS 5보다 오래된 고토양 가운데에는 흑갈색을 띠는 경우가 있다. 이와 같은 다양한 토색은 고토양 생성 당시의 기후나 식생의 차이를 시사한다.

5) 입자 형태

풍성먼지나 뢰스의 입자 형태는 다양하고, 각진 경우도 있지만 원형인 것도 있으며 두 가지 형태적 특징을 다 갖춘 입자도 있다. 일반적으로 사막 기원의 풍성먼지는

4 이 토양은 일반적인 토양분류인 12개 토양목에서는 몰리졸(Mollisols)에 해당한다.

원형이라고 하지만 반드시 그렇지도 않고, 염풍화에 의해 세립화한 것은 패각상의 파단면인 것도 있다. 효고 현 가토우에 날려 온 황사 입자를 보면, 입자의 한쪽 단면은 사막 기원의 특징으로 보이는 원형을 이루고 있고 다른 단면은 염풍화에 의해 생긴 패각상의 파단면이 보인다.

스몰리와 크린슬리(Smalley and Krinsley, 1978)는 주사전자현미경(SEM)으로 입자 형태를 분석하고 입자의 기원지를 추정하였다. 그들은 중국 황토가 사막 기원의 특징을 갖는 입자형이지만 이에 더하여 빙하 기원의 특징을 갖는 입자형이 혼재되어 있음을 지적하고 있다. SEM을 사용한 입자 형태 연구는 아직 발전하는 단계에 있고 앞으로 이에 대해 보다 많은 연구가 이루어져야 할 것이다. 스몰리와 비타핀치(Smalley and Vita-Finzi, 1968; Pye, 1995에서 재인용)는 입자 형태와 관계없이 뢰스를 20~50μm의 석영 입자가 주를 이루는 쇄설성 퇴적층이라 하였다.

4.

뢰스의 분포 특징과 형성 과정

뢰스는 주로 유럽, 중앙아시아 및 중국, 북미, 남미 등지에 분포하며 그 면적은 육지 면적의 약 10%에 해당한다(그림 4.1; Liu, 1985; Pécsi, 1990). 뢰스는 대륙빙하가 발달했던 지역 주변(유럽, 북미), 사막 주변(중앙아시아, 중국), 대하천 범람원의 바람의지 지역(북미 미시시피 강 일대), 고산 주변 지역 등지에 주로 분포하는데, 빙하퇴적물, 사막, 대하천 범람원, 건륙화된 대륙붕 그리고 높은 산지 등이 뢰스 물질의 기원지이다.

파이(Pye, 1995)는 뢰스를 기원에 따라 빙하 주변 뢰스(periglacial loess), 사막 주변 뢰스(peridesert loess) 그리고 산지 주변 뢰스(perimontane loess)로 구분하였다. 한편 페치(Pécsi, 1990)는 빙하 주변 뢰스를 '차가운 뢰스(cold loess)', 사막 주변 뢰스를 '따뜻한 뢰스(warm loess)'라 하였으며, 이와 유사하게 리빙스턴과 워런(Livingstone and Warren, 1996)은 산지, 사막 또는 빙하와 관련된 뢰스를 '고위도 뢰스(high-latitude loess)', 저위도의 사막 주변 뢰스를 '저위도 뢰스(low-latitude loess) 또는 사막 주변 뢰스(peri-desert loess)'로 구분하였다.

전통적으로 뢰스 물질 생성의 원인과 기원으로 지적되어 온 위의 세 가지 이외에 빙기에 육화된 대륙붕(오경섭, 김남신, 1994; Yoon and Hwang, 2003)이나 최근에는 화산 폭발

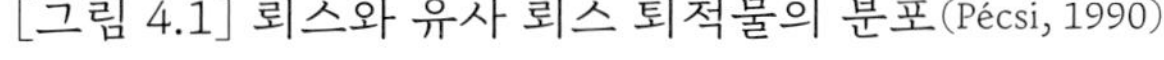
[그림 4.1] 뢰스와 유사 뢰스 퇴적물의 분포(Pécsi, 1990)

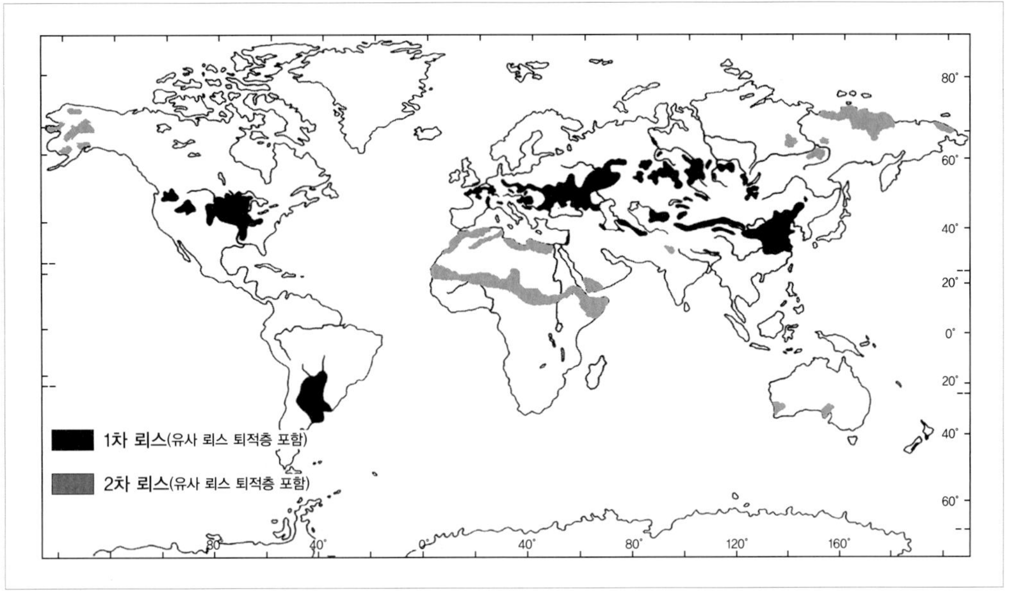

로 인한 화산재나 간석지(Iriondo and Kröhling, 2007)도 뢰스의 기원지로 지적되고 있다.

퇴적의 양상에 따라 전형적인 뢰스(typical loess) 또는 1차 뢰스(primary loess)와 2차 뢰스(secondary loess) 또는 뢰스상(loess-like)[5]으로 구분하기도 한다. 퇴적 이후 뢰스는 다양한 작용에 의해 초기의 특징과는 다른 새로운 성질을 가질 수 있다. 이러한 관점에서 2차 뢰스와 유사한 의미로 degraded loess, redeposited loess, reworked loess 등의 용어가 사용되기도 한다(Pye, 1995). 따라서 이런 분류로 본다면, 퇴적된 이후 풍화작용을 심하게 받은 한반도에 분포하는 뢰스는 2차 뢰스로 분류할 수 있고 곳에 따라 뢰스상 퇴적층으로 구분할 수도 있을 것이다. 그러나 우리나라에서 확인된 뢰스 층준

---

5 'loess-like'라는 용어에 대해 의견이 다양하며 이중적인 의미를 가지고 있는 것으로 생각된다. 일부 학자들은 loess-like라는 용어를 '어떠한 작용에 의해 변형된 뢰스의 한 형태'로 간주하여 뢰스라는 범주 안에 포함시키는 반면, 다른 학자들은 '풍성이 아닌 다른 작용에 의해 형성된 퇴적층으로 뢰스와 유사한 특성을 보이는 퇴적층'이라는 의미로 loess-like라는 용어를 사용하며 뢰스의 범주에서는 제외시킨다. 또한 loess-like라는 용어를 국문으로 어떻게 번역하느냐에 따라서도 의미가 상당히 달라진다. 박동원(1985)은 loess-like라는 용어를 '뢰스상(相)'이라 하여 전자의 의견을 따랐지만, loess-like라는 용어를 '유사(類似) 뢰스'로 번역할 경우에는 후자의 의견과 가까운 것으로 생각된다.

[그림 4.2] 뢰스 퇴적의 4가지 과정(Wright, 2001)

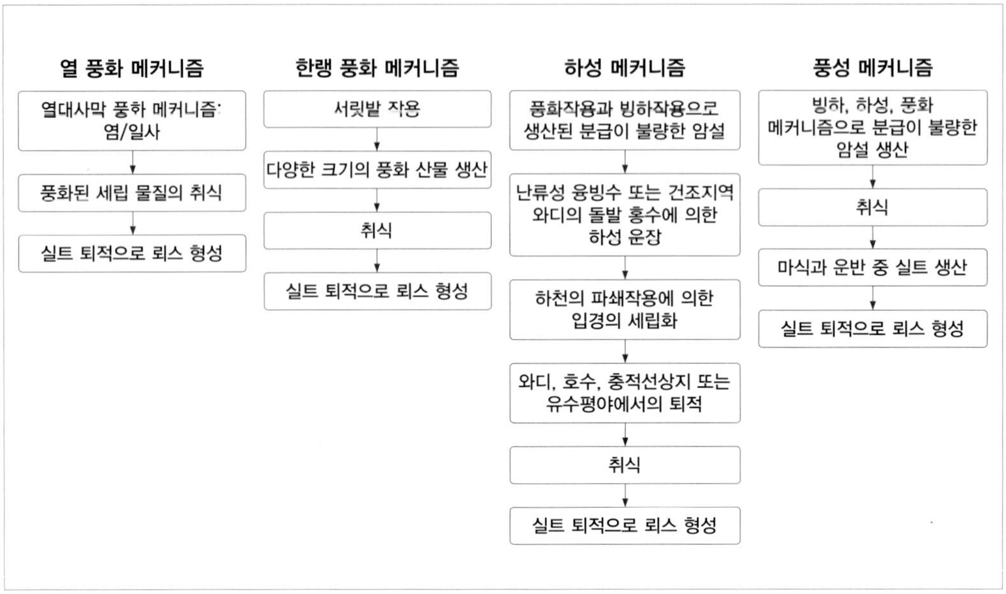

열 풍화 메커니즘
- 열대사막 풍하 메커니즘: 염/일사
- ↓ 풍화된 세립 물질의 취식
- ↓ 실트 퇴적으로 뢰스 형성

한랭 풍화 메커니즘
- 서릿발 작용
- ↓ 다양한 크기의 풍화 산물 생산
- ↓ 취식
- ↓ 실트 퇴적으로 뢰스 형성

하성 메커니즘
- 풍화작용과 빙하작용으로 생산된 분급이 불량한 암설
- ↓ 난류성 융빙수 또는 건조지역 와디의 돌발 홍수에 의한 하성 운장
- ↓ 하천의 파쇄작용에 의한 입경의 세립화
- ↓ 와디, 호수, 충적선상지 또는 유수평야에서의 퇴적
- ↓ 취식
- ↓ 실트 퇴적으로 뢰스 형성

풍성 메커니즘
- 빙하, 하성, 풍화 메커니즘으로 분급이 불량한 암설 생산
- ↓ 취식
- ↓ 마식과 운반 중 실트 생산
- ↓ 실트 퇴적으로 뢰스 형성

가운데 대천 단면의 가장 하부에 해당하는 L3(MIS 8 시기 뢰스층)의 대자율은 매우 낮았고, 토색은 지표면과 거의 같은 밝은 황갈색(2.5Y 6/6) 내지 황갈색(2.5Y 5/6)으로 상부의 S2(MIS 7 시기 고토양층)보다 풍화 정도가 약한 것으로 나타나 일반적인 뢰스와 고토양의 풍화 경향과 조화되고 있다. 아울러 뢰스 기원지의 경우 황토고원에서 재이동하여 온 것도 있으나 타클라마칸 사막을 비롯한 건조 사막에서 직접 운반되어 온 것들도 있으므로, 한반도에 분포하는 모든 뢰스를 2차 뢰스로 분류한다는 의미는 아니다.

구성 물질의 비율에 따라 사질 뢰스(sandy loess), 실트질 뢰스(silty loess), 점토질 뢰스(clayey loess)로 구분하기도 한다. 류(Liu, 1985)는 퇴적물의 평균입경(M_Φ)을 기준으로 $M_\Phi=4.939\pm0.230\Phi$인 지역을 사질 뢰스 구역(sandy loess zone)으로, $M_\Phi=5.611\pm0.308\Phi$인 지역을 뢰스 구역(또는 실트질 뢰스 구역, silty loess zone)으로, $M_\Phi=6.049\pm0.211\Phi$인 지역을 점토질 뢰스 구역(clayey loess zone)으로 구분하였다. 파이(Pye, 1987)는 모래의 비율이 20% 이상이면 사질 뢰스로, 점토의 비율이 20% 이상이면 점토질 뢰스로 구분하였다.

한국의 경우 충남 대천은 평균입경(M_Φ)=6~7Φ로서 중국과 유사하거나 다소 세립

[그림 4.3] 사막 주변 뢰스의 형성 과정(Goudie et al., 1999)

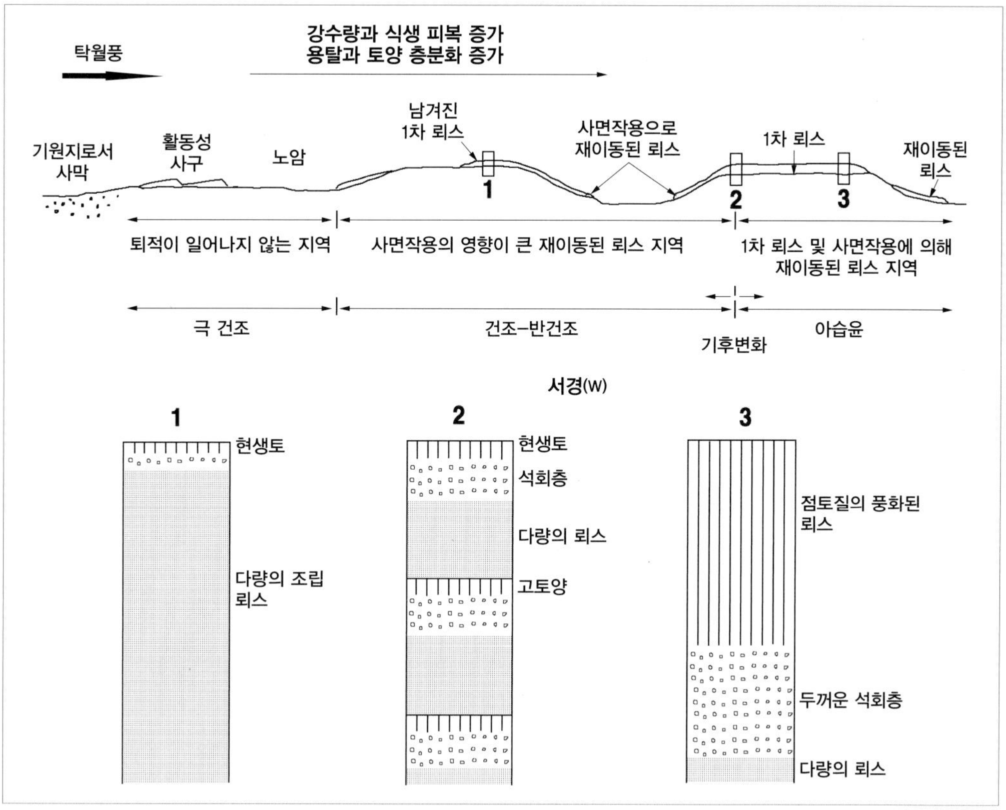

질 경향이며, 많은 지역이 점토질 뢰스에 해당하지만 실트질 뢰스도 다소 있다. 이러한 입도 경향은 한반도가 중국 뢰스고원으로부터 비교적 근거리에 위치하는 점을 반영한다. 한국의 뢰스는 뢰스고원에서 기원한 2차 뢰스로 대부분 퇴적되었으므로 중국과 유사하거나 보다 세립의 가능성이 있다.

라이트(Wright, 2001)는 다양한 환경 아래 발달하는 뢰스 물질의 형성과 운반 그리고 퇴적이라는 일련의 과정을 도식화하였다(그림 4.2). 열 풍화 메커니즘(hot weathering mechanism)에서는 염풍화와 태양복사에 의한 기계적 풍화작용이 우세하여 세립의 물질이 생성되는데, 이렇게 생성된 물질은 일시적인 하천의 하성 작용에 의해 또는 사면 작용으로 이동되어 퇴적되거나 바람에 의해 직접 운반된다. 비교적 근거리에서는 조립 입자가 도약운동(saltation)으로 사구를 형성하고, 세립 물질은 일정 거리 이상을

[그림 4.4] 사막 주변 뢰스의 형성 과정(Wright, 2001)

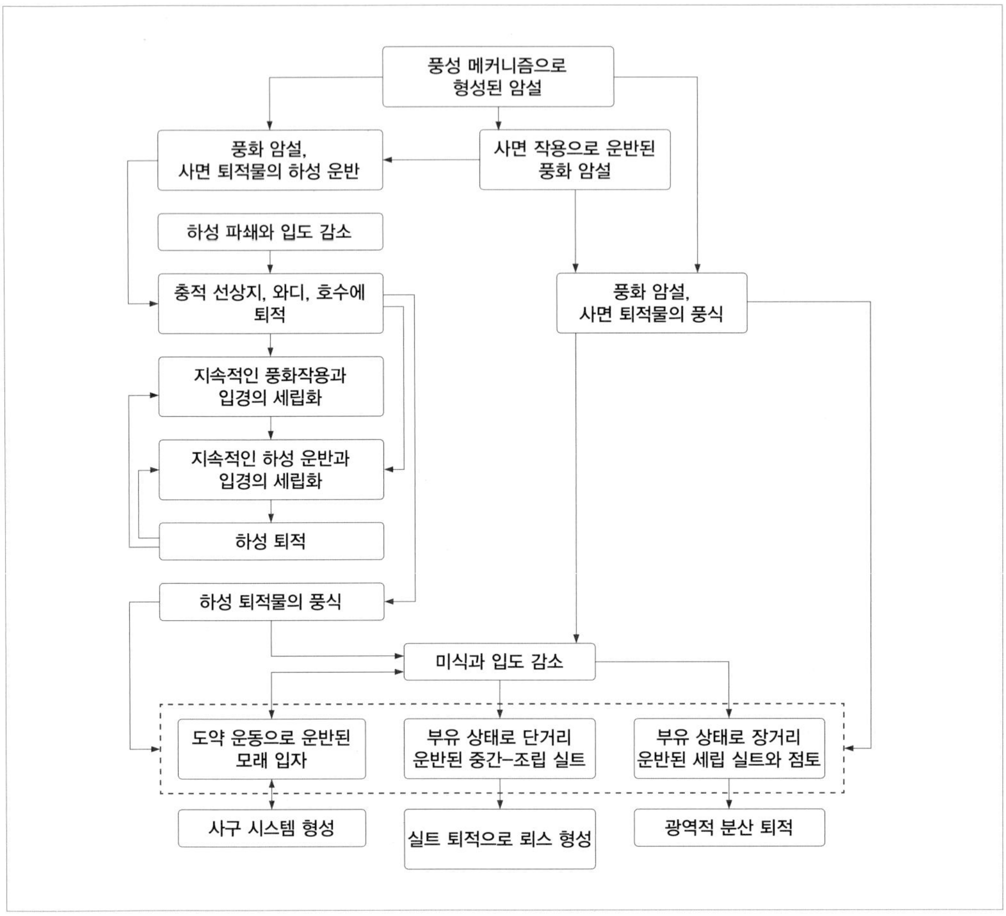

이동하여 뢰스 퇴적층을 형성한다. 이보다 더욱 세립의 물질은 원거리를 이동하여 원격지에 퇴적되거나 대기 중에 에어로졸로 잔존하기도 한다(그림 4.3, 4.4). 이때 상대적으로 평탄한 면에 퇴적된 뢰스는 퇴적 후 재이동되지 않아 1차 뢰스(primary loess)를 형성하며, 사면에 퇴적된 뢰스는 토양 포행, 사면에서의 이동, 지표유출(overland flow) 등에 의해 재이동되어 2차 뢰스 또는 재이동 뢰스(reworked loess)를 형성한다.

한랭 풍화 메커니즘(cold weathering mechanism)은 빙하에 의한 마식 작용과 동결 및 융해에 의한 기계적 풍화작용으로 세립 물질이 형성된다. 이후 융빙수에 의해 빙하 전면으로 운반되어 빙하성 유수 평원을 형성하고, 이것이 유수에 의해 이동되어 하천

[그림 4.5] 빙하 주변 뢰스의 형성 모식도와 과정(Goudie et al., 1999)

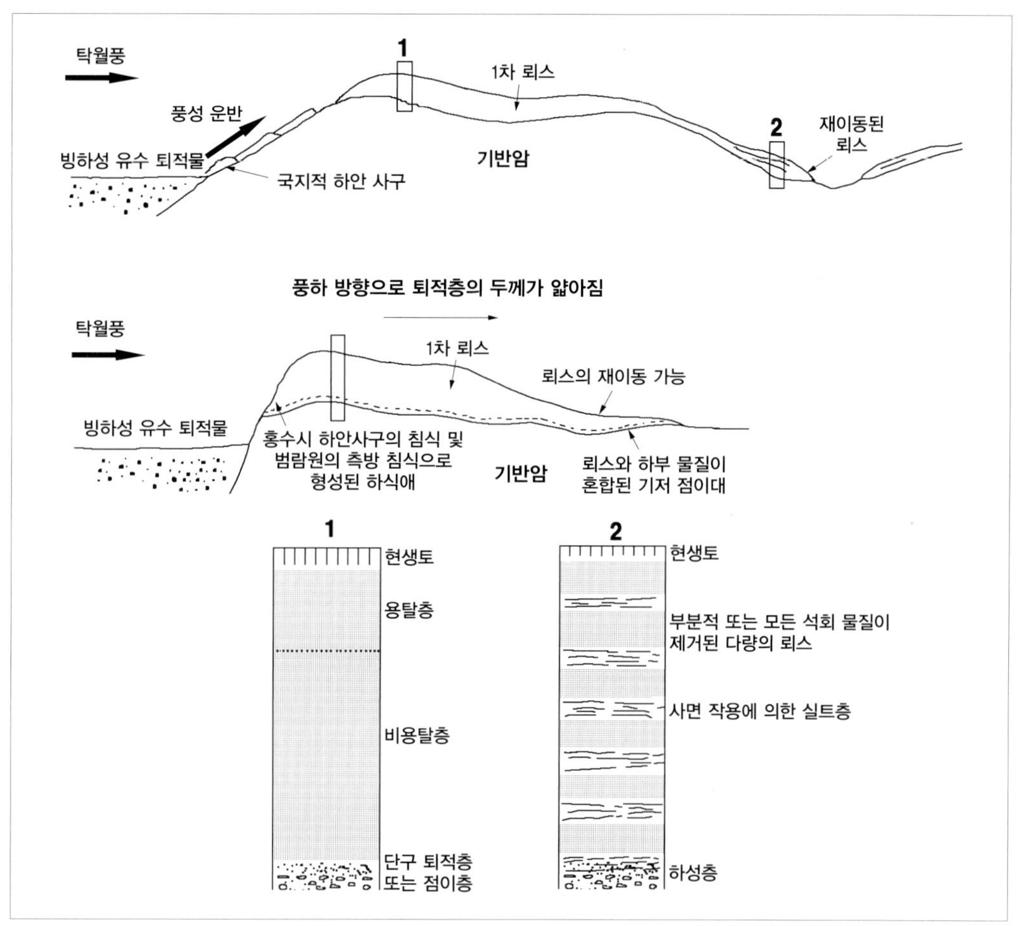

퇴적물이 되거나 바람에 의해 직접 운반되어 뢰스를 형성한다(그림 4.2, 4.5, 4.6). 바람에 의해 운반될 때 건조지역과 마찬가지로 조립 입자는 도약운동(saltation)으로 단거리를 이동하여 사구를 형성하지만, 보다 세립의 물질은 원거리를 이동하게 된다. 또한 기후변화를 겪은 지역은 뢰스 층준과 고토양 층준이 교대로 나타날 수 있으며(그림 4.3의 단면 2, 그림 4.5의 단면 2) 이를 통해 과거의 기후를 복원할 수 있다.

뢰스는 이동하여 퇴적된 후에도 식생의 영향을 크게 받는다. 기원지에서 식생은 세립 물질 이동량을 통제하고, 이후 대기를 이동하던 뢰스 물질이 식생에 의해 포집되어 퇴적되기 때문에 식생 밀도는 퇴적량에 영향을 미친다. 뢰스 분포지가 건조지역

[그림 4.6] 빙하 주변 뢰스의 형성 모식도와 과정(Wright, 2001)

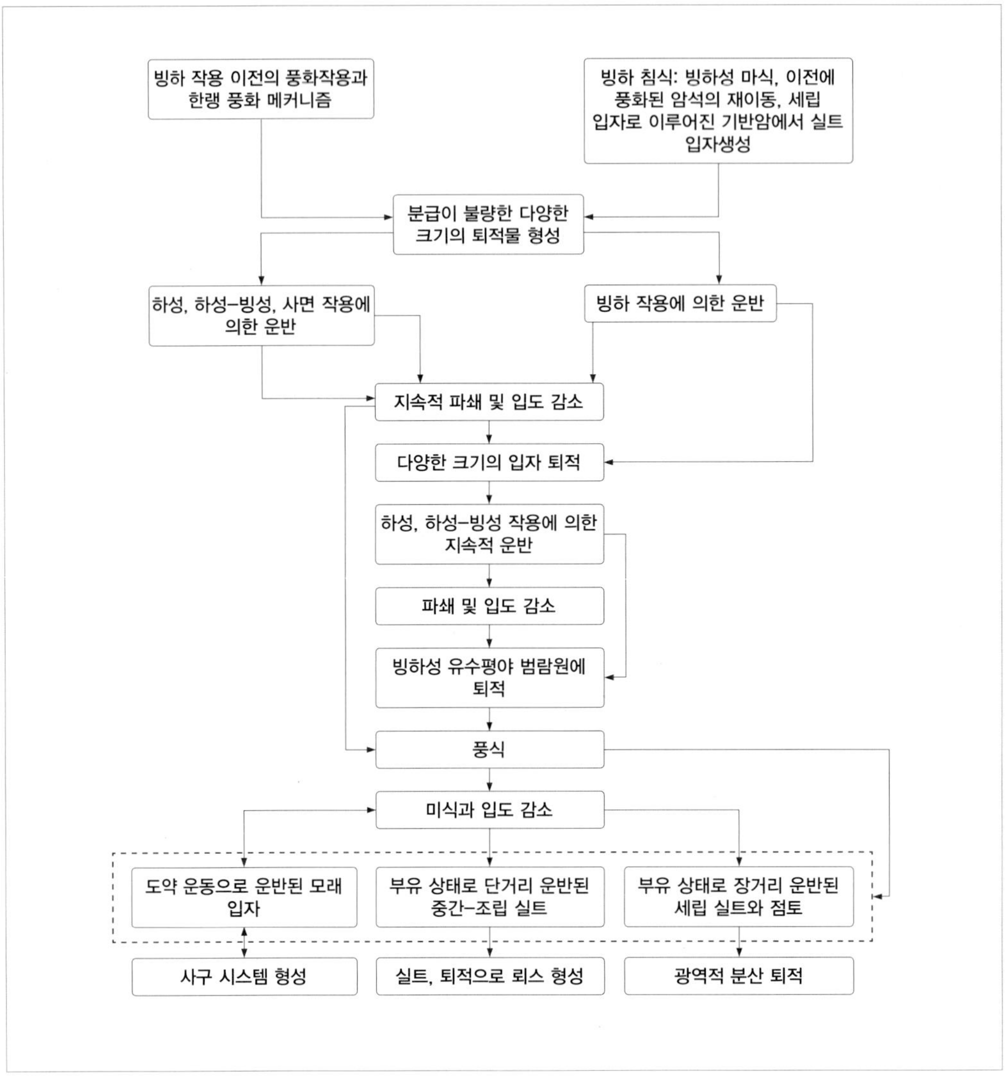

이 아니라 건조지역의 주변에 분포하는 스텝 지역인 이유가 여기에 있다. 또한 식생이 빈약한 지역에 퇴적된 뢰스는 퇴적 이후 바람에 의해 재운반되고 지표유출 등으로 침식되어 제거될 가능성이 크다. 그러나 식생이 있는 지역에 퇴적된 뢰스는 안정화되어 쉽게 재이동되거나 침식되지 않는다.

아시아에서 중국 뢰스고원 주변 지역의 경우, 플라이스토세 빙기에는 중국 뢰스고원에 퇴적된 뢰스 물질이 빈약한 식생 피복, 강력한 한대전선제트기류와 시베리아 고기압의 영향으로 인하여 한국이나 일본 및 동아시아 전역으로 재이동되었을 가능성이 크다. 또한 간빙기에는 식생 환경이 상대적으로 양호하였으므로 기원지인 뢰스 고원의 뢰스 층준은 비교적 안정된 상태에 있게 되어, 기원지로부터의 퇴적물 이동이나 주변 지역에서의 퇴적작용은 크게 감소했을 것이다. 오히려 퇴적지에서는 고온 다습한 기후 환경에서 토양생성작용이 활발하였으므로 독특한 기후 환경 및 풍화 특성이 반영되어 기원지인 뢰스고원의 뢰스-고토양 연속층과 상이한 퇴적상이 형성되었다(윤순옥 외, 2007).

한편 파이(Pye, 1995)는 뢰스 형성의 기본조건으로 뢰스 물질의 지속적인 공급이 가능한 기원지, 물질을 운반시킬 수 있는 충분한 바람 에너지, 마지막으로 적당한 퇴적지 등을 제시하였으며, 이리온도와 크륄링(Iriondo and Kröhling, 2007)은 실트 입자의 형성, 취식(deflation), 운반, 퇴적 그리고 퇴적 후의 변화(epigenesis) 등을 기본조건으로 요약하였다.

5.

중국 및 일본의 뢰스 연구 성과

15세기 대항해시대의 개막과 함께 유럽 각국의 범선이 아프리카 서안을 통과하게 되었고 해역에서 풍성먼지가 혼입된 황사가 관측되었다. 18세기에 이르러 돕슨(Dobson, 1781)은 적도~30°N 부근의 대서양 위를 이동하는 사하라 풍성먼지를 연구하였으며, 19세기 중엽 다윈 외(Darwin et al., 1845)는 조사선 비글호로 사하라 사막 서쪽 해안을 지나 남아메리카를 거쳐 태평양을 항해하던 중 황사를 관측하였고, 선상에 내린 적갈색 비석회질 풍성먼지를 채취하면서 풍성먼지의 존재가 세상에 알려지게 되었다(成瀨, 2006). 그 결과 19세기 말부터 본격적으로 뢰스 연구가 시작되었다.

이 장은 한반도 뢰스 연구 방향에 대한 관점을 얻기 위해 동아시아의 뢰스 연구 중심인 중국과 일본의 연구 성과를 기술하였다. 여기에 서술한 내용은 대부분 나루세(成瀨, 2006)에 의해 작성된 내용을 요약한 것이지만, 그림 5.4에 대해서는 필자의 견해를 제시하였다.

1) 중국의 뢰스 연구

황토고원에서 이루어진 황토의 편년은 뢰스 연구의 중요한 출발점이 된다. 샤르뎅과 영(Teilhard de Chardin and Young, 1930)에 의해 마란 황토(馬蘭 黃土)와 그 하위의 홍색토(紅色土, Red Clay)는 제4기 풍성 퇴적물과 그 풍화 물질로 보고되었다. 황토의 분포에 관한 연구는 1940년대에 시작되었으나, 중국에서는 1950~1960년대에 이르러 유럽과 북미에서 진행해 온 고기후와 뢰스-고토양의 층서 관계에 관한 관점이 확립되었다. 이 시기의 대표적인 연구의 하나인 류둥성과 장중지에(劉東生, 張宗祜, 1962)의 연구는 포유동물 화석을 통해 황토의 층서를 체계화하였고 낙천(洛川, Luochuan) 황토를 마란(馬蘭), 상부이석(上部離石), 하부이석(下部離石), 오성(午城)의 4개 황토층으로 구분하였다. 특히 이 무렵 황토의 기원지에 대한 연구가 진행되었고, 황토가 고비 사막이나 북중국의 광활한 사막에서 운반된 세립 물질로 이루어졌음을 밝혔다. 현재에는 황토의 기원지로서 사막 외에 해안평야를 비롯하여 티베트 고원의 선상지나 범람원도

[그림 5.1] 중국 사막 및 황토 분포(劉東生, 1984)

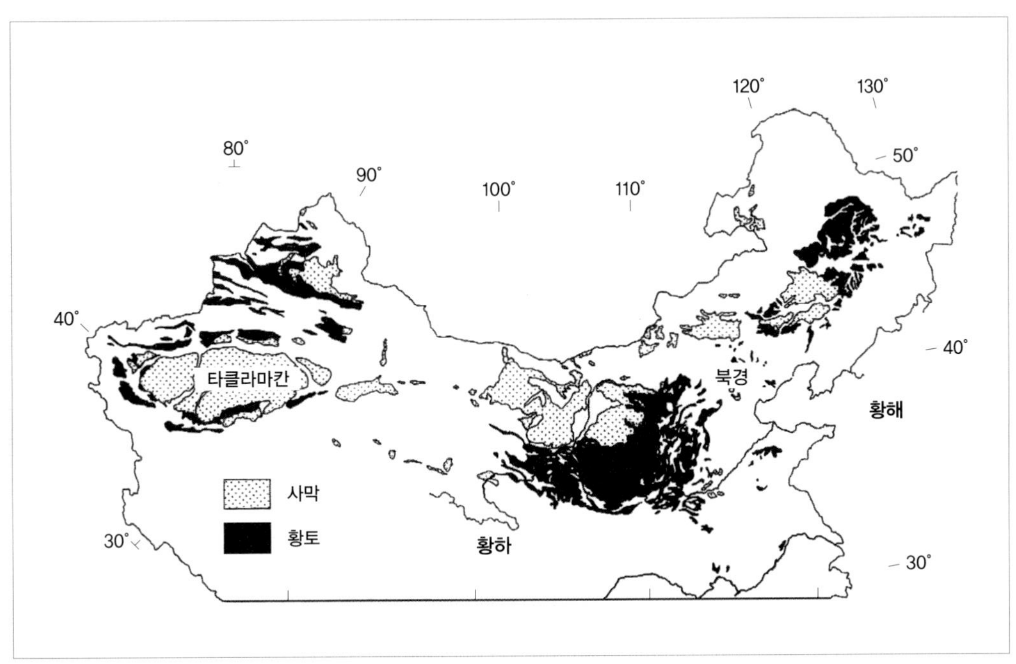

추가되었다.

한편 류둥성(劉東生, 1964)은 황하 중류부의 황토[6] 분포도를 제시하였고 1984년부터 중국 전역의 황토 분포도를 작성하였다(그림 5.1). 1970년대부터 중국과학원은 외국 연구기관과의 황토에 관한 공동연구를 통해 황토와 제4기 기후변동, 티베트 고원의 의미 등에 대한 연구를 급속하게 진척시켰다. 낙천 황토의 열루미네선스 측정도 그 하나이고, 이러한 분석법의 도입은 중국 황토의 연대 결정이나 국제적 층준 대비에 중요한 자료를 제공하였다.

1980년대에는 헬러와 류(Heller and Liu, 1982)가 낙천 황토(35°8′N, 109°2′E)에 대해 고지자기, 대자율, TL(열루미네선스), 입도 조성, 화학조성, 광물분석, 고토양 분석 등을 행하여 뢰스-고토양 층서를 확립하였다. 즉 황토고원의 뢰스는 북반구의 빙기 개시 시기와 일치하는 약 240만 년 전부터 퇴적되기 시작하였으며, 퇴적 속도는 하라미요(Jaramillo) 정극자기(0.99~1.07Ma) 이전에는 0.046mm/yr이었고 이후에는 0.073mm/yr로 증가하였다는 사실이 알려지게 되었다. 그리고 뢰스-고토양 층서를 V28-239 심해저 코어에서 얻은 산소 동위체비 변화와 대비한 결과, 중국의 황토 퇴적이 세계적인 기후변동과 연계되어 있음을 확인하였다.

이 밖에 란저우(蘭州)에서는 약 130만 년 전부터 황토가 퇴적되기 시작하여 두께 330m에 이르는 사실이 밝혀졌고, 1980년대에는 황토고원의 루오추안(洛川), 시펑(西峰), 란저우가 주요한 연구 지역이 되어 세계의 주목을 끌게 되었다. 낙천 황토는 고지자기, 열루미네선스, 화석, 고토양, 화학분석 등을 통해 융합적인 연구가 행해졌다.

1990년대에는 같은 황토고원의 바오지(寶鷄: 35°2′N, 107°0′E)에서 러터 외(Rutter et al., 1990)와 딩 외(Ding et al., 1993)는 약 260만 년 동안의 뢰스-고토양 층서를 확립하였고 고지자기나 대자율의 변동을 검토하였다. 그리고 헤스롭(Heslop, 1990)은 ODP 677(Ocean Drilling Program 677)의 산소 동위체비 변동이 북위 65°의 일사량 변동과 밀접한 관계가 있다고 주장하였다. 이러한 연구에 의해 중국 황토는 고토양 S32(260~253만 년 전) 형성 이후 253~237만 년 전부터 퇴적되기 시작하였음이 밝혀졌다. 이와 같이 황토고원의 루오추안이나 바오지 단면에서 약 260만 년 동안의 뢰스-고토양 층서와

---

6 중국에서는 황토와 뢰스가 동의어로 사용된다.

[그림 5.2] 낙천 황토의 입경 중앙값 및 대자율과 태평양 해저 코어에서 획득한 δ18O의 관계(Sun and Liu, 2000)

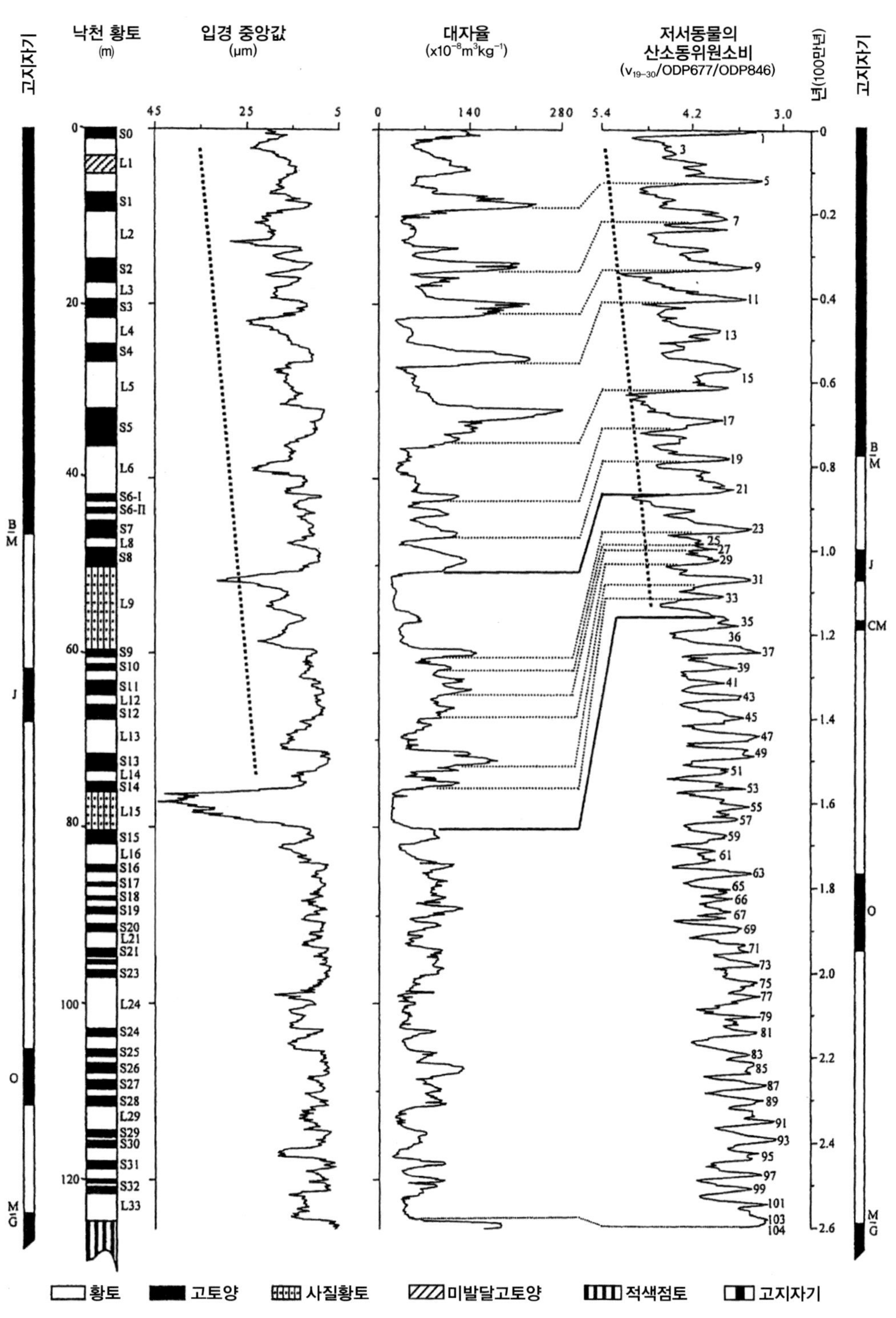

산소 동위체비의 곡선은 0~34만 년 전: V19-30(Shackleton et al., 1985), 34~181.1만 년 전: ODP 677(Shackleton et al., 1990), 181.1~258만 년 전: ODP 846(Shackleton et al., 1995a, b)에 의함

기후변화의 관계를 비교한 연구는 남극 보스토크 코어(Petit et al., 1999)와 함께 뢰스가 고해상도의 기후변동 대리 자료(proxy data)가 될 수 있음을 분명히 하였다(그림 5.2).

황토고원에서는 이 밖에 황토 유입량(단위시간의 퇴적량)이나 입도 조성 자료를 통해 몬순의 강약이 논의되었다. 안 외(An et al., 1991a)는 낙천 황토의 퇴적물 유입량 변화가 최종 빙기의 기후변동과 일치한다는 사실, 딩 외(Ding et al., 1994), 포터와 안(Porter and An, 1995), 샤오 외(Xiao et al., 1995)는 황토의 입경 중앙값(Md)이나 40μm 이상의 입도 조성비가 북대서양 지역에서 확실하게 밝혀진 Bond 사이클[7]이나 D/O(단스가드-외슈거) 사이클[8]에 대비된다는 점, 북대서양 지역과 중국이 편서풍 효과에서 상호 관련되어 있다는 사실 등을 밝히고 있다(그림 5.3). 또한 황토를 공급하는 사막의 변천도 논의하면서(Ding et al., 1999), 중국 북부 및 동북부에서는 빙기 동안 사막이 확장되는 지도가 제시되었다(그림 5.4).

그림 5.4에 제시된 최종 빙기 최성기 110°E의 동쪽과 40°N의 북쪽 구역의 식생 및 지형 환경은 화분분석 결과를 바탕으로 필자가 복원한 기후 환경(그림 17.12)과 조화되지 않는다. 현재 120°E의 동쪽과 43~46°N에 분포하는 호르킨 사막(科你沁沙地)은 이곳에 인구가 증가하면서 식생이 파괴되고 사막화가 진행되어 형성되었다. 현재도 식생 분포도에는 스텝으로 구분되어 있다. 다싱안링(大興安嶺) 산맥 동쪽 지역은 여름철 한대전선의 북한계보다 더 북쪽에 있으나 해양의 영향을 받을 수 있으므로, 인구가 증가하기 전에는 습지와 삼림이 분포하는 스텝 경관을 이루었을 것이다. 현재 이곳의 7월 평균기온은 22~24°C인데 현재보다 10°C 정도 낮았던 최종 빙기에는 12~14°C, 10월과 4월 평균기온은 -2~-4°C, 1월 평균기온이 -24~-28°C였다면 LGM에 이 지

---

7 Bond cycle 또는 Bond event: 북태평양 유빙(ice rafting)에 의한 홀로세 기후변화를 의미하며, 8번 정도의 이벤트와 대략 1,500년 주기를 갖는 것으로 알려져 있다. 대부분의 이벤트가 기후변화와 분명하게 관련되는 것은 아니지만, 일부 이벤트는 냉량화 이벤트 또는 일부 지역의 건조화에 기인하는 것으로 확인되었다. 0은 약 0.5ka, 1은 약 1.4ka, 2는 약 2.8ka, 3은 약 4.2ka, 4는 약 5.9ka, 6은 약 9.4ka, 7은 약 10.3ka, 8은 약 11.1ka로 알려져 있다.

8 Dansgaard-Oeschger event 또는 Dansgaard-Oeschger cycle(D/O event 또는 D/O cycle, 단스가드-외슈거 사이클): 고기후학자인 Willi Dansgaard와 Hans Oeschger의 이름을 따 명명되었으며, 최종 빙기 동안 발생한 총 25번의 갑작스러운 기후변화를 의미한다. 논란은 있지만 대략 1,500년 주기를 갖는 것으로 알려져 있다. 북반구에서는 장기간의 냉량화 이후 갑작스러운 기온 상승을 보이는 경향을 나타낸다. 또한 북대서양의 해류 순환의 변화 때문에 이러한 기후변화가 나타난 것으로 보고 있다.

[그림 5.3] 황토고원 뢰스의 입도 조성과 북대서양 지역의 심해저 코어, 빙상 코어의 산소 동위체비 SPECMAP $\delta^{18}O$(상부 그림; Porter and An, 1995) 및 낙천 황토의 입경 중앙값과 최대입경(하부 그림; Xiao et al., 1995)

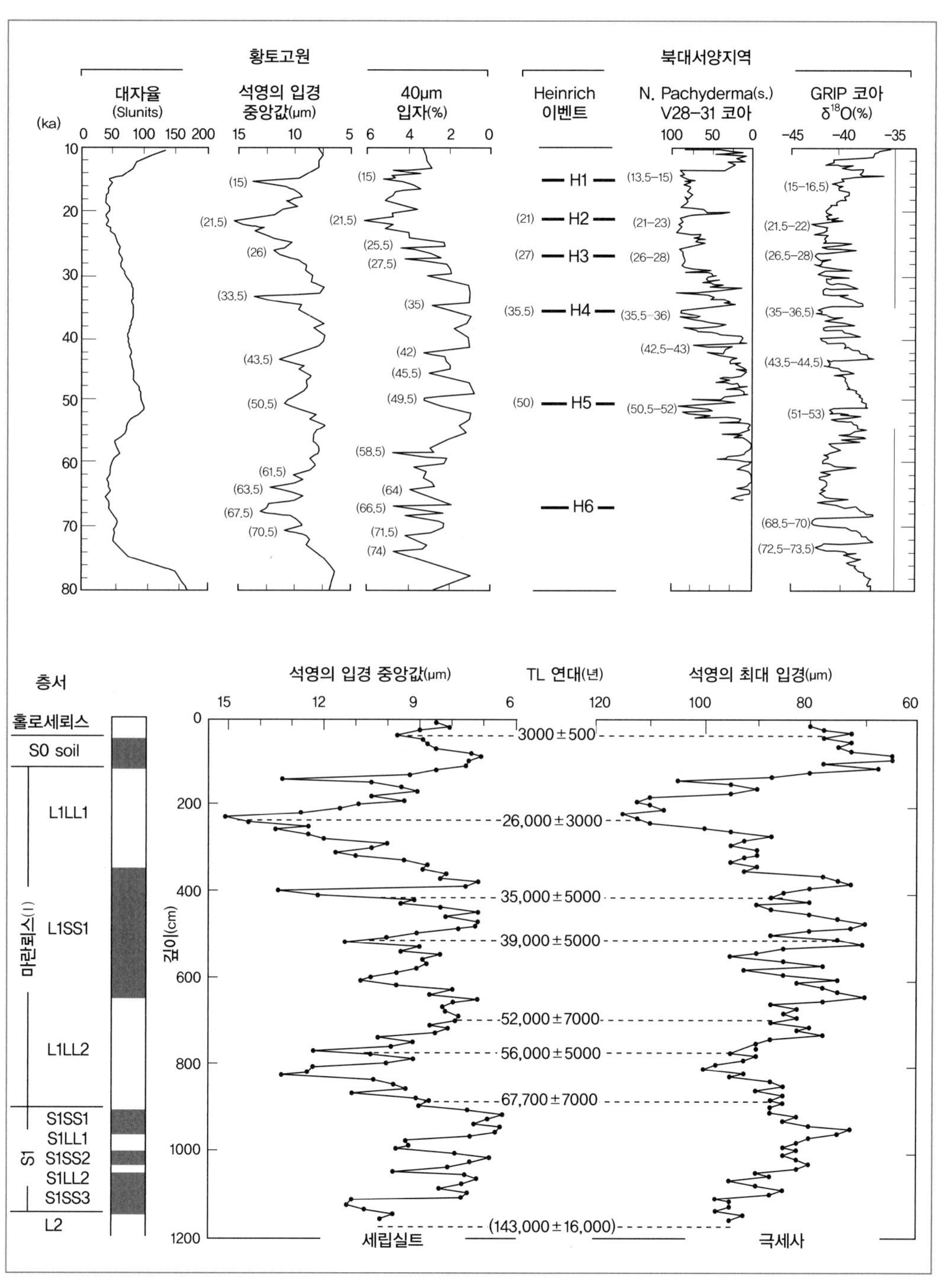

[그림 5.4] a: LGM의 MIS 2, b: 홀로세 고온기, c: 현재의 모래사막과 자갈 사막 분포 지역 변화(Ding et al., 1999)*

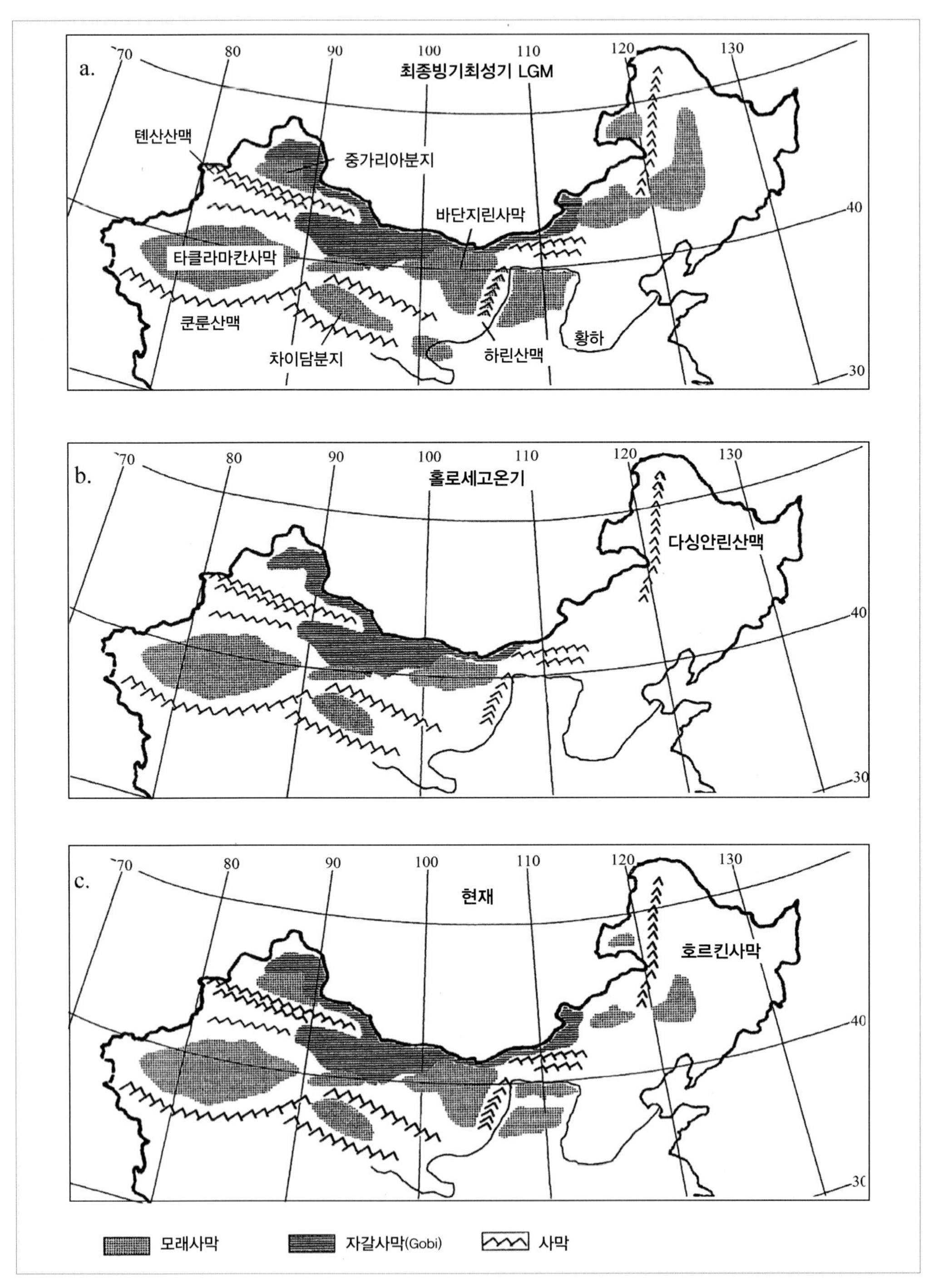

* 필자의 견해에 의하면 LGM 시기 110°E 동쪽, 40°N 이북은 타이가 지역이었음(그림 17.12 참고)

[그림 5.5] 리양 평야의 하안단구 지형면 분류(成瀨, 2006)

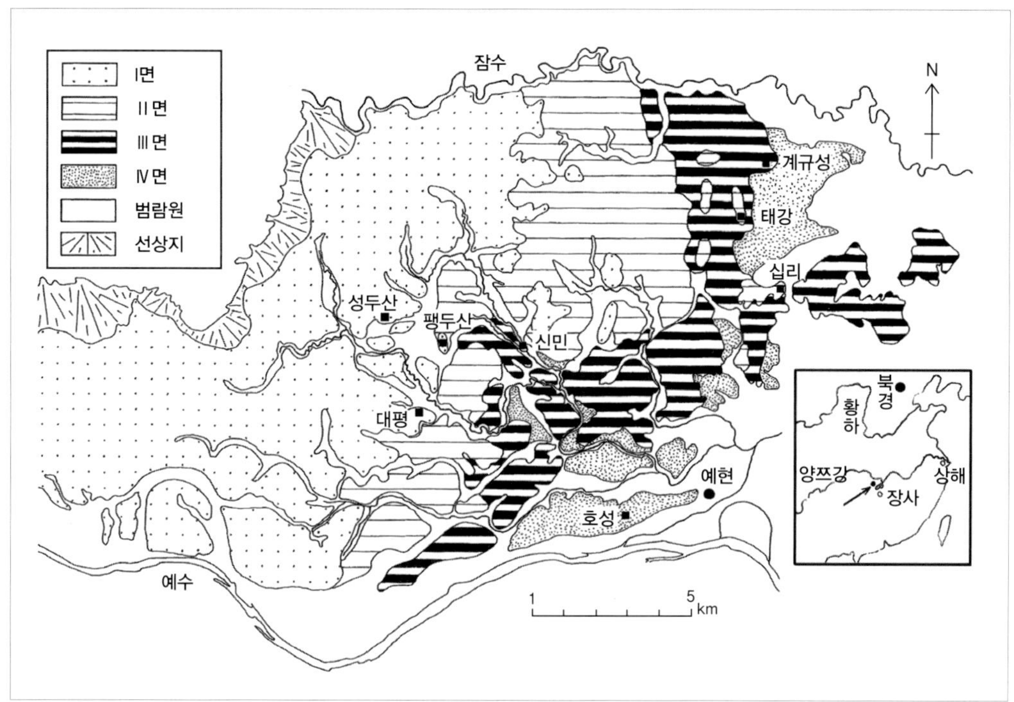

역은 사막이 아니라 타이가 경관이었을 것이다.

중국에서 북위 28° 이북에는 대략 전역에 다소 얇더라도 황토층이 분포한다. 한편 북위 28° 이남은 고온 다습하여 적색 풍화가 진행되므로 황토를 확인하기 어려워진다. 중국 황토의 대부분은 한랭한 빙기에 퇴적된 것이지만, 빙기 말에 티베트 고원이나 톈산 산맥에서 융빙수가 다량 범람하여 사막에 대량의 풍성먼지가 운반되었을 가능성이 크다(遠藤, 2002). 타클라마칸 사막의 세립 물질은 대부분 풍성먼지로 날아왔지만, 아직 표층에 세립 물질이 많이 남아 있는 고비 사막 쪽이 풍성먼지의 기원으로 중요하다.

양쯔 강 중류 유역에는 량후(兩湖) 평야로 불리는 광대한 충적평야가 있다. 량후 평야의 남부에는 넓은 동정호가 있으며 그 서안에 리양(澧陽) 평야가 발달해 있다. 리양 평야는 중국 호남성 상덕시 풍현을 흐르는 잠수와 예수 사이에 발달하는 동서 약 30km, 남북 약 16km의 평야이고, 평야의 대부분은 해발고도 37~51m의 황토 대지인

데 이를 양쯔 강 유역의 황토라 한다(그림 5.5). 리양 평야에 분포하는 황토는 중국 황토 분포 지역의 남한계가 되고 있다(劉東生, 1985). 이 일대의 황토는 MIS 10보다 오래된 것도 누적적으로 퇴적되어 있지만, 그 가운데 MIS 6 이후에 퇴적된 네 개 층준의 황토가 리양 평야의 대지를 형성하고 있다. 이 대지는 양쯔 강 하구에서 약 1,000km 떨어진 상류에 위치하지만 해발고도가 대략 30m에 불과한 것에서 알 수 있듯이, 이 지역은 융기 속도가 느려서 대지라 하더라도 범람원과의 비고차는 1~2m에 지나지 않는다. 양쯔 강 하류 유역에는 샤슈(下蜀, Xiashu) 황토가 분포하는데 황토고원보다도 세립이고 점토(clay)의 비율이 높다(鄭祥民, 2002).

뢰스-고토양 연속층이 분포하는 황토 대지는 양쯔 강이 만든 4단의 하안단구 지형면 위에 퇴적되어 있다. 양쯔 강 황토(뢰스)의 층서는 YD(Younger Dryas), L1-1, L1-2, L2의 총 네 개 층으로 구성된다. 각 황토 사이에는 고토양이 협재되어 있다. 고토양은 YD 황토 아래 흑색토 S0(13~17ka)을 시작으로 갈색토 L1SS1(MIS 3), 적색토 S1(MIS 5)과 S2(MIS 7)의 네 개 층준이 확인된다(그림 5.6).

안 외(An et al., 1990, 1991a, 1991b, 1993)는 중국 황토 유입량이 지구환경 변화, 특히 몬순 변동의 지시자임을 지적하였다. 더욱이 강수량 변동량이나 계절풍의 강약을 지시하는 지표로서 뢰스의 대자율 연구(Maher and Thompson, 1992)와 입도 변화(Xiao et al., 1992; Zhang et al., 1994), 일라이트 양, 일라이트 결정도(福澤, 小泉, 1992) 등도 주목받게 되었다. 아시아몬순의 성립에 대해서는 야스나리(安成, 1991)의 연구를 들 수 있다.

중국 황토가 기후변화의 고해상도 지시자라는 사실은 란저우(蘭州)에서 열린 '뢰스의 지형 영역과 재해 워크숍(1991)'에서 토의되었다. 오쿠다 외(Okuda et al., 1991)는 아시아 대륙의 지형 환경을 해석하는 데 있어서 황토 연구의 중요성을 지적하였다. 또한 요코야마 외(Yokoyama et al., 1991)는 일본 시라스[9]와 중국 황토고원의 두 지역에 발달하는 침식지형을 비교하여 고찰하였고, 이노우에와 나루세(Inoue and Naruse, 1991)는 동아시아 풍성먼지의 특성과 퇴적 시기 등을 밝혔다. 더욱이 스즈키와 마쓰쿠라(Suzuki and Matsukura, 1992)는 황토고원에서 동쪽으로 향할수록 뢰스의 공극량이 감소하며

9 시라스(シラス): 가고시마(鹿兒島)에 분포하는 화쇄류(pyroclastic flow) 퇴적물. 하얀 모래란 뜻의 백사(白沙)라는 표현도 있으나 일반적으로 시라스라고 한다.

[그림 5.6] 리양 평야의 뢰스-고토양 층서(成瀨, 2006)

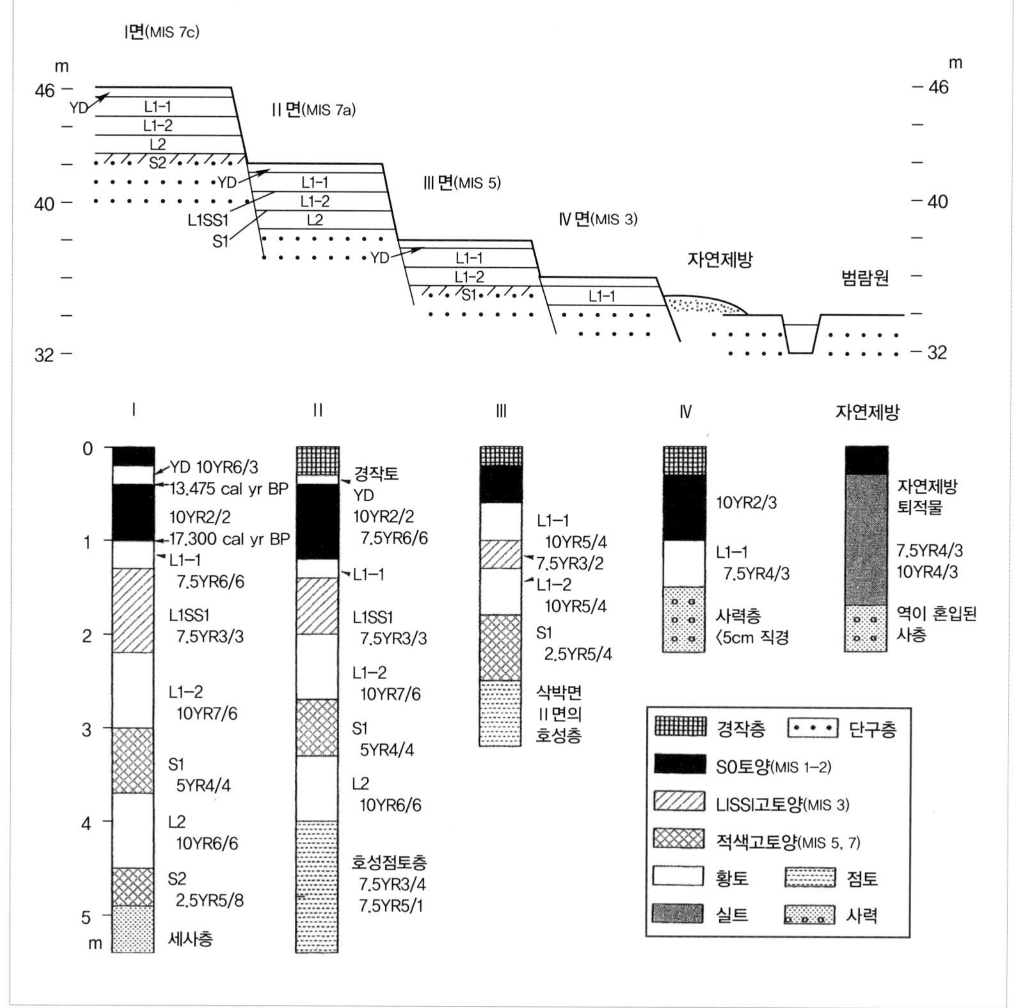

하부층일수록 압밀에 의해 공극이 감소한다는 사실을 보고하였다.

이와 같은 연구가 진행되던 시기에 황토고원에서는 열루미네선스에 의해 황토의 퇴적 연대 연구가 진행되었고 입도분석에 의한 고기후변동 복원도 시도되었다. 황토의 입도 조성과 고해상도 기후변동의 관계를 보고한 연구(Porter and An, 1995)를 시작으로, 동계 몬순 변동과 입도 조성의 관계를 밝히고(Ding et al., 1995; Xiao et al., 1995) 이후 입도 조성과 기후변동의 관계를 다루는 연구 등으로 고기후에 대한 연구가 지속적으로 이루어졌다. 이 밖에 황토의 대자율과 기후변동의 관계에 대해 보고하였으며(Anderson and Hallet, 1996), 타클라마칸 사막의 기후변화에 따른 워시(wash) 물질의 변화를 통해 기후변동을 밝히거나 풍성먼지의 공급 시기에 대한 중요한 자료가 제공되었다(相馬 외, 1993; 遠藤 외, 1997). 그리고 풍성먼지의 공급원인 타림 분지의 풍성층에 포함된 석영의 산소 동위체비 분석이 행해졌다(石井 외, 1995).

2000년대에도 황토고원은 당연히 뢰스 연구의 현장으로서 세계의 주목을 받았으며 실제로 많은 연구가 진행되었다. 최종 빙기 동안 북서풍과 서풍이 황토 퇴적물을 가져왔음이 밝혀졌으며(Lu and Sun, 2000), 티베트 고원의 융기 작용과 황토고원 뢰스의 퇴적 관계를 규명하거나(Sun and Liu, 2000), 황토의 고지자기와 몬순 변동(Heslop et al., 2000) 및 남동 유럽, 중앙아시아 그리고 황토고원에 분포하는 황토의 편년 대비가 연구되었다(Bronger, 2003).

또한 황토고원에서는 황토의 입도분석과 Rb(루비듐) 연대측정을 통해 고해상도의 환경 변화 연구가 진행되었다. 즉 황토의 입도분석이나 대자율 변동으로 동계 몬순의 복원을 시도하고(Chen et al., 2000; Sun, 2002; Wang et al., 2005), 황토의 Rb 연대측정을 행하였으며(Chen et al., 2000), 10세기 이후 중국 동북부에서 삼림 벌채로 인하여 발생한 풍성먼지 증가 현상도 논의되었다(Makohonienko et al., 2004).

2) 일본의 뢰스 연구

다카야마(高山, 1920)를 필두로 하여 초기에는 중국 북부 지역의 황사에 관심을 기울였다. 1930년대에 들어와서는 동아시아의 황사(小泉, 1934)와 일본열도에 날아온 황사(松平, 1938; 淵, 1939)에 대해 분석하였다. 마쓰이(松井, 1964)는 세계의 뢰스-고토양 연구를 전망하며 고토양 연구의 중요성을 강조하였으며, 북 규슈 해안에 분포하는 고사구사를 조립의 뢰스상 모래로 보고 각종 분석이 행해졌다(新掘 외, 1964). 한편 하세가와(長谷川, 1967)와 아라카와(Arakawa, 1969)는 일본에 날아오는 황사를 채집하여 분석하였고, 가토(加藤, 1965)는 화산재 가운데 풍성의 비화산재성 광물이 혼입되었을 가능성을 제기하였다.

하마사키(濱崎, 1972)는 규슈 남쪽의 네가시마(種子島)의 토양모재에 풍성먼지가 혼입되어 있을 가능성을 제기하고, 구라야시(倉林, 1972)는 다이센(大山) 화산재 가운데 2:1형 점토광물이 풍성먼지에서 기원하였다고 주장하였다. 오카다(岡田, 1973)는 시코츠(支笏)[10] 강하경석에 협재된 비화산재 물질을 분석하여 뢰스의 존재를 확인하였으며, 사카구치(阪口, 1977)는 풍성먼지 연구의 중요성을 보고하였다. 일본열도에 날아온 황사에 대해서는 모리오카(盛岡)에 내린 적설에 혼입된 황사를 분석하여 풍성먼지 연구의 중요성을 강조하였으며(井上, 吉田, 1978), 특히 황사의 성질, 유입량 등에 관한 연구가 진행되었다(Ishizaka, 1972; Aoki et al., 1974; 溝端, 眞室, 1978; 石坂, 1979; 荒生 외, 1979).

1980년대에 들어와 일본에서는 본격적으로 풍성먼지 연구가 시작되었다. 세계의 뢰스와 풍성먼지 퇴적물에 관한 연구 방향을 제시하고(成瀬 외, 1980) 화산재 가운데 2:1형 광물의 기원이 풍성먼지라는 점에 대해 보고하였다(井上, 1981). 가와사키(川崎, 1982)는 적갈색토에 포함된 미세 석영이 풍성먼지 기원임을 밝혔으며, 북 규슈, 일본 남서제도, 찬인(山陰), 후쿠리쿠(北陸)의 고사구나 단구 위에 퇴적된 뢰스의 연구가 시작되었다(成瀬, 1982; 成瀬, 井上, 1982, 1983). 그리고 일본 각지에서 풍성먼지의 영향을 받은 퇴적물의 분석이 이루어졌다(成瀬 외, 1985b; Inoue and Naruse, 1987; 成瀬, 井上, 1987; 成瀬, 1989; 植松, 1987 등).

토양학 분야에서도 풍성먼지에 관한 연구가 본격화되었는데, 가토(加藤, 1986)는 비화산재 기원의 구로보쿠(黑土)의 토양모재가 과거 덴류가와(天龍川) 하상에서 불려온 풍성먼지일 가능성을 시사하였고, 하상에서 바람에 의해 운반된 풍성먼지가 토양모재가 되는 경우가 많다고 보았다(竹迫, 加藤, 1983).

찬인(山陰), 후쿠리쿠(北陸), 도호쿠(東北), 홋카이도(北海道) 등의 다설지역에는 비화산재성 흑토 혹은 산지성 흑토로 불리며 주로 표층에 실트 물질이 퇴적되어 있다. 이와 같은 토양은 풍성먼지와 현지 물질이 혼합된 층으로서, 여기에 포함된 결정성 점토광물이나 미세 석영이 풍성먼지 기원이라고 주장되었다(井上, 溝田, 1988; Mizota and Inoue, 1988). 또한 풍성먼지의 영향을 강하게 받은 양토(loam)에 대한 연구도 행해졌다

10 홋카이도 삿포로 남쪽 칼데라 호.

(吉永 외, 1988).

풍성먼지를 동정하는 방법에 산소 동위체비 분석이 적용되었고, 열형광색 및 천연 열형광 분석 등도 시도되었다(Mizota, 1982; 溝田, 松久, 1984; Mizota and Matsuhisa, 1985; Naruse et al., 1986; Yanchou et al., 1987). 황사의 관측 기술도 한층 발전하여 많은 연구자들에 의해 황사 연구가 이루어졌다(岡田 외, 1980; 石坂 외, 1981; 岩坂 외, 1982; Honjyo et al., 1982; Ishizaka and Ono, 1982; Iwasaka et al., 1983; 村山, 1980; Tsunogai et al., 1985; 田中 외, 1983; Okada et al., 1987; Noriki and Tsunogai, 1986; Okada et al., 1987; 田中, 1987; Yama, 1988; Iwasaka et al., 1988; Nakajima et al., 1989 등).

1990년대 오사카대학에서는 ESR 분석법을 개발하여 오카야마대학과 교토대학을 시작으로 다방면에서 공동연구를 행하였다. 1991년에는 나고야대학 수권과학연구소에 의해 '대기수권의 과학, 황사'가 출판되었고 황사 연구에서 새로운 진전이 이루어지기 시작하였다. 그리고 긴키(近畿)와 산요(山陽) 지방 화강암 지역의 토양(鳥居, 1990), 남서제도의 적황색토(成瀨, 井上, 1990)와 북 규슈의 대지상의 토양(井上 외, 1993; 溝田 외, 1992), 남서제도의 토양(永塚, 1995), 홋카이도의 토양(Mizota et al., 1992) 등 토양모재에 풍성먼지가 어느 정도 기여하는가에 대해 보고하였다.

그리고 규슈~도호쿠 간의 풍성먼지 퇴적량과 최종 빙기 기후변동의 관계에 대한 고찰(成瀨, 1993) 및 도호쿠와 홋카이도에 분포하는 뢰스의 연구(鴈澤 외, 1994)도 진행되었다. 이 밖에 일본열도에 널리 분포하는 화산재 퇴적물을 뢰스라고 보았고(朝川, 1995) 시라스 대지 위에 퇴적된 화산재질 뢰스의 존재를 주장하였다(成瀨 외, 1994).

또한 스이게츠 호(水月湖)에서 과거 2,000년간의 호저 퇴적물의 풍성먼지 퇴적량과 해면변동 등의 고해상도 기록을 해석하였으며(福澤, 1993; 福澤 외, 1995), 호소, 내만의 뢰스 퇴적물을 이용한 풍성먼지의 고해상도 연구에서는 아시아몬순이 환경 변화에 대응하는 속도에서 차이가 나는 해양과 육상 지역 사이의 원격 상관관계(teleconnection) 역할을 하므로 풍성먼지는 환경 변화의 척도로서 유용하다고 주장하였다(福澤 외, 1997a, b). 비와 호에서는 14.5만 년간의 풍성먼지 유입량 변동이 복원되었다(Xiao et al., 1997).

해저 코어의 연구도 수행되었는데, 태평양 중위도 지역(河村, 1995; 岡本 외, 1995; 入野, 多田, 1995)과 인도양의 풍성먼지(新妻, 1997) 연구가 진행되었다. 타다(多田, 1996, 1997,

1998; Tada et al., 1999)는 일본해 해저 코어에서 확인되는 최종 빙기 이후 명암(明暗)의 띠를 통해 수백~수천 년에 걸쳐 반복되는 고해상도의 돌발적이고 급격한 기후변화를 밝혔으며, 중국의 뢰스와 동해(東海) 퇴적물의 점토광물 분석을 통해 과거 약 240만 년간의 몬순 변동이 복원되었다(大井 외, 1997). 또한 이케하라(池原, 1998)는 해양환경과 육지 기원 물질에 관한 연구를 통해 풍성먼지가 몬순 변동을 일으킬 가능성에 대해 고찰하였고, 오노 외(Ono et al., 1997)는 몬순 순환의 확장 및 축소를 고해상도로 설명하는 데 풍성먼지 연구가 중요함을 지적하고 동아시아에서 MIS 2의 고풍계 복원을 시도하였다(Ono and Naruse, 1997; 成瀬, 小野, 1997; Wang and Oba, 1998; 鈴木 외, 1997; 鈴木 외, 1998).

현재 황사 운반 과정에 북서 계절풍이 크게 관여하는 것으로 알려졌으며(岩坂 외, 1991), 쥬우(十乗) 평원이나 간토(關東) 평야 지역 로움(loam)층에 혼입된 풍성먼지의 석영에 대해 연구하였다(Yoshinaga, 1996; 吉永, 1995a, b, 1998). 그리고 식물 규소체와 풍성먼지 퇴적을 기초로 고환경 복원도 행해졌다(左瀬 외, 1995).

풍성먼지 기원지나 고풍계 복원을 목적으로, ESR 분석에 의해 획득한 산소 공공량(空孔量)을 지표로 활용하는 방법을 개발하고(成瀬 외, 1996, 1997, 1998), 석영 입자를 열형광색의 화상으로 식별하는 방법을 찾았으며(安澤 외, 1995a), 석영의 TL 연대측정을 시도하고(安鴨 외, 1995b), 비와 호 코어에서 산소 동위체비 분석 등을 행하였다(Xiao et al., 1997). 이러한 분석에 의해 광역 풍성먼지가 일본열도 주변에 넓게 분포하고 있는 것을 확인하였다.

풍성먼지에 관한 새로운 분석법도 개발되었는데, 스트론튬(Sb) 동위체로 풍성먼지 공급량을 구하고(Yokoo et al., 2004), 니가타(新潟) 현과 도치기(栃木) 현에 분포하는 과거 60년간 주목받아 온 뢰스층에 대해 연대측정을 행하였다(Watanuki et al., 2005). 더욱이 해저 코어의 경우 동해에서 20만 년간의 퇴적물을 분석하여 고환경을 복원하였고(Irino and Tada, 2000, 2002; Tada, 2004), 동해 해저 코어의 입도 조성과 ESR 분석을 통해 과거 풍계 복원을 시도하였다(長島 외, 2004). 더욱이 카이(Kai, 2002)는 서중국의 황사에 대해, 기토 외(Kitoh et al., 2001)는 최종 빙기 최성기 해양-대기 순환의 시뮬레이션을 행하여 빙기 풍성먼지의 운송에 대한 데이터를 제공하였다.

이 시기에는 뢰스에 대한 전문서도 출간되었는데, '제4기학'(丁田 외, 2003), '일본의 지형 7 규슈, 남서제도(남서제도의 적황색토에 기여하는 풍성먼지에 대하여)'(丁田 외, 2001), '일본 지형 6 긴키, 주고쿠, 시코쿠(山陰의 뢰스에 대하여)'(太田 외, 2004) 등이 저술되었다.

중국의 황토고원은 전 세계 뢰스 연구의 발상지인 만큼 중국에서 이루어진 연구 내용과 성과를 살펴보고 검토하는 일은 세계의 뢰스 연구사를 이해하는 데 의미가 크다. 또한 동아시아에서 가장 동쪽에 위치한 일본의 뢰스 및 풍성먼지 연구는 20세기 이래 상당히 많이 축적되어 있으며, 출발점에 있는 한반도 뢰스 연구를 발전시키는 데 필요한 좋은 아이디어와 새로운 관점을 제공할 수 있다. 그리고 한국과 공간적으로 인접해 있는 일본에서 뢰스 연구가 지리학 및 지형학 연구의 의미 있는 분야로서 발전하고 있는 것은 일본보다 뢰스층이 더 두꺼운 한국의 지형학자들에게 새로운 연구 영역을 열어 준다는 측면에서 의미가 크다고 생각된다. 따라서 중국과 일본의 뢰스 연구 성과는 장차 한국 뢰스 연구의 방향을 모색하는 데 좋은 지표가 될 것이다.

| 제2부 |

뢰스 연구방법론

6.

뢰스 분석 방법

뢰스-고토양 연속층의 연구방법에 대해 소개하고 이러한 방법들을 적용하여 뢰스의 풍화 특성과 공간 분포 특징 그리고 퇴적환경을 검토하였다. 가장 기본적인 방법은 입도(grain size)분석과 대자율(magnetic susceptibility) 분석이며, 그 밖에 토색(soil color)이나 유기물 함량(organic content) 및 퇴적층 밀도(bulk density) 그리고 Y값과 토양발달지수(Profile Development Index, PDI) 등을 측정하고 있다. 더욱이 X-Ray 회절(X-Ray diffraction, XRD)분석, 주원소(major element), 미량원소(trace element) 및 희토류원소(rare earth element, REE) 그리고 산소동위원소($\delta^{18}O$) 분석과 같은 지구화학적 분석은 적용 빈도가 점차 높아지고 있다. 최근 일본에서는 전자스핀공명(Electron Spin Resonance, ESR) 분석으로 자료를 축적하고 있다.

1) 입도분석

뢰스-고토양 연속층의 입도 조성은 뢰스의 특성을 논의하는 데 매우 중요한 요소로 간주되고 있으며 고기후, 특히 계절풍의 강도와 밀접하게 관련되어 있다. 즉 바람의 세기가 강할수록 운반될 수 있는 입경이 커지고 바람의 강도가 약해지면 입도는 세립화된다. 또한 간빙기에는 토양생성작용에 의해 세립화가 가속된다.

한편 뢰스 연구에서 입도 변수 중 평균입경(mean)보다는 입경 중앙값(median)이 고기후 변화를 보다 잘 반영한다고 알려져 있다(Porter and An, 1995; Xiao et al., 1995; An and Porter, 1997). 이외에도 실트와 점토 비율인 K_d,[11] U-ratio(Vandenberghe et al., 1993; Nugteren et al.에서 재인용),[12] 40μm 이하 석영의 비율(An and Porter, 1997), 40μm 이상(Chen et al., 1997), 20μm 이상(An et al., 1995; An, 2000에서 재인용), 16μm 이상 석영의 비율(Porter and An, 1995) 등도 고기후 변화와 잘 부합하는 것으로 알려졌다. 또한 화학적 처리를 통해 석영 이외의 다른 광물들을 제거한 입도분석 자료가 겨울 계절풍을 보다 정교하게 반영한다는 연구 결과도 있다(Xiao et al., 1995).

한국에서의 연구 결과(신재봉 외, 2004)에 의하면 입경 중앙값에서 뢰스와 고토양 사이의 뚜렷한 차이를 발견할 수 없었으며, 이는 뢰스 퇴적층에 공급된 물질이 상당히 먼 거리를 이동하여 퇴적되었으므로 조립의 입자는 분별되고 비교적 세립의 입자만이 운반되어 퇴적되었기 때문이라고 설명하였다. 이에 대해 이선복(2005)은 전곡리 용암대지 상부 퇴적층의 입도 자료(김주용 외, 2002)를 근거로 퇴적물이 조립질이므로 뢰스-고토양 연속층과 관련된 이전의 해석을 부정하였으며, 뢰스-고토양 연속층으로 해석하는 것은 밝거나 어두운 색조대의 반복 현상을 과도하게 해석한 결과에 기인하는 것이라고 주장하였다. 이와 같이 한국의 뢰스-고토양 연속층의 입도 조성과 관련하여 여전히 논란이 남아 있으며, 뢰스-고토양 연속층의 입도 조성에 대한 분명한 기준과 근거가 제시되지 못한 것이 뢰스 존재에 대한 논쟁으로 이어지고 있다고 본다.

---

11 $K_d=\frac{0.05\sim0.01\text{mm}}{0.005\text{mm 이하}}$ (Liu, 1985), $K_d=\frac{60\sim8\mu\text{m}}{5\mu\text{m 이하}}$ (Zhang et al., 2005).

12 $U\text{-}ratio=\frac{16\sim44\mu\text{m}}{5.5\sim16\mu\text{m}}$.

2) 대자율 분석

물질은 외부 자기장의 영향 아래 있으면 자화를 획득하고 자기장이 제거되면 자화를 잃어버린다. 이렇게 외부 자기장에 의해 유도된 자화를 유도자화라 한다. 그러나 어떤 물질들은 외부 자기장을 제거하여도 자성을 잃지 않는데 이러한 자화를 잔류자화라 한다. 그러므로 물질의 자기 특성은 자화강도나 자화방향뿐 아니라 외부 자기장의 변화에 따른 물질의 유도자화 변화 정도로도 나타낼 수 있다. 이러한 변화를 좌우하는 물질의 자기 특성을 대자율(magnetic susceptibility)이라 한다(도성재, 김광호, 1999). 따라서 대자율은 물질이 자화될 수 있는 정도를 나타내는 기준이며 무차원의 단위를 사용하는데(Lillie(김기영, 김영화 편역), 2001), 이것은 부피 대자율(volume susceptibility)을 의미한다. 이를 밀도로 나눈 것을 질량 대자율(mass susceptibility)이라 하며 보통 m^3/kg의 단위를 사용한다(도성재, 김광호, 1999).

물질은 각각의 자기 특성을 가지고 있으며 크게 반자성(diamagnetism), 상자성(paramagnetism), 강자성(ferromagnetism) 그리고 페리자성(ferrimagnetism)으로 구분된다. 표

[표 6.1] 다양한 물질의 질량 대자율(도성재, 김광호, 1999)

자성	물질	질량 대자율($\times 10^{-8} m^3/kg$)
반자성	공기	0.35×10^{-6}
	물	-0.9
	플라스틱	~-0.5
	석영	-0.62
	탄산염	-0.48
상자성	타이타늄철석	100~115
	흑운모	~79
강자성	적철석	60~600
페리자성	자철석	5.7×10^{4}
	마그헤마이트	5.7×10^{4}

6.1은 자기 특성에 따른 물질의 대자율을 나타낸 것이다.

뢰스 연구에서 대자율 분석은 1980년대 초중반부터 진행되어 왔으며 입도분석과 더불어 기본적인 분석 방법으로 받아들여지고 있다. 헬러와 류(Heller and Liu, 1984)는, 대자율이 뢰스에서는 낮고 고토양에서는 높게 나타나는데 이러한 대자율 변화가 해저 퇴적층의 산소 동위체 변화와 닮았다는 것을 발견하였다(Kukla and An, 1989). 이후 대자율은 많은 학자들에 의해 연구되었으며 대자율 변화의 원인에 대해서도 많은 논의가 있어 왔다.

대자율 변화에 대한 의견은 크게 두 가지인데 첫 번째, 운반에 의해, 즉 운반율(퇴적률) 변화에 의해 발생한다는 주장과 두 번째, 토양생성작용에 의해 대자율이 변화한다는 것이다. 최근에는 후자의 주장이 더 지지를 받지만 두 가지 의견을 종합한 경우도 있다.

쿠클라와 안(Kukla and An, 1989)에 따르면, 대자율에 영향을 미치는 것은 화산재, 화재에 의한 재, 유성진(micrometeorites)과 같은 극세립의 풍성먼지 등이며 이들은 기후변화의 영향을 받지 않는다. 한편 주변 지역에서 유입된 조립의 모래 및 조립질 실트 입자는 대자율을 낮추는 역할을 하며 기후변화에 민감하게 반응한다. 한랭 건조한 시기에는 보다 조립의 모래 및 조립의 실트 입자 유입량이 증가하여 대자율이 낮아진다. 이와는 대조적으로 상대적으로 온난 습윤한 시기에는 주변 지역이 식생으로 피복되어 조립질 유입량이 감소하게 되며 토양의 대자율은 높게 나타난다. 따라서 대자율 변화는 기원지와 퇴적지 모두의 식생 환경과 관련되어 있다. 즉 식생 피복이 양호하면 대자율이 증가하고 식생 피복이 불량하면 감소하는 모습을 보이므로, 대자율은 고식생 및 고기후 환경의 대리자가 될 수 있다.

한편 조우 외(Zhou et al., 1990)는 뢰스 층준보다 고토양 층준에 세립의 자성물질이 많으며 이는 토양생성작용에 의한 것이라고 해석하였다. 안 외(An et al., 1991)는 대자율이 고토양에서 높고 뢰스에서 낮게 나타나므로 고기후 대리자로 간주되고, 강수량과 식생이 관련되어 있으므로 여름 계절풍의 강도를 반영한다고 하였다. 마허와 톰슨(Maher and Thompson, 1991)은 고토양에서 높게 나타나는 대자율 변화는 토양생성작용 동안 자철석(magnetite)이 형성되기 때문이며, 자철석의 형성과 보존은 토양생성작용에 관여하는 조건들에 의해 조절되고 기후변화를 반영한다고 하였다.

류 외(Liu et al., 1999)는 뢰스-고토양 연속층의 마그헤마이트(maghemite, γ-Fe_2O_3)는 많은 부분이 기원지에서 운반된 것이며 부분적으로 토양생성작용에 의해 형성되어 고토양에서 높은 대자율을 보인다고 하였다. 포터 외(Porter et al., 2001)는 앞서 밝힌 퇴적률 변화와 자철석 광물의 생성, 두 요인에 의해 대자율이 변하며 이는 계절풍기후를 반영한다고 주장하였다.

최근의 연구(Ji et al., 2001; Maher, 1998; Chen et al., 2002)에 따르면, 대자율을 증진시키는 광물은 주로 초극세립의 자철석(magnetite, Fe_3O_4)과 마그헤마이트 등이며 강자성인 적철석(hematite, α-Fe_2O_3)은 대자율에 기여하는 바가 미약하다고 하였다. 이에 의하면 토양에서의 대자율 증가 원인은 토양생성작용, 박테리아와 같은 생물의 작용, 산불과 같은 불에 의한 가열, 레피도크로사이트(lepidocrocite, γ-FeO(OH))의 탈수화 작용, 자성을 가지고 있는 물질의 낙하 등이다.

뢰스-고토양 연속층에서 대자율은 층준 구분을 하는 데 거의 결정적인 도구가 되는데 동시에 고기후 변화를 지시하는 중요한 고기후 대리자이기도 하다. 대자율이 어떠한 원인으로 뢰스에서 낮게, 고토양에서 높게 나타나든 이것이 고기후와 관련되어 있는 것은 확실하다(An et al., 1991).

3) 토색 분석

야외에서 관찰되는 뢰스-고토양 연속층의 가장 뚜렷한 특징은 뢰스 층준과 고토양 층준 사이의 토색 변화이다. 하지만 토색을 표현하기 위해 일반적으로 사용되고 있는 Munsell 색체계는 인간의 인지에 의해 색상(hue), 명도(value), 채도(chroma)로 색을 표현하는 방법으로, 총 389개 색 표현이 가능하나 정량화시키는 데에는 어려움이 있다. 토색의 정량화를 위해 사진 촬영을 통한 grayscale 강도(Porter, 2000), 휴대용 토색 측정기를 이용한 백색도(whiteness; Chen et al., 2002)와 확산반사 분광광도계(diffuse reflectance spectrophotometry)를 이용한 광도(brightness; Ji et al., 2001) 등이 사용되었으며, 측정 결과는 고기후와 관련 있음이 밝혀졌다.

신재봉 외(2004)는 전곡리 구석기 유적지의 미고결 퇴적층 연구에서 토색기를 이용하여 L*a*b* 색체계로 뢰스-고토양 연속층의 토색을 측정하였지만, 뢰스 층준과 고토양 층준 사이에 큰 차이가 없는 것으로 나타났다. 그러나 황토고원에서 동일한 색체계를 이용한 Miao et al.(2007)의 연구에서는 뢰스 층준과 고토양 층준 사이의 확연한 차이를 보이고 있어, 이 색체계 적용의 효용성에 대한 논쟁의 여지가 남아 있다.

4) 유기물 함량 분석

유기물 함량은 직접적인 생물 활동의 결과이기 때문에 고기후 대리자로 사용될 수 있다. 온난 습윤한 간빙기에는 식생 피복이 양호하므로 유기물 함량이 높지만, 상대적으로 한랭 건조한 빙기에는 식생 피복이 불량하여 유기물 함량이 낮다. 뢰스-고토양 연속층에 함유된 유기물의 함량은 흔히 작열감량법(loss on ignition, LOI)으로 측정한다. 작열감량법은 일정한 양의 시료를 일정 시간 태운 후 무게 변화를 측정하여 시료에 포함된 유기물의 함량을 산출한다. 시료를 태우는 온도와 시간은 연구자마다 다양하게 적용하는데, 무스 외(Muhs et al., 2003)는 유기물 함량이 7% 이하인 시료는 수정 Walkley-Black 방법을 적용하고, 유기물 함량이 7% 이상인 시료는 550°C에서 12시간 또는 950°C에서 1시간 동안 태우는 방법을 사용하였다. 작열감량법 이외에 지질학 분야에서는 TOC(total organic carbon), TN(total nitrogen), TS(total sulfur)와 이들 사이의 비율(C/N)로 유기물의 함량을 측정하기도 한다.

5) 퇴적층 밀도 분석

각각의 지형 형성 기구(agent)는 자체의 특성으로 인해 독특한 퇴적 구조 또는 특성을 가진 퇴적층을 만들어 낸다. 흐르는 물에 의해 형성된 퇴적층(하안단구, 해안단구)은 상대적으로 치밀하고, 이와는 대조적으로 풍성층(사구, 뢰스)은 상대적으로 느슨하며 공극이 많다. 느슨한 퇴적층인 뢰스의 특징을 계량적으로 표현할 수 있는 요소가 퇴적층 밀도(bulk density)이다.

파이(Pye, 1987)는 유럽의 뢰스 층준과 고토양 층준의 밀도를 1.65g/cm^{3}로, 베티스 외(Bettis et al., 2003)는 북미 지역의 뢰스 층준과 고토양 층준의 밀도를 1.45g/cm^{3}라고 보고하였다. 중국 뢰스고원의 루오추안 지역에서는 퇴적층 밀도를 1.5~2.01g/cm^{3}로 측정하였고(Nugteren et al., 2004), 알래스카에서의 뢰스 층준과 고토양 층준의 밀도는 1.07~1.56g/cm^{3}의 범위에 있었다(Muhs et al., 2003).

6) 토양발달지수 분석

토양 발달에 영향을 미치는 요소로는 전통적으로 기후, 모재, 생물 활동, 지형, 시간 등이 제시되고 있다. 생물 활동의 경우 식생 피복이 중요하며 기후에 따라 달라지므로 토양 발달에 미치는 생물 활동의 영향은 기후의 영향으로 볼 수 있다. 또한 특정 지역에 퇴적된 뢰스-고토양 연속층은 거의 동일한 모재로 이루어져 있어, 모재와 지형이라는 변수도 특정 단면에서는 동일하게 간주될 수 있다. 따라서 뢰스-고토양 연속층의 토양 발달은 기후의 영향을 크게 받으며, 역으로 토양 발달의 정도를 알아낸다면 고기후를 유추할 수 있을 것이다.

토양발달지수인 PDI(profile development index) 또는 SDI(soil development index)는 각각의 토양특성을 측정하고 이를 수치화하여 토양의 발달 정도를 보여 주는 지표이다. 버클랜드(Birkeland, 1999)는 하든(Harden, 1982)과 테일러(Taylor, 1983, 1988)가 제안한 내용을 수정하여 PDI 계산법을 고안하였다.

버클랜드(Birkeland, 1999)에 따르면, 토양특성을 야외에서 측정할 경우 수분함량에 따라 토양특성이 크게 달라질 수 있기 때문에 점착성(stickiness), 탄력성(plasticity), 단단함(hardness), 굳기(firmness) 등에 관해 일관된 결과를 얻기 어렵다. 또한 건조 상태와 습윤 상태에서 토양특성을 기술해야 하나 야외에서는 동일 단면에서 두 가지 조건을 모두 얻을 수는 없다. 따라서 실내에서 동일한 조건하에 각각 측정한다면 일관된 결과를 얻을 수 있을 것이다. 또한 그는 젖은(wet) 상태와 습한(moist) 상태를 구분하여 wet consistence(stickiness와 plasticity)와 moist consistence를 측정할 것을 제안하였지만, wet와 moist의 기준이 상당히 모호한 단점이 있다.

PDI는 모재(parent material)와의 비교를 통해 모재로부터 상대적인 토양 발달 정도를 측정하기 때문에 모재의 설정이 매우 중요하다. 일반적인 토양층의 경우 토양층 하부에 기반암의 풍화층인 모재층이 존재하지만, 퇴적층의 경우 모재를 결정하는 일이 그리 쉽지 않다.

버클랜드(Birkeland, 1999)는 하안단구를 예로 들어 퇴적과 침식을 활발하게 반복하고 있는 현재 범람원의 퇴적물을 하안단구의 모재로 설정할 수 있다고 하였다. 이와 유사한 방식으로 뢰스의 모재를 현재 황사 시료로 설정할 수도 있지만 시료 채취가 어렵고 채취 당시의 대기상태에 따라 달라질 수 있기 때문에, 뢰스 노두 내에서 교란 및 토양생성작용을 가장 적게 받았을 것으로 판단되는 층준을 모재로 설정하는 것이 바람직하다.

또한 고토양 층준은 그 하부의 뢰스와 유사한 물질로부터 발달한다고 가정할 때 고토양의 모재도 뢰스 층준으로 간주할 수 있다. 따라서 뢰스 층준과 고토양 층준 한 쌍이 동일한 모재로부터 발달한다고 보고 PDI를 산출한다. 하지만 이러한 방법으로 모재를 설정할 경우 모재층은 PDI에서 토양 발달이 전혀 진행되지 않은 것으로 간주되므로(PDI=0), 각각의 모재층으로 설정된 층준들의 PDI 평균치를 해당 지점의 PDI로 계산할 수 있다. 또한 뢰스 층준과 고토양 층준의 경계가 되는 층준은 모재에 따라 다른 결과가 나올 수 있기 때문에, 이 경우 역시 뢰스와 고토양의 모재로 결정된 층준들의 PDI 평균치로 기준을 설정하고 해당 지점의 PDI를 산출할 수 있다.

7) X-Ray 회절분석

모든 광물이 그 내부구조에 따라 고유한 회절선의 각도와 강도를 가지는 것에 착안하여 고안한 것이 X-Ray 회절(XRD)분석이다. 비산된 광물 시료 분말에 X선을 투과시킬 때 발생되는 회절 강도를 이용하여 해당 시료에 어떠한 광물이 포함되어 있는가를 동정하는 방법이다. 2θ를 d로 변환하고 target에 맞는 2θ-d 대조표를 이용하여 XRD 경향(그래프)에서 정점에 해당되는 광물을 동정한다(加藤誠軌(김문집, 서일환 공역), 1993). 최근에는 컴퓨터프로그램을 이용하여 자동으로 광물을 동정할 수 있다.

$$2d=n\lambda/\sin\theta$$

(d: 격자면 간격, θ: 입사선과 격자면 사이의 각, n: 반사 차수, λ: X선 파장)

X선의 회절 강도와 그 물질의 농도가 비례한다는 사실에 기초하여 XRD 분석에서는 회절선의 강도를 비교하여 특정 광물의 함량을 추정하는 방법을 사용하기도 한다. 그러나 이 방법은 함수관계를 보이는 것이 아니고, 시료의 상태에 따른 차이가 커서 수십%의 오차가 존재하는 문제가 발생한다.

8) 주원소, 미량원소 및 희토류원소 분석

주원소는 O, Si, Al, Fe, Mg, Ca, Na, K, Mn, P 등으로 구성되며 생물체 및 지구 구성 원소 가운데 다량으로 존재한다. 뢰스의 지구화학적 특성을 확인하기 위해, 이들의 화합물 가운데 주원소 조성을 이용하여 각 원소의 상대적인 함량을 비교하면서 토양 내 원소 조성의 차이를 밝히고 그 결과를 비교함으로써 상대적인 풍화 정도를 파악할 수 있다.

주원소 분석에 있어 X-Ray 형광(X-Ray Fluorescence, XRF)분석법이 일반적으로 사용된다. X선이 시료에 조사되면 시료를 구성하고 있는 원소의 궤도전자를 여기시키는데, 여기상태의 전자가 기저상태로 돌아감으로써 연속적인 전자 재배열이 일어나게 된다. 그 과정에서 원소의 특성에 따라 형광 X선이 방출되고, 적절한 분광 결정에 의해 파장에 따라 일정한 각도로 회절된 특정 X선의 강도가 검출기로 측정되어 암석을 구성하는 각 원소의 상대적인 무게비(weight percent)를 구한다. 모든 자료는 산화물로서 표현되는데, 이는 산화물의 형태로 나타났다기보다 일반적인 음이온이 산소이기 때문이다(Birkeland, 1999).

이러한 주원소 분석은 화학적 풍화 정도를 검토하기 위해 주로 이루어지고 있다. 또한 풍화의 정도를 정량적으로 파악하기 위해 다양한 풍화지수(weathering index)를 이용한다. 흔히 규반비(SiO_2/Al_2O_3)와 규철반비($SiO_2/Al_2O_3+Fe_2O_3$)와 같은 풍화지수가 사용되며, 류 외(Liu et al., 1995)는 웨이난(渭南, Weinan) 뢰스-고토양 연속층에서

CIA(chemical index of alteration, CIA=100×Al_2O_3/(Al_2O_3+Na_2O+K_2O+CaO))와 SiO_2/TiO_2가 각각 여름 계절풍 강도와 겨울 계절풍 강도를 반영한다고 하여 각각 SMI(summer monsoon index), WMI(winter monsoon index)라고 하였다. 또한 A-CN-K와 A-CNK-FM 다이어그램(Nesbitt and Young, 1984, 1989) 또는 각 정점을 다른 원소로 수징하여 주원소의 상대적인 비율을 표현한다. 이 경우 A=Al_2O_3, CN=CaO+Na_2O, K=K_2O, CNK=CaO+Na_2O+K_2O, FM=Fe_2O_3+MgO가 된다. 주원소 함량을 UCC(upper continental crust, 상부 대륙지각) 및 PAAS(Post-Archean Australia shale, 시생누대 호주 셰일)(Taylor and McLennan, 1985) 또는 chondrite[13](Masuda et al., 1973; Masuda, 1975)로 표준화하여 원소 분포를 나타내기도 한다.

미량원소는 극히 작은 양이기는 하나 지구를 구성하는 기본 원소일 뿐 아니라 식물의 생육에 없어서는 안 될 중요한 원소이다. 미량원소는 Sc, Cr, Co, Zn, Rb, Sr, Y, Zr, Nb, Cs, Ba, Hf, Pb, Th, U 등이며 PAAS와 UCC 및 콘드라이트로 표준화하여 상대적인 결핍 상태 또는 부화 정도를 밝히고 있다(Taylor and McLennan, 1985).

희토류원소는 일반적으로 원자번호 57번인 La(란타넘)부터 원자번호 71번인 Lu(루테튬)까지의 원소를 지칭하며 스칸듐(Sc), 이트륨(Y) 등을 희토류원소에 포함시키기도 한다. 중희토류는 원자번호가 높고 무거운 것을 말하고, 경희토류는 이에 비해 원자번호가 낮고 가볍다. 이들은 3가의 원자가를 가지며 상호 간에 물리적, 화학적 성질이 아주 유사하기 때문에 지구환경에서 나타나는 모든 환경에서 규칙성을 가지고 거동한다. 그럼에도 불구하고 부분적으로 세륨(Ce^{3+}, Ce^{4+}), 유로퓸(Eu^{2+}, Eu^{3+})과 같이 산화-환원 작용의 영향을 받으면 산화상태에 따라 원소의 산화수가 바뀌게 되어 이동되는 경우가 발생하며, 이에 따라 원소의 분포에 있어서 이상(anomaly)이 일어나기도 한다(이승구 외, 2004).

희토류원소는 풍화작용이나 속성작용 등의 변화에 의해서도 그 함량이 크게 변하지 않으며, 암석이 심하게 풍화를 받아 토양화된 후에도 희토류원소의 분포가 변하지 않는다(Lee et al., 1994). 또한 퇴적물의 입도 조성과 광물 조성이 희토류원소의 함량

13 chondrite(콘드라이트): 감람석, 휘석 또는 그 혼합물로 이루어진 지름 0.3~3m의 구상체를 함유한 석질운석. 지상에 떨어지는 운석 전체의 80%를 차지한다. 철의 함량과 존재 상태에 의해 몇 개 그룹으로 나누어진다.

에는 영향을 주지만 운석으로 규격화한 분포도에는 큰 영향을 주지 않는다(이승구 외, 2003). 따라서 희토류원소는 퇴적층의 기원암 또는 기원지를 추정하는 데 사용될 수 있다. 이와 같은 사실에 기초하여 양 외(Yang et al., 2006)는 2002년과 2006년 베이징에서 발생한 황사현상의 기원지를 추정하기 위해 황사 물질과 베이징 인근 지역의 뢰스, 사구, 풍성 모래 등의 희토류원소 조성을 비교하였다.

우리나라에서 희토류를 이용한 연구로는 하상 퇴적물의 기원지에 관한 연구(이승구 외, 2003; 이승구 외, 2004), 중국 건조 사막 표층 퇴적물의 기원지에 관한 연구(권영인 외, 2004a, b), 온천수와 주변 지질의 관련성에 관한 연구(이승구 외, 2005), 지하수 환경 변화의 지시자로서의 연구(Lee et al., 2003) 등이 있다. 뢰스-고토양 연속층을 대상으로 희토류원소를 이용한 방법은 한국 뢰스의 기원지를 규명하는 데 중요한 정보를 제공할 것이다.

9) 전자스핀공명 분석

뢰스 물질의 기원지를 확인하는 방법으로 희토류원소 분석 이외에도 전자스핀공명(electron spin resonance, ESR) 분석이 사용되고 있다. ESR 분석은 주로 암석 시료의 연대측정에 활용되지만 ESR의 신호강도를 기초로 기원지 추정에 이용되기도 한다.

몇 가지 유기물질과 많은 무기 결정은 외부에서 어떤 형태의 에너지를 주면 흡수된 에너지를 빛으로 바꾸어 외부에 방출하는 경우가 있다. 이 현상을 루미네선스(luminescence)라 한다. 석영 입자가 퇴적물 내에서 주변 방사성원소(주로 U, Th, K)의 붕괴로 인해 방출되는 α입자, β입자, γ선과 우주선(cosmic ray)에 노출되면 입자 내의 불순물이나 격자결함(예를 들어 Si^{4+}를 치환한 Al^{3+})에 존재하던 전자들이 이동하게 되고(그림 6.1 (3)), 이들 자유전자(free electron)는 다른 종류의 격자결함(예를 들어 O^{2-} 공동 같은 negative ion vacancy)에 붙잡히게 된다(그림 6.1 (4)). 이러한 격자결함을 trap이라 하며 이 trap에 잡힌 전자들은 trapped electron이라고 한다. 이후 석영 입자가 가열되거나 빛의 광자(photon)를 흡수하면, trapped electron들이 trap으로부터 분리되어 루미네선스 센터(luminescence center)와 결합하며 루미네선스를 방출한다(그림 6.1 (5)). 루미네선스 센터

[그림 6.1] 루미네선스의 과정(최정헌 외, 2004)

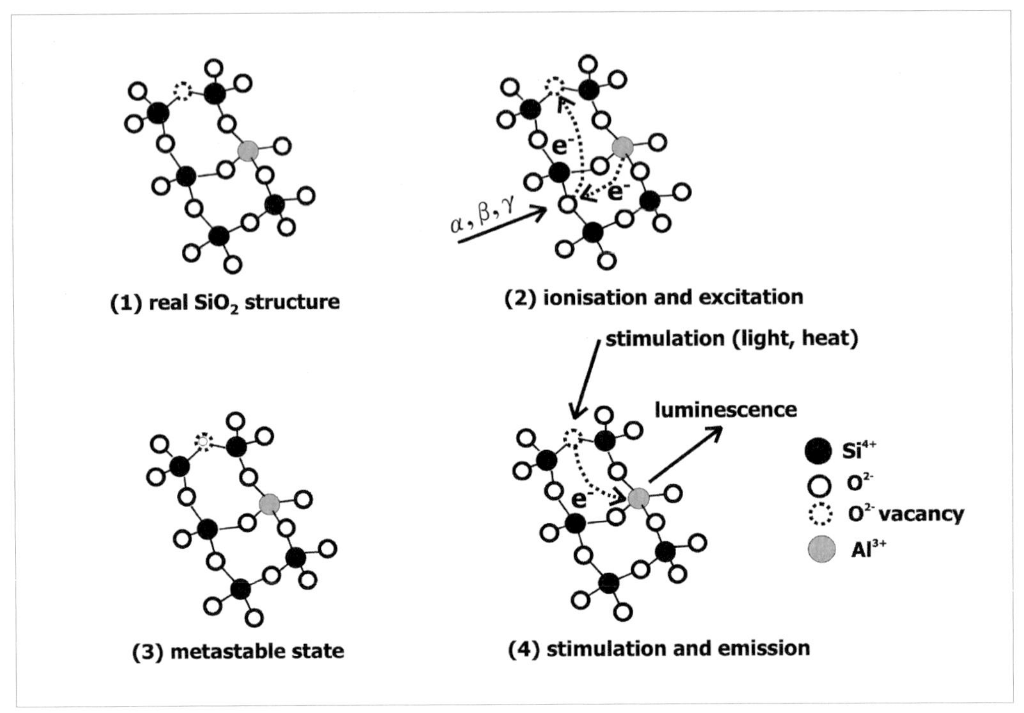

는 trap과는 다른 종류의 격자결함으로서 그림 6.1의 경우 Al 사이트가 루미네선스 센터의 역할을 하게 된다(최정헌 외, 2004). 여기에 일정한 에너지(빛, 열, 스핀공명)를 가하면 trapped electron이 방출되는데 이 신호량을 측정하여 연대측정이나 기원지 추정에 사용한다.

특히 뢰스 연구에 적용하고 있는 석영의 ESR 산소 공공량의 경우, 자연방사선에 의해 석영 중 산소가 Si-O-Si 결합에서 이탈하게 되고 산소 원자가 빠지는 구멍에 산소 공공(空孔) 또는 산소 공동이 형성되는데, 이 산소 공공은 시간이 길어지면 길어질수록 증가한다. 따라서 산소 공공량과 연대의 사이에서는 상관관계가 확인된다. 또한 산소 공공은 열적으로 안정되어 수명이 길어지므로 산소 공공량에서 석영의 생성 연대를 구할 가능성이 있다고 한다.

ESR 분석은 일본에서 주로 행해졌지만 아직 널리 사용되고 있지 못하여 연구 성과를 평가하기에는 무리가 있다.

10) 산소 동위원소($\delta^{18}O$) 분석

석영은 토양이나 퇴적물 중에 보편적으로 포함된 광물의 하나이다. 비교적 안정된 광물인 석영을 구성하는 산소 원자는 질량수가 16, 17 및 18인 안정동위원소가 있다. 석영의 산소 동위원소 값($\delta^{18}O$)은 다음 식으로 나타난다. 표준시료로서는 보통 해수가 이용되고 $\delta^{18}O$은 표준평균해수(standard mean ocean water, SMOW)로부터 $\delta^{18}O$ 함량의 변동을 천분율로 나타낸 것이다.

$$\delta^{18}O = \left(\frac{\text{분석대상시료의 } ^{18}O/^{16}O}{\text{표준시료의 } ^{18}O/^{16}O} - 1\right) \times 10^3$$

석영의 $\delta^{18}O$은 그 생성 온도에 의해 결정된다. 화강암과 같이 고온에서 마그마로부터 정출된 암석 가운데 석영의 $\delta^{18}O$은 일반적으로 낮아서 +5~+10‰이다. 한편 상온에 가까운 온도에서 수용액으로부터 정출된 처트(chert) 중의 석영이나 플랜트오팔(plant opal, phytoliths, 식물 규소체)에는 $\delta^{18}O$이 뚜렷하게 농축되어 +25~+37‰이다. 또한 토양에서 생성되는 오파린실리카의 $\delta^{18}O$도 이러한 범위에 속한다. 석영의 $\delta^{18}O$은 암석이나 퇴적물의 풍화, 운반, 재퇴적의 과정을 통해 거의 변화하지 않으므로 토양이나 퇴적물 기원을 추정하는 직접적인 증거를 제공할 수 있다.

산소 동위원소 연구는 렉스 외(Rex et al., 1969) 등에 의해 개발된 분석법이다. 그들은 태평양 해역의 해저퇴적물에 포함된 미세 석영(1~10μm)의 산소 동위원소 값을 측정하고 그 공급원이나 풍성먼지를 운반한 풍계에 대해 고찰하였다. 이 밖에 이시이(石井) 외(1995)는 타림 분지 각 지점의 제4기 퇴적물의 산소 동위원소 값을 측정하여 렉스 외(Rex et al., 1969)와 거의 같은 결과를 얻었다.

11) Y값

퇴적환경을 알고 있는 퇴적물의 입도분석을 통해 도출된 경험적인 수식인 Y값은 다양한 퇴적환경을 구분하는 데 유용하다. 계산식은 평균입경, 분급, 왜도, 첨도를 지수로 하며 다음과 같다.

$$Y = -3.5688 \times M + 3.0716 \times SD^2 - 2.0766 \times SK + 3.1175 \times K$$

(Φ 단위, M: 평균, SD: 분급, SK: 왜도, K: 첨도)

Y값이 약 -2.7보다 작으면 풍성 퇴적층으로 간주되며 호소 퇴적층의 경우 920~1,290, 그리고 하천 퇴적층의 Y값은 -0.5~3.2이고 세립일수록 Y값도 작아진다(Lu et al., 2001; Liu et al., 2014). 중국 뢰스고원에서 뢰스-고토양 연속층의 Y값은 -7.9~0.1이며, 뢰스-고토양 연속층의 하부에 놓인 신생대 제3기에 형성된 홍색토(Red Clay)의 Y값은 -12.3~0이다(Lu et al., 2001). 샤슈(下蜀, Xiashu) 뢰스라 불리는 양쯔 강 하류의 뢰스 퇴적층의 Y값은 -21.8~-4.9이다(Zhang et al., 2005). 루 외(Lu et al., 2001)에 의하면, 중국 뢰스고원에서 홍색토의 Y값이 상부의 뢰스-고토양 연속층보다 작은 것은 약한 겨울 계절풍 또는 강한 화학적 풍화작용에 원인이 있다.

한국의 전북 봉동 단면은 -13.39~-7.99, 대천 뢰스는 -9.81~-2.27(윤순옥 외, 2007)이며 충북 진천 지역에서는 모두 -8 이하이고(Yoon et al., 2013), 강원도 고성 지역 뢰스-고토양 연속층의 Y값은 -13.8~-9.5(Hwang et al., 2014), 그리고 강릉 지역 뢰스-고토양 연속층은 -10 이하이다(Park et al., 2014a). 한국 뢰스 단면의 Y값이 중국 뢰스고원의 뢰스-고토양 연속층보다 작은 것은 장거리 운반으로 인한 퇴적물의 분별 작용 또는 강한 화학적 풍화작용에 기인하는 것으로 보인다.

7.

뢰스와 고토양 시료의 전처리 과정에 따른 입도분석 논의

입도분석은 시료에서 개별 입자의 크기 분포를 측정하는 것으로(Gee and Bauder, 1986) 지형학, 퇴적학 또는 지질학과 같이 퇴적물 또는 토양을 다루는 지구과학 분야에서는 중요한 분석 방법 가운데 하나이다. 퇴적물의 입도분석을 통해 퇴적 당시의 환경, 퇴적물을 이동시킨 기구의 특징 및 이의 시공간적 변화, 퇴적 이후에 있었던 환경 변화 등 다양한 정보를 추출할 수 있다. 특히 뢰스(loess) 연구에서 입도분석 결과는 대자율(magnetic susceptibility)과 함께 가장 중요한 고기후 대리자(paleoclimatic proxy data)로 여겨지고 있으며, 퇴적물의 이동경로, 기원지, 과거 대기순환 등에 대한 다양한 정보를 제공한다(An et al., 1991; Porter and An, 1995).

전통적으로 조립 입자의 입도분석은 표준체를 이용하였으며, 세립 입자는 스토크 법칙(Stokes' law)을 이용한 침강법(sedimentation method) 또는 피펫 법(pipette method) 등이 이용되어 왔다(Gee and Bauder, 1986; 조성권 외, 1995). 이후 레이저 또는 X선을 이용한 다양한 입도분석 기기가 발명되어, 분석 과정의 편리성과 높은 해상도의 입도 자료 획득 그리고 분석 시간의 단축과 같은 장점으로 인해 널리 활용되고 있다(Beuselinck et al., 1998). 그리고 최근에는 외국뿐 아니라 국내에서도 직접적인 디지털이미지 촬영과 이의 처리를 통한 조립 입자 입도분석 방법이 고안되어 이미 여러 분야에서 활용되고 있다(장윤섭, 박형동, 2001; 황택진 외, 2005; Buscombe, 2008).

다양한 입도분석 방법이 개발되면서 이에 따른 결과의 차이에 대한 논의도 상당히 많다(Beuselinck et al., 1998; Konert and Vandenberghe, 1997). 전통적인 방법과 레이저 입도분석기를 이용하여 얻은 결과를 비교한 연구가 많은데, 분석에 사용된 시료에 따라 차이를 보이지만 대체로 조립 입자보다는 세립 입자에서 그 차이가 크며 측정 방법의 특성, 입자의 형태, 광물 조성 등의 차이에 기인한다(Beuselinck et al., 1998; Konert and Vandenberghe, 1997; Blott and Pye, 2006; Loizeau et al., 1994).

퇴적물, 특히 풍성 퇴적물에서는 최소 확산 방법으로 이루어진 입도분석이 퇴적물의 운반 특성을 보다 정확하게 설명한다는 의견도 있지만(Mason et al., 2003; McTainsh et al., 1997), 대부분의 경우 적절한 전처리 과정은 신뢰성 높은 자료를 획득하는 데 반드시 필요하다고 인식되고 있다. 연구자에 따라 화학약품의 양, 농도, 반응시간 그리고 반응 온도 등에 차이가 있으나, 일반적인 전처리 과정은 '수분 제거를 위한 건조→유기물 제거를 위한 과산화수소(H_2O_2) 처리→탄산염 또는 철산화물 등을 제거하기 위한 염산(HCl) 처리→중화→퇴적물을 분산시키기 위한 확산제 첨가' 등의 과정을 거친다.

토양 내 유기물은 토양입자를 고결시키는 매개체로 작용할 뿐 아니라 광물 입자와 레이저 회절 경향이 다르므로, 제거되지 않고 분석이 진행된다면 광물 입자만으로 분석된 것과 다른 결과가 도출될 수 있다. 그리고 퇴적 이후 토양생성작용 또는 풍화작용 등에 의해 집적되는 2차 탄산염, 철산화물 및 망간 결핵(nodule)은 산을 통해 적절하게 제거되어야 한다. 확산제 가운데에는 나트륨 헥사메타인산염(sodium hexametaphosphate, $(NaPO_3)_6$)이 많이 사용되는데, 결합력이 약한 나트륨이온(Na^+)이 결합력이 보다 강한 칼슘이온(Ca^{2+})을 치환하면서 광물 입자를 분산시킨다(Lu and An, 1998). 또한 초음파를 사용하여 분산 효과를 높이기도 한다. 이렇게 다양한 전처리 과정이 있지만, 결과의 차이를 밝히려는 연구는 거의 없으며 일부 약품의 효과만이 단편적으로 알려져 있을 뿐이다.

채교익(1979)은 규산나트륨($Na_2SiO_2 \cdot 9H_2O$), 수산화나트륨(NaOH), 과산화수소(H_2O_2), 나트륨 헥사메타인산염 등의 확산제 가운데 나트륨 헥사메타인산염의 분산 효과가 가장 크다고 하였다. 넬슨(Nelsen, 1983)은 세립질이 많은 시료를 대상으로 4%의 나트륨 헥사메타인산염 용액 처리, 초음파 처리, 흔들기, 휘젓기 등 4가지 전처리 방법과 처리 시간에 따른 변화를 조사하였다. 그 가운데 휘젓기와 초음파 처리는 시료와 무관하게 일정한 시간 내에 최종 입도분포에 도달하였으나, 용액 처리 및 흔들기 방법은 이에 도달하는 데 필요한 시간이 시료마다 달랐다.

미량의 유기물 포함 토양(0.1~0.4%)을 15% 과산화수소로 유기물을 제거한 후 각각 체-침강법(sieve-pipette)과 레이저 입도분석기(Coulter LS-100)로 분석하였는데 큰 차이가 없었다는 보고도 있다(Beuselinck et al., 1998). 루와 안(Lu and An, 1998)은 20개의 뢰스와 고토양 시료를 대상으로 과산화수소, 염산, 확산제 등의 약품 및 초음파를 이용하여 총 6개의 서로 다른 전처리 과정을 거쳐 분석한 결과, 1일 동안 증류수에 담가두었다가 초음파로 10분 동안 처리한 시료가 가장 세립질이라고 주장하였다.

이 장에서는 상술한 연구 성과들을 검토하여 10가지 전처리 방법을 추출하고 각 방법으로 이루어진 입도분석 결과들을 비교하였다. 특히 연구에 사용된 뢰스와 고토양은 대부분이 세립질 실트와 점토 크기의 입자로 구성되어 있어, 전처리 과정에 따른 분산의 영향에 민감할 것으로 생각된다. 이 경우 동일 시료라 하더라도 각 전처리 과정에 쓰일 부시료를 나누는 과정에서 시료 사이에 미세한 차이가 발생할 수 있다. 시료마다 절대적인 입도분석 결과가 존재하는 것이 아니기 때문에 전처리 과정에 따른 상대적인 차이를 상호 비교하였다. 또한 전처리에 따른 연구 결과를 적용하여 뢰스와 고토양 시료에 유용한 입도분석 전처리 과정을 검토하였으며 기원지를 규명하는 문제도 논의하였다.

1) 연구방법

입도분석 전처리 과정을 비교하는 연구에 사용된 시료는 대천(시료명 DCSD), 부안(시료명 BUPS), 봉동(시료명 BDSJ) 지역에서 채취한 뢰스와 고토양 시료 20개이며, 이것은 이들 지역에서 진행된 분석에서 사용된 것과 동일한 시료이다. 따라서 대천, 부안, 봉동 지역에서 부여한 시료명(지역 및 깊이)이 본 입도분석 시료에도 그대로 적용되었다.

[표 7.1] 전처리 과정 목록(윤순옥 외, 2010)

번호	전처리 과정
P1	끓는 물
P2	끓는 물 + 건조 + 30% H_2O_2
P3	끓는 물 + 건조 + 10% HCl
P4	끓는 물 + 건조 + 0.4% $(NaPO_3)_6$
P5	끓는 물 + 건조 + 30% H_2O_2 + 10% HCl
P6	끓는 물 + 건조 + 30% H_2O_2 + 0.4% $(NaPO_3)_6$
P7	끓는 물 + 건조 + 10% HCl + 0.4% $(NaPO_3)_6$
P8	끓는 물 + 건조 + 30% H_2O_2 + 10% HCl + 0.4% $(NaPO_3)_6$
P9	끓는 물 + 건조 + 30% H_2O_2 + 0.4% $(NaPO_3)_6$ + 10% HCl
P10	끓는 물 + 건조 + 30% H_2O_2 + 10% HCl + 상등액 제거 + 0.4% $(NaPO_3)_6$

입도분석의 전처리에 따른 분산 효과를 알아보기 위해 총 10가지의 전처리 과정이 선정되었다(표 7.1). 뢰스와 고토양 시료는 초기에 덩어리 상태로 채취되었으므로 아무런 전처리 과정을 거치지 않고서는 입도분석이 불가능하다. 따라서 먼저 전처리 방법 P1으로 처리하기 위해, 끓는 물(증류수)을 시료가 잠길 정도까지 부은 상태에서 손으로 흔들어 퇴적물을 어느 정도 분산시킨 후 입도분석을 실시하였다. 그리고 끓는 물의 영향을 배제하기 위해 모든 전처리 과정에 P1의 과정을 넣었다. 유기물 함량은 시료마다 다르고 함량 정도를 정확하게 알 수 없으므로, 과산화수소가 퇴적물과 반응하는 정도를 살피면서 조금씩 첨가하는 방법으로 유기물을 제거하였다. 시료마다 다르지만 첨가된 과산화수소(H_2O_2)의 양은 대략 30~50ml이다. 염산(HCl)과 확산제(나트륨 헥사메타인산염)는 각각 약 50ml를 첨가하였으며 모든 반응은 약 24시간 동안 상온(常溫)에서 이루어졌다.

이 연구에 사용된 입도분석기는 Malvern Instruments의 Laser Particle Size Analyzer Mastersizer-2000(그림 7.1)으로, 측정 범위는 0.02~2,000μm이며 측정된 결과는 부피비(%)를 사용하여 총 100개의 입도 등급으로 표현할 수 있다. Mastersiz-

[그림 7.1] Mastersizer-2000과 HydroMu(윤순옥 외, 2010)

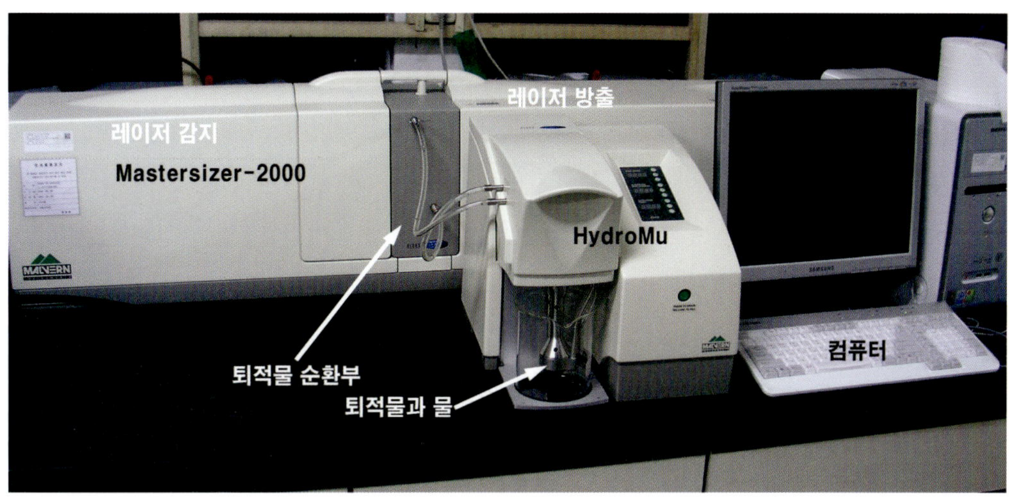

er-2000은 레이저 회절 자료를 입도 자료로 변환 시 미 이론(Mie approximation, Mie theory)을 이용하나, 사용자 설정에 따라 프라운호퍼 이론(Fraunhofer approximation)에 기초한 변환도 가능하다. 미 이론은 분석 대상 입자에 의해 광원이 굴절되거나 흡수될 수 있다고 가정하나, 프라운호퍼 이론의 경우 분석 대상 입자에 의한 광원의 굴절이나 흡수는 무시한다(De Boer et al., 1987).

Mastersizer-2000은 분산 장비인 HydroMu와 2개의 튜브로 연결되어 있다. HydroMu에는 내장형 교반기 및 시료 재순환 펌프가 부착되어 있어, 물과 함께 비커에 담긴 시료를 순환시켜 준다. 일정량의 시료를 넣어 퇴적물을 순환시키면 연결된 튜브를 통해 퇴적물이 이동하게 되는데, 그림 7.1의 회색(퇴적물 순환부) 부분 안에는 특수 코팅된 유리 소재의 window cell이 부착되어 순환하는 퇴적물에 레이저가 오른쪽(레이저 방출) 부분에서 왼쪽(레이저 감지) 부분으로 투과하게 되고, 오른쪽에 설치된 감지기를 통해 회절된 레이저 강도를 측정하여 입도 자료로 변환시킨다. 레이저광원은 적색 광원과 청색 광원 2개를 사용한다(Malvern Korea homepage). 한 번 넣은 시료의 입도분석은 사용자의 설정에 따라 최대 99회까지 분석 횟수를 조절할 수 있다.

이 실험에서는 한 번 넣은 시료가 총 10번 분석이 되도록 설정하였고 동일 시료를 3번 분석하였다. 따라서 특정 전처리 방법으로 처리된 시료당 총 30개의 입도분석 결과를 확보하여 통계 처리하였다. 또한 HydroMu에는 초음파 프로브가 부착되어 있어 분석 전 또는 분석하는 동안 초음파로 퇴적물을 분산시킬 수 있으나, 본 실험에서는 초음파의 영향을 배제하기 위해 초음파를 사용하지 않았다.

퇴적물의 분산 정도를 파악하기 위해 입도분석을 통해 얻은 자료를 기초로, 포크와 워드(Folk and Ward, 1957)의 방식에 따라 평균입경, 입경 중앙값과 함께 모래(〉63μm), 조립 실트(63~16μm), 세립 실트(16~4μm), 점토(〈4μm)의 비율을 산출하였다. 그리고 특정 약품의 사용 전(x축)과 후(y축)의 변화를 살펴보기 위해 그래프에서 변화 경향을 파악하였다. 특정 약품 처리 전후의 변화를 파악하기 위해, 각 입경별 비율 및 입경 중앙값이 특정 약품 처리 후 증가한 자료의 개수와 비율(y〉x인 경우)을 산출하였다. 그리고 두 변수 간의 관계를 파악하는 데 있어서 입도분석 자체가 일정 정도의 오차를 포함하고 있으므로 이를 최소화하기 위해 축소 주축 회귀(reduced major axis regression, RMA)분석을 실시하였다.

RMA는 변수 자료의 산포로 인한 오차를 최소화하기 때문에 오차를 포함하고 있는 자료 분석에 일반적인 회귀분석보다 더 적합하다(Beuselinck et al., 1998). RMA 분석 시 선형 모델을 가정하여 회귀식의 기울기, y절편, 상관관계(R^2) 등을 계산하였다. 또한 임계치(critical value)와 한계치(threshold value)도 함께 산출하였는데, 임계치는 양 변수 사이에 구해진 RMA 식이 x축과 만나는 지점의 x값(% 또는 μm)이며, 한계치는 RMA 식과 직선 y=x가 서로 만나는 지점의 x값(% 또는 μm)이다. 계산상 음이나 100 이상의 임계치 또는 한계치가 산출되기도 하나, x, y가 모두 비율 또는 크기를 나타내므로 이러한 값들은 모두 제외시켰다.

특정 약품 처리 전후의 관계를 파악하기 위한 RMA 분석 결과, 기울기와 y절편에 따라 총 5가지 경우의 직선을 산정할 수 있다(그림 7.2). 우선 RMA 식이 직선 y=x와 동일하다면 이는 처리 전후에 아무런 변화가 없음을 의미한다. 그러나 이러한 결과는 실제 나오지 않지만, 기울기가 1에, 그리고 y절편이 0에 가까울수록 약품 처리 전후의 변화가 적다고 볼 수 있다. 기울기와 y절편이 각각 1과 0보다 큰 경우(그림 7.2에서 식 (a)), 한계치와 임계치는 존재하지 않으며 RMA 식이 항상 직선 y=x보다 크기 때문에 약품 처리 이후 해당 크기의 입자 비율 또는 입경 중앙값이 증가하였음을 의미한다. 반대로 기울기와 y절편이 각각 1과 0보다 작은 경우(그림 7.2에서 식 (d)), 임계치는 존재

[그림 7.2] RMA 결과 예시(윤순옥 외, 2010)

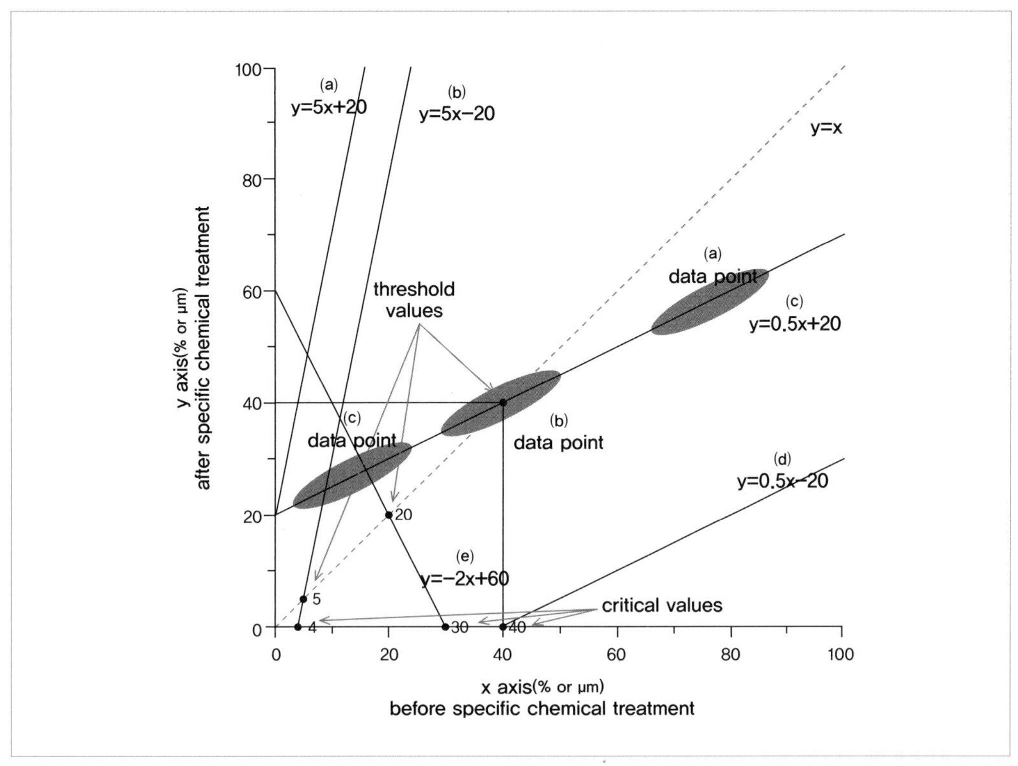

하나(그림 7.2에서는 40) 한계치는 존재하지 않으며 RMA 식이 항상 직선 y=x보다 작기 때문에 약품 처리 이후 해당 크기의 입자 비율 또는 입경 중앙값이 감소하였음을 의미한다. 따라서 이들 경우(식 (a)와 식 (d))에서는 약품 처리 전후의 변화양상을 쉽게 파악할 수 있다.

기울기가 1보다 작고 y절편이 0보다 큰 경우(그림 7.2에서 식 (c)), 임계치와 한계치의 존재 여부는 RMA 식의 계수에 따라 달라진다. 또한 약품 처리 이후의 변화양상은 자료점의 위치에 따라 달라지는데, 그림 7.2에서 자료점 (a)는 RMA 식이 직선 y=x보다 작은 구역에 위치하고 있어 약품 처리 이후 비율 또는 입경 중앙값이 감소하였음을 의미하나, 자료점 (c)는 직선 y=x보다 큰 구역에 위치하고 있어 비율 또는 입경 중앙값이 증가하였음을 의미한다. 그러나 자료점 (b)와 같이 한계치와 자료점이 겹쳐서 분포하고 있는 경우, 해당 크기의 입자 비율 또는 입경 중앙값이 증가 또는 감소하였는지 판단하기 쉽지 않다. 그림 7.2에서 식 (b)는 기울기가 1보다 크고 y절편이 0보다 작은 경우로 식 (c)와 반대의 상황이다. 또한 음의 기울기(그림 7.2에서 식 (e))가 나타나기도 하였는데, 이때는 매우 큰 변화가 일어나 쉽게 약품 처리 전후의 변화양상을 파악할 수 있다.

2) 분석 결과

그림 7.3은 분석 대상인 20개 시료에 대해 각각 10가지 전처리 방법으로 입도분석을 실시하여 각 시료마다 얻은 10개의 평균입경을 함께 나타낸 것이다. 우선 P1 전처리 과정으로 분석된 경우 시료에 관계없이 평균입경의 변화가 매우 크다. 예를 들어 BDSJ270의 경우 평균입경의 범위가 4~225μm이며 DCSD70의 최대 평균입경은 약 430μm에 이른다. 또한 평균입경의 표준편차 역시 최소 약 29μm(BUPS240), 최대 약 97μm(DCSD110)의 값을 보여 차이가 매우 크다. 이는 끓는 물로는 시료를 충분히 분산시킬 수 없고, 오히려 분석을 위해 비커에 놓인 초기 시료의 덩어리 상태가 시료의 분산에 더 큰 영향을 미친 것으로 생각된다. 덩어리가 클수록 분산이 불량하여 보다 조립질로 측정되었다. 아울러 입도분석기에서 분석이 진행되는 동안 강제로 순환되기 때문에 급격하게 입도가 작아지는 것을 확인할 수 있었다. 따라서 끓는 물에 의한 전처리 방법은 분산의 효과가 거의 없는 것으로 판단된다.

대천 지역 시료 가운데 DCSD200과 부안(BUPS) 지역 대부분의 시료는 다른 시료들에 비해 모든 전처리 과정에서 평균입경 변화가 상대적으로 크다. 예를 들어 비교적 편차가 작은 DCSD110의 결과 중 P4로 전처리한 평균입경의 표준편차는 약 0.22μm인 반면 BUPS270에서는 약 15.7μm이다. 특정 전처리 방법이 아니라 모든 전처리 방법에서 편차가 크다는 것은 결국 시료 자체의 분급이 불량함을 의미하며, 이는 조립질이 시료에 소량 포함되어 있기 때문인 것으로 생각된다.

시료에 따라 약간 차이가 있으나, 대체로 P4, P6 그리고 P9의 전처리 방법으로 분석된 시료가 평균입경이 가장 작고 편차도 다른 전처리 방법에 비해 작다. 예를 들어 DCSD110의 경우, 전처리 방법 P4, P6 그리고 P9로 분석된 시료의 평균입경은 각

[그림 7.3] 뢰스와 고토양 시료의 평균입경 비교(윤순옥 외, 2010)

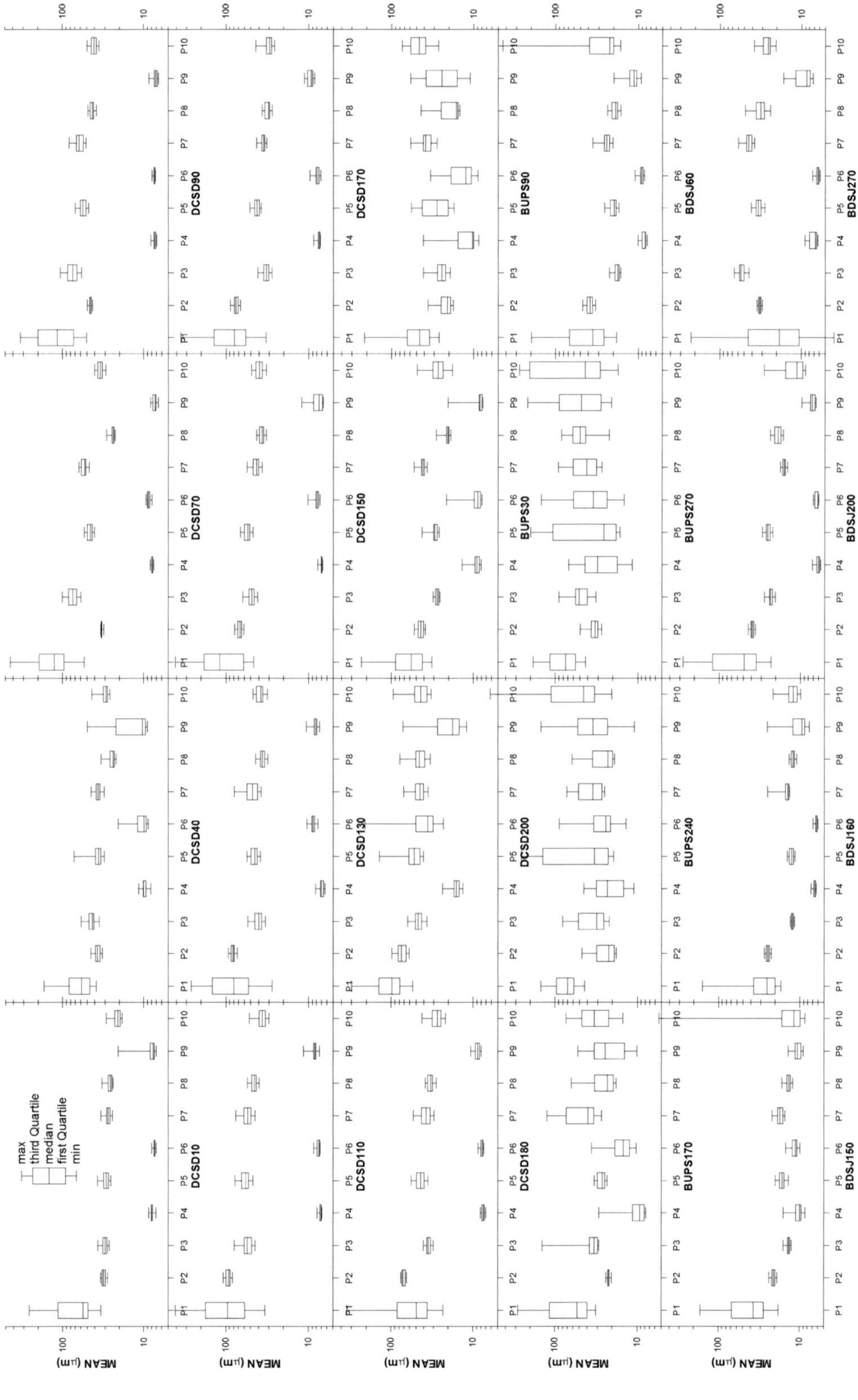

각 6.87~7.85μm, 7.19~8.70μm, 7.35~11.45μm이며 평균입경의 표준편차는 각각 약 0.22μm, 0.38μm, 0.91μm이다. 한편 동일 시료를 전처리 방법 P2로 분석하였을 때에는 평균입경과 평균입경의 표준편차가 각각 83~108μm, 7.03μm로 나타났다. 따라서 평균입경이 작다는 것은 시료가 효과적으로 분산된 상태에서 입도분석이 이루어졌음을 의미하며, 평균입경의 표준편차가 다른 전처리 방법에 의한 것보다 작다는 것 역시 분산이 잘 일어나 유사한 크기를 갖는 입자로 분산되었기 때문이다.

전처리 방법 P10으로 처리되어 분석된 BDSJ150과 같이, 일부 시료에서 10개의 평균입경 중 일부가 매우 크게 측정되었다. 이러한 현상은 교반기에 부착된 프로펠러가 회전하면서 발생한 거품이 튜브를 통해 이동되어 직접 측정된 경우이다. 이러한 거품의 크기는 보통 수백μm로 측정되기 때문에 각 측정 결과의 입도분포곡선을 통해 쉽게 확인 가능하다. 또한 이러한 거품은 초음파를 사용하면 적게 발생하나, 이 연구에서는 초음파를 사용하지 않아 일부 시료의 분석 과정에서 시료와 함께 측정되었다.

(1) 과산화수소의 영향

과산화수소가 퇴적물의 분산에 미치는 영향을 알아보기 위해 모래, 조립 실트, 세립 실트, 점토 등 각 입경별 비율과 입경 중앙값의 RMA 분석 결과를 표와 그래프로 제시하였다(표 7.2, 그림 7.4). 각 입경별 크기 비율의 변화는 해당 입경에 특정 약품이 미치는 영향을 살펴볼 수 있으며, 입경 중앙값의 변화는 시료의 전반적인 분산 경향을 파악할 수 있다. 또한 입경별 비율은 0~100%의 범위 안에서 변화하지만, 입경 중앙값은 수μm에서 수백μm까지 변화할 수 있으므로 변화의 폭이 상대적으로 더 크다.

그림 7.4의 입경별 비율에서 RMA 식의 기울기는 0.937~1.391의 범위이며 y절편은 -11.804~3.666이다. 상관관계는 0.040~0.816으로, 상대적으로 세립 실트와 점토 입자는 높은 상관관계를 보이는 반면 조립 실트에서는 비교적 낮고 모래에서는 중간 정도의 상관관계를 보인다.

염산과 과산화수소를 사용하였을 경우(P3→P5, 그림 7.4 (a)~(d)), 기울기는 0.9378~1.068, y절편은 0.1658~3.666으로 그림 7.4에 제시된 다른 경우에 비해 상대적으로 변화 폭이 작다. 확산제와 과산화수소를 사용하였을 경우(P4→P6, 그림 7.4 (f)~(i))에는 기울기가 모두 1보다 크고 y절편은 모두 0보다 작으며 다른 경우와 비교할 때

[표 7.2] 과산화수소의 영향에 대한 RMA 계산 결과(윤순옥 외, 2010)

번호	RMA	R^2	한계치(% 또는 μm)	임계치(% 또는 μm)
7.4 (a)	y=0.942x+3.666	0.515	63.21	-
7.4 (b)	y=0.9481x+0.2568	0.066	4.95	-
7.4 (c)	y=0.9378x+0.1658	0.816	2.67	-
7.4 (d)	y=1.068x+0.2845	0.754	-	-
7.4 (e)	y=2.51x-58.434	0.028	38.70	23.28
7.4 (f)	y=1.391x-1.502	0.680	3.84	1.08
7.4 (g)	y=1.12x-3.231	0.319	26.93	2.88
7.4 (h)	y=1.31x-11.804	0.696	38.08	9.01
7.4 (i)	y=1.119x-4.763	0.782	40.03	4.26
7.4 (j)	y=5.631x-42.999	0.209	9.29	7.64
7.4 (k)	y=0.8396x-0.1383	0.427	-	0.16
7.4 (l)	y=1.114x-4.013	0.040	35.20	3.60
7.4 (m)	y=0.974x+2.98	0.698	-	-
7.4 (n)	y=1.211x+1.451	0.742	-	-
7.4 (o)	y=0.733x+1.943	0.464	7.28	-

상대적으로 변화 폭이 크다. 염산, 확산제와 과산화수소를 동시에 사용하였을 경우 (P7→P8, 그림 7.4 (k)~(n))는 염산과 과산화수소를 사용하였을 때와 변동 폭이 거의 유사한 것을 확인할 수 있다. 이러한 변화양상은 염산과 과산화수소만 사용하였을 경우 그리고 염산, 확산제와 과산화수소를 동시에 사용하였을 경우, 사용하기 전에 비해 상대적으로 변화가 적게 일어났음을 의미하며, 확산제와 과산화수소를 사용하였을 경우에는 상대적으로 변화가 컸다고 볼 수 있다.

그림 7.4 (d)와 (n)에서 RMA 식의 기울기와 y절편이 각각 1과 0보다 크다. 이는 과산화수소를 사용한 후 점토의 비율이 증가하였다는 것이다. 이와는 대조적으로 그림 7.4 (k)의 경우 RMA 식의 기울기와 y절편이 각각 1과 0보다 작다. 이것은 과산화수소

[그림 7.4] 뢰스와 고토양 시료에 대한 과산화수소의 분산 효과 비교(윤순옥 외, 2010)

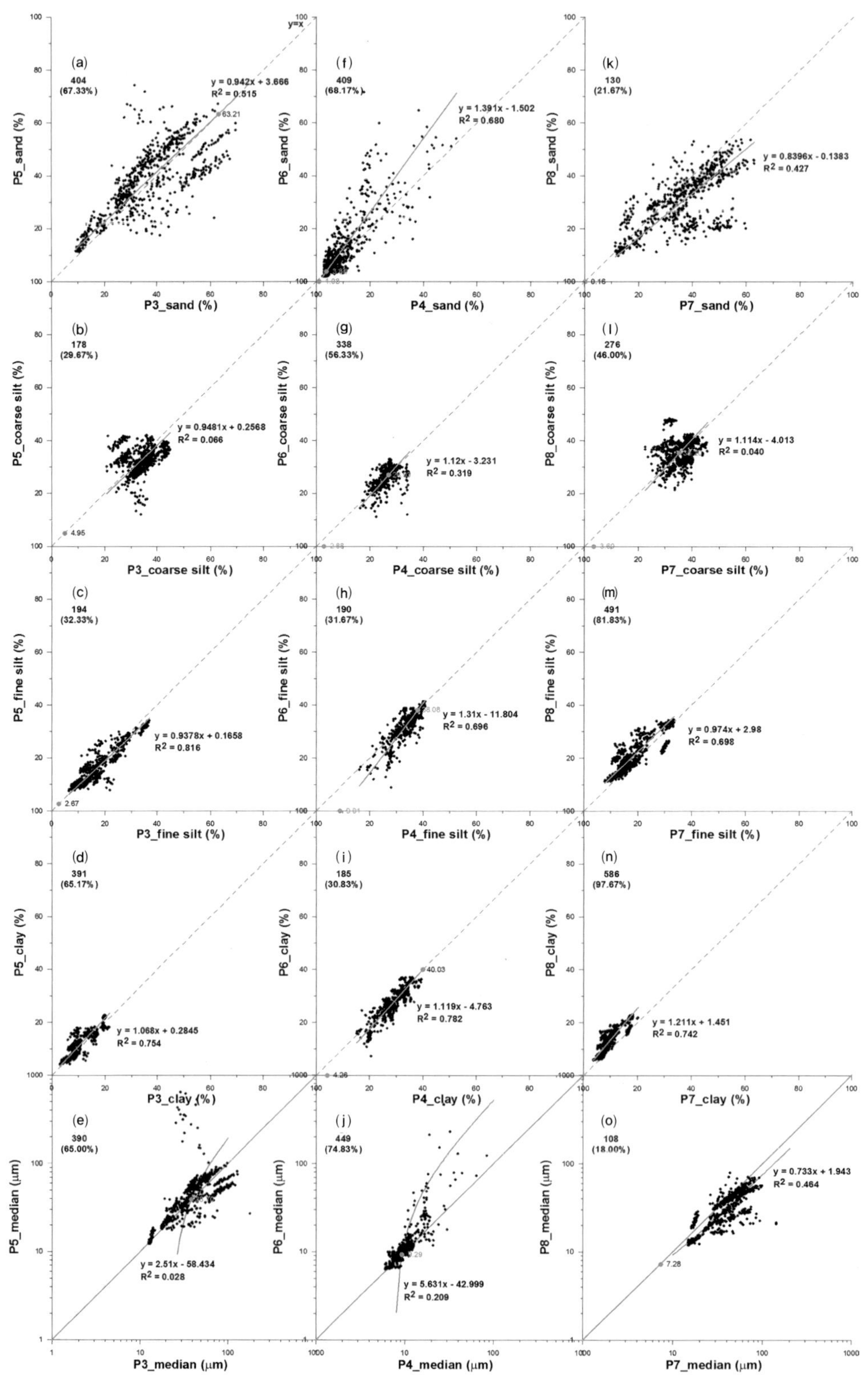

한계치와 임계치는 회색의 점으로 각 그래프에 표기되어 있고 좌상단의 숫자와 비율은 y〉x인 자료의 개수와 비율임

를 사용한 후 모래의 비율이 감소하였음을 의미한다. 따라서 이 두 경우는 점토 비율이 증가하고 모래 비율이 감소되었으므로 어느 정도 분산이 일어났다고 볼 수 있다. 그러나 그림 7.4 (g)와 같이 한계치가 자료점의 중앙부에 위치하는 경우, 과산화수소를 사용하기 전과 후의 변화를 파악하기 쉽지 않다.

입경 중앙값은 상당히 큰 변화를 보인다(그림 7.4 (e), (j), (o)). 기울기와 y절편은 각각 0.733~5.631과 -58.434~1.943의 범위에 있는 것으로 나타났다. 상관관계는 최대 약 0.464로 입경별 비율에 비해 매우 낮다. 특히 그림 7.4 (e)와 (j)에서 한계치가 모두 자료점의 중앙부에 위치하고 있어 변화를 파악하기 쉽지 않지만, 그림 7.4 (o)에서는 한계치가 자료점의 하단부에 위치하여, 약품 처리 이후 입경 중앙값이 감소한 것을 알 수 있다.

이상의 내용을 정리하면 전체적으로 퇴적물의 분산에 과산화수소가 미치는 영향은 미약하다고 판단된다. 그러나 확산제와 과산화수소를 사용하였을 경우, 확산제만 사용하였을 때보다 퇴적물이 미약하게 뭉치면서 나타나는 조립화 현상을 확인할 수 있다.

(2) 염산의 영향

그림 7.5는 시료의 분산에 미치는 염산의 영향을 보여 주는데(표 7.3 참조), 일부는 앞의 과산화수소의 효과(그림 7.4)와 유사하지만 매우 다른 경우도 있다. 과산화수소와 염산을 사용하였을 때(P2→P5, 그림 7.5 (a)~(d))는 RMA 식의 기울기와 y절편이 각각 0.7047~1.191, -0.165~10.341로서 과산화수소의 영향에 비해 약간 범위가 넓지만 거의 유사하다. 상관관계도 전체적으로 약간 낮지만 조립 실트에서 가장 낮고 세립 실트와 점토에서 높아서 과산화수소의 영향으로 얻은 상관관계 경향과 매우 유사한 것을 알 수 있다. 그러나 확산제와 염산을 사용하였을 경우(P4→P7, 그림 7.5 (f)~(i))와 과산화수소, 확산제와 염산을 동시에 사용하였을 경우(P6→P8, 그림 7.5 (k)~(n))에는 그림 7.5 (l)을 제외하면 모두 상관관계 0.1 이하로 아무런 상관관계가 없는 것으로 나타났다. 또한 그림 7.5 (f)에서는 음의 기울기(-1.447)가 산출되기도 하였다.

이 두 가지 경우에서 염산을 사용하기 전과 후의 변화가 매우 크다는 사실은 주목할 만하다. 예를 들어 확산제와 염산을 사용하였을 경우, 모래 크기의 입자는 전체

[그림 7.5] 뢰스와 고토양 시료에 대한 염산의 분산 효과 비교(윤순옥 외, 2010)

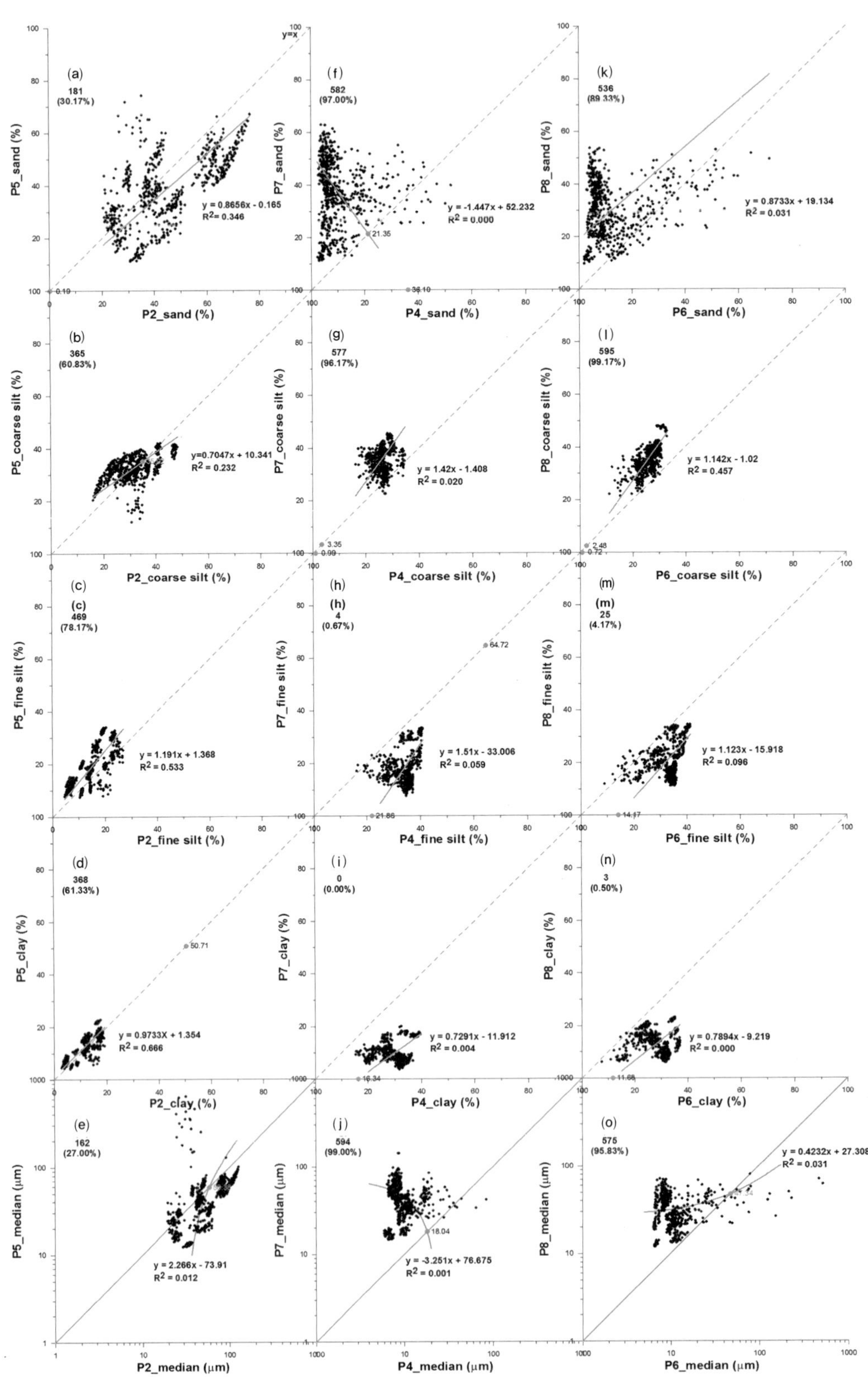

한계치와 임계치는 회색의 점으로 각 그래프에 표기되어 있고 좌상단의 숫자와 비율은 y〉x인 자료의 개수와 비율임

[표 7.3] 염산의 영향에 대한 RMA 계산 결과(윤순옥 외, 2010)

번호	RMA	R^2	한계치(% 또는 μm)	임계치(% 또는 μm)
7.5 (a)	y=0.8656x-0.165	0.346	-	0.19
7.5 (b)	y=0.7047x+10.341	0.232	35.02	-
7.5 (c)	y=1.191x+1.368	0.533	-	-
7.5 (d)	y=0.9733x+1.354	0.666	50.71	-
7.5 (e)	y=2.266x+-73.91	0.012	58.38	32.62
7.5 (f)	y=-1.447x+52.232	0.000	21.35	36.10
7.5 (g)	y=1.42x-1.408	0.020	3.35	0.99
7.5 (h)	y=1.51x-33.006	0.059	64.72	21.86
7.5 (i)	y=0.7291x-11.912	0.004	-	16.34
7.5 (j)	y=-3.251x+76.675	0.001	18.04	23.59
7.5 (k)	y=0.8733x+19.134	0.031	-	-
7.5 (l)	y=1.412x-1.02	0.457	2.48	0.72
7.5 (m)	y=1.123x-15.918	0.096	-	14.17
7.5 (n)	y=0.7894x-9.219	0.000	-	11.68
7.5 (o)	y=0.4232x+27.308	0.031	47.34	-

600개의 자료 중 97%인 582개의 자료에서 증가하였으며 점토 입자는 100% 감소하였다. 또한 과산화수소, 확산제와 염산을 사용하였을 경우 점토 크기의 입자는 단 3개(0.50%)의 자료만이 증가한 것으로 나타났다. 또한 두 경우 모두에서 염산을 사용한 후 모래와 조립 실트는 증가, 세립 실트와 점토는 감소하였다. 이러한 경향은 염산에 의해 퇴적물이 뭉치면서 조립화 경향이 진행되었음을 의미한다.

입경 중앙값의 변화 역시 과산화수소와 염산을 사용하였을 경우(그림 7.5 (e)) 앞서 언급한 과산화수소의 효과와 유사한 변화양상을 보인다. 반면 확산제와 염산을 사용하였을 경우(그림 7.5 (j)) 그리고 과산화수소, 확산제와 염산을 동시에 사용하였을 경우(그림 7.5 (o)), 염산 사용 전후의 변화가 상당히 크게 일어났으며 두 경우 모두에서 입경 중앙값이 증가하였다.

이상의 내용을 정리하면, 염산은 과산화수소와 함께 사용하였을 때에는 퇴적물의 분산에 큰 영향을 미치지 않는 데 반해 확산제와 함께 사용하였을 경우에는 퇴적물을 분산시키기보다는 오히려 퇴적물을 뭉치게 하는 역할을 한다.

(3) 확산제의 영향

그림 7.6은 확산제가 퇴적물의 분산에 미치는 영향을 나타낸 것이다(표 7.4 참조). 이 가운데 과산화수소에 확산제를 사용하였을 경우(P2→P6, 그림 7.6 (a)~(d))는 앞서 언급한 염산을 사용하였을 경우(그림 7.5 (f)~(o))와 유사하게 매우 큰 변화양상을 보인다. 조

[표 7.4] 확산제의 영향에 대한 RMA 계산 결과(윤순옥 외, 2010)

번호	RMA	R^2	한계치(% 또는 μm)	임계치(% 또는 μm)
7.6 (a)	y=-0.7866x+48.483	0.031	27.14	61.64
7.6 (b)	y=0.5202x+9.614	0.000	20.04	-
7.6 (c)	y=-0.9469x+45.556	0.001	23.40	48.11
7.6 (d)	y=-1.138x+39.864	0.028	18.65	35.03
7.6 (e)	y=1.227x-53.347	0.000	235.01	43.48
7.6 (f)	y=0.8904x+3.862	0.713	35.24	-
7.6 (g)	y=0.8868x+5.435	0.495	48.01	-
7.6 (h)	y=0.8591x+1.948	0.810	13.83	-
7.6 (i)	y=0.8136x+1.215	0.792	6.52	-
7.6 (j)	y=0.7849x+8.643	0.595	40.18	-
7.6 (k)	y=0.7936x+0.1944	0.563	0.94	-
7.6 (l)	y=1.042x+1.776	0.234	-	-
7.6 (m)	y=0.8923x+4.729	0.840	43.91	-
7.6 (n)	y=0.923x+2.66	0.832	34.55	-
7.6 (o)	y=0.2292x+21.672	0.085	37.60	-

[그림 7.6] 뢰스와 고토양 시료에 대한 확산제의 분산 효과 비교(윤순옥 외, 2010)

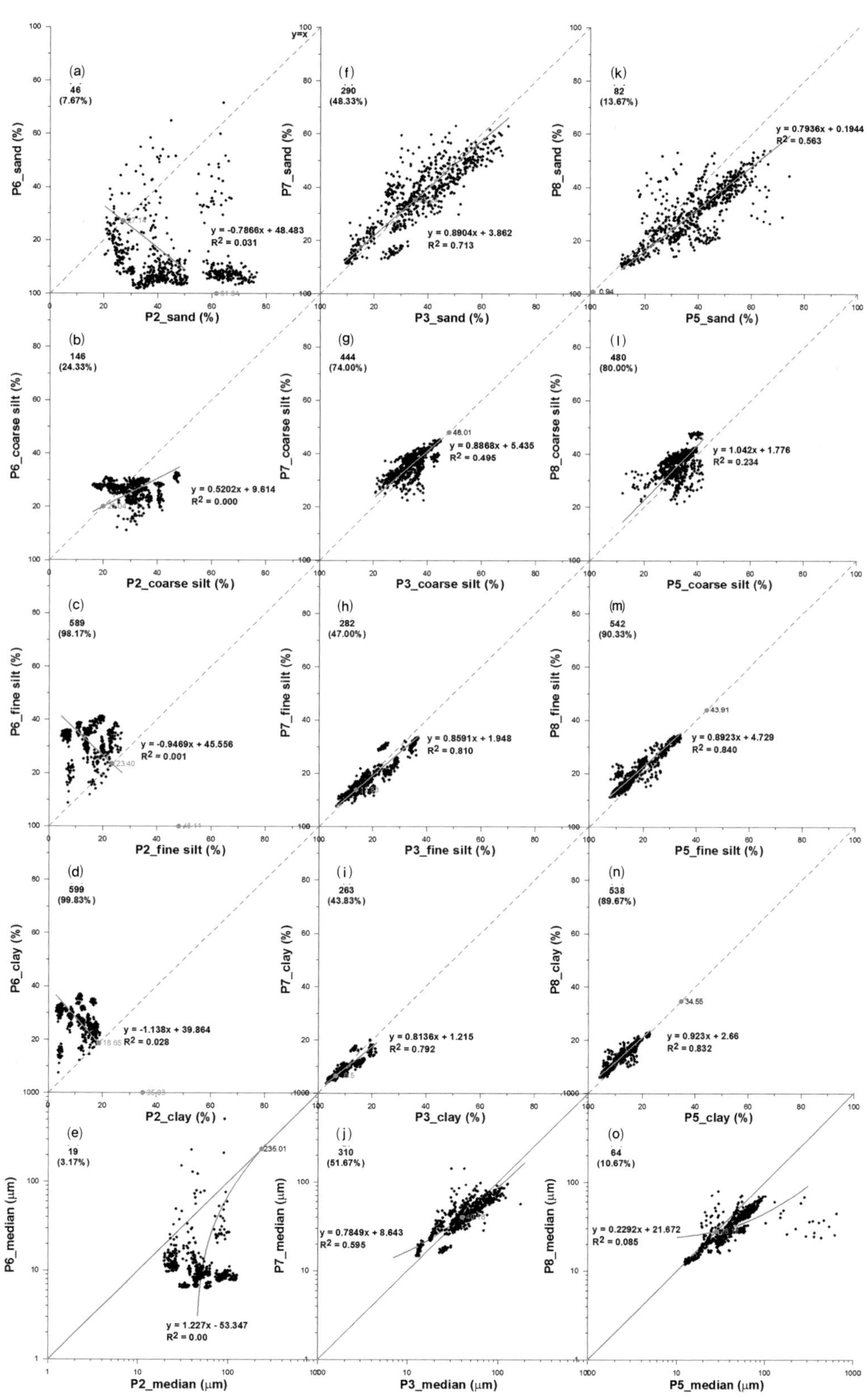

한계치와 임계치는 회색의 점으로 각 그래프에 표기되어 있고 좌상단의 숫자와 비율은 y〉x인 자료의 개수와 비율임

립 실트를 제외한 다른 입자크기별 비율에서는 음의 기울기를 보이며 y절편도 최대 약 48.483으로 값이 매우 크다. 상관관계 역시 최대 0.031로 상관관계가 없는 것으로 나타났다. 그러나 앞에서 언급한 경우와 대조적으로 모래와 조립 실트의 비율은 크게 감소한 반면 세립 실트와 점토 크기의 입자는 크게 증가한 것을 확인할 수 있으며, 입경 중앙값(그림 7.6 (e)) 역시 크게 감소하였다. 따라서 이는 확산제로 인해 분산이 매우 크게 일어났음을 의미한다.

그러나 염산과 확산제를 사용하였을 경우(P3→P7, 그림 7.6 (f)~(i))에는 과산화수소의 효과(그림 7.4)와 유사한 양상을 보인다. RMA 식의 기울기는 0.8136~0.8904의 범위이며 y절편은 1.215~5.435의 범위이다. 상관관계는 세립 실트와 점토에서는 높은 반면 조립 실트에서는 비교적 낮은 상관관계를 보이며, 과산화수소의 경우와 거의 유사한 정도의 상관관계를 보인다. 그러나 한계치가 자료점과 겹치거나 자료점의 부근에 분포하고 있어 확산제 처리 전후의 변화양상을 판단하기 쉽지 않다.

과산화수소, 염산과 확산제를 사용하였을 경우(P5→P8, 그림 7.6 (k)~(n))에는 한계치가 자료점과 상당히 떨어져 분포하고 있어 변화양상을 쉽게 확인할 수 있다. RMA 식의 기울기는 0.7936~1.042이며 y절편은 0.1944~4.729이고, 상관관계는 세립 실트와 점토는 각각 0.840과 0.832로 비교적 높은 반면 조립 실트는 0.234로 매우 약하다. 모래의 경우 0.563으로 중간 정도의 상관관계를 보인다. 특히 조립 실트의 경우(그림 7.6 (l)), 기울기와 y절편이 각각 1과 0보다 큰 값을 보여 확산제 처리 이후 조립 실트의 비율이 증가한 것을 확인할 수 있다. 또한 모래의 비율은 대체로 감소한 반면 세립 실트와 점토는 증가하였다.

확산제로 인한 입경 중앙값의 변화(그림 7.6 (e), (j), (o))는 앞서 언급하였듯이, 과산화수소와 확산제를 사용하였을 경우는 급격하게 감소한 것을 쉽게 확인할 수 있는 데 반해 다른 두 가지 경우에서는 한계치가 자료점과 겹쳐서 분포하고 있어 확산제 처리 전후의 변화양상을 파악하기 쉽지 않다. 그러나 전체 비율 변화의 측면에서 보면, 염산과 확산제를 사용하였을 경우에는 거의 변화가 없고 과산화수소와 염산과 확산제를 사용하였을 경우에는 입경 중앙값이 약간 감소하였다.

이상의 내용을 정리하면, 확산제와 과산화수소를 사용할 경우에는 과산화수소만을 사용하였을 때보다 퇴적물이 크게 분산되는 것을 확인할 수 있다. 따라서 확산제는 퇴적물의 분산에 영향을 크게 미치지만 염산과 동시에 사용할 경우 이러한 효과가 반감된다.

(4) 약품 처리 순서와 희석의 영향

입도분석의 전처리 과정에 있어 약품 처리의 순서와 염산의 희석에 따른 효과를 알아보기 위해 전처리 과정 P8을 수정하여 입도분석 전처리를 실시하였다. 전처리 과정 P9는 과산화수소 처리 이후 확산제를 첨가하여 분산시킨 다음에 염산을 첨가하였으며, 전처리 과정 P10은 과산화수소와 염산 처리 이후, 증류수를 부은 다음 약 48시간 동안 퇴적물을 침강시키고 상등액만 제거하는 과정(2회)을 통해 염산을 희석시킨 후 확산제를 첨가하여 퇴적물을 분산시켜 입도분석을 행하였다(표 7.1 참조).

표 7.5와 그림 7.7에 나타난 결과에 의하면, 순서를 변화시켰을 경우(P8→P9, 그림 7.7 (a)~(d)), 기울기는 -1.296~1.227의 범위인 것으로 나타났으며 y절편은 -21.648~45.175의 범위에 있다. 상관관계는 전체적으로 매우 낮아 최대 약 0.264이었다. 또한 점토 크기의 입자에서는 음의 기울기가 산출되었다. 전체적으로 상관관계

[표 7.5] 약품 처리 순서와 희석의 영향에 대한 RMA 계산 결과(윤순옥 외, 2010)

번호	RMA	R^2	한계치(% 또는 μm)	임계치(% 또는 μm)
7.7 (a)	y=1.227x-21.648	0.002	95.37	17.64
7.7 (b)	y=0.8108x-3.48	0.264	-	4.29
7.7 (c)	y=0.838x+13.055	0.012	80.59	-
7.7 (d)	y=-1.296x+45.175	0.054	19.68	34.86
7.7 (e)	y=4.368x-126.62	0.005	37.60	28.99
7.7 (f)	y=1.302x-5.931	0.202	19.64	4.56
7.7 (g)	y=1.655x-27.27	0.437	41.63	16.48
7.7 (h)	y=1.145x-2.791	0.574	19.25	2.44
7.7 (i)	y=1.35x-4.152	0.610	11.86	3.08
7.7 (j)	y=10.718x-296.79	0.001	30.54	27.69

[그림 7.7] 뢰스와 고토양 시료에 대한 순서와 희석의 분산 효과 비교(윤순옥 외, 2010)

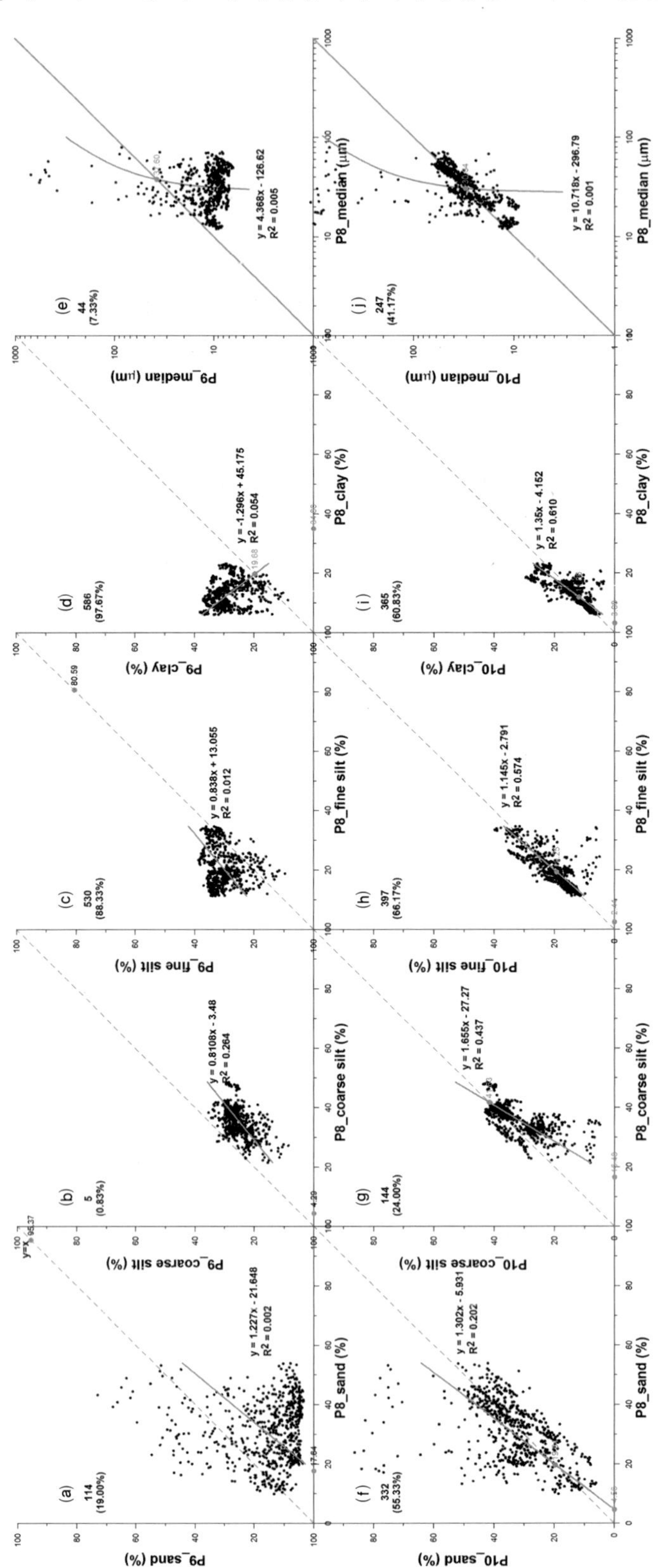

한계치와 임계치는 회색의 점으로 각 그래프에 표기되어 있고 좌상단의 숫자와 비율은 y〉x인 자료의 개수와 비율임

가 낮고 음의 기울기를 보이는 것은 앞서 언급한 바와 같이 급격한 변화가 일어났음을 의미하며, 모래와 조립 실트의 비율은 감소하고 세립 실트와 점토의 비율은 증가하였다. 따라서 염산과 확산제의 처리 순서를 바꾸어 전처리한 시료는 충분한 분산이 일어났음을 확인할 수 있다. 입경 중앙값(그림 7.7 (e)) 역시 약 0.005의 낮은 상관관계를 보이며, 분석된 자료 중 단 44개(7.33%)만이 순서를 바꾼 이후 입경 중앙값이 증가한 것으로 나타나 전체적으로 분산이 일어났음을 알 수 있다.

염산의 희석에 따른 영향(P8→P10, 그림 7.7 (f)~(j))은 순서의 영향과는 다른 양상을 보인다. 기울기는 1.145~1.655로 모두 1보다 크며 y절편은 −27.27~−2.791로 모두 0보다 작다. 상관관계는 0.202~0.610으로 모래에서 가장 낮은 상관관계를 보이며 입도가 작아질수록 상관관계가 커지는 경향을 보인다. 또한 모두 임계치와 한계치가 존재하나, 한계치가 모두 자료점과 겹치거나 자료점 부근에 분포하고 있어 희석에 따른 영향을 판단하기는 쉽지 않다. 그러나 비율로 판단하면 조립 실트는 희석 이후 약간 감소하였으나 다른 입자의 크기별 비율은 큰 변화가 없다. 입경 중앙값 변화(그림 7.7 (j))에서 RMA 식의 기울기는 10.718, y절편은 −296.79이며 희석 전후의 상관관계는 없는 것으로 나타났다(R^2=0.001). 입경 중앙값 역시 한계치가 자료점과 겹쳐 분포하고 있어 희석에 따른 분산의 효과를 파악하기 쉽지 않다.

이상의 내용을 정리하면, 염산과 확산제의 처리 순서를 바꾸기 전과 후의 변화는 상당히 크며 퇴적물이 효과적으로 분산된 것을 확인할 수 있다. 그러나 2회에 걸친 염산의 희석 과정은 퇴적물의 분산에 큰 영향을 미치지 못했다.

3) 전처리 과정에서의 과산화수소와 염산 및 확산제 차이에 따른 분산 효과

입도분석에서 분산은 뭉쳐 있는 광물 입자를 분리시켜 개별 입자로 만드는 과정이다. 일련의 과정을 통해 분산된 시료는 그렇지 않은 시료에 비해 조립 입자의 비율은 감소하는 반면 세립 입자의 비율은 증가한다. 또한 분산된 시료의 평균입경과 입경 중앙값 역시 감소할 것이다. 다만 평균입경은 입경 중앙값에 비해 이러한 변화에 민감하지 않을 수 있다. 즉 특정 크기의 입자가 증가 또는 감소하더라도 상대적으로

[표 7.6] 특정 약품 처리 후의 증가 또는 감소의 결과(윤순옥 외, 2010)

그림 7.4	P3→P5	P4→P6	P7→P8
모래	+	+	-
조립 실트	-	△	△
세립 실트	-	-	+
점토	+	-	+
입경 중앙값	△	△	-

그림 7.5	P2→P5	P4→P7	P6→P8
모래	-	++	++
조립 실트	△	++	++
세립 실트	+	--	--
점토	+	--	--
입경 중앙값	△	++	++

그림 7.6	P2→P6	P3→P7	P5→P8
모래	--	△	-
조립 실트	--	+	+
세립 실트	++	△	+
점토	++	-	+
입경 중앙값	--	△	-

그림 7.7	P8→P9	P8→P10	
모래	--	+	
조립 실트	--	-	
세립 실트	++	△	
점토	++	△	
입경 중앙값	--	△	

다른 크기의 입자가 감소 또는 증가하면 평균입경은 큰 변화를 보이지 않을 수 있기 때문이다.

그러므로 이 연구에서 분산의 효과는 조립 입자 비율의 감소, 세립 입자 비율의 증가 그리고 입경 중앙값의 감소로 정의한다. 그러나 이러한 설명 역시 각 입자크기별 비율의 합이 100%로 고정되어 있으므로 설명력에 어느 정도 한계를 내포하고 있다. 예를 들어 조립 실트의 상관관계가 다른 입자크기별 비율보다 낮게 나타난 것도 이러한 영향 때문이다. 즉 각 입자별 비율의 합은 100%로, 실제 조립 실트 비율의 변화는 없더라도 다른 입자의 크기별 비율의 변화로 인해 상대적으로 변화할 수 있다. 따라서 조립 실트의 변화는 다른 입자의 변화 경향과는 다른 결과가 산출될 수도 있을 것으로 생각된다.

특정 약품 처리 전후의 비율(각 그림의 좌측 상단에 위치한 비율)과 RMA 식, 상관관계, 한계치, 임계치 등을 종합하고, 퇴적물을 특정 약품으로 처리한 후의 증가 또는 감소를 파악하여 그 결과를 표 7.6에 나타내었다. 증가는 '+'로, 감소는 '-'로 표기하였으며 확연하게 드러나는 변화가 있을 경우 '++' 또는 '--'로 표기하였다. '△'는 한계치가 자료점과 겹쳐 분포하는 경우와 같이 처리 전후의 변화를 파악하기 어려운 경우이다. 특정 약품 처리 전후의 비율과 RMA 관계식에 의한 증감 여부는 일치하나, '△'로 표기된 부분에서만 일치하지 않는 것으로 나타났다.

분산이 일어났다면 앞서 언급하였듯이 모래와 조립 실트의 비율과 입경 중앙값은 감소(-)하며 세립 실트와 점토의 비율은 증가(+)하게 된다. 만일 반대의 경우라면 모래와 조립 실트 그리고 입경 중앙값은 증가(+), 세립 실트와 점토는 감소(-)하게 된다. 표 7.6에서 이렇게 분산이 일어난 경우는 P2→P6과 P8→P9의 경우이며 반대의 경우는 P4→P7과 P6→P8의 경우이다. 조립 실트가 예외적인 변화를 보이고 분산의 효과가 확연하지는 않지만, P5→P8 역시 분산이 일어난 경우이다. P2→P5 역시 분산이 미약하게 일어났다.

퇴적물이 약품 처리 이후 뭉쳐진 P4→P7과 P6→P8은 모두 염산으로 처리한 경우이다. 그러나 과산화수소와 염산으로 처리한 P2→P5에서는 분산이 약간 이루어졌으며 뭉치는 현상은 일어나지 않았다. 이렇게 볼 때 뭉치는 현상은 염산과 확산제로 인해 발생한 것으로 보인다. 그러나 과산화수소와 확산제를 사용한 P2→P6에서는 분산이 효과적으로 일어났으나, 염산과 확산제를 동시에 사용한 경우(P3→P7)에는 분산이 일어나지 않았으며, 모든 약품을 사용하였을 경우(P5→P8)에는 약한 분산만이 이루어졌다. 따라서 염산과 확산제를 동시에 사용하였을 경우에 분산의 효과가 반감되는 것으로 판단되며, P8→P9에서도 확인할 수 있듯이 염산이 있는 용액에 확산제를 첨가하면 확산제의 효과가 반감되었다. 또한 과산화수소와 확산제를 사용하였을 경우(P4→P6)에도 정도는 미약하지만 퇴적물이 뭉치는 현상이 일어났다.

이와 같은 확산제의 효과에 대해 루와 안(Lu and An, 1998)은 화학약품을 많이 첨가하면 할수록 용액 내에 보다 많은 이온이 존재하기 때문에 확산제의 효과가 반감된다고 하였다. 따라서 P4→P6에서 확산제 처리 이후 미약하게 퇴적물이 뭉치는 현상은 과산화수소의 이온으로 인해 확산제가 효과적으로 작용하지 못하기 때문인 것으로 생각할 수도 있다. 그러나 이들의 주장대로라면 염산과 확산제의 순서만 바꾼 P8과 P9가 유사한 결과를 보여야 하지만, 염산과 확산제의 처리 순서를 바꾸었을 때 분산이 뚜렷하게 일어났다.

과산화수소는 반응 후 물분자(H_2O)와 산소 이온(O^{2-})으로 분리되어 용액 내에 존재하며, 염산은 대부분 수소 이온(H^+)과 염소 이온(Cl^-)으로 이루어져 있다. 대부분의 경우 희석액을 사용하기 때문에 이들 이온과 더불어 물분자까지 존재한다. 확산제인 나트륨 헥사메타인산염은 고체 분말 형태로 물에 녹여 사용하기 때문에 이 용액에는 물분자와 함께 나트륨 이온(Na^+)과 인산 이온(PO^{3-})이 존재한다. 염산이 존재하는 용액에 확산제 용액을 첨가할 경우, 나트륨 이온이 염소 이온과의 정전기적 인력(electrostatic force)으로 인해 칼슘 이온을 효과적으로 치환하지 못하는 것으로 보인다.

또한 과산화수소로 처리된 용액에 확산제를 첨가할 경우 퇴적물이 미약하게 뭉치는 것을 확인할 수 있는데, 이 역시 산소 이온과 나트륨 이온과의 정전기적 인력으로 나트륨 이온이 효과적으로 작용하지 못하기 때문으로 생각된다. 그러나 산소 이온은 대부분의 용액에 존재하고 있어서 확산제 효과에 어느 정도 영향을 미치고 있으므로, 과산화수소로 처리한 후 확산제를 첨가할 경우 염산 처리 후 확산제를 첨가할 때보다 퇴적물이 덜 뭉치는 것으로 생각된다. 반면 염소 이온은 흔히 존재하는 이온이 아니며 염산 첨가 시 많은 양의 염소 이온이 용액에 유입되기 때문에 퇴적물의 분산에 큰 영향을 미친다고 볼 수 있다. 전처리 방법 P9와 같이 확산제를 첨가한 후 염산으로 처리할 경우에는 이미 나트륨 이온과 칼슘 이온이 치환되었기 때문에 나트륨 이온과 염소 이온과의 정전기적 인력이 크게 작용하지 못하여 퇴적물의 분산이 잘 일어나는 것이다.

전처리 과정 P10의 경우 염산을 단 2회 희석하여 확산제를 첨가하는 방식으로 진행하였다. 반응이 이루어지는 비커 내에서 완전한 혼합이 이루어졌다면 2회의 희석은 10%의 염산을 약 0.4%로 희석시킨다. 이와 같이 희석이 반복적으로 충분히 이루어진다면 차별되는 분석 결과를 얻을 수 있을 것으로 기대된다.

한편 입도분석은 풍성먼지의 기원지를 논의하는 데 의미 있는 정보를 제공한다. 한국에서 발표된 대략 20여 편의 뢰스 연구 주제들 가운데 기원지에 관한 논의가 가장 활발한데, 대개 중국 뢰스고원 및 그 주변 지역 기원(원거리 기원: 윤순옥 외, 2007; 박충선 외, 2007; 황상일 외, 2009; 신재봉 외, 2004)을 주장하지만 한강, 임진강 또는 인접 범람원 기원(근거리 기원: 오경섭, 김남신, 1994; 김영래, 2007)을 제기한 사례도 있다.

희토류원소(rare earth elements, 박충선 외, 2007; 황상일 외, 2009) 또는 석영 입자의 산소동위원소(이용일, 이선복, 2002)와 같은 지구화학적인 방법을 이용하여 기원지를 해석하려는 시도도 있으나, 한국 뢰스의 기원지 해석은 일정 부분 입도분석 결과에 의존하고 있다. 즉 뢰스 물질이 인접한 범람원과 같이 근거리에서 기원하였다면 중국 뢰스고원보다 조립의 특성을 보이며, 원거리에서 기원하였다면 중국 뢰스고원보다 세립의 특성을 보인다는 것이다.

그러나 전처리 과정을 고려하지 않은 입도분석 결과로 이루어지는 비교는 기원지 해석의 논란만 가중시킬 뿐이다. 이러한 내용을 확인하기 위해 그림 7.8처럼 중국 뢰스고원에서 지난 최종 간빙기(MIS 5)에 형성된 고토양 층준인 S1(Yang and Ding, 2008)

[그림 7.8] 중국 뢰스고원과 대천 단면 S1 시료의 입경 중앙값 비교(윤순옥 외, 2010)

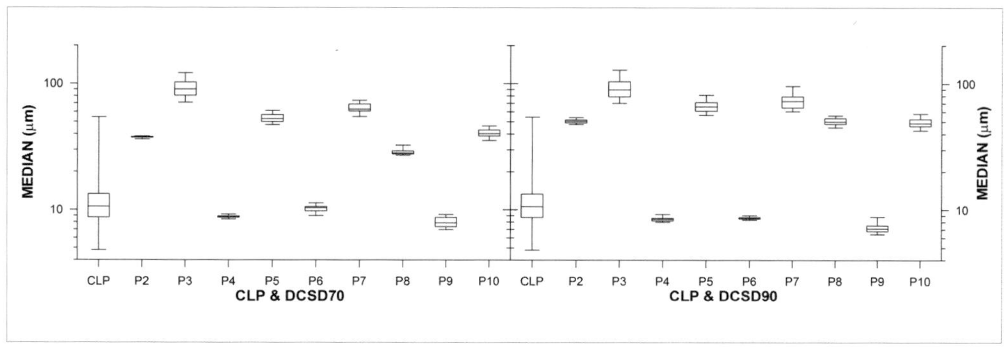

DCSD70과 DCSD90의 P2~P10은 표 7.1 참조

과 대천 지역 뢰스-고토양 연속층에서 동일한 시기로 편년된 S1의 시료(윤순옥 외, 2007; DCSD70, DCSD90) 입도분석 결과에서 입경 중앙값을 상호 비교하였다. 중국 뢰스고원의 시료는 총 45개 지점에서 채취된 것으로 그림 7.8에서는 이것을 평균한 값이며, 과산화수소나 염산으로 처리하지 않고 20%의 확산제(나트륨 헥사메타인산염)를 첨가한 후 초음파 처리만을 거쳐 레이저 회절 입도분석기를 통해 분석하였다. DCSD70과 DCSD90의 시료는 표 7.1에서 제시한 전처리 방법으로 얻은 것이다. 그림 7.8에 나타낸 값은 각 지점별 입경 중앙값의 평균값이다.

중국 뢰스고원에서 MIS 5에 형성된 고토양 층준의 입경 중앙값은 4~50μm로 대부분 6~20μm 범위에 있다. 초음파의 영향을 배제한다면 이보다 약간 더 조립일 것이다. 대천 지역 DCSD70과 DCSD90 두 시료의 입경 중앙값은 중국 뢰스고원의 전처리 방식과 유사한 전처리 방법 P4로 분석되었을 때에는 각각 8.4~9.2μm, 8.0~9.2μm로 중국 뢰스고원에 비해 세립의 특성을 보인다. 전처리 과정 P4와 유사한 입경 중앙값을 보이는 전처리 과정 P6과 P9의 경우에는 각각 9.0~11.3μm, 8.3~9.0μm 그리고 7.0~9.2μm, 6.4~8.8μm로 역시 중국 뢰스고원보다 세립의 특성을 보인다.

그러나 전처리 방법 P8로 분석하였을 경우에는 입경 중앙값이 각각 27~33μm, 45~56μm로 전체적으로 중국 뢰스고원보다 조립의 특성을 보인다. 만일 대천 지역 뢰스-고토양 연속층을 전처리 방법 P6으로 분석하였다면 중국 뢰스고원보다 세립의 특성을, P8로 분석하였다면 조립의 특성을 보여, 결국 전처리 방법 P6으로 분석되었을 때에는 원거리 기원, P8로 분석되었을 때에는 근거리 기원으로 해석된다. 동일한 시료임에도 불구하고 입경 중앙값의 큰 차이가 입도분석의 전처리 과정이 달라짐에 따라 발생할 수 있다. 따라서 입도분석 전처리 과정을 고려하지 않고 입도분석 결과만을 비교할 경우 위에서와 같이 기원지 해석에 있어 오류를 범할 수 있다.

8.

와이불 함수를 이용한 뢰스-고토양 연속층의 입도 분리

뢰스는 바람에 의해 운반된 실트 크기의 먼지 입자가 퇴적되어 형성된 대표적인 육성의 쇄설성 퇴적층으로, 온대지방과 반건조 사막의 경계부에 집중적으로 분포하고 있다. 뢰스 연구를 통해 화학적 풍화지수(Chen et al., 1999; Gallet et al., 1996), 토양 미세 형태(Bronger and Heinkele, 1989), 화분(Sun et al., 1997) 등과 같은 다양한 고기후 대리자가 제시되어 왔지만, 대자율과 더불어 입경 중앙값(median)과 같은 입도 특성은 가장 중요하고 의미 있는 고기후 대리자의 하나로 생각되고 있다(Liu, 1985; An et al., 1991; Porter and An, 1995). 이러한 입도 특성은 뢰스 물질의 기원지, 운반 경로 및 과거 대기대순환 등에 대한 이해를 높이고 있다. 특히 입경 중앙값은 겨울 계절풍의 강도를 반영한다고 생각되었고, 실제로 중국 뢰스고원에서 북서-남동 방향으로 세립화의 경향을 보이고 있다(Liu, 1985).

입도분석(grain size analysis)은 시료에서 개별 입자의 크기분포를 측정하는 것으로, 뢰스 퇴적층을 포함한 퇴적물이나 토양에 관한 연구에서 가장 중요하고 기초적인 분석 방법 중 하나이다.

입도 자료의 분리를 통해 형성에 관여한 기구를 확인하기 위해 다양한 기법이 개발되었으며, 대표적인 방법은 봉형(modality)과 누적곡선(cumulative curve)에서 선적 부분을 확인(Sun et al., 2002; Sun, 2004)하는 것이다. 예를 들어 서로 다른 특성을 갖는 기구에 의해 운반된 하나의 퇴적물은 각 기구에 의한 독특한 입도분포곡선을 보인다. 기구의 수와 특성은 일봉형(unimodality), 쌍봉형(bimodality), 삼봉형(trimodality) 및 다봉형(polymodality)과 같은 봉형으로 확인할 수 있다. 쌍봉형의 퇴적물은 누적곡선에서 2개의 선적 부분이 확인된다. 이 방법은 다소 자의적으로 해석될 여지가 있다. 즉 하나의 기구에 의해 운반된 퇴적물의 비율이 다른 기구에 의해 운반된 퇴적물의 비율에 비해 매우 작거나 클 경우 그리고 최빈값(mode)의 차이가 충분히 크지 않을 경우에는 봉형을 확인하기가 쉽지 않다. 또한 각 기구에 의해 운반된 부분에 대한 정확한 통계적 정보를 얻는 것은 거의 불가능하다.

최근 와이불 함수 또는 기타 함수를 이용한 정량적인 입도 분리 방법이 중국 뢰스고원의 퇴적층에 적용되어 효용성이 입증되었다(Sun et al., 2002, 2004, 2008; Sun, 2004; Qin et al., 2005). 한국의 경우 제주도 마르(maar)에서 홀로세 중기와 후기 동안 퇴적된 풍성층에서 화학적으로 추출된 석영 입자를 와이불 함수를 이용하여 분리하였다(Lim and Matsumoto, 2006, 2008a, b). 이러한 결과에 의하면, 뢰스 퇴적층의 입도분포는 세립 성분(fine component)과 조립 성분(coarse component)으로 분리될 수 있었으며, 세립 성분은 상층대기에서 주로 편서풍(한대전선제트기류)에 의해 운반되고 조립 성분은 하층대기에서 주로 겨울 계절풍에 의해 운반되었던 것으로 알려졌다.

중국 뢰스고원에서 세립 성분은 편서풍대(zone of westerlies) 또는 편서풍 경로(pathway of westerlies) 변화를 지시하는 한편 조립 성분은 북서-남동 방향으로 세립화하는 경향을 보이며, 제주도의 조립 성분은 중국 뢰스고원보다 더 세립이었다. 또한 제주도의 결과는 조립 성분과 세립 성분 사이에서 독립적인 변화를 보이는 반면 중국 뢰스고원에서는 서로 조화를 이루며 동시에 변화하고 있다. 그럼에도 불구하고 와이불 함수를 이용한 분리 방법의 한계점과 문제점은 충분히 논의되지 않았다.

뢰스 연구의 세계적 경향은 중국 뢰스고원과 태평양 및 북극 지역 등과 같은 원거리 지역에서 주로 이루어져 왔으며, 유라시아 대륙과 태평양 사이에 위치한 한국과 일본 같은 중간 지역의 뢰스 퇴적층에 대해서는 상대적으로 관심이 적었다. 한국의 입도분석 결과가 충분하지 않은 상태에서 화학적으로 추출된 석영 입자에 기초한 제주도 결과를 중국 뢰스고원의 분리 결과와 직접 비교하는 것은 풍화의 영향도 고려하여야 하므로 복잡한 문제가 될 수 있다.

또한 일정한 수심을 가지는 제주도 마르 분화구에 퇴적된 풍성층은 홀로세의 상대적으로 안정한 기후 조건에서 퇴적되었으므로, 대기에 노출된 상태에서 제4기 기후변화를 경험한 뢰스-고토양 연속층과는 화학적으로 분명히 차이가 있을 것이다. 지금까지 한국에서는 반복적인 빙기 및 간빙기 순환에 의한 극적인 기후변화를 경험한 뢰스 퇴적층에 대한 입도 분리는 시도되지 않았으므로, 충남 서산시 해미 지역의 뢰스-고토양 연속층의 입도 자료를 대상으로 입도 분리를 행하였다. 그리고 한국 뢰스에 와이불 함수를 이용한 입도 분리 방법의 적용 가능성과 한계점도 살펴보았다. 이 연구는 와이불 함수를 이용한 분리 방법을 주로 논의하지만, 이 가운데 일부는 다른 입도 분리 방법에도 적용할 수 있으며 와이불 함수에만 국한되는 것은 아니다.

1) 와이불(Weibull) 함수와 입도 분리

스웨덴 물리학자 와이불(Waloddi Weibull)은 물질의 강도에 대한 연구와 관련하여 1939년 처음으로 와이불 분포를 제안하였으며, 이는 수명 평가와 신뢰성 문제에 널리 사용되어 왔다(Ahmad, 1994). 와이불 분포는 다음과 같은 식으로 표현된다.

$$f(x, \alpha, \beta) = \frac{\alpha}{\beta^{\alpha}} x^{(\alpha-1)} e^{-(\frac{x}{\beta})^{\alpha}}$$

$$\alpha, \beta > 0$$

$$x \geq 0$$

α는 곡선의 모양과 관련된 형태 변수(shape parameter), β는 x축에서 곡선의 위치와 관련된 위치 변수(position or location parameter)이며 x는 독립변수이다. 입도에 적용시킨다면 α는 주로 분급, 왜도, 첨도와 같은 입도 변수들과 관련되어 있으며, β는 주로 평균, 입경 중앙값, 최빈값과 같은 입도 변수들과 관련되어 있다. 본 연구에서는 β를 해

당 와이블 함수의 modal size로 간주하기로 한다. 와이블 함수는 확률밀도함수(probability density function)이기 때문에 곡선의 양 끝에서 y값이 x축에 수렴한다면(즉 y=0) y값의 합은 1이 된다. 입도분석 결과는 보통 백분율(%)로 표현되기 때문에 와이블 함수에 100을 곱해 주어야만 적당한 입도분포곡선을 산출해 낼 수 있다.

와이블 함수의 정의에 따라 α와 β는 모두 0보다 커야 되며 x는 0 이상이어야 한다. 만약 x가 0보다 작으면 α, β에 관계없이 와이블 함수는 0이 된다. α가 1 이하일 경우에는 입도분포의 일반적인 형태와 전혀 다른 지수함수 형태의 분포가 산출된다. 따라서 입도 분리를 위해 α는 1보다 커야 한다. 두 개 이상의 와이블 함수를 이용하여 입도분포를 분리하고자 할 때는 다음과 같이 표현될 수 있다.

$$f(x, \alpha_1, \beta_1, c_1, \alpha_2, \beta_2, c_3, \cdots \alpha_n, \beta_n, c_n,) =$$

$$c_1 = \frac{\alpha_1}{\beta_1^{\alpha_1}} x^{(\alpha_1 - 1)} e^{-(\frac{x}{\beta_1})^{\alpha_1}} + c_2 = \frac{\alpha_2}{\beta_2^{\alpha_2}} x^{(\alpha_2 - 1)} e^{-(\frac{x}{\beta_2})^{\alpha_2}} + \cdots + c_n = \frac{\alpha_n}{\beta_n^{\alpha_n}} x^{(\alpha_n - 1)} e^{-(\frac{x}{\beta_n})^{\alpha_n}}$$

$$\alpha, \beta > 0$$

$$x \geq 0$$

$$0 \leq c \leq 100$$

$$c_1 + c_2 + \cdots + c_n = 100$$

c는 각 함수 또는 각 성분(component)의 비율을 나타내며, 따라서 그 합은 100이 되어야 한다. 또한 c는 비율이기 때문에 0 이상, 100 이하여야 한다.

성분 또는 함수의 수가 결정된 다음, 주어진 α, β, c의 조건을 만족하면서 실제 입도분포와의 오차(보통 SSE(sum of squared error)로 표현)가 최소인 α, β, c를 산출해 내면 입도분포의 분리가 이루어진다. 이러한 절차는 일종의 곡선 접합(curve fitting) 또는 최적화(optimization)의 알고리즘이다. 따라서 SSE가 최소가 되게 하는 α, β, c를 산출해 내면 와이블 함수를 이용하여 주어진 입도분포를 분리해 낼 수 있다(Sun et al., 2004).

와이블 함수를 이용한 입도 분리의 기본 가정은 하나의 입도분포는 하나 또는 그 이상의 와이블 함수를 닮았다는 것이다. 따라서 각 성분의 분포는 하나의 와이블 함수로 표현할 수 있으므로, 하나 또는 그 이상의 와이블 함수의 합을 통해 하나의 입도

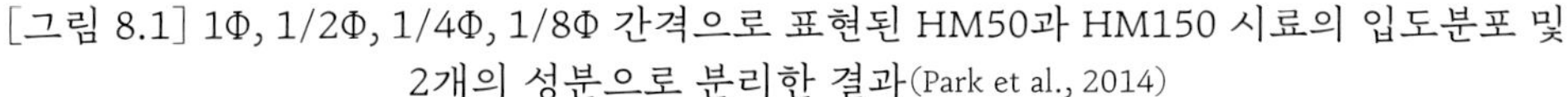

[그림 8.1] 1Φ, 1/2Φ, 1/4Φ, 1/8Φ 간격으로 표현된 HM50과 HM150 시료의 입도분포 및 2개의 성분으로 분리한 결과(Park et al., 2014)

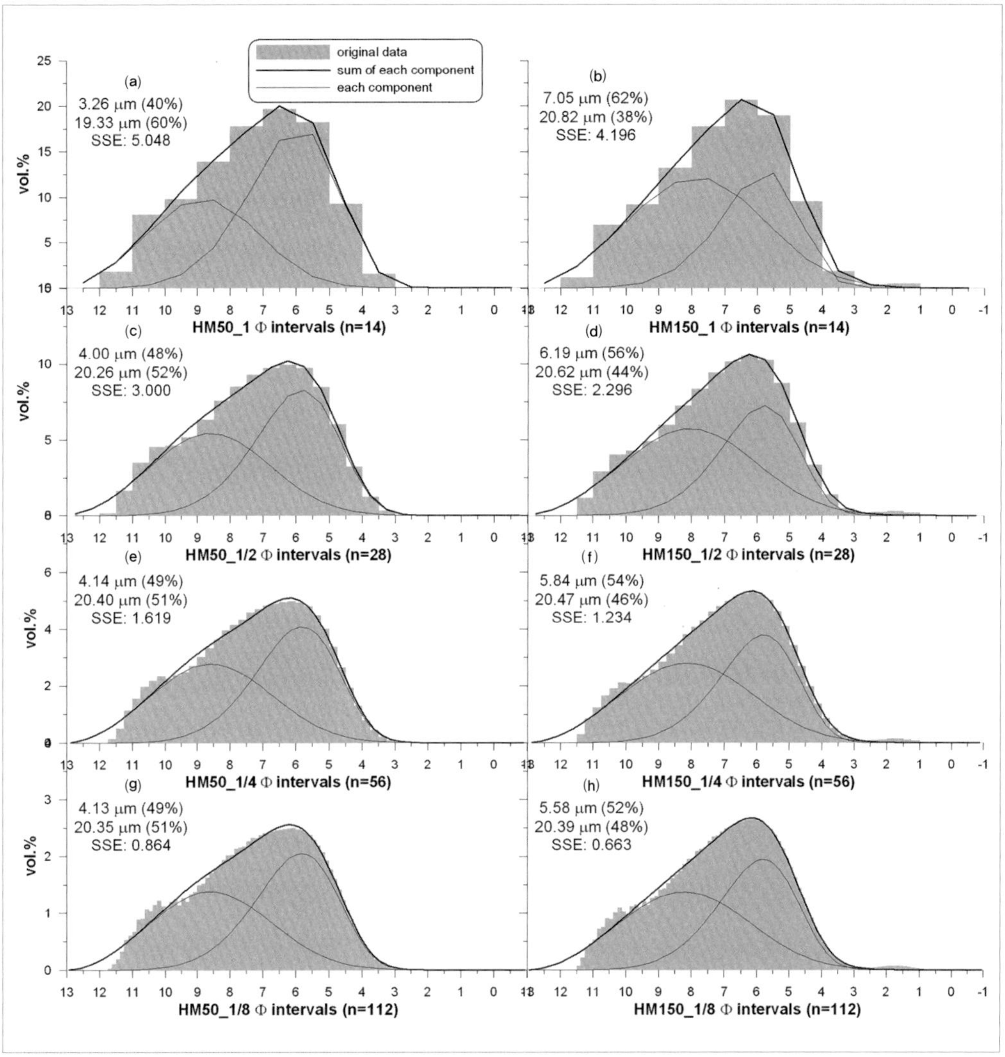

각 성분의 modal size(μm), 비율(%) 및 SSE도 같이 표현되어 있으며 원자료는 DS에 기초해 변환되었음

분포를 산출해 낼 수 있다. 이 와이불 함수를 이용한 입도 분리 방법의 가장 큰 장점은 함수 자체의 유연성(flexibility)이다(Sun et al., 2002). 또한 간단한 알고리즘에 기반을 둔 방법이기 때문에 그 적용이 비교적 쉽다.

와이불 함수를 이용한 분리 방법은 한계점도 가지고 있다. 우선 독립변수가 되는 입도 등급(size class)의 수와 간격이 분리 결과에 영향을 미친다. 입도 등급에 따른 분리 결과의 차이를 확인하기 위해, 해미 단면 뢰스-고토양 연속층에서 채취된 두 개 시료(HM50, HM150)의 입도분석 결과를 1Φ, 1/2Φ, 1/4Φ, 1/8Φ 간격으로 추출하여 2개의 성분으로 분리하였다(그림 8.1).

HM50 시료의 경우, 1Φ 간격으로 추출한 자료는 약 3.26μm(40%), 19.33μm(60%)의 modal size가 산출되었지만(그림 8.1 (a)) 1/8Φ 간격으로 추출한 자료는 약 4.13μm(49%), 20.35μm(51%)를 보인다(그림 8.1 (g)). 각 성분의 비율 역시 차이를 보이고 있다. HM150 시료는 1Φ 간격일 때 세립 성분이 약 62%(7.05μm)인 데 반해 1/8Φ 간격일 때는 약 52%(5.58μm)이었다(그림 8.1 (b), (h)). SSE는 입도 등급의 수가 많아질수록 작아지는 경향을 보인다.

이러한 입도 등급에 따른 분리 결과의 차이는 입도분포의 형태가 표현된 입도 등급의 간격의 영향을 받기 때문으로 생각된다. 그러나 1/4Φ와 1/8Φ 간격의 분리 결과는 두 시료 모두 큰 차이를 보이지 않는다. 따라서 입도 등급이 일정한 수 이상이 되면 결과에 큰 영향을 미치지 않는 것으로 생각되며, 따라서 와이불 함수를 이용하여 입도분포를 분리할 때 적절한 수의 입도 등급이 반드시 고려되어야 한다. 또한 통계적인 유의성(SSE 계산)을 위해서라도 적절한 수 이상의 입도 등급이 반드시 고려되어야 한다.

이 분리 방법의 가장 큰 단점은, 결정계수(coefficient of determination)를 통해 단성분(end member)의 수를 먼저 결정하고 혼합비(mixing ratio) 및 단성분의 조성(composition)을 파악하는 EMMA(end member modelling algorithm)와 달리(Weltje, 1997) 성분의 수를 결정하는 데 있어 어떠한 방법도 제공하지 않는다는 것이다.

성분의 수가 작을 때는 쉽게 성분의 수를 파악할 수 있지만, 많은 수의 성분을 고려해야 한다면 성분의 수를 파악하기는 상당히 어려우며 주관적인 생각이 성분 수 결정에 개입될 수 있다. 성분의 수가 많아지면 많아질수록 통계적으로 유의한 결과(즉 실제 자료와 매우 유사한 결과)가 얻어질 수 있으나 각 성분의 기원에 대한 해석이 어려워진다. 게다가 하나의 와이불 분포는 통계적으로 상당히 유의한 수준에서 여러 개의 분포로 분리될 수 있다. 따라서 과도한 성분 수의 증가로 불필요한 분리가 이루어질 수 있다.

[그림 8.2] 1개 또는 2개의 와이불 함수를 이용해 산출된 가상 시료의 입도분포 및 1~3개 성분으로 분리한 결과(Park et al., 2014)

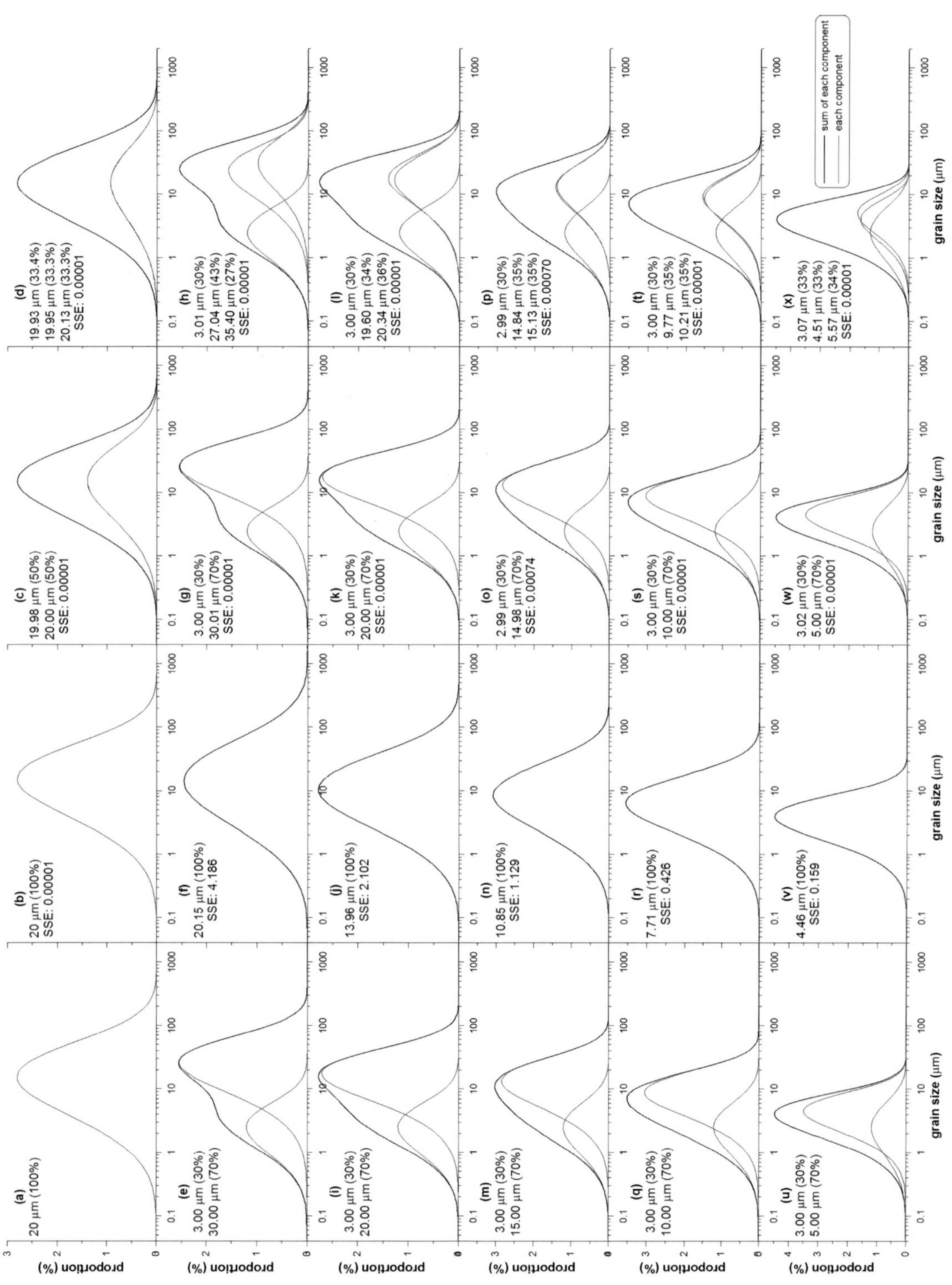

각 성분의 modal size(µm), 비율(%) 및 SSE도 같이 표현되어 있음

그림 8.2는 하나 또는 두 개의 와이블 함수를 이용하여 가상의 입도분포를 산출한 후 성분의 수를 1~3개까지 가정하여 입도 분리를 시도한 결과를 보여 주고 있다. 그림 8.2 (a)의 분포는 modal size가 20μm인 하나의 와이블 함수를 이용하여 산출하였으며, 그림 8.2 (b)~(d)는 각각 성분의 수를 1개, 2개 그리고 3개로 가정하여 입도 분리를 시도한 결과이다. 그림 8.2 (e)는 modal size가 각각 3μm(30%)와 30μm(70%)인 두 개의 함수로 산출된 입도분포이며, 그림 8.2 (f)~(h)는 위와 동일하게 분리한 것이다.

그림 8.2 (i), (m), (q), (u)는 한 성분의 modal size를 3μm(30%)로 고정하고 다른 성분의 modal size를 각각 20μm, 15μm, 10μm, 5μm로 설정하여 입도분포를 산출한 후, 동일하게 분리를 시도한 결과이다. 이 분리 실험에서 기술된 변수 이외의 모든 변수는 동일하다. 우선 그림 8.2 (g)와 (h)를 살펴보면 세립 성분은 큰 오차 없이 modal size 및 비율을 산출해 내었다. 그러나 조립 성분의 경우, 성분 수의 증가는 조립 성분을 각각 약 27.0μm(43%), 35.4μm(27%)의 modal size를 갖는 두 개의 성분으로 분리하였다. modal size와 비율에 있어서 약간의 차이는 있지만, 그림 8.2 (l), (p), (t), (x)가 거의 비슷한 결과를 보이고 있다. 따라서 성분의 수를 증가시키면 불필요한 또는 무의미한 성분으로 분리될 수 있다.

만일 그림 8.2 (e)와 같이 modal size의 차이가 충분히 클 경우에는 각 성분을 잘 찾아낸다. 이 차이가 작을 경우(그림 8.2 (u))에는 상당히 작은 오차를 보이면서 하나의 성분으로 인식될 수 있다. 그림 8.2 (f), (j), (n), (r), (v)를 살펴보면 modal size의 차이가 작아질수록 오차 역시 작아지는 것을 확인할 수 있다. 따라서 modal size의 차이가 작을 때는 효과적으로 분리되지 않을 수 있다. 이것이 와이블 함수를 이용한 입도 분리 방법을 한국 뢰스에 적용할 때 어려운 점이다. 20~80μm의 modal size를 갖는 조립 성분은 중국 뢰스고원 내에서 북서-남동 방향으로 세립화 경향을 보이며, 태평양과 같이 기원지와 멀리 떨어진 지역에는 이 성분이 도달하지 못한다(Sun, 2004). 한국 내에서 이러한 조립 성분은 어느 특정 방향으로 계속 세립화되어, 결과적으로 한국 내 어느 지역에서는 세립 성분과 큰 차이를 보이지 않을 수 있다. 이러한 경우 세립과 조립 성분은 와이블 함수에 의해 효과적으로 분리되지 않을 수도 있다.

이 입도 분리는 성분 수가 증가함에 따라 보다 큰 비율을 차지하는 새로운 성분이 발견되면서 오차를 줄여 나가는 경향이 있다. 예를 들어 그림 8.3에서 시료

[그림 8.3] HM50과 HM150 시료의 입도분포 및 1~10개 성분으로 분리한 결과(Park et al., 2014)

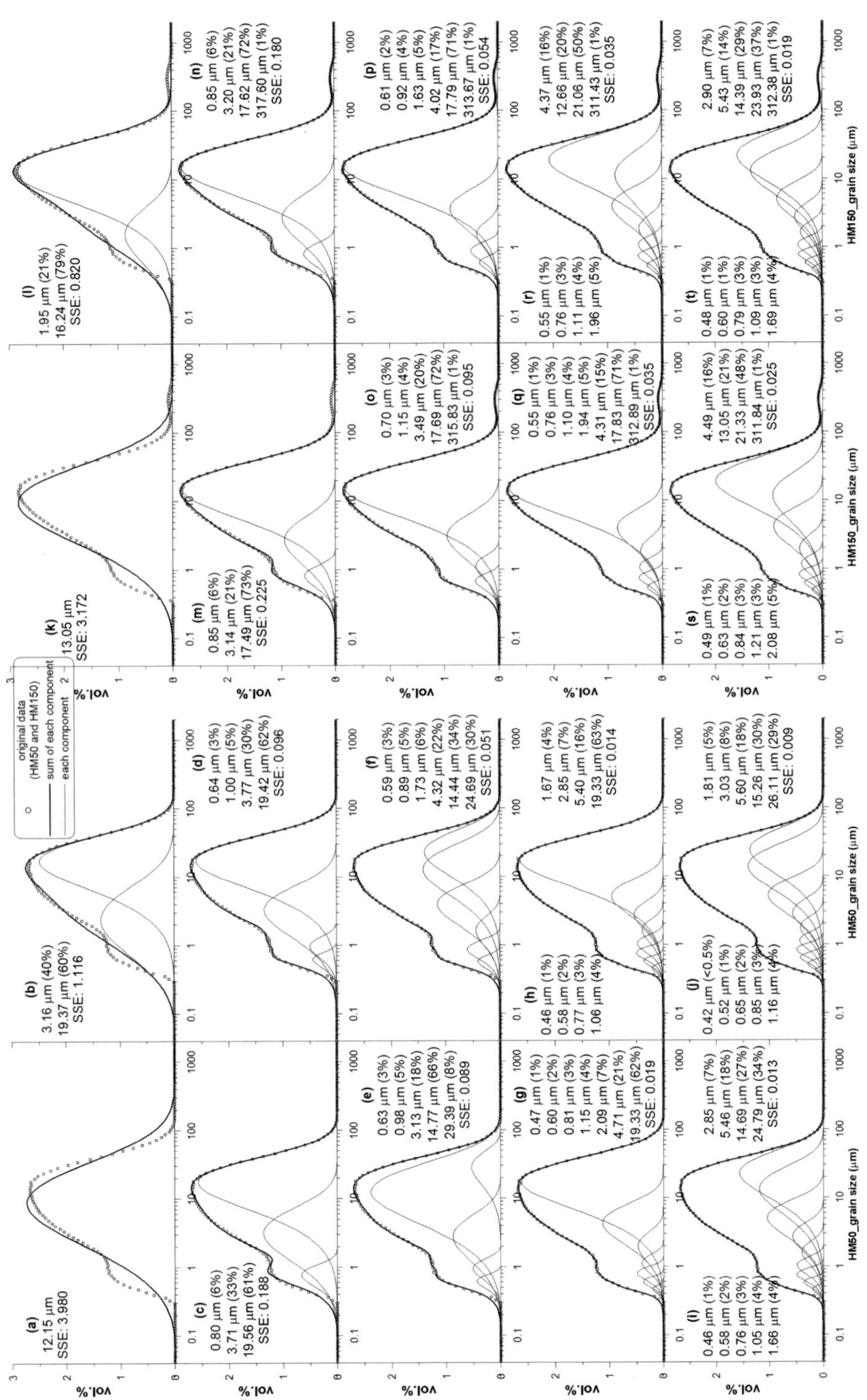

각 성분의 modal size(µm), 비율(%) 및 SSE도 같이 표현되어 있으며 원자료는 DS에 기초해 변환되었음

HM150을 3개의 성분으로 분리하였을 때에는 약 0.85μm, 3.1μm, 17.5μm의 modal size를 갖는 성분이 확인되었다(그림 8.3 (m)). 4개의 성분으로 분리하였을 때에는 약 318μm의 modal size를 갖는 새로운 성분이 확인되었다(그림 8.3 (n)). 수백μm의 성분을 갖지 않는 HM50의 경우, 3개의 성분으로 분리할 때는 HM150과 유사한 modal size를 갖는 성분으로 분리되었지만(그림 8.3 (c)), 4개의 성분으로 분리할 때는 0.8μm의 modal size를 갖는 성분이 각각 약 0.64μm와 1.00μm의 modal size를 갖는 두 개의 성분으로 분리되는 결과가 산출되었다(그림 8.3 (d)).

시료 HM150의 경우, 만약 조립의 새로운 성분 추가에 따른 오차의 감소가 세립의 새로운 성분 추가에 따른 오차의 감소보다 작다면, 조립보다는 세립에서 새로운 성분을 추가하려 할 것이다. 즉 성분 수의 증가는 실질적으로 유의한 성분을 산출해 낼 수 있지만, 성분 수에 대한 주어진 조건하에서 최소 오차를 만족시키기 위해 하나의 성분이 두 개 이상의 성분으로 분리되거나 의미 없는 성분이 추가될 수도 있다. 이러한 문제점은 통계적인 유의성이 실제의 유의성을 항상 보장해 주는가라는 의문을 제기하게 한다. 결론적으로 불필요한 성분의 추가는 통계적인 유의성은 보장해 주지만 성분의 기원에 대한 해석을 어렵게 한다. 웰트제와 프린스(Weltje and Prins, 2007)는 수학적 실현가능성(mathematical feasibility)과 지질학적 실현가능성(geological feasibility)이라는 관점에서 이러한 부분을 비판하였다.

레이저 회절 입도분석기를 이용하여 동일한 상태의 단일 물질의 입도분석을 행할 때 정확한 굴절률(refractive index, RI)과 흡수율(absorptive index, AI)은 입도분석의 정확도를 높여 줄 수 있지만, 토양이나 퇴적물과 같이 여러 물질이 혼합되어 있는 물질의 경우 적절한 RI와 AI를 찾기는 어렵다. 또한 RI나 AI에 따라 입도분석 및 분리 결과에 큰 차이가 발생할 수 있다. 이와 같은 두 index에 따른 입도분석 및 분리 결과를 확인하기 위해, 시료 HM50을 대상으로 다양한 RI 및 AI에 따른 입도분포 및 입도 분리 시 성분 수에 따른 SSE의 변화를 그림 8.4에 나타내었다. 이와 함께 기본 설정(default setting, DS)[14]과 FA에 따른 결과도 제시하였다.

그림 8.4 (a)는 AI를 0.1로 고정시키고 RI를 1.0에서 2.0까지 변화시켜 산출한 입

14 미 이론이 DS보다 큰 개념이므로 DS는 미 이론에 포함되며, DS의 기본 설정값은 RI 1.52, AI 0.1이다.

[그림 8.4] RI 및 AI에 따른 HM50 시료의 입도분포 및 성분의 수에 따른 SSE 변화(Park et al., 2014)

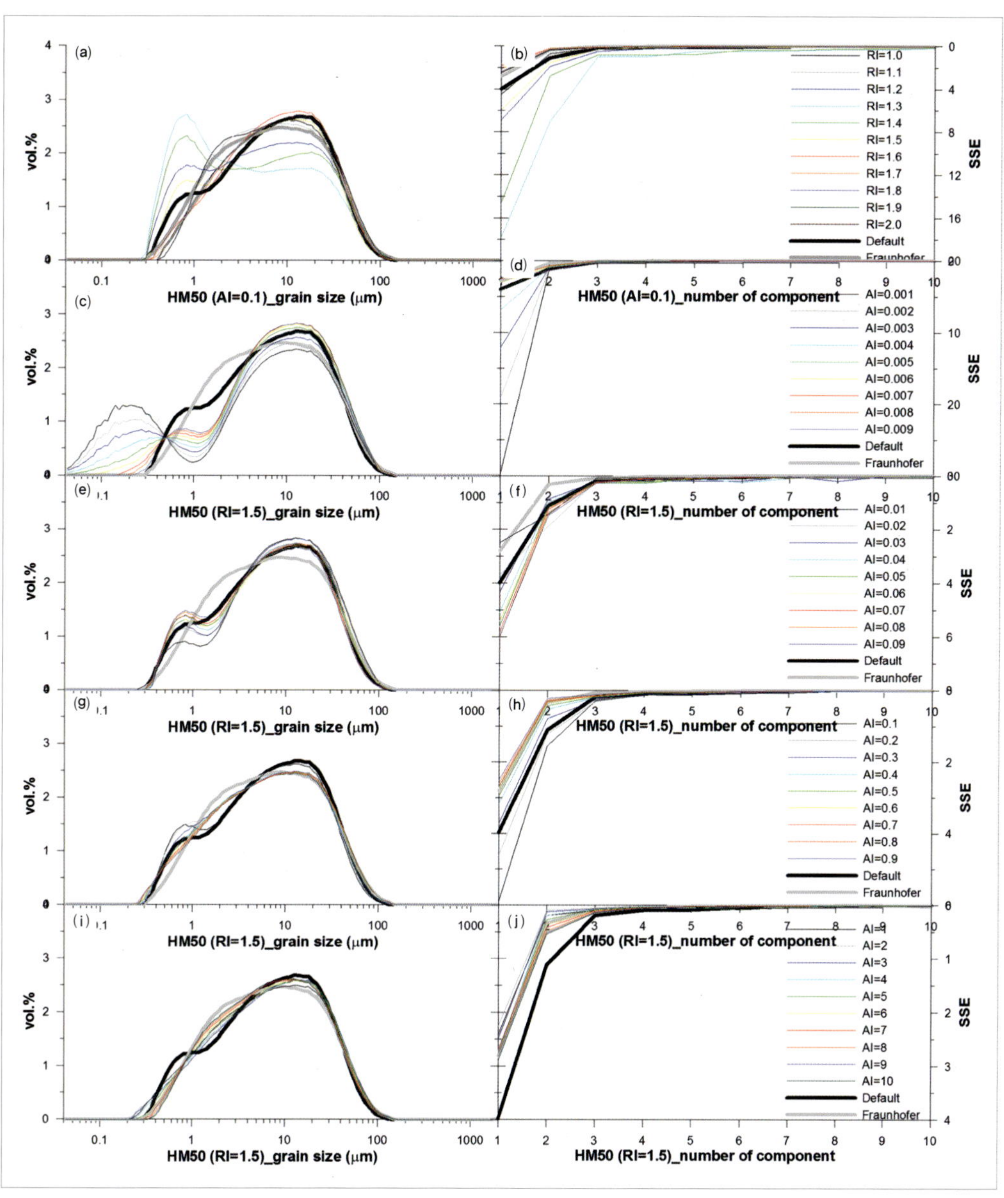

도분포를 그린 것이다. 이 입도분포 분리 과정에서의 성분 수에 따른 SSE의 변화를 그림 8.4 (b)에 나타내었다. 그림 8.4 (c)~(j)는 RI는 1.5로 고정시키고 AI를 0.001에서 10까지 변화시켜 산출된 입도분포 및 SSE의 변화이다. 우선 DS에서는 0.8~0.9μm에서 하나의 정점이 확인되는 데 반해 FA에서는 이러한 정점을 확인할 수 없다.

또한 점토 크기의 성분, 특히 1μm 이하의 부분이 RI 및 AI 모두의 변화에 상당히 민감한 것을 확인할 수 있다. RI가 증가함에 따라 RI가 1.2일 때 약 0.8~0.9μm에서 새로운 정점이 형성되기 시작하여 RI가 1.3일 때 최대를 보인 후 감소한다. 이러한 정점은 RI가 1.5가 될 때까지 확인할 수 있지만 RI가 이보다 커지면 더 이상 확인되지 않는다(그림 8.4 (a)).

AI의 변화에 따른 입도분포곡선을 살펴보면, AI가 0.001일 때 약 0.2μm에서 정점이 확인되며 AI가 증가함에 따라 이 정점은 서서히 조립 쪽으로 이동함과 동시에 그 비율은 작아진다(그림 8.4 (c), (e)). 하지만 AI가 약 0.3 이상일 때에는 이러한 정점은 더 이상 확인되지 않는다(그림 8.4 (g), (i)).

RI 및 AI에 따른 SSE의 변화 역시 상당한 차이를 보이고 있다. RI=1.3, 1.4인 경우 변곡점(point of inflection)은 성분의 수(number of component)가 3일 때 나타나지만, 다른 곡선에서는 성분의 수가 2일 때 확인된다(그림 8.4 (b)). 특히 그림 8.4 (j)에서 DS는 성분의 수가 3일 때 변곡점을 보이지만, FA를 포함한 다른 곡선에서는 성분의 수가 2일 때 변곡점이 나타난다. 이러한 모습은, DS에 의한 결과가 통계적인 유의성(SSE=0.1879)을 위해 3개의 성분이 포함되어야 하는 반면 FA에 의한 결과는 2개의 성분만으로도 충분히 통계적으로 유의(SSE=0.3350)하다는 것을 의미한다. 이러한 사실은 RI 및 AI에 따라 통계적으로 유의한 성분의 수가 달라지며, 이는 다시 성분의 수를 결정하는 데 있어 RI 및 AI가 상당한 영향을 미치고 있음을 보여 주는 것이다. 결론적으로 와이불 함수를 이용한 입도 분리 시 이러한 RI 및 AI의 영향도 고려되어야 할 것이다.

성분 수의 결정과 관련된 문제는 분리되는 모든 시료가 동일한 수의 성분으로 이루어져 있다는 가정에서도 기인할 수 있다. 그림 8.3과 같이 시료 HM50과 HM150은 거의 유사한 입도분포를 보이지만 HM50과 달리 HM150은 수백μm에서 하나의 작은 정점이 확인된다. 만일 시료가 3개의 성분으로 이루어졌다고 가정한다면 시료 HM150에서 수백μm의 정점은 놓치게 될 것이다(그림 8.3 (m)). 한편 4개의 성분을 가정한다면, 시료 HM50에서 약 0.8μm의 modal size를 갖는 성분은 약 0.64μm와 1.00μm의 modal size를 갖는 두 개의 성분으로 분리될 것이다(그림 8.3 (d)). 따라서 분리되는 모든 시료에서 동일한 수의 성분을 반드시 가정할 필요는 없을 것으로 보인다. 시료의 입도분포 특성에 따라 적당한 수의 성분을 결정해야 할 것이다.

와이불 함수를 포함한 대부분의 분리 방법은 보통 다양한 화학약품 및 초음파 처리를 이용한 최대 확산(ultimate or full dispersion)의 개념에 의해 분석된 결과를 이용한다(Qiang et al., 2010). 그러나 실제 퇴적물, 특히 세립 퇴적물은 뭉친 형태(aggregate) 또는 조립 입자에 부착(attachment)된 상태로 이동될 수 있기 때문에 최대 확산보다는 최소 확산(minimal or effective dispersion)에 보다 가까울 수 있다(McTainsh et al., 1997; Mason et al., 2003). 따라서 최대 확산을 통해 분석된 입도분석 결과 및 분리 결과는 실제 퇴적물의 이동 과정과는 다른 양상을 산출할 수 있다. 그러나 이러한 주장은 입도분석 전처리 과정 및 최소 확산의 개념 또는 정도에 관한 문제를 다시 불러온다. 입도분석 전처리 역시 입도분석 결과에 큰 영향을 미치며(Lu and An, 1998), 적절한 전처리는 입도분석의 필수 과정이기도 하다(Gee and Bauder, 1986; Konert and Vandenberghe, 1997).

작은 부분이긴 하지만 집단이 아닌 개별 시료의 분리로 인해 시료의 개별 특성이 강조된다. 와이불 함수를 이용한 입도 분리는 기본적으로 곡선 접합의 알고리즘에 기초를 두기 때문에, 곡선 접합 알고리즘에서 사용되는 계산 방법과 조건 등에 따라서도 분석 결과가 영향을 받으며, 성분의 수가 많아질수록 방법과 조건에 따른 차이는 더욱 커진다.

2) 조사 단면 및 연구방법

와이불 함수를 이용한 뢰스-고토양 연속층의 입도 분리에 사용된 해미 단면은 충남 서산시 고북면 남정리(북위 36°41′19″, 동경 126°30′41″; 그림 8.5)에 위치하고 있다. 약 85cm 두께의 표층은 경작 활동으로 인해 교란되었다. 표층이 끝나는 지점을 깊이 0cm(해발고도 12.59m)로 간주하여 총 320cm 두께의 단면을 조사하였다. 야외 관찰, 대자율 및 입도분석 결과에 기초하여 상부에서 하부를 뢰스-고토양 연속층(깊이 0~200cm), 점이층 I(깊이 200~268cm), 점이층 II(깊이 268~320cm) 그리고 해안단구 역층(깊이 320cm 이하)으로 구분하였다(윤순옥 외, 2011).

윤순옥 외(2011)는 조사 단면 뢰스-고토양 연속층의 원소 조성이 중국 뢰스고원

[그림 8.5] 연구 지역 위치 및 기원지 분포(Yang et al.(2012); Sun(2004)에서 편집)

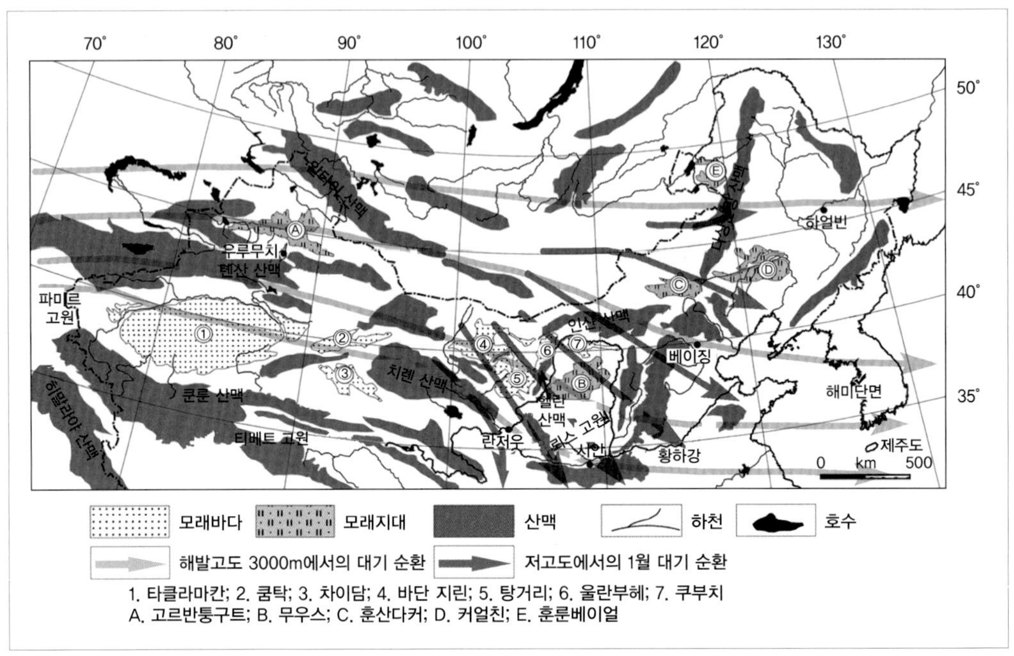

과 상당히 유사하지만 단면 주변의 기반암과는 상당한 차이를 보인다고 하였다. 그러나 풍화작용에 약한 일부 원소는 조사 단면의 뢰스-고토양 연속층과 중국 뢰스고원 사이에서 상당한 차이를 보이기도 하였다. 이는 조사 단면 뢰스-고토양 연속층이 중국 뢰스고원 또는 이의 기원지에서 기원하였지만, 퇴적 이후 한국의 고기후 조건하에 강력한 풍화작용을 경험하였기 때문이라 볼 수 있다. 점이층 I과 점이층 II는 상부의 뢰스-고토양 연속층과는 상당한 지구화학적 차이를 보였으며, 점이층 사이에서도 차이가 확인되었다. 이러한 차이는 조사 단면 주변의 기반암에서 유래한 풍화산물과의 혼합 때문으로 생각되었다.

한국기초과학지원연구원에서 OSL 방식에 의해 총 3개 지점(깊이 90cm, 160cm, 220cm)으로부터 해미 단면의 절대연대를 측정하였으며, >50ka이라는 연대 결과를 얻었다(표 8.1; 윤순옥 외, 2011). 이러한 연대 결과로는 조사 단면의 자세한 편년에 관한 논의가 어려울 것으로 생각된다. 다만 연대 결과 및 대자율 변화 등에 기초할 때 연속층은 MIS 4~2 이전(즉 최종 빙기 이전)에 형성된 것으로 추정된다.

[표 8.1] 해미 단면의 OSL 연대측정 결과(윤순옥 외(2011)에서 편집)

시료명	^{238}U (Bq/kg)	^{226}Ra (Bq/kg)	^{232}Th (Bq/kg)	^{40}K (Bq/kg)	연간 선량 (Gy/ka)	수분 함량(%)	등가 선량 (Gy)	표본 수 (n)	OSL 연대(ka)
HM90 (90~250μm)	48.0±12.0	37.6±0.7	72.0±1.5	524±12	3.06±0.08 (2.87±0.08)	22.9 (30.2)	334±17	21	>50
HM160 (90~250μm)	52.0±12.0	42.0±0.8	71.8±1.7	487±13	2.82±0.08 (2.52±0.07)	31.2 (45.7)	279±12	24	>50
HM220 (90~250μm)	56.0±14.0	39.9±0.7	81.3±1.7	577±14	3.13±0.08 (2.99±0.08)	32.1 (37.9)	163±17	19	>50

대자율은 ZH Instruments의 Magnetic Susceptibility meter SM-30을 이용하여 야외조사 당시에 2cm 간격으로 측정하였다. 오차를 최소화하기 위해 동일한 위치에서 3번 측정하여 평균값으로 대자율을 표현하였다.

입도분석을 위해 2cm 간격으로 채취한 모든 시료에서 수분을 제거하려고 100°C에서 24시간 동안 건조시켰다. 건조된 시료는 30%의 과산화수소(H_2O_2)로 유기물을 제거하였으며, 이후 0.4%의 나트륨 헥사메타인산염($(NaPO_3)_6$)으로 퇴적물을 확산시켰다. 총 161개 시료의 입도는 경희대학교 중앙기기센터에서 Malvern Instruments의 Mastersizer-2000 laser grain-size analyzer를 이용하여 분석하였다. Mastersizer-2000의 측정 범위는 0.02~2000μm이며 측정된 결과는 부피비(vol.%)로 표현될 수 있다. 입도분석이 이루어지는 동안 초음파 프로브(ultrasonic probe)를 작동시켜 퇴적물이 더 많이 분산되도록 하였다.

분석된 결과를 기초로 GRADISTAT(Blott and Pye, 2001)을 이용하여 포크와 워드(Folk and Ward, 1957)의 방식에 따라 평균입경(mean), 입경 중앙값(median) 및 분급(sorting) 등의 입도 통계치를 산출하였다. 입도 분리를 위한 곡선 접합은 MATHWORKS의 MATLAB R2010b를 이용하였다. 조사 단면에서 채취된 모든 시료를 입도분석 및 입도 분리하였으나, 점이층의 지구화학적 그리고 퇴적 특성이 뢰스-고토양 연속층과 차이를 보이고 있으므로 뢰스-고토양 연속층의 결과만을 논의하였다.

일부 성분의 기원을 확인하기 위해 해미 단면에서 채취한 일부 시료(HM50, HM100,

[표 8.2] 전처리 과정(Park et al., 2014)

	전처리 과정
PT1	최소 확산
PT2	30% H_2O_2 + 10% HCl
PT3	30% H_2O_2 + 10% HCl + (중화) + 0.4% $(NaPO_3)_6$
PT4	석영 입자 추출
PT5	30% H_2O_2 + 0.4% $(NaPO_3)_6$

HM150, HM200)에 다양한 전처리 방법이 적용되었다(표 8.2). PT1은 퇴적물의 실제 운반 특성을 보다 잘 설명할 수 있는 최소 확산의 개념을 적용시킨 전처리 방법이다. 전처리 PT1을 위해, 아무런 화학약품 처리를 하지 않은 시료를 바로 기기에 투입한 후 10분 동안 강제로 순환시킨 다음 입도분석을 실시하였다(Mason et al., 2003). PT2는 30% 과산화수소로 유기물을 제거한 후 10% 염산으로 처리하여 망간 결핵 등을 제거한 전처리 방법이다. 두 전처리 방법 모두에서 초음파는 사용하지 않았다. PT3은 과산화수소와 염산 처리 후 증류수를 이용하여 충분히 중화시킨 다음 확산제를 첨가한 전처리 방법이다. 전처리 PT4는 일련의 화학약품을 이용하여 석영 입자만 추출한 전처리 방법이다. 석영 입자의 추출은 선 외(Sun et al., 2004)가 제시한 방법을 따랐다. PT3과 PT4로 처리된 시료의 분석에서는 초음파를 사용하여 퇴적물이 더욱 분산되도록 하였다. 모든 시료를 대상으로 이루어진 전처리 과정은 PT5라 한다.

와이불 함수를 이용한 입도 분리에 있어 위에서 언급한 문제점들을 보완하기 위해 본 연구에서는 다음과 같은 방법을 이용하였다. 우선 GRADISTAT(Blott and Pye, 2001)에서 권장하는 116개의 입도 등급(0.04~2000μm)을 이용하였다. 레이저 회절 자료를 입도 자료로 변환하는 이론에 따른 차이를 확인하기 위해, 분석 기기의 PC 응용 소프트웨어(Mastersizer-2000, version 5.22)를 이용하여 DS에 의한 분석 결과를 FA에 기초한 결과로 변환한 후 DS에 기초한 결과와 동일한 방법으로 입도 분리를 시도하여, DS 및 FA에 의한 입도분석 및 분리 결과를 서로 비교하였다. 입도 분리를 위한 곡선 접합은

[그림 8.6] 해미 단면 뢰스-고토양 연속층의 성분 수에 따른 평균 SSE와 평균 상관계수(R^2) 변화(Park et al., 2014)

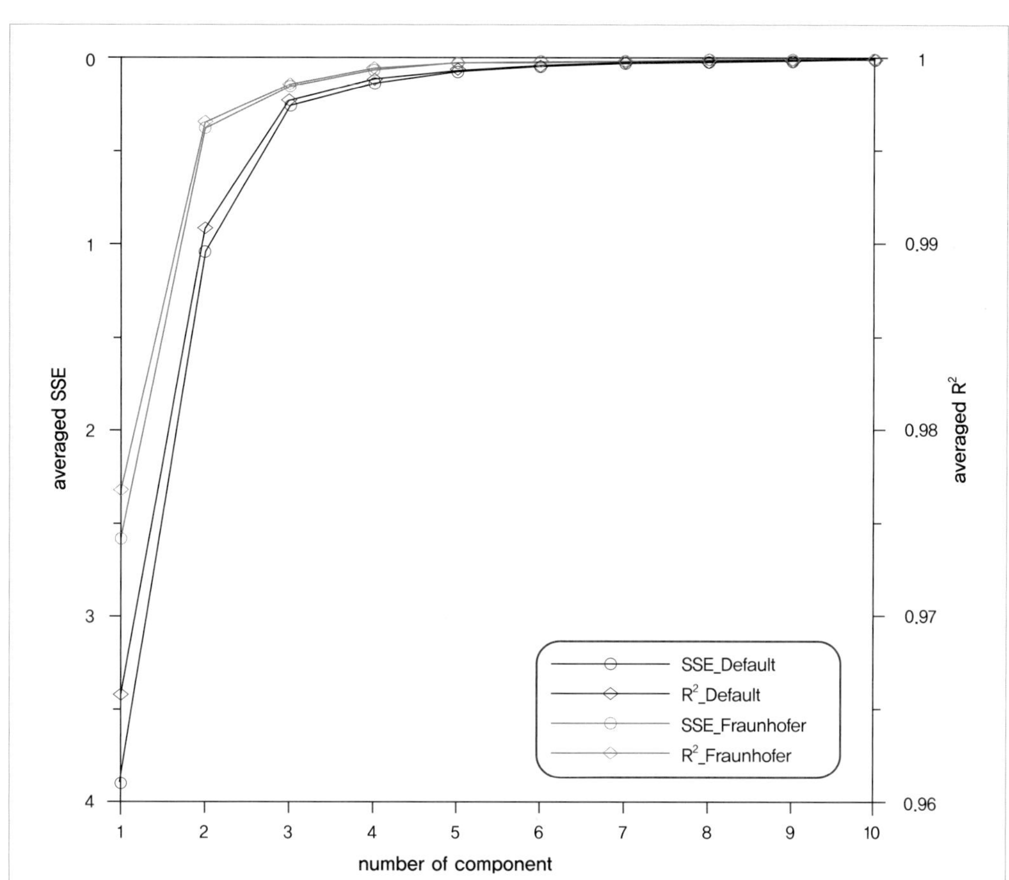

MATHWORKS의 MATLAB R2010b를 이용하였다.

이 연구에서는 성분의 수를 결정하기 위해 EMMA에서 제안한 절약의 원리(principle of parsimony; Weltje, 1997)를 이용하였다. 이 방법은 원자료를 최대한 설명하는 데 필요한 최소의 성분 수를 결정하는 것으로, 성분의 수에 따른 오차의 변화에서 변곡점을 확인함으로써 가능해진다.

그림 8.6은 해미 단면 뢰스-고토양 연속층에서의 DS 및 FA에 의한 결과를 기초로 성분의 수에 따른 평균 SSE와 상관계수(R^2)의 변화를 나타낸 것이다. 성분의 수가 증가함에 따라 SSE는 작아지고 상관계수는 커지는 것을 확인할 수 있으며 그 변동

성은 서로 거의 유사하다. DS에 기초한 변화에서, SSE와 상관계수 모두 1개에서 3개의 성분까지는 크게 변화하지만 성분의 수가 4개 또는 그 이상일 때는 변동성이 작아진다. 따라서 3개의 성분으로 최대의 원자료를 설명할 수 있으며, 이 경우 3개의 성분은 평균적으로 원자료의 약 99.8%를 설명해 줄 수 있고 이때의 SSE는 약 0.2545이다. 여기서 확인된 3개의 성분은 약 1μm 이하, 2.7~4.4μm, 16~22μm의 modal size를 갖는다. 하지만 그림 8.3에서와 같이, 일부 시료가 몇백μm에서 정점을 보이고 있기 때문에 모든 시료가 이러한 3개의 성분으로 이루어졌다고 말할 수는 없다. 따라서 HM150과 같이 몇백μm에서 정점을 보이는 시료는 4개의 성분으로, HM50과 같이 그러한 정점이 확인되지 않으면 3개의 성분으로 분리되어야 한다.

한편 FA에 기초한 결과는 성분의 수가 2개일 때 변곡점이 나타나며(SSE=0.3819, R^2=0.997), 이때의 성분은 약 2.1~3.0μm 그리고 14~20μm의 modal size를 갖는 것으로 확인되었다. 따라서 몇백μm에서 정점이 확인되면 3개, 그러지 않으면 2개의 성분으로 분리되어야 한다.

3) 분석 결과

해미 단면의 층서와 대자율 및 DS와 FA에 기초한 입도분석 결과를 그림 8.7에 나타내었다. 대자율 신호는 풍화작용 또는 토양생성작용 동안 형성되는 극세립의 강자성물질(ultrafine ferromagnetic material)에 의해 증가한다(Zhou et al., 1990; Maher and Thompson, 1991; Maher, 1998). 따라서 이 신호는 여름 계절풍의 강도(An et al., 1991; Zhang et al., 2007), 특히 높은 강수량(Maher et al., 2002; Warrier and Shankar, 2009)을 반영한다고 생각되어 왔다. 중국 뢰스고원에서 대자율은 고토양에서 높고 뢰스 층준에서는 낮다(Liu, 1985; An et al., 1991).

그림 8.7 (a)는 해미 단면의 대자율 측정 결과이다. 뢰스-고토양 연속층에서는 대략 깊이 100cm를 기준으로 상부는 높고 하부는 낮은 대자율을 보인다. 점이층 I은 상부 연속층과 비슷한 비교적 높은 대자율을 보이는 데 반해 점이층 II는 대자율이 낮다.

DS에 기초한 해미 단면의 평균입경(그림 8.7 (b))은 5.0~78.7μm이며, 연속층에서는

[그림 8.7] 해미 단면의 층서, 대자율(MS) 및 DS와 FA에 기초한 평균입경, 입경 중앙값 및 분급 변화(Park et al., 2014)

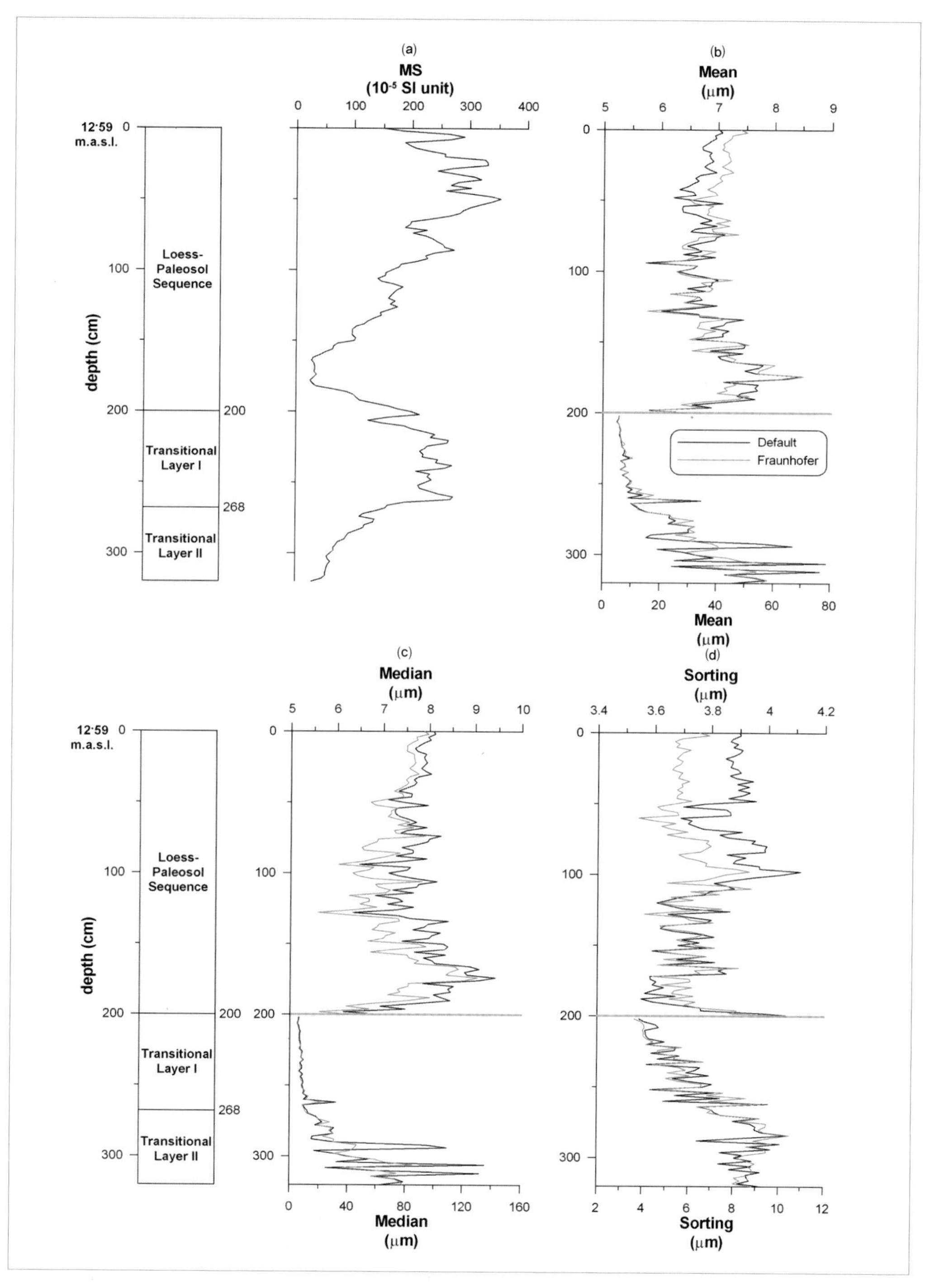

5.7~8.5μm, 점이층 I에서는 5.0~34.6μm, 점이층 II에서는 15.4~78.7μm이다. FA에 기초한 평균입경은 단면에서 5.2~58.3μm이며, 연속층에서는 5.8~8.5μm, 점이층 I에서는 5.2~27.1μm, 점이층 II에서는 15.3~58.3μm인 것으로 나타났다. DS와 FA 두 이론 모두에서, 단면의 하부로 갈수록 조립화의 경향을 보이며 특히 점이층 II에서는 시료 사이의 편차도 매우 크다. 점이층에서 나타나는 평균입경의 이러한 변화는 주변 지역에서 기원한 조립 물질의 혼합 때문인 것으로 생각된다(윤순옥 외, 2011).

평균입경과 달리 입경 중앙값(median)은 대부분 FA에 기초한 결과가 DS에 기초한 결과보다 세립인 것으로 나타났다(그림 8.7 (c)). DS에 기초한 해미 단면의 입경 중앙값은 전체적으로 5.2~135.6μm이며, 연속층은 6.1~9.5μm이다. 점이층 I과 점이층 II의 입경 중앙값은 각각 5.2~32.2μm, 13.0~135.6μm인 것으로 나타났다. FA에 기초한 입경 중앙값은 연속층에서 5.6~9.1μm이며, 점이층 I과 점이층 II에서는 각각 4.8~21.8μm, 11.9~85.8μm인 것으로 나타났다. 점이층에서의 하향 조립화 경향은 입경 중앙값의 변화에서도 분명하다.

분급(sorting)의 경우 깊이 약 110cm를 기준으로 상부는 FA에 기초한 결과가 DS에 기초한 것보다 분급이 좋은 것으로 나타났지만, 이보다 하부에서는 거의 차이가 없다(그림 8.7 (d)). 일부 층준을 제외하면 두 가지 조건 모두에서 연속층은 4μm 이하 그리고 점이층은 4μm 이상의 분급을 보인다.

와이불 함수를 이용한 뢰스-고토양 연속층의 입도 분리 결과를 그림 8.8에 제시하였다. FA에 기초한 결과는 2.1~3.0μm(fine component, FC), 13.5~20.1μm(coarse component, CC), 257~508μm(very coarse component, VCC)의 modal size를 갖는 2개 또는 3개의 성분으로 분리되었다. DS에 기초한 결과는 0.78~0.87μm(very fine component, VFC), 2.7~4.4μm(FC), 15.7~21.6μm(CC), 201~388μm(VCC)의 modal size를 갖는 3개 또는 4개의 성분으로 분리되었다.

두 이론에 의한 분리 결과는 약간의 차이를 보이고 있지만 전체적인 경향은 서로 유사하다(그림 8.8, 표 8.3). 레이저 회절 자료를 입도 자료로 변환하는 DS나 FA 이론과 무관하게 유사한 변화를 보인다는 사실은 물리학적인 특성(즉 레이저와 입자 사이의 상호작용에 대한 가정)보다는 자연적인 과정(즉 퇴적물의 운반 기작)이 현재의 입도분포에 더 큰 영향을 미치고 있음을 의미하는 것으로 생각된다.

[그림 8.8] DS 및 FA에 기초한 해미 단면 뢰스-고토양 연속층의 분리 결과(Park et al., 2014)

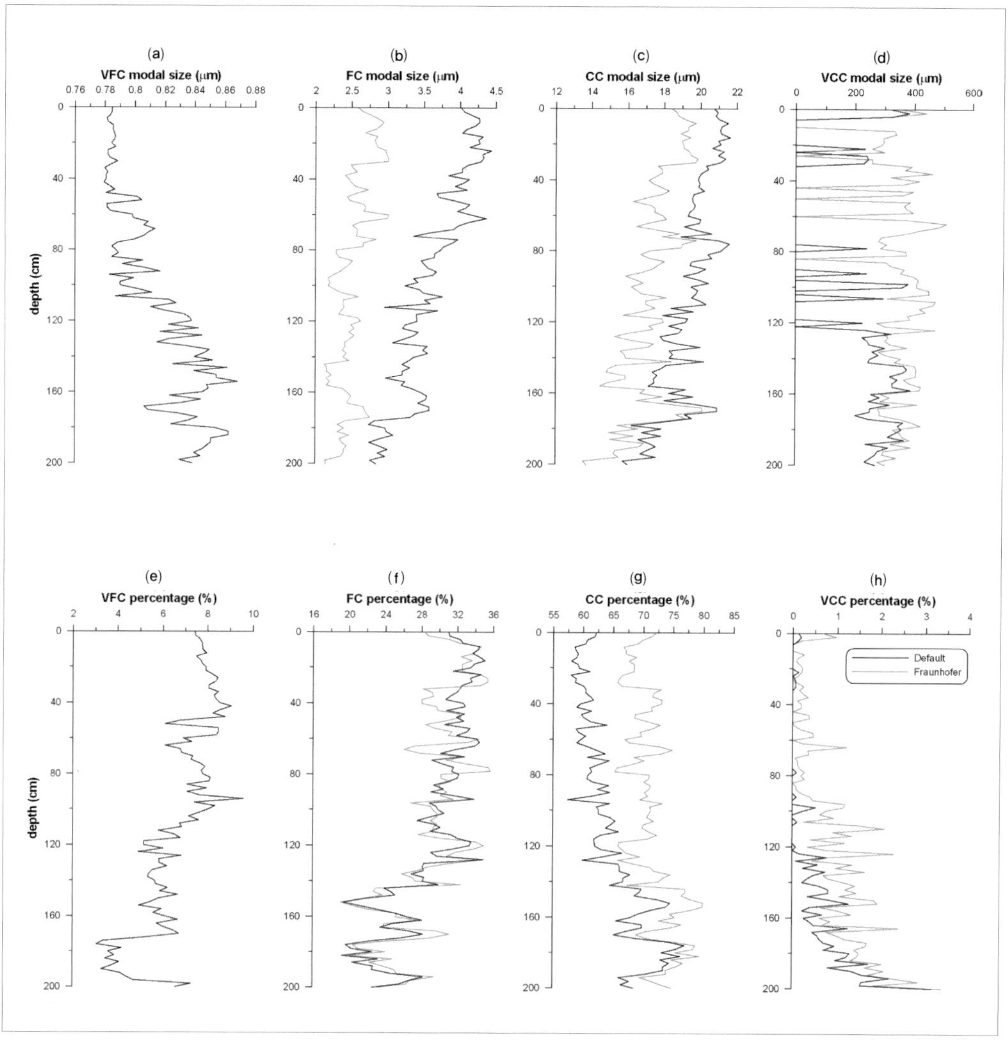

FA에 기초한 결과는 VFC가 없으며 VCC가 확인되지 않은 시료의 경우 0으로 표기되어 있음

VCC의 modal size에서 낮은 상관관계를 보이고 있는데, 이는 동일한 시료에서조차 한 이론에 의한 결과에서는 VCC가 확인되었으나 다른 이론에 의한 결과에서는 확인되지 않기 때문인 것으로 생각된다. VCC가 확인되지 않는 시료를 제외한다면 상관계수는 약 0.50이다. 그러나 VCC의 비율은 유사한 변화를 보이고 있다(R^2=0.66). 두 이론 사이의 가장 큰 차이는 VFC의 존재 유무이다.

[표 8.3] 해미 단면 뢰스-고토양 연속층의 분리 결과 사이의 상관계수(R^2) (Park et al., 2014)

Default Fraunhofer	VFC modal size	FC modal size	CC modal size	VCC modal size	VFC 비율	FC 비율	CC 비율	VCC 비율
FC modal size	0.27**	0.56**	0.42**	0.12**	0.10**	0.34**	0.30**	0.18**
CC modal size	0.36**	0.46**	0.73**	0.13**	0.16**	0.29**	0.27**	0.28**
VCC modal size	0.07**	0.08**	0.05*	0.02	0.03	0.06*	0.07**	0.01
FC 비율	0.41**	0.41**	0.50**	0.31**	0.36**	0.78**	0.73**	0.35**
CC 비율	0.32**	0.31**	0.43**	0.24**	0.26**	0.68**	0.63**	0.23**
VCC 비율	0.49**	0.55**	0.42**	0.32**	0.46**	0.50**	0.49**	0.66**

* 유의수준 0.05.
** 유의수준 0.01.

대략 깊이 110cm를 기준으로, MS 값이 높은 상부 뢰스-고토양 연속층(깊이 0~110cm)은 하부 뢰스-고토양 연속층(깊이 110~200cm)에 비해 VFC의 modal size는 작고(그림 8.8 (a)) 비율은 크다(그림 8.8 (e)). FC의 modal size(그림 8.8 (b))는 전체적으로 하부에서 상부로 갈수록 점점 커지지만, 그 경향은 FA보다는 DS에서 더 분명하다. FC의 비율(그림 8.8 (f))은 FA에 의한 결과에서는 19~36%, DS의 결과에서는 19~35%로 modal size와 마찬가지로 하부에서 상부로 갈수록 점점 증가하는 추세이지만, 두 이론 모두에서 깊이 0~120cm 사이에서는 변동성이 감소한다. CC의 modal size(그림 8.8 (c)) 역시 FC의 modal size와 마찬가지로 하부에서 상부로 갈수록 커지는 양상을 보이는 반면, CC의 비율(그림 8.8 (g))은 깊이 150~200cm에서 다소 크게 변동하지만 하부에서 상부로 갈수록 점점 감소한다. DS에 기초한 결과는 깊이에 따라 지속적인 증가 경향을 보이는 데 반해, FA에 의한 결과에서는 깊이 0~120cm에서 거의 변화가 없다.

VCC(그림 8.8 (d))는 일부 층준에서 확인되지 않고 있다. VCC가 확인되지 않는 층준은 깊이 약 120cm를 기준으로 상부 뢰스-고토양 연속층에서만 나타나고 하부 뢰

[그림 8.9] 다양한 전처리(표 8.1 참조) 및 이론(DS 및 FA)에 따른 HM50, HM100, HM150, HM200 시료의 입도분포 비교(Park et al., 2014)

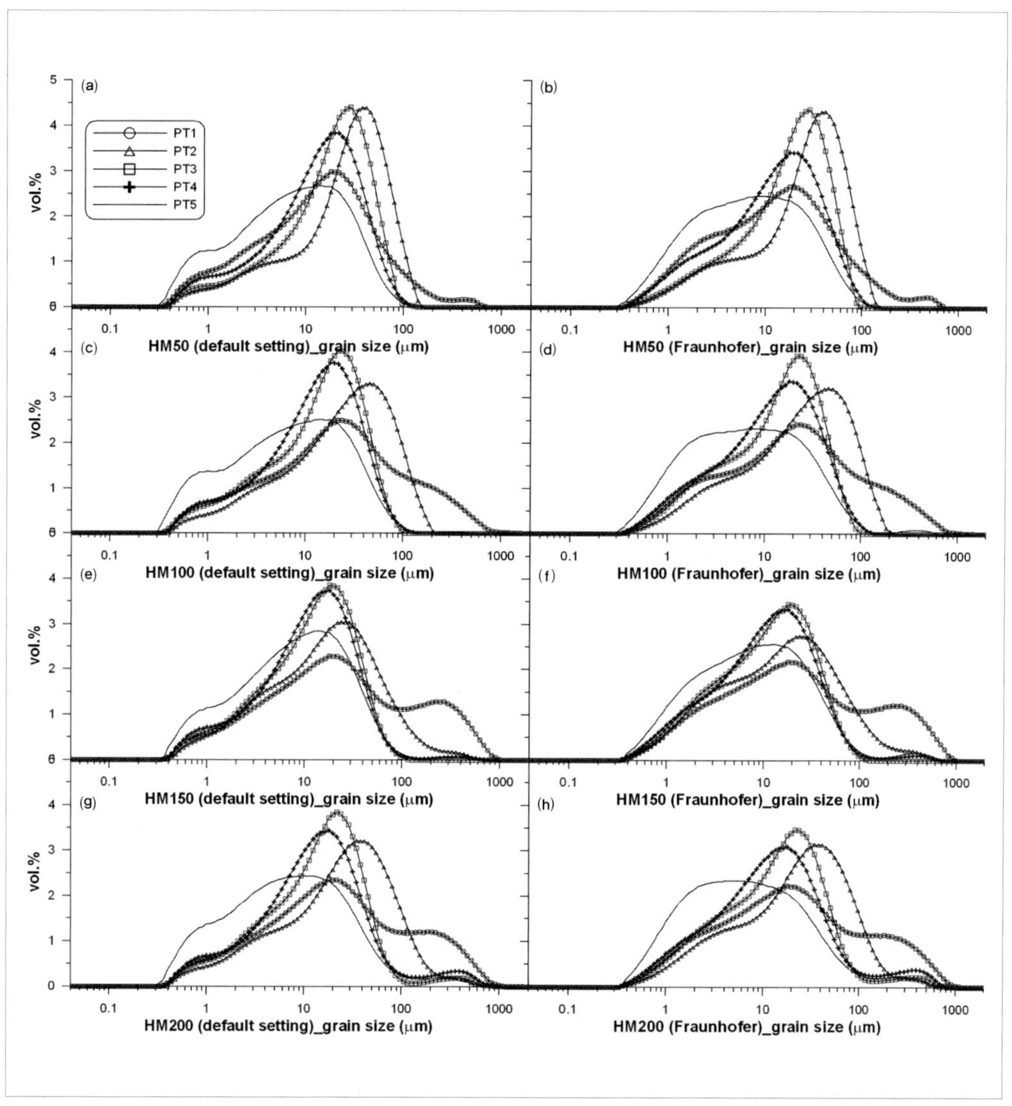

스-고토양 연속층에서는 두 이론 모두에서 확인되었다. VCC의 modal size는 상향 조립화의 경향을 보이는 FC와 CC의 modal size와 달리 200~400μm 사이에서 변동하고 있다. VCC의 비율(그림 8.8 (h))은 상부 뢰스-고토양 연속층에서는 약 1% 이하이지만, 이보다 하부에서는 하부로 갈수록 점점 증가하여 FA의 경우 약 3.4%, DS의 경우 3.1%로 깊이 200cm에서 최대치에 도달한다.

4) 토론

(1) 와이블 함수를 이용한 입도 분리의 한국 뢰스에의 적용과 한계점

뢰스 물질의 입도와 이를 운반하는 바람의 강도 그리고 대기순환 형태 사이의 복잡한 관계로 인해, 입도의 변화는 거시적인 풍계(wind system)의 변화와 국지적인 지형 및 풍계의 영향을 포함한 다양한 요인에 의해 영향을 받는다(Sun et al., 2008). 와이블 함수를 이용한 입도 분리는 입도분포에서 이러한 요인들에 의해 형성된 부분을 구분할 수 있게 하였고, 입도를 이용한 고환경 변화 연구에 새로운 가능성을 제시하였다.

그러나 와이블 함수를 이용한 입도 분리는 문제점도 가지고 있다. 성분의 수를 결정하는 데 있어 절약의 법칙을 이용하였지만 여전히 주관적인 해석을 내포하고 있다. 또한 분석 결과 및 분리 결과가 레이저 회절 자료를 입도 자료로 변환하는 이론에 크게 영향을 받는 것으로 확인되었다.

동일한 분석 기기 및 로그 정규분포를 이용한 조사를 통해, 이 연구의 VFC와 동일한 크기를 갖는 성분이 중국 뢰스고원의 뢰스 퇴적층에서 이미 보고되었으며(Qin et al., 2005), 퇴적량은 지표면 부근의 난류(turbulence)에 의해서만 영향을 받는다고 제안되었다. 샤오 외(Xiao et al., 2009, 2012)도 중국 내몽골에 위치한 Hulun Lake(呼倫湖)의 표층 퇴적물 그리고 Dali Lake(達里湖)의 코어 퇴적물로부터 동일한 크기를 갖는 성분을 보고하였으며, 장거리 부유 기원이라는 주장을 제기하였다.

한편 비슷한 분석 기기 및 와이블 함수를 이용한 조사를 통해 약 0.4μm의 modal size를 갖는 성분이 보고되었으며 토양생성작용에 기인한다는 문제가 제기되었다(Sun et al., 2011). 이 연구에서 VFC와 대자율이 일정한 관계를 보이기 때문에 토양생성작용이 VFC의 원인일 수 있다. 그러나 더 강한 풍화 강도를 경험(윤순옥 외, 2011)한 해미 단면 뢰스-고토양 연속층의 VFC가 중국 뢰스고원에서 확인된 성분보다 약간 더 조립이라는 점, 그리고 DS(또는 MT)에 기초한 입도 결과에서만 확인된다는 점 등에서 토양생성작용이 원인이 아닐 가능성도 있다.

이러한 VFC의 기원을 확인하기 위해 다양한 전처리 과정(표 8.2 참조) 및 DS와 FA 이론에 따른 입도분석 결과를 그림 8.9에 제시하였다. DS에 의한 시료 HM50을 예로 들면(그림 8.9 (a)), 표 8.2의 PT5로 전처리하였을 때 VFC 비율이 가장 높았으며 PT1, PT4, PT3 그리고 PT2의 순으로 감소한다. 석영 추출에 의한 결과(PT4)에서도 VFC가 확인된다는 사실은 이 성분 중 일부는 토양생성작용 기원이 아니라는 것을 의미한다. 또한 최소 확산(PT1)에서 이러한 성분이 확인된다는 사실은 개별 입자로 이러한 성분이 일정 부분 운반되었음을 시사한다. 그러나 확산제로 처리된 시료(PT5)에서 VFC 성분 비율이 증가하고 있는데, 이것은 이 성분의 일정 부분이 뭉쳐서 또는 조립 입자에 부착되어 운반되었음을 의미한다. 이러한 양상은 분석된 모든 시료에서 발견된다. 결론적으로 VFC가 풍화작용 및 운반작용과 같은 여러 작용의 조합에 의해 형성된 것임을 의미한다.

그러나 FA에 의한 결과는 모든 전처리 과정에서 이러한 성분이 확인되지 않는다. 따라서 VFC 성분은 RI 및 AI뿐만 아니라(그림 8.4 참조) 레이저 회절 자료를 입도 자료로 변환하는 이론에 의해 큰 영향을 받는 성분으로 생각된다. 즉 VFC의 존재 여부는 풍화작용 및 운반작용이 아니라 DS와 FA 이론 및 RI와 AI에 일차적으로 의존한다는 것을 의미한다. 따라서 이 VFC 성분은 자연적 과정이 아닌 물리학적인 이론에 의해 영향을 받는 성분으로 생각할 수 있다.

DS(또는 MT)는 구형의 등질적인 입자에 대해서는 정확한 결과를 산출하는 반면 비구형의 비등질적인 입자에 대해서는 정확도가 떨어진다(Eshel et al., 2004). 한편 FA는 입사되는 레이저 파장의 10배 이하의 작은 입자에 대해서는 부정확한 결과를 산출해 낸다(Di Stefano et al., 2010). 대부분의 레이저 회절 입도분석기들이 400~800nm의 파장을 갖는 레이저를 광원으로 사용하기 때문에, FA를 이용하여 회절 자료를 입도 자료로 변환할 경우 4~8μm 이하의 입자에서는 부정확한 결과가 산출될 수 있다. 또한 FA가 DS(또는 MT)에 비해 점토 부분을 과대하게 측정한다거나(Loizeau et al., 1994) 적당한 이론이 적용되지 않는다면 1μm 이하 입자의 분석이 무의미하다는 주장도 있다(Keck and Müller, 2008). 결론적으로 두 이론 모두 비구형의 형태를 갖는 점토 크기 입자의 분석에서는 한계를 갖고 있다.

빛과 입자가 만나면 빛은 회절될 뿐 아니라 반사, 굴절, 흡수 또는 재방출된다

(Keck and Müller, 2008). DS 및 FA 이론뿐만 아니라 RI와 AI도 입도분석 결과, 특히 입도분포에 큰 영향을 미친다. 이 연구를 통해 확인된 바와 같이, 특정 퇴적물이나 토양 시료에서 정확한 RI와 AI를 얻기 위해서는 추가적인 시간, 비용 그리고 노력이 필요하다. 또한 VFC를 보이지 않는 RI와 AI(예를 들어 RI>1.6, AI>0.4; 그림 8.4)가 적용된다 하더라도 이러한 적용의 신뢰도는 확실치 않다. 다시 말해 적용된 RI 및 AI가 분석되는 시료에 적합한 값인지 그리고 어떠한 RI 및 AI가 분석되는 시료에 적합한 값인지 결정할 수 없다. 따라서 RI 및 AI 적용(DS(또는 MT)의 적용)에 따른 이러한 문제를 방지하기 위해, 입자에 의한 레이저 회절을 제외한 다른 현상이 일어나지 않는다고 가정하는 것이, 즉 DS(또는 MT)보다는 FA를 이용하여 레이저 회절 자료를 입도 자료로 변환하는 것이 오히려 더 신뢰성 있는 입도분석 결과를 얻는 데 유용할 것으로 생각된다.

(2) 분리 결과의 의미

이 연구는 화학적으로 추출된 석영 입자를 분석하지 않았으므로 풍화의 영향은 불확실하다. 그러나 풍화작용이 FC에 큰 영향을 미쳤다면 FC는 대자율과의 분명한 관련성을 보여야 한다. 즉 modal size가 큰 층준은 낮은 대자율을 보이는 층준과 일치해야 한다. 그러나 해미 단면 뢰스-고토양 연속층은 대자율이 높은 상부 층준에서 FC의 modal size가 크다. VFC와 함께 입도분포의 주요 부분에서 쌍봉형의 분포를 보이는 등 PT4에 의한 입도분포는 PT5에 의한 입도분포와 유사하다(그림 8.9). 게다가 풍화작용은 풍성 퇴적물의 2~10μm 부분에 대해 큰 영향을 미치지 못하며(Sun et al., 2008), 풍화작용이 소량의 극세립 입자를 만들었다 하더라도 그 크기는 직경 1μm 이하이다(Paton, 1978; Bronger and Heinkele, 1990). 이는 각 성분의 modal size 및 비율에 있어서 전처리에 따라 약간의 차이가 있기 때문에(그림 8.9) 풍화작용의 영향이 없다고 할 수는 없지만 FC에 미친 영향이 크지는 않았음을 의미한다.

중국 뢰스고원에서 최종 간빙기(MIS 5)에 대비되는 층준에서 FC와 CC의 modal size는 각각 2~6μm, 20~50μm이며, 최종 빙기(MIS 2~4)에 대비되는 층준은 각각 2~8μm, 30~80μm의 modal size를 갖는다(Sun, 2004). 이러한 결과를 본 연구의 결과와 비교해 보면, 뢰스-고토양 연속층에서 FC의 modal size는 중국 뢰스고원의 범위에 대략 포함되며 CC의 modal size는 약간의 겹침 현상과 함께 매우 세립이다.

한편 제주도에서 홀로세 중기와 후기 동안 FC와 CC의 입경 중앙값 평균치는 각각 약 3μm(주로 2~6μm), 15μm(주로 10~30μm)이다(Lim and Matsumoto, 2006). 이 값은 뢰스-고토양 연속층의 FC(약 1.7~3.3μm), CC(약 9.1~16.2μm)의 입경 중앙값보다 약간 조립이다. 그러나 제주도의 입경 중앙값은 화학적으로 추출된 석영 입자에 기초를 두었으며 이 연구의 뢰스-고토양 연속층은 전체 시료에 기초를 둔 것임을 고려한다면, 제주도와 이 연구의 입경 중앙값은 거의 유사할 것으로 보인다. 해미, 중국 뢰스고원, 제주도 등 세 지역의 이러한 입도 분리 결과는 해미 단면의 뢰스-고토양 연속층의 경우 중국 뢰스고원 및 제주도와 동일한 운반 기작, 즉 편서풍과 겨울 계절풍에 의해 각각 FC와 CC가 운반되었음을 시사한다.

뢰스-고토양 연속층에서 FC와 CC는 DS의 경우 91~97%, FA의 경우 98~100%를 차지하고 있다. 특히 기원지에서 멀어질수록 세립화 경향을 보이는 CC가 해미 단면 뢰스-고토양 연속층에서는 중국 뢰스고원보다 세립화한다. 이러한 사실들은 뢰스-고토양 연속층이 VCC에 의해 제시된 것처럼 근거리에서 운반된 물질을 소량 포함하고 있지만 중국 뢰스고원과 공통의 기원지를 공유한다는 것이며, 지구화학적인 특성에 의한 증거와도 일치한다(윤순옥 외, 2011).

VCC의 대부분은 세사(fine sand) 또는 중사(medium sand)에 해당된다. 이러한 입자들은 주로 바람에 의해 도약운동(saltation)으로 운반되며(Pye, 1987; Tsoar and Pye, 1987; Qin et al., 2005) FC 또는 CC와 달리 먼 거리를 이동할 수 없다. 따라서 이 입자들은 근거리에서 바람에 의해 운반된 성분이 된다. 그러나 이 연구에서는 입도분석 전처리 시 퇴적 이후 토양생성작용 및 풍화작용과 관련하여 형성되는 망간 결핵과 같은 조립 입자를 완벽하게 제거할 수 있는 염산을 사용하지 않았다(표 8.2 참조). 입도분석 전처리 과정을 육안으로 관찰한 결과, 망간 결핵이나 망간 피막을 많이 포함하고 있는 시료는 과산화수소 처리 시 격렬하게 반응하고 이 반응으로 인해 망간 결핵 입자의 크기가 작아지는 것을 확인할 수 있었다. 그럼에도 불구하고 염산과는 달리 과산화수소 처리는 망간 결핵 입자를 완벽하게 용해시키지 못하였다. 따라서 VCC 중 일부는 이러한 망간 결핵으로 인한 것으로 생각된다. 하지만 VCC가 전적으로 망간 결핵에 의한 성분은 아니다. 야외 관찰 시 망간 결핵은 단면의 깊이 66~120cm에서 주로 확인되었으며 망간 결핵이 확인되지 않은 깊이 120~200cm의 뢰스-고토양 연속층에서 VCC의 비율이 증가하고 있다는 사실은, VCC의 많은 부분이 바람에 의해 근거리에서 운반된 물질이라는 사실을 뒷받침해 주는 것이다. 결론적으로 VCC는 대부분 근거리 기원의 물질로 이루어져 있지만 소량의 망간 결핵이 포함되어 있다고 볼 수 있다.

뢰스 퇴적층의 입도 조성은 퇴적층을 운반한 바람의 세기를 지시하며 퇴적층의 퇴적률은 기원지의 건조도(aridity)와 관련된다(Sun, 2004; Lim and Matsumoto, 2006, 2008a; Sun et al., 2008). 이와 더불어 기원지와의 거리는 뢰스 퇴적층의 입도 조성과 퇴적층의 퇴적률 모두에 영향을 미치는 중요한 요인으로 생각된다. 결론적으로 입도 분리를 통해 확인된 FC와 CC의 modal size는 각각 편서풍과 겨울 계절풍의 강도를, 각 성분의 비율은 편서풍과 겨울 계절풍이 지나갔던 기원지의 건조도를 반영하는 것으로 생각할 수 있다. FC는 편서풍의 경로 변화와 관련되어 있다는 것도 제안되었다(Lim and Matsumoto, 2006, 2008a). 유사하게 VCC의 modal size는 지역적 바람의 세기를, 비율은 해당 지역의 건조도를 반영하는 것으로 생각할 수 있다.

5) 결론

와이블 함수를 이용하여 충남 서산시 해미 지역 뢰스-고토양 연속층의 입도를 분리한 후 이 분리 방법의 적용 가능성 및 문제점 등을 검토한 결과는 다음과 같다. 와이블 함수를 이용한 입도 분리는 성분의 수를 결정하는 데 한계점을 갖고 있으며, 입도분석 시 레이저 회절 자료를 입도 자료로 변환해 주는 이론과 RI 및 AI에 따라 분석 결과 및 분리 결과가 크게 영향을 받는 것으로 확인되었다. 따라서 이러한 요인에 대한 고려가 분리 과정에 반드시 포함되어야 한다. 해미 단면 뢰스-고토양 연속층에서 각각 편서풍과 겨울 계절풍에 의해 운반된 FC와 CC가 DS의 경우 91~97%, FA의 경우 98~100%를 차지하고 있어, 조사 단면 뢰스-고토양 연속층이 중국 뢰스고원과 동일한 운반 기작에 의해 형성되었으며 중국 뢰스고원과 공통의 기원지를 공유하는 것으로 보인다. 근거리에서 기원한 VCC는 한국 뢰스-고토양 연속층을 이용한 고기후 변화 연구에 새로운 가능성을 제시해 줄 것으로 기대된다. 입도 분리 과정을 통해 확인된 성분들 중 VFC는 자연적인 작용보다는 물리학적 이론에 의해 영향을 받는 것으로 생각된다. MT와 FA 모두 점토 입자의 분석에 있어서는 한계점을 갖고 있으며 특정 시료의 정확한 RI 및 AI를 얻기 위해 MT는 추가적인 시간, 비용 그리고 노력을 필요로 하기 때문에, MT보다는 FA가 보다 신뢰성 있는 결과를 제공한다. 이 연구는 와이블 함수를 이용한 입도 분리를 한반도 뢰스 퇴적층에 적용시킨 첫 번째 시도이다. 입도 분리 결과를 통해 보다 상세한 고해상도의 고기후 자료를 얻으려면 신뢰성 높은 연대 자료를 이용하여 측정된 퇴적률 및 퇴적량 등의 자료가 보완되어야 할 것이다.

| 제3부 |

한국 뢰스의 분포 특성

최근까지 한반도에서는 완만한 평탄지나 다양한 지형면 위에 퇴적되어 있는 뢰스 또는 풍성 퇴적물의 연구 성과가 보고되었다(그림 9.1, 표 9.1, 표 9.2). 대체로 국내 연구자들은 하나 또는 2개의 단면 중심으로 연구를 진행하였으나 외국, 특히 일본 연구자들은 국내 여러 지역에서 풍성 퇴적물을 보고하였다.

한국 뢰스 연구의 초기에는 주로 토양학적 특성에 초점이 맞추어졌으나, 한국 뢰스 연구가 본격적으로 시작된 2000년 이후에는 지구화학적 특성 및 이를 통한 기원지 분석이 중심이 되고 있다. 뢰스-고토양 층서를 기초로 편년을 행하고, 이를 보완하는 수단으로 OSL 연대측정을 실시하여 하안단구나 해안단구 및 선상지의 형성 시기를 추정하였으며, 고고학적인 측면에서 유물의 형성 시기를 파악한 연구도 있다.

지구화학적 분석이 이루어진 연구의 초기에는 주로 주원소 분석이 행해졌으며 최근에는 미량 및 희토류 원소 등의 분석 결과도 보고되고 있다. 이와 더불어 뢰스 퇴적층의 입도 특성은 지속적으로 검토되고 있으며 기원지를 확인하는 데 직간접적인 정보를 제공해 주고 있다. 또한 일본 학자들을 중심으로 한국 뢰스의 ESR 신호강도가 보고되었으며 이를 통해 풍성 퇴적물의 기원지와 이동경로를 추정하였다. 기원지 및

[그림 9.1] 한국 뢰스 연구 분포도

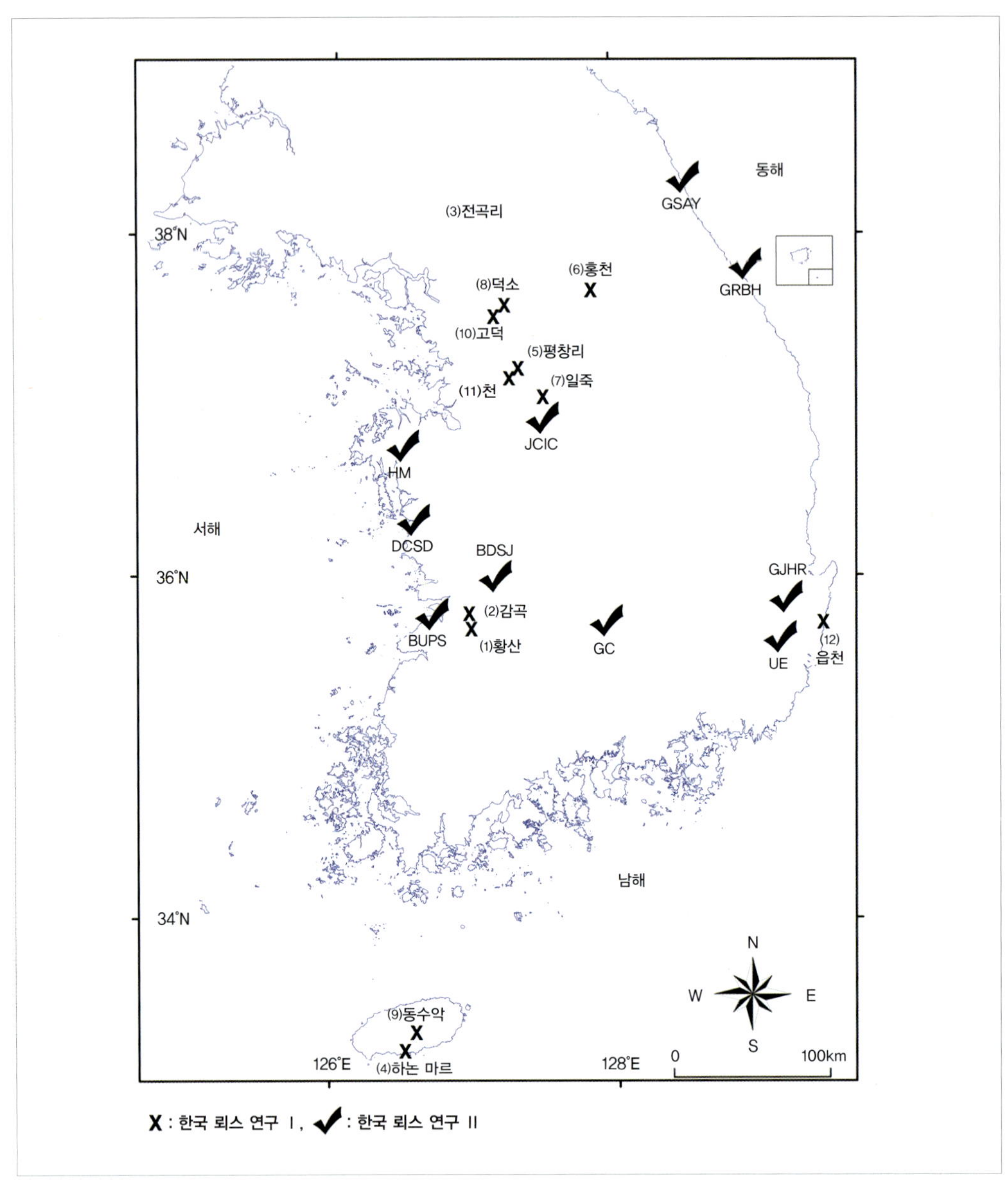

식생사를 확인하기 위해 산소와 탄소의 안정동위원소 조성 분석도 이루어지고 있다.

여기서는 한국에서 보고된 뢰스 연구 성과를 한국 뢰스 연구 Ⅰ과 한국 뢰스 연구 Ⅱ의 두 부분으로 나누어 한국 뢰스 분포 특성을 살펴보았다. 한국 뢰스 연구 Ⅰ은 필자

[표 9.1] 한국 뢰스 연구 I

연구자	연구 지역	편년 (근거)	기원지 (근거)	관련 지형 또는 하부 퇴적층
박동원(1985)	황산, 감곡 (전북)	-	장거리 운반 (입도 및 광물 조성)	구릉지
Mizota et al. (1991)	다양	-	장거리 운반 (입도 및 산소 동위원소비)	-
오경섭, 김남신 (1994)	전곡리(경기)	뷔름 빙기(용암대지의 형성 시기)	인근 범람원과 건륙화된 황해 (입도)	용암대지, 하안단구
成瀬 외(1996, 1997) Ono et al.(1998) Toyoda and Naruse(2002)	서울 부여 경주	MIS 2~1	장거리 운반 (ESR)	구릉지, 하안단구
Yatagai et al.(2002)	하논 마르(제주)	MIS 3~1 (^{14}C)	장거리 운반 및 동중국해 (ESR)	마르
이용일, 이선복 (2002)	평창리(경기)	MIS 4~2 (테프라)	장거리 운반 (산소 동위원소비)	풍성 퇴적층과 혼합된 하천 퇴적층
신재봉 외(2004)	전곡리(경기)	MIS 9~3 (OSL, 테프라)	장거리 운반 (입도)	용암대지
신재봉 외(2005)	홍천(강원)	MIS 7~1 (층서 대비)	장거리, 단거리 운반	하안단구
김영래(2007)	일죽(경기)	-	인근 범람원 (입도)	하천 퇴적층, 사면 퇴적층
Yu et al.(2008)	덕소(경기)	MIS 7~2 (OSL, 테프라)	장거리 운반	선상지
Lim et al.(2005) Lim and Matsumoto (2006, 2008a, b) Lim and Fujiki(2011)	동수악(제주)	MIS 1 (^{14}C)	장거리 운반 (입도)	마르
Kim et al.(2012)	전곡리(경기)	MIS 7~3(?) (OSL, TT-OSL)	황해 (지구화학)	하천 퇴적층
Jeong et al.(2013)	전곡리(경기) 고덕(서울) 천(경기) 읍천(경북)	-	장거리 운반 (광물 조성, 지구화학, 입도 및 K-Ar 연대)	호소 퇴적층, 사면 퇴적층, 해안단구

[표 9.2] 한국 뢰스 연구 Ⅱ

연구 지역		편년(근거)	기원지(근거)	관련 지형 또는 하부 퇴적층
DCSD	대천(충남)	MIS 8~3 (OSL, 층서 대비)	장거리 운반 (지구화학)	해안단구
BUPS	부안(전북)	-	장거리 운반 (지구화학)	구릉지
BDSJ	봉동(전북)	-	장거리 운반 (지구화학, 입도)	하안단구
GC	거창(경남)	MIS 6~2 (OSL, 대자율 대비)	장거리 운반 (지구화학, 입도)	하안단구
HM	해미(충남)	>50ka (OSL)	장거리 운반 (지구화학, 입도)	해안단구
UE	울주(울산)	MIS 3 후반~2 (OSL)	다중 기원 (입도)	하성층
JCIC	진천(충북)	MIS 6~4 (OSL)	장거리 운반 (지구화학, 입도)	하안단구
GSAY	고성(강원)	MIS 7~1 (OSL)	장거리, 단거리 운반 (지구화학, 입도)	선상지
GRBH	강릉(강원)	-	장거리 운반 (지구화학, 입도)	단구
GJHR	경주(경북)	MIS 3~1 (OSL)	장거리, 단거리 운반 (지구화학, 입도)	선상지

의 연구 성과를 제외한 다른 연구자들에 의해 수행된 한국 뢰스 연구이며, 전북 김제시 황산 및 감곡 지역을 시작으로 지역별로 연구자들의 성과를 간략하게 정리하였다. 그리고 한국 뢰스 연구 Ⅱ는 필자와 공동 연구자들이 수행한 뢰스-고토양 연속층 연구 성과를 상세하게 제공하면서 한국 뢰스의 분포 특성을 검토하였다.

한국 뢰스 연구 I에는 황산, 감곡 지역, 전곡리, 서울, 부여, 경주, 제주 서귀포 동수악오름과 하논 마르, 경기도 평창리, 강원도 홍천, 경기도 일죽, 덕소, 서울 고덕, 경기도 천, 경북 읍천 지역이 포함된다.

뢰스 연구는 1990년대 초부터 일본인들이 주도하였는데 가장 주목할 연구자는 나루세(成瀬敏郎)이다. 그는 2000년대 중반 신재봉 및 유강민과 공동연구를 하였으며, 이 시기 필자와도 함께 논문을 발표하면서 우리나라 뢰스 연구자들에게 뢰스에 대한 확신을 갖도록 도움을 주었다.

다른 연구 그룹은 오경섭, 김남신에서 김영래에 이르는 한국교원대학교 지형학 연구자들이다. 우리나라에서 가장 반복적으로 연구가 진행된 전곡리를 대상으로 1994년 풍성 퇴적층 연구를 발표하였으며, 이후 김영래에 의해 풍성층 연구가 이어지고 있다. 그리고 2000년대 중반과 후반 한국지질자원연구원과 일본 연구자들이 공동으로 제주도를 대상으로 연구를 진행하였다. 이 연구들은 대체로 입도분석, ESR 분석, 산소 동위원소비 분석 방법들을 필요에 따라 채택하여 기원지를 검토하고, OSL을 이용한 연대측정, 테프라 분석, ^{14}C 연대측정 및 층서 대비를 통해 뢰스-고토양 연속층의 형성 시기를 논의하였다.

한국 뢰스 연구 II에서는 필자가 지난 15년간 한반도 중남부 충남 보령 대천 지역부터 경북 경주 지역까지 10개 지역에서 얻은 뢰스 연구 성과들을 소개하였다. 이 연구들은 한반도에서 뢰스의 존재를 확인하고 한국 뢰스의 기원지와 퇴적물의 성격 및 시공간적 분포 특성을 파악하기 위해 현재 연구 환경에서 가능한 연구방법을 거의 동일하게 적용하였다.

9.

한국 뢰스 연구 I

1) 전북 김제시, 정읍시 지역

한반도 뢰스에 대해 최초로 연구한 사람은 박동원(1985)이다. 그는 전북 김제시 황산면 진흥리와 정읍시 감곡면 대신리에 위치한 두 개의 토양단면을 조사하였다. 입도분석에서 2mm이상의 입자는 발견되지 않았으며, 모래(〉50μm) 2.2~14%(평균 약 7.2%), 실트(50~2μm) 51~68%(평균 약 60%) 그리고 점토(〈2μm) 27~40%(평균 약 32%)로 구성되어 있었다. 유기물 함량이 토양의 표층에서 기저부로 갈수록 점차 감소하는 것으로 보아 조사 토양단면에 고토양 층준은 없다고 판단하였다. 주원소 분석에서 SiO_2 함량은 국내에서 보고된 적색토(red soil)보다 훨씬 많고, Fe_2O_3와 Al_2O_3의 함량은 훨씬 적다고 보고하였다.

CaO의 낮은 함량에 대해서는, 교환성염기인 Ca^{2+} 함량이 낮은 것과 마찬가지로 국내의 습윤한 기후로 인하여 CaO가 용탈되었기 때문이라 하였다. 점토광물 분석에서는 국내 토양에서 가장 중요하고 흔히 발견되는 점토광물 중 하나인 카올리나이트(kaolinite)가 소량밖에 포함되어 있지 않아 이 토양의 기원이 우리나라의 일반적인 토양과는 상이할 수 있다고 판단하였다. 또한 중국 뢰스에 다량 포함되어 있는 장석이 소량밖에 포함되어 있지 않다는 것 역시 CaO의 낮은 함량과 마찬가지로 풍화에 약한 장석이 한반도의 습윤기후하에서 제거되었기 때문인 것으로 보았다.

조사 단면의 기원지에 대해서는, 실트 입자가 '중국→한국→일본'으로 갈수록 감소하는 반면 점토 입자는 증가하기 때문에 조사 단면과 일본 뢰스가 동일 기원이며, 일본의 뢰스와 마찬가지로 풍성 퇴적물에서 발달한 토양일 가능성이 높다고 주장하였다. 그리고 중국, 한국, 일본의 점토광물 조성이 유사하다는 것 역시 이 세 지역의 뢰스가 동일 기원임을 뒷받침해 준다고 하였다. 공간 분포로 볼 때, 조사 단면과 동일한 토양이 일정한 지역에 집중되어 있지 않고 구간석지의 내륙 쪽 해안선 근처에 산재되어 있다는 사실 역시 이 단면의 모재가 풍성 퇴적물일 가능성을 시사한다고 보았다.

결론적으로 중국, 한국, 일본의 뢰스는 지역 특유의 환경 때문에 물리화학적 특성에 있어서 약간의 차이는 있지만 근본적으로 매우 닮아 있으므로, 조사 지역에 분포하는 적황색토는 중국의 뢰스 퇴적물에서 기원하였다고 판단하였다.

2) 경기 연천군 전곡리 지역

오경섭, 김남신(1994)은 경기도 연천군 전곡리 일대에서 용암대지(또는 현무암 대지)를 덮고 있는 피복층의 기원과 물리적, 화학적 변화를 제4기 환경과 관련지어 연구하였다. 그들은 피복층을 용암대지면(고도 50~60m), 상위 단구면(고도 40~50m), 저위 단구면(고도 20~40m)에서 확인하였으며 이 중 용암대지면과 상위 단구면의 피복층에 대해 집중적으로 분석하였다. 용암대지 피복물은 상부층과 하부층으로 구분되며, 입도 조성에서는 등질적이지만 토양구조와 토색에서는 차이를 보이고 두 층의 경계는 점이적이었다.

입도 조성은 상부층과 하부층 모두 점토(〈2μm)와 실트(50~2μm)를 합한 비율이 87% 이상을 차지하였으며, 상부층에서는 하부층에 비해 점토 및 세립 실트(5~2μm)의 비율이 높게 나타나는 반면 하부층에서는 조립 실트(50~5μm)와 세사(100~50μm)의 비율이 상대적으로 높았다. 점토광물 분석 결과, 하부층과 상부층 모두에서 석영, 장석,

운모류(illite) 등의 1차광물 점토의 정점이 두드러지고 2차광물 점토로는 카올리나이트, 할로이사이트, 운모, 스멕타이트, 질석(vermiculite) 등 다양한 정점이 나타났다.

상부층과 하부층의 다른 점은, 1차광물 점토류의 정점은 상부층에서 두드러지고 2차광물 점토의 정점은 하부층에서 상대적으로 강하게 나타나는 것이다. 한편 상위 단구면 피복물의 하부는 유수에 의해 형성된 하천 역층, 조사층(도감포 단면) 또는 호소성 미립물층, 미사질층, 조사층(전곡리 단면)으로 이루어지며, 상부에는 용암대지를 덮고 있는 것과 같은 미립물층이 하부층과 부정합을 이루면서 피복되어 있다고 보았다. 하성층을 덮고 있는 상부의 미립물층은 실트와 점토의 양이 비슷하고 누적곡선은 용암대지 피복물 상부층과 비슷하다고 하였다.

하성 퇴적물과 용암대지 위에 퇴적된 미립물층의 생성 과정에 대해서는 분급과 층리가 나타나지 않는 점, 하부의 현무암과 부정합(unconformity)을 이루고 있는 점 등을 들어 유수에 의해 퇴적된 것이 아니고 현무암 풍화토도 아닌, 바람의 작용으로 퇴적되었을 가능성을 제시하였다. 또한 입도 조성, 구조, 화학적 특성, 점토광물 조성, 전곡리 일대의 지형적 배경 등을 종합하여 이 미립물층을 뢰스라 해석하였다.

단, 뢰스 물질의 공급지에 대해서는 이 지역의 용암대지가 약 27만 년 전에 생성되었다는 연대측정 결과에 기초하여, 뢰스 퇴적층의 상당 부분이 제4기 최종 빙기에 인근의 한강과 임진강의 범람원 및 해퇴로 건륙 상태에 있었던 황해에서 이동되어 퇴적되었다고 주장하였으며, 그 근거로 입도 특성을 제시하였다. 즉 조립 실트(50~20μm)와 세사(200~50μm)가 각각 약 10% 포함되어 있는데 이러한 물질은 장거리 이동이 어렵기 때문에 중국 뢰스고원에서 운반, 퇴적되었을 가능성은 적다고 판단하였으며, 서쪽으로는 다소 열려 있고 동쪽으로는 높은 산(고도 500~900m)들로 막혀 있는 전곡리 일대의 지형적 특색을 뢰스 퇴적층 형성의 원인으로 꼽았다.

퇴적 이후의 변화 과정에 대해서는 최종 빙기 당시의 한랭한 기후 환경을 주요한 원인으로 제시하였다. 즉 엽상 구조(laminar structure)를 이루는 수평 방향의 크랙(crack)과 불규칙한 형태의 수직 크랙은 풍적토에 수분이 많이 함유된 상태에서 결빙 작용(freezing)에 의해 생성된 것으로 보았다. 또한 이들의 밀도가 일정 깊이를 기준으로 달라지는 것에 대해서는, 하부에 여름에도 해빙이 되지 않는 영구동토층이 존재하였으므로 퇴적 이후 풍화는 활동층에 해당하는 상부에서 상대적으로 활발하였다고 보았

[그림 9.2] 남극 보스토크 빙하 코어(Petit et al., 1999)와 대비한 전곡리 E55S20-IV의 뢰스-고토양 층서(신재봉 외, 2004)

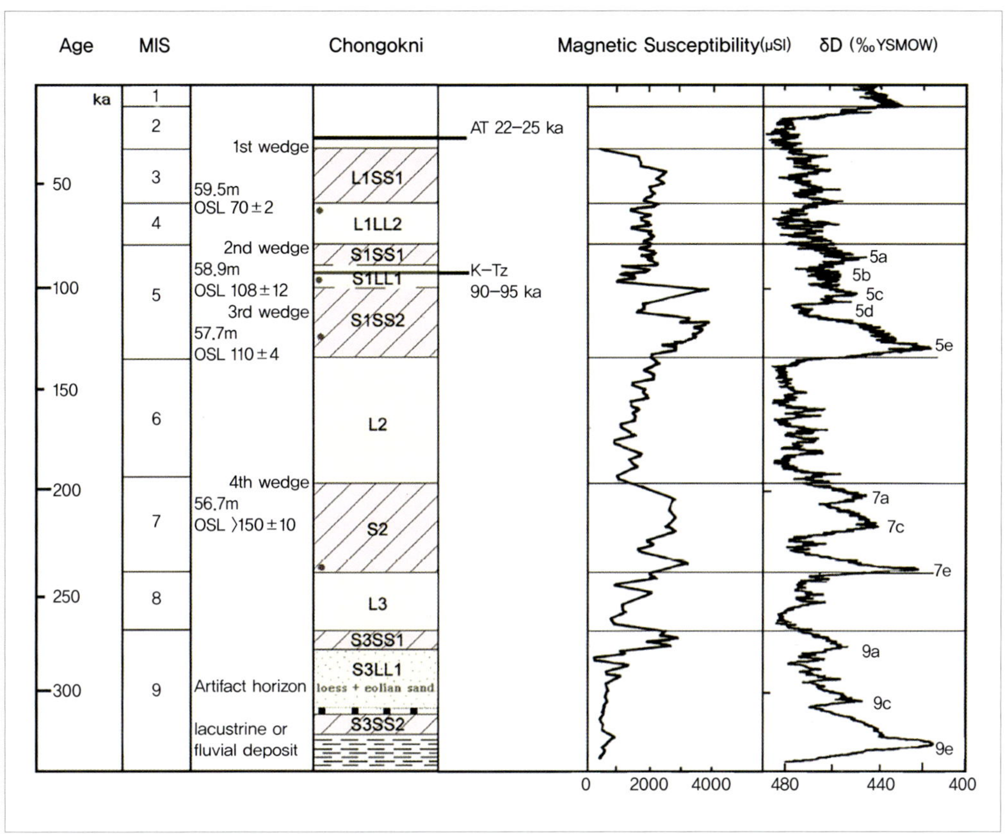

다. 단면에서 관찰되는 다양한 반점(mottle)과 얼룩(stain)에 대해서는, 토양수 작용으로 철분, 망간, 광물질 유기질 콜로이드가 이동, 집적되어 형성되었고, 한랭 습윤한 환경에서의 글레이화(gleyzation)와 관련된다고 해석하였다.

신재봉 외(2004)는 경기도 연천군 전곡읍 전곡리의 구석기 유적 발굴지에서 현무암 위 하성 또는 호수 퇴적층을 덮고 있는 세립질의 미고결 퇴적층에 대해 뢰스-고토양 연속층의 층서를 적용하여 석기들이 발견된 퇴적층의 연대와 형성 과정을 제시하였다. 조사지점(E55S20IV 피트)은 맨 하부의 전곡 현무암 위로, 약 3m 두께의 하천 또는 호수 퇴적층 그리고 이 퇴적층을 덮고 있는 약 4.5m 두께의 미고결 퇴적층으로 이루어져 있다.

야외에서 관찰된 토색과 토양쐐기(soil wedge) 구조 그리고 실내에서 분석된 측정 결과에 기초하여, 미고결 퇴적층의 상부에서 하부를 제1층(뢰스, L1LL2), 제2층(고토양, S1SS1), 제3층(뢰스, S1LL1), 제4층(고토양, S1SS2), 제5층(뢰스, L2), 제6층(고토양, S2), 제7층(뢰스, L3), 제8층(고토양, S3SS1), 제9층(뢰스, S3LL1), 제10층(고토양, S3SS2)으로 구분하였다. 미고결 퇴적층의 최상부 일부는 침식되거나 농경 활동에 의해서 제거된 것으로 보았으며, 제9층은 뢰스뿐 아니라 조립 물질이 산재되어 있고, 제10층은 해발고도 55.4m에서 하천 또는 호수 퇴적층 바로 위에 발달하고 석기 유적을 포함하고 있었다(그림 9.2).

조사지점에서 고토양 층준은 뢰스 층준에 비해 상대적으로 두꺼운데, 이는 한반도의 습윤한 기후를 반영한 것으로 해석하였다. 토양쐐기는 각각 제1층 상부, 제2층, 제4층, 제6층에서 관찰되었으며 모두 고토양 층준 상부에서 시작하여 아래를 향해 뿌리 형태로 발달하고 있다. 이러한 토양쐐기에 대해, 간빙기에서 빙기로 넘어가는 초기의 한랭한 환경에서 토양의 수축 작용이나 균열에 의해 형성된 것으로 해석하였다. L*a*b* 색공간 체계에 의한 토색은 뢰스에서 낮은 a*를, 고토양에서 다소 높은 a*를 보이는 반면, L*과 b*는 뢰스와 고토양에서 큰 차이를 보이지 않지만 뢰스가 다소 높은 수치를 보였다. 그러나 미고결 퇴적층과 하부의 하천 또는 호수 퇴적층 사이의 토색은 뚜렷하게 구분된다.

입도분석 결과, 미고결 퇴적물의 입경 중앙값은 대체로 10~20μm의 범위에 있으며 뢰스와 고토양 사이의 뚜렷한 차이를 확인하기는 어려웠다. 이것은 아마도 뢰스 퇴적층에 공급된 물질이 상당한 거리에서 운반되어 다소 큰 입자들은 분별되고, 분별되고 남은 입경이 일정한 세립질의 물질만 쌓인 것으로 보았다. 또한 제9층과 제10층은 조립 입자들이 상부보다 다소 많아 입경 중앙값이 15~20μm의 범위에 있는데, 이것은 뢰스-고토양 연속층이 발달하기 시작한 초기에 한탄강 주변 지역에서부터 운반되어 혼입된 것으로 해석하였다.

또한 입도분포에서 대다수 시료들이 20~30μm 부근에 집중되어 있지만 일부 시료가 100~200μm 부근에서 미약한 정점을 보여, 공급원이 다른 두 가지 작용에 의한 퇴적 가능성을 제기하였다. 즉 조립 물질은 주로 장거리로 운반된 뢰스와는 달리 주변 지역에서 이동되어 뢰스에 혼입되었지만 그 비율이 1%에도 미치지 않기 때문에 영향은 미미하고, 하천 또는 호수 퇴적물은 입경 중앙값이 20μm 이상이므로 뢰스층의 미고결 퇴적물보다 조립의 물질이다.

대자율은 붉은 갈색의 토색과 토양쐐기 구조의 특징을 보이는 고토양 층준에서 높았다. 이 중 S3SS2는 이 층준의 상하부 층준에 비해 높지만 다른 고토양 층준에 비해 상당히 낮은데, 이는 입도분석 결과에서 확인되었듯이 주변으로부터 퇴적물이 다량으로 혼합된 결과로 해석하였다.

지표 아래 10~45cm의 층준(제1층의 상부)과 100~110cm 층준(제3층)에서 AT 화산재(Aira-Tanzawa: 22~25ka)[15]와 K-Tz 화산재(Kikai-Tozurahara: 90~95ka)를 각각 발견하였으며, OSL 연대측정을 통해 L1LL2(59.50m)에서 70±2ka, S1LL1(58.90m)에서 108±12ka, S1SS2의 하부(57.70m)에서 110±4ka 그리고 S2의 최하부(56.70m)에서 >150±10ka의 연대를 얻었다. 이상의 연대측정 결과와 함께, 남극 보스토크 빙하 코어의 산소 동위원소 기록과 대자율 대비를 통해 뢰스-고토양 연속층은 MIS 9~3에 퇴적된 것으로 판단하였으며, 그 하부 석기의 퇴적 연대를 대략 300ka으로 제안하였다(그림 9.2).

Kim et al.(2012)은 전곡리 고고학 발굴지 뢰스 퇴적층에 대한 지구화학적 분석 결과를 보고하였다. 퇴적물의 기원지와 후기 플라이스토세(200~127ka) 동안 전곡 지역의 고환경을 복원하기 위해 E55S20IV 피트에서 매우 가까운 지점에서 약 6m 길이의 코어를 채취하였다. OSL 그리고 TT-OSL(thermally transferred OSL) 방법(Kim et al., 2010)을 통해 7개의 연대를 얻었으며, 최하부의 가장 오래된 연대와 최상부의 가장 젊은 연대는 각각 190±17ka, 127±7ka였다.

전곡리 코어의 층준은 입도분석 결과에 기초하여 상부(깊이 0~380cm)와 하부(깊이 380cm 이하)로 구분되었다. 상부는 주로 실트질 점토와 점토로 이루어져 있으며 모래 함량은 2% 이하였고, 하부에서 모래 입자는 20%까지 증가한다. 그리고 상부의 평균입경은 8.0~9.0Φ이며 하부는 이보다 약간 더 조립질이었다. 상부의 대자율은 3.4~12.1×$10^{-8}m^3kg^{-1}$로 변동성이 크고 하부는 3.4×$10^{-8}m^3kg^{-1}$ 이하로 매우 낮고 일정하였다.

광물분석 결과, 석영과 일라이트/운모가 우세하며 석영의 정점은 상부에서 강한

15 남 규슈 지방 아이라(姶良) 칼데라에서 분출한 화산재로, 町田 洋, 新井房父(2003)에 의하면 26~29ka에 분출한 것으로 제시되었다.

반면 하부는 일라이트가 정점을 보였다. 한편 장석은 상부에서는 잘 발견되지 않지만 하부에서는 쉽게 확인된다. 방해석은 코어 전체에서 확인되지 않았다. 2μm 이하의 입자는 일라이트, 녹니석, 카올리나이트로 이루어져 있었다.

상부는 TiO_2, SiO_2가 부화되어 있는데 이는 높은 석영 함량 때문이며, 하부는 Al_2O_3와 K_2O가 풍부한데 이는 운모와 장석, 특히 정장석의 존재 때문인 것으로 보았다. Th/Yb, La/Th, Th/Sc 비율은 대략 깊이 350cm를 기준으로 큰 차이를 보이는데, 상부에서 이들 원소 비율의 평균은 각각 5.96, 2.72, 1.01인 반면 하부에서는 각각 8.48, 2.23, 2.58이었다. 희토류원소 분포 패턴은 서로 유사하며 편평한 중희토류원소와 부화된 경희토류원소가 확인되었다. 그리고 희토류원소 분포는 UCC와 유사하다.

각 층준의 지구화학적 특성을 통해 상부와 하부의 기원 암석이 서로 다른 것으로 추정하였으며, 특히 하부는 화강암과 같은 규장질 기원 암석에 영향을 받은 것으로 판단하였다. 더구나 A-CN-K 다이어그램과 CIA를 통해 전곡리 코어 퇴적물과 중국 뢰스고원의 뢰스 퇴적층은 서로 다른 정도의 화학적 풍화를 경험하였으며, 전곡리 코어 퇴적물이 중국 뢰스고원의 뢰스 퇴적층보다 더 높은 정도의 풍화작용을 경험하였다고 하였다. 상부는 중국 뢰스고원과 유사한 희토류원소 비율을 보이지만 직접적으로 서로 겹치지 않았다. 또한 상부의 퇴적물은 지구화학적 특성이 중국 뢰스고원과 하부의 퇴적물 사이에 위치하지만 중국 뢰스고원에 더 가까워, 이 둘을 단성분(end member)으로 하는 혼합의 가능성을 제시하였다. 하부, 중국 뢰스 그리고 한탄강 퇴적물 등의 평균치를 이용한 혼합 계산 결과, 상부는 중국 뢰스고원 물질 약 80%와 하부 또는 한탄강 퇴적물 약 20%가 혼합되어 구성되었다고 해석하였다.

기원지와 관련하여, MIS 4~2 동안 중국 뢰스고원의 뢰스층 두께는 중국 뢰스고원 서부에서는 30m 이상, 그리고 중국 뢰스고원 남동부에서는 5m 이하로 600km 정도의 거리에 걸쳐 로그 형태로 감소하였다. 또한 중국 뢰스고원에서 MIS 6에 해당하는 뢰스 퇴적층의 최대 두께는 10m 이하이지만, 동쪽으로 약 1,800km 떨어져 있는 코어에서는 약 3.5m이기 때문에, 전곡리 지역은 중앙아시아 지역에서 기원한 다량의 먼지가 겨울 계절풍에 의해 직접적으로 운반되어 퇴적된 것으로 보기는 어렵다고 판단하였다. 그리고 중국 뢰스와 한국에서 기원한 퇴적물이 서로 섞여 혼합된 지구화학적 신호를 갖고 있으므로, MIS 6 시기 동안 낮은 해면으로 인해 육화된 황해 분지(특히 북부 지역)를 전곡리 코어 퇴적물의 기원지로 제기하였다.

Jeong et al.(2013)은 BCS(갈색 점토-실트) 단면의 기원에 대한 증거를 제공하고 이의 물리적, 화학적 특징 그리고 시공간적 변화를 확인하기 위해, 광물, 지구화학, 미구조 그리고 K-Ar 연대 분석으로 산록 및 하안, 해안단구 위에 퇴적되어 있는 4개의 BCS 단면을 조사하였다. 4개 단면 중 3개(전곡, 고덕, 천 단면)는 구석기 발굴지에서 획득하였으며 나머지 하나(읍천 단면)는 고지진 트렌치 지역에서 확보하였다.

전곡리 구석기 유적지에 위치하고 있는 전곡 단면은 총 두께 약 7m로서, 하부의 밝은 황록색 호성 점토-실트 퇴적층(unit 1)과 상부의 적갈 또는 황갈색 퇴적층(unit 2~7: BCS)으로 이루어져 있다. 고덕 단면은 서울특별시 강동구 고덕동에 위치하며 단면의 총 두께는 약 3m로, 상부에서 하부까지 산록 붕적층과 BCS 퇴적층으로 이루어져 있다. 천 단면은 경기도 용인시 처인구 이동면 천리에 위치하고 있으며 약 2m 두께의 갈색 또는 적갈색 퇴적층(BCS)이 사면의 산록에 퇴적된 붕적층을 덮고 있다. 읍천 단면은 경북 경주시 양남면 읍천리의 해발고도 약 40m 해안단구 위에 퇴적되어 있다. 약 7m 두께의 해안단구 퇴적층은 2m 두께의 붕적층이 덮고 있으며 최상부에 약 1.2m 두께의 BCS가 퇴적되어 있다.

단면 하부 퇴적층의 광물학적, 지구화학적 특성은 매우 다양한데 이는 다양한 기반암 특성에 기인한다. 그러나 이러한 특성은 모든 조사 단면에서 상부로 갈수록 좁은 범위로 수렴하므로 지질 및 지형적 환경과 무관하게 BCS가 광역적이고 등질적으로 퇴적되었음을 의미한다. 즉 현재의 황사처럼 원거리 기원지에서 광역적 광물 먼지가 바람으로 한반도에 유입되었다는 것이 가장 합리직인 설명이라고 주장하였다.

더구나 중국 뢰스고원의 뢰스, 고토양 시료와의 입도 비교에서도 한국의 BCS는 장거리 이동한 황사에 의해 퇴적되었으며, 동쪽으로의 세립화 경향은 풍성 운반 동안의 입도 분별 그리고 풍화작용에 기인한다고 해석하였다. 중국 뢰스고원에 비해 BCS에서 보다 많은 점토 함량이 확인되는데, 높은 강수량 조건하에서 퇴적 이후 장석이 강한 화학적 풍화를 받은 점과 장거리 운반에 의한 황사의 입도 분급 등에서 그 원인을 찾았다. 또한 K-Ar 연대를 통해 BCS와 중국 뢰스고원의 뢰스층은 공통의 기원지임을 제시하였다.

고기후적 관점에서는, 빙기에 덜 풍화된 퇴적층과 간빙기의 더 풍화된 퇴적층 순환이 천 단면과 고덕 단면에서는 확인되지 않았으며, 이는 단면 하부의 지역적 붕적층의 강한 영향 때문이라고 해석하였다. 읍천 단면에서는 깊이 0.4m에서 적색의 고토양이 확인되지만, 이것이 인접한 층준과 지구화학적 또는 광물 조성에서 큰 차이를 보이지 않으므로 짧은 아간빙기에 형성된 것으로 생각하였다. 전곡 단면에서 unit 6과 7은 각각 가장 강력하고, 가장 약한 풍화작용을 받았으며, 이것을 한 번의 간빙기/빙기 순환으로 판단하였다. 그러나 unit 4, 5, 6에서 이러한 관계는 분명치 않았는데, 이는 빙기/간빙기 순환에 따른 퇴적률 변화와 하부의 빙기 퇴적층에 영향을 미치는 간빙기의 화학적 풍화 정도에 기인한다고 보았다. 구석기 고고학의 관점에서는, 국내 많은 구석기 유적에서 확인되는 BCS가 과거에는 하성 또는 사면 과정에 의해서 형성되었다고 보았지만 재검토할 필요가 있다고 주장하였다.

3) 산소 동위원소분석과 ESR 분석 적용 사례

Mizota et al.(1991)은 중국 내륙에서 기원한 장거리 풍성먼지 퇴적층을 확인하기 위해 한국과 일본에서 다양한 모재 위에 발달한 정적토(sedentary soil)에서 분리된 석영의 함량, 입도분포 그리고 산소 동위원소 조성을 연구하였다. 그리고 한국과 일본의 다양한 지역에서 총 27개의 pedon(한국에서 17개, 일본에서 10개)이 선택되었다.

한국 시료의 석영 함량은 7.6~48%였으며 석영 함량과 하부의 기반암 사이의 특별한 관계는 확인되지 않았다. 대부분의 석영 입자는 53μm보다 세립이므로 풍성 분급(aeolian sorting)의 결과로 보았다. 석영 입자는 C층의 조립질 석영과는 분명한 차이를 보이고 있었다. 또한 석영의 입도분포에서 차별적 누적곡선(differential cumulative curve)의 최대치가 한반도의 서쪽(27~28μm)에서 동쪽(14~19μm)으로 갈수록, 그리고 일본 시료(12~15μm) 쪽으로 갈수록 감소하는 경향을 확인하였으며, 이는 대부분의 세립 석영이 풍성 분급의 영향을 받았음을 의미한다고 보았다.

A와 B층에서 장거리 풍성먼지의 특징으로 제안되는 1~10μm의 입경을 가진 세립 석영의 산소 동위원소 값은 +15.9~+17.7‰의 상대적으로 좁은 범위로 나타났으며 특별한 지리적인 공간 변화를 보이지는 않았다. 이 값은 고온의 화성암 석영과 저

온의 자생 석영(authigenic quartz)의 중간이며, 중국의 풍성먼지, 전형적인 뢰스, 사막 토양 그리고 제4기 화산재와 고생대 석회암에서 발달한 일본 토양 그리고 신제3기(Neogene)[16] 현무암에서 발견되는 동일 크기 석영의 산소 동위원소 값과 유사하다. 특히 화산암에서 발달한 시료의 $\delta^{18}O$ 값은 일반적인 화산암에서 발견되는 석영보다 분명히 더 크며, 따라서 이것은 모재인 화산암이나 화산암의 풍화작용 동안 주변 온도(ambient temperatures)에서 자생적으로 형성된 것이 아니다.

한편 화성암에서 토양이 발달한 한국의 5개 지점에서 분리한 석영의 산소 동위원소 값은 입도에 따라 달랐다. 다시 말해, 입도가 증가함에 따라 $\delta^{18}O$ 값은 53μm까지는 체계적으로 감소하며 이후 105μm 이상에서는 각 지역의 일반적인 화성암 신호와 대략 동일한 값까지 감소하였다. 이를 통해 53μm 크기 입자가 이 지역 풍성먼지의 최대 크기인 것으로 해석하였다. 신선한 중생대 화강암과 유사한 조립 석영 그리고 위에서 언급한 세립 석영의 $\delta^{18}O$ 값을 비교하여, 세립 입자(직경 53μm 이하)는 모재인 화성암에서 나온 조립 석영의 물리적인 분쇄(comminution)로 형성될 수 없다고 하였다. 따라서 세립과 조립의 석영 입자 사이의 산소 동위원소 값에 차이가 큰 것은 모재인 화성암의 토양생성작용 동안 세립의 풍성 석영이 혼입된 것으로 결론지었다.

成瀨 외(1996)는 채취된 시료에서 분리된 20μm 이하 석영 입자의 ESR 강도에 기초하여 풍성먼지의 기원지를 추정하였다. 국내에서는 저위 단구면 위의 뢰스 기원 토양에서 MIS 2에 대비되는 2개의 시료(경주와 부여)와 홀로세 토양(서울)에서 1개의 시료를 채취하였다. 이 시료들을 포함하여 총 37개의 시료를 한국, 중국 그리고 일본에서 채취하였다. 중국 뢰스의 ESR 강도는 5.8~8.3이고, 경주와 부여의 시료는 ESR 강도가 각각 6.0, 7.4이었으며, 서울 시료는 7.7이었다. 중국 뢰스와 한국 토양의 석영이 매우 유사한 ESR 강도를 보여, 건조 및 반건조의 아시아 대륙을 MIS 2 동안 공통의 풍성먼지 기원지로 추정하였다. 더구나 일본의 석영 ESR 범위가 3.7~8.5로 가장 넓은데, 이것은 기원지가 서로 다르기 때문인 것으로 해석하였다. 즉 ESR 강도가 5.8~8.5인 일본 풍성먼지의 기원지는 티베트 고원, 타클라마칸 그리고 고비 사막과 같은 아시아의

16 신생대 제3기 가운데 23Ma 이후의 지질 시기이며 마이오세(Miocene)와 플라이오세(Pleiocene)가 포함된다.

건조 및 반건조 지역이며, ESR 강도가 3.7~4.8인 또 다른 그룹은 지난 빙기 동안 노출된 해저에서 기원하였던 것으로 보았다.

成瀨 외(1997)는 풍성먼지의 기원지를 확인하고 동아시아에서의 MIS 2 시기 탁월풍을 복원하기 위해 중국, 한국, 일본의 43개 시료(일부 자료는 成瀨 외(1996) 참조)에서 분리된 풍성 세립 석영(20μm 이하)의 ESR 강도를 측정하였다.

그들은 ESR 강도에 기초하여, 10.0~12.7의 강도를 보이는 일본의 북부 지역은 북서 겨울 계절풍에 의해 북부 중국, 몽골 그리고 시베리아와 같은 고위도의 선캄브리아기 암석 분포 지역에서 공급되었다고 주장하였다. 그리고 ESR 강도가 5.8~8.3인 일본 중앙-남서부 지역의 ESR 신호는 한국뿐 아니라 중국 뢰스와 일치하여, 편서풍에 의해 중위도의 아시아 건조지역에서 운반되었다고 하였다. 일본의 남서부 섬 지역에서는 ESR 강도 9.7의 풍성 석영 입자가 남부 중국 또는 인도의 선캄브리아기 지역에서 아열대제트기류에 의해 운반되었고, 일본의 일부 지역에서 낮은 강도를 보이는 일부 석영 입자는 빙기 당시 건륙화된 해저에서 기원하였다고 주장하였다.

Ono et al.(1998)은 ESR 강도에 기초하여 한국과 일본열도의 MIS 2 시기 풍성 석영의 기원과 경로를 추론하였다. 그들은 직경 20μm 이하인 세립 석영의 ESR 강도를 측정하였다. 20μm보다 세립인 풍성 석영의 ESR 강도는 이보다 조립인 석영의 ESR 강도보다 항상 크고 풍성먼지의 지역적 기원지를 반영하는 것으로 판단하였다. 그들은 일본열도의 시료 분석 결과에 기초하여 세립 석영은 장거리 운반된 풍성 석영임을 제안하였다. 퇴적물의 ESR 강도는 지질학적 연대와 함께 증가하며, 풍성 석영의 ESR 강도는 기반암 석영의 강도를 반영하므로 유사한 값은 공통의 기원지를 지시한다. 즉 한국에서 풍성 석영의 ESR 강도는 중국 뢰스고원과 유사한 범위(6.0~7.4 사이)에 있으므로, 한국의 풍성먼지 퇴적층은 중국 뢰스고원(5.8~8.3)과 공통의 기원지를 갖는다고 판단하였다.

그들은 ESR 강도에 기초하여 4개의 그룹을 구분하였다. 그룹 1은 낮은 강도가 특징적이며 이러한 값은 지역의 젊은 암석에서 기원한 물질과의 혼합을 의미한다. 중국 뢰스고원, 한국 그리고 일본 서부와 남부 지역은 중간 강도(5.8~8.7)를 갖는 그룹 2에 속한다. 그룹 3의 퇴적물은 높은 강도(9.7~13.4)를 보이며 일본 남단의 섬 지역에 분포한다. 일본 동부와 북부 지역의 퇴적물은 그룹 4에 속하는데 역시 높은 강도(10.1~12.7)

를 보인다.

현재의 황사는 아열대제트기류에 의해 운반되기 때문에, 이 기류와 유사한 운반 양식이 중간 정도의 ESR 강도를 보이는 풍성 석영의 분포를 가장 잘 설명해 준다고 주장하였다. 또한 아열대제트가 MIS 2의 여름 동안 일본 서부와 남부 지역에 주로 위치하였기 때문에, 여름에 일본 서부와 남부 지역에 위치하는 강화된 아열대제트가 기원지인 중앙아시아 건조 및 반건조 지역에서 중국 동부(중국 뢰스고원), 한국 그리고 일본으로 풍성 석영을 효과적으로 운반하였다고 주장하였다. 그룹 3의 경로 및 기원지는 겨울의 아열대제트와 인도(히말라야)의 선캄브리아기 암석 지역으로 설명하였다. 북부 시베리아의 선캄브리아기 암석으로부터 겨울 계절풍이 그룹 4 지역으로 풍성먼지를 공급한 것으로 보았다.

Toyoda and Naruse(2002)는 풍성먼지 연구에 있어서 ESR 방법의 원리 및 기초를 고찰하고, MIS 2와 1 시기 동안 극전선이 이동하였다고 주장하였다. 그들은 ESR 신호를 동위원소처럼 시료의 지시자(marker)로 간주하고, 풍성먼지가 아시아 대륙에서 기원한 경우 기원지 기반암의 형성 연대에 대한 정보를 포함하며, 풍성먼지가 퇴적된 장소의 지역적인 퇴적물에 의해 ESR 신호가 오염될 수 있다고 주장하였다.

이들은 중국, 한국(MIS 2와 1 각각 2개 시료), 일본 그리고 대만에서 채취한 시료의 ESR 강도를 보고하였다. 중국 시료의 강도는 두 시기 모두 유사한 반면 일본 시료 중 MIS 2 시료의 강도는 대략 북위 34°(Seto Inland Sea)와 25°(Okinawa and Miyako islands 사이)를 기준으로 3개의 그룹으로 구분된다. 이러한 경계는 각각 극전선의 북쪽(또는 여름)과 남쪽(또는 겨울) 한계로 여겨졌다. 한국 시료는 시베리아 및 극전선 북쪽 한계의 일본 북부 지역과 유사한 반면 중국 시료는 극전선의 북쪽과 남쪽 한계 사이 지역과 유사하였다. 대조적으로 MIS 1 시료의 강도는 모든 국가가 유사하였다.

따라서 MIS 2 시기 풍성먼지는 타클라마칸과 고비 사막 같은 중국 내륙의 사막에서부터 여름 아열대제트기류에 의해 극전선의 북쪽과 남쪽 한계 사이 지역으로 운반된 반면, 높은 ESR 신호를 보이는 풍성먼지는 아시아 북동부의 선캄브리아기 지역에서 한국 및 극전선 북쪽 한계의 북부 지역으로 북서 겨울 계절풍에 의해 운반되었다고 결론지었다. 한편 MIS 1에는 여름 아열대제트가 중국 내륙의 사막에서 한국 및 일본열도 전체에 먼지를 운반하였다고 하였다.

4) 제주 지역

Yatagai et al.(2002)은 제주도 서귀포시 서홍동 하논 마르의 보링 코어 퇴적물에서 풍성 퇴적층을 보고하였다. 두께가 약 9.4m인 코어는 상부에서 하부까지 토탄, 실트, 실트질 점토 그리고 점토층으로 이루어져 있으며, 코어 바닥의 연대는 퇴적 속도가 일정하다는 가정 아래 ^{14}C 연대측정 자료를 통해 3만 년 전으로 추정되었다. 연구진들은 실트질토양의 등질적이고 층리가 없는 특성, ESR 신호강도 그리고 이 지역의 지형적 특성에 기초하여, 보링 코어 퇴적물을 풍성 퇴적층으로 판단하였다. 더구나 하천 시스템이 빈약하므로 하성 작용으로는 이 지역에 무기질 퇴적물이 퇴적될 수 없으며, 무기질 퇴적물의 퇴적 속도가 Heinrich events 및 Younger Dryas와 같은 추운 시기에는 높았으나 아간빙기와 같은 온난한 시기에는 낮았다고 주장하였다.

3만~1만 9,000년 전에 입경 중앙값은 6~17μm 범위에서 크게 변동하며 1만 9,000년 전 이후에는 6~12μm로 비교적 세립화되었다. 입경 중앙값이 6~17μm에서 점진적으로 증가하거나 급격하게 감소하여 톱니 모양 같은 형상을 하고 있는데, 이는 지난 3만 년 동안 빙하의 점진적인 발달과 갑작스러운 후퇴에 기인하는 것으로 설명하였다. 제4기 후기 제주도 풍성먼지 퇴적률 변화는 지구적 기후변동을 반영한다고 추정하였다. 세립 석영(20μm 이하)의 ESR 신호는 2.6~10.4로, 3만~2만 7,000년 전에는 상대적으로 높고(9.6~10.4) 2만 5,000년 전 이후에는 작았다(2.6~5.8). 전자는 북아시아 대륙의 선캄브리아기 암석 지대로부터 운반되었으며, 후자는 제3기 암석이 넓게 분포하는 동중국해 해저가 빙기에 새롭게 드러나면서 겨울 계절풍에 의해 운반된 것으로 추정하였다.

Lim et al.(2005), Lim and Matsumoto(2006, 2008a, b), Lim and Fujiki(2011)는 제주도 서귀포시 남원읍 한남리의 284.5cm 깊이 마르 퇴적물(동수악)의 다양한 특성을 통해 고기후 변화를 보고하였다. ^{14}C 연대측정에 의하면 코어 표면은 modern, 코어 기저부는 6,299±102cal yr BP에 형성되었다. 따라서 코어 퇴적물은 지난 6,500년(홀로세 중기~후기) 동안의 고기후 변화를 포함하고 있었다. 코어 퇴적물은 주로 지각 광물(lithogenic mineral, 45~70%)과 유기탄소(TOC 15~35%)로 이루어져 있다. 지각 광물 성분은 극세립의 실트 물질(입경 중앙값 4.17±0.81μm)이며 많은 양의 석영(22.7±2.6%)을 포함하고 있다. 퇴적물에서 화학적으로 분리된 석영 입자의 98%가 63μm보다 작았다. 점토(<2μm)는 약 8%를 차지하고 있으며 실트(2~63μm)는 약 90%, 그리고 모래는 매우 적었다. 지난 6,500년 동안 퇴적된 풍성 석영의 평균치는 약 3.32mg/cm^2/yr이었다. 평균과 비교하여, 풍성 석영 퇴적량의 장기간 변화는 퇴적량이 높은 기간(4,000~2,000cal yr BP)과 2번의 낮은 기간(6,500~4,000cal yr BP, 2,000cal yr BP~현재) 등 크게 3개 기간으로 나눌 수 있었다.

연구자들은 제주도의 풍성 석영이 겨울 계절풍의 강도와 건조도에 의해 통제되는 아시아 풍성먼지 활동의 대리자로 사용될 수 있다고 보았다. 기원지 인근의 기후자료와 풍성 석영 변화를 비교함으로써 풍하 지역 풍성먼지 퇴적의 장기간 변화는 기원지의 건조도와 겨울 계절풍의 강도에 의해 주로 통제된다고 보았는데, 이것은 여름 일사량과 대기 원격 상관(teleconnection)에 영향을 받는 극고기압 시스템과 관련된다고 설명하였다. 또한 나이테의 $\Delta^{14}C$(태양활동의 대리자)와의 visual 비교에 의하면 단기간 추세에서 풍성 석영 퇴적량이 많은 (적은) 기간은 분명히 약한 (강한) 태양활동 기간과 관련되어 있다는 것을 보여 주었다. 따라서 단기간 추세의 풍성 석영 변화에서 백년 스케일의 주기성은 단기간의 태양활동 변화에 의한 것이며, 감소된 태양활동은 여름 계절풍을 약화시켜 여름철 동안 기원지의 건조도를 증가시키고 겨울철 북서 계절풍을 강화시켜 풍성먼지 활동에 좋은 환경을 제공한다고 결론지었다.

또한 화학적으로 추출된 석영은 쌍봉형의 입도분포를 보이고 있는데, 이는 두 개의 풍성 신호가 혼합되어 있음을 의미한다. 세립과 조립 성분의 개별 변화를 분리하기 위해 와이불 함수 접합 기법이 적용되었다(Lim and Matsumoto, 2006). 세립 석영 변화는 0.1~1.6mg/cm^2/yr의 범위로 평균은 약 0.5mg/cm^2/yr이다. 세립 석영의 입경 중앙값은 주로 2~6μm이며 이것의 평균은 약 3μm였다. 조립 석영 성분과 달리 세립 석영 성분의 변화 및 입도는 서로 비슷한 변화양상을 보인다. 조립 석영 변화는 1~5.5mg/cm^2/yr로 평균은 3mg/cm^2/yr이고 입경 중앙값의 평균치는 약 15μm이다. 조립 석영 변화의 시계열적 변화는 3개의 기간으로 나눌 수 있다. 높은 변화 기간(4,000~2,000cal yr BP)과 두 번의 낮은 변화 기간(6,500~4,000cal yr BP, 2,000~1,000cal yr BP)이 있다. 그러나 조립 석영의 입도는 장기간 변화를 보이지 않았다. 세립과 조립 석영의 변화양상은 서로 매우 다르므로 다른 기원지 또는 운반 기작과 같은 서로 다른 요인에 의해 영향을 받는 것으로 판단하였다.

황사에 관한 이들의 제주도 연구에 의하면, 풍성먼지는 타클라마칸 사막에서 기원하여 편서풍에 의해 운반되는 세립 성분과 몽골 남부와 인접한 중국의 고비 사막과 모래사막에서 겨울 계절풍에 의해 운반되는 조립 성분의 조합으로 이루어져 있다. 홀로세 동안 기원지의 기후변화는 안정되고 건조하였기 때문에 세립 석영 변화의 높은 변동성은 기원지 기후변화의 결과에 기인한 것은 이니다. 즉 건조도(기후) 변화가 세립 석영 변화의 변동성에 대한 주요 요인은 아니다. 또한 세립 석영의 입도와 변동성이 동시에 변화하는 것과 관련해, 편서풍의 중심은 속도가 빠르고 많은 먼지가 운반되기 때문에 제주도 상공을 통과하는 편서풍 중심이 입도와 변동성을 모두 통제한다. 따라서 동아시아에서 편서풍의 경로가 제주도 세립 석영 기록의 변화를 통제하는 주요 요인인 것으로 판단하였다. 아울러 기원지의 기후변화 가운데 조립 석영의 변화를 통제하는 주요 요인은 바람의 강도가 아닌 기원지의 건조도로 보았다. 그들은 또한 제주도 풍성먼지 퇴적층에서 세립과 조립 성분은, 빙기/간빙기 순환 동안 겨울 계절풍과 편서풍 순환의 동시적인 변화를 지시하는 중국 뢰스고원의 결과와 달리 서로 독립성을 보인다고 강조하였다. 이는 빙기/간빙기 순환에 비해 상대적으로 안정된 중기~후기 홀로세 동안의 서로 다른 대기 및 기후적 요인 때문이라고 설명하였다.

화학적으로 분리되는 와이불 함수 접합 기법을 적용, 백~천 년의 시간스케일로 구분된 세립 석영 변화와 입경 중앙값 변화를 통해 그린란드 빙하 코어의 산소 동위원소 기록과 지구적 대기-기후 원격 상관의 관점에서 동아시아 편서풍의 경로 변화를 보다 상세하게 논의하였다(Lim and Matsumoto, 2008a). 풍성 석영은 타클라마칸 사막에서 편서풍에 의해 주로 운반되므로 석영 변화는 기원지의 과거 건조도 변화로 설명하였고, 입경 중앙값의 변화는 편서풍 강도의 과거 변동성으로 해석되었다. 또한 기원지에서 이루어진 이전 연구에 기초할 때, 석영 변화는 타클라마칸 사막에 계절적으로 다른 기단을 공급하는 편서풍에 의해 통제되거나 편서풍과 관련되어 있으며, 큰 입경 중앙값은 기원지와 퇴적지를 동시에 통과하는 편서풍의 높은 빈도를 의미한다. 따라서 편서풍의 경로(또는 순환) 변화가 세립 석영과 입경 중앙값 기록의 변동성을 통제하는 주요 요인으로 제안되었다.

또한 그린란드 빙하 코어의 $\delta^{18}O$ 값과의 대비는 변화가 적고 (많고) 입경 중앙값이 작을 (큰) 때 그린란드가 한랭 (온난)하였음을 보여 주었다. spectral 분석 역시 석영 변화, 입경 중앙값 그리고 $\delta^{18}O$ 기록 사이에서 분명하고 유사한 백~천 년 스케일의 순환을 보여 주었다. 따라서 동아시아의 세립 석영 기록과 그린란드 대기 온도변화 사이에 밀접한 관련성이 있으며, 이러한 유사성은 편서풍을 통한 지구적 대기-기후 원격 상관의 관점에서 이해될 수 있다고 주장하였다. 결론적으로 편서풍에 의해 제주도에 운반된 석영의 변화와 입경 중앙값의 변동은 편서풍의 위도적 위치 변화를 반영하는 것으로 생각되며, 편서풍의 계절적 이동은 극지역과 고위도 지역의 기후, 대기 상황과 관련되는 것으로 보인다고 하였다. 석영 변화와 입경 중앙값 기록의 변동성이 북대서양 지역의 기후변화와 조화를 이루고 있기 때문에, 편서풍은 북대서양의 태양 강제력에 대한 반응으로 대기와 해양 재조직의 영향을 풍하 지역으로 전파시키는 주요 보급자 가운데 하나일 수 있다고 주장하였다.

그 밖에 안정 탄소 동위원소 조성, C/N 비 및 화분분석을 통해 식생사와 그 요인이 논의되었다(Lim and Fujiki, 2011). C/N 비는 16~30의 범위로 평균치는 약 24이며, 유기물질이 주로 시료 채취 지점과 인근 육상의 식물에서 기원하였을 것이다. 총유기탄소의 $\delta^{13}C$ 값은 -17~-29‰ 사이이며, 이것은 퇴적된 유기물이 육상 C_3와 C_4 식물에 경쟁적으로 기여하여 형성되었으며, $\delta^{13}C$ 값은 하부에서 상부로 갈수록 점진적으로 감소하는데, 이는 C_3 식물의 증가 그리고 C_4 식물의 감소를 의미한다.

화분분석은 목본화분(AP) 증가와 초본화분(NAP)의 감소 경향을 보여 주었으며, 화분의 상대적 비율 변화를 통해 온대 낙엽활엽수(temperate deciduous broadleaved tree)가 쑥속(*Artemisia*)이 우점하는 초지를 대체하였고, 이후 마르에서 보다 더 확장하였을 것으로 보았다. 난온대성 경엽상록림(thermophilous hardwood warm temperate evergreen)의 점진적 증가는 6,500~1,500cal yr BP 사이의 온난화로 해석되었다.

또한 $\delta^{13}C$ 값의 장기간 변화는 장기간 건조도 감소에 대한 C_3와 C_4 식물의 상대적인 기여를 의미한다고 보았다. 선형 혼합 모델을 이용하여 C_3와 C_4 식물의 비율을 확인한 결과, C_4 식물의 비율이 약 3,000~6,500cal yr BP 사이에 높았으며 이후 점진적으로 감소하여 지표면 부근에서는 0까지 감소하였다. C_3와 C_4 식물의 유기탄소 퇴적률 역시 계산되었다. C_4 식물 퇴적률의 변화는 점진적인 감소와 3,200~3,400cal yr BP 무렵의 갑작스러운 증가, 그리고 C_3 식물은 장기적인 증가 경향 위에 나타나는 백~천 년 스케일의 변동성이 특징적이다. 따라서 C_4 식물의 경향이 쑥속(*Artemisia*)이 우점하는 초지와 유사하기 때문에, 제주도의 장기간 식생 변화는 동아시아의 지역적 기후변화에 대한 반응으로서 과거 건조도 변화에 영향을 받았다고 보았다.

C_3 식물의 생산성 변화를 서부 열대 태평양의 SST(해면수온, sea surface temperature)와 비교한 결과, 수백~천 년 단위의 유사한 변동성을 확인할 수 있었다. 또한 스펙트럼분석(spectral analysis)은 C_3 식물의 퇴적률에서 백~천 년 스케일의 변화가 뚜렷이 나타난 것을 보여 주었으며, 이러한 결과는 동아시아 해안 지역 식생 변화와 SST 변화에 의한 지역적 기후변화 사이의 밀접한 관계로 해석되었다. 더구나 ENSO(엘리뇨 남방진동, El Niño-Southern Oscillation) 활동과의 비교에서는, 수백~천 년의 시간스케일에서 낮은 C_3 식물 생산성(또는 높은 $\delta^{13}C$ 값)을 보이는 건조한 기간이 높은 ENSO 기간에 나타났다. 이것은 아시아 해안 지역에서 식생(기후) 변화를 통제하는 동아시아 몬순 순환과 ENSO 시스템 사이에 연관성이 있음을 의미한다.

그러나 세립 석영 변화(편서풍의 과거 경로 변화에 대한 대리 자료)와의 비교에서는 식생 변화가 편서풍 경로 변화와 상당히 다른 방식으로 이루어져, 고위도 대기순환 변화의 영향은 약한 것으로 생각하였다. 따라서 극지역과 고위도 기후의 영향을 받는 동아시아 대기순환(편서풍) 변화의 영향은 중국 내륙에서는 강하지만 동아시아의 저위도 해안 지역에 위치한 제주도에서는 약하며, 중기~후기 홀로세 동아시아 해안 지역의 백~천 년 스케일의 기후변화는 서부 열대 태평양의 SST와 ENSO 활동이 결합된 계절풍 변화를 포함하는 저위도 해양 강제력에 의해 주로 통제된다고 결론지었다.

5) 경기 용인시 평창리 지역

이용일, 이선복(2002)은 경기도 용인시 양지면 평창리에 위치한 구석기 유적에서 확인된 약 130cm 두께 고토양 단면의 토양특성을 조사하고 이의 성인을 해석하여, 고고지질학적인 측면에서 국내에 분포하는 구석기 유적지에의 적용 가능성을 논의하였다. 조사 단면은 토양구조의 특성과 토색을 기준으로 상부에서 하부까지 제1층(황갈색층), 제2층(황색층), 제3층(갈색층), 제4층(암갈색층) 그리고 제5층(적갈색층)으로 구분되었다. 조사 단면의 일부 구간에서 여러 번의 상향 세립화 경향을 확인하고 이를 여러 번의 퇴적작용으로 해석하였다.

광물분석 결과, 석영이 가장 주된 광물이었고 녹니석, 일라이트, 질석 및 장석 그리고 소량의 침철석을 확인하였다. 또한 점토 크기(<2μm)의 시료에 대한 광물분석 결과, 일라이트와 녹니석이 가장 주된 광물이며 질석, 스멕타이트 그리고 카올리나이트는 비교적 소량으로 산출되었다. 주원소 분석 결과, A-CN-K와 A-CNK-FM 다이어그램에서 분석된 시료들이 각각 A-K와 A-FM 축에 거의 밀집되어 있었다. 따라서 기원지뿐 아니라 퇴적이 일어난 후에도 토양화 작용이 많이 진행된 것으로 보았다.

토양시료와 기반암(흑운모 화강암)의 Zr^{4+}/TiO_2 비를 비교하여, 토양시료들은 기반암의 풍화에 의해 형성된 것이 아니라 다른 기원지에서 운반되어 온 퇴적물 또는 조사 지역의 북쪽에 위치한 편마암(선캄브리아기 경기편마암복합체) 풍화산물과의 혼합에 의해 형성된 것으로 판단하였다. 희토류원소의 조성에 있어서 모든 시료들이 기반암보다 더 많은 총량을 보이는데, 이는 풍화를 받는 동안 이차적으로 생성되는 광물들(일라이트, 녹니석, 질석과 같은 점토광물) 때문인 것으로 해석하였다. 화학적으로 처리된 10μm 이하와 20μm 이상의 석영 입자의 표면 형태를 관찰하여 둘 사이에 큰 차이가 있음을 확인하였으며, 10μm 이하 석영 입자의 산소 안정동위원소 분석 결과는 주변 기반암과 차이를 보이고 중국 뢰스고원과 유사하였다.

이러한 사실들을 종합하여 제2층과 제3층은 중국 뢰스고원에서 기원한 풍성 퇴적물로 판단하였다. 그리고 제2층이 지형 조건이나 퇴적환경의 차이에도 불구하고 전국적 범위에 걸쳐 분포하며 그 내부에서 화산재(AT, 2만 5,000년 전)가 발견되기 때문에, 다른 층과는 달리 이 층이 건층(key bed)의 역할을 할 수 있다고 보았다. 즉 제2층은 상대적으로 한랭 건조한 조건 아래에서 강한 편서풍을 타고 이동해 쌓인 풍성 기원의 퇴적층일 가능성이 매우 커서, 국내에서 후기 플라이스토세의 층서 대비에 가장 광역적으로 이용될 수 있다고 하였다.

제1층은 입도분포로 보아 하성 퇴적물일 가능성이 크지만 바람에 의해 형성되었을 가능성을 배제하지는 않았다. 다만 제2층과 달리 지역적 기원의 퇴적층으로 추론하였다. 다른 퇴적층에 비해서는, 유수의 작용이 가장 중요한 영력이지만 풍성 기원의 석영이 섞여 있는 것으로 보아, 한랭하고 건조한 기후 환경에서 황토 기원의 퇴적물이 많이 날아와 혼입된 것으로 해석하였다. 제2층에서 확인된 AT 화산재에 기초하여 제2층은 MIS 3 후기 또는 MIS 2 초기, 제1층은 MIS 2 후기, 제3층과 제4층은 MIS 3 그리고 최하부의 제5층은 MIS 4로 편년하였다.

6) 강원 홍천군 지역

신재봉 외(2005)는 뢰스-고토양 연속층을 이용하여 홍천강 중류에 발달한 하안단구의 형성 시기를 밝혔다. 항공사진 분석을 통해 제1하안단구(oldest and highest), 제2하안단구, 제3하안단구 그리고 제4하안단구(youngest and lowest)로 분류하였으며, 하안단구 맨 하부 자갈 퇴적층 상부에는 뢰스-고토양 연속층이 발달하고 있었다. 뢰스-고토양 연속층은 범람원 퇴적층에서 흔히 관찰할 수 있는 층리 구조가 발견되지 않으며, 덕소와 전곡리 지역의 뢰스-고토양 연속층과 비교하였을 때 토색, 조직, 구조 및 토양쐐기 발달 등에서 유사한 특성을 보였다.

제1하안단구면 상부의 뢰스-고토양 연속층은 상부에서 하부로 L1LL1(뢰스), L1SS1(고토양), S1(고토양), L2(뢰스) 그리고 S2(고토양)가 확인되는 반면 L1LL2(뢰스)는 관찰되지 않았다. 제2하안단구 자갈 퇴적층 상부에 발달한 뢰스-고토양 연속층은 상부에서 하부까지 S0(고토양), L1LL1, L1SS1, L1LL2, S1로 이루어져 있으며, 풍성 모래층이 S1 상부에서 관찰되고 상부의 L1LL2와 혼합되어 있으며 미약하나마 엽리구조가 발달하고 있다. 제3하안단구의 뢰스-고토양 연속층은 상부에서 하부까지 S0, L1LL1, L1SS1로 이루어져 있으며, 이 중 S0은 현세 퇴적층이며 갈색의 삼림 토양층으로 그 두께가 다른 단구면에서 관찰한 것보다 상당히 두껍다. 제4하안단구는 현재 논이나 밭으로 경작에 이용되고 있으며 중립질의 하천모래 퇴적층 위로 S0이 발달하고 있다.

점토, 실트와 모래의 백분율 변화는 입경 중앙값의 변화와 유사한 형태를 보이고, 제1과 제3하안단구 뢰스-고토양 연속층의 입경 중앙값은 대체로 8~14μm의 범위이며, 대부분의 뢰스 층준에서 입경은 10μm보다 크지만 고토양 층준은 이보다 세립이었다. 그러나 제2하안단구 상부의 뢰스-고토양 연속층은 주변 지역에서 바람에 의해 운반되어 퇴적된 다소 큰 입자들로 인해 뢰스 층준과 고토양 층준 사이의 구별이 쉽지 않다고 보고하였다.

또한 대자율은 붉은 갈색의 토색과 토양쐐기 구조로 특징지어지는 고토양 층준에서 수치가 높아지지만, 제1하안단구의 S1의 대자율은 L2와 유사하여 각 층을 구분할 만큼 뚜렷하게 나타나지 않았는데, 이것은 이 층이 퇴적될 당시 주변의 퇴적물이 다량으로 혼입된 결과로 해석하였다. 뢰스-고토양 연속층의 연대를 추정하는 데 있어 그들은 L1SS1 상부와 L1LL1 하부에 발달한 토양쐐기 구조에 크게 주목하였다. 토양쐐기 구조의 발달은 간빙기에서 빙기로 넘어가는 초기의 한랭 건조한 환경에서 토양의 수축 작용이나 균열로 인해 이루어진 것으로 생각하였다. 이러한 토양쐐기 구조는 덕소 및 전곡리 지역뿐만 아니라 국내 및 홍천 지역의 고고학 유적지에서도 확인된다. 이들 지역에서 확인된 화산재 연대(AT 화산재) 및 ^{14}C와 OSL과 같은 절대연대 자료에 기초하여, S0은 MIS 1, L1LL2는 MIS 4, S1은 MIS 5, L2는 MIS 6, S2는 MIS 7에 각각 대비되며 제1하안단구는 MIS 8에, 제2, 3, 4하안단구는 각각 MIS 6, 4, 2에 형성된 것으로 생각하였다.

7) 경기 안성시 일죽 지역

김영래(2007)는 경기도 안성시 일죽면 금산리의 차령산지 북사면에 위치한 소규모 분지 내 구릉에 나타나는 미립질 집적층의 기원과 특성을 보고하였다. 일죽 단면은 하부에서 상부까지 풍화층, 사면 이동 퇴적물층, 유수성 퇴적물층, 미립질층으로 이루어져 있다. 미립질층은 층리와 같은 유수의 간섭을 받은 흔적은 전혀 없지만 단면에서 모두 동일한 특성을 보이지는 않았다. 미립질 집적층을 대표할 수 있는 층준, 사질 그리고 실트질 특성이 강한 층준에서 각각 시료를 채취하였다. 실트질 시료에서는 평균입경이 29μm, 사질 시료에서는 52μm 그리고 미립질 집적층 시료는 48μm였다.

또한 실트질 시료는 중립질(medium) 실트들이 우세하였으며, 사질 시료는 점토에서 세사에 이르기까지 다양한 입도의 물질이 집적되어 있고 20~40μm의 중간 실트와 200μm의 중사 비율도 높게 나타난 것으로 보고하였다. 미립질 집적층의 경우 점토에서 실트, 중세사에 이르는 구간에 걸쳐 고른 입도분포를 보였다. 현미경하에서의 박편 관찰 결과, 미립질층의 가장 큰 특징은 집적된 물질보다 공극이 훨씬 많은 공간을 차지하는 것이었다.

이 미립질 집적층의 기원에 대해서는 호소 또는 풍성의 가능성을 제시하였다. 우선 일반적으로 풍적토가 나타나는 북사면이 아니라는 점, 배후 산지의 산록대에 좁게 나타나는 것이 아니라 소규모 분지이지만 분지 내부의 열린 구릉대 능선부라는 점 등에서 호소성 퇴적물의 가능성을 제시하였다. 그러나 층리가 전혀 확인되지 않았고, 환원 환경과 관련된 글레이화작용이나 지하수 변동과 관련된 흔적 등이 미립질 집적층 하부에 있는 사면 이동 물질층에서 확인되지 않았다. 그리고 만일 호소성이라면 하천 변 배후습지나 범람원이었을 것이지만, 일죽 단면의 해발고도가 134m로 현재의 하천 하상과 100m 이상의 고도차를 보이고 있었다. 이러한 점 등에서 호소성 퇴적물이 아닌 풍성 퇴적물이라고 해석하였다.

분석된 시료가 전체적으로 중국 뢰스고원의 전형적인 풍적토의 쌍봉형과 동일하지만, 평균입경이 중국 뢰스고원은 실트인 반면 일죽 단면은 극세사로 보다 조립의 특성을 보이기 때문에 국지적 뢰스(local loess)로 판단하였다. 즉 실트질이 주성분인 풍적토는 중국 뢰스고원 인근 지역에 국한되며 한국과 일본을 비롯한 북태평양 연안에서는 점토질 풍적토가 주성분이어야만 하는데, 일죽 단면의 입도 조성은 점토와 실트 및 극세사가 모두 존재하며 실트와 극세사가 주성분이라는 것이다. 따라서 일죽 단면의 미립질 피복물은 중국 건조 사막에서 기원한 풍적토가 아니며 극세사와 세사에 이르는 물질의 존재는 상층대기가 아닌 지표의 강한 풍속에 의해 이동될 수 있는 물질이므로, 국지적인 지형 조건과 바람의 개입, 즉 인근의 넓은 충적지가 기원지인 국지적 풍적토일 가능성이 높다고 주장하였다.

한편 사면 이동 물질 및 풍화층과는 달리 일죽 단면의 풍적토에서 물질의 배열은 물론 공극의 배열에서도 결빙의 작용을 반영하는 엽상 구조들이 나타나기 때문에 결빙 작용의 영향을 받은 것으로 생각하였다. 또한 주빙하환경에서 강한 동파 작용을 받을 때 전형적으로 나타나는 platy 구조를 확인하였는데, 이에 대해서는 일죽 단면의 풍적토가 형성된 이후 강한 동파 작용을 받았고 이러한 결빙 구조가 현재의 후빙기 환경에서 형성될 수 있는 것보다 훨씬 강하기 때문에 일죽 단면이 최종 빙기 이전에 퇴적되어 최종 빙기 환경을 거친 것으로 판단하였다. 또한 높은 점토 함량은 화학적 풍화를 유도할 수 있는 후빙기의 한반도 기후 환경과 연관이 있는 것으로 판단하고 지표 피복물이 지니는 높은 습포 효과 역시 점토의 형성에 관여하였을 것으로 생각하였다.

8) 경기 남양주시 덕소리 지역

Yu et al.(2008)은 경기도 남양주시 와부읍 덕소리에 위치한 뢰스-고토양 연속층의 층서를 확인하고 중국 뢰스고원과 대비하였다. 덕소 단면은 두께가 약 380cm이며, 한강을 따라 형성된 개석 선상지 1면의 자갈층 위에 발달하여 있다. 이 단면은 상부에서 하부까지 인위층, L1LL1(뢰스), L1SS1(고토양), L1LL2(뢰스), S1(고토양), L2(뢰스), S2(고토양) 그리고 선상지 역층으로 이루어져 있다. 조사 단면은 적갈색의 토색과 토양쐐기로 특징지을 수 있는 고토양 층준에서 높은 대자율을 보였다. 대자율의 변화 경향은 중국 뢰스고원과 매우 유사하였다. 깊이에 따른 중립 실트, 조립 실트 그리고 모래 비율의 변화는 입경 중앙값 변화와 유사하였다.

입도분포의 또 다른 특징은 하부 층준(S1, S2)이 상부 층준(L1L1, L1SS1, L2, L1LL2 상부)보다 더 조립(>30μm)이라는 것이다. 그러나 입도의 전반적인 변화양상은 뢰스와 고토양 층준 사이에서 대자율만큼 분명하지 않았다. 대부분의 시료가 중립 실트에서 최빈값이 나타나는 전형적인 일봉형의 분포를 보이는 데 반해 일부 뢰스 시료는 세립 실트와 점토 함량이 보다 많고 약 4μm에서 약한 정점을 보이기도 하였다. 뢰스와 고토양 시료에서 확인된 광물은 석영이 주를 이루었으며 장석, 운모, 점토광물 등이 확인되었으나 모든 시료에서 탄산염광물은 거의 또는 전혀 발견되지 않았다. SEM 분석을 통해, 단면에서 채취된 석영 입자가 풍성 입자의 전형적인 특징인 둥근 형태와 구멍 있는 면(pitted surface)을 가진다는 것을 확인하였다.

편년의 경우 AT 화산재, 토색, soil crack, 대자율 그리고 입경 중앙값 등에 기초하여 L1LL2는 MIS 2에 대비되었다. 상부에 AT 화산재를 포함하고 있는 L1SS1은 MIS 3에 대비되었다. 또한 2개의 OSL 연대에 기초하여 L2는 MIS 6 그리고 S2는 MIS 7에 대비되었다. 이런 내용을 종합하여 덕소 단면의 뢰스-고토양 연속층은 MIS

7~2에 걸쳐 형성되었다고 결론지었다.

상술한 연구들과 더불어 국내의 뢰스 퇴적층은 진천(최재희, 2007), 청원 및 공주(전성오, 2009), 영동(배정엽, 2003), 파주 및 철원(문대영, 2006) 그리고 부여(남길수, 2011) 등지에서도 확인되었다. 이러한 연구 결과들은 풍성층이라 하더라도 장거리보다는 지역적 기원지에서 기원한 뢰스 퇴적층으로 해석하였다.

10.

한국 뢰스 연구 Ⅱ

1) 충남 보령시 대천 지역

(1) 지역 개관

보령시 일대는 차령산맥의 서쪽 말단부가 서해와 만나는 곳으로 우리나라 서해안의 다른 지역과 달리 해발고도가 높은 산지가 해안까지 뻗어 있다. 차령산맥은 경기도와 충청북도의 경계부와 충청남도의 중앙부를 통과할 때에는 고도가 낮아져 산맥의 연속성이 약해지지만, 보령 일대에 이르러서는 해발고도 600~700m로 다시 높아진다. 보령 부근에서 이 산지는 대체로 북동-남서 방향으로 연결되는데, 해안 쪽으로 사면 경사가 급하게 낮아지며 해안에는 대부분 해발고도 300m 이하의 낮은 구릉지가 분포한다(그림 10.1). 이러한 기복의 변화는 기반암의 차이에 기인한다.

한편 대천 단면이 위치한 남포읍 달산리, 양항리, 양기리 일대에는 해발고도 15~17m, 20~23m, 23~25m, 35~40m, 42~45m로 구분되는 다섯 단의 해안단구가 분포한다(윤순옥 외, 2015). 대천 단면은 해발고도 20~23m 해안단구 위에 퇴적되어 있다. 이 해안단구는 후술하는 뢰스-고토양 연속층의 형성 시기 논의에서 도출된 결과를

[그림 10.1] 대천 단면(DCSD) 주변의 지형 개관(윤순옥 외, 2007)

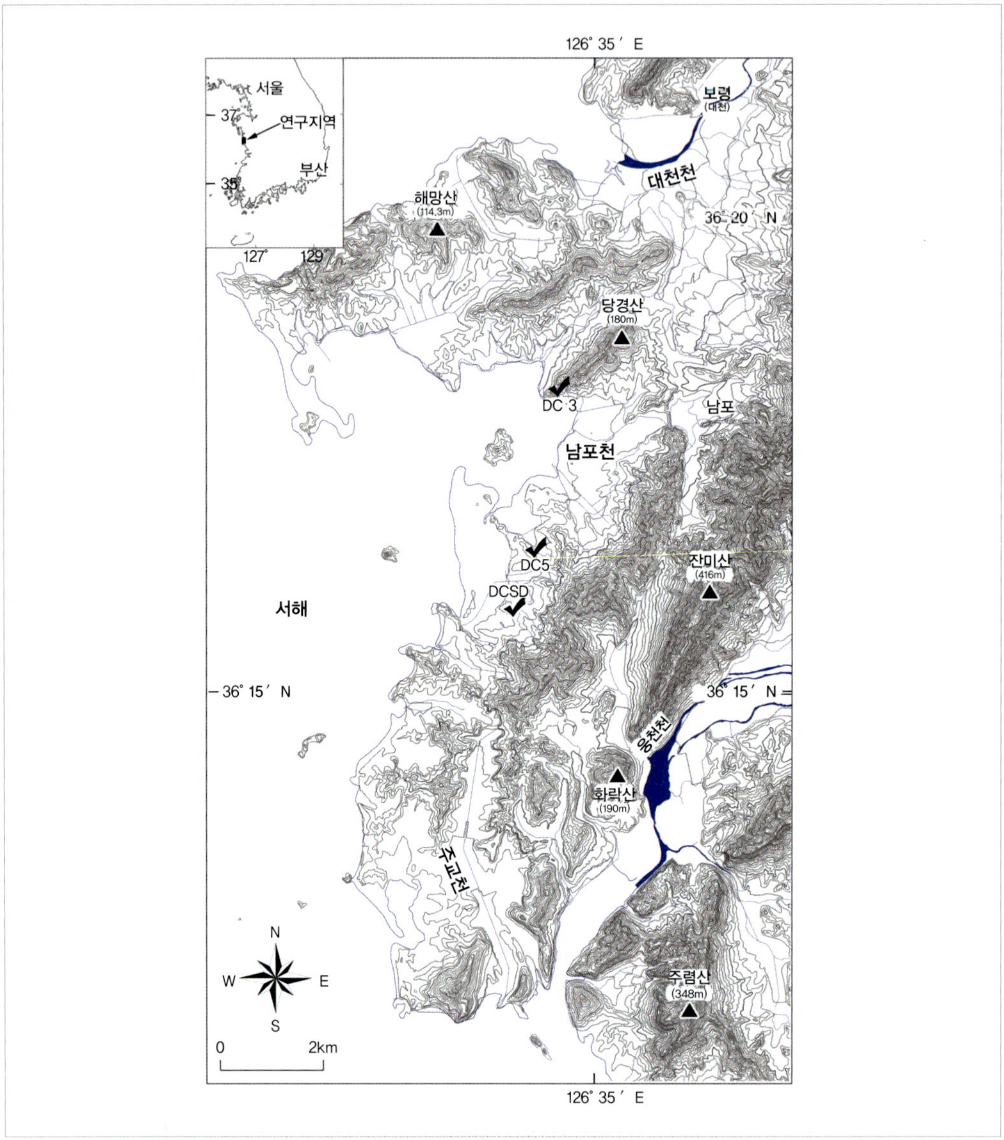

해안 쪽의 실선은 1917년의 해안선이며 DC3, DC5는 주원소 분석에 이용된 해안단구 노두임

바탕으로 MIS 9 시기에 형성된 것으로 판단되었다.

대천 지역의 기반암은 크게 선캄브리아기 화강편마암과 같은 변성암류, 중생대 쥐라기의 퇴적암류, 중생대 백악기의 흑운모 화강암과 같은 화성암류 등으로 구분할 수

[그림 10.2] 대천 단면(DCSD) 주변의 기반암 분포(윤순옥 외, 2007)

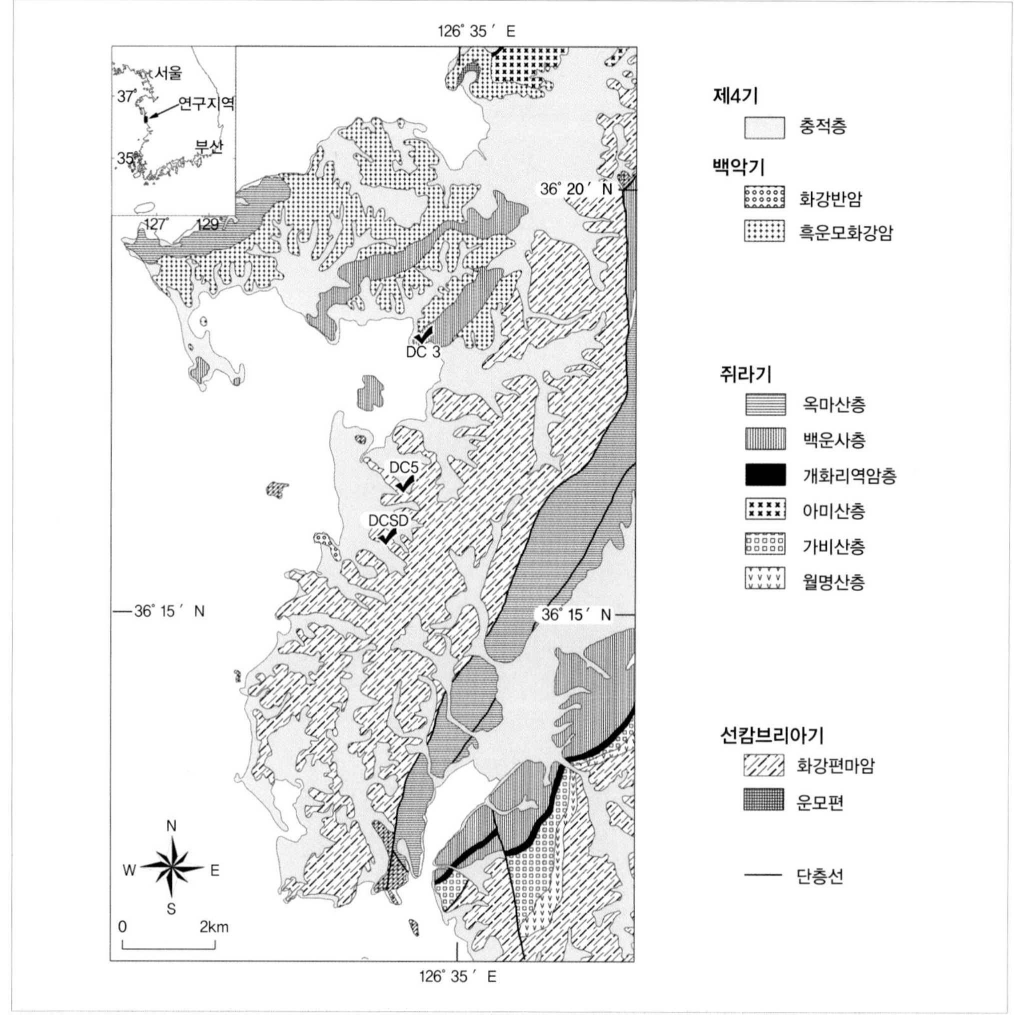

있다(그림 10.2). 선캄브리아기의 변성암류는 해안을 중심으로 북동-남서 방향으로 대단히 넓게 분포하고 있다. 이 암석은 노출 기간이 오래되어 해발고도 300m 이하의 낮은 산지를 이루고 있다. 반면 중생대 쥐라기의 퇴적암류는 웅천천 양안을 따라 북동쪽에서 남서쪽으로 연속되며, 해발고도 400~600m의 상대적으로 고도가 높고 사면 경사가 급한 산지를 형성하고 있다. 중생대 백악기 화성암류는 화강편마암과 마찬가지로 낮은 산지를 형성하고 있다. 연평균강수량은 약 1,237mm, 연평균 기온은 약 12.1°C이다(기상청).

(2) 대천 단면의 퇴적상

대천 단면은 충청남도 보령시 남포읍 월전리 신두마을 부근(북위 36°15′50″, 동경 126° 33′56″)에 위치해 있다(그림 10.1, 10.2의 DCSD). 노출된 단면의 총두께는 약 4.5m이며 상부로부터 표층(교란층), 뢰스-고토양 연속층, 해안단구 역층의 순으로 퇴적되어 있고, 기반암은 확인하지 못하였다(그림 10.3). 뢰스-고토양 연속층 최상부의 해발고도는 25.28m(깊이 0cm)이며 해안단구 역층 상부의 해발고도는 22.88m로, 해안단구 역층 위에서 30cm의 망간층과 더불어 2.1m의 뢰스-고토양 연속층을 관찰할 수 있었다. 퇴적층 층서 구분은 토색, 토양 크랙(soil crack)과 같은 육안 관찰과 함께 대자율을 기초로 이루어졌다. 각 층준은 상부에서 하부까지 L1S1(고토양 층준), L1L2(뢰스 층준), S1(고토양 층준), L2(뢰스 층준), S2(고토양 층준), L3(뢰스 층준)으로 명명하였다(그림 10.3, 10.4).[17]

표층은 두께가 약 15cm로 토색은 밝은 황갈색(10YR 7/6)이며 현재 밭으로 이용되고 있어 교란되어 있다. 최상부 고토양 층준인 L1S1은 두께가 약 20cm이며 토색은 황등색(10YR 7/8) 내지 밝은 황갈색(10YR 6/6, 2.5Y 6/8)이다. 토양 크랙이 발견되나 두께는 1cm 이하이고 망간 결핵이 종종 발견된다. 표층과의 경계는 육안으로 명확히 구분되며, 경작으로 인해 L1S1 층준의 상부가 표층의 하부로 분류되었을 것으로 판단된다. 대자율 측정치는 35.30~82.10×10^{-5} SI unit(평균 58.00×10^{-5} SI unit)이며, 평균 입도는 7.00~7.06Φ(평균 7.03Φ), 입경 중앙값은 6.83~6.96Φ(평균 6.89Φ)이므로 평균 입도에 비해 입경 중앙값이 상대적으로 조립질이다(그림 10.5). 그 하부의 뢰스 층준인 L1L2는 두께 약 35cm이며 토색은 황등색 내지 밝은 황갈색을 띠고 있어 L1S1과 유사하나, 대자율 측정치에서 14.37~35.00×10^{-5} SI unit(평균 22.60×10^{-5} SI unit)으로 상부에 위치한 L1S1보다 낮은 값을 보였다. 토양 크랙은 발견되지 않으며, 깊이 20~40cm 층준과 50~55cm 층준에서 망간 결핵이 발견되나 상부에서 보다 많은 양이 발견된다. 평균입경은 5.99~7.07Φ(평균 6.64Φ), 입경 중앙값은 5.61~6.97Φ(평균 6.39Φ)이다.

두 번째 고토양 층준 S1은 두께가 약 40cm이며 토색은 밝은 적갈색(5YR 5/8) 내지 적갈색(5YR 4/8)이다. 토양 크랙은 수직으로 발달해 있으며 폭은 약 2cm이다. 망간 결

17 뢰스 층준과 고토양 층준의 층서명은 전통적으로 중국에서 뢰스 층준은 'L'로, 고토양 층준은 'S'로 표기하며 알파벳 뒤에 숫자를 붙여 명명해 왔다. 최근에는 층이 세분화되면서 L1L1(Chen et al., 1997) 또는 L1LL1(Xiao et al., 1999; Porter, 2001) 등의 명명법이 사용되기도 한다.

[그림 10.3] 대천 단면의 퇴적상(윤순옥 외, 2007)

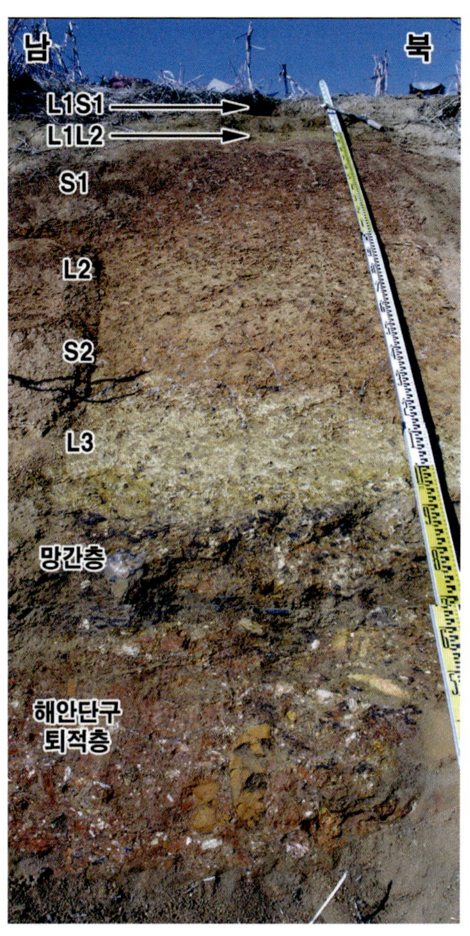

핵은 S1 층준에 고르게 분포하고 있지만 깊이 75~90cm에서 보다 많은 양이 발견된다. 대자율은 121.67~212.67×10^{-5} SI unit(평균 164.29×10^{-5} SI unit)으로 단면에서 가장 높다. 평균입경은 6.62~7.16Φ(평균 6.95Φ), 입경 중앙값은 6.28~7.01Φ(평균 6.73Φ)이다.

대천 단면에서 가장 두꺼운 층인 L2는 두께가 약 65cm이다. 이 층준의 상부 토색은 고토양 층준인 S1과 유사한 밝은 적갈색(5YR 5/8) 내지 적갈색(5YR 4/8)이지만 하부는 등색(7.5YR 6/8)으로 보다 밝은 색상을 띤다. 이 층준의 토양 크랙은 S1의 토양 크랙과 연결되지만 하부로 갈수록 연속성이 떨어진다. 망간 결핵 밀도는 깊이 80~110cm에서 가장 높다. 대자율은 41.47~112.00×10^{-5} SI unit(평균 74.53×10^{-5} SI unit)이며 평균

[그림 10.4] 대천 단면과 덕소 단면(Shin, 2003)의 대자율(MS)과 SPECMAP(Imbrie et al., 1984)의 대비(윤순옥 외, 2007)

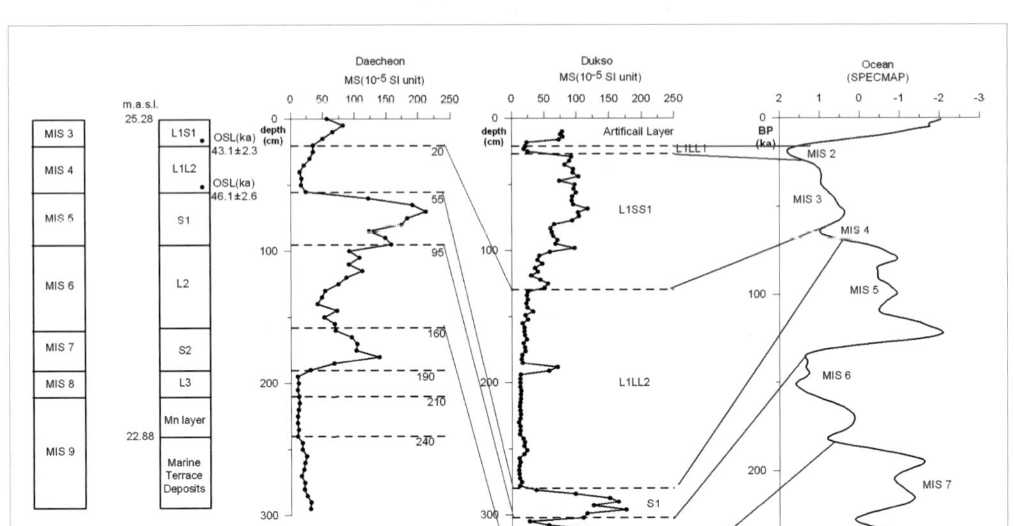

입경은 6.56~7.11Φ(평균 6.86Φ), 입경 중앙값은 6.25~7.03Φ(평균 6.64Φ)이다.

고토양 층준 S2는 두께가 약 30cm이며 토색은 밝은 적갈색(5YR 5/8)이다. 토양 크랙은 수직으로 발달해 있으며 폭은 1cm 이하이다. 대자율 측정치는 67.47~139.00×10^{-5} SI unit(평균 101.61×10^{-5} SI unit)이며 평균입경은 6.28~6.74Φ(평균 6.57Φ), 입경 중앙값은 5.92~6.45Φ(평균 6.25Φ)이다.

대천 단면에서 육안 관찰 시 토색이 가장 뚜렷하게 구분되는 뢰스 층준 L3은 두께가 약 20cm이며, 밝은 황갈색(2.5Y 6/6) 내지 황갈색(2.5Y 5/6)을 띠고, 토양 크랙과 망간 결핵은 발견되지 않는다. 대자율은 10.87~31.00×10^{-5} SI unit(평균 15.49×10^{-5} SI unit)으로 전체 단면에서 가장 낮다. 평균 입도는 6.11~6.35Φ(평균 6.23Φ), 입경 중앙값은 5.78~6.05Φ(평균 5.92Φ)로 단면에서 가장 조립질이다.

L3 아래에 망간층(Mn Layer)이 있으며 이 층준 아래에는 해안단구 역층이 퇴적되어 있다. 해안단구 퇴적층에 포함된 자갈은 석영질 역을 제외하면 심하게 풍화되어

[그림 10.5] 대천 단면의 대자율(MS), 평균입경(M), 입경 중앙값(Md) 및 입도 조성 변화(윤순옥 외, 2007)

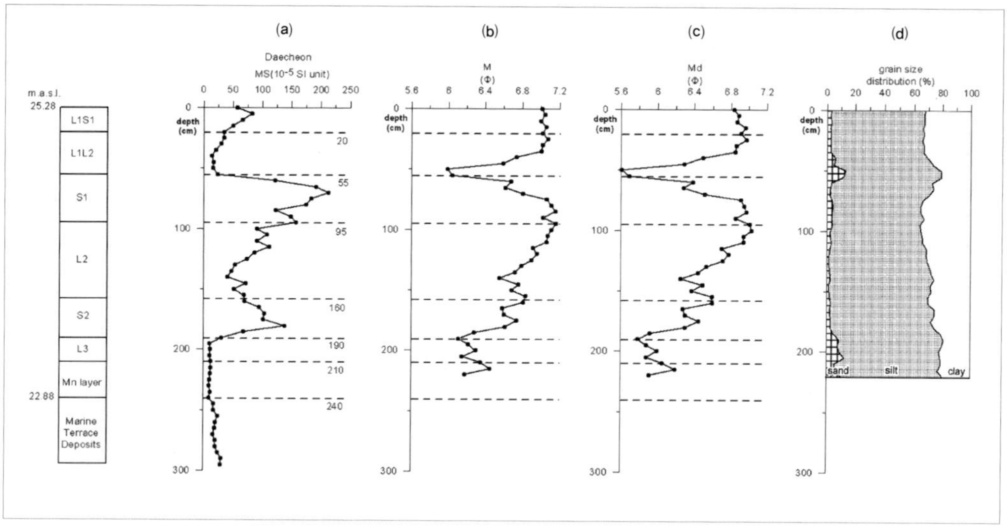

단위가 Φ값이므로 숫자가 작을수록 조립임

호미로 긁으면 단면이 깨끗하게 제거되어 모자이크 무늬를 보인다. 기질(matrix)은 사질 실트로 토색은 밝은 갈색(7.5YR 5/8)이다.

(3) 분석 결과

① 연대측정 결과

대천 단면에서 절대연대를 얻기 위해 두 지점에서 OSL 연대측정을 실시하였으며 그 결과는 표 10.1과 같다. OSL 측정을 위해 채취한 시료인 DCSD 15는 MIS 3으로

[표 10.1] 대천 단면의 OSL 연대측정 결과(윤순옥 외, 2007)

시료명	연간 선량 (Gy/ka)	수분함량 (%)	등가 선량 (Gy)	표본 수 (n)	OSL 연대 (ka)
DCSD 15	2.869±0.077 (2.820±0.076)	20.380 (22.255)	123.6±5.9	15	43.1±2.3 (43.8±2.4)
DCSD 50	2.716±0.074 (2.669±0.072)	18.148 (20.026)	125.3±6.3	15	46.1±2.6 (46.9±2.7)

편년된 고토양 층준 L1S1에서 채취한 것으로, L1L2와의 경계(깊이 20cm)보다 약 5cm 위인 표층으로부터 깊이 15cm 층에 해당한다. 이 시료의 절대연대는 43.1±2.3ka이며 이는 MIS 3에 해당된다.

시료 DCSD 50은 MIS 4로 편년된 뢰스 층준 L1L2에서 채취되었으며 46.1±2.6ka 이었다. 이는 MIS 3에 해당하여 퇴적층의 선후관계로 볼 때 다소 젊게 측정되었다. 그러나 DCSD 15에 비해 보다 오랜 연대를 지시하고, 또한 두 개의 연대측정 결과 모두 형성 시기가 최종 빙기였으므로 DCSD 50은 L1L2와 대비하였다. 따라서 대천 단면 뢰스의 OSL 연대측정 결과는 전체 퇴적층의 절대연대 편년에 큰 무리가 없는 것으로 판단된다.

OSL 연대측정 방법은 석영이나 장석 등이 마지막으로 빛(태양광)에 노출된 시기를 측정하는 것으로 실제 퇴적 연대와 약간의 차이가 있을 수 있다. 또한 퇴적 과정 혹은 이후에도 햇빛에 노출되면 순식간에 그리고 거의 완벽하게 기존의 신호를 잃어버리게 된다(최정헌 외, 2004). 따라서 퇴적 이후의 여러 가지 요인에 의해 마지막으로 햇빛에 노출된 시기가 달라질 수 있다. 뢰스-고토양 연속층의 층서와 토색, 대자율 그리고 OSL 연대측정 결과에 기초할 때, 대천 단면은 L1S1(MIS 3), L1L2(MIS 4), S1(MIS 5), L2(MIS 6), S2(MIS 7), L3(MIS 8) 등 MIS 8~3 시기에 형성된 것으로 판단된다(그림 10.4).

특히 L3은 토양색이 매우 강력하게 짙은 노란색을 띠고 있으며 바로 위의 S2 하부와 아래에 퇴적된 망간층(Mn Layer) 상부까지 이어진다. 대천 단면 조사에 공동 연구원으로 참여한 成瀨(Naruse, T.) 교수는 전형적인 뢰스층으로 판단하였다. 또한 L3은 하부 해안단구 역층의 불투수성으로 인해 글레이화를 받은 결과이며, 대천 단면에서는 토색으로 뢰스와 고토양 층준 구분이 가능하다고 하였다. 그림 10.4에는 퇴적 시기를 대비하기 위해 해양 심해저 코어의 퇴적물의 산소 동위원소분석으로 제4기 고기후 변화를 복원한 SPECMAP(Imbrie et al., 1984)과 덕소 지역(Shin, 2003)의 뢰스-고토양 연속층의 대자율 변화를 함께 나타내었다.

절대연대를 보완하기 위해 뢰스 연구에서는 테프라 연대학(tephrochronology)이 한국(신재봉 외, 2004)뿐만 아니라 세계 각지(Berger and Péwé, 2001; Muhs et al., 2001)에서 이용되고 있다. 한국에서 흔히 발견되는 광역 화산재는 AT(Aira-Tanzawa) 화산재로, 그 퇴적 시기는 22~25ka(町田 洋, 新井房夫, 1992) 또는 24~25ka(Yi et al., 1998)이며 MIS 2의 하

부 혹은 MIS 3 시기와의 경계부에 나타날 수 있다. 그러나 대천 단면은 표층이 경작에 의해 교란되었으며 MIS 3(L1S1)의 상부가 침식, 제거되었기 때문에, 표층 및 L1S1의 상부층에서도 AT 화산재는 발견되지 않았다.

② 주원소 분석 결과

대천 단면의 XRF 분석은 뢰스-고토양 연속층에서 10cm 간격으로 얻은 시료를 대상으로 이루어졌다. 또한 이들 시료 외에 대천 단면 하부 해성 역층(DCSD Ma)과 해안단구 노두에서 채취한 4개의 고간석지층 시료(DC3의 180, 210, DC5의 120, 180; 그림 10.1, 10.2)도 뢰스-고토양 연속층 시료와 비교하기 위해 포함시켜 분석하였다.

SiO_2 함량은 L3과 망간층의 경계인 깊이 210cm(DCSD 210), 망간층(DCSD 220)과 해안단구 역층(DCSD Ma)을 제외한 모든 시료에서 무게비 60% 이상을 차지한다. Na_2O는 L1L2의 DCSD 30, S1의 DCSD 60에서 각각 무게비 0.19%, 0.30%의 극미량이 검출되었으며 이외의 층준에서는 확인되지 않았다. CaO 역시 전 시료에서 무게비 0.3% 이하의 극미량만 검출되었다. 중국 뢰스고원에서는 지역에 따라 차이는 있으나 CaO의 경우 무게비 5% 이상을 차지한다.

Na와 Ca는 주원소 중에서 풍화에 가장 약하여 퇴적 이후 풍화작용에 의해 일차적으로 제거된다. 따라서 대천 단면에서 NaO_2와 CaO의 함량이 적으며 중국 뢰스고원과 비교하면 극히 적게 검출되는 것은, 한국과 중국의 풍화작용의 강도 차이에 영향을 미치는 환경 특성, 즉 기후 특성을 반영한 것으로 판단된다. 중국 뢰스고원은 현재 연평균강수량 600mm 내외의 건조 또는 반건조 지역인 데 반해 대천 지역은 연평균강수량이 약 1,200mm로 뢰스고원에 비해 상대적으로 습윤하다. 동아시아에서 빙기/간빙기를 통해 동일한 기후변화가 진행되었다면, 이는 결국 기온과 강수량의 차이로 인한 풍화 강도의 차이로 해석할 수 있다. 이러한 Ca와 Na의 낮은 함량은 김제, 정읍 지역(박동원, 1985), 우리나라와 기후가 유사한 중국 양쯔 강(Changjiang 하구부, 연평균 기온 15.4°C, 연평균강수량 1,100mm)의 Yanziji(燕子機) 단면과 Zhenjiang(鎭江) 단면(Yang et al., 2004)에서도 보고되었다. 이와 유사하게 Pant et al.(2005)은 중부 히말라야의 뢰스 퇴적층에서 탄산칼슘 함량이 낮은 것은 적설로 인한 동결융해작용과 높은 강수량(약 1,500mm)에 기인한다고 보았다.

[그림 10.6] 대천 단면, 덕소 단면(Shin, 2003) 및 중국 뢰스고원(Gallet et al., 1996; Jahn et al., 2001)의 A-CN-K와 A-CNK-FM 다이어그램(Nesbitt and Young, 1984, 1989)(윤순옥 외, 2007)

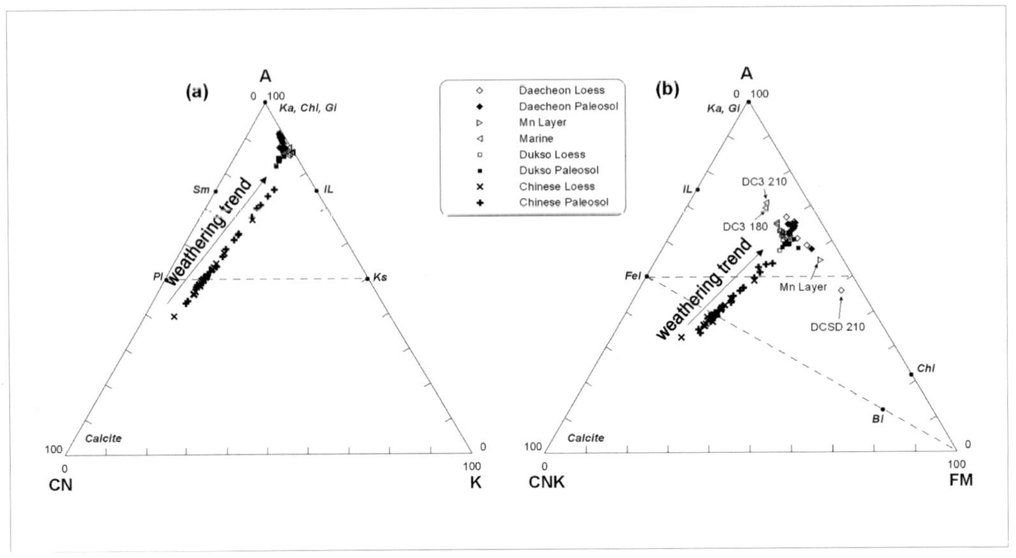

Sm=smectite; Pl=plagioclase; Il=illite; Ks=K–feldspar; Ka=kaolinte; Gi=gibbite; Fel=feldspar; Chl=chlorite; Bi=Biotite; A=Al_2O_3; CN=CaO+Na_2O; K=K_2O; CNK=CaO+Na_2O+K_2O; FM=Fe_2O_3+MgO

대천 단면의 XRF 분석 결과를, 덕소 단면(Shin, 2003) 및 중국 뢰스고원의 Luochuan(洛川)(Gallet et al., 1996)과 Xining(西寧), Xifeng(西豊), Jixian(集賢) 지역(Jahn et al., 2001)의 뢰스-고토양 연속층 분석 결과와 함께 A-CN-K와 A-CNK-FM 다이어그램(Nesbitt et al., 1996)으로 표현하였다(그림 10.6). 중국 뢰스 시료와 대천과 덕소의 뢰스 및 고토양 시료는 서로 다른 영역에 속하지만, 한국과 중국의 뢰스 층준과 고토양 층준 사이에서 일정한 방향성을 확인할 수 있다. 또한 중국의 뢰스와 고토양 자체도 일정한 방향성을 보이며 그 끝에 대천과 덕소 단면의 시료가 위치한다. 이러한 경향은 결국 기후 조건에 의한 풍화의 경향을 보여 주는 것으로 생각된다.

중국의 시료들은 모두 기후 조건이 다른 지역에서 얻었으며, 그것들이 일정한 방향성을 가지고 변화한다는 사실, 그리고 기온이 가장 높고 강수량이 가장 많은 우리나라의 시료가 가장 끝에 위치하는 것은 주원소가 기후 특성과 관련된 풍화의 경향을 나타내는 것으로 해석할 수 있다. 또한 시료의 방향성이 방해석(calcite) 쪽에서 시작하여 A-CN-K 다이어그램에서는 고령토(kaolinite), 녹니석(chlorite), 깁사이트(gibbsite)와

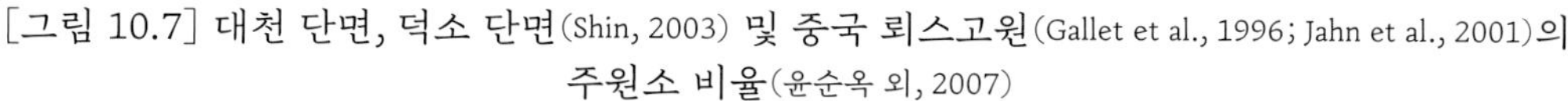

[그림 10.7] 대천 단면, 덕소 단면(Shin, 2003) 및 중국 뢰스고원(Gallet et al., 1996; Jahn et al., 2001)의 주원소 비율(윤순옥 외, 2007)

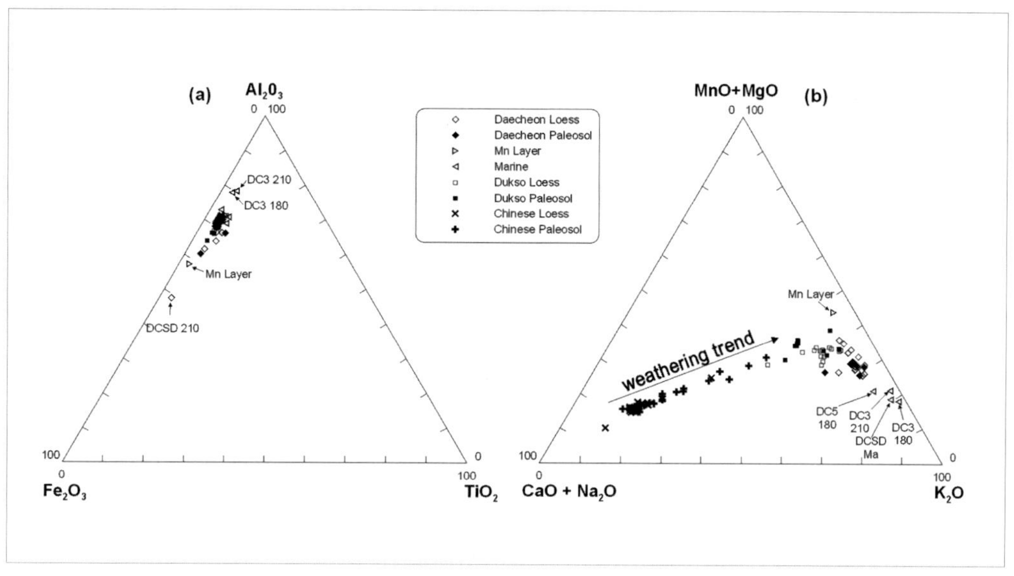

일라이트(illite)의 중간지점을 향해 일직선으로 배열되고, A-CNK-FM 다이어그램에서는 고령토(kaolinite), 깁사이트(gibbsite)와 녹니석(chlorite)의 중간지점을 향해 선상으로 배열되는 모습은 Ca가 풍부한 탄산염광물에서 점토광물로 변하는 풍화의 경향을 보여 준다.

우리나라와 기후 조건이 유사한 양쯔 강 하구부(Yang et al., 2004)에서도 동일한 풍화의 경향을 나타내는 것은 이러한 사실을 뒷받침한다. 해성층이나 망간층 등 뢰스-고토양 연속층 이외의 시료들은 그림 10.6의 A-CN-K 다이어그램에서는 큰 차이가 없지만, A-CNK-FM 다이어그램에서는 망간층(▷)과 L3과 망간층 경계부에 해당하는 시료 DCSD 210은 뢰스와 고토양 시료의 하단에, 해성 간석지 시료(◁) 가운데 DC3 180과 DC3 210의 경우 뢰스와 고토양 시료의 상단에 위치하여 주원소의 조성이 다르다는 것을 알 수 있다. 한편 해안단구 역층(DCSD Ma)과 DC5의 시료는 뢰스와 고토양 시료와 유사한 영역에 위치한다.

그림 10.7은 A-CN-K와 A-CNK-FM 다이어그램의 각 정점을 다른 원소로 수정하여 주원소의 상대적인 비율을 표현한 것이다. 그림 10.7 (a)를 보면, 대천과 덕소

그리고 중국의 뢰스와 고토양 시료가 모두 일정한 영역 내에 공존하는 모습을 보이고 있는 반면 고간석지 시료인 DC3의 2개 시료와 망간층, L3의 하부 경계층에서 얻은 시료 DCSD 210은 이 영역을 벗어나 있다. 그림 10.7 (b)는 그림 10.6의 A-CN-K와 A-CNK-FM 다이어그램과 유사하게 일정한 방향성을 갖는다. 대천 단면 하부의 해성 역층(DCSD Ma), 고간석지(DC3 180, 210, DC5 180)와 망간층은 그림 10.7 (b)에서는 뢰스-고토양 시료의 분포 범위와 확연히 구분된다.

그림 10.7 (a)는 주원소들 가운데 상대적으로 풍화에 강한 원소들을 각각 정점으로 하여 뢰스와 고토양의 원소 조성을 표현한 것이다. 즉 풍화에 강한 원소들의 조성이 유사하다는 것은 동일한 기원지에서 운반되었을 가능성을 시사하는 것으로 볼 수 있다. 그러나 해성 시료 중 고간석지 시료(DC3 180, 210)와 망간층은 뢰스 및 고토양과 뚜렷하게 구별되는 반면 해안단구 시료(DCSD Ma)는 뢰스-고토양 시료와 큰 차이를 보이지 않는다.

그림 10.7 (a)와 달리 그림 10.7 (b)는 주원소 가운데 상대적으로 풍화에 민감하게 반응하는 원소들을 각각 정점으로 하여 작성된 다이어그램이다. 대천과 덕소, 중국의 시료는 주원소 가운데 가장 풍화에 민감하게 반응하는 Ca, Na의 정점에서 MnO+MgO와 K_2O의 중간부분으로 변화하는 일정한 방향성을 보여 주고 있다. 즉 대천의 시료는 일련의 방향성을 나타내는 선적 경향의 마지막에 위치하여 중국에 비해 풍화 정도가 더 진행되었음을 알 수 있다. 그러나 선적으로 정확하게 일치하지 않는 것은 아마도 한국과 중국의 기후 조건의 차이 또는 풍화 조건의 차이에 의해 풍화에 민감하게 반응하는 원소들의 조성이 달라질 수 있음을 의미하는 것으로 생각된다.

그림 10.8 (a)는 대천 단면과 중국 뢰스고원에 위치한 Luochuan 지역(Gallet et al., 1996)의 뢰스-고토양 연속층 사이의 상대적인 주원소 함량 비율을 나타낸 것이며, 그림 10.8 (b)는 대천 단면에서 구분된 뢰스 층준과 뢰스 층준의 상부에 위치한 고토양 층준 사이의 주원소 함량의 상대적인 비율을 나타낸 것이다. 그림 10.8 (a)는 중국 뢰스고원의 물질을 모재로 가정한 상태에서 모재로부터 얼마만큼의 변화가 있었는지를 알아볼 수 있으며, 그림 10.8 (b)는 고토양이 그 하부의 뢰스 층준을 모재로 하여 발달한다고 가정한 상태에서 뢰스로부터 고토양 층준으로의 토양 형성 작용이 일어나는 동안 주원소 함량의 변화가 얼마나 있었는지를 파악할 수 있다.

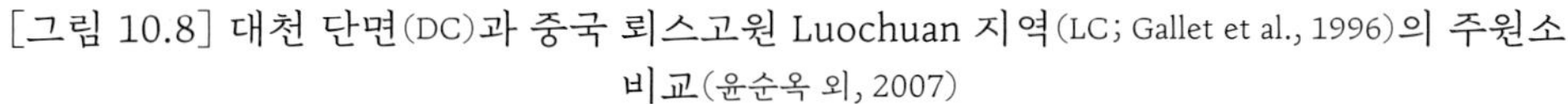

[그림 10.8] 대천 단면(DC)과 중국 뢰스고원 Luochuan 지역(LC; Gallet et al., 1996)의 주원소 비교(윤순옥 외, 2007)

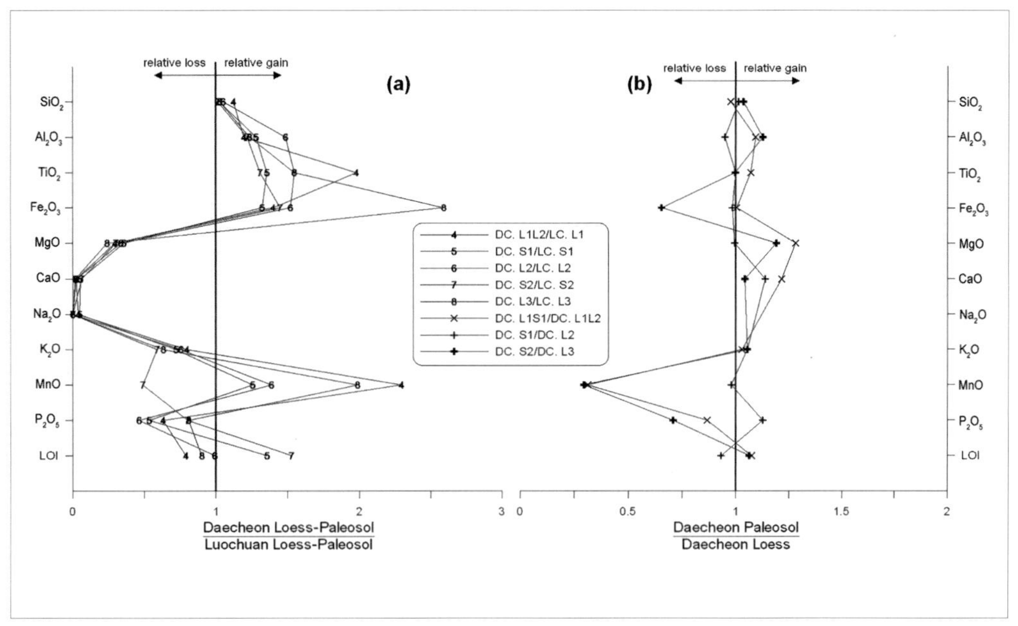

두 지역 또는 두 층 사이의 비율이 1보다 크면 상대적으로 원소의 함량이 증가한 것이며, 1보다 작으면 상대적으로 원소의 함량이 감소한 것이다. 각 층에서 분석한 시료의 수가 두 개 이상일 경우 평균값을 이용하여 해당 층의 주원소 함량을 추정하였다. 또한 중국 뢰스고원 Luochuan의 L1을 MIS 4에 형성된 것으로 간주하고 그래프를 작성하였으며, 대천 단면에서 Na_2O 함량의 경우 일부 시료(DCSD 30, 60)를 제외한 나머지 모든 시료에서는 무게비가 0%이므로 그림 10.8 (b)에서 Na_2O의 변화를 제외시켰다. 또한 그림 10.8 (a)에서 각 층준을 표시하는 선에 표기된 숫자는 MIS 시기를 의미한다.

그림 10.8 (a)에서 대천 단면의 SiO_2 함량은 약간 증가한 데 비해 Al_2O_3, Fe_2O_3, TiO_2 함량은 뚜렷하게 증가하였다. 반면 MgO, CaO, Na_2O는 뚜렷하게 감소, K_2O, P_2O_5는 약간 감소하였다. 특히 MnO는 MIS 7 시기에는 감소하지만 다른 모든 시기에서는 증가하여 일정한 경향을 갖지 않는다. 한편 LOI는 간빙기 시료(MIS 5, MIS 7)에서는 상대적으로 증가하지만 빙기 시료(MIS 4, MIS 6, MIS 8)에서는 감소하므로, 간빙기

에는 대천 단면에서 유기물 함량이 높지만 빙기에는 중국 뢰스고원에서 더 높은 것으로 나타났다. MgO, CaO, Na_2O, K_2O 등은 풍화에 대한 저항력이 약해 풍화작용에 의해 쉽게 제거된다. 뢰스가 대천 지역에 퇴적된 후 높은 기온과 많은 강수량으로 화학적 풍화작용이 활발하여 이 원소들은 퇴적층에서 쉽게 제거되었던 것으로 볼 수 있다. 한편 Al_2O_3, Fe_2O_3, TiO_2 등의 원소는 풍화작용에 상대적으로 강하므로 다른 원소의 함량 감소로 인해 상대적으로 증가하였다.

그림 10.8 (a)와 달리 그림 10.8 (b)에서는 주원소 함량 변화에 있어서 일정한 경향이 확인되지 않는다. 특히 CaO와 같이 풍화작용에 민감하게 반응하여 쉽게 퇴적층에서 제거되는 원소의 함량이 토양생성작용 동안 증가된 것으로 나타나 일반적인 뢰스와 고토양의 관계를 설명하는 데 무리가 있다. 중국 Luochuan(洛川)에서 고토양과 그 하부의 뢰스 층준 사이의 주원소 변화를 확인하기 위해 동일한 방법이 사용되었으며, 그 결과 대부분의 시료에서 CaO가 감소하였다(Gallet et al., 1996). 그러나 중국 Xining(西寧), Xifeng(西豊), Jixian(集賢)에서는 일부 시료에서 CaO가 상대적으로 증가한 것이 확인되었으며, 이러한 현상이 발생한 원인과 관련하여 첫째, 토양의 화학적 특성은 지역적인 예외가 있을 수 있으며 둘째, 기후 조건과 토양 내 유효수분수지가 영향을 미칠 수 있다고 설명하였다(Jahn et al., 2001). 따라서 대천 지역의 풍화 특성도 뢰스와 고토양 사이의 일반적인 풍화 관계로 설명하기 어렵고 Xining, Xifeng, Jixian의 경우와 같은 것으로 추정할 수 있다.

XRF 분석 결과를 기초로 대천 단면의 규반비(Si:Al), CIA 그리고 Si:Ti(Liu et al., 1995) 등 풍화지수를 산출하여 깊이에 따른 변화를 살펴보았다(그림 10.9). 규반비와 Si:Ti는 값이 작을수록, CIA는 값이 클수록 풍화작용을 심하게 받았음을 의미한다. 따라서 규반비와 Si:Ti는 뢰스에서는 큰 값, 고토양에서는 작은 값을 보이고 CIA는 이와 반대의 경향으로 산출되는 것이 일반적이다(Yang et al., 2004; Jahn et al., 2001).

그러나 대천 단면의 풍화지수는 다소 다른 양상을 보이고 있다. 규반비의 경우 L1S1은 하부 뢰스 층준인 L1L2보다 약간 더 풍화가 진전된 것으로 나타나 일반적인 경향과 동일하지만, S1은 하부의 뢰스 층준인 L2와 큰 차이가 없고 S1에서 S2까지는 미변동하고 있다. S2는 그 하부의 뢰스 층준인 L3보다 더 풍화된 것으로 나타나 일반적인 경향에 부합한다. CIA의 경우 전체적으로 상부에서 하부로 갈수록 풍화 정도

[그림 10.9] 대천 단면의 대자율(MS), Si : Al, CIA 및 Si : Ti(Liu et al., 1995) 변화(윤순옥 외, 2007)

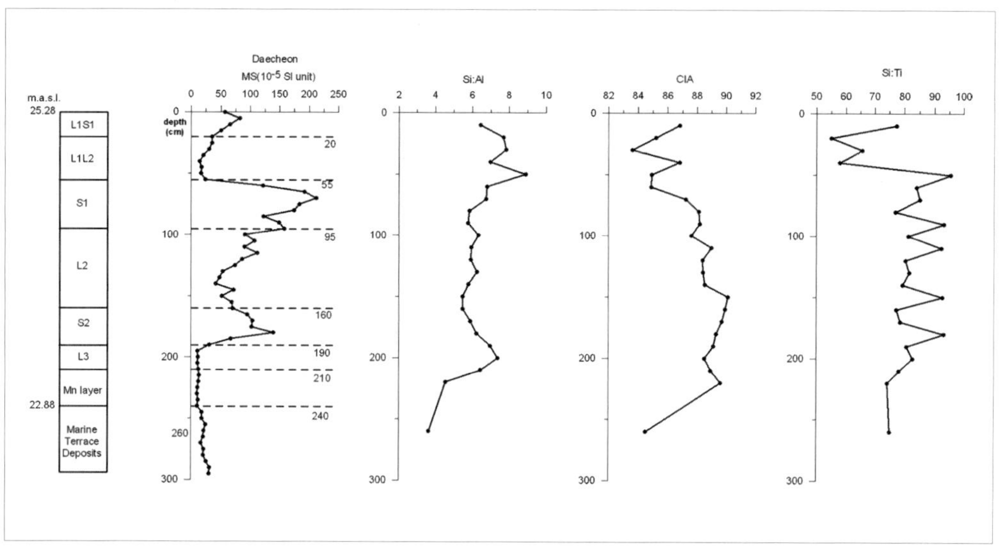

가 증가하지만, L1L2는 상부의 L1S1보다, L3은 상부의 S2보다 각각 풍화 정도가 약한 것으로 나타나 일반적인 뢰스와 고토양의 풍화 경향과 조화되고 있다. Si : Ti의 경우 L1L2가 상부의 고토양 L1S1보다 풍화 정도가 컸고 또한 깊이 50cm 이하에서는 약 75~95의 값에서 미변동하여 뢰스와 고토양 사이에 뚜렷한 차이가 없다.

(4) 대천 단면 뢰스-고토양의 퇴적물 특성과 형성 과정

대천 단면이 위치하는 해안단구가 형성되었던 간빙기에는 파랑의 작용으로 원력이 퇴적되었으며, 이 역층의 상하부에는 현 갯벌층과 유사한 고간석지층이 퇴적될 수 있다. 그러나 해안단구면이 만들어진 이후 기후변화에 의해 해면이 하강하고 지반이 느리지만 지속적으로 융기하므로 단구면 위에 더 이상 파랑이 영향을 미칠 수 없다. 대천 단면의 뢰스 퇴적층을 고간석지층으로 해석할 만한 증거는 전혀 없다. 즉 층리구조가 전혀 발견되지 않으며 퇴적층에서 자갈이 전혀 확인되지 않고 뢰스 층준과 고토양 층준의 토색이 육안으로도 뚜렷하게 구분된다. 또한 뢰스 층준과 고토양 층준의 대자율이 뚜렷한 차이를 보인다. 대천 단면 바로 북쪽의 고간석지 노두(DC5)에서는 퇴적물 입경이 실트이므로 입도 조성(soil texture)은 대천 단면의 뢰스와 뚜렷한 차이가

없지만, 토색이 전체적으로 유사하고 층리가 뚜렷하였다.

한편 대천 단면의 원력과 뢰스-고토양 연속층을 구성하는 퇴적물이 배후의 산지로부터 발원하는 소지류와 같은 하천의 퇴적작용으로 형성될 수 있다고 추론할 수 있으나, 지형적으로 노두가 입지한 구릉이 배후 산지와는 안부에 의해 단절되었으며 하곡과도 떨어져 있는 점과 퇴적물의 특성으로 미루어 볼 때 하천 퇴적층은 아니다.

대자율 변화는 대천 단면 뢰스-고토양 연속층에서 뚜렷한 차이를 보인다(그림 10.4, 10.5). 고토양 층준에서는 높은 값이었으나 뢰스 층준은 낮은 값을 보이고 있다. 대천 단면의 대자율은 S1 고토양 층준에서 가장 높게 나타나며(121.7~212.7×10^{-5} SI unit), 최하부 뢰스인 L3에서 가장 낮게(10.7~15.8×10^{-5} SI unit) 나타난다. L1S1은 35.3~82.1×10^{-5} SI unit의 대자율을 보이며 L1L2는 14.4~35.3×10^{-5} SI unit, L2는 41.5~158.0×10^{-5} SI unit, S2는 67.5~139.0×10^{-5} SI unit의 대자율을 각각 보인다. 이러한 대자율 변화는 덕소 지역(Shin, 2003)과 매우 유사할 뿐만 아니라 중국 뢰스고원의 연구 결과(An et al., 1991)와도 일치한다.

Heller and Liu(1984)는 대자율이 뢰스에서는 낮고 고토양에서는 높게 나타나며 대자율 변화가 해저 퇴적층의 산소 동위체 변화와 닮았다고 보고하였다. 이후 대자율은 많은 학자에 의해 연구되었으며 뢰스-고토양 연속층에서 나타나는 대자율 변화의 원인에 대해 논의가 계속되고 있다. 대자율 변화에 대한 의견은 크게 두 가지로 나뉘는데, 운반율(퇴적률) 변화에 의한 것(Kukla and An, 1989)이라는 주장과 토양생성작용에 의해 대자율이 변화한다(Zhou et al., 1990)는 주장이 있다. 최근에는 후자의 주장이 많은 지지를 받고 있다. 뢰스-고토양 연속층에서 대자율 변화는 상당히 중요한 측정 도구인 동시에 고기후 변화를 나타내는 중요한 지표이며, 대자율이 어떠한 원인에 의해 뢰스에서 낮고 고토양에서 높은지와 상관없이 고기후와 관련되어 있음은 확실하다(An et al., 1991).

한편 뢰스 물질은 기원지에서 멀어질수록 세립화의 경향을 보인다(Liu, 1985). 즉 바람에 의해 근거리를 이동한 물질은 조립질인 데 반해 장거리를 이동한 물질은 보다 세립질의 특성을 보인다. 대천 단면의 뢰스-고토양 연속층은 실트(4~8Φ)가 59.75~73.81%로 대부분을 차지하고 점토(8Φ 이하)는 약 20~35% 정도이다(그림 10.5). 모래(4Φ 이상)는 대부분 5% 이하이나 일부 층준에서는 10% 내외로 상대적으로 높게 나타난다. 대천 단면의 평균입경(m)은 5.99~7.16Φ이며 뢰스 층준에서는 5.99~7.11Φ, 고토양 층준에서는 6.28~7.16Φ로 일반적인 경향과 동일하게 뢰스 층준이 고토양 층준에 비해 더 조립질인 것으로 나타났다. 중국 뢰스고원의 Luochuan(洛川) 뢰스에서는 평균입경이 5.17~7.54Φ이며 퇴적물 대부분이 6.30~7.00Φ에 분포하고 있어(Liu, 1985) 대천 단면과 큰 차이가 없다. 또한 중국 Luochuan에서의 다른 연구(Nugteren et al., 2004)에 의하면, MIS 2~7에 해당하는 뢰스-고토양 연속층의 평균입경은 5.86~6.58Φ로 대천 단면보다 조립질인 것으로 나타났으며 각 시기별 평균 입도도 대천 단면보다 조립질이었다. 한편 한국에서 이루어진 선행연구와 비교해 보면 덕소 단면(Shin, 2003)보다는 세립질인 것으로 나타났으며 전곡리(신재봉 외, 2004)보다 점토의 함량이 더 많았다.

대천 단면에서 입경 중앙값(Md)은 5.61~7.03Φ이며 뢰스 층준에서는 5.61~7.03Φ, 고토양 층준에서는 5.92~7.01Φ로 측정되었으므로 뢰스 층준이 고토양 층준보다 입경 중앙값 범위가 넓다. 깊이에 따른 입경 중앙값의 변화는 전체적으로 평균입경 변화와 유사하나, 평균입경의 차이가 크지 않은 층준 S1~S2에서 입경 중앙값은 대자율과 유사한 증감 경향을 보이고 있다. 따라서 평균입경보다는 입경 중앙값이 상대적으로 고기후 변화를 더 잘 반영하는 것으로 볼 수 있다.

그림 10.7에서와 같이 대천 및 덕소 단면은 모두 중국 뢰스와 고토양 시료와는 분리되어 일정한 영역 내에 도시되며, 중국 뢰스와 고토양 시료의 풍화 최종점에 위치하고 있다. 또한 A-CN-K와 A-CNK-FM 다이어그램에서 확인된 경향성은 다른 원소 조성에서도 확인되었다. 따라서 대천 지역과 덕소 지역 모두 동일한 풍화의 경향 또는 풍화의 과정을 겪은 것으로 판단된다. 그러나 퇴적 이후에 진행된 풍화작용은 Al, Fe, Ti와 같은 풍화에 대한 저항력이 상대적으로 강한 원소들까지 크게 변화시키지는 못하여, 중국의 뢰스와 고토양 시료와 한국의 시료가 모두 일정한 영역 내에 공존하는 모습을 보이고 있다. 따라서 이는 대천 지역의 뢰스-고토양 연속층이 중국 뢰스고원과 그 주변 지역에서 기원한 물질에 의해 형성되었으며, 퇴적 이후 이 지역의 풍화 환경, 즉 기온과 강수량을 중심으로 한 기후 특성에 의해 주원소 조성이 중국과 다르게 변화하였음을 의미하는 것으로 생각된다.

주원소의 상대적인 함량을 이용하여 계산된 풍화지수는 풍화의 정도를 비교하는

데 좋은 지표로 흔히 사용되고 있다. 뢰스 연구에서 풍화지수 중 CIA는 여름 계절풍의 강도(summer monsoon index, SMI)를 반영하며, Si:Ti는 겨울 계절풍의 강도(winter monsoon index, WMI)를 반영한다(Liu et al., 1995). 또한 우리나라와 기후 조건이 비슷한 양쯔강(Changjiang, 長江) 하구부의 연구(Yang et al., 2004)에서도 CIA는 뢰스-고토양 연속층에서 뚜렷한 변화를 보이며 고기후 변화를 반영하는 의미 있는 지표로서 인정되었으나, 대천 단면에서는 일반적인 경향과 차이를 보이고 있다. 이와 같이 지역에 따라 풍화지수가 일치하지 않는 현상에 대해 Jahn et al.(2001)은 광물의 변환 및 화학적 변화 속도와 이것들에 의해 나타나는 대자율의 발달 속도가 다를 수 있고, 기온, 강수량과 같은 기후 조건과 토양의 화학적 특성 등에도 지역적인 예외가 존재할 수 있으며, 토양 내 유효수분수지도 영향을 미칠 수 있다고 하였다.

중국 뢰스고원과 달리 우리나라는 습윤기후 지역이므로 현재 뢰스고원에 비해 연평균강수량이 1.5~2배 정도 많다. 제4기 동안 빙기/간빙기를 교대하면서도 강수량에 있어서는 우리나라가 뢰스고원보다 많았다. 그러므로 뢰스가 퇴적된 이후 우리나라에서는 뢰스 층준과 고토양 층준 내에서 침투수 또는 지중수와 같은 토양 내 수분 함량이 더 높았을 것이다. 아울러 퇴적층 두께도 상대적으로 얇으므로 침투수는 그 이전의 빙기/간빙기에 퇴적된 뢰스 층준과 고토양 층준까지 침투하게 되어 풍화지수를 변화시킬 수 있다. 또한 침투수에 의해 염기성 양이온들이 쉽게 용탈 및 세탈되어 다른 양상의 풍화지수 경향을 만들어 낼 가능성도 존재한다.

이상의 내용을 정리하면, 퇴적 구조, 입도 조성 그리고 대자율 변화 등으로 보아 대천 단면은 바람에 의해 운반, 퇴적된 물질로 이루어진 뢰스-고토양 연속층이다. 기원지에 관해서는, 주원소 가운데 상대적으로 풍화에 강한 원소들의 조성, 풍화의 일정한 방향성 등으로 보아 고간석지 또는 하천 범람원과 같은 곳에서 운반된 근거리 이동 물질이 아닌, 중국 뢰스고원과 그 주변 지역에서 기원한 물질에 의해 형성되었음을 알 수 있다. 그러나 우리나라의 풍화 조건은 중국과 매우 달라서, 퇴적된 이후 퇴적지의 기후 조건과 더불어 얇은 퇴적층, 지형 조건 등에 의해 많은 변화를 겪은 것으로 판단된다. 사면에 퇴적된 뢰스 물질은 사면에서의 토양 포행, 표면유출 등에 의해 초기의 특성이 변화되며, 습윤한 기후 조건으로 인한 퇴적층 내의 수분에 의해 이온화경향이 큰 양이온들이 용탈 및 세탈 작용을 통해 많은 부분이 제거되었을 것이다. 또한 얇은 퇴적층으로 인해 퇴적층에서 제거된 물질은 그 하부의 일정한 부분에 집적되었을 가능성도 있다. 이로 인해 일부 풍화지수의 불일치 현상이 초래되었다고 생각된다.

2) 전북 부안군 지역

(1) 지역 개관

부안 단면(그림 10.10과 10.11의 BUPS)은 전라북도 부안군 행안면 진동리 신흥마을 입구에 위치하고 있으며(북위 35°41′57″, 동경 126°43′36″; 그림 10.10) 부안군 공설운동장 건설

[그림 10.10] 부안 단면(BUPS) 주변의 지형 개관(박충선 외, 2007)

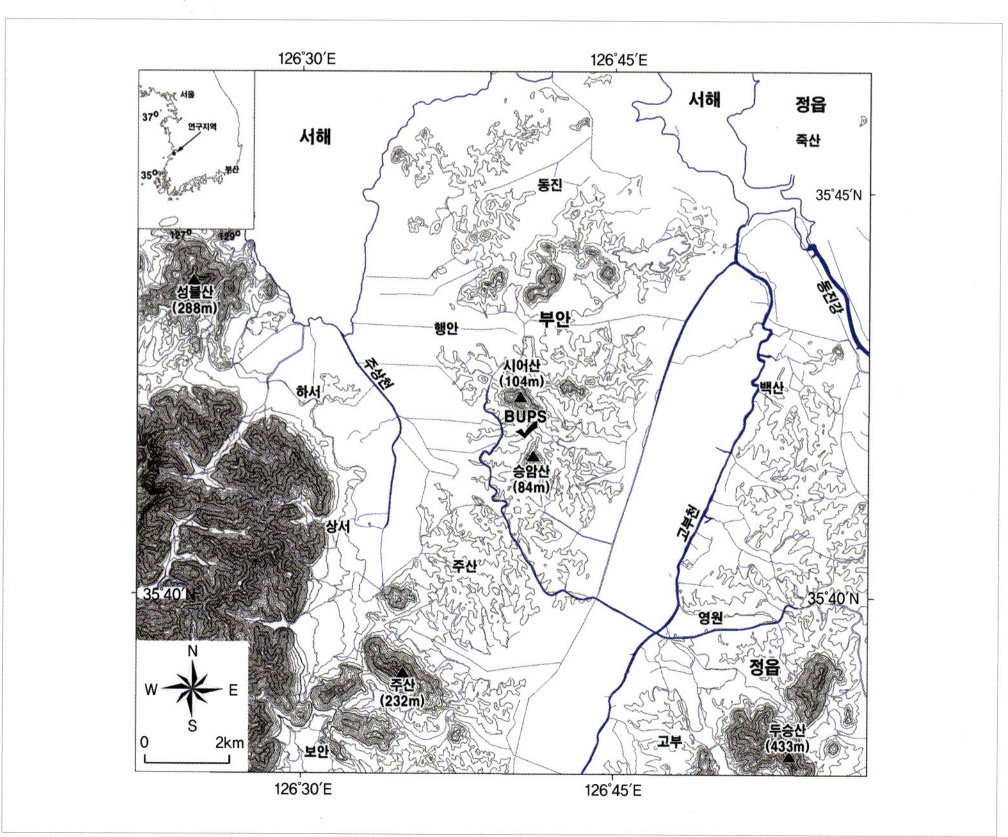

해안 쪽의 실선은 1917년의 해안선임

[그림 10.11] 부안 단면(BUPS) 주변의 기반암 분포(한국자원연구소(1997)에서 편집)(박충선 외, 2007)

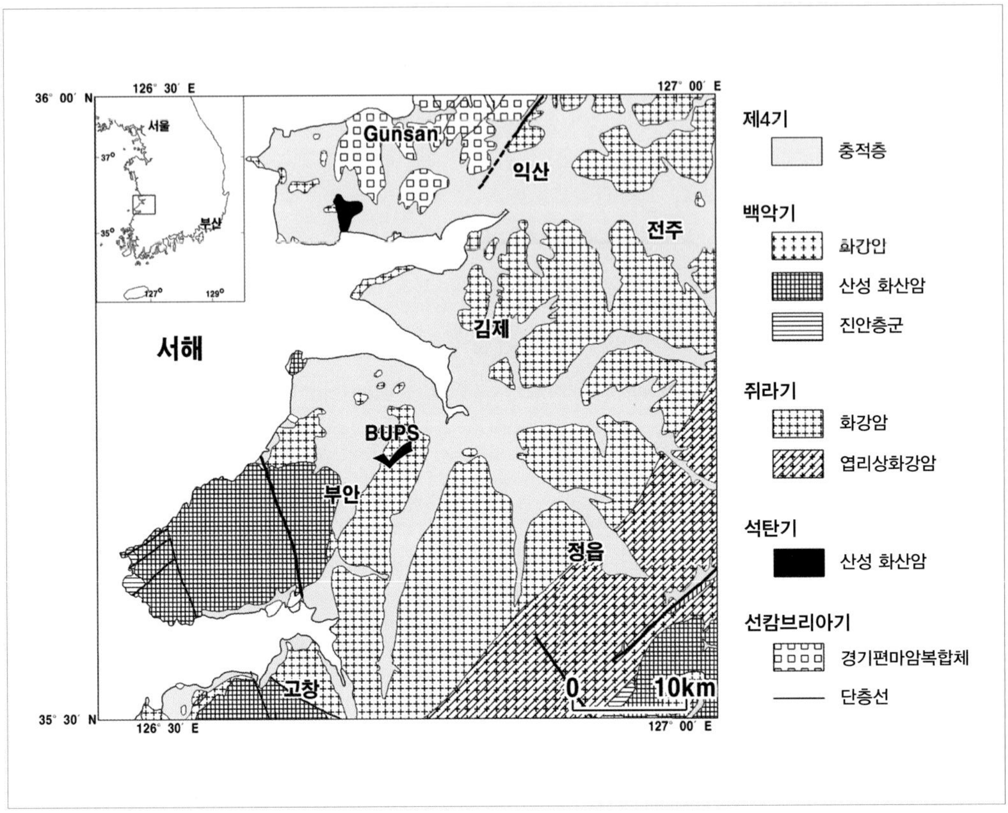

로 인해 단면이 노출되었다. 기반암인 화강암이 북쪽에서 남쪽으로 기울어져 있어 부안 단면 역시 기반암의 경사를 따라 기울어져 있다. 시료를 채취한 지점에서 토양층의 두께는 약 280cm이며, 기반암의 경사로 보아 깊이 약 350cm 이내에서 기반암이 나타날 것으로 생각된다. 기반암은 시료를 채취한 곳에서 북쪽으로 약 3m 떨어진 지점에서는 지표면 위로 약 1m 높이까지 노출되어 있다. 기반암은 심하게 풍화를 받아 거의 토양화된 상태이다.

부안 단면의 서쪽에는 부안군 주산면 주산(231m)에서 발원한 주상천이 북류하고 있다. 일제강점기인 1917년에 제작된 지형도에 의하면 주상천은 부안군 하서면 독리 부근에서 서해로 유입하였으나, 계화도 간척사업(동진강 간척사업)으로 현재는 해안선이 20세기 초보다 훨씬 바다 쪽으로 후퇴하였으므로 계화 간척지의 남쪽을 관통하여 하서면 의복리에서 서해로 유입한다. 동쪽으로는 고창군 신림면 매봉재에서 발원한 고부천이 북류 또는 북동류하여 부안군 동진면 장등리 부근에서 동진강에 합류한 후 서해로 유입한다.

이들 하천을 따라서 넓은 충적평야가 형성되어 있고 주상천과 고부천, 동진강의 하구부에는 점토질 실트 간석지(tidal flat)가 넓게 분포한다(조화룡, 1985). 이 간석지는 간척사업으로 인해 현재 논으로 이용되고 있다. 부안 단면이 위치한 부안군 일부 지역과 부안군 동쪽에 위치한 정읍시에서는 하천 주변부에 해발고도 100m 이하의 저기복 구릉지가 주로 분포한다. 이와는 대조적으로 부안군 서쪽의 변산반도 지역에는 해발고도 500m 이상인 산지가 나타난다. 이러한 지형경관의 차이는 기반암 분포에 기인한다. 저기복의 구릉지는 대부분 중생대 쥐라기 관입암인 대보화강암류로서 상대적으로 풍화, 침식에 약하여 해발고도가 낮고 사면 경사가 완만하지만, 변산반도 일대는 중생대 백악기의 화산암류로 이루어져 있어 높은 산지와 협곡이 분포한다. 대보화강암류는 부안 지역뿐만 아니라 김제시와 정읍시 일부, 익산시 일부 지역에 분포하면서 호남평야의 기저를 이루고 있으며 넓은 충적평야와 함께 저기복의 구릉지 경관을 만들고 있다(그림 10.11; 한국자원연구소, 1997).

(2) 부안 단면의 퇴적상

시료를 채취한 부안 단면은 토양층의 두께가 3m 내외이며 상부에서 하부로 표층(교란층), 실트층 그리고 풍화 기반암이 이어져 있다. 노두의 전체적인 퇴적상, 토색, soil crack과 같은 육안 관찰과 대자율 변화를 통해 기반암을 피복하고 있는 실트층을 상부에서 하부까지 Layer 1, Layer 2, Layer 3, Layer 4, Layer 5로 구분하였다(그림 10.12, 10.13).

표층의 두께는 약 25cm로 겨울철임에도 불구하고 수분을 많이 포함하며 토색은 암적갈색(5YR 3/4)이다. 이 층준은 오랫동안 경작으로 인해 심하게 교란되었다.

표층 아래에 있는 Layer 1은 두께가 약 55cm이며 토색은 적색(10R 4/8)이다. 상부에는 수직의 soil crack이 발달하여 있지만 Layer 2와의 경계부에는 수평으로 나타나며 crack의 폭은 약 1cm이다. Layer 2는 두께가 약 60cm이고 토색은 밝은 황갈색(10YR 6/8)으로 수직의 soil crack이 고르게 발달하며 crack의 폭은 약 1cm이지만 간

[그림 10.12] 부안 단면 퇴적상(박충선 외, 2007)

격이 넓다. 부안 단면에서 가장 두꺼운 층인 Layer 3은 밝은 적갈색(5YR 5/6) 내지 적갈색(5YR 4/8)이며 soil crack은 발견되지만 다른 층에 비해 밀도가 낮으며 불연속적이다. Layer 4는 두께가 약 35cm이며 토색은 Layer 3과 유사하나 대자율에서 차이를 보인다. soil crack은 Layer 2와 유사한 분포 양상을 보이나 폭은 더 좁다. 최하부층인 Layer 5는 두께가 25cm 이상일 것으로 예상되며 토색은 Layer 3, Layer 4와 유사하다. soil crack이 발견되며 상부층인 Layer 4와 연결되어 있으며 폭은 약간 더 두껍다.

부안 단면의 대자율은 층준 사이에서 뚜렷한 차이를 보이고 있다(그림 10.13 (d)). 같은 층준 내부에서 대자율의 미변동은 미약하다. 대자율이 가장 높은 층준은 Layer 3으로 64.6~135 $\times 10^{-5}$ SI unit이며 가장 낮은 측정치는 Layer 2에서의 37.5~64.6 $\times 10^{-5}$ SI unit이다. Layer 1의 대자율은 37.5~99.3 $\times 10^{-5}$ SI unit, Layer 4는 55.8~101 $\times 10^{-5}$ SI unit, Layer 5는 55.7~117 $\times 10^{-5}$ SI unit이다.

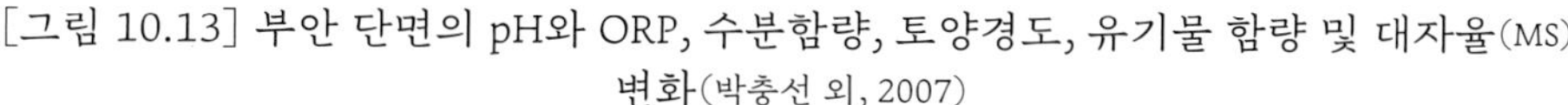

[그림 10.13] 부안 단면의 pH와 ORP, 수분함량, 토양경도, 유기물 함량 및 대자율(MS) 변화(박충선 외, 2007)

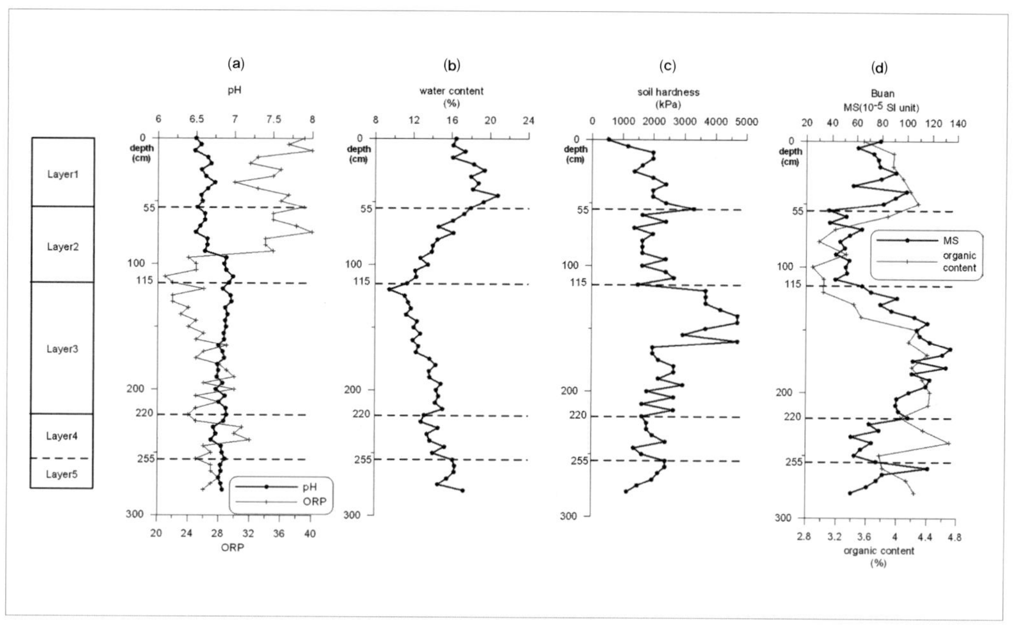

(3) 분석 결과

① 물리적 특성 분석

pH 값은 6.48~6.98로서 중성 내지 약한 산성이다(그림 10.13 (a)). 토층 간에 pH 값 차이는 거의 없으나 깊이 약 100cm 이하에서는 약간 더 중성을 띤다. 최근까지 경작지로 활용되었던 표층에서는 5.87로 하부층보다 산성을 보였다. ORP[18]는 21~63의 값을 보이며 pH와 마찬가지로 층간에서 큰 차이를 보이지는 않으나, Layer 2의 하부에서 크게 감소하고 이후 깊이에 따라 약간 증가한다.

수분함량은 전체 층준에서 9.47~20.84%의 값을 보인다. Layer 1에서는 표층에서 하부로 갈수록 증가하는 경향이 있으나, Layer 1과 Layer 2 경계 부근에서 최댓값을 보인 이후 감소하여 Layer 2와 Layer 3의 경계 부근에서 최솟값을 기록하

18 ORP(oxidation-reduction potential): 산화환원전위. 어떤 물질이 산화되거나 환원되려는 경향의 세기를 나타내는 것인데, 이것을 알면 어떤 화학반응의 내용을 예측할 수 있다.

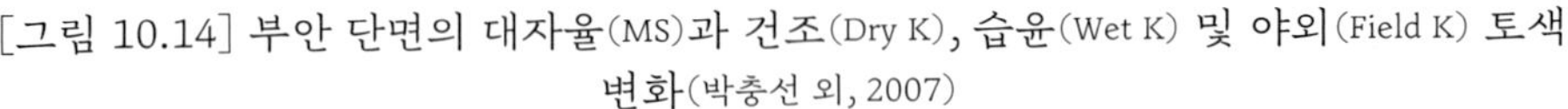

[그림 10.14] 부안 단면의 대자율(MS)과 건조(Dry K), 습윤(Wet K) 및 야외(Field K) 토색 변화(박충선 외, 2007)

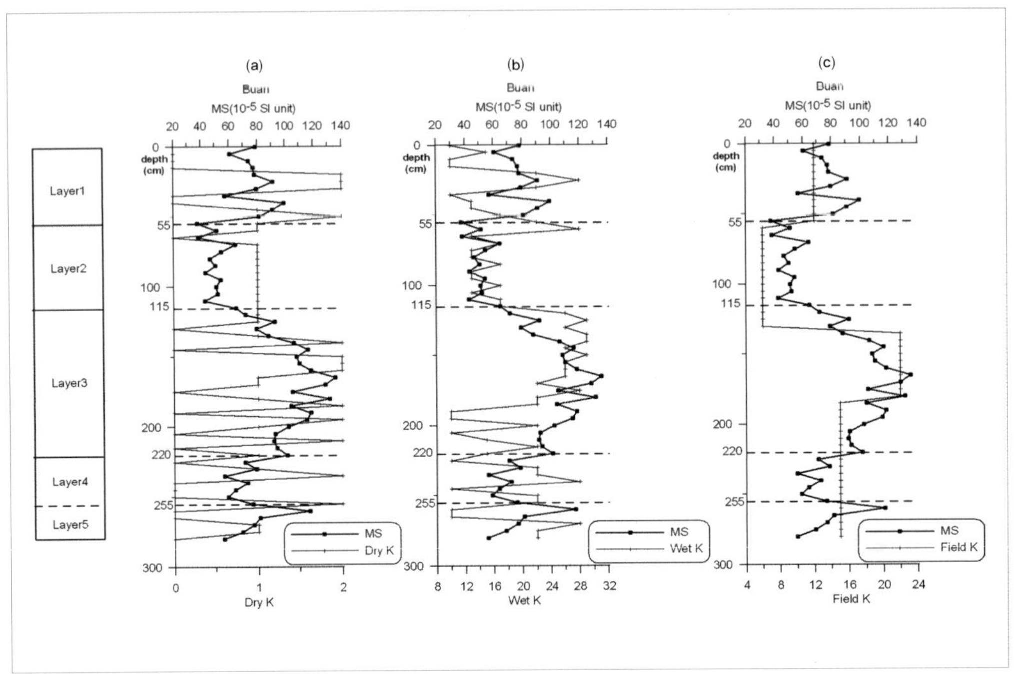

고, Layer 3, 4, 5로 가면서 다시 약간 증가한다(그림 10.13 (b)). 토양경도는 전체적으로 531~4,720kPa이며 Layer 3에서 3,000~4,700kPa로 최대치를 나타내었다(그림 10.13 (c)). 최소치는 표층과 세립층의 경계부에서 나타난다(530kPa). 토양경도는 수분함량과 대체로 반비례관계에 있다. 표층의 토층 강도가 약한 것은 수분이 많이 포함된 것과 관계있는 것으로 판단된다.

부안 단면의 유기물 함량은 2.88~4.70%이며 Layer 2에서 2.88~3.88%로 단면 내에서 최소치를 보이고, Layer 1, 2와 3에서 유기물 함량과 대자율 변화 경향이 조화되지만 Layer 4와 5에서는 유기물 함량과 대자율이 부조화되는 경향을 보인다(그림 10.13 (d)). Layer 4에서는 부안 단면 최대치인 4.70%가 나타난다.

건조 상태(Dry K)의 토색은 0~2 범위에서 미변동할 뿐 각 층준 사이에서 큰 차이를 보이지 않는다(그림 10.14). 습윤 상태(Wet K)의 토색은 Layer 1에서는 변동 폭이 크지만 Layer 2에서는 비교적 낮은 값인 13~17에서 미변동하고, 이후 Layer 3에서는 K

[그림 10.15] 부안 단면, 주변 기반암, 하천 퇴적물(권종택 외, 1999), 덕소 단면(Shin, 2003) 및 중국 뢰스고원(Gallet et al., 1996; Jahn et al., 2001)의 A-CN-K와 A-CNK-FM 다이어그램(Nesbitt and Young, 1984, 1989)(박충선 외, 2007)

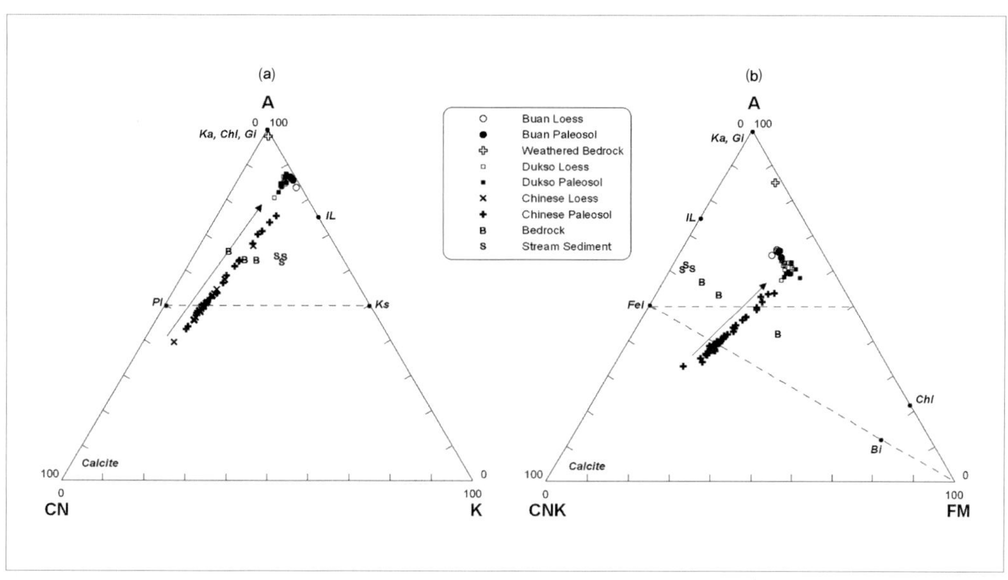

Sm=smectite; Pl=plagioclase; Il=illite; Ks=K-feldspar; Ka=kaolinte; Gi=gibbite; Fel=feldspar; Chl=chlorite; Bi=Biotite; A=Al_2O_3; CN=CaO+Na_2O; K=K_2O; CNK=CaO+Na_2O+K_2O; FM=Fe_2O_3+MgO

값이 크게 증가하여 대자율과 유사한 경향을 보인다. 그러나 Layer 3의 하부에서부터는 일정한 양상을 보이지 않고 변동 폭이 크다. 야외에서 토색을 측정할 경우 토색을 세밀하게 측정하는 데 어려움이 있지만, Layer 1, 2, 3에서는 대자율과 증감 경향이 유사하다(그림 10.14 (c)). Layer 3 하부부터 단면의 최하부까지는 습윤 상태와 야외 상태 모두에서 토색의 변화가 상부층과 달리 변동 폭이 크거나 동일한 토색으로 측정되었다. 즉 Layer 3 하부부터 단면의 최하부까지 대자율에서는 뚜렷하게 차이를 보여 서로 다른 층으로 구분하였으나, 야외와 실내에서 공히 층간의 토색 차이를 구분하기 어려웠다(그림 10.14).

② 지구화학적 분석

부안 단면의 주원소 함량을 파악하기 위해 XRF 분석을 실시하였다. 분석에 사용된 시료는 Layer 1에서 한 층준(BUPS 30), Layer 2에서 한 층준(BUPS 90), Layer 3에서

한 층준(BUPS 170), Layer 4에서 두 층준(Layer 240, 250) 그리고 Layer 5에서 한 층준(Layer 270)이며, 비교를 위해 화강암 풍화층(BUPS WR)에서도 하나의 시료를 채취하였다.

주원소 분석 결과, 전 시료에서 Na_2O가 검출되지 않았으며 CaO 역시 무게비 0.2% 내외의 소량만 검출되었다. 화강암 풍화층을 제외한 모든 시료에서 SiO_2의 무게비는 약 70%였다. 이와는 대조적으로 화강암 풍화층에서는 SiO_2의 무게비가 약 48%로서 상부의 실트층에 비해 적게 검출되었다. 이 화강암 풍화층은 육안 관찰로도 석영 입자가 거의 발견되지 않았다. 부안 단면 상부 실트층에서 CaO가 매우 적게 검출되고 Na_2O가 확인되지 않은 것은, 높은 온도와 많은 강수량으로 활발한 화학적 풍화작용을 강하게 받아 풍화작용에 대한 저항력이 약한 원소들이 대부분 제거되었기 때문인 것으로 생각된다. 이와 같은 현상은 김제, 정읍 지역(박동원, 1985) 그리고 현재 우리나라와 유사한 기후 특성을 보이는 중국 양쯔 강 하구부(Yang et al., 2004)에서도 보고되었다.

그림 10.15는 부안 단면의 XRF 분석 결과를 주변 기반암 및 하천 퇴적물(권종택 외, 1999), 덕소 단면(Shin, 2003) 그리고 중국 뢰스고원(Gallet et al., 1996; Jahn et al., 2001)과 함께 Nesbitt and Young(1984, 1989)의 A-CN-K와 A-CNK-FM 다이어그램으로 표현한 것이다.

이들 다이어그램에서 중국 뢰스고원과 한국의 부안 및 덕소(Shin, 2003) 시료가 일정한 방향성을 보이고 있다. 즉 중국 뢰스고원 뢰스와 고토양 시료의 연속선상에 덕소 단면과 함께 부안 단면의 시료가 분포하고, 방향성은 방해석(calcite)에서부터 점토광물인 일라이트(illite)와 고령토(kaolinite), 녹니석(chlorite), 깁사이트(gibbsite)의 중간지점으로 향한다. 그러나 화강암 풍화층은 그림 10.15 (a)에서는 A의 정점에 위치하고 있으며, 그림 10.15 (b)에서는 부안 단면과 덕소 단면의 시료에 비해 A의 정점에 가깝게 위치하고 있어 다른 시료와 확연히 구분된다. 또한 주변 기반암(bedrock) 및 하천 퇴적물(stream sediment) 역시 다이어그램상에서 부안 단면의 시료와는 동떨어져 있다. 따라서 부안 단면의 실트층을 기반암인 화강암 및 이의 풍화산물로부터 공급된 퇴적물로 보는 것은 무리가 있다. 또한 주변 기반암 및 하천 퇴적물과도 다이어그램상에서 떨어져 있어 이 일대의 기반암과 그 풍화 물질과도 관련이 없는 것으로 생각된다. 오히려 이 지역의 주변 기반암 및 하천 퇴적물보다는 지리적으로 멀리 떨어진 덕소 지

[그림 10.16] 부안 단면, 주변 기반암, 하천 퇴적물(권종택 외, 1999), 중국 뢰스고원(Gallet et al., 1996; Jahn et al., 2001) 및 UCC(Taylor and McLennan, 1985)의 chondrite(Masuda et al., 1973; Masuda, 1975)로 표준화된 희토류원소 분포(박충선 외, 2007)

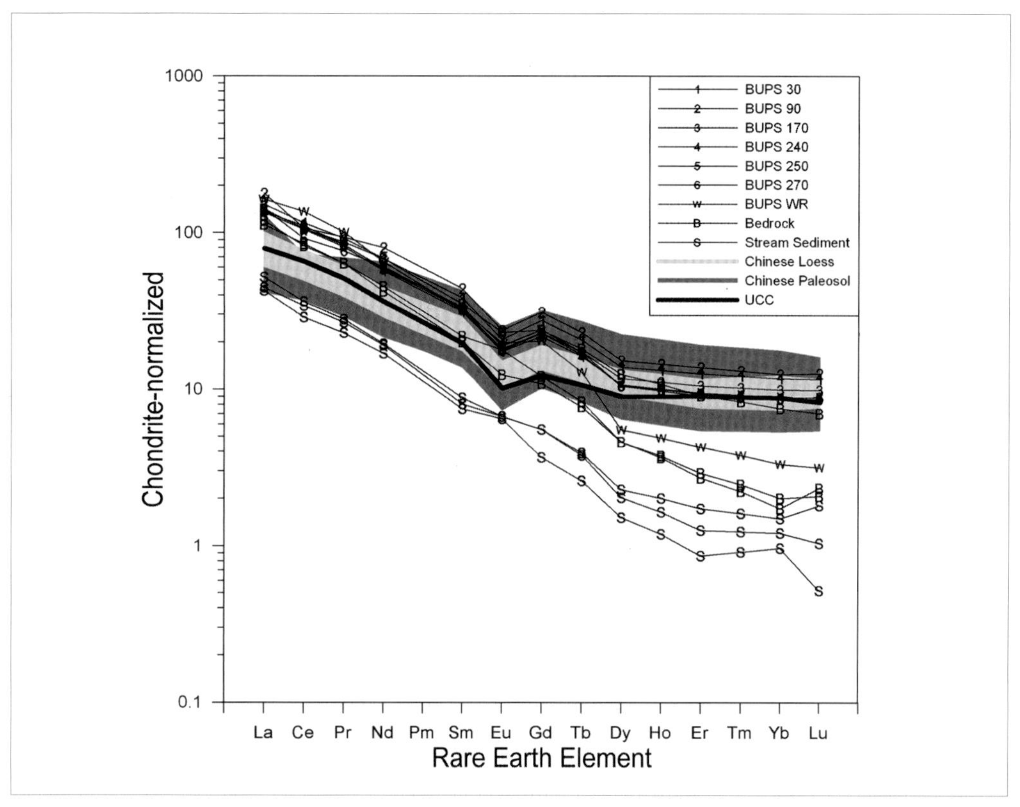

역의 뢰스, 고토양 시료와 유사한 화학조성을 보이고 있으며, 덕소 단면 및 중국 뢰스고원과 함께 일정한 방향성 또는 경향성을 보이고 있다.

그림 10.16에는 Leedey 운석(Masuda et al., 1973; Masuda, 1975)으로 표준화한 부안 단면의 시료와 함께 주변 기반암 및 하천 퇴적물(권종택 외, 1999), 중국 뢰스고원(Gallet et al., 1996; Jahn et al., 2001)과 UCC(upper continental crust; Taylor and McLennan, 1985)의 희토류 함량 분포를 나타내었다.

부안 단면의 희토류 분포를 살펴보면, Layer 1~5의 실트층 시료 모두 경희토류(LREE)가 부화(enriched)되어 있으며($(La/Eu)_N$=7.32~7.72) 중희토류(HREE)는 편평한 분포 경향을 보인다($(Tb/Lu)_N$=1.83~1.93). 실트층 시료는 중간 정도 음의 Eu 이상(anomalies,

Eu/Eu*=0.63~0.66)을 보이는 반면 Ce 이상은 약한 음의 이상을 보이거나 발견되지 않는다(Ce/Ce*=0.79~1.00). 또한 중국 뢰스고원과 비교해 보면, 경희토류 중 La~Pr은 부안 단면이 부화되어 있지만 다른 경희토류와 중희토류는 중국 시료의 범위 안에 포함되며, 전체적으로 중국 뢰스고원의 뢰스-고토양 연속층과 희토류 분포 경향이 매우 유사하다. 또한 부안 단면 실트층의 희토류원소는 일부 중희토류를 제외하고는 UCC보다 부화되어 있다.

부안 단면 뢰스-고토양 연속층의 실트와 대보화강암의 풍화층 및 주변의 기반암과 하천 퇴적물 사이의 차이를 살펴보면, 우선 기반암 풍화층(BUPS WR)은 현저한 중희토류의 결핍을 나타내며($(La/Yb)_N$=51.96, $(Tb/Lu)_N$=4.10) 이러한 대보화강암의 중희토류 결핍은 이미 다른 지역에서도 보고되었다(이승구 외, 2005). 따라서 부안 단면의 뢰스-고토양 연속층의 실트는 기반암 또는 기반암의 풍화산물과는 관련성이 없는 것으로 확인되었다. 또한 주변 기반암은 Eu 이상과 $(La/Yb)_N$이 각각 0.78~1.05, 43.10~64.92이며 하천 퇴적물은 0.93~1.16, 30.02~43.10으로 현저한 중희토류의 결핍을 보이고 있으며, 전체적인 희토류원소 함량 분포 역시 부안 단면 뢰스-고토양 연속층의 함량 분포와는 전혀 다른 양상을 보이고 있다.

부안 단면 뢰스-고토양 연속층의 실트 시료들은 $(La/Yb)_N$=13.02~16.11이며 Eu/Eu*=0.63~0.66으로서 UCC($(La/Yb)_N \approx 10$, Eu/Eu*≈0.65)와 유사한 값을 보이고 있다. 희토류원소 중 Eu 이상(Eu/Eu*로 표현)과 $(La/Yb)_N$의 비율은 퇴적물의 기원지를 밝혀 주는 유용한 방법(Taylor and McLennan, 1985; Roddaz et al., 2007)으로 풍화작용이나 속성작용 등에 의해서도 큰 영향을 받지 않는다. 따라서 희토류원소에서 확인된 부안 단면과 화강암 풍화층 그리고 주변 기반암 및 하천 퇴적물의 특성은 서로 다르며, 이는 부안 단면 세립층이 인근에 분포하는 기반암 풍화산물에서 기원한 것이 아님을 의미한다.

(4) 부안 단면 뢰스-고토양 연속층의 퇴적물 특성과 형성 과정

부안 단면은 시어산(104m)과 승암산(84m)에서 발원한 소하천의 상류부에 위치한다. 이 소하천은 주산(232m)에서 발원한 주상천에 합류하여 서해로 유입한다. 따라서 주상천의 짧은 유로와 규모가 상대적으로 작은 유역 분지 등으로 볼 때, 부안 단면은 하천의 범람에 의해 형성된 하천 퇴적층이 아니다. 또한 주상천의 유역 분지는 서해를 향해 열려 있는 형태이며, 이에 유입하는 소하천 역시 주상천을 향해 열려 있고, 그 배후는 시어산과 승암산으로 이어지는 낮은 구릉지에 의해 가로막혀 있어 호소 환경에서 형성되었을 가능성도 희박하다. 아울러 부안 단면 내에서 수평 층리와 글레이화(gleyzation) 등 호소퇴적물의 특징을 보이는 퇴적 구조는 발견되지 않으므로 부안 단면을 호소 퇴적층으로 볼 수 없다.

한편 서해와 인접해 있고 플라이스토세 후기 간빙기에 해수의 유입이 가능하였으며 입도 조성이 대부분 실트이므로, 부안 단면의 퇴적층이 고간석지 물질일 가능성을 검토하여야 한다. 일반적으로 간석지 퇴적층은 수평 층리가 발달되어 있고, 전체적으로 등질적인 입도 조성을 하고 있으므로 토색 및 대자율 변화가 나타나지 않으며, 과거의 저서 또는 지중 생물의 활동으로 인한 소규모의 서관 구조(burrow)가 확인되기도 한다. 그러나 부안 단면은 이와 같은 특징을 가지고 있지 않으며 주변 기반암 및 하천 퇴적물과 이질적인 화학조성을 보이고 있으므로 고간석지 퇴적층의 가능성 역시 희박하다. 따라서 부안 단면의 실트층은 퇴적상의 특징으로 볼 때, 바람에 의해 운반된 물질로 형성된 풍성층, 즉 뢰스로 판단된다.

부안 단면의 뢰스 퇴적층도 서해의 간석지나 노두 인근의 주상천, 고부천과 동진강의 범람원 물질이 건조한 시기에 강한 바람에 의해 운반되었을 가능성을 검토하여야 한다. 부안 단면 인근 범람원은 주상천, 고부천과 동진강의 충적평야로, 이들 하천 퇴적물은 주변의 화강암 구릉지와 변산반도의 화산암 계열의 산지로부터 공급된다. 또한 주변 간석지는 해수 순환에 의해 주변 물질과 혼합이 이루어지지만 일차적으로 인근 육지에서 풍화, 침식에 의해 운반된 퇴적물에 의해 형성되므로, 부안 단면에 영향을 줄 수 있는 하천은 주상천, 고부천과 동진강으로 볼 수 있다.

한편 화학조성, 특히 희토류원소 조성에서 부안 단면은 주변 기반암 및 하천 퇴적물과 크게 다르다. 부안 단면 뢰스-고토양 퇴적물의 화학조성은 주변 기반암 및 하천 퇴적물보다는 오히려 경기도 덕소의 퇴적물, 중국 뢰스고원의 물질과 유사한 조성을 보이고 있어서, 근거리 이동에 의한 것이 아니라 중국 뢰스고원과 그 주변 지역에서 기원한 물질의 장거리 이동에 의해 형성된 뢰스 퇴적층으로 생각된다. 빙기에 발달한 강한 계절풍에 의해 운반, 퇴적된 뢰스가 간빙기에 토양생성작용을 받은 결과 뢰스-고토양 연속층의 토양 층서가 형성되었으며, 제4기 플라이스토세의 환경 변화를 반영하는 각 시기의 특징적인 현상들이 토색, 대자율, 유기물 함량, soil crack에서 확인되었다.

A-CN-K와 A-CNK-FM 다이어그램에서 나타난 부안 지역 퇴적물의 주원소 조성은, 부안 단면의 세립층이 중국 뢰스고원과 그 주변 지역에서 기원한 물질에 의해 형성되었다 하더라도, 퇴적 이후 한반도 환경에서 상대적으로 강한 화학적 풍화작용을 받아 변화하였음을 의미한다. 즉 중국 뢰스고원보다 많은 강수량과 높은 기온에 의해, 풍화에 대한 저항력이 약한 주원소들이 쉽게 제거되었으므로 낮은 함량을 보인다. 이러한 현상은 부안 지역뿐만 아니라 덕소(Shin, 2003), 대천 지역(윤순옥 외, 2007)에서도 유사하게 발견되었으므로 한국 뢰스-고토양 연속층의 일반적인 토양특성으로 볼 수 있다.

부안 뢰스-고토양 연속층의 형성 과정과 대자율 특성은 다음과 같이 설명할 수 있다. 간빙기 동안 기온이 상승하고 강수량이 전반적으로 증가하게 되면 뢰스 물질의 기원지와 퇴적지의 식생 피복은 양호해진다. 따라서 퇴적률은 감소하게 되고 토양생성작용은 활발해져, 퇴적층에서 극세립 자성입자의 비율이 높아지게 되어 대자율이 증가하게 된다. 이와는 대조적으로 빙기 동안에는 기후가 한랭 건조해져서 식생 피복이 불량하고, 풍식으로 많은 풍화 물질이 생성, 운반되어 풍성층의 퇴적률이 증가하며, 토양생성작용은 약화된다. 따라서 뢰스 퇴적물이 많이 유입되므로 자성을 띠는 입자의 비율은 감소하게 되어 대자율은 낮아지게 된다. 이러한 특징으로 인해 대자율은 고기후 대리자로 간주되기도 한다(An et al., 1991).

대자율은 토양 내에 포함되어 있는 극초세립자의 자철석(magnetite, Fe_3O_4)과 maghemite(r-Fe_2O_3)와 같은 페리자성체의 함량에 일차적으로 영향을 받는다. 유사한 산화철인 적철석(hematite, α-Fe_2O_3)은 강자성으로, 뢰스-고토양 연속층에서 토색을 붉고 어둡게 하는 역할을 한다(Ji et al., 2001; Chen et al., 2002). 이외에 침철석(goethite, α-FeO(OH))은 뢰스 층준에서 토색을 노란색으로 보이게 한다(Scheinost and Schwertmann, 1999). Ji et al.(2001), Maher(1998), Chen et al.(2002)에 따르면 자철석, 마그헤마이트(maghemite) 그리고 적철석은 산화와 환원의 조건이 반복되는 기후 조건에서 잘 생성된다. 강수량에 따라 이들의 생성 조건은 약간의 차이를 보인다. 적철석의 경우 기온은 높으나 강수량이 그리 많지 않은 환경(약 350mm/yr 이하)에서 보다 잘 형성되며, 자철석과 maghemite는 보다 습윤한 조건에서 잘 형성된다. 예를 들어 건조기후에서 습윤기후로의 전환기에 강수량이 증가함에 따라 먼저 함량의 증가를 보이는 것은 적철석이다. 따라서 이 시기에 대자율은 큰 변화를 보이지 않는다. 이후 강수량이 계속 증가하면, 자철석이 증가하기 시작하여 대자율도 같이 증가하게 되며 적철석은 감소하게 된다. 계속 강수량이 증가하게 되면(1,500~2,000mm/yr 이상), 환원 조건이 감소하게 되어 자철석의 생성도 감소하고 대자율도 감소하게 된다.

따라서 부안 단면은 육안 관찰과 토색 변화 그리고 유기물 함량과 대자율 변화에 기초하여 상부에서부터 Layer 1, Layer 2, Layer 3, Layer 4, Layer 5로 구분되며, 대자율이 뚜렷하게 낮아지는 Layer 2와 Layer 4는 뢰스 층준으로, 크게 높은 값을 보이는 Layer 1, Layer 3, Layer 5는 고토양 층준으로 나눌 수 있다.

이와 같은 사실을 볼 때, 한국의 뢰스-고토양 연속층에서 대자율은 중국 뢰스고원에서와 마찬가지로 의미 있는 고기후 대리자로서 대단히 유용하지만, 습윤기후에 적용시켜 고기후 변화를 해석하려는 경우에는 주의를 기울여야 할 것이다. 부안 단면에서 대자율 변화는 같은 층에서 미변동이 인정되지만 뢰스 층준과 고토양 층준 사이에서 뚜렷하게 차이가 난다. 토색의 변화, 특히 습윤 상태에서 밝고 어두운 정도를 나타내는 K값이 대자율과 유사한 변화를 보인다. 부안 단면에서 건조 상태(Dry K)의 경우 대자율이 증가할수록 K값도 증가하는 정(正)의 비례관계를 보이며, 습윤 상태(Wet K) 또는 야외(Field K)에서 측정한 토색 역시 대자율과 조화된다. 그러나 그 상관관계는 습윤 상태보다 야외 상태에서 더 높다.

중국 뢰스고원의 백색도(whiteness) 연구(Chen et al., 2002)에서는 대자율과 백색도가 R^2=0.87로 나타나 높은 상관관계를 보였다. 그러나 부안 단면에서는 습윤 상태(Wet K)의 경우 0.17로 매우 낮았다. 이러한 차이는 Munsell 색체계의 한계에 기인한 것으로 추정된다. Munsell 색체계는 인간의 인지에 의해 색을 표현하는 것으로 토색첩에 표현된 색의 종류는 총 389개이다. 이 중 부안 단면에서는 습윤 상태(Wet)에서 총 10개의 색깔만이 표현되었으며 이를 '디지털 색채 팔레트'를 이용하여 변환한 K값은 모두 6가지이다. 따라서 부안 단면에서 채취, 분석된 총 57개의 시료가 단지 6가지의 색으로만 표현되었으며, 이러한 색 표현의 한계로 인해 상관관계가 매우 낮게 나타난 것으로 판단된다. 아울러 일부 층준에서 대자율과 다른 경향을 보이더라도 대자율과의 변화양상은 전체적으로 매우 규칙적이고 유사하다. 따라서 한국 뢰스-고토양 연속층에서 토색의 변화 중 밝고 어두운 정도를 나타내는 값은 고기후 대리자로 사용 가능할 것으로 판단되나, 먼셀(Munsell) 색체계의 한계점은 보완되어야 할 것이다.

유기물의 함량은 당시의 식생 피복의 정도를 반영하므로 대자율과 함께 고기후 대리자로 유용하다. 부안 단면에서 얻은 유기물의 함량은 습윤 토색과 마찬가지로 대자율과 유사하게 규칙적으로 증감을 반복하고 있는 것으로 나타났다(그림 10.13). 유기물 함량 역시 일부 지점에서는 대자율과 조화되지 않는 경향을 보이지만 전체 경향성은 매우 닮아 있다. 그러나 정점(peak)이 대자율보다 하부에 위치하고 있다. 퇴적된 뢰스 물질은 많은 강수량으로 인한 침투수와 토양 내의 수분 등에 의해 이온화경향이 큰 금속원소를 토양층에서 제거하며, 이와 함께 유기물 성분까지 하부로 이동시킬 수 있다. 이동된 유기물은 일정한 부분에서 집적층을 이루고 일부는 토양층 내에서 빠져나갈 수도 있을 것이다. 또한 높은 강수량으로 인한 유기 성분의 분해 등도 퇴적층의 유기물 함량에 영향을 미칠 수 있다. 이와 함께 현재의 식생 피복 상태나 토지이용도 뢰스-고토양 연속층의 유기물 함량에 영향을 미쳤을 것으로 생각된다.

3) 전북 완주군 봉동 지역

(1) 지역 개관

봉동 단면은 만경강이 산간지역의 비교적 좁은 하도를 흐르다가 급격히 넓어지는 전라북도 완주군 고산면과 봉동읍 경계 부근에 위치한다(그림 10.17). 만경강 하류부는 봉동읍에서 삼례읍까지는 선상지성 충적평야, 삼례읍에서 만경읍까지는 자연제방 및 배후습지로 이루어진 범람원, 만경읍 아래는 간석지와 간척사업으로 조성된 평야로 이루어진 연해 평야로 구성되어 있다(조화룡, 1985). 시료가 채취된 봉동 단면은 조화룡(1985)에 의해 선상지로 분류되었으나, 현지조사에서는 하안단구 자갈층 위에 퇴적되어 있었다.

봉동 단면 부근의 기반암은 동쪽에서 서쪽으로 백악기 경상계 신라통의 서대산 응회암과 불국사계의 석영반암, 편상 화강암, 흑운모 화강암 등이 넓은 면적을 차지

[그림 10.17] 봉동 단면(BDSJ) 주변의 지형 개관(황상일 외, 2009)

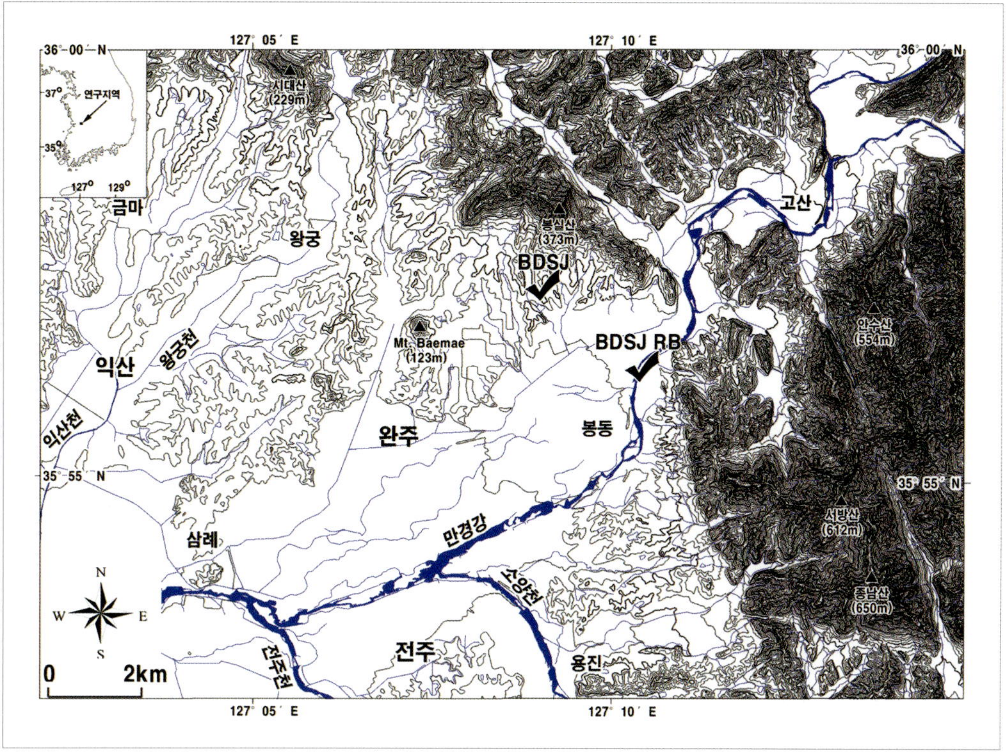

한다. 서대산 응회암 지역은 비교적 험준한 산지를 형성하는 데 반해 불국사계의 화강암 지역은 낮은 구릉지와 넓은 충적평야로 되어 있다. 또한 시대 미상 유천계의 비봉통과 전주통이 북쪽과 남쪽에 주로 분포하며 경상계와 유천계는 서로 부정합을 이룬다(그림 10.18; 홍만섭, 김영원, 1969).

(2) 봉동 단면의 퇴적상

봉동 단면은 전라북도 완주군 봉동읍 제상마을 종합복지센터 뒤편에 위치한다(북위 35°57′13″, 동경 127°09′00″). 노두에서 확인된 퇴적층 두께는 약 5m이며 하부의 하안단구 역층 위에 뢰스-고토양 연속층이 퇴적되었다. 표층(교란층)은 시료 채취 지점에서는 제거되어 확인할 수 없으나 남서쪽으로 약 2m 떨어진 경작지에는 남아 있다. 봉동 단면은 북동-남서 방향으로 기울어져 장소에 따라 그 두께가 다르지만 조사지점에서

[그림 10.18] 봉동 단면(BDSJ) 주변의 기반암 분포(홍만섭, 김영원(1969)에서 편집)(황상일 외, 2009)

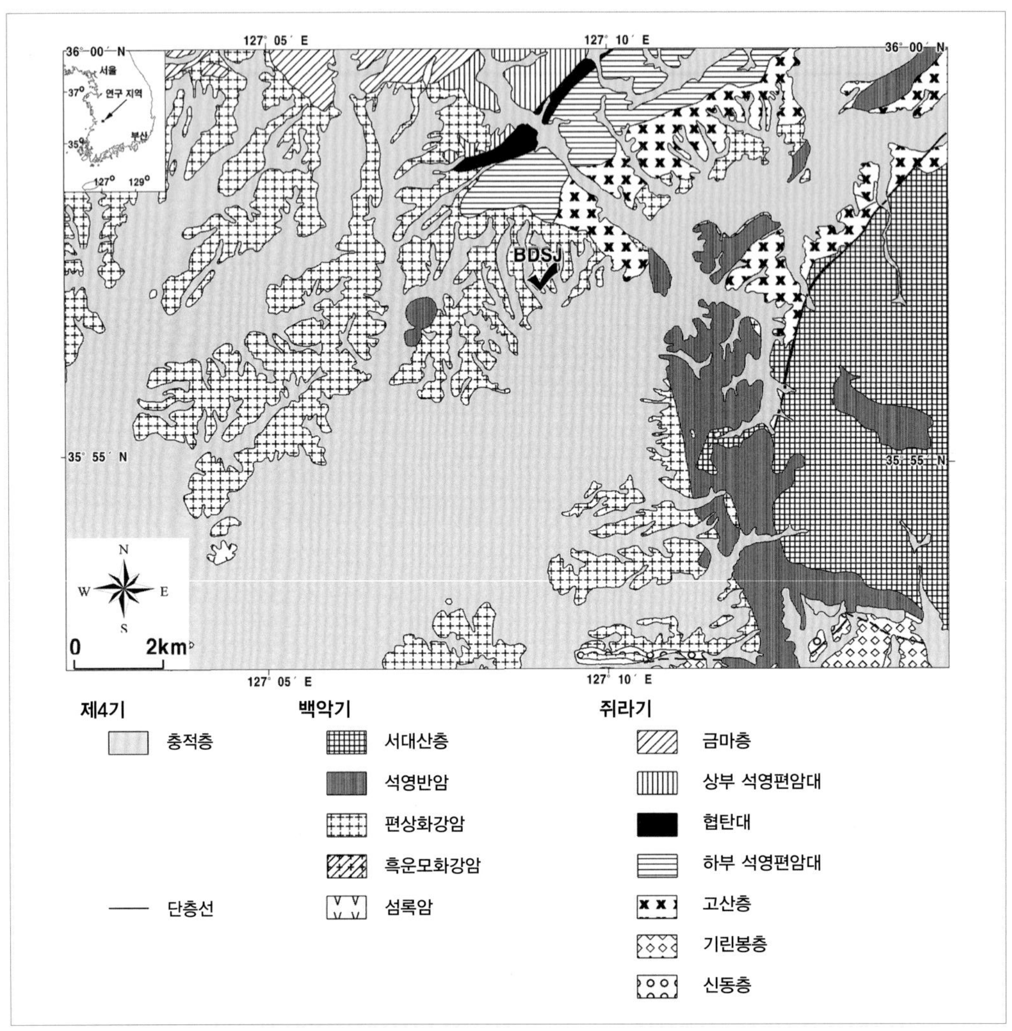

확인된 뢰스-고토양 연속층의 두께는 약 320cm이다(그림 10.19).

층서 구분의 경우 절대연대 자료를 얻지 못하였으나 토색, soil crack과 같은 육안 관찰과 대자율 변화를 기초로, 상부에서 하부까지 Layer 1(고토양), Layer 2(뢰스), Layer 3(고토양)으로 각각 명명하였다. 육안 관찰 결과, 최하부 고토양인 Layer 3에서 층준의 하부로 갈수록 모래의 비율이 증가하며 깊이 310cm부터 자갈이 드물게 포함되어 있다. 이 지역의 해발고도를 확인하기 위한 정밀 측량을 실시하지 않았으나, 현지조사

[그림 10.19] 봉동 단면의 퇴적상(황상일 외, 2009)

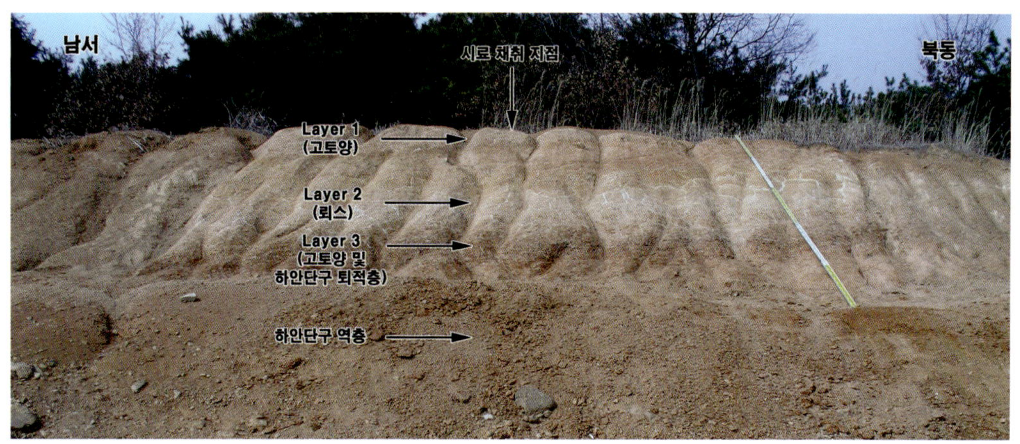

와 1:5,000 지형도 판독 결과 봉동 단면 뢰스-고토양 연속층 최상부의 해발고도는 대략 50m이다. 단면은 현재 시설물 공사로 인해 많이 훼손되어 있다.

봉동 단면에서 최상부층인 Layer 1(고토양)은 두께 약 120cm이며 토색은 밝은 황등색(7.5YR 8/4) 내지 황등색(10YR 8/6)이다. soil crack은 상부에서는 폭이 1~2cm이며 하부로 갈수록 폭이 넓어진다. Layer 2(뢰스)는 두께가 약 105cm이며 토색은 엷은 등색(7.5YR 7/4) 내지 등색(7.5YR 7/6)이다. 이 층의 상부에는 수평의 soil crack이 발달해 있으며 폭은 1cm 미만이고, 하부에는 수직의 soil crack이 나타나고 하부로 갈수록 폭이 좁아진다. 최하부의 고토양 층준인 Layer 3은 두께가 약 125cm이며, 토색의 경우 이 층준의 상부와 하부는 밝은 황등색(7.5YR 8/4, 7.5YR 8/6)이고 중간부분은 등색(5YR 7/8, 5YR 7/6)이다. Layer 3(고토양)에서도 soil crack이 발견되며 폭은 다른 층에 비해 좁지만 밀도는 높다. 층준의 하부에서 드물게 역이 발견되며 깊이 약 350cm부터 역층이 나온다.

(3) 분석 결과 및 토론

① 대자율 및 입도 분석

봉동 단면 전체 층준에서 대자율은 미변동하지만 고토양에서 높고 뢰스에서 낮은 값을 보인다(그림 10.20 (a)). 가장 높은 대자율은 Layer 3에서 59.7~139×10^{-5} SI unit

[그림 10.20] 봉동 단면의 층서, 대자율(MS), 입경 중앙값, Y값 및 분급의 변화(황상일 외, 2009)

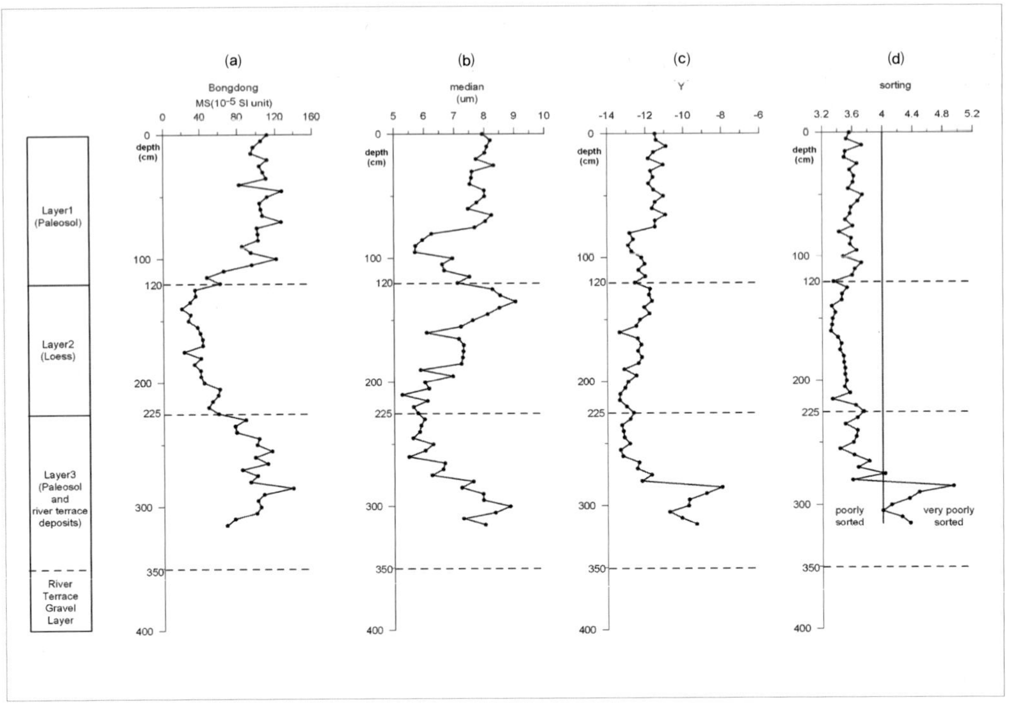

을 보이며, 가장 낮은 값은 Layer 2에서의 20~61.7×10^{-5} SI unit이며, 최상부층인 Layer 1은 47.6~127×10^{-5} SI unit이었다.

뢰스는 퇴적된 초기에 공급이 대단히 많아서 응집력이 약하며, 동일한 입도 조성을 가진 하천 퇴적층에 비해 대단히 가볍다. 그러므로 경사가 있는 사면이나 식생 피복이 불량한 건조지역에 퇴적된 뢰스는 퇴적 이후 포상류(sheet flow) 및 표면유출, 토양 포행 또는 바람 등에 의해 재이동할 수 있다. 이와 같은 과정을 통해 재이동된 퇴적층에는 약간의 층리가 생길 수 있고, 사면의 하부로 이동되어 퇴적된 뢰스는 좀 더 두꺼운 층을 형성할 수 있다. 사면에서 토양이 재이동하면 퇴적 초기의 토양특성을 어느 정도 변화시킬 수 있으므로, 대자율의 미변동은 이러한 영향에 따른 것으로 판단된다. 또한 퇴적된 지 오래된 경우 퇴적층의 교결작용이 일어나 장기간의 대자율 변화가 비교적 얇은 퇴적층 안에 포함되어 있을 가능성도 있다. 그러므로 같은 환경에서 형성된 고토양과 뢰스층 내에서도 미변동이 발생하는 것이다.

[그림 10.21] 봉동 단면의 입도 조성 변화(황상일 외, 2009)

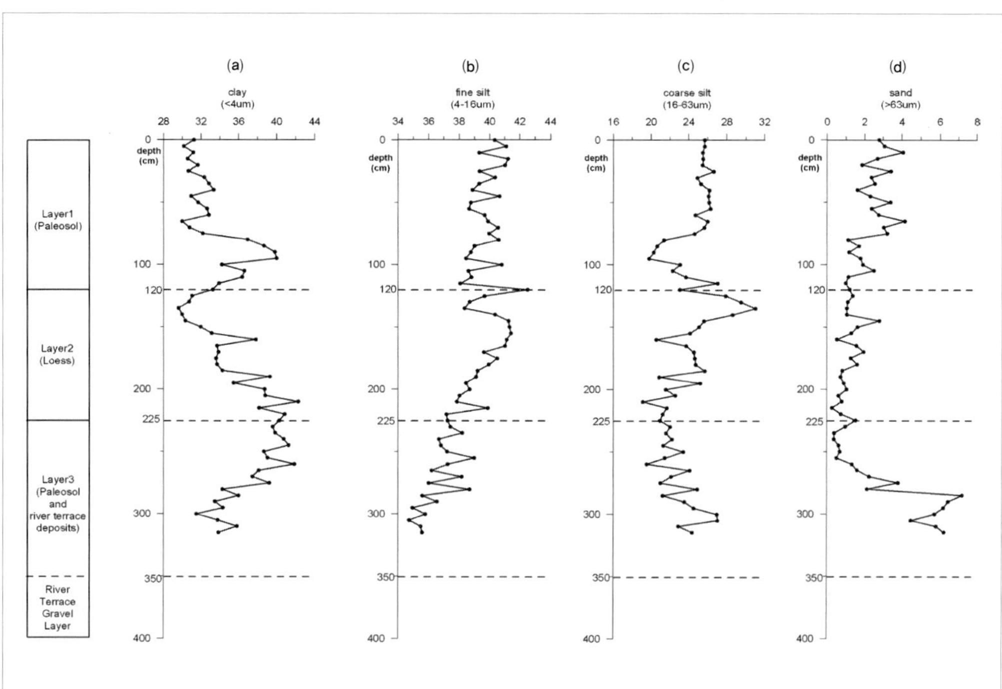

봉동 단면에서 퇴적물의 입경 중앙값(median)은 5.26~9.03μm로서 매우 세립이며 그 변화는 대자율 변화와는 약간 다르다(그림 10.20 (a), (b)). 깊이 75cm까지는 대자율과 유사하게 미변동하나, 깊이 95cm에서 입경 중앙값이 약 5.7μm로 작아지고, 다시 증가하여 깊이 135cm에서 약 9.03μm에 이른다. 깊이 200~275cm에서는 상대적으로 세립질 영역인 약 6μm에서 미변동하다가 단면의 하부로 갈수록 조립화 양상을 보인다.

Y값은 작을수록 입도의 세립화를 의미하므로 Y값의 차이는 상이한 퇴적환경을 지시한다. 중국 뢰스고원에서 뢰스 및 고토양 층준의 Y값은 -7.9~0.1, 하부에 놓인 제3기 중기~제4기 초기에 형성된 풍성 퇴적층(Liu, 1985)인 홍색토(Red Clay)는 -12.3~0을 보이는 반면 호소 퇴적층은 922~1,287, 하성 퇴적층은 -0.5~3.2를 나타낸다(Lu et al., 2001). 또한 중국 뢰스고원의 풍하 지역에 해당하는 양쯔 강 하류부 샤슈(下蜀) 뢰스(Zhang et al., 2005)는 Y값이 -21.8~-4.9이다. 봉동 단면은 -13.39~-7.99로서(그림 10.20 (c)) 중국 뢰스고원의 뢰스 및 고토양보다는 홍색토나 샤슈 뢰스와 유사하고 대천 뢰스

(-9.81~-2.27; 윤순옥 외, 2007)보다 작다.

루 외(Lu et al., 2001)는 중국 뢰스고원에서 황색토의 Y값이 상부의 뢰스-고토양 연속층보다 작은 것은 약한 겨울 계절풍 또는 강한 화학적 풍화작용에 원인이 있다고 생각하였다. 봉동 단면의 Y값이 중국 뢰스고원의 뢰스-고토양 연속층보다 작은 것은 장거리 운반으로 인한 퇴적물의 분별 작용 또는 강한 화학적 풍화작용에 기인하는 것으로 보인다.

봉동 단면의 입도 조성은 대부분의 층준에서 실트(4~63μm)가 60% 이상이며 조립 실트(16~63μm)보다 세립 실트(4~16μm)의 비율이 높다(그림 10.21 (b), (c)). 한편 점토(〈 4μm)가 약 30~42%이며(그림 10.21 (a)), 모래(〉63μm)는 대부분의 지점에서 4% 미만이지만 단면의 하부에서는 약 6%에 이른다(그림 10.21 (d)).

풍성 물질의 이동에 영향을 미치는 변수들은 많이 있으나 20μm 이하의 입자는 부유 상태에서 높은 고도까지 운반되어 장거리 이동된다(Tsoar and Pye, 1987). 봉동 단면의 20μm 이하 입자인 세립 실트와 점토는 74~85%로 평균 약 80%이며 모래의 비율이 4% 미만이다. 따라서 봉동 단면의 퇴적물 대부분은 하천 및 사면 과정에 의해 형성된 것이 아니라 바람에 의해 그리고 장거리 운반에 의해 이동하여 와서 퇴적되었음을 의미한다.

한편 중국 뢰스고원에서 이루어진 연구(Yang and Ding, 2008)가 최종 간빙기(MIS 5)에 형성된 고토양에서 세립질 입자의 비율을 검토한 내용에 의하면, 이 고토양은 입경 중앙값이 6~20μm이고 20μm 이상 입자가 20~50%에 달한다. 이와 달리 봉동 단면의 입경 중앙값은 5~9μm이며 20μm 이상의 입자는 15~26%를 점유하므로, 전체적으로 중국 뢰스고원 고토양보다 더 세립질이다. 만일 봉동 단면이 바람에 의해 운반된 것이 아니라면, 다른 어떠한 기구(agent)들도 이와 같은 세립 물질을 이 지역에 운반하여 퇴적시킬 수 없다. 아울러 근거리에서 공급된 풍성 퇴적층이라면 중국 뢰스고원의 입도 조성보다 오히려 조립의 경향을 보여야 할 것이다.

따라서 봉동 단면의 입도 조성은, 봉동 단면이 하천이나 사면 과정이 아닌 바람에 의해 형성된 풍성 퇴적층이며 그 기원지는 근거리가 아니라 비교적 원거리임을 증명한다. 이러한 사실은 원소분석 결과에서 보다 분명해진다.

[그림 10.22] 봉동 단면의 pH와 ORP, 수분함량, 토양경도, 유기물 함량과 대자율(MS) 변화(황상일 외, 2009)

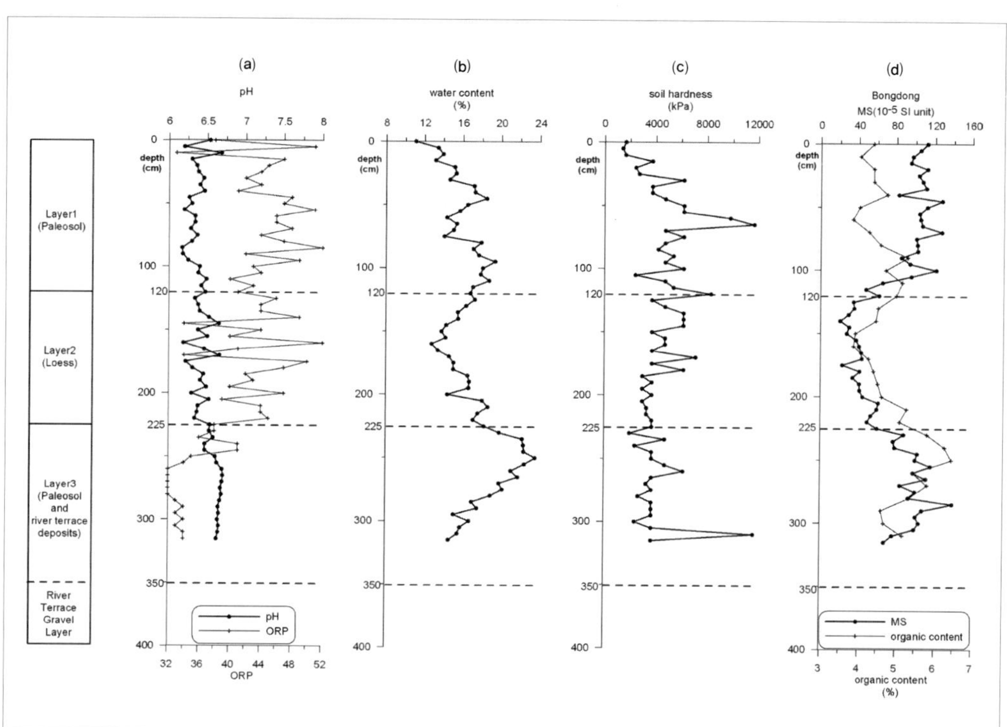

② 물리적 특성 분석

그림 10.22는 봉동 단면에서 측정한 pH와 ORP, 수분함량, 토양경도 그리고 유기물 함량을 요약한 것이다. 봉동 단면의 pH는 중성 내지 약한 산성을 띠고 있다. pH 값은 6.17~6.71의 범위에서 미변동하며 층간에 차이가 거의 없다. ORP 수치는 Layer 1과 Layer 2에서는 비교적 높았지만 Layer 3에서 급격히 낮아진 후 약간 증가한다(그림 10.22 (a)). 수분함량은 11.03~23.54%를 보이며 변화양상은 대자율과 유사하다. 고토양 층준에서는 11.03~23.54%, 뢰스 층준에서는 12.75~18.61%를 나타낸다(그림 10.22 (b)). 봉동 단면의 토양경도는 약 1,370~11,648kPa이며 약 5,000kPa를 기준으로 미변동하는데, 일부 층준에서 큰 폭으로 변화한다. 뢰스에서는 2,955~8,306kPa이며 고토양에서는 뢰스보다 더 넓은 범위인 1,370~11,648kPa에 있다(그림 10.22 (c)).

봉동 단면의 유기물 함량은 Layer 1의 깊이 60cm에서 최소치를 보인 후 하부로

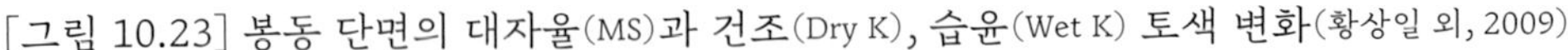

[그림 10.23] 봉동 단면의 대자율(MS)과 건조(Dry K), 습윤(Wet K) 토색 변화(황상일 외, 2009)

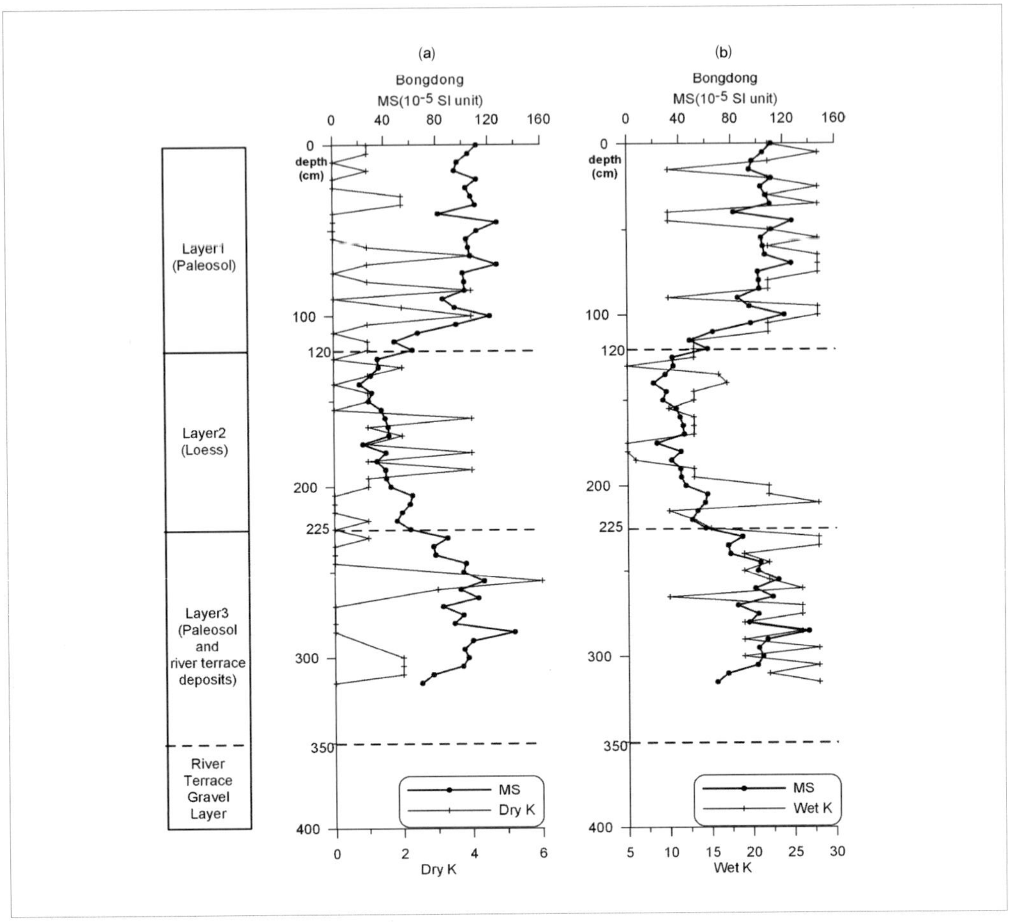

가면서 다시 약간 증가하다가 감소하며, 전체적으로 상부로 갈수록 유기물의 함량이 감소한다. 대자율과 유기물 함량은 Layer 1을 제외하면 대체로 변화 경향이 조화를 이룬다. Layer 1의 유기물 함량과 대자율의 낮은 상관관계는 사면에서의 이동, 지표유출, 표층의 제거 등으로 인해 지표면 가까운 부분의 유기물이 분해 또는 제거되었기 때문으로 판단된다(그림 10.22 (d)).

봉동 단면의 토색 측정은, 먼셀(Munsell) 색체계로 건조 상태와 습윤 상태에서 각각 측정한 후 '디지털 색채 팔레트'를 이용하여 CMYK 색체계로 변환시켜 그중 밝고 어두운 정도를 나타내는 K값의 유효성을 검토하였다. 그림 10.23에 건조 상태와 습윤 상태의 K값과 대자율 변화(MS)를 함께 제시하였다. 건조 상태의 K값은 0~6으로 제한된 범위에서 대자율과 무관하게 미변동한다(R^2=0). 이와는 대조적으로 습윤 상태의 K값은 대자율과 유사한 경향을 가지며 증감을 반복한다.

즉 Layer 1 내에서 K값은 다소 크게 변동하지만 전체적으로 대자율 값과 같이 상대적으로 높은 값을 보이며 대자율과 유사한 변화 경향을 나타낸다. Layer 2에서의 K값 역시 대자율과 마찬가지로 상대적으로 낮았다. 이후 Layer 3에서 K값과 대자율이 함께 높았다. 따라서 건조 토색보다는 습윤 토색이 뢰스-고토양 연속층 간의 차이를 보다 잘 반영하므로, 습윤 상태 토색의 변화양상 역시 고기후 변화의 지표(proxy)로 사용될 가능성이 있다. 그러나 먼셀(Munsell) 색체계의 특성상 개략적인 변화는 파악할 수 있으나 정밀한 고기후 특성을 확인하는 데는 한계가 있다고 생각한다.

③ 지구화학적 분석

봉동 단면의 주원소 및 희토류원소 분석은 Layer 1의 한 층준(BDSJ 60), Layer 2의 세 층준(BDSJ 150, 160, 200) 그리고 Layer 3의 한 층준(BDSJ 270)에서 이루어졌다.

SiO_2는 최하부 고토양 층준인 BDSJ 270을 제외하면 모두 무게비 70% 이상이다. 또한 모든 시료에서 Na_2O는 검출되지 않았고 CaO는 무게비 0.2% 미만으로 극히 소량 확인되었다. Na_2O 및 CaO의 낮은 함량은 이미 한반도 내 뢰스 및 고토양에서 많이 보고되었으며(박동원, 1985; 박충선 외, 2007; 윤순옥 외, 2007), 이것들은 한반도 간빙기의 많은 강수량으로 화학적 풍화작용이 활발하게 진행되어 퇴적 이후 단면 내에서 제거된 것으로 판단된다.

그림 10.24에는 봉동 단면, 근거리 기원지로서의 주변 기반암 및 하천 퇴적물(권종택 외, 1999) 그리고 원거리 기원지로서의 중국 뢰스고원(Gallet et al., 1996; Jahn et al., 2001), 이와 함께 한반도에서 이루어진 주요 뢰스 연구 결과(Shin, 2003; 박충선 외, 2007; 윤순옥 외, 2007; Yu et al., 2008), 세계 평균 뢰스(GAL; Újvári et al., 2008) 그리고 UCC와 PAAS(upper continental crust and Post-Archean Australia shale; Taylor and McLennan, 1985) 등의 주원소 조성을 함께 도시하였다.

우선 한반도의 뢰스는 중국 뢰스고원과는 지리적인 거리에도 불구하고 주원소 조성이 상당히 유사하지만 세부적인 조성에서 차이가 난다. 중국 뢰스고원의 경우

[그림 10.24] 봉동 단면, 대천 단면(윤순옥 외, 2007), 부안 단면(박충선 외, 2007), 덕소 단면(Shin, 2003; Yu et al., 2008), 주변 기반암과 하천 퇴적물(권종택 외, 1999), 중국 뢰스고원(Gallet et al., 1996; Jahn et al., 2001) 및 UCC와 PAAS(Taylor and McLennan, 1985) 및 GAL(Újvári et al., 2008)의 주원소 비율(황상일 외, 2009)

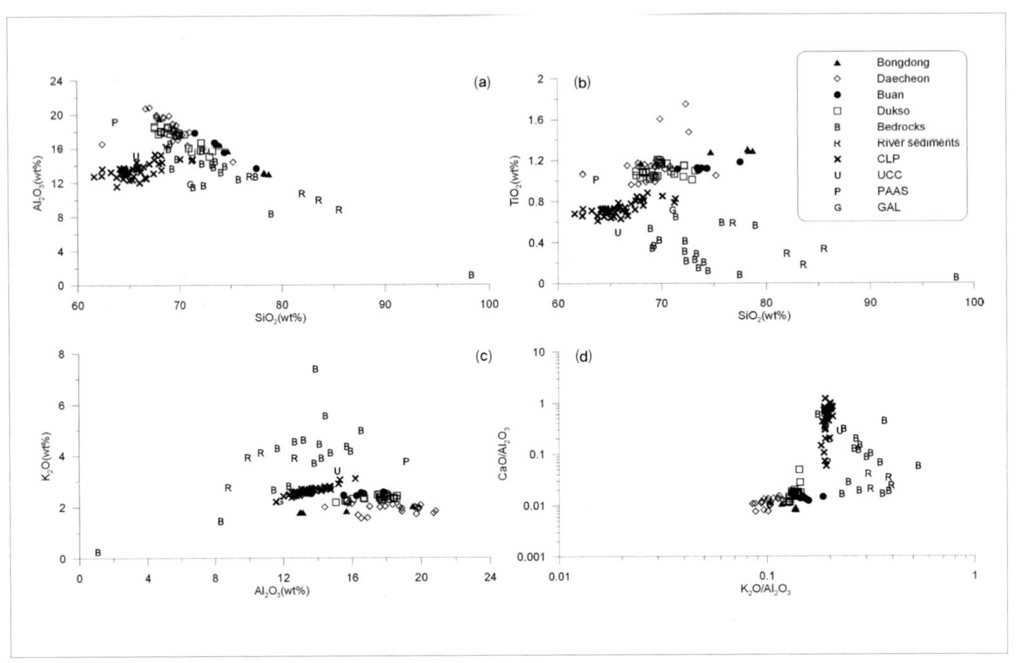

SiO_2와 Al_2O_3는 비례하는 관계인 반면, 한반도 뢰스에서는 이 주원소 사이의 관계가 반비례한다(그림 10.24 (a)). 또한 한반도 뢰스는 SiO_2와 TiO_2 간에 특별한 관계가 없지만 중국 뢰스고원의 시료들은 비례관계를 보인다(그림 10.24 (b)). 봉동 단면과 더불어 한반도 뢰스의 경우, Al_2O_3 및 TiO_2와 같이 풍화작용에 강한 원소일수록 중국 뢰스고원이나 세계 평균 뢰스보다 높은 값을 보이며, K_2O는 중국 뢰스고원 또는 세계 평균 뢰스보다 약간 적게 포함되어 있다(그림 10.24 (c)). 중국 뢰스고원에서 SiO_2와 Al_2O_3의 비례관계는 장석과 운모 같은 알루미노규산염 광물에 의해 두 원소의 함량이 영향을 받는 것으로 판단되지만(Újvári et al., 2008), 낮은 상관관계로 볼 때 다른 광물도 영향을 미치는 것으로 보인다. 한반도 뢰스는 알루미노규산염보다는 층상 규산염(phyllosilicate)[19]

19 얇은 층 모양으로 결합한 SiO_4의 4면체 규산염광물의 총칭.

광물에 의해 영향을 받으며(Hofmann et al., 2003), 비교적 높은 상관관계는 층상 규산염 광물이 두 원소의 함량에 지배적인 영향을 미치고 있음을 의미한다. 또한 SiO_2와 TiO_2의 비례관계는 주로 조립 물질에서 나타나는 금홍석, 티타나이트, 타이타늄철석 등과 같은 티타늄 광물의 존재와 흑운모 또는 녹니석과 같은 티타늄을 포함하고 있는 층상 규산염 광물의 존재를 의미한다(Újvári et al., 2008). 그러나 한반도 뢰스에서 이러한 관계가 확인되지 않으면서 중국 뢰스고원에 비해 함량이 높은 것은 심한 풍화작용을 받았음을 시사한다.

그림 10.24 (d)를 보면, 한반도 뢰스와 중국 뢰스고원은 CaO/Al_2O_3와 K_2O/Al_2O_3의 분포 경향에서 뚜렷이 구분된다. 즉 중국 뢰스고원의 경우, 전체 시료에서 K_2O/Al_2O_3의 비율은 거의 일정하지만 CaO/Al_2O_3의 비율은 큰 차이를 보이고 있다. 또한 중국 뢰스고원 시료의 하단 끝부분에 PAAS가 위치하고 있다. 그러나 한반도의 뢰스들은 중국 뢰스고원과 대조적으로 CaO/Al_2O_3의 비율은 거의 일정한 데 반해 K_2O/Al_2O_3의 비율은 큰 차이를 보이며, 기반암 및 하천 퇴적물과는 확연하게 구분된다.

이러한 주원소 조성의 차이는 한반도의 뢰스가 퇴적 이후 풍화작용을 강하게 받았음을 의미한다. 즉 중국 뢰스고원의 경우 CaO의 함량이 시료 간의 큰 차이를 보이는데, 한반도의 경우 K_2O의 함량이 시료 간의 큰 차이를 보이며 CaO 함량 비율은 중국 뢰스고원보다 확연하게 낮다. 따라서 중국 뢰스고원은 CaO가 제거되고 있는 단계, 한반도는 이미 CaO는 충분히 제거되었고 K_2O가 제거되는 단계에 있음을 보여 준다(Nesbitt and Young, 1984, 1989).

이러한 한반도와 중국 뢰스고원 사이의 풍화 단계의 차이는 A-CN-K 다이어그램(Nesbitt and Young, 1984, 1989; 그림 10.25)에서 보다 분명하게 나타난다. 중국 뢰스고원의 시료들은 A-CN 축과 거의 평행하게 분포한다. 반면 한반도 뢰스 중 덕소 뢰스는 중국 뢰스고원과 유사하게 A-CN 축과 거의 평행하지만, 대천 뢰스의 일부는 A-CN 축, 또 일부는 A-K 축과 평행하고, 부안 및 봉동 뢰스는 A-K 축과 평행하게 분포한다. 또한 중국 뢰스고원과 한반도 시료가 거의 일직선상에 분포하며, 중국 뢰스고원의 CN 방향으로의 연장선상에는 UCC, 그 끝에는 PAAS가 위치하여 전 세계의 뢰스는 평균적으로 중국 뢰스고원과 거의 유사한 원소 조성을 보인다.

반면 주변 기반암과 하천 퇴적물은 전혀 다른 분포 양상을 하고 있다. 이러한

[그림 10.25] 봉동 단면, 대천 단면(윤순옥 외, 2007), 부안 단면(박충선 외, 2007), 덕소 단면(Shin, 2003; Yu et al., 2008), 주변 기반암과 하천 퇴적물(권종택 외, 1999), 중국 뢰스고원(Gallet et al., 1996; Jahn et al., 2001), UCC와 PAAS(Taylor and McLennan, 1985) 및 GAL(Újvári et al., 2008)의 A-CN-K 다이어그램과 CIA(Nesbitt and Young, 1984, 1989)(황상일 외, 2009)

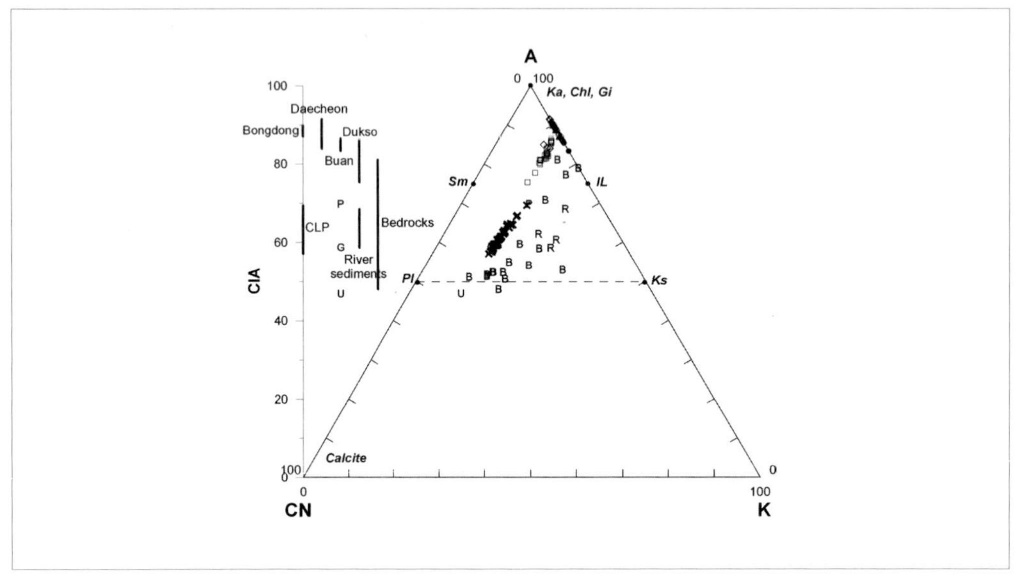

Sm=smectite; Pl=plagioclase; IL=illite; Ks=K–feldspar; Ka=kaolinte; Gi=gibbsite; Chl=chlorite; A=Al_2O_3; CN=CaO^*+Na_2O; K=K_2O 범례는 그림 10.24와 동일함

A-CN-K 다이어그램에서의 분포는 중국 뢰스고원의 뢰스 물질이 UCC와 화학조성이 매우 유사한 물질에서 기원하였으며, PAAS와 유사하게 다단계의 퇴적 순환을 겪었던 것을 의미한다(Gallet et al., 1998; Nesbitt and Young, 1984, 1989). 또한 그 연장선상에 한반도의 시료들이 분포하는 것은 한반도와 중국 뢰스고원의 뢰스 물질이 동일한 기원지에서 발원하여 다단계의 퇴적 순환을 겪어 중국 뢰스고원을 거치거나, 중국 뢰스고원에 퇴적된 물질이 재이동되어 한반도 내에 퇴적되었음을 의미한다.

A-CN-K 다이어그램에서 확인된 원소 조성의 분포 특성 차이는 풍화 단계의 차이를 의미한다. 즉 중국 뢰스고원은 Nesbitt et al.(1980)과 Nesbitt and Young(1984, 1989)이 제안한 Ca, Na 또는 사장석이 제거되는 풍화의 1단계(Chen et al., 1998; Chen et al., 2001)인 데 비해, 한반도는 1단계의 후반 단계 또는 K 및 정장석이 제거되는 풍화의 2단계에 속하는 것으로 볼 수 있다. 이러한 풍화 단계의 차이는 CIA 값에서도 확인된다.

[그림 10.26] 봉동 단면, 대천 단면(윤순옥 외, 2007), 부안 단면(박충선 외, 2007), 덕소 단면(Shin, 2003; Yu et al., 2008), 주변 기반암과 하천 퇴적물(권종택 외, 1999), 중국 뢰스고원(Gallet et al., 1996; Jahn et al., 2001), UCC와 PAAS(Taylor and McLennan, 1985) 및 GAL(Újvári et al., 2008)의 주원소 삼각 다이어그램(황상일 외, 2009)

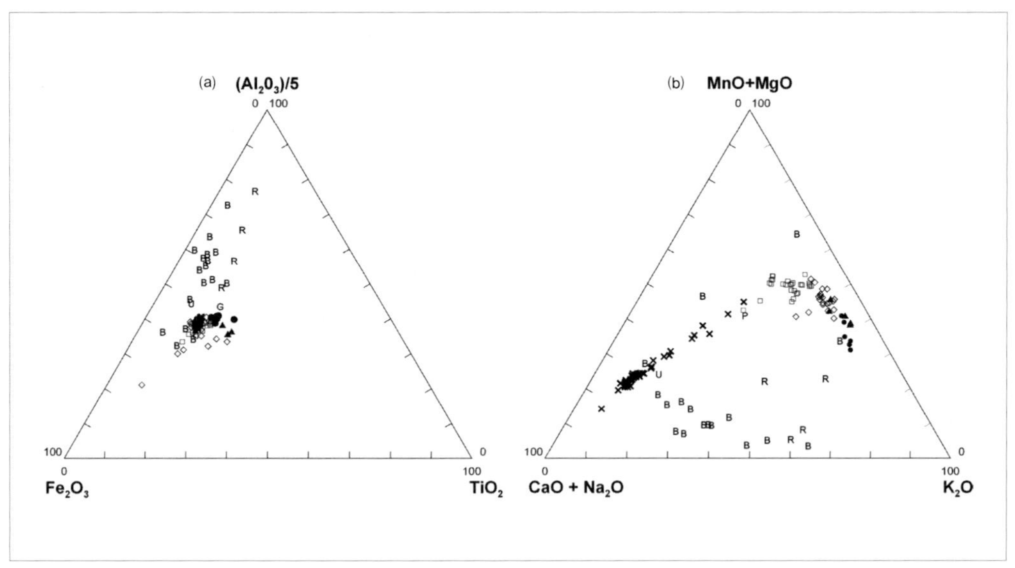

범례는 그림 10.24와 동일함

주원소 조성 및 A-CN-K 다이어그램에서 주원소 조성의 일정한 경향성 그리고 풍화 단계의 차이 등이 확인되는 것은, 한반도 뢰스가 중국 뢰스고원에서 발원한 물질에 의해 형성되었지만 퇴적 이후 한반도의 환경, 특히 기후 환경에 의해 변화되었음을 의미한다. 한 가지 주목할 점은 입도분석 결과에서도 논의된 것과 같이 한반도 내에도 풍화도의 공간적인 차이가 존재하는 것이다. 그러나 한반도에서 지역적인 차이를 언급할 만큼 많은 연구가 이루어지지 않았으므로 뢰스 퇴적물의 풍화도 등 지역적인 차이와 그 원인에 대해 논의하는 것은 한계가 있다.

봉동 단면을 포함한 한반도 뢰스와 중국 뢰스고원의 주원소 조성 차이로부터 논의한 두 지역 간 풍화작용의 지역 차는 그림 10.26에서도 확인된다. 상대적으로 풍화에 강한 원소들의 조성에서 봉동, 대천, 부안, 덕소 그리고 중국 뢰스고원의 시료들은 일정한 영역 내에 모두 포함되지만(그림 10.26 (a)), 풍화에 민감하게 반응하는 Ca와 Na가 포함된 원소들의 관계에서는 중국 뢰스고원과 한반도 뢰스의 분포 구역이 구분된

[그림 10.27] 봉동 단면, 주변 기반암과 하천 퇴적물(권종택 외, 1999), 중국 뢰스고원(Gallet et al., 1996; Jahn et al., 2001) 및 UCC와 PAAS(Taylor and McLennan, 1985)의 chondrite(Masuda et al., 1973; Masuda, 1975)로 표준화된 희토류원소 분포(황상일 외, 2009)

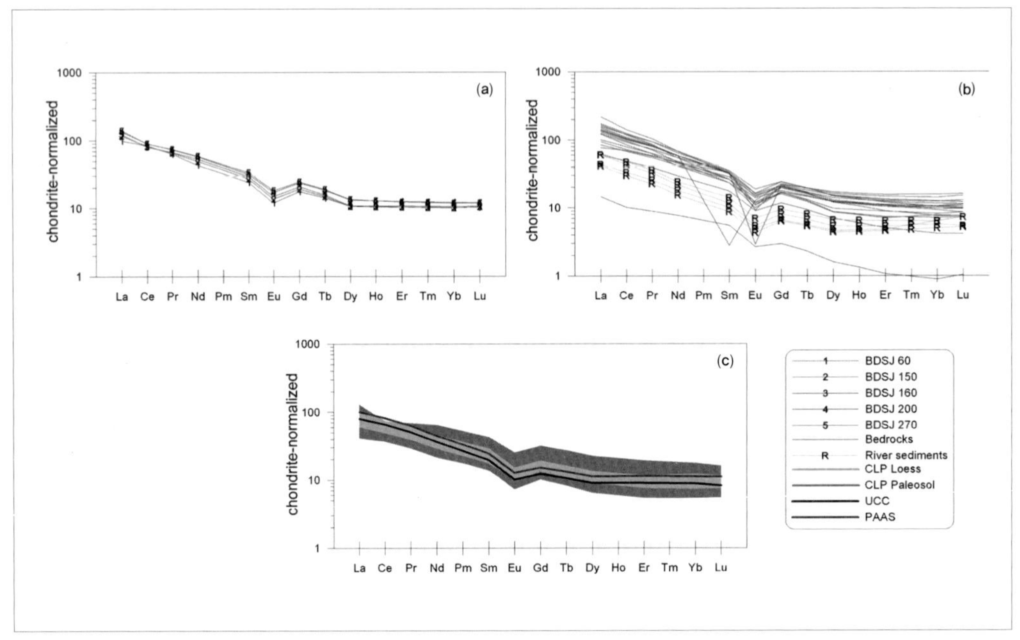

다(그림 10.26 (b)). 아울러 두 개의 다이어그램에서 주변 기반암 및 하천 퇴적물은 뢰스 및 고토양과 전혀 다른 영역에 분포하므로, 봉동 단면은 중국 뢰스고원에서 기원한 뢰스 물질에 의해 형성되었음을 확인할 수 있다.

그림 10.27은 그림 10.24와 마찬가지로 봉동 단면과 더불어 근거리 기원지로서의 주변 기반암 및 하천 퇴적물(권종택 외, 1999) 그리고 원거리 기원지로서의 중국 뢰스고원(Gallet et al., 1996; Jahn et al., 2001)의 Leedey 운석(Masuda et al., 1973; Masuda, 1975)으로 표준화한 희토류원소 분포를 나타낸 것으로, UCC와 PAAS(upper continental crust and Post-Archean Australia shale; Taylor and McLennan, 1985)도 함께 표현하였다. 그림 10.28에는 봉동 단면의 희토류원소 조성을 한반도의 대천(박충선, 2006), 부안(박충선 외, 2007)의 결과와 함께 제시하였다.

봉동 단면의 뢰스와 고토양은 UCC, PAAS, CLP 등과 거의 유사하거나 약간 부화된 형태의 희토류원소 분포를 보이나, 일부 시료에서는 중희토류의 결핍과 현저히

[그림 10.28] 봉동 단면, 대천 단면(박충선, 2006), 부안 단면(박충선 외, 2007), 주변 기반암과 하천 퇴적물(권종택 외, 1999), 중국 뢰스고원(Gallet et al., 1996; Jahn et al., 2001) 및 UCC와 PAAS(Taylor and McLennan, 1985) 및 GAL(Újvári et al., 2008)의 희토류원소 비율(황상일 외, 2009)

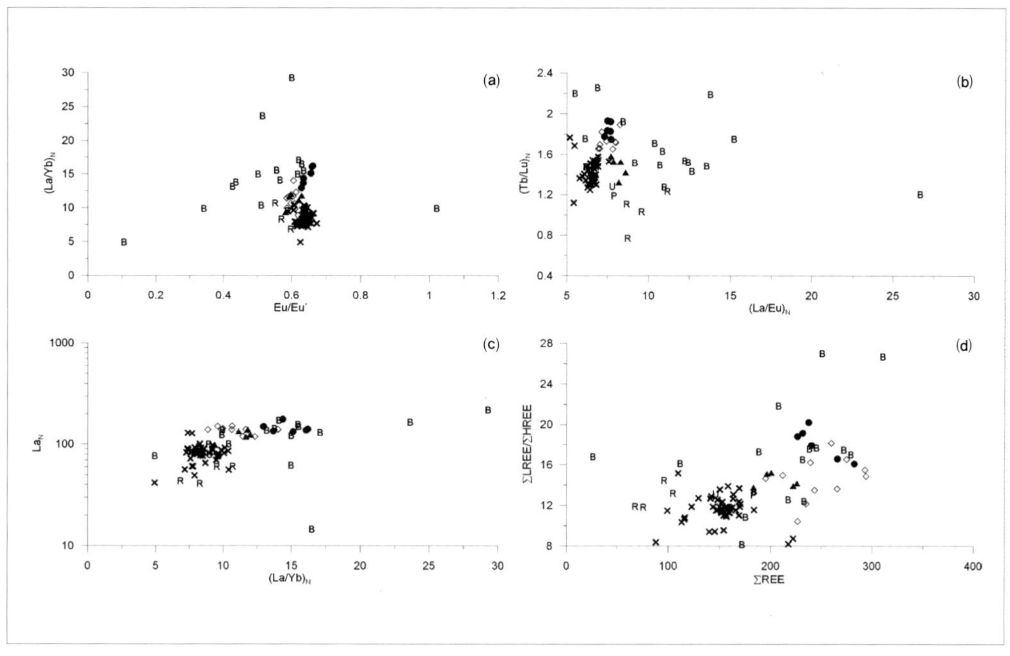

범례는 그림 10.24와 동일함

낮은 Eu 이상치 등이 확인된다(그림 10.28). 희토류원소 조성을 살펴보면, 봉동 단면의 뢰스와 고토양 시료는 경희토류(Light REE, LREE)가 중희토류(Heavy REE, HREE)에 비해 부화(enrichment)되어 있으며($(La/Eu)_N$=7.72~8.62) 중희토류는 편평한 분포를 보인다($(Tb/Lu)_N$=1.32~1.58). Eu는 중간 정도 음의 이상(Eu/Eu*=0.58~0.63)을 보여 UCC(Eu/Eu*≈0.65)와 유사하며, $(La/Yb)_N$=9.36~12.04는 UCC($(La/Yb)_N$≈10.00)와 거의 같은 값을 가진다(그림 10.28 (a)).

봉동 단면 뢰스와 고토양의 이와 같은 희토류원소 조성 특성을 볼 때, Gallet et al.(1998)이 지적한 대로 봉동 단면의 뢰스와 고토양은 다단계의 퇴적 순환을 겪은 물질에서 기원하였을 것으로 판단된다. 또한 봉동 단면에서 분석된 시료들의 희토류 조성이 매우 유사하고 시료 간의 차이가 크지 않은 것은, 봉동 단면의 뢰스와 고토양이 동일한 기원지에서 발원한 물질들로 구성된 것임을 시사한다. 주변 기반암 및 하천 퇴적물의 경우, 하천 퇴적물에 비해 기반암 시료에서 희토류원소의 결핍(depletion)이 확인된다(그림 10.28 (b)).

봉동 단면의 희토류원소 조성을 중국 뢰스고원의 뢰스와 고토양 시료와 비교해 보면(그림 10.28 (c)) 전체적으로 매우 유사하다. 즉 중국 뢰스고원의 Eu 이상(Eu/Eu*=0.61~0.67)도 봉동 단면의 값과 거의 같다. $(La/Yb)_N$은 4.93~10.4이며, 이 중 현저히 낮은 값을 보이는 시료를 제외하면 7.16~10.42로서 이 또한 봉동 단면과 매우 유사하다.

다만 봉동 단면의 경희토류, 특히 La가 중국 뢰스고원에 비해 약간 부화되어 있다. 이것은 상술한 주원소 분석 결과에서 논의한 것과 같이, 봉동 단면과 중국 뢰스고원의 뢰스 물질이 동일한 기원지에서 이동한 이후 다단계의 퇴적 순환을 겪었음을 의미하며, 중국 뢰스고원을 거쳐 또는 중국 뢰스고원에 퇴적된 물질이 재이동되어 봉동 지역 내에 퇴적되었음을 시사하는 것이다.

봉동 단면의 희토류원소 비율은 대천, 부안, 중국 뢰스고원 사이의 공간적인 거리 차이에도 불구하고 매우 유사하다(그림 10.28). 이러한 유사성은 봉동, 대천, 부안 단면들 사이가 더 높고, 이 세 지역과 중국 뢰스고원은 다소 차이가 있다. 중국 뢰스고원과의 미세한 차이는 앞서 언급한 봉동 단면의 경희토류 부화로 인한 것이다. 그러나 중국 뢰스고원을 포함한 이들 지역의 뢰스-고토양 연속층과 주변 기반암 및 하천 퇴적물은 큰 차이가 있다.

한편 봉동 단면과 중국 뢰스고원 사이에서 희토류원소의 총합(ΣREE)과 경희토류 및 중희토류 총합의 비율(ΣLREE/ΣHREE)은 다른 비율에 비해 비교적 차이가 크다(그림 10.28 (d)). ΣREE의 경우 중국 뢰스고원은 150 내외이지만 봉동 단면은 200 내외이다. 또한 봉동 단면의 ΣLREE/ΣHREE 값이 중국 뢰스고원에 비해 높은 것은 봉동 단면의 경희토류 부화와 더불어 다른 원인도 작용하였기 때문인 것으로 생각된다.

퇴적물의 지구화학적 원소의 농도는 기원지, 퇴적 전후의 풍화작용, 퇴적 이후의 변화, 퇴적물의 분급 효과 그리고 각 원소의 지구화학적 특성 등에 영향을 받는다(Rollinson, 1993). 봉동 단면을 비롯한 한반도 내 대천, 부안, 덕소 지역의 뢰스 물질은 지구화학적 조성이 매우 유사한데, 이것은 동일한 기원지, 즉 중국 뢰스고원과 같은 기원지 또는 중국 뢰스고원에서 발원한 물질에 의해 형성되었다는 것이다. 그러나 동일한 기원지를 가지더라도, 퇴적 이후 각 지역의 다양한 기후 환경에서 받은 풍화작용의 차이 등으로 원소 조성에 변화가 발생하였음을 확인하였다. 그러나 희토류원소의 경우 이러한 퇴적 순환 및 풍화작용 등에 큰 영향을 받지 않기 때문에(Taylor and McLennan, 1985), 봉동, 대천, 부안 지역의 뢰스 물질과 중국 뢰스고원의 조성이 매우 유사하다.

희토류원소는 주로 조립질보다는 세립질의 퇴적물에서 높은 함량을 보이므로 세립질의 퇴적물에서 ΣREE가 높을 수 있다(Yang et al., 2007; Roddaz et al., 2006). 또한 ΣLREE/ΣHREE의 비율은 조립에서 세립으로 갈수록 점점 감소하는데, 이것은 중희토류가 점토광물에 대해 친화력이 크기 때문이다(Li et al., 2007). 한편 Yang et al.(2007)은 퇴적물의 입도 차이 때문에 경희토류의 부화가 나타난다고 보았다. 따라서 봉동 단면 및 대천, 부안 지역의 뢰스 물질의 ΣREE가 중국 뢰스고원보다 높은 것은 이러한 세립화의 영향으로 생각되지만, 한반도 내 세 지역의 ΣLREE/ΣHREE가 중국 뢰스고원보다 높은 것은 단순한 분급 효과 때문만은 아닌 것으로 보이며, 이에 대해서는 보다 자세한 연구가 더 필요할 것으로 생각된다.

4) 경남 거창군 지역

(1) 지역 개관

분석시료를 채취한 거창 단면은 경상남도 거창군 거창읍 정장리에 위치한다. 거창 지역은 북서부의 덕유산(해발고도 1,614m)과 북동부의 가야산(해발고도 1,430m) 산지로 둘러싸인 거창분지로서 황강과 위천이 통과한다. 황강은 덕유산 산지인 거창군 고제면 봉계리 부근에서 발원하여 거창분지에서 비교적 넓은 범람원을 형성하고, 합천군 봉산면 일대를 감입 곡류하여 합천군 청덕면에서 낙동강에 유입한다. 황강의 상류부에는 거창분지와 같은 크고 작은 분지가 분포한다. 위천은 남덕유산(해발고도 1,507m) 동쪽 거창군 북상면 월성리 부근에서 발원하는데, 거창군 북상면을 거쳐 거창읍과 마리면의 경계를 이루는 해발고도 600~700m 산지에서는 좁은 하곡을 통과하여 거창읍을 지나 대평리 부근에서 황강으로 유입한다(그림 10.29).

거창 지역의 지형은 기반암의 차이를 통해 뚜렷하게 구분된다. 즉 분지저는 중생

[그림 10.29] 거창분지의 지형 개관(황상일 외, 2011)

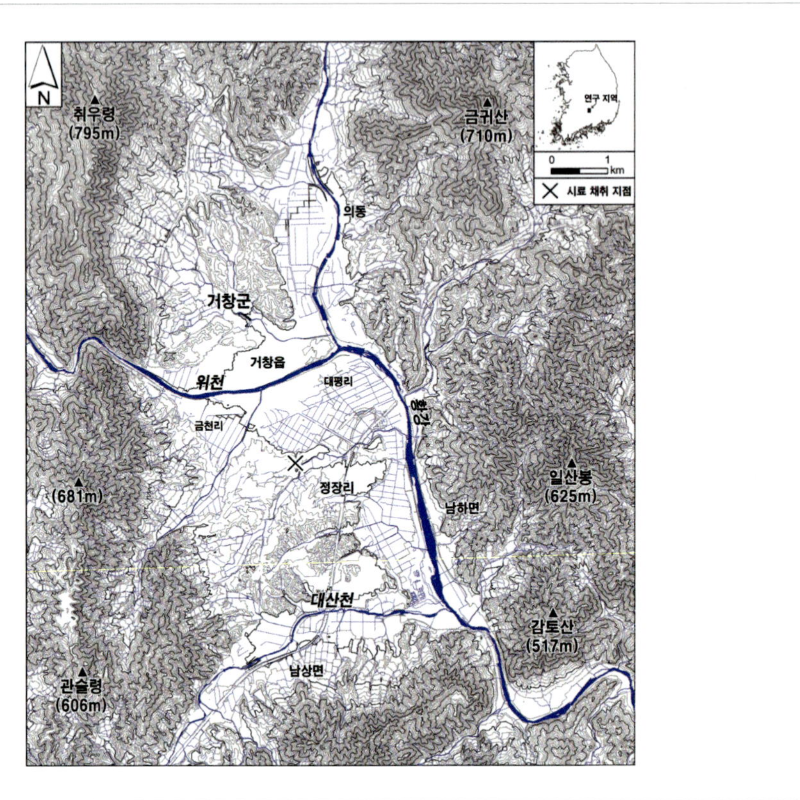

대 백악기 흑운모 화강암으로 되어 있으며, 산지는 선캄브리아기 편마암류로 구성되어 있다(그림 10.30). 화강암 지역은 저기복의 낮은 구릉지를 형성하고 편마암 지역은 해발고도 400~700m에 이르는 상대적으로 높은 산지이다. 이 분지는 암석의 차별적 침식을 통해 형성된 침식분지이다.

거창 분지저를 이루는 지형은 선상지, 하안단구, 범람원, 구릉지 등인데, 위천을 경계로 하여 분지 남부에서 비교적 넓은 하안단구가 확인된다. 거창 단면은 거창군 거창읍 정장리(북위 35°40′19″, 동경 127°55′10″)에 위치하는 해발고도 200~210m인 하안단구 지형면에 조성한 인공 노두이다(그림 10.29, 10.30). 시료 채취 지점의 지표면 해발고도는 209m이다.

내륙에 위치한 거창은 일교차와 연교차가 심한 대륙성기후의 특징을 보이며, 해

[그림 10.30] 거창분지의 기반암 분포(황상일 외, 2011)

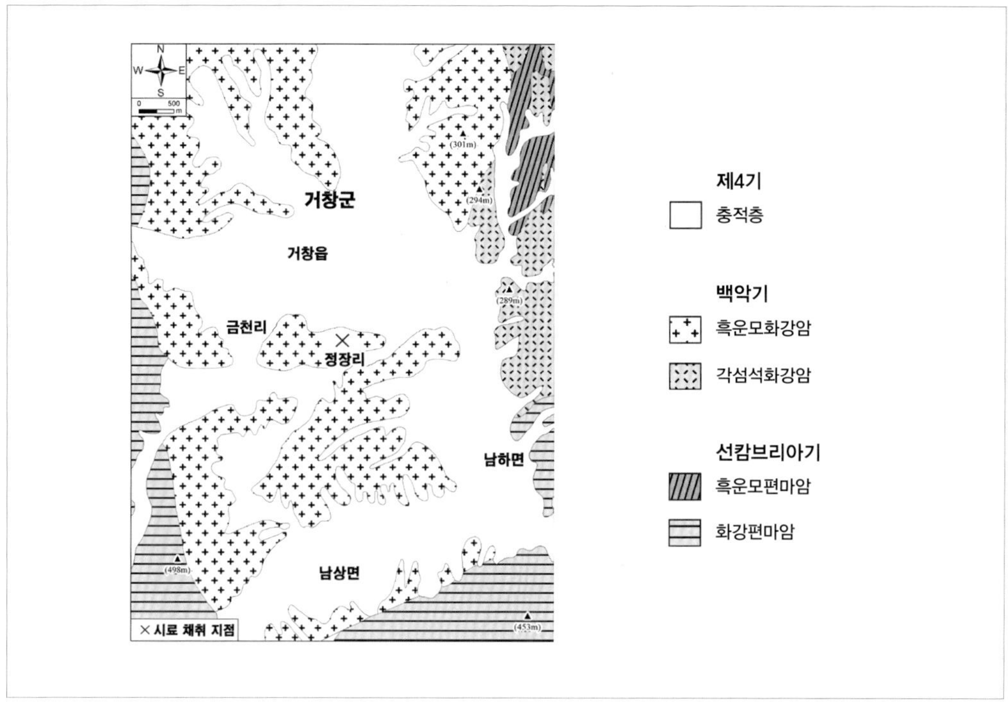

발고도 1,000m 이상의 덕유산과 가야산 산지가 겨울철의 북서풍과 여름철의 계절풍인 남동풍을 막아 주는 역할을 한다. 연평균 기온은 11~12°C이고 연평균강수량은 1,260mm 내외이다(기상청).

(2) 거창 단면의 퇴적상

거창 단면은 하부의 하안단구 퇴적층에서 상부에 퇴적된 뢰스-고토양 연속층까지 두께가 약 7m이며 기반암은 확인하지 못하였다. 하부층은 boulder급 원력 및 아원력을 중심으로 cobble 및 pebble급 원력으로 이루어져 있으며, matrix는 모래와 granule급 자갈이다. 거창 단면에 대한 물리적, 화학적 분석은 표층에서 깊이 3.3m까지 이루어졌으며, 상부에서 하부까지 표층(경작층), 뢰스-고토양 연속층, 하천 퇴적층으로 구분된다(그림 10.31).

동아시아의 가장자리에 위치하며 뢰스의 기원지로부터 멀리 떨어진 한반도에서

[그림 10.31] 거창 단면의 층서와 퇴적상(황상일 외, 2011)

는 빙기와 간빙기의 환경 변화에 의해 뢰스 층준과 고토양 층준이 형성되었다. 빙기에는 아시아 대륙 내부에서 건조지역이 크게 확대되었고, 현재 서해 바다는 육화되었으며, 바람에 의해 많은 실트질 퇴적물이 한반도에 유입되었다고 판단된다. 이와는 대조적으로 간빙기에는 중국 황토고원이 식생으로 피복되고 서해는 해진으로 바다가 되면서, 한반도로 유입하는 뢰스 물질의 양은 급격히 감소하였고, 기온과 강수량이 증가하여 빙기에 퇴적된 뢰스 층준은 토양생성작용을 받아 고토양 층준이 되었다.

간빙기 동안 이루어진 토양생성작용의 증거는 대자율 증가와 토색의 적색화이다. 중국 뢰스고원에서 대자율은 고토양에서 높고 뢰스에서 낮게 나타나는데, 고토양에서는 토양생성작용을 받아 자철석(magnetite, Fe_3O_4)과 마그헤마이트(maghemite, r-Fe_2O_3)가 생성되기 때문이다(Maher, 1998). 거창 단면의 퇴적층은 토색과 대자율 변화를 통해 지표면에서부터 경작층, L1, L1L1, L1S1, L1L2, S1, L2와 하안단구 지형면 상부를 이루는 하천 퇴적층으로 구분할 수 있다(그림 10.32).

[그림 10.32] 거창 단면의 대자율(MS), 평균입경, 입경 중앙값, 분급 및 입도 조성 변화(황상일 외, 2011)

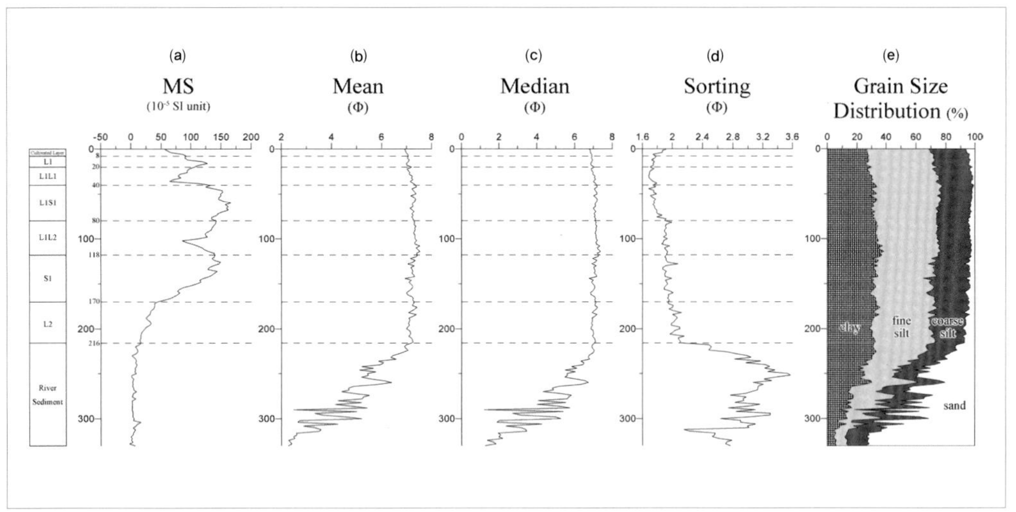

거창 단면에서 대자율은 뢰스-고토양 연속층에서 뚜렷하게 대비되는데, 특히 L1S1(고토양)이 가장 높고(119.0~169.0×10^{-5} SI unit) L2에서 뚜렷하게 낮으며(10.6~48.5×10^{-5} SI unit), S1도 상당히 높은 수치(34.7~149.0×10^{-5} SI unit)를 나타낸다(그림 10.32 (a)). 이와는 대조적으로 하천 퇴적층에서 가장 낮았다(-10.4~24.7×10^{-5} SI unit). 뢰스 층준 L1L1, L1L2는 각각 60.8~141.0×10^{-5} SI unit, 83.5~145.0×10^{-5} SI unit으로 측정되어 고토양 층준의 대자율(34.7~169.0×10^{-5} SI unit)에 비해 낮다.

고토양 층준의 토색은 뢰스층과 고토양층의 구분뿐 아니라 연대 결정의 판단 자료로서 중요하다. 중국 대륙의 서부 및 북부에서는 회황색을 띠지만, 중국 남부나 한국에서는 최종 빙기 뢰스를 제외하면 풍화가 진행되어 담황갈색 내지 황등색(10~7.5YR)을 띤다. 특히 중국 동부나 한국에서는 선명한 황색의 뢰스 층준이 확인되는데, 이것은 토양생성작용을 받은 하부의 고토양 층준이 불투수층을 형성하여 그 위의 뢰스가 대수층이 되어 환원되었기 때문이다(Naruse et al., 2008). MIS 5의 고토양은 MIS 3 시기의 고토양과 같이 붉은색이 강하고 고토양 가운데 자화율이 가장 높기 때문에 대자율을 이용한 편년에 대단히 유용하다.

거창 단면의 최상부는 표층(깊이 0~8cm)과 고토양 층준 L1(깊이 8~20cm)로 이루어진다. 표층과 L1은 황갈색(10YR 7/6)을 띠며, 경작과 발굴로 인해 표층의 일부가 교란되었을 것으로 생각된다. 깊이 20~40cm에 나타나는 뢰스 층준 L1L1은 황갈색(10YR 6/6)이며 식물뿌리가 많고 토양쐐기(soil crack)는 확인되지 않는다. 하부층과의 경계가 분명하여 하부 고토양 층준과 불연속면을 이룬다.

고토양 층준 L1S1(깊이 40~80cm)은 황색(10YR 5/6)을 띤다. 상부에서는 길이 20~25cm의 토양쐐기가 수직으로 확인되며 바로 위의 뢰스 층준(L1L1)의 세립 물질이 이 crack을 메우고 있다. 그 아래의 뢰스 층준 L1L2(깊이 80~118cm)는 상부에서 황갈색(10YR 6/6), 하부에서는 황색(10YR 5/8)을 띤다. 바로 위 고토양 층준 L1S1에서 발달한 토양쐐기가 이 층준의 상부까지 도달하고 중간에는 엽상 구조가 나타난다.

고토양 층준 S1(깊이 118~170cm)은 갈색(7.5YR 4/6)을 띠며 토양쐐기가 층준의 상부에서 하부까지 이어져 있다. 상부에서 확인되는 엽상 구조는 두께가 약 15cm이며 비교적 연속적으로 나타난다. 가장 하부의 뢰스 층준 L2(깊이 170~216cm)는 토색이 상부 황갈색층(10YR 6/6)과 하부 황색층(2.5YR 7/6)으로 확연히 구분된다. S1의 일부 토양쐐기는 L2까지 수직으로 연장된다.

하천 퇴적층 상부에 해당하는 깊이 216~272cm의 층준은 하천 퇴적물에 뢰스가 포함되어 있어 입도 조성에서 L2와의 점이적인 특징을 보인다. 토색은 황색(2.5YR 7/6) 내지 밝은 회색(5Y 7/2)이 혼재되어 있다. 직경 1mm 정도의 석영 입자가 다수 포함되어 있어서 모래의 비율이 증가하고 있다. 깊이 272~300cm 층은 밝은 회색(5Y 7/2)의 실트질 모래이고 그 아래 20cm는 모래층과 회색 실트층이 교대로 퇴적되어 있다. 깊이 320cm 이하는 pebble급 자갈층과 모래층이 반복되어 수평의 층리가 발달하고, 지표로부터 깊이 7m에서 장경 약 25cm 이상의 boulder급 원력이 확인된다. 이 하천 퇴적층은 층리는 양호하지만 분급은 불량하다.

한편 퇴적물의 입도 조성은 뢰스-고토양 연속층과 하천 퇴적층을 구분하는 데 대단히 유용하다. 평균입경(mean Φ; 그림 10.32 (b))은 뢰스 층준(L1L1, L1L2, L2)에서 6.99~7.53Φ, 고토양(L1S1, S1)에서 6.93~7.43Φ이다. 표층(깊이 0cm)부터 L1L2 하부까지 약간 더 세립이고 그 변동 폭이 작지만, L1L2를 경계로 하여 하부의 S1까지는 평균입경이 상대적으로 약간 조립화하고 변동 폭이 커진다. 깊이 216cm부터 하천 퇴적층과 혼합되면서 모래의 비율이 증가하기 때문에 하부로 가면서 평균입경이 크게 증가한다.

입경 중앙값(그림 10.32 (c))은 평균입경과 마찬가지로 뢰스-고토양 연속층에서 약 7Φ를 유지하는데, 평균입경보다 약간 더 세립이며 미변동이 적다. 뢰스 층준의 입경 중앙값은 6.87~7.38Φ이고 고토양 층준에서는 6.76~7.30Φ로서 이들 간에 입경 차이는 거의 없다. 하천 퇴적층에서는 입경 중앙값의 변동이 심한데, 상부로 가면서 뢰스 층준과의 점이적인 특징을 보인다.

분급(sorting; 그림 10.32 (d))은 뢰스-고토양 연속층에서 L2를 제외하면 그 값이 2Φ 이하로, Folk and Ward(1957)의 구분에 따르면 불량(poorly sorted)에 해당하고, 하부의 L2와 하천 퇴적층에서는 2.0~3.6Φ로 매우 불량(very poorly sorted)하다. L1~L1S1이 L1L2~L2보다 분급이 약간 더 양호하며, 216cm 이하 하천 퇴적층에서 모래 함량이 뢰스-고토양 연속층보다 훨씬 많아 분급이 상대적으로 매우 불량하다. 뢰스-고토양 연속층에서 입도 조성은 점토(<4μm)가 25~35%, 세립 실트(4~16μm)가 40~45%, 조립 실트(16~63μm)가 20~25%, 모래(>63μm)는 약 5% 이하이다. 지표면 220cm 아래 하천 퇴적층에서는 점토와 세립 실트의 비율이 크게 감소하고 모래의 비율은 40~60%까지 증가하면서 뚜렷한 차이를 보인다.

(3) 분석 결과

① 연대측정 결과

거창 단면에서는 대자율과 토색을 기준으로 L1~L2까지 층준 구분이 가능하며 뢰스-고토양 연속층의 대자율 변화와 심해퇴적물 산소 동위원소 변화가 서로 유사하므로, 이들을 대비하여 뢰스-고토양 연속층의 편년을 행하였다.

그러나 대자율만으로 층서를 분명하게 구분하는 데는 한계가 있다. 거창 단면에서도 고토양 층준인 S1과 L1S1의 대자율이 거의 같아서, 간빙기의 고토양 층준인지 또는 빙기 가운데 아간빙기의 고토양 층준인지 불분명하였다. 또한 같은 뢰스 층준이지만 L1L2와 L1L1의 대자율은 거의 같고 L2에 비해 대자율 값이 상대적으로 상당히 높다. 그러므로 뢰스 층준과 고토양 층준의 구분이 가능하더라도 대자율만으로는 형성 시기를 판단하기 어렵다.

따라서 거창 단면 뢰스-고토양 연속층 6개 층준(깊이 30cm, 50cm, 90cm, 120cm, 180cm, 200cm)에서 OSL 연대측정을 행하여 MIS에 대비하였다. 그 결과 표층과 L1 그리고

[표 10.2] 거창 단면의 OSL 연대측정 결과(황상일 외, 2011)

시료명	연간 선량 (Gy/ka)	수분 함량 (%)	등가 선량 (Gy)	표본 수 (n)	OSL 연대 (ka)	OSL 연대 값으로 추출한 MIS 시기	층서	예상 MIS 시기
GC-30	3.69±0.10 (2.80±0.08)	7.9 (38.3)	89±2	24	24±1 (32±1)*	MIS 2	L1L1	MIS 2
GC-50	3.37±0.09 (2.66±0.07)	19.1 (47.9)	221±7	24	66±3 (83±3)	MIS 3	L1S1	MIS 3
GC-90	3.18±0.08 (2.70±0.07)	20.2 (39.3)	313±15	24	99±5 (116±6)	MIS 4	L1L2	MIS 4
GC-120	3.03±0.08 (2.76±0.07)	25.0 (36.2)	361±11	24	119±5 (131±5)	MIS 5	S1 최상부	MIS 5
GC-180	3.17±0.09 (3.01±0.08)	25.1 (31.0)	377±19	24	119±7 (125±7)	MIS 5	L2 상부	MIS 6
GC-200	3.44±0.09 (3.42±0.09)	18.9 (19.7)	422±19	24	123±6 (124±6)	MIS 5	L2 하부	MIS 6

L1L1은 MIS 2, L1S1은 MIS 4~5c, L1L2는 MIS 5c~5d, S1은 MIS 5e, L2 역시 MIS 5e 시기가 된다(표 10.2). 그 경우 뢰스 층준인 L1L1이 최종 빙기 최성기, L1L2와 S1 그리고 L2는 모두 간빙기인 MIS 5c~5e에 해당한다. 즉 뢰스인 L1L2와 L2의 두께 약 1m 층준이 최종 간빙기 MIS 5d의 2만 3,000년 동안 퇴적되었다는 것이 된다. 이와 같은 뢰스-고토양 층준과 OSL 연대 값은 각 층준의 퇴적환경과 OSL 연대 값으로 환산한 MIS 시기와 조화가 되지 않는다. 즉 각 OSL 연대 값으로 추출한 MIS 시기가 거창 단면의 MS 값, 토색 변화, 입도 조성 변화 등으로 판단한 예상 MIS 시기와 차이가 있다. 이와 같은 부조화의 원인은 근본적으로 OSL 연대측정의 한계와 관계가 있을 것으로 판단된다. 그러므로 OSL 연대측정 결과를 그대로 인정하기 어려우며, 다만 각 층준의 형성 시기를 결정하는 데 참고자료로 활용해야 할 것이다. MIS 5d는 최종 간빙기 중의 아빙기이지만 전후 시기의 빙기(MIS 4와 MIS 6)와 비교하였을 때 현저히 온난하였으므로, 거창 단면 전체 층준의 1/2 두께에 해당하는 뢰스 층준이 퇴적되는 것은 거의 불가능하다.

특히 OSL 연대측정값 가운데 아래 두 개 층준 GC-180, 200의 연대 자료는 예상

보다 훨씬 젊은 시기가 산출되어 뢰스-고토양 연속층과 하안단구의 형성 시기를 정확하게 지시하지 못하였으므로 본 층서의 연대 결정에서 제외하였다. 왜냐하면 MIS 6은 대체로 130~180ka에 해당하는 빙기인데, 이 값은 OSL 연대측정의 신뢰도 한계를 초과하기 때문이다. 대략 10만 년보다 오래된 시기를 지시하는 해안단구나 하안단구 등 형성 시기가 오래된 지형면의 경우에는 OSL 연대 값의 정확도가 현저하게 떨어지는 것이 다수 보고되고 있다.

나머지 층준에서 절대연대 자료와 토색 및 대자율 변화를 기초로 형성 시기를 결정하면, L1과 L1L1은 MIS 2에 퇴적되었고 S1이 MIS 5(119±5ka)에 토양생성작용을 받아 고토양화하였다고 볼 수 있다. 따라서 L1S1 고토양은 MIS 3에 토양생성작용을 받았으며 L1L2 뢰스는 MIS 4 시기에 형성되었다. 맨 하부의 뢰스 층준인 L2는 MIS 6에 퇴적되었으므로, 뢰스 층준 하부의 하안단구는 MIS 7에 형성된 충적단구로 볼 수 있다.

한편 대자율에 의하면, 최종 간빙기에 토양생성작용을 받은 S1보다 최종 빙기의 아간빙기인 L1S1에서 대자율이 더 높았다. 대자율이 화학적 풍화작용의 강도에 크게 영향을 받는다는 사실을 고려할 때, 이와 같은 현상은 빙기와 간빙기 대자율의 일반적인 경향과 다소 차이를 보인다. 다만 MIS 3 시기에 한대전선이 남부지방까지 북상하여 기온과 강수량에 변화가 있었을 가능성이 있는지 검토할 여지가 있다. 거창 단면에서 MIS 3과 MIS 5 사이의 대자율이 유사하므로 최종 빙기 가운데 아간빙기인 MIS 3 시기에도 기온과 강수량이 간빙기와 유사하였을 가능성이 있다. 중부지방 대천(윤순옥 외, 2007)에서는 이 두 시기 대자율의 차이가 크다. 이렇게 볼 때, MIS 3 시기 동안 거창을 포함하는 한반도 남부지방의 기온과 강수량이 중부지방과 차이가 있었을 가능성도 있다.

② 주원소 분석 결과

거창 단면의 뢰스-고토양 연속층에서 SiO_2의 무게비는 70% 내외의 값을 나타내고(그림 10.33 (c), (e)), CaO와 Na_2O의 무게비는 각각 0.2%, 1% 이하로 극히 소량 확인되었다(그림 10.33 (b)). 중국 뢰스고원에 비해 한반도에서 Na_2O와 CaO 함량이 낮은 것은 이미 김제, 정읍(박동원, 1985), 대천(윤순옥 외, 2007), 부안(박충선 외, 2007), 봉동(황상일 외, 2009) 등에서 확인되었으며, 이러한 현상은 풍화에 약한 Ca와 Na가 화학적 풍화작

[그림 10.33] 거창 단면(GCLP), 부안 단면(BALP; 박충선 외, 2007), 봉동 단면(BDLP; 황상일 외, 2009), 대천 단면(DCLP; 윤순옥 외, 2007), 덕소 단면(DSLP; Shin, 2003; Yu et al., 2008) 및 중국 뢰스고원(CLP; Gallet et al., 1996; Jahn et al., 2001; Jeong et al., 2010), 주변 기반암(GCBR; 한미, 2010), 하천 퇴적물(GCRS) 및 UCC와 PAAS(Taylor and McLennan, 1985)의 주원소 비율(황상일 외, 2011)

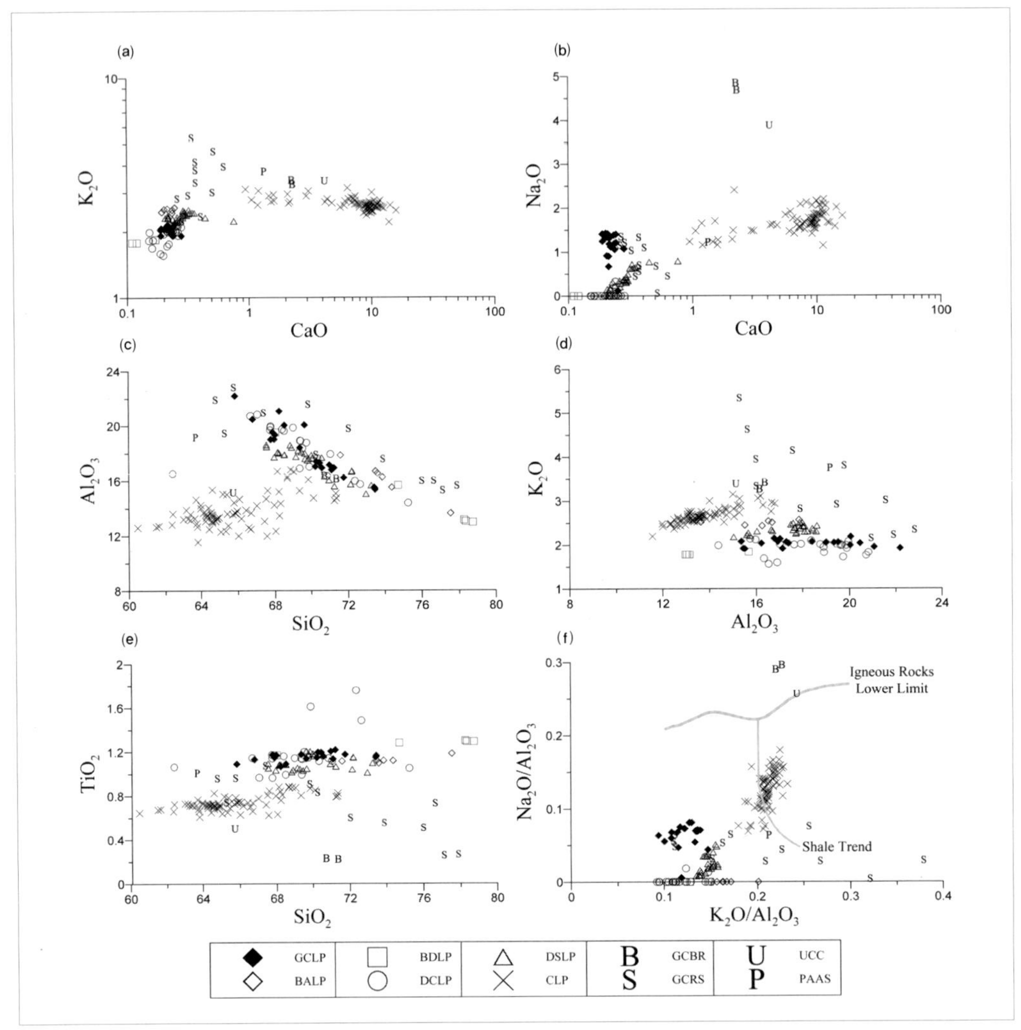

용으로 인해 제거되었기 때문이다(박동원, 1985; 박충선 외, 2007). 중국 뢰스고원에서는 뢰스와 고토양에서 CaO 함량 변화가 뚜렷하게 나타나지만 한반도에서는 그렇지 않다. K_2O의 변화는 한반도가 중국보다 크다(그림 10.33 (a)). 중국 뢰스고원의 퇴적층에서는 CaO와 Na_2O 및 K_2O 등 화학적 풍화에 약한 원소들의 함량이 상대적으로 높고, 풍화

에 강한 Al_2O_3, Fe_2O_3, TiO_2의 함량이 낮다. 반면 거창을 포함한 한반도의 뢰스-고토양 연속층에서는 후자의 원소 함량이 상대적으로 높게 나타난다.

그림 10.33 (c)에서 중국 뢰스고원의 SiO_2와 Al_2O_3의 무게비는 비례관계를 보이나 한반도 뢰스-고토양 연속층은 반비례한다. SiO_2와 Al_2O_3의 비례관계는 두 원소의 함량이 장석과 운모와 같은 알루미노규산염(aluminosilicate)에 의해 영향을 받는 것을 의미하나, 반비례관계는 알루미노규산염보다는 층상 규산염(phyllosilicate)에 의해 두 원소의 함량이 영향을 받는 것을 뜻한다(Újvári et al., 2008). 따라서 한반도 뢰스는 알루미노규산염보다는 층상 규산염을 더 많이 포함하고 있을 것으로 생각된다. 한반도 뢰스-고토양 연속층에서 Al_2O_3의 함량은 지역에 따라 큰 차이를 보이지만, K_2O는 큰 차이 없이 거의 일정하다(그림 10.33 (d)).

Al_2O_3와 더불어 TiO_2가 중국 뢰스고원보다 높은 값을 보이는 것(그림 10.33 (c), (e))은 거창 지역을 포함한 한반도의 뢰스-고토양 연속층이 심한 풍화작용을 받았음을 의미한다. 그림 10.33 (f)에서 중국 뢰스고원은 K_2O/Al_2O_3의 값이 일정한 반면 Na_2O/Al_2O_3의 값은 큰 차이를 보인다. 그러나 한반도 시료는 대천(윤순옥 외, 2007), 부안(박충선 외, 2007)과 같이 Na_2O가 검출되지 않은 지점을 포함하여 전반적으로 Na_2O/Al_2O_3와 K_2O/Al_2O_3의 값이 중국 뢰스고원보다 낮고, K_2O/Al_2O_3의 값은 지역 간에 차이가 있다. 중국 뢰스고원이나 한반도의 시료들은 모두 Na_2O/Al_2O_3 값이 화성암 하한계(igneous rock lower limit; Garrels and Mackenzie, 1971)보다 낮은데, 이것은 이 값이 모든 셰일상(shaly) 암석에서 낮아지는 현상과 관련된다. 다시 말하면 화성암이 풍화되어 다양한 기구들에 의해 운반, 퇴적되어 퇴적암이 되면서, Na가 제거되고 점토광물과 탄산염광물이 형성되며, 특히 셰일에서는 K가 잔류하게 된다(Gallet et al., 1998). 따라서 이들 지역의 뢰스-고토양 연속층이 적어도 한 번 이상의 퇴적 순환을 겪었으며, 또한 거창 단면의 낮은 K값은 중국 뢰스고원에 비해 풍화 정도가 심하였음을 반영한다.

③ 미량원소 분석 결과

그림 10.34는 미량원소 가운데 Rb/Sr과 Ba/Sr의 비율, Th/Pb와 U/Pb의 비율을 나타낸 것이다. 그림 10.34 (a)에서 Rb/Sr과 Ba/Sr의 비율은 중국 뢰스고원과 거창 단면의 뢰스-고토양 연속층에서 비례관계를 보인다. Sr은 용해도가 높아 풍화작용에 의

[그림 10.34] 거창 단면(GCLP) 및 중국 뢰스고원(CLP; Gallet et al., 1996; Jahn et al., 2001), 거창 주변 기반암(GCBR; 한미, 2010), 하천 퇴적물(GCRS) 및 UCC와 PAAS(Taylor and McLennan, 1985)의 미량원소 비율(황상일 외, 2011)

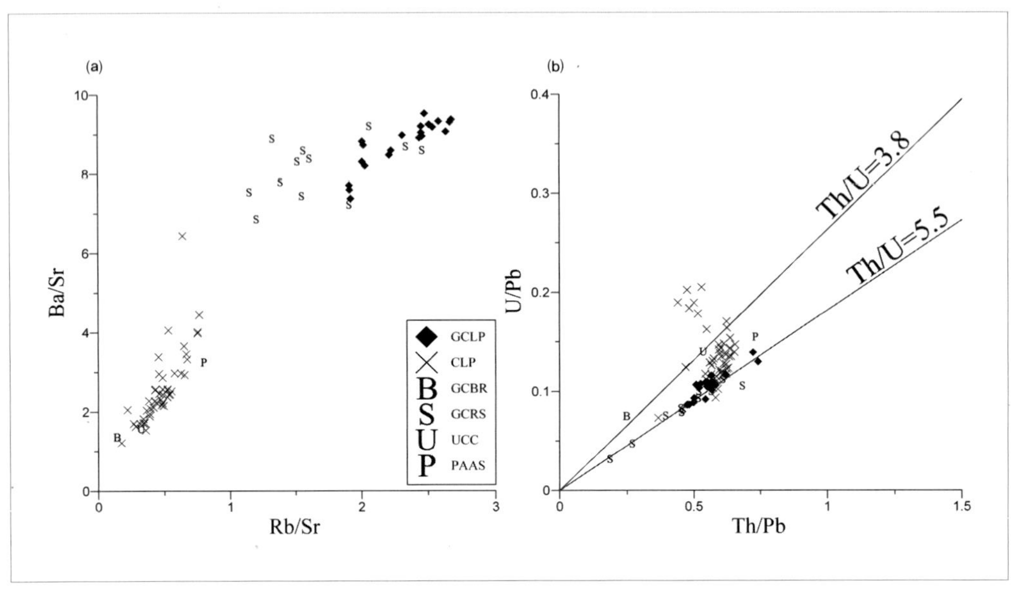

해 함량이 감소하므로(Jahn et al., 2001), 거창 뢰스의 Rb/Sr과 Ba/Sr 값은 매우 높다. 특히 Rb 함량은 점토광물의 함량과 연관이 있고(권영인 외, 2004), 쇄설성 운모나 K를 함유하는 광물이 일라이트(illite)나 다른 점토광물로 변화(transformation)되면서 감소하지만, 점토광물 구조에서 Rb를 수용(accommodate)하기도 한다(Gallet et al., 1996). 따라서 풍화를 많이 받게 되면 Rb/Sr의 비율은 증가하게 된다. 중국 뢰스고원은 Rb/Sr과 Ba/Sr의 비율이 UCC와 유사한 값에서 시작하여 PAAS를 향하고 있는 것이 특징이고, 더 나아가 거창 단면 뢰스-고토양 연속층과 동일한 연장선에 위치한다. Rb/Sr과 Ba/Sr 사이의 이러한 비례관계는 정장석, 백운모(muscovite), 일라이트(illite)와 같은 칼륨을 포함하는 광물의 양에 따라 달라진다(Újvári et al., 2008).

Th와 U는 풍화 과정을 겪으면 화학적으로 다른 반응을 나타낸다. Th는 잘 용해되지 않는 데 비해 U는 산화환원반응에 의한 이동성이 크기 때문에 풍화 환경에서 용탈의 영향을 받기 쉽다(Gallet et al., 1998). Th와 U의 상대적인 특성으로 인해 풍화의 영향을 많이 받을수록 해당 물질의 Th/U 비율이 증가한다. 그림 10.34 (b)에서 중국 뢰

[그림 10.35] 거창 단면(GCLP), 부안 단면(BALP; 박충선 외, 2007), 봉동 단면(BDLP; 황상일 외, 2009), 대천(DCLP; 박충선, 2006) 및 중국 뢰스고원(CLP; Gallet et al., 1996; Jahn et al., 2001), 거창 주변 기반암(GCBR; 한미, 2010), 하천 퇴적물(GCRS) 및 UCC와 PAAS(Taylor and McLennan, 1985)의 chondrite(Masuda et al., 1973; Masuda, 1975)로 표준화된 희토류원소 분포(황상일 외, 2011)

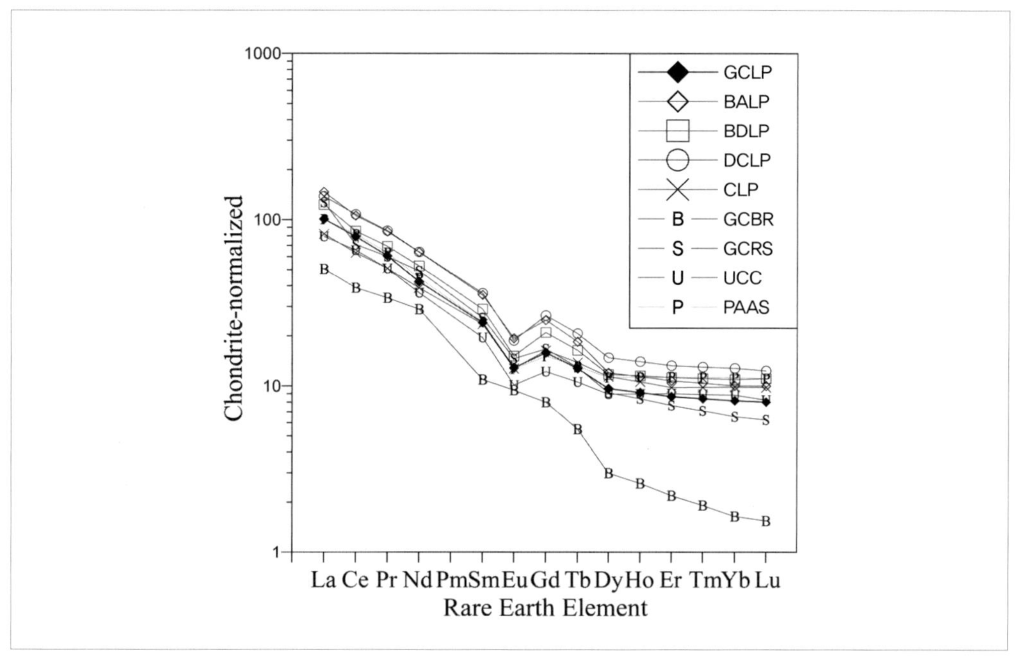

스고원 내에서도 Th/U의 비율은 다소 변화 폭이 크지만 3.8을 중심으로 분포한다. 거창 단면 뢰스-고토양 연속층의 Th/U의 값은 거의 5.5에 이른다. 이것은 거창 단면의 뢰스-고토양이 풍화를 상대적으로 심하게 받았음을 의미한다.

④ 희토류원소 분석 결과

그림 10.35는 거창 단면의 뢰스-고토양 연속층(GCLP) 및 하천 퇴적층(GCRS)의 희토류원소 함량과 기반암(GCBR), 한반도 뢰스-고토양 연속층, UCC와 PAAS의 평균 희토류원소 함량을 Leedey 운석(Masuda et al., 1973; Masuda, 1975)으로 표준화한 희토류원소 분포를 나타낸 것이다. 중국 뢰스고원(Gallet et al., 1996; Jahn et al., 2001)의 희토류 분포도 Leedey 운석으로 표준화된 값의 평균값을 표시하였다.

거창 단면의 뢰스-고토양 연속층은 경희토류(Light REE, LREE)가 중희토류(Heavy

[표 10.3] 거창 단면(GCLP), 부안 단면(BALP; 박충선 외, 2007), 봉동(BDLP; 황상일 외, 2009), 대천(DCLP; 박충선, 2006) 및 중국 뢰스고원(CLP; Gallet et al., 1996; Jahn et al., 2001), 거창 주변 기반암(GCBR; 한미, 2010), 하천 퇴적물(GCRS) 및 UCC와 PAAS(Taylor and McLennan, 1985)의 희토류원소 비교(황상일 외, 2011)

지역	Ce/Ce*	Eu/Eu*	$(La/Yb)_N$	지역	Ce/Ce*	Eu/Eu*	$(La/Yb)_N$
GCLP	0.68~1.27	0.62~0.67	10.72~17.34	BALP	0.79~1.00	0.63~0.66	13.02~16.11
BDLP	0.84~1.04	0.58~0.63	9.36~12.04	DCLP	0.71~1.10	0.59~0.62	8.88~14.01
CLP	0.71~1.12	0.61~0.67	7.16~10.42				
GCBR	0.92	1.00	30.72	GCRS	0.23~2.07	0.63~1.05	17.19~25.91
UCC	1.01	0.64	8.98	PAAS	1.00	0.64	8.94

REE, HREE)에 비해 부화(enrichment)되어 있으며($(La/Eu)_N$=7.04~9.11) 중희토류는 편평한 분포를 보인다($(Tb/Lu)_N$=1.44~1.98). 표 10.3에서 거창 단면(GCLP)의 Eu 이상치(Eu anomaly)는 0.62~0.67로 한반도 및 중국 뢰스, 고토양과 거의 유사하고, 하천 퇴적층은 Eu/Eu* 값이 0.63~1.04로 보다 넓은 범위를 가지며, 기반암은 Eu/Eu* 값이 1.00으로 상대적으로 높다. 거창 단면의 Eu 이상치는 기반암이나 하천 퇴적층보다는 오히려 UCC(Taylor and McLennan, 1985)와 유사하며, $(La/Yb)_N$ 값은 UCC의 값보다 약간 높게 나타나며(표 10.3), 한반도의 다른 뢰스-고토양 연속층 역시 UCC와 PAAS보다는 약간 높은 값을 보인다.

거창 단면을 포함한 한반도 뢰스-고토양 연속층 내에서 희토류원소의 함량이 큰 차이를 보이지 않고(그림 10.35) UCC 및 PAAS(Taylor and McLennan, 1985)와 유사한 경향을 보이는 것은, 한반도 내에서의 지리적인 거리의 차이에도 불구하고 뢰스-고토양 연속층을 구성하는 물질이 동일한 기원지에서 이동되어 퇴적되었음을 의미한다. 또한 Eu 이상과 $(La/Yb)_N$ 값이 PAAS와 거의 유사한 경향을 보이는 것은 뢰스의 기원 물질이 퇴적 과정 동안 다단계의 순환을 겪었음을 의미한다(Gallet et al., 1998). 하천 퇴적층과 기반암의 $(La/Yb)_N$ 값은 뢰스-고토양 연속층과 현저한 차이를 보이고, 특히 기반암은 현저한 중희토류 결핍을 보이고 있다. 따라서 거창 단면의 뢰스-고토양 연속층

[그림 10.36] 거창 단면(GCLP), 부안 단면(BALP; 박충선 외, 2007), 봉동 단면(BDLP; 황상일 외, 2009), 대천(DCL; 박충선, 2006) 및 중국 뢰스고원(CLP; Gallet et al., 1996; Jahn et al., 2001), 거창 주변 기반암(GCBR; 한미, 2010), 하천 퇴적물(GCRS) 및 UCC와 PAAS(Taylor and McLennan, 1985)의 희토류원소 비율(황상일 외, 2011)

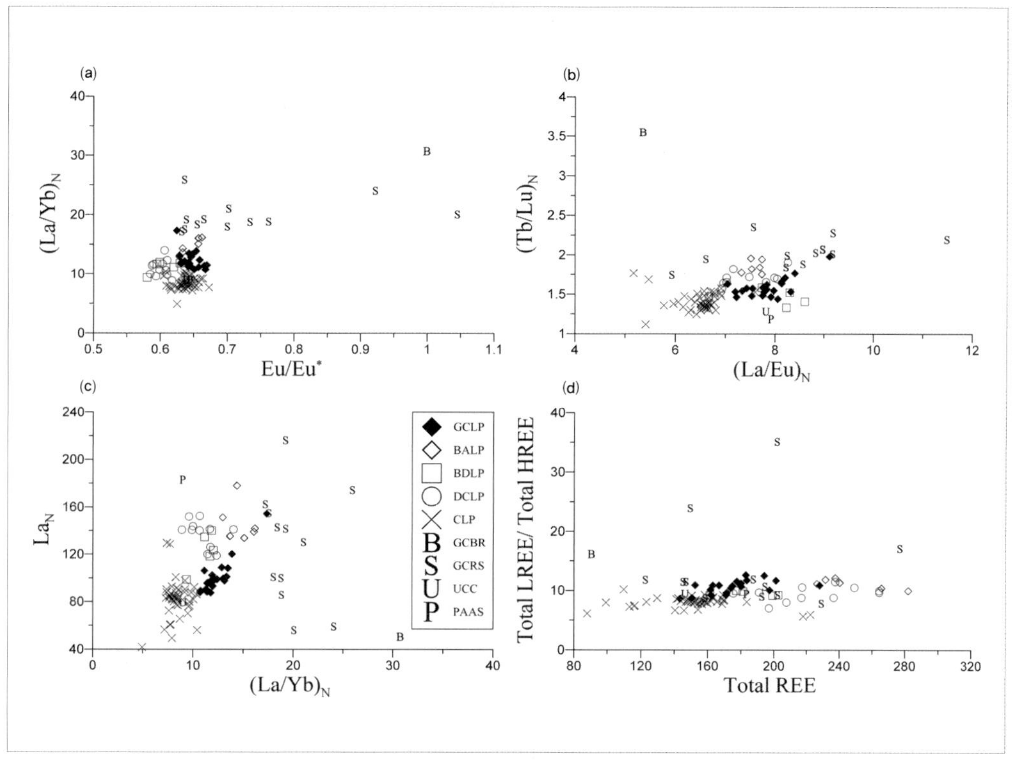

은 기반암의 풍화산물 또는 위천과 황강 등의 하천이 운반한 하천 퇴적물보다는 중국 뢰스고원 또는 그 주변 지역에서 기원하였다.

한편 UCC와 PAAS의 Ce 이상치(Ce anomaly)는 각각 $Ce/Ce^* \approx 1.01$, $Ce/Ce^* \approx 1.00$으로 거의 같지만, 중국 뢰스고원에서는 지역마다 차이가 있어서 Ce/Ce^* 값이 0.71~1.13을 보인다. 또한 거창 단면을 포함한 한반도 뢰스-고토양 연속층 역시 지역마다 차이를 보이며 전체적으로 Ce/Ce^* 값은 0.68~1.27의 범위에 있다. 이러한 사실은 한반도 뢰스-고토양 연속층이 중국 뢰스고원에서 운반되어 온 뢰스 물질에 의해 형성되었을 가능성을 시사한다.

희토류원소 비율은 앞서 언급한 것과 마찬가지로 거창 단면과 중국 뢰스고원뿐만 아니라 한반도 뢰스 층준과 고토양 층준도 Eu 이상치와 $(La/Yb)_N$에서 매우 유사한 분포를 보이고 있지만, 하천 퇴적층이나 기반암은 동떨어진 분포를 보인다(그림 10.36 (a)). 한반도 뢰스-고토양 연속층의 경희토류는 중국 뢰스고원에 비해 약간 부화되어 있으며 중희토류는 큰 차이가 없다(그림 10.36 (b)).

희토류원소는 풍화작용이나 속성작용에 큰 영향을 받지 않고(Taylor and McLennan, 1985) 조립질보다는 세립질 퇴적물에서 높은 함량을 보일 수 있다(Yang et al., 2007). 입도 조성의 세립화에 의한 희토류원소의 부화는 모든 희토류원소가 부화(Total REE의 증가)하는 현상으로 나타나거나, 조립에서 세립으로 갈수록 Total LREE/Total HREE의 비율이 감소해야 한다(Li et al., 2007). 한반도 뢰스-고토양 연속층은 Total LREE/Total HREE가 중국 뢰스고원보다 약간 큰 반면 Total REE는 상당히 크다. 그러므로 단순히 입도 효과만으로 한반도 뢰스-고토양 연속층의 경희토류 부화를 설명할 수는 없을 것이다. 또한 경희토류의 부화가 한 지역만이 아닌 한반도의 많은 지역에서 확인된다는 사실은, 경희토류의 부화가 국지적인 물질과의 혼합에 기인한 결과가 아님을 의미한다.

(4) 거창 단면 뢰스-고토양 연속층의 퇴적물 특성과 형성 과정

뢰스-고토양 연속층의 입도는 중국, 한반도, 일본으로 갈수록 세립화되는 특징이 있다고 하며(박동원, 1985), 다양한 입도 변수 중 입경 중앙값이 겨울 계절풍의 강도를 반영하고 대자율과 마찬가지로 고기후 변화를 지시하는 대리자로 이용되고 있다(Porter and An, 1995). 그러나 거창 단면에서는 뢰스와 고토양 간 입도 조성의 뚜렷한 차이를 확인할 수 없었다. 이와 같은 입도 조성의 유사성에 대해 신재봉 외(2004)는 전곡리 뢰스 퇴적층이 기원지인 중국으로부터 먼 거리를 이동하여 조립의 입자는 분별되고 세립의 입자만 퇴적되었기 때문이라고 주장하였다.

표 10.4는 한반도에서 확인된 풍성 퇴적물의 평균입경과 입경 중앙값을 정리한 것이다. 용인 평창리(이용일, 이선복, 2002)의 평균입경이 가장 세립으로 나타났으며, 국지적인 풍성 퇴적물로 언급한 일죽 단면(김영래, 2007)이 가장 조립이다. 전체적으로 평균입경 6~7.5Φ의 범위에 있으며, 봉동(황상일 외, 2009)을 제외한 모든 지역에서 평균입경이 입경 중앙값보다 세립이다. 뢰스와 고토양 사이에 입도 조성의 큰 차이가 없으

[표 10.4] 한국 뢰스-고토양 연속층의 평균입경 및 입경 중앙값 비교(Φ 단위)(황상일 외, 2011)

용인(이용일, 이선복, 2002)		**홍천**(신재봉 외, 2004)						
평균입경			1단구		2단구		3단구	
			평균 입경	입경 중앙값	평균 입경	입경 중앙값	평균 입경	입경 중앙값
Layer 2	7.51	L1LL1	6.62	6.44	6.79	6.64	6.60	6.47
10	7.62	L1SS1	6.84	6.70	6.25	6.03	6.06	6.34
12	7.42	L1LL2	6.45	6.33	5.77	5.47		
		S1	6.29	6.27	4.87	4.78		

대천(윤순옥 외, 2007)			**덕소**(Yu et al., 2008)			**일죽**(김영래, 2007)	
평균입경		입경 중앙값	평균입경		입경 중앙값	평균입경	입경 중앙값
L1S1	7.03	6.89	L1LL1	6.56	6.4	silty soil	4.28
L1L2	6.64	6.39	L1SS1	6.57	6.31		
S1	6.95	6.73	L1LL2	6.28	6.04		
L2	6.86	6.64	S1	6.25	5.93		
S2	6.57	6.25	L2	6.47	6.24		
L3	6.23	5.92	S2	6.17	5.89		

봉동(황상일 외, 2009)			**거창**(황상일 외, 2011)		
평균입경		입경 중앙값	평균입경		입경 중앙값
Layer 1	6.72	7.38	L1	7.07	6.93
Layer 2	6.39	7.01	L1L1	7.18	7.03
Layer 3	6.14	6.87	L1S1	7.27	7.11
			L1L2	7.37	7.19
			S1	7.19	7.03
			L2	7.18	7.02

며, 공간적으로도 기원지에 더 인접한 서해안과 상대적으로 먼 내륙지역 사이에서 거리에 따른 입경의 변화는 인정되지 않는다.

이러한 현상이 나타나는 원인에 대해서는 지속적으로 검토되어야 할 것으로 생각된다. 다만 사면 이동 물질 또는 국지적으로 근거리에서 운반된 물질이 혼합될 수 있기 때문에, 동일한 시기에 형성된 풍성층일지라도 지역에 따라 평균입경 및 입경 중앙값에 차이가 생길 수 있다. 또한 입도분석의 전처리 과정에 따라서도 입경은 크게 차이를 보일 수 있으므로(윤순옥 외, 2010) 해당 시료의 전처리 과정을 확인할 필요가 있다.

주원소 함량의 차이는 뢰스 물질이 퇴적된 지역의 기온 및 강수량과 같은 풍화작용에 영향을 미치는 기후적 요소의 차이를 반영한다. 거창 단면 뢰스-고토양 연속층의 주원소 함량 및 비율은 한반도 다른 지역의 뢰스-고토양 연속층 시료의 범위에 포함되지만, 거창 단면 하천 퇴적층 및 기반암의 주원소 함량 및 비율과의 연관성은 거의 없다. 따라서 거창 단면 뢰스-고토양 연속층을 구성하고 있는 물질은 주변의 하천 퇴적층이나 기반암에서 기원하였을 가능성은 거의 없다. 아울러 주원소 함량과 비율의 특징은, 중국 뢰스-고토양 연속층과 같은 퇴적 순환을 겪었지만 거창 지역에서는 뢰스고원보다 풍화를 보다 심하게 받았음을 시사한다.

A-CN-K와 A-CNK-FM 다이어그램에서 한반도 뢰스-고토양 연속층 시료는 주원소 함량이 유사하기 때문에 동일한 영역에 포함되지만, 중국 뢰스고원의 시료는 다른 영역에 존재하며 A-CN 축에 나란하게 분포하고 있다(그림 10.37). 거창 단면을 포함하여 한반도의 시료는 중국 뢰스고원과 동일한 방향성을 보이고, Ca, Na, K의 함량은 연장선의 가장 끝부분에 분포하여 뚜렷이 감소하였다. 황상일 외(2009)는 중국 뢰스고원의 경우 Ca, Na 또는 사장석이 제거되는 단계로, 한반도는 K 또는 정장석이 제거되는 단계로 보았다. 이러한 경향은 중국 뢰스고원 내에서도 북서쪽에서 남동방향으로 가면서 강수량과 기온이 증가함에 따라 풍화작용도 활발한 것과 같이, 거창 지역을 포함한 한반도와 뢰스고원의 강수량과 기온 차이에 기인하는 것으로 생각된다. 따라서 거창 지역을 포함하는 한반도 시료는 중국 뢰스고원에서 기원하였을 가능성이 높고 보다 심한 풍화 과정을 겪었던 것으로 파악된다.

거창 단면 뢰스-고토양 연속층의 미량원소 중 Rb 함량은 UCC와 거의 같지만 중

[그림 10.37] 거창 단면(GCLP), 부안 단면(BALP; 박충선 외, 2007), 봉동 단면(BDLP; 황상일 외, 2009), 대천 단면(DCLP; 윤순옥 외, 2007), 덕소 단면(DSLP; Shin, 2003; Yu et al., 2008) 및 중국 뢰스고원(CLP; Gallet et al., 1996; Jahn et al., 2001; Jeong et al., 2010), 거창 주변 기반암(GCBR; 한미, 2010), 하천 퇴적물(GCRS) 및 UCC와 PAAS(Taylor and McLennan, 1985)의 A-CN-K와 A-CNK-FM 다이어그램(Nesbitt and Young, 1984, 1989)(황상일 외, 2011)

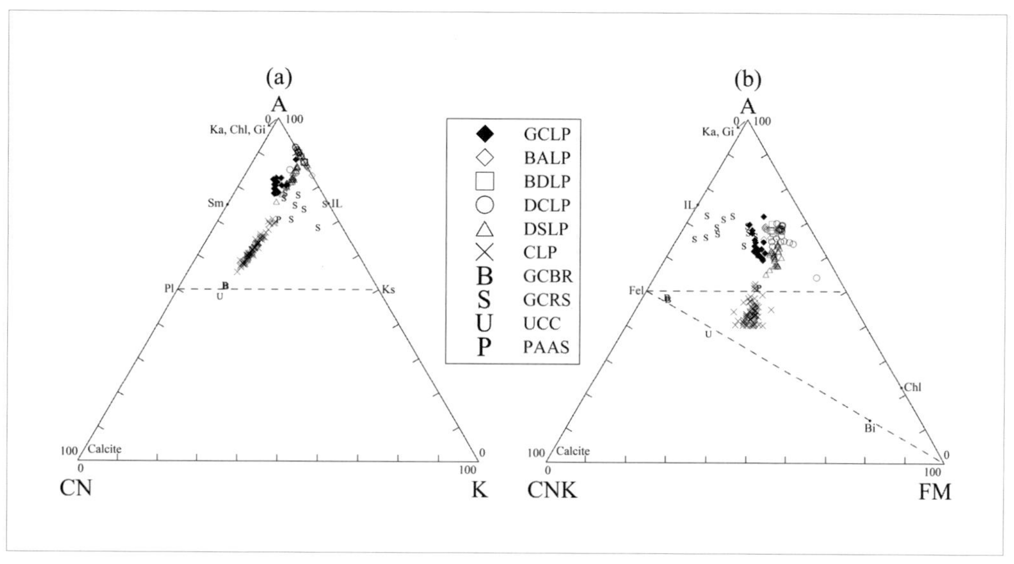

Sm=smectite; Pl=plagioclase; IL=illite; Ks=K-feldspar; Fel=feldspar; Ka=kaolinite; Gi=gibbsite; Chl=chlorite; Bi=Biotite; A=Al_2O_3; CN=CaO+Na_2O; K=K_2O; CNK=CaO+Na_2O+K_2O; FM=Fe_2O_3+MgO

국 뢰스고원보다 높은 값을 보이는 것은 쇄설성 운모나 장석류의 점토광물화 작용이 뢰스고원에서 미약하게 진행되었기 때문이다. 미량원소 가운데 뢰스고원과 가장 큰 차이를 보이는 Sr 함량은 거창 단면 뢰스-고토양 연속층에서 매우 낮은 값을 나타낸다. Sr은 Ca나 Na만큼 풍화에 약한 원소이고 탄산염광물의 제거와 연관되며(Gallet et al., 1996), 풍화에 약한 정도는 Ca〉Sr〉Na〉Mg 순서이다(Yang et al., 2004). 토양생성작용에 의한 함량 변화는 Sr이 Rb보다 크게 나타나며, 이러한 현상은 거창 단면의 뢰스-고토양 연속층에서도 확인할 수 있다. 한반도의 뢰스는 중국 뢰스고원과 비교하여 상대적으로 강한 풍화 환경을 겪으면서 Ca가 우선적으로 제거되고 이후 Sr과 Na가 제거되는 과정에 있다고 할 수 있다.

한편 한반도 뢰스-고토양 연속층의 기원지에 관해 연구자 대부분이 중국 뢰스고원에서 운반된 것으로 보고 있으나, 빙기에 육화되었던 황해나 임진강 유역 및 인접한 범람원에서 운반된 것으로 보는 의견도 있다. 특히 김주용 외(2006)는 거창분지 정장리 지역 하안단구 위의 층리가 없고 실트로 이루어진 뢰스-고토양 연속층을 하천 퇴적물로 판단하였다. 즉 이 미립 물질들이 하천 에너지가 감소되고 하상으로부터 거리가 멀어짐에 따라 퇴적된 것으로 해석하였다. 그러나 하안단구를 이루는 하천 퇴적층과 뢰스-고토양 연속층은 층리, 분급, 토색 등에서 뚜렷하게 구분된다. 그리고 거창군 정장리 지역 하안단구는 황강의 상류부에 해당하여 범람 시 하천 퇴적물로서는 세립의 실트를 퇴적시킬 수 없으므로 이와 같은 주장은 재고되어야 한다.

거창분지는 황강, 위천, 대산천이 형성한 침식분지로서 분지 내부에 구릉지와 비교적 넓은 범람원 그리고 하안단구가 분포한다. 주변의 높은 산지에서 공급된 퇴적물은 지형면 경사가 다소 급한 선상지를 형성하지만, 분지 내 하안단구는 하곡에 의해 배후 산지와 단절되어 있으므로 산지로부터 공급된 퇴적물은 거의 없다. 특히 거창분지 뢰스-고토양의 모재 가운데 일부를 제공하는 하안단구는 지형면이 대단히 평탄하여 뢰스가 퇴적되는 데 유리한 조건을 제공한다.

거창 단면에서 확인된 뢰스-고토양 연속층은 하부의 하천 퇴적층과는 다양한 측면에서 차이가 있다. 하부의 하천 퇴적층은 층리가 형성되어 있고 토색의 변화가 잘 나타나지 않으며, 모래와 자갈의 비율이 높고 분급이 불량하다. 상부의 뢰스-고토양 연속층은 층리가 확인되지 않고 토색의 변화가 뚜렷하여 층서의 구분이 가능하며, 일반적인 하천 퇴적층이나 사면 이동 퇴적물보다 분급이 좋다. 하천 퇴적층의 대자율 값은 뢰스-고토양에 비해 매우 낮다.

희토류원소는 풍화작용이나 속성작용에 의해서 큰 영향을 받지 않기 때문에 기원지를 파악하는 유용한 방법이다. 거창 단면 뢰스-고토양 연속층의 희토류원소 조성은 기반암과 뚜렷하게 다르고 하천 퇴적층과는 중희토류(HREE)에서 차이를 보이므로, 거창 단면 뢰스-고토양 연속층은 하천 퇴적층이나 기반암에서 기원할 가능성은 거의 없다. 오히려 중국 뢰스고원의 희토류 조성 범위에 포함되며 Eu 이상, $(La/Eu)_N$, $(Tb/Lu)_N$, $(La/Yb)_N$ 등은 UCC나 중국 뢰스고원과 거의 유사한 값을 나타내는 사실로부터, 거창 지역 뢰스-고토양 연속층의 기원지를 짐작할 수 있다. 한반도 남부에 위치하는 거창 지역의 뢰스-고토양도 서해안의 대천, 부안, 봉동의 뢰스-고토양 연속층과 마찬가지로 중국 뢰스고원이나 그 주변 지역에서 기원하였을 것이다.

대자율, 토색, OSL 연대측정값을 통해 확인한 거창 단면의 뢰스-고토양 연속층 가운데 가장 아래의 뢰스 층준인 L2의 형성 시기는 MIS 6이었다. 그러므로 이 층준의 하부에 나타나는 하안단구의 형성 시기는 MIS 6 이전의 어느 시기이다. 또한 L2 뢰스층 아래 퇴적된 하천 퇴적층인 환원층에서의 식물 규소체 분석 결과(진민경 외, 2022)에 의하면, 부채형이 우점하며 그중 갈대속과 기장족 부채형의 출현으로 온난한 기후를 나타내고 있다. 따라서 온난한 시기에 해당하는 하안단구 자갈층은 MIS 7에 퇴적된 것으로 볼 수 있다.

5) 충남 서산시 해미 지역

(1) 지역 개관

해미 단면은 행정구역상 충남 서산시 고북면 남정리(북위 36°41′19″, 동경 126°30′41″)에 위치하고 있지만, 해미면과 보다 가깝기 때문에 해미 단면으로 명명하였다. 해미 단면이 위치한 서산시 일대는 대략 북동-남서 방향으로 해발고도 10~30m의 저기복 구릉지가 발달하여 있다. 이와는 대조적으로 해미면 동쪽에는 가야산(678m), 삼준산(489m), 덕숭산(495m) 등의 비교적 해발고도가 높고 사면 경사가 급한 산지가 위치하여, 지형경관에서 뚜렷한 경사 차이를 보인다(그림 10.38).

이 저기복의 구릉지 중 해미면 및 고북면 일대에 분포하는 지형면에 대해 Akagi(1970)는 페디먼트(pediment) 또는 페디플레인(pediplain)으로 해석하였고 국토지리정보원(2003)은 산록 완사면으로 보았지만, 범람원과 뚜렷한 고도 차이를 보이는 선상지 선단부에 분포하는 지형면은 퇴적된 자갈의 원마도 및 퇴적층 두께 그리고 항공사진 판독 결과에 의해 해안단구로 판단된다.

해미 단면의 북쪽을 흐르는 도당천은 서산시 음암면 양대산(175m)에서 발원하여 주로 남서류하고, 해미천, 신장천 등 여러 소규모 하천과 합류하여 서산시 해미면 후암리 부근에서 간월호로 유입한다. 해미 단면의 남쪽에 위치하고 있는 와룡천은 예산군 덕산면 수덕산(495m)에서 발원하여 홍성군 갈사면에서 서류 또는 북서류하여 간월호에 유입하는 소규모 하천이다. 도당천 및 와룡천을 포함한 해미 단면 주변의 하천

[그림 10.38] 해미 단면 주변의 지형 개관(윤순옥 외, 2011)

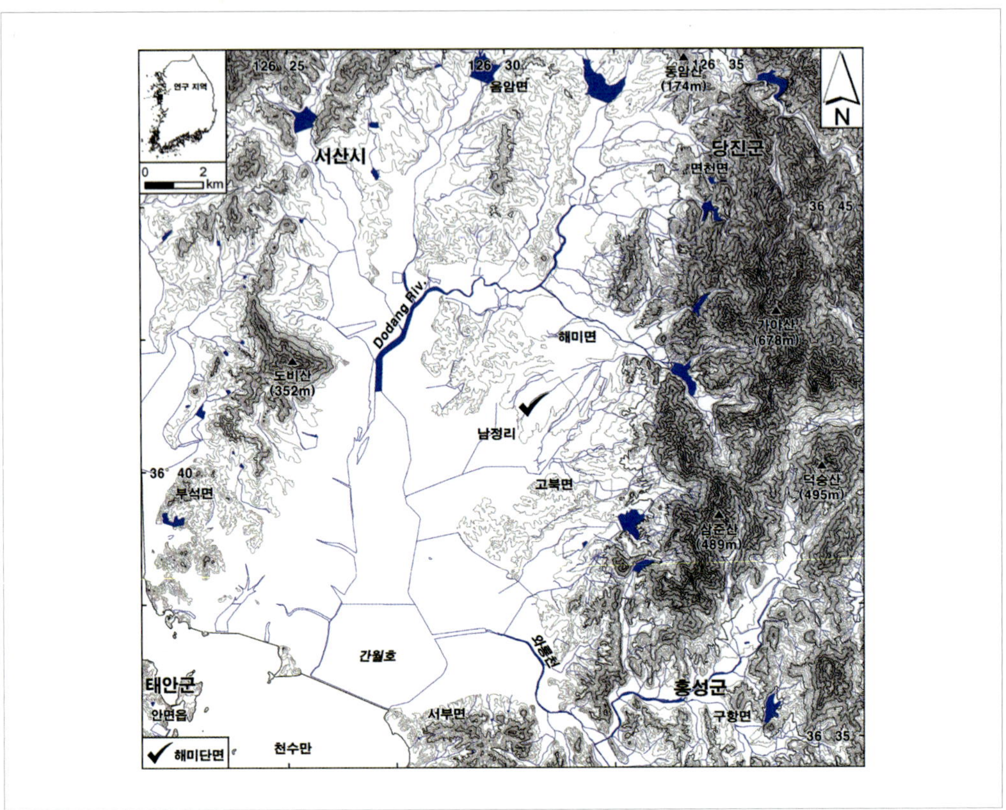

들은 대부분 유로가 짧은 소하천들이다. 따라서 이들이 운반한 기반암의 풍화산물로 이루어진 하천 퇴적물은 짧은 유로로 인해 퇴적 순환(sedimentary recycling)을 충분히 겪지 못하여 기반암의 특성을 직접적으로 반영할 것으로 생각된다. 또한 천수만의 표층 퇴적물을 분석한 연구 결과(최정민 외, 2010)에 의하면, 만의 내부로 갈수록 이동성이 작아진다고 하였다. 이러한 사실은, 해미 단면이 천수만에서 가장 안쪽에 위치하고 해발고도 9.4m 이상인 해안단구에 있으므로, 해류에 의한 혼합 등 다른 지역의 퇴적물이 운반되었을 가능성이 적다는 것을 의미한다.

해미 단면 일대의 기반암(그림 10.39)은 대부분 쥐라기 대보화강암류로 되어 있다. 북서쪽과 남쪽에는 편마암류 및 편암류로 이루어진 선캄브리아기 서산층군이 분포하고 있으며, 서산시 부석면 일대는 서산층군의 태안층이 비교적 넓다. 서산층군은 가

[그림 10.39] 해미 단면 주변의 기반암 분포(한국자원연구소, 1996에서 편집)(윤순옥 외, 2011)

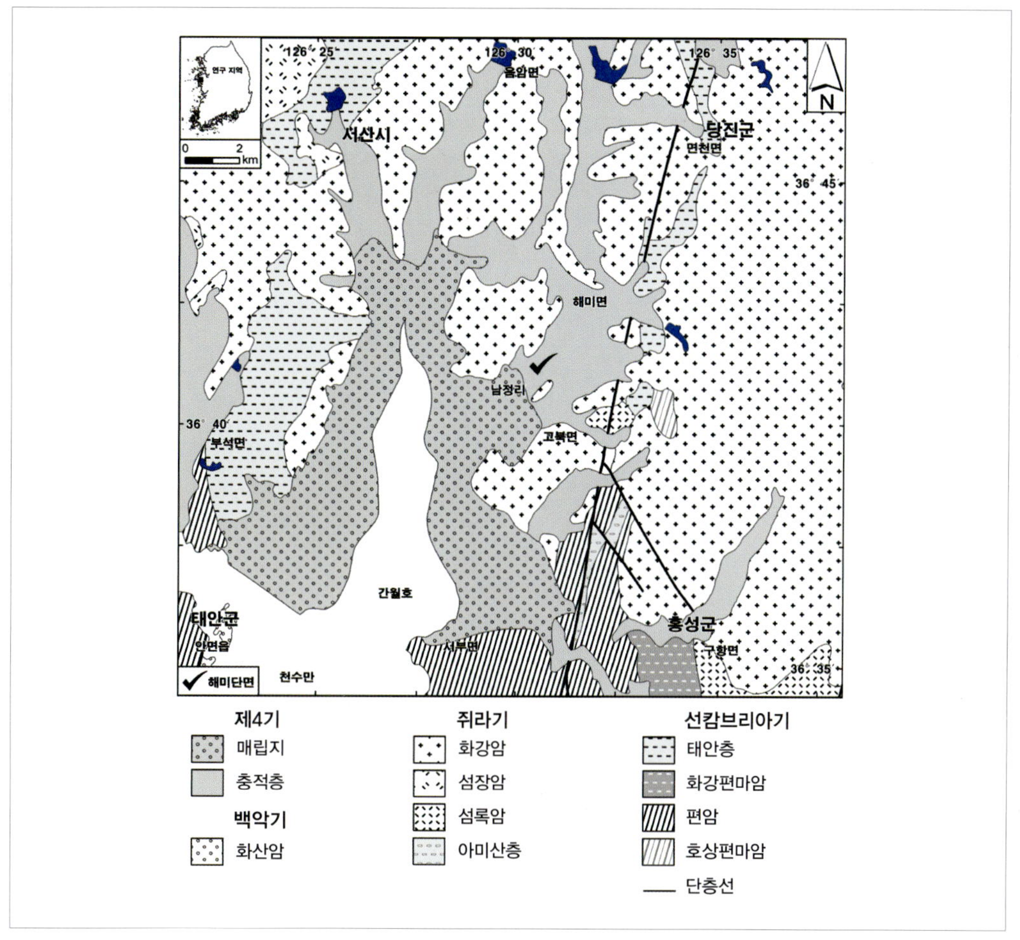

√는 해미 단면의 위치

야산을 중심으로 한 산지와 그 서쪽에 위치한 구릉지와의 경계부를 따라서도 일부 분포하지만 상대적으로 매우 좁다. 따라서 해미 단면 부근으로 흐르는 하천은 대부분 화강암류의 풍화산물을 운반할 것으로 생각된다. 이러한 사실은 대부분 화강암류의 자갈로 이루어진 해미 단면 하부에 퇴적된 해안단구 역층에서도 확인되었다. 해미 단면의 동쪽으로 북북동-남남서 방향의 단층선이 확인되며, 홍성군 갈산면 일대에는 북서-남동 방향의 단층선이 분포하고 있다. 간월호 주변은 충적층과 매립지로 이루어져 있다.

[그림 10.40] 해미 단면의 퇴적상(윤순옥 외, 2011)

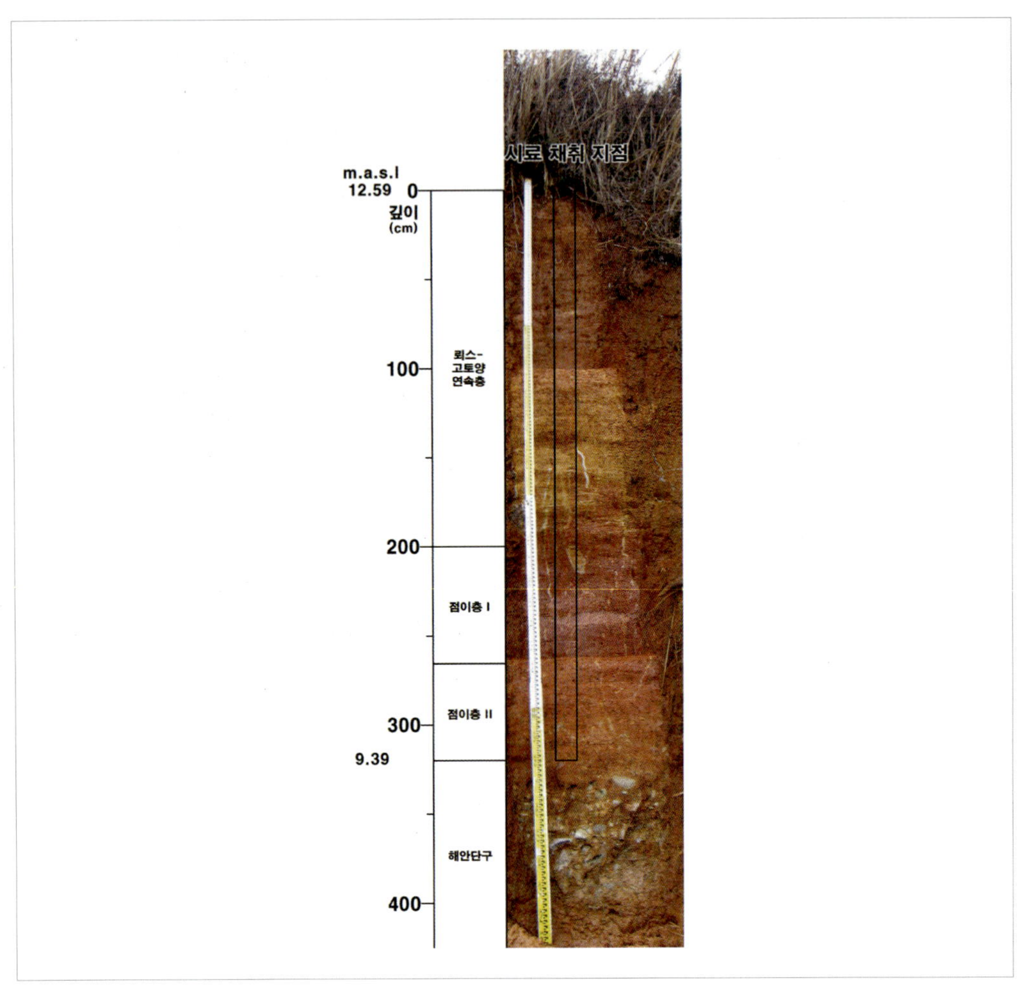

(2) 해미 단면의 퇴적상

해미 단면에서 지표면으로부터 깊이 약 85cm까지의 표층은 경작 및 초지 조성으로 인해 교란되어 있다. 이 층은 유기물이 많아서 검은색을 띠며 특별한 변화 없이 매우 균질하고 초본류 식생의 뿌리를 많이 포함하고 있다. 표층이 끝나는 층준을 기준(깊이 0cm)으로 총 320cm 두께의 단면 노두에서 2cm 간격으로 시료를 채취하였다. 야외 관찰 및 대자율과 입도분석 결과에 기초하여, 상부에서 하부까지 깊이 0~200cm의 뢰스-고토양 연속층(loess-paleosol sequence), 깊이 200~268cm의 점이층 I(transitional layer I), 깊이 268~320cm의 점이층 II(transitional layer II) 그리고 최하부의 해안단구 역층(깊이 320cm 이하)으로 구분하였다(그림 10.40).

뢰스-고토양 연속층에서 깊이 0~20cm는 적갈색(5YR 4/4)을 띠며, 표층에 발달한 초본류의 크고 작은 식물뿌리가 이 구간까지 분포하고 있다. 깊이 20~56cm의 토색도 적갈색(5YR 4/4)으로 거의 유사하며 여전히 식물뿌리가 많이 분포하고 있다. 깊이 56~66cm는 짙은 갈색(7.5YR 4/6)을 보인다. 또한 층의 하부에서는 바로 하부의 적갈색층과 혼합되어 점이적인 특성을 보인다. 깊이 66~84cm는 적갈색(5YR 4/8) 토양 속에 황갈색(10YR 5/6)의 작은 soil crack들이 발달하여 있으며, 매우 작은 크기(최대지름 0.1cm 이하)의 망간 결핵(Mn nodule)이 확인된다. 깊이 84~108cm의 토색은 적갈색(5YR 4/6)으로 망간 결핵이 있지만 상부에서 보이던 soil crack은 확인되지 않는다. 깊이 108~120cm의 토색은 적갈색(5YR 4/8) 또는 황갈색(10YR 5/6)이 혼재한다. 미세한 수직, 수평의 엽상 구조(laminar structure)가 확인되며 검은색의 망간 결핵이 상부보다 약간 더 커진다. 깊이 120~130cm 구간은 상부의 적갈색 또는 황갈색의 층준과 하부의 황갈색 층준과의 점이적인 특성을 보이며 미세한 엽상 구조가 여전히 분포하고 있다. 깊이 130~184cm의 층은 황갈색(10YR 5/8)이 두드러지게 나타난다. 회색(7.5YR 7/1)의 미립 물질로 충진된 soil crack이 발달하여 있으며 하부의 층준까지 연속적으로 분포하고 있다. 깊이 184~200cm는 상부의 황갈색층과 하부의 점이층 I과 혼합되어 있는 양상을 보인다.

점이층 I의 상부(깊이 200~242cm)에서는 급격하게 적갈색(2.5YR 4/6)으로 변화하는 양상을 보인다. 깊이 225cm 지점에서는 장경이 약 16cm인 서관 구조(burrow)가 확인되며, 서관 구조의 내부는 황갈색의 점토질 물질로 충진되어 있어 육안으로 쉽게 구분된다. 수평 그리고 수직의 soil crack이 발달하여 있으나 그리 연속적이지는 않다. 점이층 I의 하부(깊이 242~268cm) 토색은 적갈색(5YR 4/8)으로 soil crack이 여전히 분포하고 작은 망간 결핵이 발견된다. 하부로 갈수록 모래 입자의 비율이 점진적으로 증가하고 있다.

점이층 II 역시 깊이 290cm를 기준으로 상하부로 구분된다. 상부(깊이 268~290cm)는 밝은 적갈색(5YR 5/8)으로 상부에 발달한 soil crack이 이 층준의 상부까지 연속적으로 분포한다. 모래의 비율은 하부로 갈수록 계속 증가하며 망간 결핵도 확인된다.

하부(깊이 290~320cm)는 모래의 비율이 급격하게 증가하고 토색은 상부보다 약간 더 황갈색의 특징을 보인다. 깊이 약 300cm까지만 soil crack이 연속적으로 분포하고 이하에서는 소멸된다. 이러한 점이층은 해안단구 형성 시기에 역층 상부에 퇴적된 간석지 퇴적층일 가능성도 있다.

이하의 해안단구 역층에는 화강암의 원력이 퇴적되어 있다. 화강암은 풍화를 많이 받아 충격을 주면 쉽게 부서진다. 측량 결과, 깊이 0cm의 해발고도는 약 12.59m이며 해안단구 역층의 해발고도는 약 9.39m이다.

충남 보령 대천 지역에서는 구정선 고도가 해발고도 20~23m인 해안단구 지형면이 MIS 9에 형성된 것으로 추정되었으며(윤순옥 외, 2015), 이보다 나중에 형성된 구정선 고도 15~17m 지형면은 MIS 7로 편년되었다. 따라서 해미 단면의 해안단구 역층과 그 위에 나타나는 점이층은 MIS 5e에 퇴적된 것으로 추정할 수 있다.

(3) 분석 결과

① 연대측정 결과

해미 단면에서는 한국기초과학지원연구원에 의해 총 3개 층준(깊이 90cm, 160cm, 220cm)에서 OSL 절대연대가 측정되었으며 그 결과는 표 10.5와 같다. 각 시료가 특정 연대 값을 도출하지 않고 5만 년 이상을 지시하므로, OSL 연대측정 결과로는 뢰스-고토양 연속층 및 그 하부 해안단구의 형성 시기를 판단하기 어렵다.

[표 10.5] 해미 단면의 OSL 연대측정 결과(윤순옥 외, 2011)

시료명	연간 선량 (Gy/ka)	수분함량 (%)	등가 선량 (Gy)	표본 수 (n)	OSL 연대 (ka)
HM90	3.06±0.08 (2.87±0.08)	22.9 (30.2)	334±17	21	>50
HM160	2.82±0.08 (2.52±0.07)	31.2 (45.7)	279±12	24	>50
HM220	3.13±0.08 (2.99±0.08)	32.1 (37.9)	163±17	19	>50

[그림 10.41] 해미 단면의 층서, 대자율(MS) 및 입도 변수 변화(윤순옥 외, 2011)

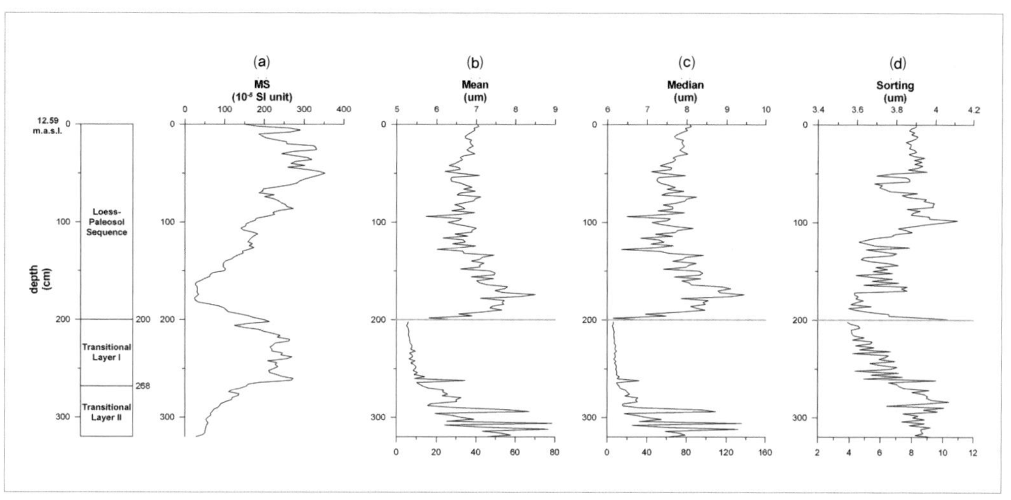

② 대자율 및 입도분석 결과

중국 뢰스고원에서 대자율은 뢰스 층준에서는 낮게, 고토양 층준에서는 높게 나타나며 여름 계절풍의 강도를 반영하고, 이와는 대조적으로 평균입경 및 입경 중앙값은 뢰스 층준에서는 높게, 고토양 층준에서는 낮게 나타나며 겨울 계절풍의 강도를 반영한다(Liu, 1985; An et al., 1991). 그동안 수많은 고기후 대리자(paleoclimatic proxy)가 제시되어 왔지만 대자율과 입경 중앙값은 가장 중요한 지표로 여겨지고 있다. 해미 단면의 뢰스-고토양 연속층에서 대자율 변화(그림 10.41 (a))는 대략 깊이 100cm를 기준으로 상부는 높고 하부는 낮은 대자율을 보인다. 점이층 역시 점이층 I은 대자율 값이 비교적 높지만 점이층 II는 낮다. 뢰스-고토양 연속층에서 대자율 변화는 깊이 0cm에서 하부로 갈수록 미변동을 보이면서 점점 증가하여, 깊이 50cm에서 최댓값(약 352.7$\times10^{-5}$ SI unit)을 보이고, 이후 감소하여 깊이 178cm에서 최솟값(약 24.0$\times10^{-5}$ SI unit)을 보인 후 다시 증가한다. 점이층 I에서는 124.7~273.7$\times10^{-5}$ SI unit의 값을 보이며 점이층 II에서는 29.0~139.3$\times10^{-5}$ SI unit의 값을 보인다. 점이층 I에 비해 점이층 II의 대자율이 낮은 것은 기반암의 풍화산물에서 기원한 석영으로 이루어진 모래 입자의 혼입에 의한 것으로 보인다.

해미 단면의 평균입경(그림 10.41 (b))은 전체적으로 5.0~78.7μm이며 뢰스-고토양 연속층은 5.7~8.5μm, 점이층 I은 5.0~34.6μm, 그리고 점이층 II는 15.4~78.7μm이다. 뢰스-고토양 연속층에서 평균입경의 변화는 깊이 150cm까지는 큰 변화 없이 6~7μm 사이에서 미변동하지만, 깊이 150~190cm까지는 약간 조립질의 특성을 보인 후 다시 감소하는 모습을 보인다. 평균입경 변화는 뢰스-고토양 연속층 하부에서 대자율 변화와 유사한 양상을 띠지만, 뢰스-고토양 연속층의 상부에서는 이러한 경향을 확인할 수 없다.

한편 점이층에서는 하부로 갈수록 평균입경이 커지며, 점이층 I보다는 점이층 II에서 층준 사이의 차이가 크다. 점이층의 이와 같은 평균입경 변화는 주변 지역에서 기원한 조립 물질의 혼입에 의한 것으로 보이며, 점이층 I보다는 점이층 II에서 보다 많은 양의 조립 물질이 혼합된 것으로 생각된다.

해미 단면 뢰스-고토양 연속층에서 입경 중앙값 변화(그림 10.41 (c))는 평균입경의 변화와 전체적으로는 유사하지만 일부 층준에서 약간 다른 특성을 보인다. 즉 상부에서 깊이 100cm까지는 평균입경과 유사하게 7~8μm 사이에서 미변동을 하지만 이후 깊이 100~130cm에서 약간 세립화되고, 130~190cm까지는 다시 조립화되며 이후 다시 감소하는 모습을 보인다. 또한 층준 사이에서 미변동 폭이 평균입경에 비해 크다. 전체적으로 보았을 때, 해미 단면의 뢰스-고토양 연속층에서는 중국 뢰스고원에서와 같이 뢰스와 고토양 간의 대자율과 평균입경 또는 입경 중앙값 사이의 관계를 확인하기는 어렵다.

뢰스-고토양 연속층에서 분급(그림 10.41 (d))은 일부 시료를 제외하고는 4μm 이하로, Folk and Ward(1957)의 구분에 따르면 불량한 분급(poorly sorted)에 해당한다. 이와는 대조적으로 점이층은 대부분 4μm 이상으로 매우 불량한 분급(very poorly sorted)에 해당한다.

③ 주원소 분석 결과

그림 10.42에는 한국(Korean loess) 및 중국 뢰스고원(CLP)의 뢰스-고토양 연속층, 해미 지역 기반암(bedrock) 그리고 UCC, PAAS의 주원소 조성과 함께 해미 단면의 주원소 조성을 나타내었다. 우선 해미 단면 뢰스-고토양 연속층에서 SiO_2의 함량은 65~71wt.%, 점이층은 64~73wt.%를 보여, 점이층의 함량이 뢰스-고토양 연

[그림 10.42] 해미 단면, 한국 뢰스(Shin, 2003; 박충선 외, 2007; 윤순옥 외, 2007; 황상일 외, 2009, 2011), 중국 뢰스고원(Gallet et al., 1996; Jahn et al., 2001), 기반암(서경원 외, 1998) 및 UCC와 PAAS(Taylor and McLennan, 1985)의 주원소 비율(윤순옥 외, 2011)

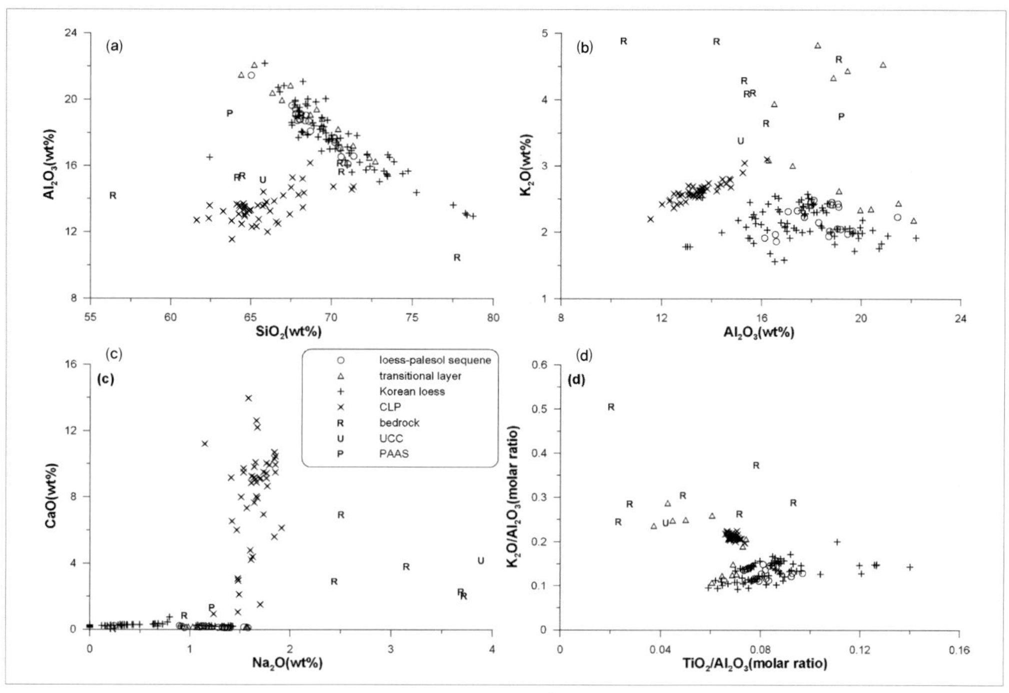

속층의 함량보다 약간 더 넓은 범위에 있다. 또한 Al_2O_3의 함량은 각각 16~21wt.%, 16~22wt.%로 거의 유사하다. 한편 CaO의 함량은 뢰스-고토양 연속층의 경우 0.11~0.24wt.%, 점이층은 0.14~0.19wt.%로 뢰스-고토양 연속층 함량 범위가 점이층보다 넓다.

해미 단면의 SiO_2와 Al_2O_3의 함량(그림 10.42 (a))은 한국의 다른 뢰스-고토양 연속층과 같이 반비례관계를 보이지만, 중국 뢰스고원은 비례관계에 있다. 뢰스고원의 SiO_2와 Al_2O_3 비례관계는 장석과 운모 같은 알루미노규산염 광물에 의해 두 원소가 영향을 받는 것으로 보이며(Újvári et al., 1998), 해미 단면과 더불어 한반도 뢰스-고토양 연속층은 알루미노규산염(aluminosilicate)보다는 층상 규산염(phyllosilicate)에 의해 두 원소의 함량이 영향을 받는 것으로 판단된다(Hofmann et al., 2003). 그러나 중국 뢰스고원은 낮은 상관관계에 있으며 해미 단면은 상대적으로 높은 상관관계에 있다. 따라서 중국 뢰스고원에서 SiO_2와 Al_2O_3의 함량은 알루미노규산염 외에 다른 광물도 영향을 미쳤으며, 해미 단면은 주로 층상 규산염 광물에 의해 영향을 받는 것으로 보인다(황상일 외, 2009).

중국 뢰스고원에서 Al_2O_3와 K_2O는 비례관계(그림 10.42 (b))에 있으며, 해미 단면의 K_2O는 2wt.% 검출되며 Al_2O_3와 별다른 관계를 보이지 않는다. 또한 해미 단면의 Al_2O_3 함량은 중국 뢰스고원보다 높지만 K_2O 함량은 낮다. 한편 해미 단면에서 Na_2O와 CaO(그림 10.42 (c)) 함량은 중국 뢰스고원보다 매우 낮다. 해미 단면에서 중국 뢰스고원에 비해 현저히 낮은 Na_2O와 CaO 함량, 약간 낮은 함량의 K_2O 그리고 높은 함량의 Al_2O_3는 결국 해미 단면이 중국 뢰스고원에 비해 강한 풍화작용을 받았음을 의미하는 것으로 볼 수 있다.

주원소 중 Al과 Ti는 풍화작용에 대한 저항력이 커서 풍화작용을 받은 이후에도 그 함량이 크게 변하지 않으며 그 비율 역시 거의 일정하게 유지된다. 따라서 그 비율은 기원지를 확인하는 데 이용될 수 있다. 이와는 대조적으로 K는 중간 정도의 풍화작용에서는 함량이 크게 변화하지 않지만, 극심한 풍화작용을 받은 경우 그 함량이 감소할 수 있다(Buggle et al., 2010). 그림 10.42 (d)에 이 세 원소의 비율을 나타내었다. 해미 단면 뢰스-고토양 연속층에서 TiO_2/Al_2O_3의 비율(몰비)은 0.07~0.10으로 중국 뢰스고원(약 0.07)과 상당히 유사하나, 점이층은 0.04~0.07로 약간 낮다. K_2O/Al_2O_3의 비율(몰비)은 뢰스-고토양 연속층과 점이층이 각각 0.11~0.15, 0.11~0.29의 값을 보여 중국 뢰스고원(0.20~0.22)보다 낮거나 보다 넓은 범위의 값을 보인다. 이러한 사실은 결국 해미 단면의 뢰스-고토양 연속층이 중국 뢰스고원과 유사한 기원지를 갖지만 극심한 풍화작용을 겪었음을 의미하는 것으로 판단된다.

그림 10.42에 나타낸 주원소 조성에 있어 점이층은 뢰스-고토양 연속층과는 다소 다른 특성을 보이며, 점이층 사이에도 차이가 있다. 즉 점이층 I은 점이층 II에 비해 뢰스-고토양 연속층과 비교적 유사하게 분포하지만, 점이층 II는 뢰스-고토양 연속층보다는 기반암과 유사한 분포 특성을 나타낸다. 또한 기반암의 주원소 조성은 뢰스-고토양 연속층과는 분명한 차이가 있다. 따라서 해미 단면의 뢰스-고토양 연속층은 기반암의 풍화산물에서 기원한 물질과는 거리가 먼 것으로 보이며, 점이층 II는 기반암의 풍화산물과 더불어 뢰스-고토양 연속층을 이루고 있는 물질과의 혼합에 의해

[그림 10.43] 해미 단면, 한국 뢰스(Shin, 2003; 박충선 외, 2007; 윤순옥 외, 2007; 황상일 외, 2009, 2011), 중국 뢰스고원(Gallet et al., 1996; Jahn et al., 2001), 기반암(서경원 외, 1998) 및 UCC와 PAAS(Taylor and McLennan, 1985)의 A-CN-K 다이어그램과 CIA(Nesbitt and Young, 1984, 1989)(윤순옥 외, 2011)

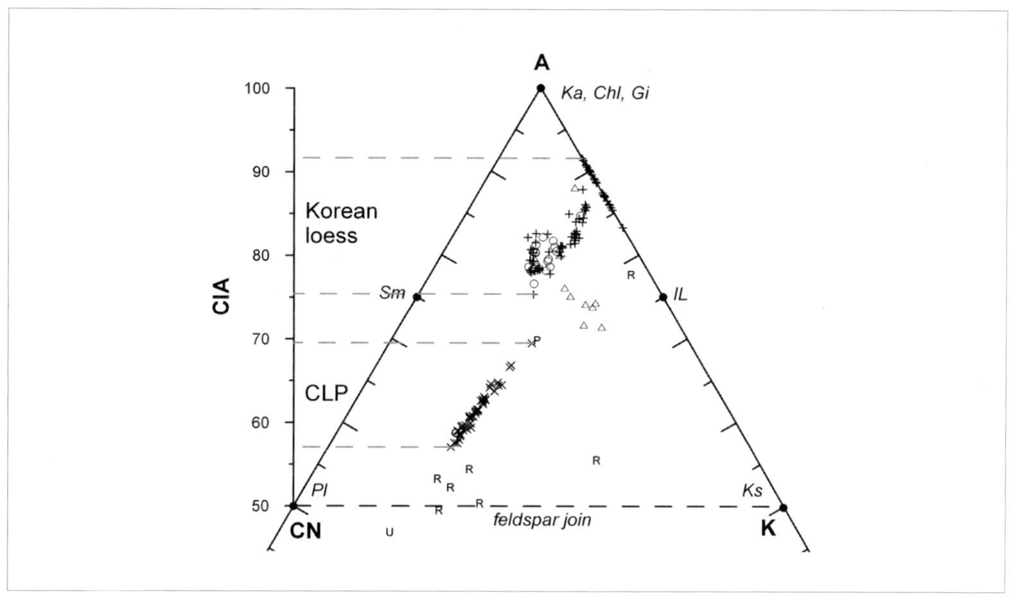

Sm=smectite; Pl=plagioclase; Ks=K–feldspar; IL=illite; Ka=kaolinte; Chl=chlorite; Gi=gibbsite; A=Al_2O_3; CN=CaO*+Na_2O; K=K_2O 범례는 그림 10.42와 동일함

형성된 것으로 판단된다.

또한 그림 10.42에 제시된 주원소 함량 비율의 특징들은, 해미 단면의 뢰스-고토양 연속층이 기존에 한반도에서 보고된 뢰스-고토양 연속층과 거의 유사한 분포 경향을 하고 있다는 것을 보여 준다. 특히 점이층 I의 주원소 특징도 뢰스-고토양 연속층과 거의 같다. 이러한 사실은 그들의 기원지 및 퇴적 이후 일어난 풍화작용의 경향이 거의 유사하였다는 것을 의미한다. 더구나 각각 서로 다른 기반암으로 이루어진 지역에 퇴적된 뢰스-고토양 연속층이 유사한 화학조성을 보이는 것은, 결국 그들이 근거리가 아닌 장거리에서 이동, 퇴적된 물질로 이루어졌음을 의미한다.

해미 단면의 풍화 특성 및 기원지는 A-CN-K 다이어그램(Nesbitt and Young, 1984, 1989)을 통해서도 확인이 가능하다(그림 10.43). 중국 뢰스고원의 시료들은 UCC와 PAAS를 연결한 선을 따라 A-CN 축과 거의 평행하게 분포하고 있으며, 그 연장선상에 해미 단면의 뢰스-고토양 연속층 및 한반도의 뢰스-고토양 연속층이 분포하고 있다. 이러한 사실은 중국 뢰스고원은 UCC와 유사한 물질에서 기원하여 형성되었으며, 한반도의 뢰스-고토양 연속층 역시 중국 뢰스고원과 동일한 기원지를 갖는다는 것을 의미한다. 이는 다시 한반도 뢰스-고토양 연속층이 중국 뢰스고원에서 기원한 물질에 의해 형성되었거나 중국 뢰스고원과 동일한 기원지를 갖는 것으로 생각할 수 있다. 또한 풍화의 관점에서 보면, 중국 뢰스고원은 Ca 또는 Na가 제거되는 풍화의 초기 단계(Chen et al., 1998; Chen et al., 2001)에 있으며, 해미 단면 및 한반도의 뢰스-고토양 연속층은 초기 단계의 후기 또는 칼륨이 제거되는 중간 단계의 초기에 해당하는 것으로 볼 수 있다.

한편 중국 뢰스고원의 시료들은 거의 A-CN 축에 평행한 풍화 경향(weathering trend)을 따라 일직선으로 분포하고 있는 데 반해, 해미 단면 뢰스-고토양 연속층을 포함한 한반도 뢰스-고토양 연속층은 일정한 풍화 경향을 중심으로 분산된 분포 특성을 보인다. 이러한 특성은 중국 뢰스고원은 안정된 상태의 풍화(steady-state weathering)를, 한반도 뢰스는 불안정한 상태의 풍화(non-steady weathering; Nesbitt et al., 1997)를 지시하는 것으로 생각할 수 있다. 따라서 한반도 뢰스가 중국 뢰스고원보다 풍화작용을 더 많이 받았으며 풍화작용의 성격도 달랐을 것으로 생각된다. 또한 두 지역의 시료가 다이어그램에서 분리되어 분포하고 CIA 값 역시 두 지역 사이에 일정한 공백이 있다는 것은, 중국 뢰스고원에서 풍화를 받은 물질이 이동하여 한반도에 퇴적되었기보다는 한반도에 퇴적된 이후 풍화작용을 받아 현재의 특성을 가지게 되었기 때문일 것이다. 그리고 한반도 뢰스-고토양 연속층의 시료들이 중국 뢰스고원의 풍화 경향의 일직선상에서 약간 A-CN 축에 치우쳐 위치하고 있는 현상은, 일정 부분 분급 효과(sorting effect) 또는 입도 효과(grain size effect)가 작용한 데 기인하는 것으로 생각된다.

한편 해미 지역의 기반암은 대부분 UCC보다 정장석을 더 포함하고 있으며, 기반암 및 A-CN 축과 평행한 연장선 위에 점이층 II의 시료가 주로 위치하고 있다. 또한 점이층 II의 시료들은 뢰스-고토양 연속층에 비해 K-교대작용(K-metasomatism; Fedo et al., 1995)의 특성을 보인다. 그러나 점이층 I의 많은 시료는 뢰스-고토양 연속층과 비교적 유사한 분포 양상을 하고 있다. 따라서 점이층 I은 뢰스-고토양 연속층에 기반암의 풍화산물과 같은 주변에서 기원한 조립 물질이 소량 혼입된 것이며, 점이층 II는

[그림 10.44] 해미 단면 뢰스-고토양 연속층((a), (d)), 점이층((b), (e)) 및 기반암(서경원 외, 1998)과 중국 뢰스고원(Gallet et al., 1996; Jahn et al., 2001; (c), (f))의 UCC와 PAAS(Taylor and McLennan, 1985)로 표준화한 미량원소 분포(윤순옥 외, 2011)

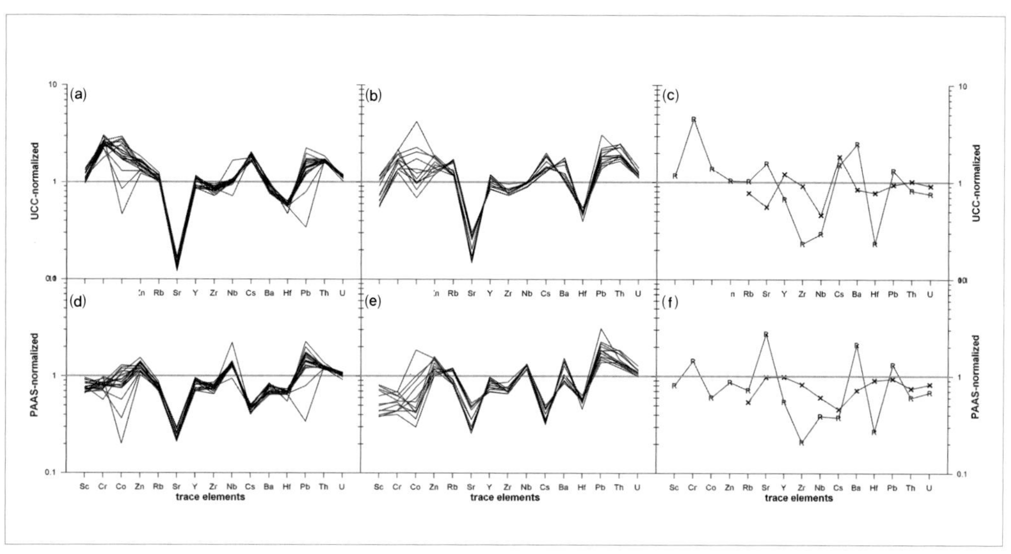

기반암과 중국 뢰스고원은 평균 함량으로 표현되어 있으며 범례는 그림 10.42와 동일함

주변에서 기원한 기반암의 풍화산물을 기반으로 뢰스-고토양 연속층의 물질이 소량 혼합된 것으로 볼 수 있다.

④ 미량원소 분석 결과

그림 10.44에 해미 단면의 뢰스-고토양 연속층, 점이층 그리고 기반암 및 중국 뢰스고원의 미량원소 함량을 각각 UCC와 PAAS로 표준화하여 제시하였다. 우선 뢰스-고토양 연속층은 일부 시료가 특정 원소(Co, Pb)에서 차이를 보이는 것을 제외하면 거의 유사한 분포 경향을 보인다(그림 10.44 (a), (d)). Cr, Cs, Th가 UCC에 비해 부화(enrichment)되어 있으며 Sr은 큰 결핍(depletion)을 보인다(그림 10.44 (a)). 이에 비해 점이층은 Sc, Cr, Co, Sr, Pb, Th가 시료 사이에서 상대적으로 큰 차이를 보이며, Cr, Zn, Pb, Th가 상대적으로 UCC에 비해 부화되어 있으며, 뢰스-고토양 연속층과 마찬가지로 Sr은 큰 결핍을 보인다(그림 10.44 (b)). 기반암은 UCC에 비해 Cr, Ba가 크게 부화되어 있으며 Zr, Nb 그리고 Hf는 큰 결핍을 보인다(그림 10.44 (c)).

[그림 10.45] 해미 단면, 한국 뢰스(황상일 외, 2011), 중국 뢰스고원(Gallet et al., 1996; Jahn et al., 2001), 기반암(서경원 외, 1998) 및 UCC와 PAAS(Taylor and McLennan, 1985)의 미량원소 비율(윤순옥 외, 2011)

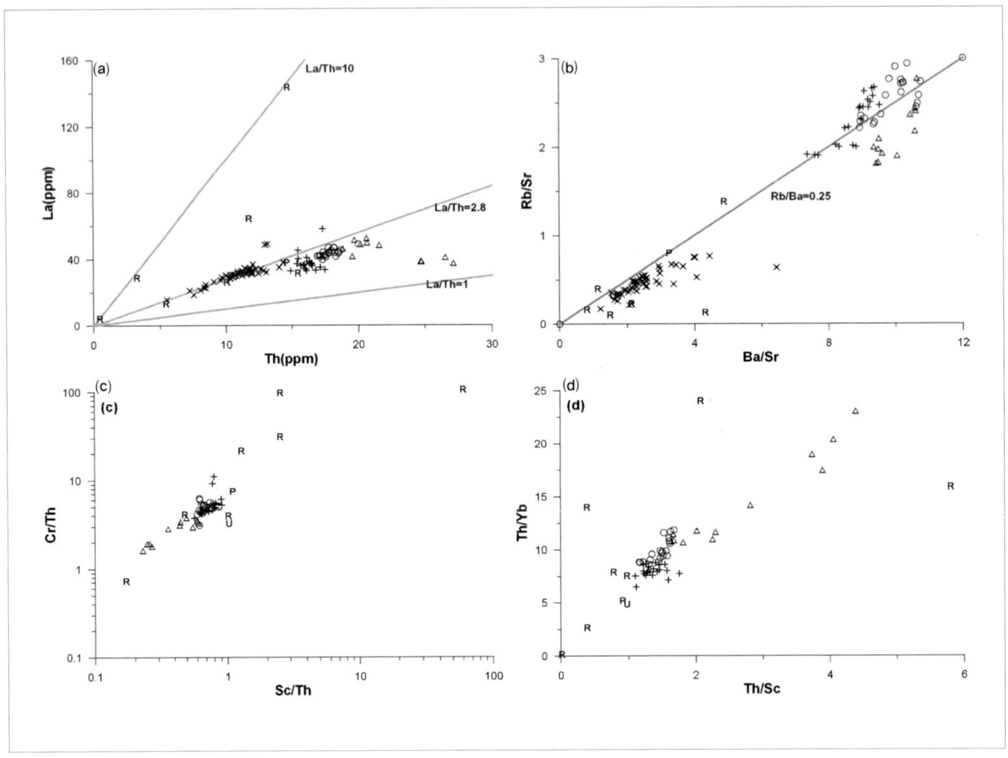

범례는 그림 10.42와 동일함

뢰스-고토양 연속층에서는 Zn, Nb, Pb가 PAAS에 비해 부화되었으며, UCC로 표준화된 것과 마찬가지로 Sr은 크게 결핍된 것이 특징적이다(그림 10.44 (d)). 점이층에서도 Sr은 PAAS에 비해 크게 결핍되어 있고 Cs, Hf 등도 결핍을 보이지만 Pb와 Th는 부화되어 있다(그림 10.44 (e)). 이와는 대조적으로 기반암은 PAAS에 비해 Sr이 크게 부화되어 있으며, Sr과 더불어 Ba도 크게 부화되어 있고, Cr은 상대적으로 약한 부화를 보인다(그림 10.44 (f)).

전체적으로 일부 원소를 제외하면 뢰스-고토양 연속층은 층준들 사이에서 함량 차이 없이 일정한 범위에 있으나, 점이층은 층준들 사이에서 상대적으로 차이가 크다. 따라서 뢰스-고토양 연속층은 비교적 균질한 퇴적물로 이루어진 기원지 또는 단일의 기원지에서 이동된 퇴적물로 이루어졌으며, 점이층은 뢰스-고토양을 이루는 퇴적물에 기반암에서 유래한 물질이 혼합되어 형성되었음을 알 수 있다. 한 가지 특징적인 것은, 기반암에서 PAAS에 비해 크게 부화되어 있는 Sr이 뢰스-고토양 연속층 그리고 점이층 모두에서 크게 결핍되어 있으며, 점이층보다는 뢰스-고토양 연속층에서 그 결핍 정도가 더 크다는 사실이다. 또한 중국 뢰스고원과 비교해도 Sr 결핍이 특징적인데, 이것은 퇴적 이후 풍화작용에 의해 Sr이 제거되었기 때문일 것이다.

해미 단면의 기원지 및 풍화 특성 등을 확인하기 위해 미량원소와 희토류원소 가운데 일부 원소의 비율을 그림 10.45에 나타내었다. La와 Th의 지구화학적 거동은 유사한 양상을 보이므로 퇴적물은 일정한 비율을 계속 유지한다(Taylor and McLennan, 1985). 중국 뢰스고원의 경우 La/Th의 비율은 대부분 2.5~3.1로 UCC(약 2.8), PAAS(약 2.6)와 거의 유사하다(그림 10.45 (a)). 해미 단면 뢰스-고토양 연속층에서 이 값은 2.3~2.7로 중국 뢰스고원보다 약간 낮으나 거의 유사한 범위에 있다. 이와는 대조적으로 점이층의 La/Th 비율은 1.4~2.6으로 상당히 낮다. 또한 점이층의 La와 Th 함량도 뢰스-고토양 연속층과는 차이가 있다.

Ba 또는 Rb 그리고 Sr의 지구화학적 거동은 상당한 차이를 보인다. 즉 Ba와 Rb는 K와 유사하게 풍화의 초기 단계에서는 잘 제거되지 않거나 점토광물 등에 흡착되어 단면 내에 보존되므로 함량 변화가 크지 않은데, Sr은 풍화가 진행될수록 Ca 또는 Na와 함께 쉽게 제거된다. 그러나 극심한 풍화작용을 겪게 되면 Ba와 Rb 역시 단면 내에서 제거될 수 있다(Chen et al., 1999; Buggle et al., 2010). 따라서 중국 뢰스고원에서는 Ba/Sr 또는 Rb/Sr의 비율이 풍화의 정도를 반영하므로 고기후 대리자로 많이 사용되어 왔지만(Chen et al., 1999; Gallet et al., 1996), A-CN-K 다이어그램에서 확인된 것처럼, 한반도와 같이 풍화작용이 활발한 지역에서는 Sr의 결핍이 매우 크기 때문에 Ba/Sr 또는 Rb/Sr이 고기후 대리자로서 충분한 역할을 못 할 가능성도 있다.

중국 뢰스고원의 Ba/Sr과 Rb/Sr의 비율은 각각 1.2~6.4, 0.2~0.8로 PAAS(각각 약 3.3, 0.8)와 유사한 데 반해, 해미 단면 뢰스-고토양 연속층은 각각 8.9~10.8, 2.2~2.9로 두 비율 모두 중국 뢰스고원보다 상당히 높다(그림 10.45 (b)). 점이층 역시 두 비율이 각각 9.4~10.6, 1.8~2.8로 상당히 높은 값을 보인다. 이는 해미 단면 뢰스-고토양 연속층 및 점이층 모두 중국 뢰스고원 및 해미 지역 기반암(각각 0.8~4.9, 0.1~1.4)에 비해 더 심한 풍화작용을 겪었음을 의미하며, 이러한 결과는 상술한 A-CN-K 다이어그램에서도 확인되었다.

한편 Rb/Ba의 비율은 중국 뢰스고원에서 대부분 0.25 이하인 데 반해 해미 단면 뢰스-고토양 연속층은 대부분 0.25 이상이다(그림 10.45 (b)). 이러한 비율의 차이는 두 지역의 Rb 함량 차이 때문이다. 즉 해미 단면 뢰스-고토양 연속층과 중국 뢰스고원의 Ba 함량은 거의 유사한 데 반해, Rb의 함량은 해미 단면 뢰스-고토양 연속층이 약간 더 높다. 한편 점이층의 경우 Rb/Ba의 비율은 대부분 0.25 이하로 뢰스-고토양 연속층과 뚜렷하게 차이를 보이고 있다.

Sc/Th의 비율과 함께 표현된 Cr/Th의 비율은 기원지를 확인하는 데 유용하며(Condie and Wronkiewicz, 1990), Th/Yb의 비율은 특히 규장질(felsic)과 고철질(mafic) 기원지를 구분하는 데 있어 매우 효과적이다(Taylor and McLennan, 1985). 그림 10.45 (c), (d)에 이 원소의 비율을 나타내었다. 다만 여기에 인용한 중국 뢰스고원의 자료에서는 Sc, Cr의 함량이 보고되지 않아 중국 뢰스고원의 자료는 그림에서 제외되었다. 하지만 중국 뢰스고원의 원소 조성이 PAAS와 매우 유사(Gallet et al., 1998; Taylor et al., 1983)하므로 PAAS와 비교하고자 한다.

해미 단면 뢰스-고토양 연속층의 Sc/Th와 Cr/Th 비율의 값은 각각 0.6~0.9 그리고 3.1~6.3으로 PAAS(각각 약 1.1, 7.5)에 비해 약간 낮다. 점이층 I은 뢰스-고토양 연속층과 유사한 분포 특성을 보이는 데 반해 점이층 II는 두 비율이 모두 낮아지는 방향으로 분포하고 있다. 기반암은 시료 간의 편차가 매우 커서 0.2~60, 0.7~105의 값을 보인다.

그림 10.45 (d)에서도 해미 단면의 뢰스-고토양 연속층은 PAAS와 약간의 차이를 보이지만 거의 유사한 공간에 분포하며, 시료들은 대체로 거의 같은 값을 가지므로 좁은 공간에 밀집하지만, 점이층은 시료 사이에서 큰 차이를 보이며 PAAS와도 상당한 차이를 나타낸다. 따라서 뢰스-고토양 연속층은 PAAS와 같이 다단계의 퇴적 순환을 겪은 물질에서 기원한 것으로 보이며, 점이층은 뢰스-고토양 연속층을 이루는 물질과 더불어 주변 기반암에서 기원한 물질이 혼합된 것으로 생각된다.

⑤ 희토류원소 분석 결과

그림 10.46에 chondrite로 표준화한 뢰스-고토양 연속층(그림 10.46 (a))과 점이층

[그림 10.46] 해미 단면 뢰스-고토양 연속층((a)), 점이층((b)), 기반암(서경원 외, 1998), 중국 뢰스고원(Gallet et al., 1996; Jahn et al., 2001) 및 UCC와 PAAS(Taylor and McLennan, 1985(c))의 chondrite(Masuda et al., 1973; Masuda, 1975)로 표준화된 희토류원소 분포(윤순옥 외, 2011)

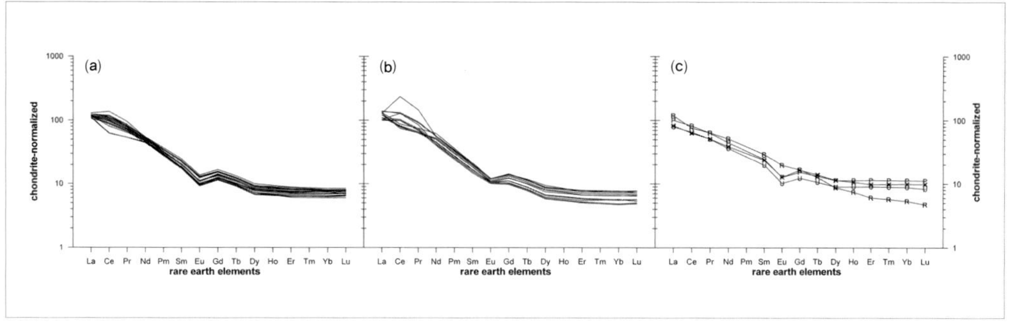

기반암과 중국 뢰스고원은 평균으로 표현되어 있으며 범례는 그림 10.42와 동일함

(그림 10.46 (b))의 희토류원소 분포 경향을 나타내었다. 아울러 그림 10.46 (c)는 UCC, PAAS와 함께 해미 지역 기반암 및 중국 뢰스고원의 희토류원소 평균 함량을 표준화한 것이다.

해미 단면 뢰스-고토양 연속층의 희토류원소는 경희토류(Light Rare Earth Elements)가 부화($(La/Eu)_N$=8.9~12.4)되어 있으며, 중희토류(Heavy Rare Earth Elements)는 편평한 분포 양상($(Tb/Lu)_N$=1.4~1.6)을 보이며, 층준 간의 큰 차이 없이 서로 매우 유사한 분포 양상을 보이고 있다. 점이층 역시 경희토류는 부화되고($(La/Eu)_N$=9.9~11.8, $(Tb/Lu)_N$=1.5~1.6) 중희토류는 편평한 분포 양상을 보이나, 특히 중희토류에서 층준들 사이의 차이를 보이고 있다. Eu 이상(Eu anomalies)은 뢰스-고토양 연속층의 경우 Eu/Eu^*=0.63~0.68의 범위에 있으며, 점이층은 뢰스-고토양 연속층에 비해 약간 더 넓은 범위에 있다(Eu/Eu^*=0.67~0.82). 기반암의 경희토류 함량 분포는 뢰스-고토양 연속층 또는 점이층과 거의 유사한 경향을 보이지만 약한 음의 Eu 이상(Eu/Eu^*=0.86)이 나타나며, 중희토류가 상대적으로 결핍되어 있다. 따라서 점이층의 경우 층준들 사이에서 중희토류의 차이를 보이는 것 그리고 Eu 이상이 뢰스-고토양 연속층에 비해 그리 현저하지 않다는 점은, 기반암에서 기원한 물질이 점이층에 혼입되었기 때문인 것으로 생각된다.

한편 다른 희토류원소와 달리 점이층의 Ce 이상(Ce anomalies)은 시료 간의 차이를 보인다(그림 10.46). 뢰스-고토양 연속층에서 Ce 이상 값은 0.8~1.2의 범위에 있으나 점

[그림 10.47] 해미 단면, 한국 뢰스(박충선 외, 2007; 윤순옥 외, 2007; 황상일 외, 2009, 2011), 중국 뢰스고원(Gallet et al., 1996; Jahn et al., 2001), 기반암(서경원 외, 1998) 및 UCC와 PAAS(Taylor and McLennan, 1985)의 희토류원소 비율(윤순옥 외, 2011)

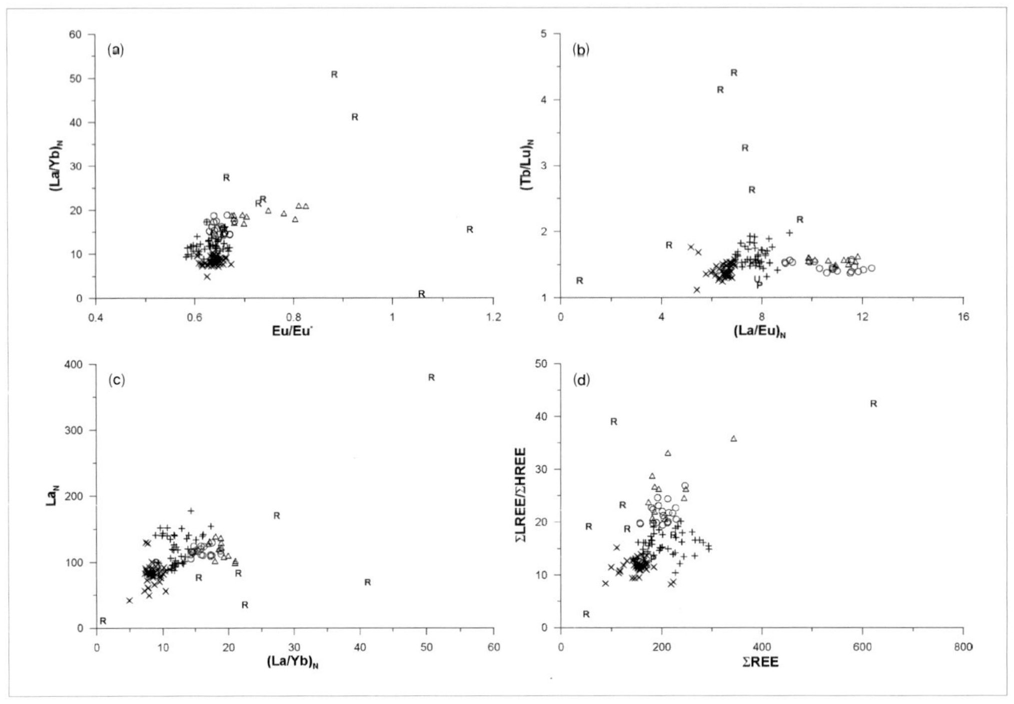

범례는 그림 10.42와 동일함

이층은 이보다 넓은 0.8~1.7의 범위에 있으며, 기반암의 경우 약 0.84이다. 이렇게 볼 때, Ce 이상 값이 점이층에서 큰 차이가 있는 것은 기반암 물질만이 아니라 다른 기원의 물질도 함께 혼합되어 있음을 시사한다.

그림 10.47에는 해미 단면 및 한반도에서 보고된 뢰스-고토양 연속층과 중국 뢰스고원, UCC, PAAS의 희토류원소 비율을 나타내었다. 그림 10.47 (a)~(d)에서 해미 단면 뢰스-고토양 연속층을 포함한 한반도의 뢰스-고토양 연속층의 희토류원소 비율은 중국 뢰스고원과 상당히 유사한 구역에 분포하며, 기반암은 뢰스-고토양 연속층과 전혀 관련성이 없는 구역에 분포하고 있다. 이것은 해미 단면 뢰스-고토양 연속층이 주변 기반암 및 기반암의 풍화산물에서 기원한 것이 아니라 중국 뢰스고원에서 기원하였거나 중국 뢰스고원과 동일한 기원지를 갖는다는 사실을 뒷받침하는 것

이다. 아울러 한반도 내에서의 상당한 지리적인 거리 차이 그리고 퇴적지 지질 특성의 다양성에도 불구하고 한반도 뢰스-고토양 연속층이 유사한 분포 경향을 보인다는 것은, 동일한 기원지에서 이동된 물질에 의해 형성되었음을 의미한다. 한편 경희토류(특히 La, Ce)는 중국 뢰스고원에 비해 약간 부화되어 있는 것을 확인할 수 있다. 이러한 경희토류의 부화는 정도의 차이는 있지만 해미 단면의 뢰스-고토양 연속층을 포함한 한반도 내 모든 뢰스-고토양 연속층에서 확인할 수 있다. 이러한 특성은 우리나라의 뢰스-고토양에 주변 물질이 혼입되어 경희토류의 부화가 발생한 것은 아니라는 점을 시사한다.

(4) 해미 단면 뢰스-고토양 연속층의 특성

해미 단면에서 확인된 뢰스-고토양 연속층은 하부의 점이층과는 입도 조성의 다양한 측면에서 차이를 보인다. 즉 점이층 I의 하부와 점이층 II에서는 조립의 입자가 육안으로 확인되며 분급이 불량하고 토색의 변화가 잘 나타나지 않는다. 상부의 뢰스-고토양 연속층은 층리가 확인되지 않고 토색의 변화가 뚜렷하여 층의 구분이 가능하며, 일반적인 하천 퇴적물이나 사면 이동 퇴적물보다 세립의 물질로 구성되어 있다. 평균입경이나 입경 중앙값 역시 세 층준 사이에서 뚜렷한 차이를 보인다. 조립질이 많이 포함된 점이층 II에서 대자율은 매우 낮은 값을 유지하지만, 상부의 점이층 I에서는 크게 증가하고, 뢰스-고토양 연속층에서는 증가 및 감소하여 층준 사이의 뚜렷한 차이를 보이고 있다.

퇴적물의 지구화학적 특성은 기원지, 퇴적 전후의 풍화작용, 속성작용, 입도 조성 그리고 개별 원소의 지구화학적 거동 특성 등에 영향을 받는다(Rollinson, 1993). 주원소 중 상대적으로 풍화작용에 영향을 받지 않는 원소의 조성, A-CN-K 다이어그램에서 확인된 중국 뢰스고원과 해미 단면 뢰스-고토양 연속층 사이의 일정한 풍화 경향의 존재, 미량원소 조성 및 전체적인 희토류원소 분포 등은 뢰스-고토양 연속층이 해미 단면 주변의 기반암 또는 기반암의 풍화산물에서 기원한 것이 아니라 중국 뢰스고원 또는 중국 뢰스고원의 기원지에서 기원한 것임을 지시한다. 중국 뢰스고원을 형성한 퇴적물의 기원지는 학자들 사이에 이견이 존재하지만(Derbyshire et al., 1998; Sun, 2002; Gallet et al., 1996; Jahn et al., 2001), 대다수의 연구자들이 중국 뢰스고원의 서쪽 또는 북서쪽에 위치한 건조 사막에서 기원하였다고 판단하고 있다. 그러나 Sun(2002)에 의해 지적되었듯이, 중국 뢰스고원은 기원지인 건조 사막에서 발생한 뢰스 물질의 이동경로상에서 최종 퇴적지가 아닌 중간지점에 해당하는 퇴적지로 생각할 수도 있다. 이러한 관점에서 한반도 뢰스 물질의 기원지를 생각해 보면, 중국 뢰스고원의 기원지에서 직접 한반도까지 운반, 퇴적될 수도 있지만 중간지점인 중국 뢰스고원 역시 하나의 기원지가 될 수 있다. 또한 거리상으로도 한반도에 보다 가깝게 위치하고 있기 때문에 중국 내륙의 건조 사막보다 한반도에 더 영향을 미칠 가능성이 있다. 현재의 황사현상 역시 이러한 사실을 뒷받침해 주고 있다(기상청 황사센터 홈페이지). 중국 뢰스고원의 자료만을 검토하였고 중국 뢰스고원을 형성하고 있는 물질들의 기원지에 관해서도 상당한 이견이 있기 때문에, 해미 단면 뢰스-고토양 연속층의 기원지는 중국 뢰스고원 또는 중국 뢰스고원의 기원지로 판단된다.

한편 지구화학적인 특성이 매우 유사하더라도 뢰스-고토양 연속층의 모든 물질이 중국 뢰스고원 또는 그 기원지에서 기원한 것으로 보이지는 않는다. 입도분석 전처리 시 육안으로 관찰한 결과, 많은 층준에서 소량이지만 모래 크기의 석영 입자가 관찰되었으며, 이러한 크기의 입자는 바람에 의해 장거리 이동을 할 수 없다. 그러므로 소량의 근거리 이동 물질이 포함되어 있음을 부정할 수는 없다.

풍화에 민감하게 반응하는 원소들은 중국 뢰스고원과 해미 단면 뢰스-고토양 연속층 사이에서 큰 차이를 보이고 있다. 이는 A-CN-K 다이어그램에서 중국 뢰스고원은 A-CN 축에 평행하게 분포하고 있으며 그 끝에 해미 단면을 포함한 한반도 뢰스-고토양 연속층이 위치하고 있다는 사실에서도 확인되었으며, 미량원소 조성 역시 유사한 경향을 보이고 있다. 이러한 사실들은 해미 단면의 뢰스-고토양 연속층이 중국 뢰스고원 또는 그보다 서쪽의 기원지에서부터 이동, 퇴적되었다 하더라도 한반도에 퇴적된 이후 환경에서 토양생성작용을 받았음을 의미한다. 즉 중국 뢰스고원보다 한반도에서 더 심한 풍화작용이 진행되었음을 의미한다.

또한 A-CN-K 다이어그램에서 중국 뢰스고원과 한반도 뢰스-고토양 연속층이 서로 분리되어 분포하고 있는 것은, 결국 중국 뢰스고원에서 풍화된 뢰스 물질이 한반도에 퇴적되었을 가능성도 일정 부분 내포하고 있지만 그 영향보다는 한반도의 풍화 조건이 더 큰 영향을 미쳤음을 의미한다. 이러한 경향은 해미 지역뿐 아니라 지금까지 보고된 한반도 뢰스-고토양 연속층 모두에서 확인된다. 따라서 퇴적 이후 한반도 내에서의 변화 과정은 유사하였을 것으로 보인다.

한반도 뢰스-고토양 연속층이 동일한 기원지에서 기원하여 퇴적 이후 유사한 변화 과정을 겪었다 하더라도 A-CN-K 다이어그램에는 지역 간 차이가 다소 존재한다. 즉 어떤 지역의 뢰스-고토양 연속층은 A-CN 축에 평행하게 분포하는 반면 어떤 지역은 A-K 축에 평행한다. 이러한 사실은 퇴적 이후의 변화 과정이 한반도 내에서 크게 다르지 않았다 하더라도 변화의 정도, 즉 풍화의 정도는 한반도 내에 지역 간 차이가 있었음을 의미한다. 따라서 이러한 사실은 과거 한반도의 고기후 복원에서 중요한 단서가 될 수 있다. 다만 현재로선 분석된 지점이 많지 않아 아직 그 차이를 일반화시키기에는 무리가 있다. 또한 지역 간의 차이가 상대적으로 함량이 적은 CaO와 Na_2O에 의한 것이라는 점 역시 한계점으로 작용할 수 있다.

퇴적물의 입도 특성은 퇴적물의 지구화학적 특성에 상당히 큰 영향을 미칠 수 있다. A-CN-K 다이어그램에서 조립의 퇴적물은 장석류가 보존되기 때문에 사장석과 정장석을 연결한 선(feldspar join) 부근에 위치하는 반면, 세립의 퇴적물은 2차 점토광물로 인해 Al 함량이 증가하여 A축에 보다 근접한다(Nesbitt et al., 1997). A-CN-K 다이어그램에서 확인된 바와 같이 중국 뢰스고원은 A-CN 축에 평행하게 분포하고 있으며 그 끝부분에 한반도 뢰스-고토양 연속층이 분포하고 있지만, A축 쪽으로 약간 치우쳐 분포하고 있다. 이러한 사실은 입도 효과가 한반도 뢰스-고토양 연속층에 일정 부분 영향을 미치고 있는 것으로 생각되며, 이 부분은 추후 입도별 지구화학적 특성을 분석하면 보다 확실해질 것이다.

그림 10.46, 10.47에서 확인된 바와 같이, 한반도 뢰스-고토양 연속층의 전체적인 희토류원소 조성은 중국 뢰스고원과 매우 유사하나 약간의 경희토류(특히 La, Ce) 부화를 확인할 수 있다. 일반적으로 희토류원소는 주로 규산염광물(석영이나 장석류)로 이루어진 조립 입자보다는 중광물(heavy mineral)이나 점토광물로 이루어진 세립의 입자에서 그 함량이 높다. 따라서 입도가 세립화됨에 따라 전체적인 희토류원소의 부화가 일어날 수 있으며, 이러한 사실은 하천 퇴적물(Lee et al., 2008; Singh and Rajamani, 2001), 풍성 퇴적물(Yang et al., 2007; Schettler et al., 2009)에서도 보고된 바 있다. 이와는 대조적으로 세립의 풍성 퇴적물에서 중희토류의 부화(Li et al., 2007; Feng et al., 2011)도 보고된 바 있

다. 전자의 견해라면 입도가 작아짐에 따라 ΣREE는 증가하나 ΣLREE/ΣHREE와 (La/Yb)$_N$의 비율은 큰 변화가 없어야 한다. 또한 후자의 견해에 의하면 ΣLREE/ΣHREE와 (La/Yb)$_N$의 비율은 감소하며 ΣREE는 증가하여야 한다. 하지만 해미 단면을 포함한 한반도 뢰스-고토양 연속층의 희토류원소 조성은 특징적으로 경희토류만의 부화를 보여 주고 있다. 즉 ΣLREE/ΣHREE와 (La/Yb)$_N$의 비율이 증가하고 ΣREE 역시 증가하므로 단순한 입도 효과만으로는 이러한 경희토류의 부화를 설명할 수 없을 것으로 생각된다. 또한 다양한 지질 특성을 보이는 지역에 퇴적된 한반도 뢰스-고토양 연속층이 공통적으로 유사한 경희토류의 부화를 보인다는 사실은, 주변 지역에서 기원한 기반암 풍화산물과의 혼합에 의한 것은 아니라는 점을 의미한다.

6) 울산 울주군 언양 지역

(1) 지역 개관

언양 단면이 위치하는 곳은 행정구역상 울산광역시 울주군 삼남면 신화리(북위 35°33′05″, 동경 129°08′23″)이지만, 공간적으로 언양읍에 더 가깝고 지명의 인지 정도를 판단하여 언양 단면이라 명명하였다. 언양 단면이 위치하고 있는 지역은 삼동천이 태화강에 유입하는 곳이다. 태화강은 울산광역시 울주군 상북면 덕현리의 가지산(1,240m)에서 발원하고, 주로 남동류 및 동류하여 언양읍을 거쳐 울산광역시 남구 매암동에서 동해로 유입하는 유로연장 약 80km, 유역면적 약 1,061km^{2}의 하천이다. 삼동천은 울주군 삼남면 방기리 취서산(1,081m)에서 발원하여 조사지점 부근에서 태화강에 합류하는 지류 하천으로 유로연장은 약 11km, 유역면적은 약 38km^{2}이다(국가수자원관리 종합정보시스템).

언양 단면 지역으로 유입하는 지류 하천의 대부분은 소위 영남의 알프스에 속하는 가지산(1,240m), 천황산(1,189m) 등으로 구성되는 유천층군의 안산암질 높은 산지에서 발원한다. 이들 지류 하천은 삼동천에 유입하기 전 북북동-남남서 주향의 양산단층에 의해 조성된 경사 급변점상에 넓은 합류 선상지를 형성하였다. 삼남면을 중심으로 분포하는 이 선상지는 우리나라의 대표 선상지 13개 가운데 하나인 가천 선상지로

[그림 10.48] 언양 단면 주변의 지형 개관(윤순옥 외, 2012)

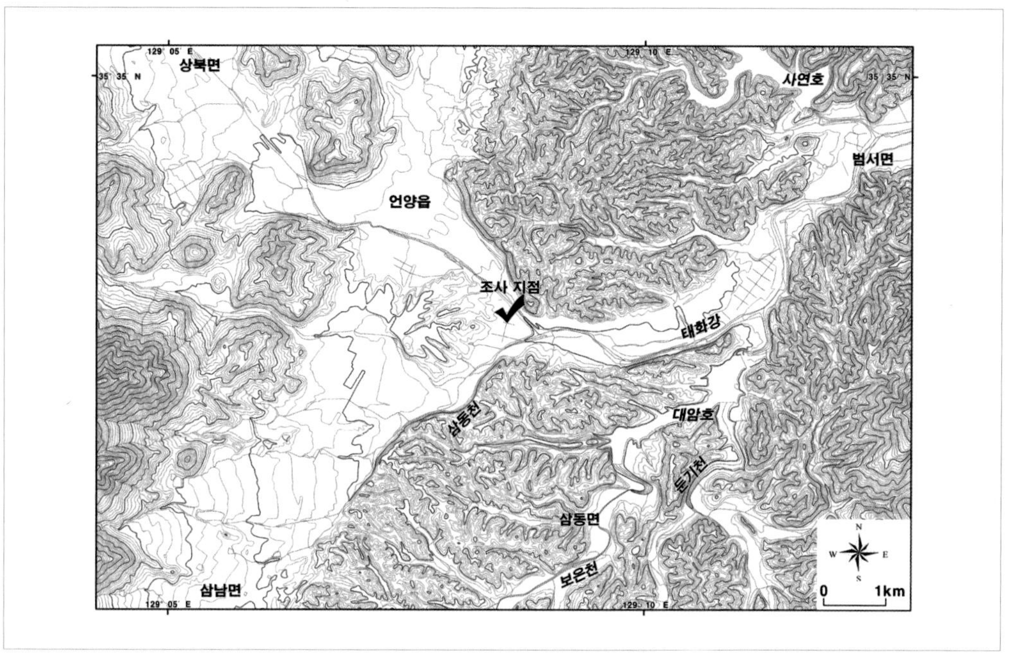

[그림 10.49] 언양 단면 주변의 기반암 분포(한국자원연구소, 1998에서 편집)(윤순옥 외, 2012)

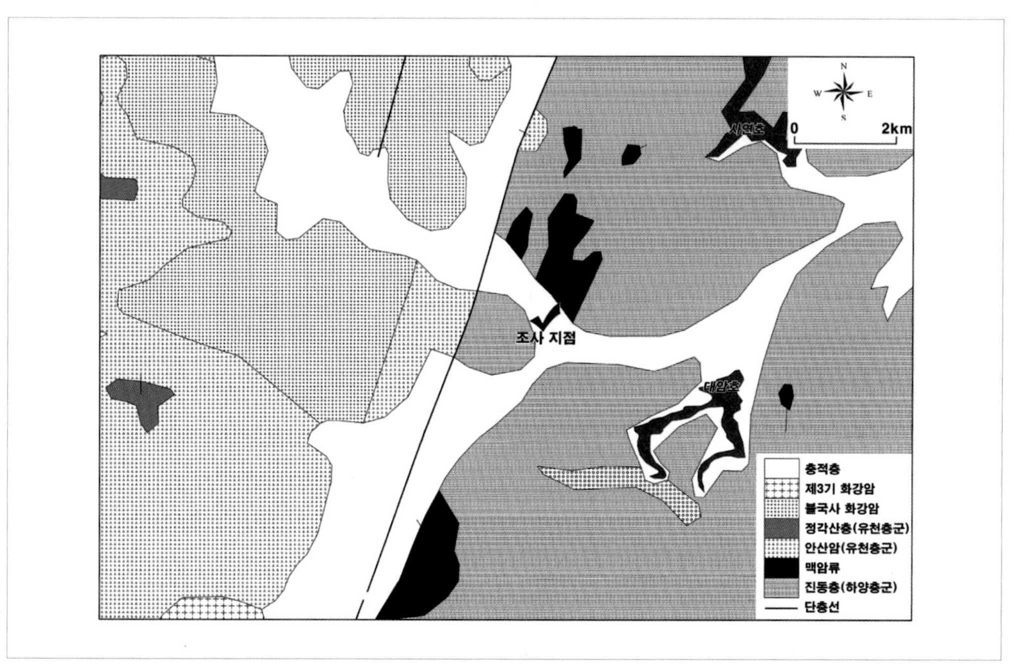

알려져 있다(윤순옥 외, 2005).

언양 지역은 태화강의 상류부 구간임에도 불구하고 하곡이 비교적 넓고 선상지 규모도 매우 크다. 언양 단면은 삼동천이 태화강에 합류하는 곳에 형성된 범람원과 선상지 말단부의 경계에 위치하고 있다(그림 10.48). 그러므로 언양 단면은 퇴적물 조성에서 주변의 선상지와 범람원에서 공급된 물질들이 혼합되어 있을 가능성이 있다.

언양 지역의 기반암 분포(그림 10.49) 역시 북북동-남남서 방향의 양산단층선을 경계로 크게 달라진다. 즉 단층선의 서쪽(하천의 상류부)에는 중생대 백악기의 불국사화강암 및 유천층군의 안산암이 넓게 분포하며, 단층선의 동쪽(하천의 하류부)에는 중생대 백악기 하양층군의 진동층이 넓게 자리 잡고 있다. 즉 단층선 서쪽에는 충적층 및 하곡이 넓게 발달하고 있으나, 동쪽의 하류부 구간의 경우 퇴적암 지대를 통과하면서 하안단구면을 제외하면 충적평야는 상대적으로 매우 좁아진다.

[그림 10.50] 언양 단면의 퇴적상(윤순옥 외, 2012)

(2) 언양 단면의 퇴적상

언양 단면의 퇴적상(그림 10.50)은 하부 자갈층, 중부 실트질 모래층 그리고 상부 실트층으로 구분된다. 하부 자갈층은 pebble 및 cobble급의 원력, 아원력 그리고 아각력으로 이루어져 있으며, matrix는 granule급 자갈과 모래이다. 자갈은 대체로 신선하며 얇은 풍화각이 있는 경우도 있다. 이는 태화강에 의해 퇴적된 하안단구 퇴적물로 생각된다. 중부 실트질 모래층은 하부 자갈층과 상부 실트층 사이의 점이적인 퇴적층으로, 지표면에서 130~140cm 그리고 150~155cm에 위치한 두 층준은 상부 실트층과 유사하며 이들 사이의 140~150cm, 155~170cm의 두 층준은 입도 조성이 하천에 의해 운반된 모래로 이루어져 있다. 상부 실트층은 상당히 균질한 입도 조성을 보이지만 층리는 확인되지 않는다. 입도 조성은 세사(fine sand)를 포함하고 있으나 실트가 우세하다. 지표면에서 깊이 50~90cm에는 수직으로 된 회백색의 soil crack이 높은 밀도로 나타난다.

(3) 분석 결과

① 연대측정 결과

표 10.6은 언양 단면의 OSL 연대측정 결과이며, 그림 10.51은 지표면으로부터의 깊이와 절대연대의 관계를 오차와 함께 나타내었다. 측정된 연대 결과는 모두 2만~3만 2,000년 전 시기에 분포한다.

[표 10.6] 언양 단면의 OSL 연대측정 결과(윤순옥 외, 2012)

시료명	연간 선량 (Gy/ka)	수분함량 (%)	등가 선량 (Gy)	표본 수 (n)	OSL 연대 (ka)
UE-62 (90~250μm)	2.63±0.07 (2.41±0.07)	23.2 (33.6)	52.7±1.8	16	20.0±0.9 (21.9±1.0)
UE-85 (90~250μm)	2.84±0.08 (2.70±0.07)	23.2 (29.0)	78.8±2.4	16	27.8±1.1 (29.2±1.2)
UE-120 (90~250μm)	3.02±0.08 (2.84±0.08)	20.8 (27.5)	85.8±4.8	16	28.4±1.8 (30.2±1.9)
UE-150 (90~250μm)	3.20±0.08 (2.84±0.07)	21.5 (35.1)	90.8±4.6	16	28.4±1.6 (31.9±1.8)

[그림 10.51] 언양 단면의 깊이-연대 관계(윤순옥 외, 2012)

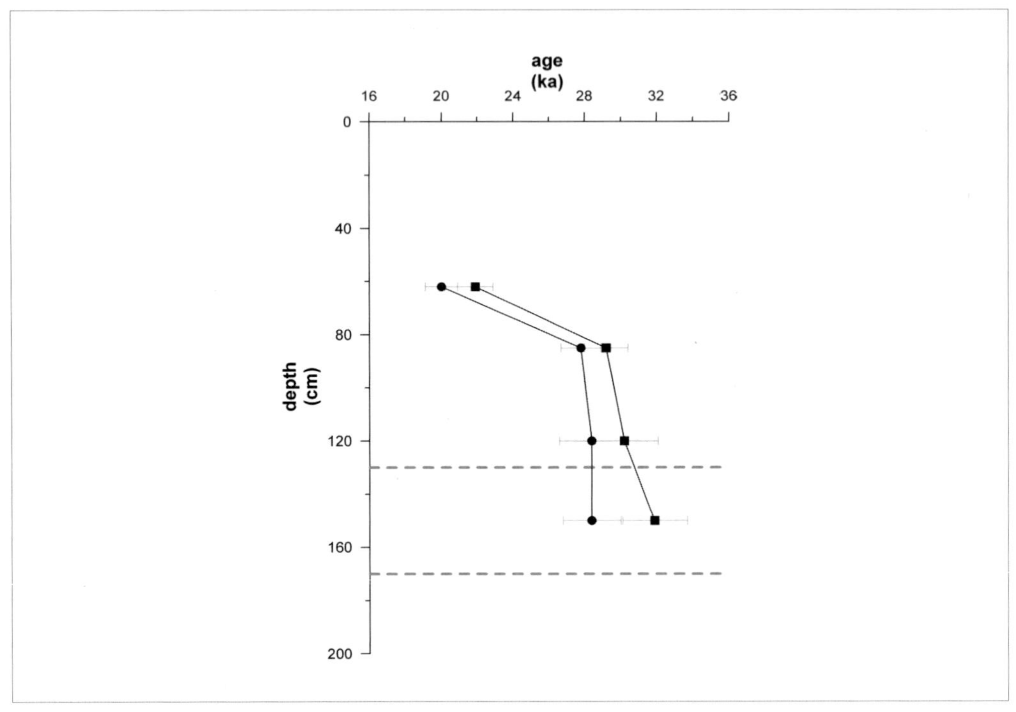

언양 단면 하부에서 채취한 세 개의 시료는 28ka 정도로 거의 유사한 연대를 보이고 있다. 두께 70cm에 가까운 퇴적층 사이의 연대 차이는 약 1,000년이다. 이들 가운데 가장 하부에 해당하는 지표면 아래 150cm에서 채취한 시료는 점이층에 해당한다. 이 시기에는 태화강이 언양 단면까지 범람 퇴적물을 운반할 수 있었다. 그리고 시료 UE-120과 UE-85 사이의 두께는 35cm 정도인데, 연대측정 결과 이 두 지점은 600~1,000년의 시간차를 보이고 있다. 이 층준의 퇴적 속도는 매우 크며, 빙기라 할지라도 한반도에서 이 정도 두께의 뢰스 퇴적층이 이와 같이 짧은 기간 동안 퇴적되었을 가능성은 극히 희박하다. 최상부에서 측정된 2만 년 전을 전후한 시기는 뢰스가 집중적으로 퇴적되는 최종 빙기 최성기에 해당한다. 아울러 언땅트기가 활발하게 반복되어 회백색 soil crack이 두껍게 형성될 수 있었다.

퇴적상의 특성과 퇴적 속도를 종합하면, 언양 단면의 뢰스 퇴적-연대 관계를 완전히 신뢰하는 데는 한계가 있으나, 태화강의 범람에 의한 퇴적과 뢰스가 퇴적된 개

[그림 10.52] 언양 단면의 대자율(MS), 평균입경, 입경 중앙값, Y값 변화(윤순옥 외, 2012)

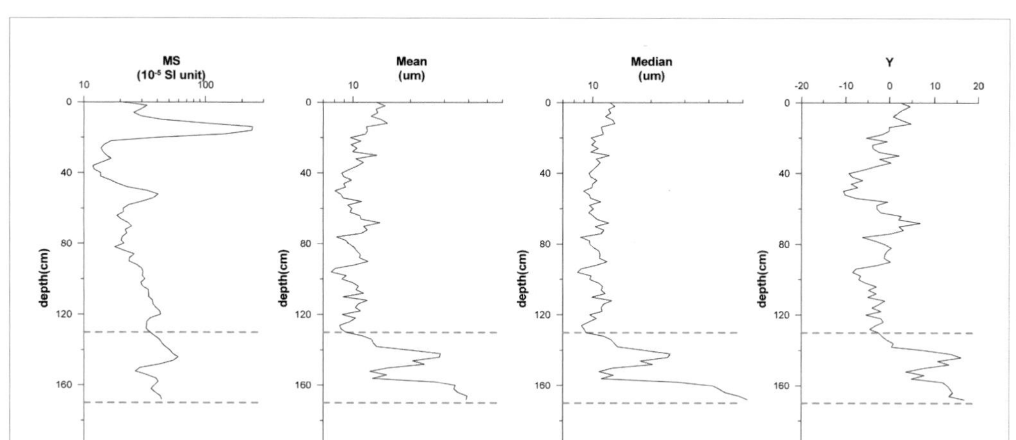

략적인 시기를 파악하는 데는 의미가 있는 것으로 평가된다. 즉 3만 년 BP 무렵까지 연구 지역은 태화강 범람원이었으며, 이후 태화강이 운반한 모래가 퇴적되거나 오랫동안 공기 중에 노출되어 뢰스가 퇴적되던 점이적인 시기가 있었다. 그리고 2만 9,000년 BP 무렵부터 뢰스가 쌓이기 시작하였으며 이때부터 하천 범람의 영향을 받지 않았다. 현재 언양 단면 뢰스-고토양 연속층 하부의 자갈층은 최종 빙기 가운데 MIS 4와 MIS 3 시기 동안 범람원이었으며 현재는 하안단구가 되어 있다.

② 대자율 및 입도 분석 결과

그림 10.52는 대자율, 평균입경, 입경 중앙값 그리고 Y값의 변화를 나타낸 것이다. 대자율은 지표면에서 하부로 가면서 점점 증가하다가 깊이 14cm에서 약 244× 10^{-5} SI unit으로 최댓값을 보인 이후 다시 감소하여 깊이 36cm에서 약 11.9×10^{-5} SI unit으로 최솟값을 보인다. 이후 증가와 감소를 반복하면서 하부로 갈수록 전체적으로 증가하는 양상을 보인다. 다만 깊이 50~60cm와 깊이 140~150cm에서 다른 층준에 비해 약간 높은 값을 보인다. 깊이 약 124cm 이하에서 일어나는 변화는, 입도의 평균값, 입경 중앙값 및 Y값과 상관관계가 있는 것으로 볼 때 조립 물질과의 혼합에 의한 것으로 추정된다. 전체적으로 깊이 10~20cm 구간에서 대자율이 매우 높았지만 다

른 층준에서는 비교적 값이 낮고 변동량이 적다.

언양 단면의 깊이 14cm 층준에서 나타나는 지나치게 높은 대자율은, 경작 등 현대적인 교란에 의해 산화물이 하방으로 이동하여 이 층준에 집적되어 나타난 결과로 생각된다. 뢰스 층준에서 확인되는 대자율의 불규칙성은 기후변화에 의한 것이라기보다는 아마도 근거리에서 이동하여 온 조립 물질과 혼합된 데 기인하는 것으로 판단된다.

언양 단면의 평균입경은 7.7~39μm였다. 깊이에 따른 평균입경을 살펴보면, 깊이 0cm에서 깊이 40cm까지는 감소하다가 그 이하에서는 상대적으로 변동량이 크지만 전체적으로 유사하다. 다만 깊이 124cm부터 평균입경은 크게 증가한다. 입경 중앙값은 8.3~63.4μm로 평균입경에 비해 약간 조립이며, 평균입경에서 확인된 층준 사이의 미세한 변화는 입경 중앙값 변화에서도 확인된다. 그리고 평균입경과 마찬가지로 깊이 약 124cm부터는 입경 중앙값이 크게 증가하는 것을 확인할 수 있다.

Y값은 작을수록 입도의 세립화를 의미하며 Y값의 차이는 상이한 퇴적환경을 지시한다. 중국 뢰스고원의 뢰스 및 고토양 층준의 Y값은 -7.9~0.1, 하부에 놓인 제3기 중기~제4기 초기에 형성된 풍성 퇴적층(Liu, 1985)인 홍색토는 -12.3~0이지만 호소 퇴적층은 922~1,287, 하성 퇴적층은 -0.5~3.2였다(Lu et al., 2001). 또한 중국 뢰스고원의 풍하 지역에 해당하는 양쯔 강 하류부 샤슈 뢰스(Zhang et al., 2005)는 Y값이 -21.8~-4.9이다.

언양 단면의 Y값은 -10.5~7.5로 층준 간의 편차가 상당히 크다. Y값은 평균입경과 유사하게 깊이 약 40cm까지는 점차 감소하는 경향을 보이고, 이하의 깊이에서는 여러 번 변동하며, 깊이 약 124cm 이하에서는 크게 증가한다. 한편 언양 단면과 거의 같은 위도이지만 훨씬 서쪽의 거창 단면 뢰스-고토양 연속층의 Y값은 -14.4~-7.3이므로 언양 단면과 비교하면 Y값이 더 작다. 이것은 언양과 거창 단면이 뢰스의 기원지에서 차이가 있음을 시사한다. 즉 거창 뢰스의 기원지로 본 중국 뢰스고원 이외의 다른 기원지에서 실트 내지 세립질모래가 운반되어 언양 단면에 퇴적되었을 가능성도 있다.

언양 단면의 분급은 몇 개의 시료를 제외하고는 모두 4 이상으로, Folk and Ward (1957)의 구분에 의하면 매우 불량한 분급(very poorly sorted)에 해당한다(그림 10.53). 언양 단면은 거창이나 해미 단면과 비교하면 훨씬 더 분급이 불량한데, 이것은 장거리 이

[그림 10.53] 언양 단면의 분급, 왜도, 첨도 변화(윤순옥 외, 2012)

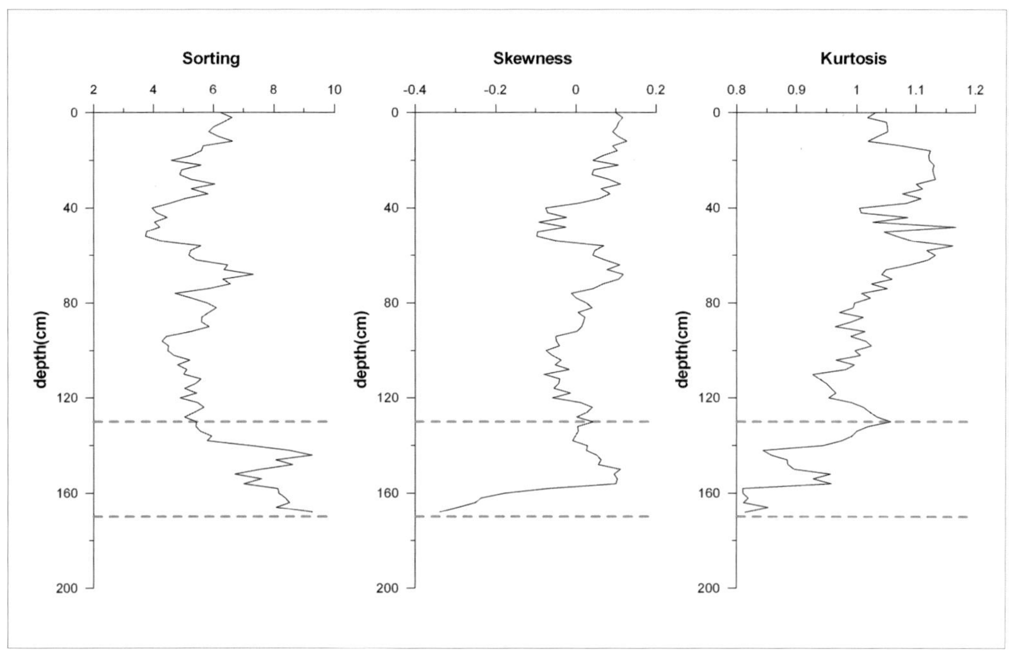

동으로 퇴적된 뢰스 외에 단거리 이동으로 혼입된 양이 상대적으로 더 많았음을 의미한다. 또한 깊이 124cm 이하에서는 분급이 상대적으로 더 불량한 것을 확인할 수 있다. 따라서 깊이 124cm 이하의 층준은 다량의 조립 물질이 혼입된 것으로 보인다. 한 가지 특징적인 것은 분급과 평균입경의 변화가 유사한 양상을 보인다는 것이다. 즉 표층에서 깊이 약 40cm까지 분급은 감소하고 이후 증감을 반복하는데, 이러한 양상은 Y값의 변화와도 닮았다.

왜도와 첨도의 변화는 앞에서 언급한 입도 변수와 다른 양상을 보인다. 왜도는 대부분의 층준에서 -0.1 이상이며 깊이 150cm를 기준으로 크게 감소하는 것을 확인할 수 있다. 또한 첨도는 전체적으로 하부로 갈수록 감소하며 증감 경향이 다른 입도 변수에 비해 상당히 크다.

언양 단면에서 모래의 비율은 5.8~50.3%였다(그림 10.54). 깊이 124cm를 기준으로 상부에서는 모래가 5.8~21.9%, 그 하부에서는 11.6~50.3%를 차지하고 있다. 상부의 조립 실트 함량은 22.1~28.8%이며 그 하부는 18.1~27.0%이다. 세립 실트 및 점

[그림 10.54] 언양 단면의 입도 조성 변화(윤순옥 외, 2012)

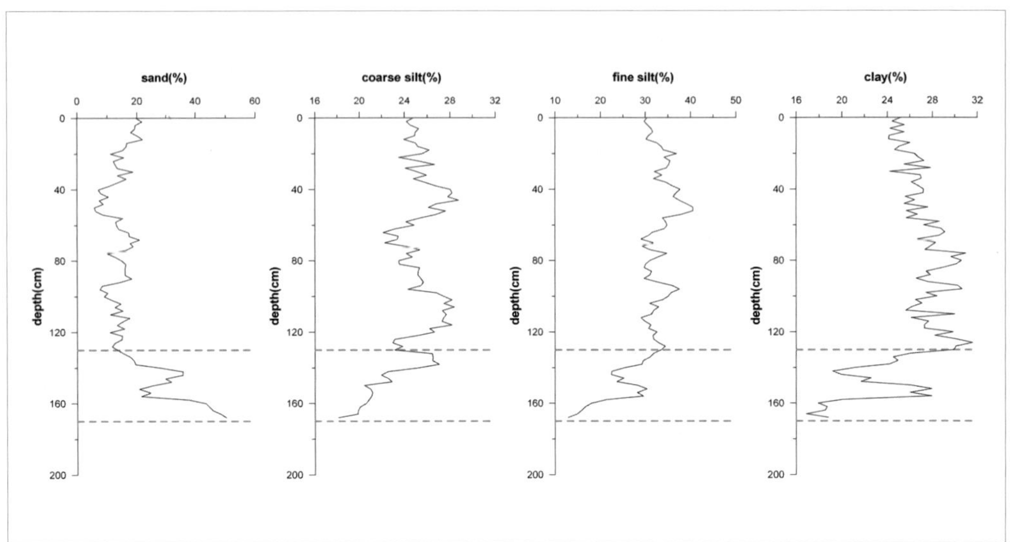

토의 함량은 상부에서 각각 29.0~40.6%, 24.1~31.0%이며 하부에서는 12.9~34.4%, 16.9~31.6%이다.

언양 단면에서 모래의 함량은 한반도 다른 지역에서 보고된 뢰스-고토양 연속층에 비해 상당히 높은 편이다. 전북 완주 봉동이나 경남 거창 정장리 등 다른 지역에서 보고된 뢰스-고토양 연속층에서 모래의 함량은 대부분 5% 미만인 데 반해, 언양 단면의 상부에서는 모두 5% 이상이며 최대 약 22%에 달하고 있다. 이러한 차이는 뢰스 퇴적층에 근거리에서 운반된 퇴적물이 혼합되었기 때문일 것이다. 즉 기본적으로 언양 단면의 풍성 퇴적물은 중국 뢰스고원이 기원지이지만 일부는 인접한 선상지나 범람원 등 다양한 기원지로부터 운반되었을 가능성이 있다.

(4) 언양 단면 뢰스의 퇴적물 특성과 형성 과정

언양 단면은 태화강 중류부 범람원과 선상지 사이에 분포한다. 이 지역의 퇴적상은 하천 퇴적물인 하부 자갈층, 바람에 의해 운반된 실트와 세사로 이루어진 상부 뢰스 층준 그리고 하천환경과 풍성환경이 함께 영향을 미쳤던 점이적인 환경에서 퇴적된 중부 점이층으로 구성된다.

[그림 10.55] 언양 단면의 입도 변수 비교(윤순옥 외, 2012)

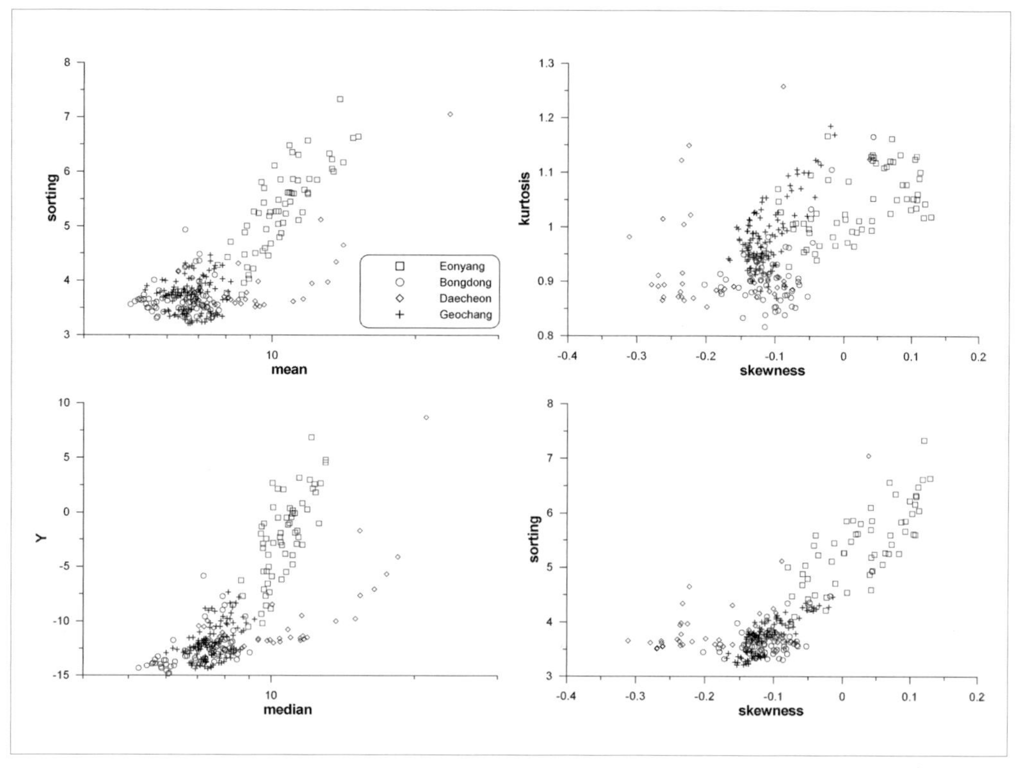

하부 자갈층은 태화강의 홍수 퇴적물로 최종 빙기 중 MIS 4 시기와 아간빙기에 해당하는 MIS 3의 초기까지 퇴적되었다. 홍수 시에 에너지가 높은 환경에서 운반된 pebble 및 cobble급 원력, 아원력 그리고 아각력으로 이루어져 있다. 중부 점이층은 granule급 자갈이 약간 포함되어 있으나 모래층과 실트층이 교대로 퇴적되어 있다. 모래는 하천 에너지가 낮은 환경에서 하천에 의해 운반되어 쌓였으며, 실트는 바람에 의해 운반된 것으로 생각된다. 이 층에서는 약하지만 층리가 확인된다.

상부 뢰스 층준은 바람에 의해 운반되었고 하천의 영향이 없었으며, 대자율 값이 전체적으로 낮은 것을 볼 때 간빙기를 거친 적이 없었던 것으로 판단된다. 태화강 범람원 퇴적물과 뢰스 층준이 교호하는 점이층에 해당하는 지표면 아래 150cm 층준에서 절대연대가 3만 년 BP 무렵을 지시하므로, 상부 뢰스 층준은 MIS 3 후기부터 MIS 2에 걸쳐 퇴적되었다. 상부 뢰스층에서는 층리가 확인되지 않고 수직의 회백색 soil

[그림 10.56] 언양 단면의 입도분포(윤순옥 외, 2012)

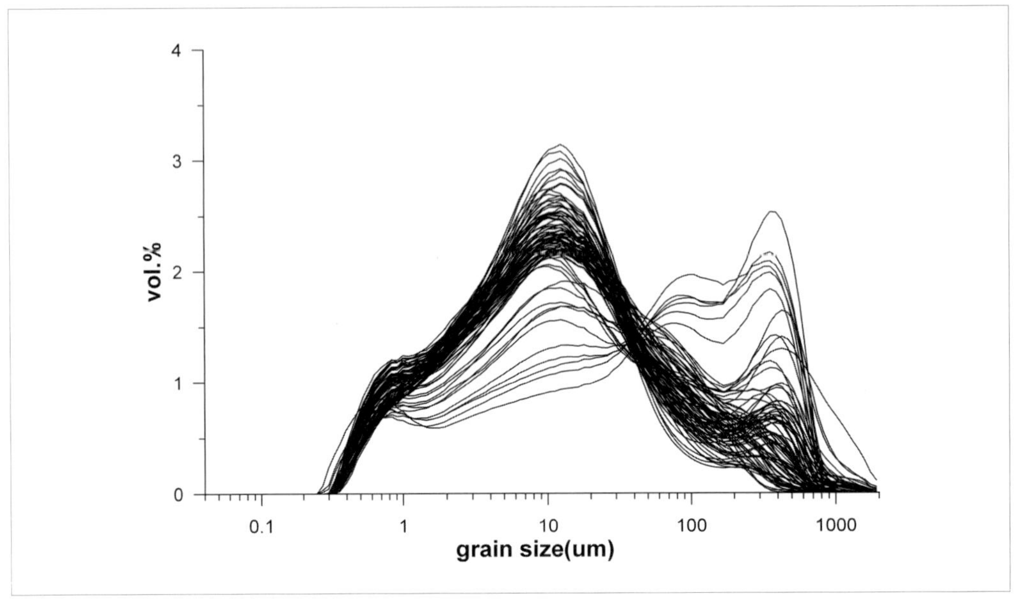

crack이 분포하는데, 특히 지표면 아래 50~90cm 층준에서 확인되는 높은 밀도의 soil crack은 대단히 한랭한 기후 환경에서 형성되었을 것으로 판단된다.

표 10.6에 제시된 OSL 연대 결과를 적용할 경우, 지표면 아래 85~120cm의 두께 35cm 뢰스 층준은 600년 내지 1,000년에 걸쳐 퇴적되었으며, 62~85cm의 두께 23cm 뢰스 층준은 7,300년 내지 7,800년 동안 쌓인 것이다. 전술하였듯이 층준에 따라 뢰스 퇴적 속도의 차이가 상당히 커서 모든 OSL 연대 결과를 완전히 신뢰하는 데는 한계가 있으나, 뢰스가 MIS 3 후기와 최종 빙기 최성기를 포함하는 MIS 2 시기에 형성되었다는 점에서 퇴적상과 부합된다.

언양 단면의 입도 조성을 비교하기 위해 대천, 봉동, 거창의 자료를 함께 도시하였다(그림 10.55). 한국 뢰스 퇴적층의 입도 조성이 지역별로 차이가 있지만, 그림 10.55의 네 가지 형태의 그림에서 언양 단면은 다른 지역 퇴적층과 확연하게 구분될 정도로 차이가 크다. 예를 들어 평균입경과 입경 중앙값은 대천 지역이 가장 크고, 봉동과 거창은 비슷하지만 봉동이 약간 더 세립이며, 언양 단면은 비교적 조립의 특성을 보이고 있다. 또한 분급은 한국 대부분의 뢰스 퇴적층이 4 이하인 데 반해 언양 단면은 4 이상의 값을 보이고 있어 다른 지역 뢰스 퇴적층과 차이가 있다. 또한 왜도와 첨도에서도 언양 단면은 상당히 넓은 범위에 걸쳐 분포하고 있는 것을 확인할 수 있다. 이러한 언양 단면의 특징은 Y값의 분포에서도 확인할 수 있다. 한국 뢰스 대부분의 Y값은 -10 이하인 데 반해 언양 단면은 -10 이상의 값을 보이고 있다. 따라서 언양 단면은 층준에 따라 풍성 작용과 더불어 다른 작용의 영향을 받았을 것이다.

그림 10.56은 언양 단면 각 층준의 입도분포를 나타낸 것이다. 0.8~1μm, 10μm 그리고 300~400μm에서 정점이 확인되며 일부 시료는 약 100μm에서도 정점이 나타난다. 그리고 이러한 정점들 중 특히 입경 300~400μm에서는 층준들 사이의 큰 차이를 보이고 있다. 이러한 언양 단면의 입도분포 특성은 기존에 보고된 뢰스 퇴적층과 큰 차이를 보이지는 않지만, 조립 입자(300~400μm)의 비율은 상대적으로 높다. 이와 같은 입도분포의 특징들을 종합하면, 언양 단면 뢰스-고토양 퇴적층은 기본적으로 한반도 뢰스 퇴적층을 이루는 물질에 의해 형성되었지만, 근거리에서 기원한 조립의 퇴적물이 다량 혼입되었다.

또한 깊이 124cm보다 더 하부에 퇴적된 층준은 보다 많은 양의 조립 물질이 혼합되어 있으며, 상부층과는 입도 조성에 있어서 차이를 보이고 있다. 다시 말해 전체적으로 언양 단면은 한반도 다른 지역의 뢰스 퇴적층에 비해 조립 물질을 많이 포함하고 있으며 퇴적층 하부의 층준에서 그 함량은 더욱 높다. 따라서 상부의 조립 물질은 주로 바람에 의해 근거리에서 이동 및 퇴적된 것으로 보이며, 하부의 조립 물질은 유수에 의해 운반된 물질들도 포함되어 있을 것으로 생각된다.

7) 충북 진천군 지역

(1) 지역 개관

진천분지(또는 진천-음성분지)는 한반도 중부 지역의 대표적인 분지 가운데 하나로 금강의 지류인 미호천의 상류부에 위치한다. 행정구역상으로는 충북 진천군과 음성군에 걸쳐 있으며 경기도 안성시와 충북 증평군의 일부를 포함한다. 진천분지는 장경 약 27km, 단경 약 23km 규모이며 북북동-남남서 방향으로 약간 긴 타원형이다.

[그림 10.57] 진천 단면(JCIC) 주변의 지형 개관(윤순옥 외, 2013)

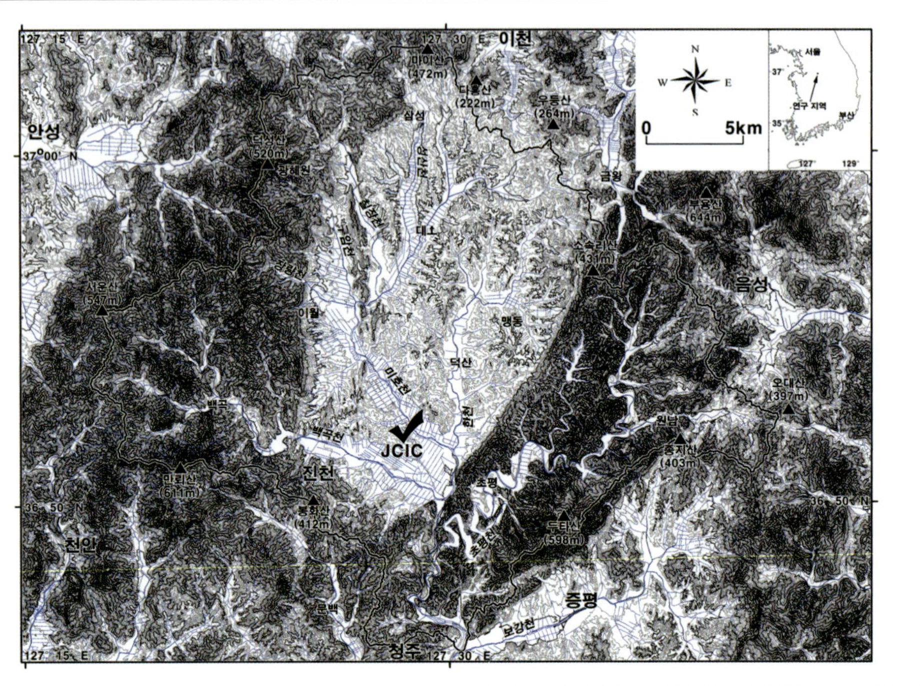

진천 단면은 행정구역상 충북 진천군 진천읍 상신리(그림 10.57; 북위 36°51′54″, 동경 127°28′28″)에 위치하며 미호천의 하안단구 위에 뢰스-고토양 연속층이 퇴적되어 있다. 기반암의 차별침식으로 전형적인 분지 형태를 취하는 진천분지는 북쪽 및 북북동 지역을 제외하면 해발고도 400~600m의 산지로 둘러싸여 있으며, 분지 내부에는 하천을 따라 발달한 범람원과 하안단구 및 해발고도 100~150m의 구릉지가 넓게 분포한다. 분지를 둘러싸고 있는 산지는 폭이 5~10km 정도로 넓고 사면 경사가 급하다. 이들 산지에서 발원하거나 이를 통과하는 하천의 하곡은 좁고 일부 구간에서는 감입 곡류한다.

한편 분지 내부에서는 하천을 따라 범람원이 넓게 나타나고 하천을 연하여 3단의 하안단구가 확인되는데, 진천 단면은 중위면(우렁터단구, 해발고도 65~79m, 하상 비고 11~25m)상에 위치한다(박희두, 이문재, 2004). 분지의 서쪽 산지는 선캄브리아기의 호상편마암 및 화강편마암으로 이루어져 있고, 동쪽 산지에는 백악기의 초평층군이 분포한다(그림 10.58). 초평층군은 분지의 북동쪽에서 시작하여 남동쪽까지 연속적으로 분

[그림 10.58] 진천 단면(JCIC) 주변의 기반암 분포(한국자원연구소(1996, 1999)에서 편집)(윤순옥 외, 2013)

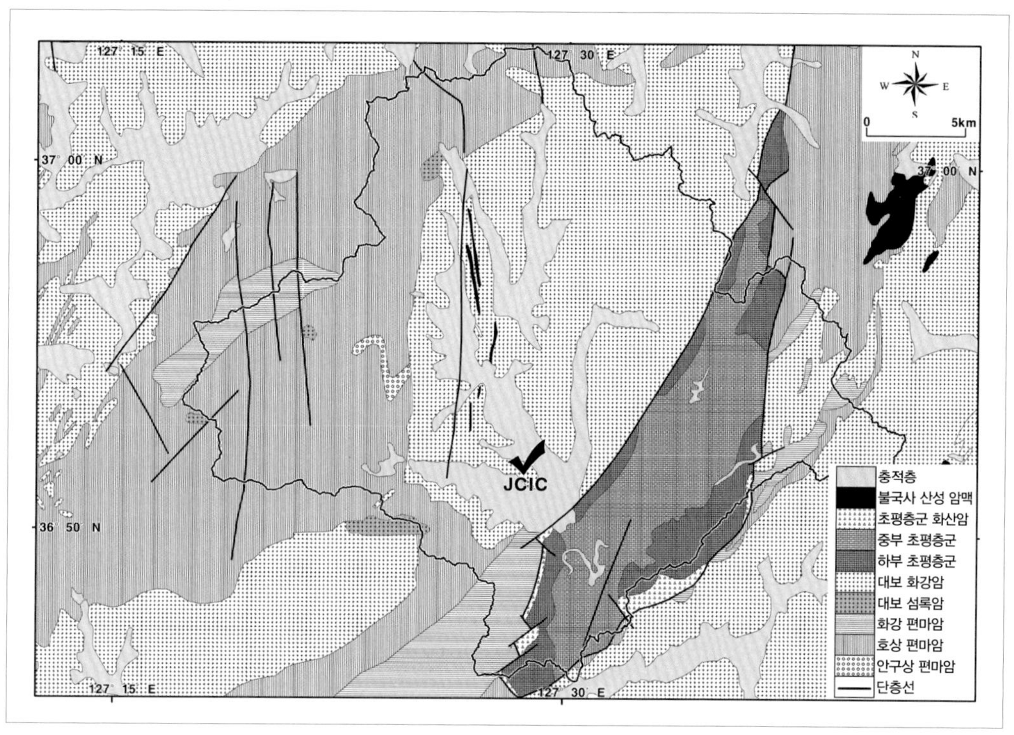

포하고, 역암 및 사암 위주의 하부 초평층군과 셰일 위주의 중부 초평층군으로 나뉘며(한국자원연구소, 1996), 일부 지역에서는 화산암류도 확인된다.

분지 내부에는 쥐라기의 대보화강암류가 분포한다. 대보화강암류는 분지로부터 북쪽 및 북북동쪽으로 이천 지역까지 연속되므로, 분지의 북쪽과 북동쪽 분수계는 구릉지와 산지가 혼재하여 경계가 명료하지 않다. 분지 서쪽의 편마암 지역에서는 북-남 또는 북동-남서 방향으로 여러 열의 단층선이 지나가고, 분지 내부에도 북-남 방향의 단층선이 분포한다. 초평층군이 분포하고 있는 분지의 동쪽에서는 대보화강암류와 초평층군의 경계부를 따라 북동-남서 방향의 단층선이 통과한다. 또한 미호천이 협곡을 통과하여 분지를 빠져나가는 분지 남쪽의 산지 지역에서는 다양한 방향의 단층선이 확인된다.

미호천은 음성군 삼성면 덕정리 마이산(472m)에서 발원하여 주로 남류하면서 분지를 빠져나가는데, 분지 내에서 성산천, 칠장천, 구암천, 장량천, 한천 그리고 백곡천 등의 하천이 합류한다(그림 10.57). 미호천은 백곡천과 합류하기 전까지는 대보화강암류 지역을 흐르지만, 진천군 문백면 구곡리 부근에서 백곡천과 합류한 후에는 편마암류와 초평층군의 경계부를 따라 감입 곡류한다. 또한 진천군 초평면 화산리 부근에서는 초평층군으로 이루어진 산지를 통과한 초평천과 합류하여 협착부를 지나 분지를 빠져나간다. 따라서 진천 단면 주변 범람원을 이루는 하천 퇴적물은 주로 대보화강암류 및 편마암류의 풍화산물일 것으로 판단된다.

(2) 진천 단면의 퇴적상

진천 단면은 퇴적층 두께가 640cm에 이르는데, 상부에서 하부까지 표층(surface layer), 뢰스-고토양 연속층(loess-paleosol sequence, 깊이 0~500cm), 점이층 I(transitional layer I, 깊이 500~580cm), 점이층 II(transitional layer II, 깊이 580~640cm) 그리고 하안단구 자갈층(깊

[그림 10.59] 진천 단면의 퇴적상(윤순옥 외, 2013)

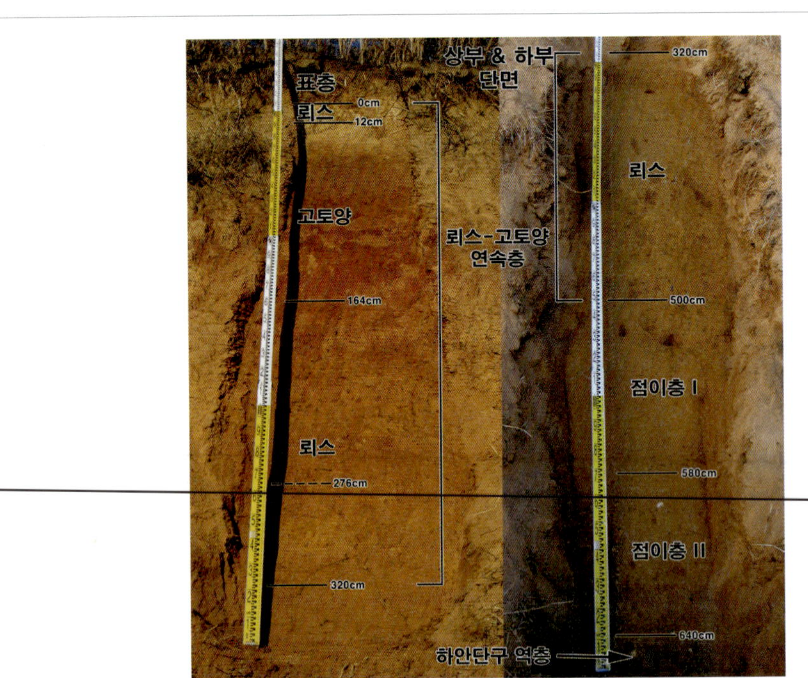

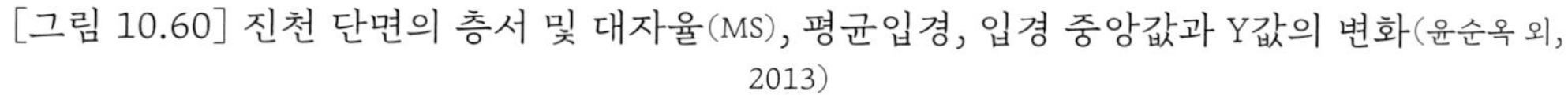

[그림 10.60] 진천 단면의 층서 및 대자율(MS), 평균입경, 입경 중앙값과 Y값의 변화(윤순옥 외, 2013)

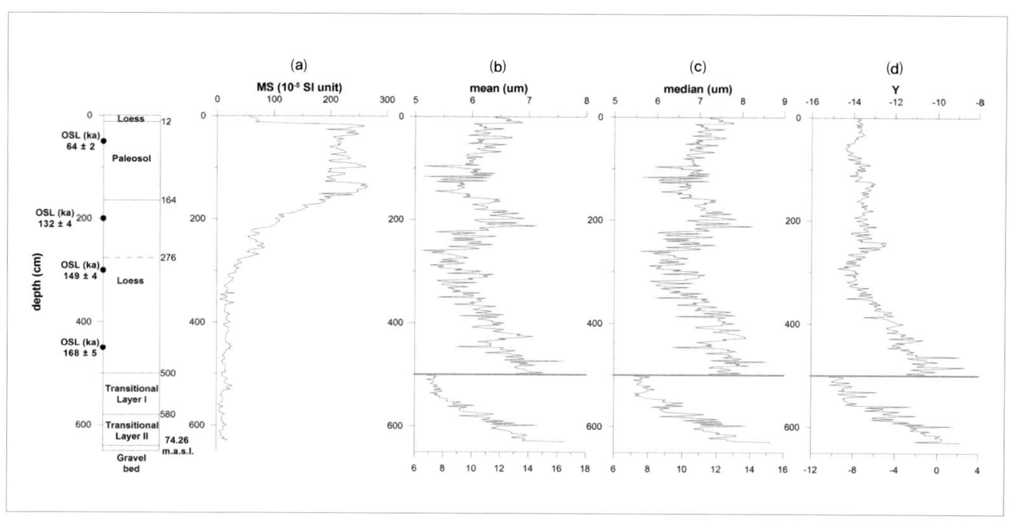

이 640cm 이하)으로 이루어져 있다(그림 10.59).

진천 단면의 층서 구분은 노두에서 관찰되는 퇴적층의 물리적인 특성과 대자율 측정, 입도분석, OSL 연대측정 등의 결과를 종합하여 결정하였다. 표층은 두께가 약 28cm로, 경작지(밭)에서 서식하는 초본의 뿌리를 다량으로 포함하고 있어 조사 대상에서 제외하였다. 표층과 그 하부에 있는 뢰스-고토양 연속층 사이의 경계(깊이 0cm)는 식물뿌리의 분포 밀도가 확연히 낮아지므로 구분이 가능하다. 표층은 밝은 황갈색(2.5Y 7/6)을 띠고 경작으로 인해 심하게 교란되었으나 풍성 퇴적물일 가능성이 크다.

뢰스-고토양 연속층의 두께는 표층 아래 약 500cm이다. 뢰스-고토양 연속층의 가장 윗부분에 해당하는 깊이 0~26cm에서 토색은 표층과 유사하며, 식물뿌리는 급격하게 감소하지만 여전히 포함되어 있다. 대자율 값의 변화(그림 10.60)에 따라 깊이 0~12cm 층준은 뢰스, 그리고 12~164cm는 고토양으로 분류되었다.

깊이 164~500cm는 뢰스층으로 분류되었지만, 상부 164~276cm는 대자율(그림 10.60)에서 상부의 고토양과 하부의 전형적인 뢰스층 사이의 점이적인 특징을 보이고, 깊이 276~500cm는 대자율 값이 대단히 작아서 뢰스의 특징에 부합된다.

깊이 500cm 이하 층준의 대자율 값은 상부 뢰스 층준(깊이 164~500cm)에 비해서 낮다(그림 10.60). 입도 조성은 상부의 뢰스-고토양 연속층과 유사하지만, 상부 층준에서 발견되지 않던 조립 입자가 뚜렷하게 관찰된다. 따라서 상부(뢰스-고토양 연속층)와 하부(하안단구 자갈층) 층준 사이의 점이적인 특성을 보이므로 점이층으로 명명하였다. 점이층은 조립 입자의 비율에 따라 점이층 I(500~580cm)과 점이층 II(580~640cm)로 세분되었다.

점이층 I에 비해 점이층 II부터는 모래의 비율이 더욱 증가하며, 깊이 592cm 부근에서는 장경 2.5cm인 pebble급 자갈을 비롯하여 granule급 자갈을 비교적 많이 포함한다. 그러나 이보다 아래에 있는 층준에서는 자갈이 드물게 발견된다. 점이층 II에서는 전체적으로 하부로 갈수록 모래의 비율이 점진적으로 증가한다.

깊이 640cm 이하에는 하안단구 자갈층이 퇴적되어 있다. 자갈은 화강암이 주를 이루지만 편마암도 드물게 확인된다. 하안단구 역층 상부의 해발고도는 약 74.26m로 측정되었다.

(3) 분석 결과

① 연대측정

표 10.7은 OSL 연대측정 결과이다. 깊이 200cm(JCIC200), 300cm(JCIC300) 그리고 450cm(JCIC450)에서 채취한 시료의 연대 값은 각각 132±4ka, 149±4ka 그리고 168±

[표 10.7] 진천 단면의 OSL 연대측정 결과(윤순옥 외, 2013)

시료명	^{238}U (Bq/kg)	^{226}Ra (Bq/kg)	^{232}Th (Bq/kg)	^{40}K (Bq/kg)	연간 선량 (Gy/ka)	수분 함량 (%)	등가 선량 (Gy)	표본 수 (n)	OSL 연대 (ka)	MIS
JCIC50 (4~11μm)	46.7±11.3	33.0±0.6	62.6±1.6	536±13	3.06±0.08 (2.88±0.08)	19.2 (26.1)	195±2	16	64±2 (68±2)	4
JCIC200 (4~11μm)	45.0±11.0	38.5±0.7	69.1±1.6	479±12	3.02±0.08 (2.71±0.07)	20.9 (33.3)	397±6	16	132±4 (147±4)	6
JCIC300 (4~11μm)	52.6±12.7	32.5±0.7	70.5±1.7	454±12	2.86±0.08 (2.67±0.07)	24.1 (32.1)	426±5	16	149±4 (159±5)	6
JCIC450 (4~11μm)	53.0±13.0	32.7±0.7	66.3±1.7	412±12	2.68±0.08 (2.51±0.07)	24.8 (32.3)	451±4	16	168±5 (179±5)	6

5ka이며, 이 값들은 OSL 연대의 신뢰한계를 벗어나는 것이지만 참고할 수 있는 자료로 판단되는데, 이 층준들의 형성 시기는 MIS 6(약 190~130ka)의 중기와 후기에 해당한다. 한편 가장 상부에 해당하는 JCIC50(깊이 50cm)이 퇴적된 시기는 MIS 4(약 74~60ka)의 중기에 해당하는 64±2ka이므로 이 연대 값은 신뢰할 수 있다. 따라서 깊이 12~500cm 뢰스-고토양 연속층은 MIS 6 빙기와 MIS 4를 포함한 최종 빙기에 퇴적된 것으로 볼 수 있다. 즉 진천 단면 뢰스-고토양 연속층에서 낮은 대자율(그림 10.60)을 보이는 깊이 164cm 이하의 층준은 MIS 6에, 그리고 깊이 12~164cm의 비교적 높은 대자율을 보이는 층준은 MIS 5에 퇴적된 것으로 판단된다.

후술할 대자율 측정 결과와 OSL 연대측정 결과를 종합하면, 진천 단면 뢰스-고토양 연속층에서 비교적 낮은 대자율을 보이는 깊이 0~12cm의 층준은 MIS 4의 뢰스, 깊이 12~164cm 층준은 MIS 5, 그리고 그 이하의 층준은 MIS 6에 대비된다.

② 대자율 및 입도 분석

그림 10.60은 진천 단면의 대자율 변화 및 입도 분석 결과를 나타낸 것이다. 진천 단면 뢰스-고토양 연속층의 대자율은 5~267×10^{-5} SI unit으로 측정되었으며, 대자율 변화를 기초로 크게 네 개의 층준으로 구분하였다(그림 10.60 (a)). 즉 낮은 대자율을 보이는 깊이 0~12cm 층준, 높은 대자율을 보이는 깊이 12~164cm 층준, 매우 낮은 대자율을 보이는 깊이 276cm 이하 층준, 그리고 이 두 층준의 점이적인 특성을 보이는 깊이 164~276cm 층준으로 구분할 수 있다.

뢰스 층준에 비해 고토양 층준에서 대자율이 높은 것은 간빙기 동안의 토양생성작용으로 형성된 극세립의 강자성물질(ultrafine ferromagnetic material)에 의한 것이다(Zhou et al., 1990; Maher and Thompson, 1991; Maher, 1998). 그러나 석영과 같은 광물이 주를 이루고 있는 하천 퇴적물의 대자율은 뢰스 층준과 유사하거나 이에 비하여 훨씬 낮다.

깊이 0cm에서 대자율은 약 56×10^{-5} SI unit이며, 가장 상부의 0~12cm 층준에서는 깊이에 따라 큰 변화 없이 대략 56~73×10^{-5} SI unit 범위에서 미변동한다. 이 층준의 대자율 값은 뢰스층의 대자율 특징과 일치한다. 이 층준은 토색이 밝은 황갈색이며 대자율 값이 낮은 것을 볼 때 토양생성작용을 거의 받지 않은 뢰스층으로 생각된다. 경작층으로 교란되어 분석에서 제외한 27cm를 고려하면 MIS 4 시기 동안 형성된 뢰스층으로 판단된다.

깊이 12~164cm에서는 대체로 180×10^{-5} SI unit 이상의 높은 대자율을 보이며 미변동한다. 이와 같이 높은 대자율은 간빙기 동안 풍화작용의 영향을 받은 고토양 층준의 특징에 부합된다. 깊이 164~276cm 층준에서 대자율은 약 180×10^{-5} SI unit부터 50×10^{-5} SI unit까지 깊이에 따라 지속적으로 감소하며, 상부(깊이 12~164cm)와 하부(깊이 276cm 이하) 층준의 과도기적 특징을 나타낸다. 깊이 276cm 이하의 연속층에서 대자율은 대략 $5 \sim 45 \times 10^{-5}$ SI unit 범위로 깊이에 따라 별다른 차이를 보이지 않으며, 한반도 기타 지역에서 확인되는 뢰스 층준의 대자율과 유사하다.

깊이 500cm 이하의 층준은 점이층으로서 대자율 값은 뢰스-고토양 연속층의 하부 층준보다 약간 낮은 $3 \sim 28 \times 10^{-5}$ SI unit이며, 점이층 I의 상부(깊이 500~530cm)는 연속층의 하부 층준과 유사하다. 점이층 I은 $3 \sim 28 \times 10^{-5}$ SI unit이고 점이층 II는 $6 \sim 20 \times 10^{-5}$ SI unit이다. 점이층 I이 점이층 II보다 넓은 범위의 대자율이 나오지만 두 층준 사이에 큰 차이는 없다.

한편 진천 단면 뢰스-고토양 연속층의 평균입경은 5.1~7.6μm이다(그림 10.60 (b)). 뢰스-고토양 연속층에서 평균입경의 변화는 표층에서 깊이 150cm까지 하부로 갈수록 미변동을 나타내면서 점점 감소하는 경향을 보인다. 이후 깊이에 따라 약간 증가하는 양상을 나타내며, 깊이 200cm 부근에서는 상대적으로 조립의 특성을 보인다. 이후 깊이에 따라 다시 감소하지만 대략 깊이 260cm부터 다시 증가하여 깊이 474cm에서 최대치에 이른다.

점이층 I의 평균입경은 6.8~11.6μm로 하부로 갈수록 빠르게 조립화 경향을 나타낸다. 점이층 II 역시 하부로 갈수록 조립화하여 최하부인 깊이 630cm에서 최대치인 약 16.5μm에 이른다. 점이층 입도 조성의 조립화 경향은, 이 층준이 형성된 시기에 뢰스-고토양 연속층이 위치한 하안단구 지형면이 아직 완전하게 단구화되지 못하여, 하천 범람이나 바람에 의해 주변 지역에서 단거리를 이동해 온 조립 물질들이 유입되었기 때문인 것으로 생각된다.

진천 단면 뢰스-고토양 연속층의 입경 중앙값은 5.6~8.6μm로, 전반적으로 평균입경과 유사한 변화양상을 보인다(그림 10.60 (c)). 표층에서 깊이 150cm까지는 깊이에 따라 세립화하지만 대략 깊이 150cm를 기준으로 다시 조립화한다. 또한 깊이

[그림 10.61] 진천 단면의 입도 조성 변화(윤순옥 외, 2013)

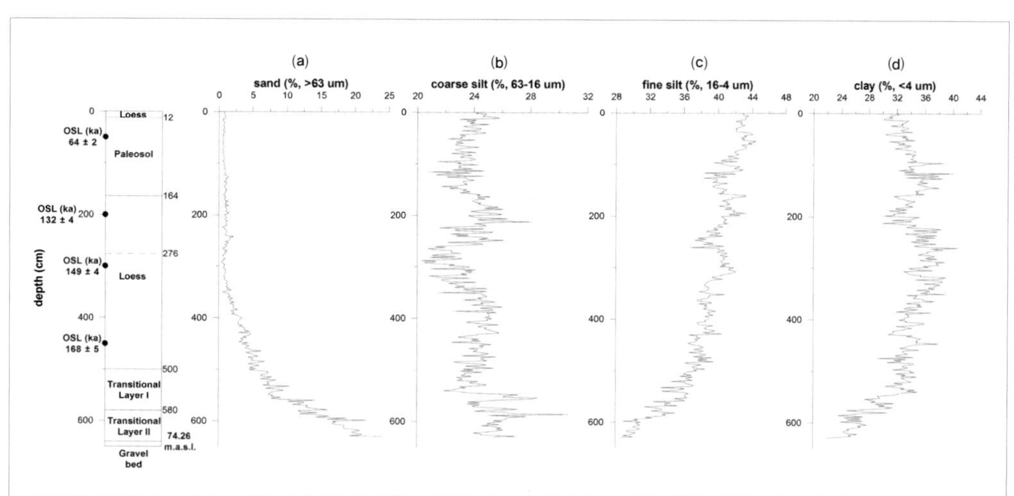

200cm 부근에서 입경 중앙값이 커졌으며, 이후 깊이에 따라 감소하다가 깊이 260cm 부터는 다시 조립화 경향을 보인다. 점이층 I에서는 7.2~11.4μm, 점이층 II에서는 10.1~15.3μm 범위에 있다. 점이층 내에서 입경 중앙값은 상부에서 하부로 갈수록 빠르게 조립화하는 경향이 확인된다.

진천 단면 뢰스-고토양 연속층의 모든 층준에서 Y값은 -8 이하이다(그림 10.60 (d)). 깊이에 따른 Y값의 변화는 평균입경 및 입경 중앙값의 변화와는 약간 다른 경향을 보인다. 즉 깊이 200cm 부근에서 평균입경과 입경 중앙값은 비교적 조립화 경향을 보이지만 Y값에서는 이 경향이 확인되지 않는다. 또한 평균입경 및 입경 중앙값은 깊이에 따라 증감현상을 보이는 데 반해 Y값은 표층에서 깊이 300cm까지는 큰 변화가 없다. 그 이하 점이층 I과 점이층 II 범위에서는 깊이에 따라 Y값이 지속적으로 증가하는 양상을 나타낸다. 점이층 I의 Y값은 -10.3~-1.9이며 점이층 II는 -6.2~2.3이다. Y값의 이와 같은 변화는, 점이층에서는 뢰스-고토양 연속층을 형성한 기구 외의 다른 기구에 의해 세립질모래와 조립질 실트가 운반되어 퇴적되었음을 시사한다.

그림 10.61은 모래, 조립 실트, 세립 실트 그리고 점토로 구분하여 입도 조성 비율을 나타낸 것이다. 진천 단면에서 모래(그림 10.61 (a))의 함량은 0.39~24%로, 깊이 300cm보다 상부의 층준에서는 대부분 2% 미만인 데 반해, 깊이 300cm에서 하부로

갈수록 지속적으로 증가하여 단면의 최하부인 깊이 630cm에서 약 24%로 최대치를 보인다. 깊이에 따른 조립 실트 함량의 변화(그림 10.61 (b))는 평균입경 및 입경 중앙값과 유사한 경향을 보인다. 그러나 평균입경 및 입경 중앙값에서 확인된 점이층의 조립화 경향은 그리 뚜렷하지 않으며, 깊이 540cm부터 조립 실트 비율이 약간 증가하는 정도이다. 뢰스-고토양 연속층과 점이층 I에서 조립 실트의 함량은 각각 20~28%, 22~29%로 서로 유사한 데 반해, 점이층 II는 다른 층준보다 약간 많은 24~31%를 차지하고 있다. 세립 실트 함량은 모래 함량과 대조적으로 약간의 미변동과 함께 하부로 갈수록 감소한다(그림 10.61 (c), (d)). 점토(clay) 함량은 뢰스-고토양 연속층에서 대체로 조립질 실트와의 면상 대칭 형태로 미변동을 하며, 점이층에서는 I층에서 II층으로 가면서 세립질 실트와 같은 양상을 보인다(그림 10.61 (d)). 뢰스-고토양 연속층에서 세립 실트의 함량은 36~44%이며 점토의 함량은 29~41%이다. 점이층 I에서 세립 실트와 점토 성분의 함량은 각각 31~37%, 25~35%이며, 점이층 II에서는 각각 29~35%, 22~28%이다.

한편 진천읍 장관리와 산척리에서 진천 단면과 유사한 퇴적 구조를 보이는 뢰스 퇴적층이 보고된 바 있다(최재희, 2007). 보고된 두 단면 모두 원력층 위에 퇴적되어 있으나, 장관리 단면은 원력층과의 부정합을 이루고 산척리 단면은 원력층과의 점이적인 특성을 보였다. 각 단면에서 1개의 시료를 채취하여 입도분석을 실시하였는데, 점토 성분(〈2μm)은 30~34%, 실트(2~50μm)는 49~50% 그리고 모래(〉50μm)는 16~21%를 차지하는 것으로 나타났다. 그리고 이러한 입도 조성은, 지난 빙기나 이른 봄철 해빙기에 가까운 퇴적물 공급처에서 모래가 도약하거나 부유 하중 상태의 점토와 이토가 이동하여 집적되면서 형성되었을 것으로 추정하였다. 한편 최재희(2007)의 입도 조성과 비교하기 위해 진천 단면 뢰스-고토양 연속층의 입도 조성 비율을 변형하면, 점토(〈2μm), 실트(2~50μm) 그리고 모래(〉50μm)의 함량은 각각 17~26%, 71~81% 그리고 1~8%이므로 최재희(2007)의 연구 결과와 상당한 차이가 있다. 입도분석 방법 및 전처리 과정에 대한 자세한 설명이 없어 이와 같은 현상에 대해서는 단언할 수 없지만, 전처리 과정이 진천 단면에서 이용된 방법과 다르거나 뢰스 퇴적상에 대한 충분한 이해 없이 입도분석이 이루어졌을 가능성이 있다.

[그림 10.62] 뢰스-고토양 연속층 발달의 개념적 모델(Liu et al.(2004)에서 편집)(윤순옥 외, 2013)

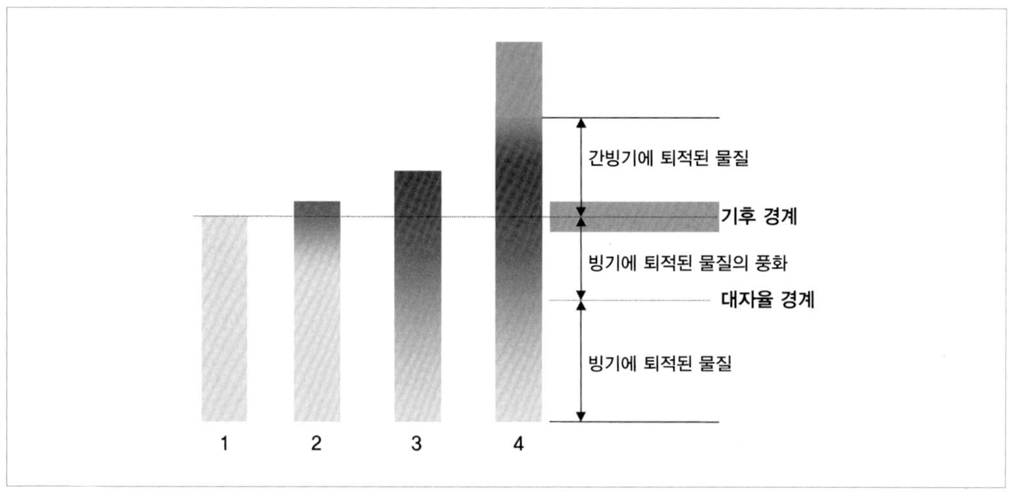

(4) 진천분지 뢰스-고토양 연속층의 형성과 퇴적환경

빙기 동안 뢰스는 상대적으로 높은 퇴적률로 두껍게 쌓이지만(그림 10.62의 1단계), 이후 간빙기에 접어들면 퇴적률은 크게 낮아지고 온난 습윤한 기후로 인해 토양생성작용을 받게 되는데, 간빙기에 퇴적된 층준뿐 아니라 하부의 이전 빙기에 퇴적된 뢰스 층준 역시 토양생성작용을 받게 된다(그림 10.62의 2와 3단계). 이후 새로운 빙기에 접어들면 다시 퇴적률은 증가하게 되고 상대적으로 토양생성작용은 약화되어 새로운 뢰스 층준을 형성하게 된다(그림 10.62의 4단계)(Liu et al., 2004). 이러한 빙기/간빙기 동안의 기후변화 및 이와 관련된 여러 환경 변화를 통해 토양생성작용이 진행되어, 일련의 뢰스와 고토양 층준이 형성되면서 뢰스-고토양 연속층을 이루게 된다.

그림 10.62에서 주상도의 높이 변화는 빙기, 간빙기 그리고 이후 빙기에 이르는 시간의 경과와 함께 1단계에서 4단계까지 뢰스가 지속적으로 쌓이면서 퇴적층은 꾸준히 두꺼워지고 있음을 의미한다. 1단계는 빙기에 형성된 퇴적층이고, 2~3단계는 간빙기 동안에도 뢰스가 지속적으로 퇴적되고 있는 과정을 보여 준다. 또한 뢰스 퇴적층은 빙기에 이어 간빙기가 나타나는 기후변화에 따라 토양생성작용을 받고 대자율이 변화한다. 오른쪽에 제시한 설명에서 '빙기에 퇴적된 물질'은, 1단계 빙기에 쌓인 뢰스 퇴적물 가운데 이후 나타나는 간빙기의 기후 온난화 영향이 미치지 못하여

원래의 성질이 변형되지 않은 채 보존되어 있는 뢰스 퇴적물을 의미한다. 간빙기가 도래하면 '기후 경계'부터 '대자율 경계'까지 대자율의 변화가 이루어진다. 간빙기 동안에도 뢰스가 지속적으로 퇴적되고('간빙기에 퇴적된 물질') 동시에 기후변화의 영향은 1단계 뢰스 상부에서 시작하여 '빙기에 퇴적된 물질의 풍화' 층준까지 미친다.

이러한 모델과 유사하게 한반도의 뢰스-고토양 연속층이 발달한다고 생각하면, 한반도 뢰스-고토양 연속층에서 주의해야 하는 부분은 빙기에 퇴적된 뢰스가 간빙기 동안 토양생성작용을 받는 부분(그림 10.62에서 '빙기에 퇴적된 물질의 풍화' 부분)이다. 즉 퇴적은 빙기에 이루어졌지만 이후의 간빙기 동안 토양생성작용을 받게 되어 퇴적 당시의 특성이 변화되는 층준이 형성된다. 진천 단면 뢰스-고토양 연속층에서 높은 대자율과 낮은 대자율을 보이는 층준 사이의 점이적인 성격을 갖는 깊이 164~276cm의 층준이 이러한 과정을 통해 형성된 것으로 생각된다.

MIS 6~4 시기로 편년된 진천분지 뢰스-고토양 연속층은 두꺼운 역층으로 이루어진 하안단구 지형면 위에 퇴적되어 있다. 진천분지를 빠져나가는 미호천의 하류부는 감입곡류의 형태로 협착부가 만들어져, 유량이 많은 간빙기에는 분지 내부의 유량이나 퇴적물이 본류로 원활하게 유입되지 못한다. 그 결과 진천분지의 하상에는 MIS 7의 간빙기에 하천 퇴적층이 두껍게 쌓이며 충적단구가 형성되었을 것이다.

이후 빙기인 MIS 6 시기에 이르러 육화 과정을 겪으면서 점이층이 형성되었으며, 안정적으로 육화된 단구면상에는 그림 10.62의 1단계에 해당하는 진천 단면의 뢰스 층준이 퇴적되었다.

MIS 5 시기 간빙기에는 뢰스층의 상부가 토양생성작용을 받아(그림 10.62의 2와 3단계) 고토양 층준이 만들어졌다. 따라서 간빙기를 지시하는 높은 값의 대자율 경계(susceptibility boundary)는 기후 경계(climatic boundary)와 시간적으로 차이가 있으며, 빙기에 쌓인 뢰스 층준 상부는 간빙기인 MIS 5 시기에 퇴적된 층준과 같은 높은 값의 대자율을 가지게 된 것이다.

MIS 4 시기에는 그림 10.62의 4단계와 같이 뢰스가 퇴적되었으나, 경작 등으로 심하게 교란되고 일부는 제거되어 현재 12cm의 얇은 층준만 남아 있다. 아마도 퇴적 당시에는 MIS 4 시기에 뢰스 층준이 보다 두껍게 퇴적되었고, 그 위에는 MIS 2 시기의 최종 빙기 최성기(LGM)를 전후하여 형성된 뢰스 층준도 퇴적되었으며, 또한 그사이에는 MIS 3 시기를 지시하는 고토양 층준도 존재하였을 것으로 추정된다.

대천(윤순옥 외, 2007), 봉동(황상일 외, 2009) 그리고 거창(황상일 외, 2011) 지역에서 보고된 뢰스 및 고토양 시료의 평균입경은 대부분 5~10μm로, 진천 단면 뢰스-고토양 연속층의 평균입경과 매우 유사하다. 또한 이 세 지역에서 확인된 뢰스-고토양 연속층의 입경 중앙값은 5~12μm로, 진천 단면 뢰스-고토양 연속층과 유사할 뿐 아니라 지금까지 한반도에서 보고된 다른 지역의 뢰스-고토양 연속층의 입경 중앙값과 유사하다. 이와 같은 사실은 네 지역에서 확인된 뢰스-고토양 연속층이 거의 같이 원거리 기원의 동일한 운반 기작에 의해 형성되었음을 시사한다.

한반도 대천(윤순옥 외, 2007), 봉동(황상일 외, 2009) 그리고 거창(황상일 외, 2011) 지역 뢰스-고토양 연속층의 Y값은 대략 -10~-5이다. 또한 중국 뢰스고원에서 뢰스와 고토양 층준의 Y값은 -7.9~0.1이며, 뢰스-고토양 연속층 하부의 홍색토의 Y값은 -12.3~0이다(Lu et al., 2001). 한편 양쯔 강 하류부의 뢰스 퇴적층인 샤슈 뢰스의 Y값은 -21.8~-4.9이다(Zhang et al., 2005). 따라서 진천 단면 뢰스-고토양 연속층의 Y값은 한반도 뢰스-고토양 연속층 및 샤슈 뢰스의 범위에 포함되며, 홍색토와 일정 부분 겹치지만 중국 뢰스고원의 뢰스와 고토양 층준의 Y값보다는 작다. Y값이 작을수록 세립화를 의미하므로(Lu et al., 2001) 진천 단면 연속층에서 Y값이 작은 것은, 기원지로부터 장거리를 이동하는 과정에서 거리가 멀어지면서 조립질들이 먼저 퇴적되고 세립질 입자가 나중에 퇴적되는 분별 작용을 받은 결과이거나 퇴적 이후 한반도에서 강한 풍화작용을 경험한 데 기인한 것으로 생각된다.

만약 진천 단면의 뢰스-고토양 연속층이 하천의 영향을 받아 형성된 퇴적층이라면 층리(bedding)와 같은 퇴적 구조를 보여야 한다. 또한 모래 입자와 같은 비교적 조립인 입자가 포함되고 더욱이 뢰스-고토양 연속층의 토양 조성에서 상당한 비율을 차지하여야 한다. 그러나 본 연구의 뢰스-고토양 연속층은 층리와 같은 퇴적 구조를 전혀 보이지 않으며, 입도분석 결과 모래 함량은 최대 약 6.9%에 불과하고 실트가 58~69%를 차지하여 실트 중심의 풍성층인 것을 시사한다.

한편 진천 단면의 OSL 연대측정 결과는 최상부 시료(JCIC50)의 연대 결과(64±2ka)를 제외하면 대부분 132~168ka로, 10만 년 이상 경과되어 일반적인 OSL 연대측정값의 한계치를 넘어선다. 오래된 연대일수록 정확도가 떨어지는 점을 생각하면 이들 연대 결과를 신뢰하기 어렵다.

그러나 현재의 기술 수준에서 플라이스토세 후기에 형성된 퇴적층의 절대연대 측정은 OSL 외에 선택의 여지가 없다. 그러므로 10만 년보다 오래된 OSL 연대 값은 참고하는 수준에서 검토하는 것이 바람직하다고 생각된다. 진천 단면 형성 시기의 경우, 하안단구 지형 발달 및 뢰스-고토양 연속층의 형성과 퇴적환경을 종합한 결과, 뢰스-고토양 연속층은 MIS 6~4 시기에 퇴적되었으며 하부 하안단구는 MIS 7의 간빙기에 형성된 것으로 추정된다.

8) 강원 고성군 아야진 지역

(1) 지역 개관

아야진 단면은 강원도 고성군 토성면 도원리(그림 10.63의 GSAY; 북위 38°15′55″, 동경 128°31′22″)에 위치한다. 동해안 북단에 위치한 고성 지역에는 선상지와 하안단구가 넓게 분포하고 있으며(그림 10.63), 이러한 지형면 위에 퇴적되어 있는 뢰스-고토양 연속층은 드물게 그리고 불연속적으로 발견된다. 아야진 단면의 뢰스-고토양 연속층은 퇴적 구조(층리)가 없고 실트 물질 내에서 조립 입자가 발견되지 않아서 풍성 퇴적층의 전형적인 특징을 보여 주고 있다.

아야진 단면 주변의 기반암은 세 개의 구역으로 나누어진다(그림 10.63). 쥐라기 대보화강암류는 해안을 따라 분포하고 있으며 동해안에서 가장 큰 면적을 차지하고 있다. 단면 주변의 화강암은 약간 또는 중간 정도로 풍화되어 있으며 신선한 단면은 거의 발견되지 않는다. 두 개의 화강암 시료(BR1, BR2)를 채취하여 단면에서 채취한 시료와 동일한 방법으로 지구화학적 조성을 분석하였다. 화강암 시료들은 약간 또는 중간 정도로 풍화되어 있다. BR1의 석영 입자(약 1cm)는 BR2(〈0.5cm)보다 더 조립이지만 이외의 다른 차이는 발견되지 않는다. 두 번째 기반암은 경기지괴의 선캄브리아기 호상 편마암으로 주로 높은 산지에 분포하고 있으며 교호하는 규장질 그리고 고철질층으로 이루어져 있다(한국지질자원연구원, 2001). 아야진 지역에서 호상 편마암 시료는 채취하지 않았으며 이의 지구화학적 자료 역시 보고되지 않아, 경기지괴의 여러 편마암의

[그림 10.63] 아야진 단면(GSAY) 주변의 지형 및 지질 개관(Hwang et al., 2014)

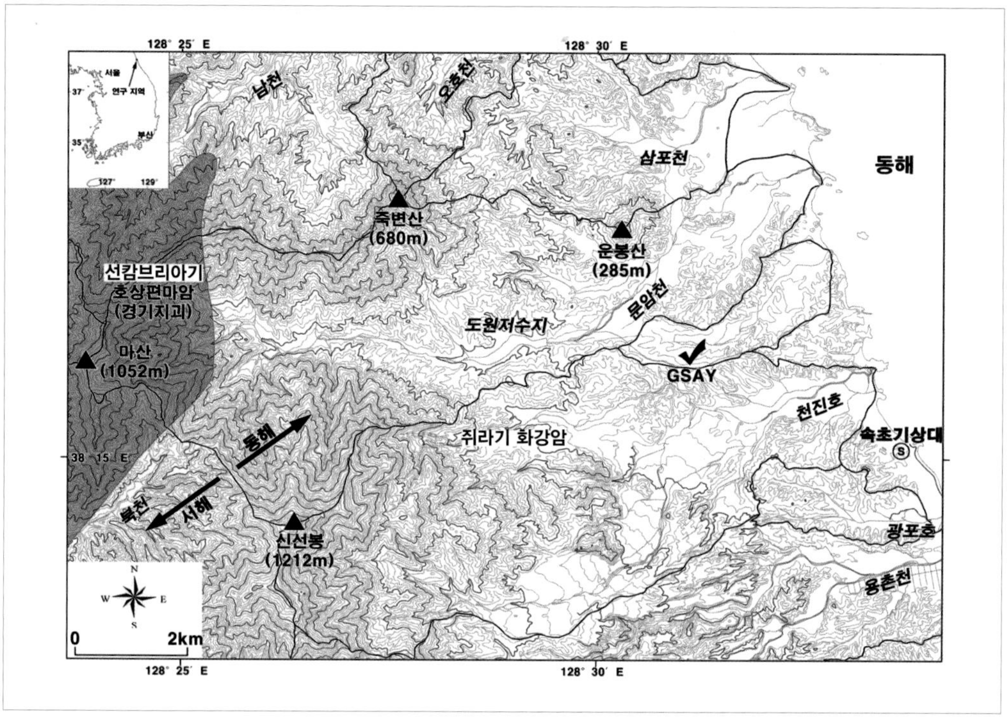

검은색 실선은 각 하천의 분수계를 의미하며 지질 경계는 한국지질자원연구원(2001)에서 편집하였음

지구화학적 자료(n=16; 서경원 외, 1998; 이승구 외, 2004)를 호상 편마암의 대표치로 이용하였다. 마지막 기반암은 운봉산을 이루고 있는 후기 마이오세의 알칼리 현무암이다(그림 10.63; Kim et al., 2005; 길영우 외, 2007). 이 현무암은 고성 지역에서 현무암 플러그(basalt plug)로 분포하고 있으며, 다양한 지각 및 맨틀 초고철질 포획암(xenolith)과 외래 결정(xenocryst)을 포함하고 있다(Kim et al., 2005). 이 현무암은 K-Ar 방법에 의해 7.2~7.5Ma로 측정되었다(Kim et al., 2005). 현무암의 지구화학적 자료(n=4)는 길영우 외(2007)가 보고한 자료를 이용하였다.

다른 기반암은 아야진 단면 인근에 분포하지 않으며 인접한 하천은 이 세 종류 기반암의 풍화산물만을 단면 주변으로 운반할 수 있기 때문에, 세 가지 기반암과 중국 뢰스고원이 예상 퇴적물 기원지(possible source areas, PSAs)로 추정되므로 이들의 지구화학적 특성을 단면에서 채취한 시료와 비교하였다.

가장 가까운 기상관측소(속초기상대; 그림 10.63)는 단면에서 남동쪽으로 약 4km 떨어져 있다. 이 기상관측소에 따르면 지난 30년(1981~2010) 동안의 연평균 강수량과 기온은 각각 약 1,402mm, 12.2°C이다(기상청). 여름철(6~8월)은 습하고 더운 기후로 특징지을 수 있는 반면(약 656mm, 21.9°C) 겨울철(12~2월)은 건조하고 한랭하다(약 129mm, 1.3°C). 그러나 태백산맥과 동해의 영향으로 이 지역의 연교차(약 24.0°C)는 국내 평균(약 25.8°C)보다 작으며 강수량은 국내 평균(약 1,362mm)보다 약간 많다.

(2) 아야진 단면의 퇴적상

두께 7m의 노두 가운데 상부 5m 두께의 층준만을 대상으로 조사하였다. 단면은 상부에서 하부까지 인위층(artificial layer, 깊이 0~56cm), 뢰스-고토양 연속층(깊이 56~400cm), 점이층(transitional layer, 깊이 400~500cm) 그리고 선상지 퇴적층(깊이 500cm 이하)으로 이루어져 있다(그림 10.64, 10.65). 인위층의 최상부를 깊이 0cm로 설정하였다.

인위층의 두께는 약 56cm이다. 이 층의 상부는 현대에 자연적으로 퇴적된 토양의 특성을 보이며, 하부는 후술하는 첫 번째 고토양 상부(깊이 56~76cm)와 연속된다. 그러나 이 층준은 농업용수로 건설로 인한 인간이 영향을 미친 흔적이 있으므로 완전한 자연 퇴적층으로 보기 어려워 인위층으로 구분하였다. 이 층의 토색은 명갈색(7.5YR 5/8)이며 최근에 서식한 식생의 뿌리를 많이 포함하고 있다.

뢰스-고토양 연속층은 두께가 약 340cm이며, 대자율, 토색 그리고 토양의 물리적 특성에 기초하여 두 개의 고토양 층준(깊이 56~92cm, 150~250cm)과 두 개의 뢰스 층준(깊이 92~150cm, 250~400cm)으로 구분된다.

첫 번째 고토양 층준(깊이 56~92cm)의 상부(깊이 56~76cm)는 옅은 명갈색(7.5YR 5/4)의 유기물이 풍부한 반면 하부(깊이 76~92cm)는 유기물이 적고 밝은 황갈색(2.5Y 6/6)을 띤다. 첫 번째 뢰스 층준(깊이 92~150cm) 가운데 상부에 해당하는 깊이 92~120cm 층준의 토색은 밝은 황갈색(2.5Y 6/6)이다. 대략 깊이 120cm를 기준으로 상부 단면(깊이 0~120cm)은 부드러운 다공질 토양인 반면 깊이 120cm보다 아래의 층준은 덜 다공질이며 치밀한 토양이다. 첫 번째 뢰스 층준(깊이 92~150cm)에서 깊이 120~150cm에 해당하는 하부 층준의 토색은 명황색(2.5Y 6/4)이며, 폭이 약 1cm인 soil crack이 확인된다.

두 번째 고토양 층준(깊이 150~250cm) 상부(깊이 150~226cm)의 토색은 명황색(2.5Y

[그림 10.64] 아야진 단면의 퇴적상(Hwang et al., 2014)

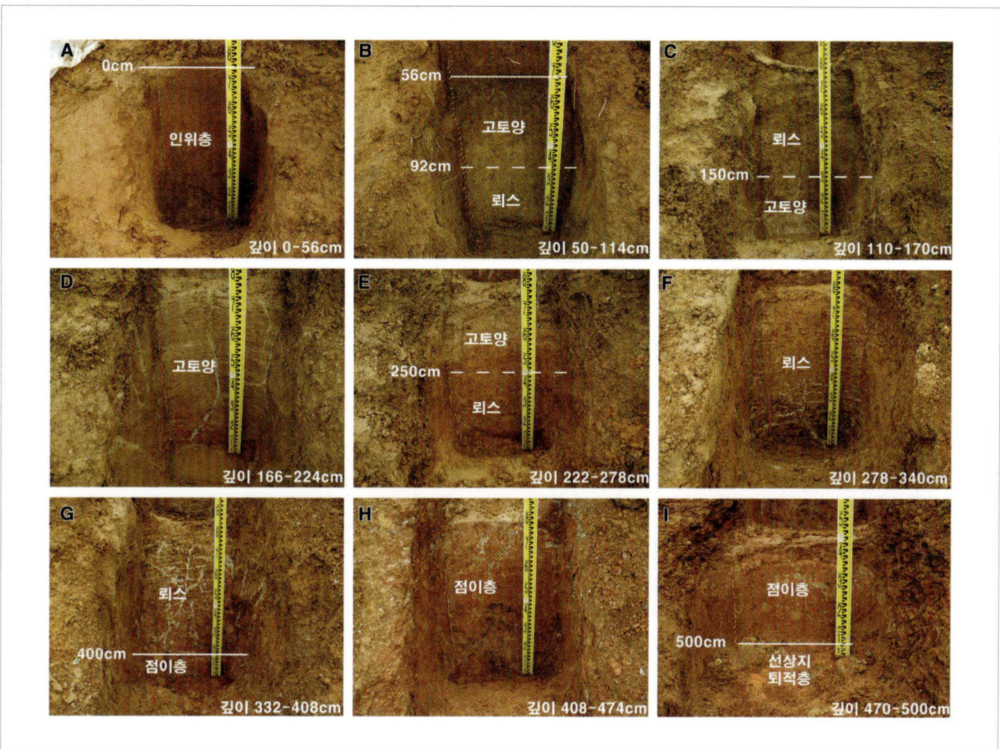

6/4)이며, 상부에서 깊이 226cm까지 연속되는 soil crack은 이 층준에서 두께가 약 2cm로 두꺼워지고, 반점(mottle) 또는 줄무늬(vein)와 같은 crack도 확인된다.

두 번째 뢰스 층준(깊이 250~400cm)은 두께가 150cm에 달하는데, 상부의 깊이 250~318cm에서 토색은 밝은 적갈색(5YR 5/6)이며, soil crack은 불규칙하게 서로 연결되어 있다. 깊이 318~352cm의 층준은 밝은 황갈색(10YR 6/8)이다. 이 층준에는 수평과 수직의 soil crack이 불규칙하게 분포하고 있으며 십자가와 같은 소위 호반 무늬 형태가 확인된다. 깊이 326cm 이하에서는 망간 결핵(nodule)도 발견된다. 깊이 352~382cm의 토색은 적갈색(5YR 4/8)이며 상부 층준과 연결된 soil crack도 확인된다. 수직적인 것이 우세하지만 수평적인 것도 확인되며 불규칙하게 분포하고 있다. 마지막으로 깊이 400cm까지는 토색이 상부 층준과 유사하지만 약간 더 붉어진다.

뢰스-고토양 연속층과 하부의 선상지 퇴적층이 혼합된 점이층(깊이 400~500cm)은 두께가 약 100cm이다. 이 점이층은 전체적으로 상부에 놓인 뢰스-고토양 연속층의 특성을 보이지만, 뢰스-고토양 연속층에서 발견되지 않던 최대 직경 0.5cm의 석영과 기타 조립 입자가 관찰된다. 그 수와 크기는 하부로 갈수록 증가한다. 조립 입자의 수에 기초하여 점이층은 깊이 470cm를 경계로 상부와 하부 점이층으로 구분할 수 있다. 이 층은 선상지 자갈층이 퇴적된 이후 뢰스 물질에 근거리 이동의 조립질이 혼입되어 형성된 것으로, 점이층 가운데 깊이 400~475cm 층준은 사실상 거의 세 번째 고토양 층준으로 보아도 무방하다. 선상지 역층은 깊이 500cm보다 아래에 퇴적되어 있다. 선상지 역층을 이루고 있는 자갈은 심하게 풍화되어 있으며 아각력 또는 각력이다.

(3) 분석 결과

① 연대측정, 대자율 및 입도 분석

아야진 단면의 형성 시기를 파악하기 위해 네 개 층준에서 OSL 연대를 측정하였다(그림 10.65, 표 10.8). GSAY80 층준(깊이 80cm)은 16±1ka 연대 값을 얻었으며, MIS(marine

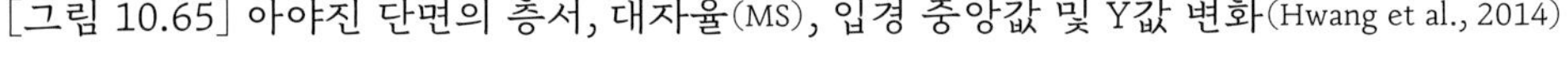

[그림 10.65] 아야진 단면의 층서, 대자율(MS), 입경 중앙값 및 Y값 변화(Hwang et al., 2014)

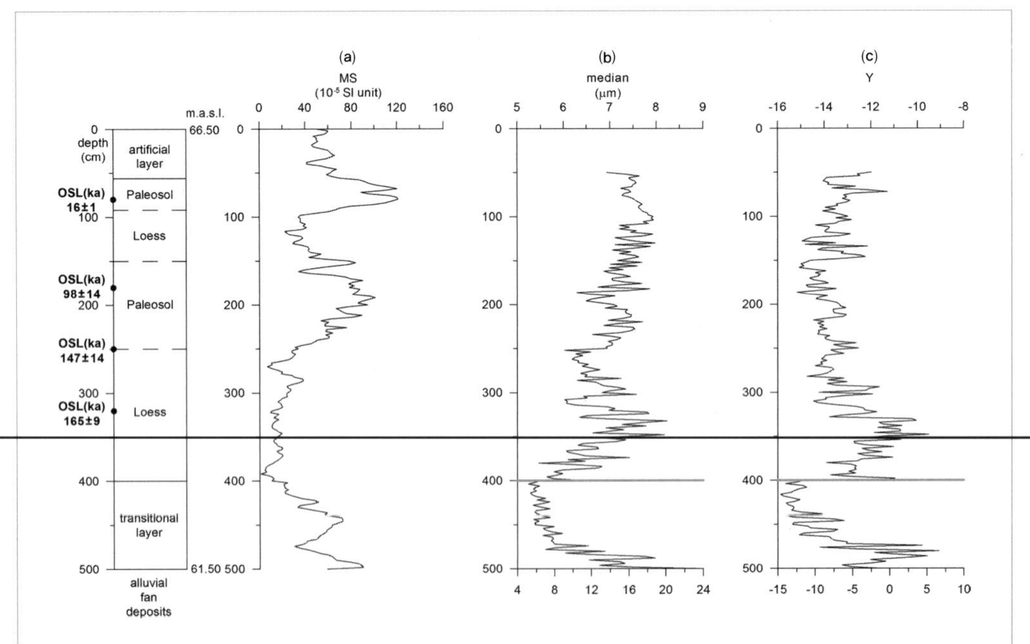

[표 10.8] 아야진 단면의 OSL 연대측정 결과(Hwang et al., 2014)

시료명	^{238}U (Bq/kg)	^{226}Ra (Bq/kg)	^{232}Th (Bq/kg)	^{40}K (Bq/kg)	연간 선량 (Gy/ka)	수분 함량 (%)	등가 선량 (Gy)	표본 수 (n)	OSL 연대 (ka)
GSAY80 (4~11μm)	47.7±11.8	40.2±0.7	70.9±10.7	541±12	3.11±0.08 (2.89±0.08)	24.9 (33.4)	49±4	24	16±1 (17±1)
GSAY180 (4~11μm)	50.5±13.3	42.1±0.9	74.9±2.2	566±15	3.33±0.09 (3.09±0.08)	22.8 (31.3)	326±45	20	98±14 (105±15)
GSAY250 (4~11μm)	54.6±14.1	45.0±0.9	94.3±2.2	455±13	3.30±0.09 (3.09±0.08)	25.7 (33.3)	485±45	15	147±14 (157±15)
GSAY320 (4~11μm)	57.7±8.9	44.6±1.3	80.8±2.0	498±16	3.09±0.08 (2.93±0.08)	30.5 (37.2)	509±25	15	165±9 (174±10)

isotope stage) 2의 최종 빙기 최성기(last glacial maximum) 이후 기온 상승기에 해당한다. 따라서 이보다 상부에서 MS 값이 높고 유기물이 풍부한 층준은 홀로세에 대비된다. 깊이 150~250cm에서 상대적으로 높은 MS 값을 보이는 두 번째 고토양 층준은 깊이 180cm에서 98±14ka의 연대 값을 지시하므로 MIS 5에 형성된 것으로 볼 수 있다. 따라서 이 층준보다 상부에서 낮은 대자율을 보이는 깊이 76~150cm의 층준은 MIS 2~4에 대비된다. 단, 깊이 76~92cm의 층준은 LGM을 포함하는 MIS 2 시기에 퇴적된 뢰스층이지만 높은 대자율을 나타낸다. 이것은 앞서 진천 단면에서 토론한 '빙기에 퇴적된 물질의 풍화(alteration of glacial sediments)' 층준으로 해석할 수 있다. 즉 MIS 2 시기의 뢰스 층준을 지시하는 기후 경계(깊이 76cm) 층준 하부에 실제로 홀로세 온난기의 토양생성작용을 받은 결과 대자율 경계 층준(깊이 92cm)이 분포하게 된 것이다.

세 번째와 네 번째 OSL 연대는 각각 깊이 250cm와 320cm에서 측정되었으며, MIS 6의 후기(147±14ka) 그리고 중기(165±9ka)에 각각 대비된다. 이 층준의 MS 값은 상대적으로 낮고 퇴적물 입도는 조립의 경향을 보인다(그림 10.65). 따라서 아야진의 뢰스-고토양 연속층은 MIS 6부터 MIS 1까지 퇴적되었다. 점이층과 선상지 퇴적층에서는 절대연대 자료가 없어서 형성 시기를 명확하게 제시하기는 어렵지만, 뢰스-고토양 연속층 층서에 기초하면 점이층과 선상지 퇴적층은 MIS 8에 형성된 것으로 볼 수 있다.

대자율은 아야진 단면에서 체계적인 변화를 보인다(그림 10.65 (a)). 대자율 값이 가장 높은 층준은 깊이 80cm로서 121×10^{-5} SI unit이며, 가장 값이 낮은 층준인 깊이 392cm는 1×10^{-5} SI unit이다. 가장 상부의 인위적인 층과 점이층의 대자율은 각각 $50 \sim 70 \times 10^{-5}$ SI unit, $1 \sim 90 \times 10^{-5}$ SI unit이다.

뢰스-고토양 연속층에서 입경 중앙값은 6~8μm인데(그림 10.65 (b)), 대자율과 달리 뢰스층과 고토양에 따라 변화하는 경향은 보이지 않는다. 예를 들어 MIS 6에 대비되는 층준은 최종 간빙기에 대비되는 층준보다 입경 중앙값이 조립의 경향을 보이지만, 최종 빙기에 해당하는 층준은 최종 간빙기 층준과 비슷하다. 점이층은 선상지 퇴적층 물질과의 혼합으로 인해 대자율과 달리 하향 조립화의 경향을 보인다.

뢰스-고토양 연속층의 Y값은 -15.0~-9.5 범위에 있다(그림 10.65 (c)). 점이층의 상부는 뢰스-고토양 연속층과 비슷하거나 약간 더 큰 값을 보이는 데 비해, 하부 점이층은 뢰스-고토양 연속층보다 훨씬 높은 값을 나타낸다. 점이층에서 Y값과 입경 중앙값 모두 층준 내에서 아래쪽으로 갈수록 증가하는 경향을 보이고 있다.

② 주원소 분석

그림 10.66은 한국 뢰스뿐만 아니라 UCC, PAAS와 함께 아야진 단면의 주원소 조성을 그린 것이다. 우선 한국 뢰스 시료들은 한반도 내에서의 공간적 거리 차이가 있음에도 불구하고 유사한 구역에 분포한다. 뢰스-고토양 연속층은 점이층과 함께 SiO_2와 Al_2O_3 사이에서 반비례관계를 보이는 데 반해(그림 10.66 (a)) 중국 뢰스고원은 관계가 없거나 약한 비례관계를 보이고 있다. 또한 아야진 단면은 PAAS와 유사한 분포를 하고 있고 중국 뢰스고원은 UCC와 유사한 경향을 가진다. PSAs의 관점에서 화강암과 현무암은 상대적으로 일정한 조성을 보이는 반면, 편마암은 SiO_2와 Al_2O_3 함량이 시료에 따라 매우 다양하며 SiO_2와 Al_2O_3 함량 사이는 반비례관계이다.

그림 10.66(b)는 Al_2O_3와 K_2O의 관계를 보여 준다. 뢰스-고토양 연속층과 한국 뢰스는 Al_2O_3 함량에 관계없이 K_2O 함량은 약 1.5~2.5wt.%의 범위에 있으나, 중국 뢰스고원에서 이 두 원소는 비례관계에 있다. 더구나 아야진 단면의 뢰스-고토양 연속층과 한국 뢰스의 K_2O 함량은 중국 뢰스고원보다 낮다. 한편 아야진 단면에서 점이층 중 일부는 뢰스-고토양 연속층보다 K_2O와 Al_2O_3 비율이 높다. 현무암은 뢰스-고토양

[그림 10.66] 아야진 단면, 한국 뢰스(Shin, 2003; 박충선 외, 2007; 윤순옥 외, 2007, 2011; Yu et al., 2008; 황상일 외, 2009, 2011), 중국 뢰스고원(Gallet et al., 1996; Jahn et al., 2001), 화강암, 편마암(서경원 외, 1998; 이승구 외, 2004), 현무암(길영우 외, 2007) 및 UCC와 PAAS(Taylor and McLennan, 1985)의 주원소 조성(Hwang et al., 2014)

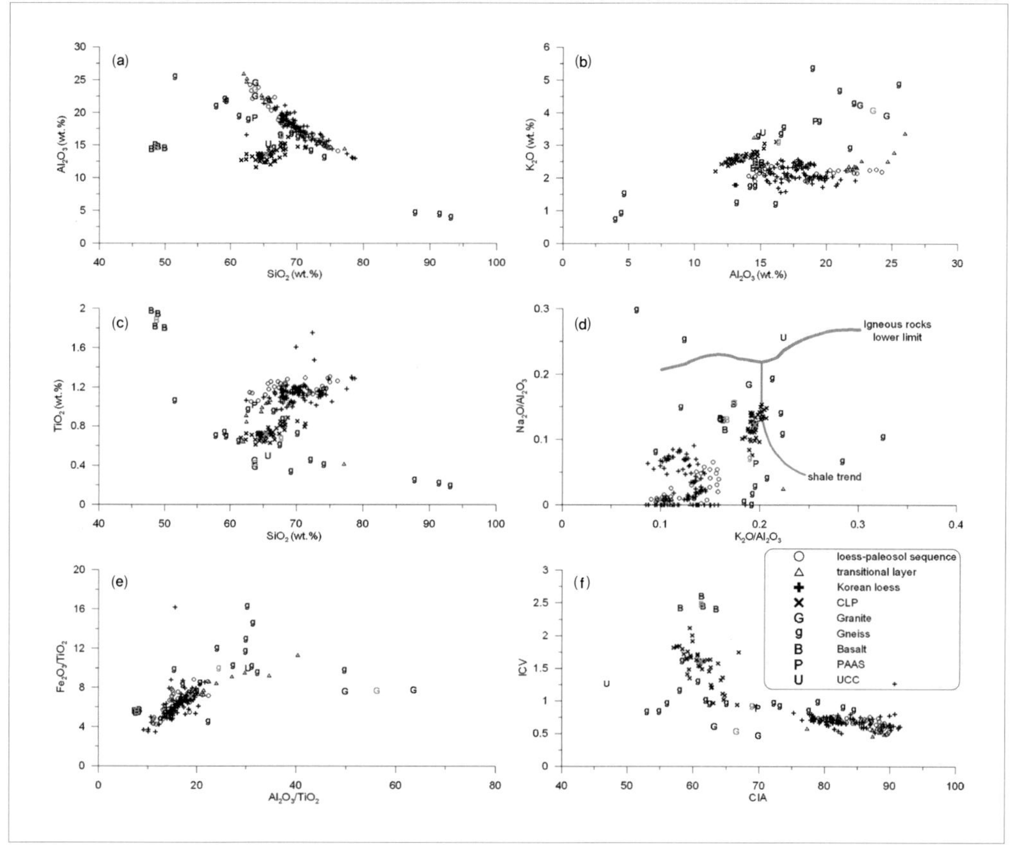

회색 글씨는 원소 조성의 중앙값을 의미하며 화성암의 하한계(Garrels and Mackenzic, 1971) 및 셰일 경향(Gallet et al., 1998)도 같이 표현되어 있음

연속층과 유사한 분포 경향을 보이고, 편마암은 그림에서 분산되어 있는 반면 화강암은 다른 기반암 시료와 쉽게 구분된다.

SiO_2와 TiO_2 사이의 관계에서(그림 10.66 (c)), 아야진 단면의 뢰스-고토양 연속층을 포함하여 한국 뢰스가 중국 뢰스고원보다 TiO_2 함량이 높다.

그림 10.66 (d)는 K_2O/Al_2O_3와 Na_2O/Al_2O_3의 관계이다. PAAS뿐만 아니라 중국 뢰스고원의 모든 시료도 shale trend를 중심으로 모여 있는 반면, 아야진 단면을 포

함한 한국 뢰스의 분포 구역은 중국 뢰스고원 및 PAAS와는 떨어져 위치하며 K_2O/Al_2O_3와 Na_2O/Al_2O_3 값 모두 낮았다. 화강암과 현무암은 아야진 단면보다 높은 비율을 보이고 있는 반면 편마암은 상당히 넓은 구역에 분산되어 있다. 한편 풍화작용에 대한 저항력이 큰 Al_2O_3, Fe_2O_3, TiO_2의 원소 비율은, 아야진 단면 뢰스-고토양 연속층을 포함한 한국 뢰스가 중국 뢰스고원 주변에 모여 있으며 전체적으로 비례하는 분명한 선형 관계를 나타낸다. 그러나 자세히 살펴보면, 아야진 단면 뢰스-고토양 연속층은 기타 한국 뢰스보다 약한 상관관계를 보인다. 이와는 대조적으로 아야진 단면 점이층은 다이어그램에서 화강암 및 편마암과 유사한 독특한 분포를 보인다. 화강암과 현무암은 뢰스-고토양 연속층보다 각각 높고 낮은 Al_2O_3/TiO_2 비율을 보이는 반면, Fe_2O_3/TiO_2 비율은 뢰스-고토양 연속층의 범위에 포함된다. 편마암은 다이어그램에서 두 비율 모두 분산된 경향을 보인다.

콕스 외(Cox et al., 1995)는 암석이나 광물의 경우 다른 주요 양이온에 대한 알루미늄 양의 측정치로서 조성적 변동 지수(index of compositional variability)(ICV=(Fe_2O_3+K_2O+Na_2O+CaO+MgO+MnO+TiO_2)/Al_2O_3)를 제안하였다. ICV는 조성적 성숙도(compositional maturity)의 측정 및 화학적 풍화의 평가에도 적용될 수 있다(예를 들어 Lee, 2002; Srivastava et al., 2013).

콕스 외(Cox et al., 1995)에 따르면, 비점토 규산염은 Al_2O_3가 점토광물보다 낮아서 ICV가 높고 점토광물에서는 더욱 낮아진다. 장석의 ICV 값은 0.4~0.9의 범위에 있으며 점토광물은 0.02~0.8의 범위에 있다(Cox et al., 1995). 퇴적물의 경우 높은 ICV 값은 지구조적으로 활발한 지역에서 발견되며, 낮은 값은 안정지역 그리고 풍화작용이 강한 지역에서 발견된다(Lee, 2002).

CIA(풍화지수)[20] 값과 함께 아야진 단면의 ICV 값을 그림 10.66 (f)에 나타내었다. 0.5~0.8의 범위에 있는 아야진 단면 뢰스-고토양 연속층은 ICV 값이 0.9~2.1의 범위에 있는 중국 뢰스고원과 쉽게 구분된다. 더구나 공간적인 거리 차이가 있음에도 불구하고 아야진 단면의 뢰스-고토양 연속층은 한국 뢰스와 비슷한 ICV 범위에 있다. CIA 값

20 CIA(chemical index of alteration) = 100 × Al_2O_3/(Al_2O_3 + CaO^* + Na_2O + K_2O). CaO^*는 규산염광물만의 CaO 함량을 의미함.

[그림 10.67] 아야진 단면((a)), 한국 뢰스((b))(Shin, 2003; 박충선 외, 2007; 윤순옥 외, 2007, 2011; Yu et al., 2008; 황상일 외, 2009, 2011), 중국 뢰스고원(Gallet et al., 1996; Jahn et al., 2001), 화강암, 편마암(서경원 외, 1998; 이승구 외, 2004), 현무암(길영우 외, 2007) 및 UCC와 PAAS(Taylor and McLennan, 1985)의 A-CN-K 다이어그램과 CIA(Nesbitt and Young, 1984, 1989)(Hwang et al., 2014)

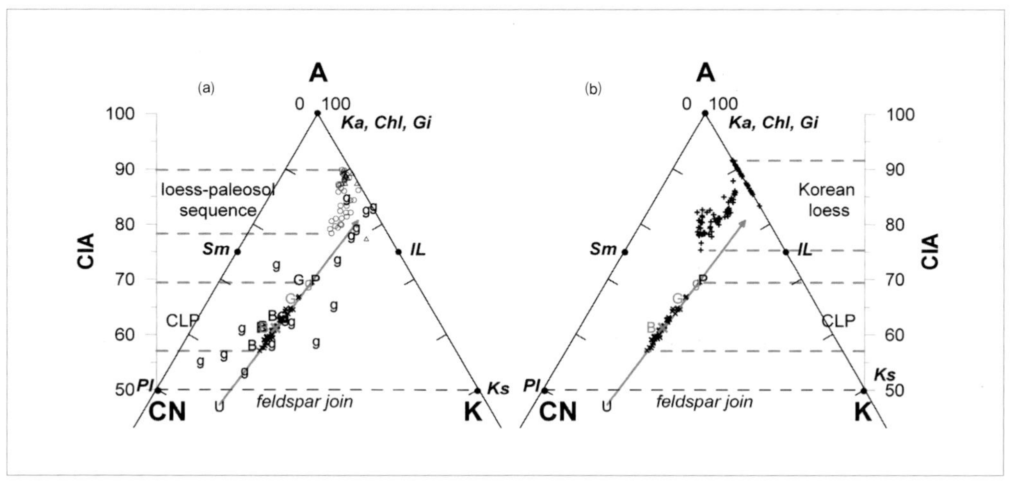

Sm=smectite; Pl=plagioclase; IL=illite; Ks=K–feldspar; Ka=kaolinite; Gi=gibbsite; Chl=chlorite; A=Al_2O_3; CN=CaO*+Na_2O; K=K_2O 범례는 그림 10.66과 동일함

의 경우, 아야진 단면 뢰스-고토양 연속층과 점이층을 포함하는 한국 뢰스는 중국 뢰스고원보다 높아서 분명하게 구분된다. 화강암의 ICV 값은 낮고 현무암은 높으며 편마암은 시료들 사이에서 큰 차이를 보이면서 화강암과 현무암 사이에 분포하고 있다. 이 지역 기반암의 CIA 값은 아야진 단면보다 훨씬 낮고 편마암은 큰 변동성을 보인다.

한국 뢰스와 중국 뢰스고원의 풍화 특성 차이는 A-CN-K 다이어그램에서도 확인할 수 있다(그림 10.67). 그림 10.67 (a), (b)는 UCC, PAAS와 함께 아야진 단면과 한국 뢰스의 풍화 특성을 보여 주고 있다. 다이어그램에서 중국 뢰스고원의 화학조성은 화강섬록암(granodiorite)인 UCC와 매우 비슷하지만 UCC보다는 정장석이 약간 더 많은 물질에서 기원하였음을 시사하고 있다(Taylor and McLennan, 1985; Újvári et al., 2008). 중국 뢰스고원은 UCC에서 PAAS까지의 풍화 경향과 조화되고, 아야진 단면은 A축으로 이동하여 그 경향의 끝부분에 위치하고 있다(그림 10.67 (a)). 더구나 아야진 단면 뢰스-고토양 연속층은 두 개의 그룹으로 나눌 수 있다. 하나는 중국 뢰스고원처럼 A-CN 축에 평행하며 다른 하나는 A-K 축에 평행한다.

아야진 단면 뢰스-고토양 연속층의 이러한 풍화 특성은 국내 다른 뢰스 퇴적층에서도 확인된다(그림 10.67 (b)). 점이층은 대부분 A-K 축에 평행한 그룹에 모여 있는 반면 한 개의 시료(깊이 500cm)는 K-metasomatism(K-교대작용)에 의해 영향을 받았다. 아야진 지역 주변의 기반암은 중국 뢰스고원과 비슷한 화학조성을 보이기 때문에, 규장질(felsic) 또는 고철질(mafic) 기원임에도 불구하고 다이어그램에서 구분이 어렵다. 이러한 경우 A-CN-K 다이어그램은 한국 뢰스와 중국 뢰스고원 사이의 풍화 특성 구분은 효과적으로 보여 주지만 기원지 확인이 어렵다.

③ 미량원소 분석

상대적인 함량을 비교하기 위해 PSAs(possible source areas)뿐 아니라 중국 뢰스고원, 한국 뢰스, 아야진 단면 뢰스-고토양 연속층과 점이층을 PAAS로 표준화한 중앙값을 그림 10.68에 나타내었다. 아야진 단면 뢰스-고토양 연속층과 점이층 그리고 한국 뢰스는 Pb, Th에서 약간의 부화, Sr에서 큰 결핍 그리고 Sc, Cr, Co, Y, Zr, Cs, Ba, Hf에서 작은 결핍을 보이지만, 아야진 단면을 포함한 한국 뢰스는 전반적으로 유사한 지구화학적 특성을 나타낸다. 중국 뢰스고원에서 Sc, Cr, Co와 같은 원소는 확인할 수 없지만, Cs와 Ba가 약간 결핍되어 있는 것은 분명하다. 그러나 Th 부화는 점이층에서 가장 크고, 아야진 단면 뢰스-고토양 연속층, 한국 뢰스의 순으로 부화되는 정도가 감소하며, 중국 뢰스고원에서 Th 부화는 발견되지 않는다. 한편 화강암은 Rb, Y, Th, U의 부화와 Sc, Cr, Co의 결핍으로 특징지을 수 있는 반면, 현무암은 Sc, Cr, Co, Nb가 부화되어 있으며 Rb, Cs, Pb, Th, U는 결핍되어 있다. 편마암은 약간 부화된 Ba, Pb를 제외하면 모든 원소가 결핍되어 있다.

풍화작용에 대한 지구화학적 행태의 차이로 인해 발생하는 Rb, Ba 및 Sr 사이의 원소 비율은 고기후 지수로 이용될 수 있다고 제안되어 왔다(Chen et al., 1999, 2001). 아야진 단면 뢰스-고토양 연속층과 점이층 및 한국 뢰스는 중국 뢰스고원에 비해 상대적으로 Sr은 큰 결핍, Ba는 작은 결핍을 보이는 반면 Rb는 약간 부화되어 있다. 그러나 자세히 살펴보면 이러한 부화와 결핍의 경향은 다소 다르다. 다시 말해 Sr의 결핍은 아야진 단면 점이층에서 가장 현저한 반면 아야진 단면 뢰스-고토양 연속층과 한국 뢰스의 결핍은 유사하다. Rb의 부화는 점이층에서 가장 현저하고 뢰스-고토양 연

[그림 10.68] 아야진 단면, 한국 뢰스(윤순옥 외, 2011; 황상일 외, 2011; (a))와 중국 뢰스고원(Gallet et al., 1996; Jahn et al., 2001), 화강암, 편마암(서경원 외, 1998; 이승구 외, 2004), 현무암(길영우 외, 2007; (b))의 PAAS(Taylor and McLennan, 1985)로 표준화한 미량원소의 중앙값(Hwang et al., 2014)

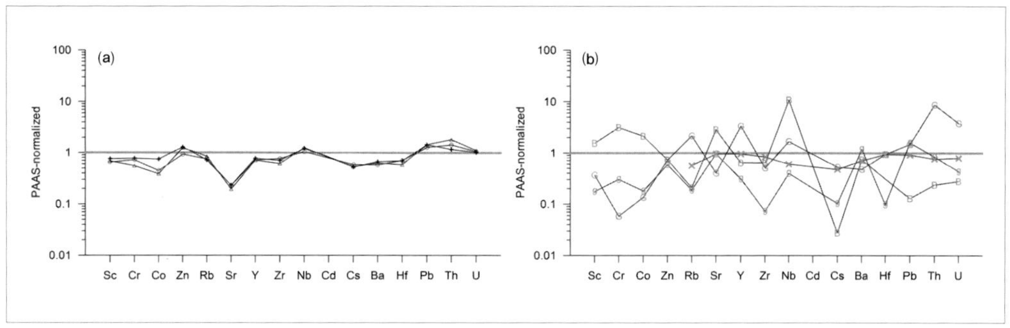

범례는 그림 10.66과 동일함

속층, 한국 뢰스의 순으로 감소한다. Ba 결핍은 한국 뢰스에서 가장 덜하며 점이층, 뢰스-고토양 연속층의 순으로 증가한다. 중국 뢰스고원에 비해 Rb의 부화 그리고 Sr, Ba의 결핍은 화강암에서도 발견되는 반면 다른 암석들은 다소 다른 경향을 보이고 있다. 이는 화강암 풍화산물이 약간 유입되었을 가능성을 시사한다. 지역적 유입의 영향을 살펴보고 기원지를 확인하기 위한 미량원소 비율을 그림 10.69에 제시하였다.

중국 뢰스고원에 대한 선행연구(Gallet et al., 1996; Jahn et al., 2001)에서는 고철질 기원지를 확인하는 데 유용한 Sc, Cr, Co와 같은 원소의 함량이 보고되지 않았지만, 중국 뢰스고원의 원소 조성이 PAAS와 유사하기 때문에(Taylor et al., 1983; Gallet et al., 1998) PAAS의 원소 함량을 중국 뢰스고원의 대략적인 함량으로 가정하였다.

REE(La로 표현)와 Th의 유사한 지구화학적 행태(그림 10.69 (a))는 풍성 퇴적층뿐 아니라 호소 및 하천 퇴적층에서도 보고되었다. 2.5~3.8의 범위를 갖는 중국 뢰스고원 뢰스 물질의 La/Th 비율은 UCC(약 2.8) 또는 PAAS(약 2.6)와 비슷하다. 이와는 대조적으로 아야진 단면 뢰스-고토양 연속층에서 이 두 원소는 반비례관계에 있고 그 비율이 1.1~2.5의 범위에 있으며, 아야진 단면의 점이층은 0.8~1.5의 범위에 있어서 뢰스-고토양 연속층보다 그 값이 작다. 한국 뢰스에서 La/Th는 1.9~3.4의 범위(중앙값은 약 2.4)에 있어서 아야진 단면 뢰스-고토양 연속층보다 값이 크며, 이것은 중국 뢰스고원과 상당히 유사하다. 편마암의 La/Th 비율은 약 4.0, 현무암은 약 4.5의 중앙값을 보이는 반

[그림 10.69] 아야진 단면, 한국 뢰스(윤순옥 외, 2011; 황상일 외, 2011), 중국 뢰스고원(Gallet et al., 1996; Jahn et al., 2001), 화강암, 편마암(서경원 외, 1998; 이승구 외, 2004), 현무암(길영우 외, 2007) 및 UCC와 PAAS(Taylor and McLennan, 1985)의 미량원소 비율(Hwang et al., 2014)

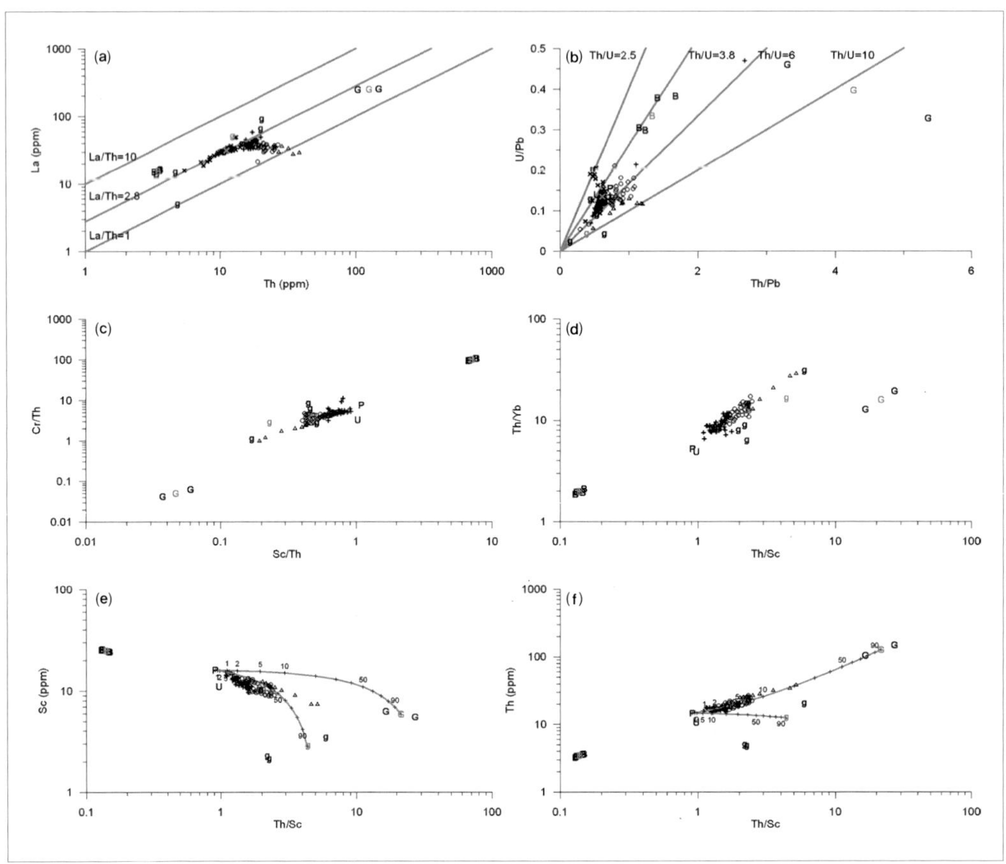

(e)와 (f)의 PAAS와 화강암 그리고 PAAS와 편마암을 연결한 회색 실선은 선형 혼합을 의미하며 범례는 그림 10.66과 동일함

면, 화강암의 La/Th 비율은 중앙값이 약 2.0으로 다른 기반암에 비해 크게 작다.

Th와 U는 풍화 과정을 겪으면 화학적으로 다른 반응을 한다. Th는 잘 용해되지 않는 반면 U는 산화환원반응에 의한 이동성이 크므로 풍화 환경에서 쉽게 용탈되며, 따라서 풍화작용은 Th/U 비율을 증가시킨다(Gallet et al., 1998). 중앙값이 약 4.5인 중국 뢰스고원의 Th/U 비율은 UCC(약 3.8)보다 약간 더 크고 PAAS(약 4.7)와는 비슷하다(그림 10.69 (b)). 아야진 단면 뢰스-고토양 연속층에서 이 비율의 범위는 3.8~7.6, 중앙값은 6.0이고, 점이층에서는 7.3~10.2의 범위에 있고 중앙값은 약 7.7이다.

Sc/Th 또는 Th/Sc와 함께 Cr/Th 비율은 기원지를 확인하는 데 민감한 지시자로 이용되어 왔으며(Condie and Wronkiewicz, 1990), Th/Yb 비율도 특히 규장질과 고철질 기원을 구분하는 등 기원지를 확인하는 데 유용하다(Taylor and McLennan, 1985)(그림 10.69 (c), (d)). 이 두 개의 그림에서 한국 뢰스는 PAAS(중국 뢰스고원의 대략적인 조성으로 가정)에 보다 가깝다. 한편 아야진 단면의 뢰스-고토양 연속층, 특히 이 단면의 점이층은 그림 10.69 (c)에서는 화강암을, 그림 10.69 (d)에서는 편마암을 향해 선적으로 분산되어 있다. 그러나 이 두 그림 모두에서 현무암을 향하는 경향은 확인되지 않는다.

각 기원지의 비율을 정량적으로 확인하기 위해 선형 혼합 계산(Hofmann et al., 2003)을, 각각 규장질과 고철질 기원지로서 Sc와 Th의 함량 그리고 이의 비율을 이용하여 그림 10.69 (e)와 (f)에 나타내었다. 그림 10.69 (e)에서 아야진 단면 뢰스-고토양 연속층은 PAAS와 편마암의 중앙값을 연결한 선의 아래 그리고 그 선을 따라 분포하고 있으며, 점이층은 화강암과 편마암 중앙값의 중간부분을 따라 분포하고 있다. 선형 혼합 계산에 의하면 뢰스-고토양 연속층은 10~50%, 점이층은 30~60%가 편마암과 혼합되어 있다. 그림 10.69 (f)에서 뢰스-고토양 연속층은 화강암의 중앙값과 PAAS 사이의 선을 따라 분포하고 있다. 뢰스-고토양 연속층의 2~8%가 화강암과 혼합되어 있으며, 점이층은 5~20%로 더 많이 혼합된 것으로 보인다. 그림 10.69 (e)와 (f)에서 한국 뢰스는 PAAS에 보다 근접해 있으며 편마암과는 5~10%(그림 10.69 (e)) 그리고 화강암과는 1~5%(그림 10.69 (f)) 혼합되어 있다. 두 가지 원소만의 함량과 이의 비율만을 이용한 점과 PAAS를 중국 뢰스고원의 대략적인 원소 함량으로 간주한 혼합 계산으로 인해 큰 오차가 발생할 수 있지만, 뢰스-고토양 연속층 그리고 점이층으로의 지역적 유입은 계산을 통해 보다 확실해졌다.

④ 희토류원소 분석

UCC와 PAAS 뿐만 아니라 PSAs와 중국 뢰스고원, 한국 뢰스의 중앙값과 함께 아야진 단면의 chondrite로 표준화(Masuda et al., 1973; Masuda, 1975)된 희토류원소 분포를 그림 10.70에 제시하였다. 아야진 단면 뢰스-고토양 연속층은 중간 정도 음의 Eu 이상($Eu/Eu^*=0.47\sim0.67$)과 함께 경희토류(LREE; $(La/Eu)_N=6.1\sim12.8$)는 부화되어 있으며 중희토류(HREE; $(Tb/Lu)_N=1.0\sim2.0$)는 편평한 경향을 보인다. 이 단면의 점이층은 뢰스-고

[그림 10.70] 아야진 단면((a)), 한국 뢰스(윤순옥 외, 2011; 황상일 외, 2011), 중국 뢰스고원(Gallet et al., 1996; Jahn et al., 2001), 화강암, 편마암(서경원 외, 1998; 이승구 외, 2004), 현무암(길영우 외, 2007) 및 UCC와 PAAS(Taylor and McLennan, 1985; (b))의 chondrite(Masuda et al., 1973; Masuda, 1975)로 표준화된 희토류원소 분포(Hwang et al., 2014)

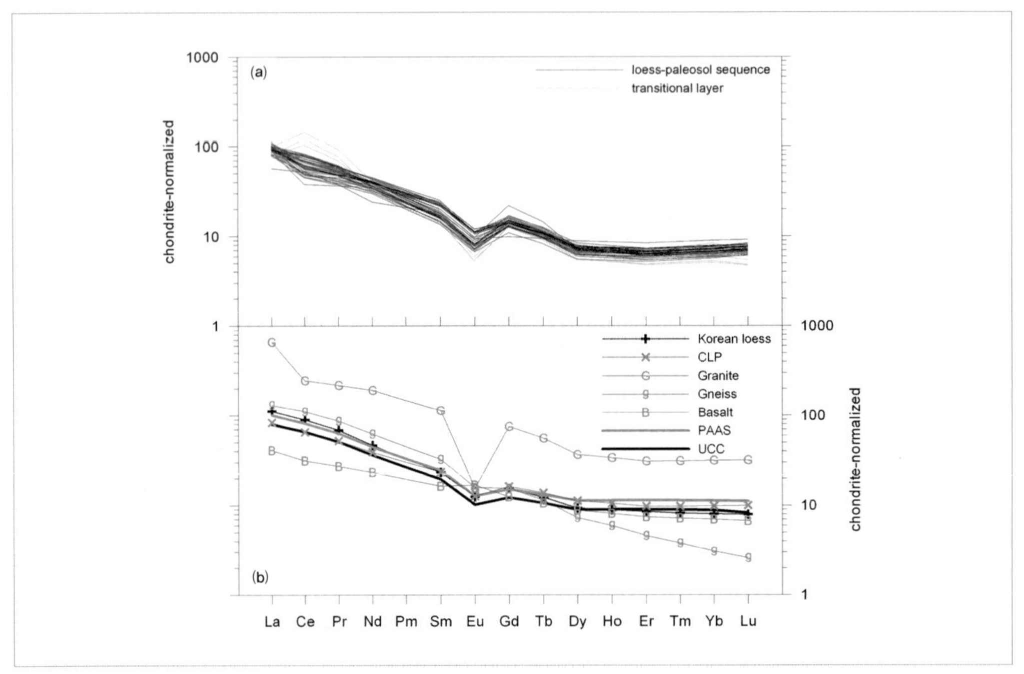

한국 뢰스, 중국 뢰스고원, 화강암, 편마암 및 현무암은 중앙값으로 표현되어 있음

토양 연속층보다 상대적으로 강한 음의 Eu 이상(Eu/Eu*=0.37~0.46)과 함께 약간 더 부화된 LREE($(La/Eu)_N$=11.1~15.4)와 덜 편평한 HREE($(Tb/Lu)_N$=1.6~2.0)가 특징적이다(그림 10.70 (a)). 아야진 단면의 뢰스-고토양 연속층은 중간 정도의 음에서 약간 양의 Ce 이상(Ce/Ce*=0.60~1.12)을 보이는 데 비해, 점이층은 중간 정도의 음의 이상에서 양의 Ce 이상(Ce/Ce*=0.69~1.55)이 나타난다. 더구나 이 단면 점이층의 일부 층준은 뢰스-고토양 연속층보다 HREE가 더 결핍되어 있다. 아야진 단면 뢰스-고토양 연속층과 점이층의 희토류원소 분포는 약간 차이가 있지만 전체적인 경향은 서로 닮아 있으며, 중국 뢰스고원 및 한국 뢰스와도 비슷하다.

중앙값으로 나타낸 희토류원소 분포(그림 10.70 (b))에서 중국 뢰스고원은 UCC, PAAS와 거의 동일한 표준화된 희토류원소 분포를 보이며, 화강암은 강한 음의 Eu

[그림 10.71] 아야진 단면, 한국 뢰스(박충선 외, 2007; 황상일 외, 2009, 2011; 윤순옥 외, 2011), 중국 뢰스고원(Gallet et al., 1996; Jahn et al., 2001), 화강암, 편마암(서경원 외, 1998; 이승구 외, 2004), 현무암(길영우 외, 2007) 및 UCC와 PAAS(Taylor and McLennan, 1985)의 희토류원소 비율(Hwang et al., 2014)

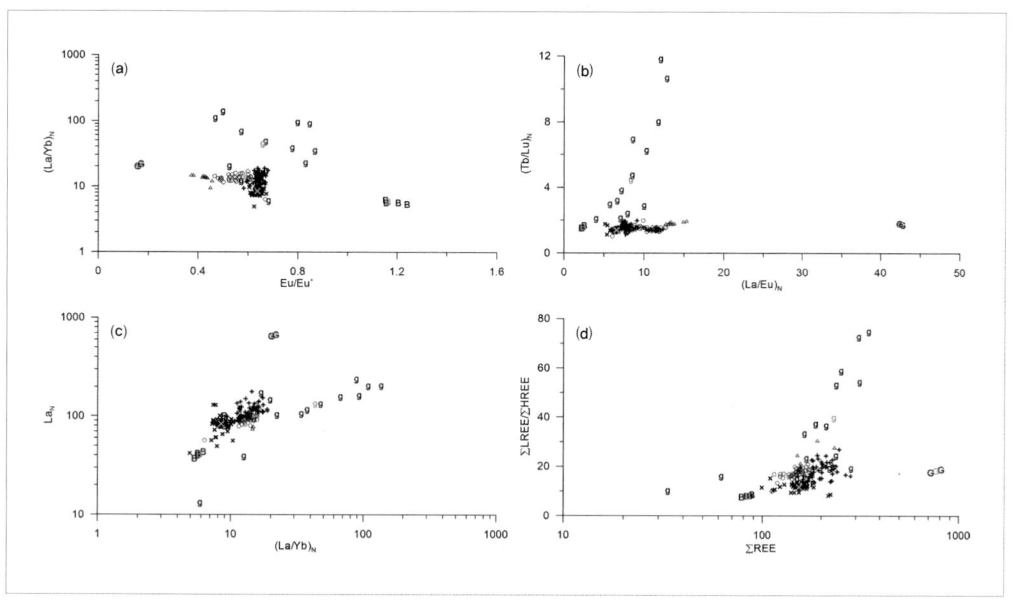

범례는 그림 10.66과 동일함

이상(Eu/Eu*=0.16)과 함께 부화된 희토류원소 분포를 하고 있다. 편마암은 중간 정도의 음의 Eu 이상(Eu/Eu*=0.66)과 함께 부화된 LREE($(La/Eu)_N$=8.3)와 결핍된 HREE($(Tb/Lu)_N$=4.4)로 특징지을 수 있으며, 현무암은 약한 양의 Eu 이상(Eu/Eu*=1.16)과 함께 결핍된 LREE($(La/Eu)_N$=2.4) 및 HREE($(Tb/Lu)_N$=1.6)가 특징이다. 이들은 각각 특징적인 희토류원소 조성을 하고 있으며 서로 쉽게 구분된다.

잠재적 기원지(potential source areas, PSAs), UCC, PAAS뿐만 아니라 한국 뢰스와 함께 아야진 단면의 다양한 희토류원소 비율을 그림 10.71에 나타내었다. 이 그림에서는 한국의 다양한 지역에서 보고된 뢰스의 희토류원소 비율이 서로 유사한 조성을 보이고 있다. LREE가 약간 부화된 것을 제외하면 한국 뢰스와 중국 뢰스고원의 희토류원소 조성은 유사하다. 퇴적 순환과 풍화작용 등에 큰 영향을 받지 않아(Taylor and McLennan, 1985) 기원지 확인에 가장 중요한 지표인 희토류원소 비율이 한국 뢰스에서 유사함에도 불구하고, 아야진 단면의 뢰스-고토양 연속층(○)은 한국 뢰스와 중국 뢰스고원 군집에서부터 화강암을 향해 약간 벗어나 있으나, 점이층(△)은 뢰스-고토양 연속층보다는 화강암에 가깝게 치우쳐 분포하고 있다(그림 10.71 (a)).

(4) 지역적 퇴적물의 유입과 고기후적 의미

그림 10.69와 그림 10.71의 자료를 기반으로 상술한 것과 같이, 아야진 단면의 뢰스-고토양 연속층은 중국 뢰스고원 또는 이의 기원지에서 기원한 물질뿐만 아니라 지역적 기원지의 물질도 포함하고 있다. 뢰스-고토양 연속층에 포함된 지역적 퇴적물의 비율을 정량적으로 알아보기 위해 희토류원소를 이용한 단순 최소제곱 혼합법(simple least-square mixing method; Le Maitre, 1981)을 적용하였다. 단순 최소제곱 혼합법 계산에서 희토류원소를 선택한 것은, 이 원소가 운반 그리고 풍화작용 시 분별 작용이 거의 일어나지 않고 풍화작용에 대해 저항적이기 때문(Taylor and McLennan, 1985)이다. 이러한 계산에 있어서, 아야진 단면 뢰스-고토양 연속층과 중국 뢰스고원 뢰스층은 지구화학적으로 유사하므로 아야진 단면 뢰스-고토양 연속층 퇴적물 기원지는 중국 뢰스고원이 가장 큰 비율을 차지하며, 그리고 아야진 지역은 화강암 분포면적이 넓으므로 화강암이 두 번째로 큰 비율을 차지할 것으로 예상하였다.

여러 고기후 대리자와 함께 OSL 연대를 참고하여 그 결과를 그림 10.72에 나타내었다. 깊이 400cm(뢰스-고토양 연속층과 점이층의 경계)를 MIS 6과 MIS 7의 경계(190ka; Martinson et al., 1987)로 가정하였으며, 점이층에는 신뢰할 만한 연대 자료가 없기 때문에 뢰스-고토양 연속층의 결과만 그림에 표현하였다. 연대 자료 개수와 지구화학적으로 분석된 층준의 개수가 적어서 해상도가 낮아 지역적 퇴적물의 자세한 변화를 확인할 수는 없지만, MIS 6~1 동안의 전반적인 경향은 그림을 통해 확인할 수 있다(그림 10.72). 지역적 퇴적물의 상대적인 양은 홀로세, 최종 빙기 초기(MIS 4), MIS 5 전체 그리고 MIS 6 초기에는 높고, LGM과 MIS 6 후기에는 낮다. 지역적 퇴적물 양의 변화는 지구적 기온 변화 경향(SPECMAP; Martinson et al., 1987)에 따른 지구적 빙상의 변화와 거의 유사한 경향을 나타낸다. 그리고 지역적 퇴적물의 양은 MAR(mass accumulation rate; Sun and An, 2005)로 표현한 중국 뢰스고원의 퇴적량(그림 10.72 (c))과 대체로 반비례 관계에 있다. 아야진 단면에 지역적 퇴적물이 풍부하게 유입된 시기는 생물학적 오팔

[그림 10.72] 뢰스-고토양 연속층의 지역적 퇴적물 유입 비율((a)), SPECMAP((b); Martinson et al., 1987), 중국 뢰스고원의 퇴적량((c); Sun and An, 2005) 및 동해 해면 변동((d); Khim et al., 2008) 대비(Hwang et al., 2014)

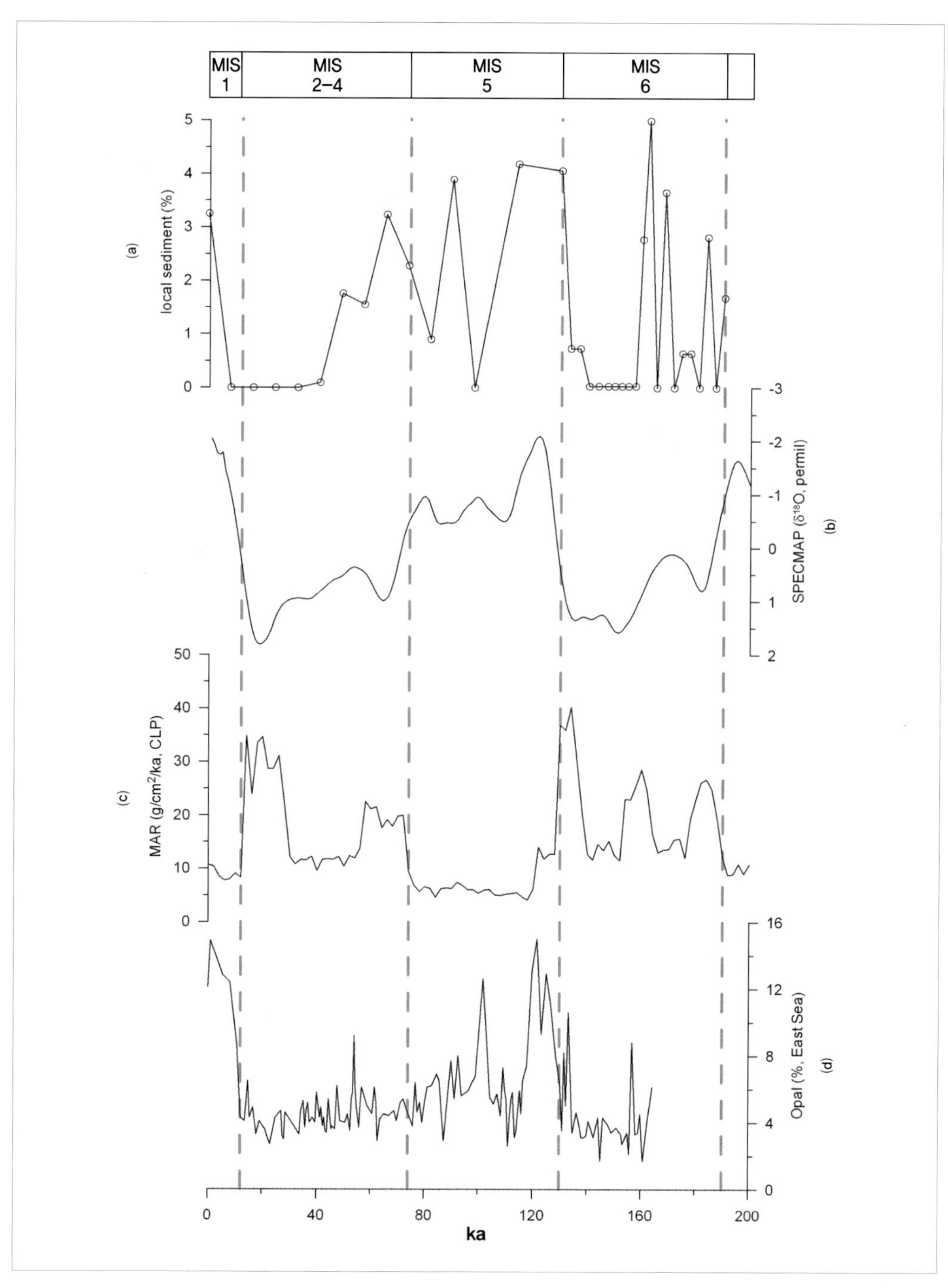

의 농도(Khim et al., 2008)에 의해 복원된 동해의 고해면기에 대비된다. 지역적 퇴적물의 유입량 경향은, 냉량한(더 바람이 부는) 기간 동안 더 많은 물질이 운반되어 퇴적되고 온난한(덜 바람이 부는) 기간 동안 적은 퇴적물이 쌓이는(Porter and An, 1995) 뢰스 퇴적작용의 일반적인 경향과는 조화되지 않고 오히려 거의 상반되는 것이다.

한반도에서 해발고도가 상대적으로 높은 산악 지역 중 하나인 태백산맥(그림 10.63)에서 발원하는 아야진 지역 주변의 하천들은 짧은 유로와 상류부의 가파른 하상경사로 인해 하천 규모에 비해 많은 퇴적물을 하류부까지 가져온다. 따라서 이러한 하천들의 중류부와 하류부에는 넓은 선상지와 범람원이 형성될 수 있다. 아야진 지역에 공급된 물질은 하천 시스템에 의해 해안 지역으로 운반되고, 결과적으로 해안선을 따라 사빈과 최대 폭 1km 정도의 사구가 현재 해안 지역에 분포한다. 상술한 산지 사면, 선상지, 범람원 그리고 사빈과 사구의 물질은 아야진 지역에서 풍성 작용에 대한 잠재적인 기원지가 될 수 있다. 그러나 이러한 지형적 경관은 제4기 동안의 빙기와 간빙기 순환에 의한 지구적 빙상의 발달과 후퇴 그리고 해면변동으로 인해 크게 변화하였다.

아야진 단면과 해안선 사이의 현재 거리는 약 3km이다. 간빙기 동안 해면은 상대적으로 높았고 후빙기인 지금과 과거 간빙기 사이에 고도 차이가 있더라도, 사빈과 사구 그리고 충적층은 현재의 경관과 같이 해안선과 하천을 따라 분포하였을 것이다. 이와는 대조적으로 빙기 동안 해면은 지금보다 훨씬 더 낮았으며, 특히 LGM 동안 120~140m 정도 더 낮았다(Lambeck et al., 2002; Lambeck and Chappell, 2001). 따라서 사빈과 사구는 해면 하강에 의해 바다 쪽으로 수km 이동되었다. 단면과 고해안선 사이의 증가된 거리는, 빙기의 바람이 많이 부는 기간 동안에도 풍성 작용으로 지역적 퇴적물을 단면까지 운반하는 데 일차적인 지형적 장애물로 작용하였을 것이다. 더구나 하천은 바다 쪽으로 더 연장되었으며 단면과 하천 하구부 사이의 거리 역시 증가하였다. 빙기 동안 단면 주변의 하천지형은 아마 현재 하천의 중류부와 유사하였으며, 그 당시 하상은 바람에 의해 운반될 수 없는 자갈과 모래 입자가 대부분이었을 것이다. 따라서 제4기 동안 해면변동으로 인한 거리 변화가 지역적 퇴적물 유입에 가장 크게 영향을 미친 요인이었다고 생각된다.

이러한 결과는 일본의 해안 지역에서 이루어진 연구에 의해서도 지지될 수 있다(成瀨, 1982; 成瀨, 井上, 1983; Saitoh et al., 2011). 成瀨(1982)에 따르면 최종 빙기(MIS 4~2) 동안 풍성 모래(사구) 퇴적의 주요 기간은 약 18~20ka, 30ka, 50ka, 70ka이다. 50ka, 70ka의 모래 퇴적층은 광범위하게 분포하고 있으며 해면 하강의 정도로 인해 다른 것들은 일부 해안 지역에 제한되어 있는데, 이는 해면이 풍성 모래(즉 지역적 퇴적물)의 퇴적에 중요한 역할을 했다는 것을 의미한다. Saitoh et al.(2011)도 사빈에서 사구 지대로의 퇴적물 공급은 해면 하강에 의해 감소하였으며 사구 모래에 협재된 중국으로부터의 풍성먼지(loess)가 당시에 상대적으로 증가하였다고 결론지었다. 따라서 사구 모래의 퇴적은 풍성먼지 퇴적과는 반비례의 관계에 있으며, 이것은 해면변동에 의해 발생한 해안선과의 거리 변화 영향을 강하게 받았다.

강원도 고성 아야진 지역에서 사빈, 사구 그리고 충적층으로 이루어진 인접 지역으로부터 지역적 퇴적물이 뢰스-고토양 연속층에 유입된 것은 지구적 기후변화에 따른 동해의 해면변동을 반영한다. 이는 한반도, 특히 해안 지역에서 풍성 작용에 의한 지역적 퇴적물의 공급량 변화가 제4기 동안 지구적 기후변화에 의해 통제되어 왔다는 것을 의미한다. 그러나 이러한 지역적 퇴적물은 아야진 지역의 뢰스-고토양 연속층의 작은 부분에만 기여하였다. 뢰스 물질 퇴적의 관점에서, 동북아시아의 몬순과 편서풍 순환이 중국 뢰스고원뿐만 아니라 한반도에서도 뢰스 형성에 중요한 역할을 하였다(Sun, 2004; Lim and Matsumoto, 2006, 2008a, b)고 생각된다.

9) 강원 강릉시 지역

(1) 지역 개관

강릉 단면(GRBH)은 강원도 강릉시 강동면 하시동리에 위치하고 있으며(그림 10.73의 GRBH; 북위 37°44′59″, 동경 128°58′05″) 해안선으로부터 약 450m 떨어진 내륙에 있다. 강릉 단면의 남쪽에서는 강릉시 강동면 언별리 만덕봉(1,035m)에서 발원한 군선천 그리고 강릉시 강동면 산성우리 망기봉(755m)에서 발원한 임곡천이 각각 북동류 및 북서류하여 합류한 후, 하구부에서 강릉시 구정면 덕현리에서 발원한 시동천과 합류하여 동해로 유입한다. 조사 단면의 북쪽으로는 강릉시 구정면 구정리 갈미봉(818m)에서 발원한 섬석천과 강릉시 왕산면 목계리 두리봉(1,032m)에서 발원한 남대천이 하

[그림 10.73] 강릉 단면(GRBH) 주변의 지형 개관 및 기반암 분포(한국지질자원연구원(2001)에서 편집)(박충선 외, 2014)

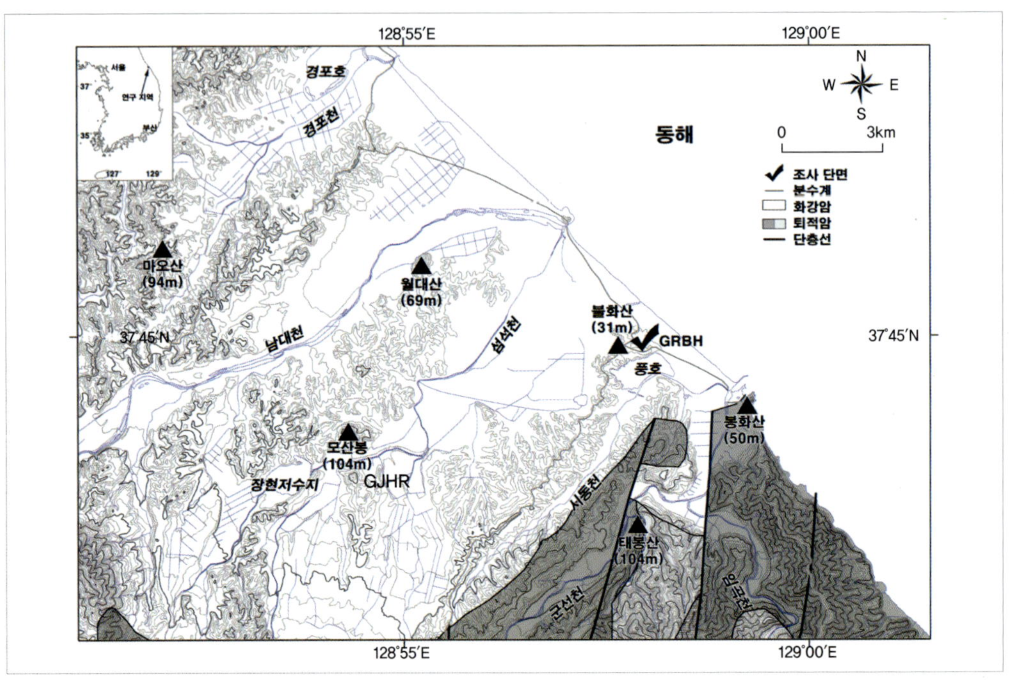

구부에서 합류하여 동해로 유입한다.

강릉 단면을 경계로 북서쪽과 남동쪽의 지형은 확연하게 다르다. 즉 강릉 단면의 북쪽과 서쪽 지역은 범람원 및 해안 충적평야가 넓게 자리 잡고 있으며, 특히 섬석천의 하류부와 남대천의 하구부 지역에 넓은 충적평야가 발달해 있다. 이러한 충적평야의 배후에는 해발고도 200m 이하의 사면 경사가 완만한 구릉지가 넓게 분포한다. 이와는 대조적으로 강릉 단면의 남쪽은 험준한 산지와 좁은 하곡이 분포하고 있으며, 범람원은 하천 양안을 따라 또는 하천 합류부에 좁게 분포하고, 범람원 및 하구부에 형성된 소규모의 해안 충적평야로 이루어져 있다.

강릉 단면 일대의 이러한 지형적 차이는 기반암 분포에 기인한다. 즉 남쪽의 산지는 고생대 조선누층군과 평안누층군의 퇴적암으로 이루어져 있는 데 반해 북쪽과 서쪽의 저평한 지역은 풍화 및 침식 작용에 상대적으로 약한 쥐라기 대보화강암이다(한국지질자원연구원, 2001).

강릉 단면과 해안선 사이에는 길이 약 3km, 최대 폭 약 500m의 안인사구라 불리는 해안사구가 분포하고 있는데, 이 해안사구를 이루고 있는 퇴적물의 평균입경은 600~1,100μm이며 OSL 연대측정 결과 전사구(첫 번째 빈제)에서 0.9~1.1ka, 두 번째 빈제에서 1.6~1.9ka, 해안선에서 가장 멀리 떨어진 세 번째 빈제에서 2.6~3.3ka의 연대값을 얻었다(최광희, 2009). 강릉 단면의 퇴적환경을 파악하기 위해 해안사구의 입도분석 결과(Choi et al., 2007; 최광희, 2009)를 강릉 단면의 입도분석 결과와 비교하였다(그림 10.84 참조).

(2) 강릉 단면의 퇴적상

강릉 단면은 퇴적층의 두께가 약 465cm이며, 야외 관찰, 대자율 및 입도 분석 결과에 기초하여 상부에서 하부까지 표층(surface soil), Unit Ⅰ(깊이 0~92cm), Unit Ⅱ(깊이 92~240cm), Unit Ⅲ(깊이 240~465cm)와 기반암(깊이 465cm 이하)으로 구분되었다. 그리고 Unit Ⅱ와 Unit Ⅲ는 각각 Unit Ⅱ-1(깊이 92~180cm), Unit Ⅱ-2(깊이 180~240cm) 그리고 Unit Ⅲ-1(깊이 240~350cm), Unit Ⅲ-2(깊이 350~465cm)로 세분된다(그림 10.74). 조사 단면의 남동쪽으로 약 15m 떨어져 있는 노두에서는 원력 및 아원력으로 이루어진 해안단구 역층이 확인되었지만 조사 단면에서는 확인되지 않았다. Unit Ⅱ와 Unit Ⅲ 사이 경계(깊이 240cm)의 해발고도는 약 17.34m였다.

두께가 약 1m인 표층은 실트 및 모래가 주를 이루고 있으며 식물뿌리(주로 소나무)가 다량 포함되어 있다. 약 50cm 두께의 표층 하부는 식물뿌리의 밀도가 더욱 높아 시료 채취가 어려워 연구 대상에서 제외하였다. Unit Ⅰ(깊이 0~92cm)은 주로 세립 실트로 이루어져 있으며 육안으로 관찰 가능한 조립 입자는 확인되지 않는다. 이 층준의 두께는 약 92cm이며 토색은 전체적으로 밝은 적갈색(5YR 5/6)이다. 깊이 0~60cm에는 폭 1cm 이하의 토양쐐기가 수직으로 나타나고 깊이 60~92cm에는 비슷한 폭을 보이는 쐐기가 수평으로 발달해 있다.

Unit Ⅱ(깊이 92~240cm)의 두께는 약 148cm로, 세립 실트가 주를 이루는 등 전체적으로 상부의 Unit Ⅰ과 유사한 입도 조성을 보이지만 하부에서는 조립질도 관찰된다. 이 층준은 깊이 180cm를 기준으로 Unit Ⅱ-1과 Unit Ⅱ-2로 세분된다. Unit Ⅱ-1의 가장 상부인 깊이 92~120cm의 토색은 적색(10R 4/8)이며 폭 1cm 내외의 수직 토양쐐기

[그림 10.74] 강릉 단면의 퇴적상(박충선 외, 2014)

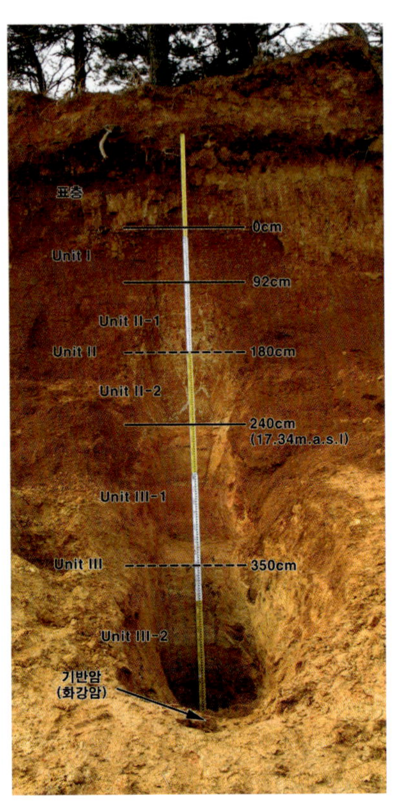

가 하부와 연결되어 있다. Unit Ⅱ-1의 중간에 위치하는 깊이 120~170cm에서는 상부에서 이어진 토양쐐기의 폭이 좀 더 넓어지며(1~2cm), 토색은 적색(10R 5/8)으로 상부와 거의 유사하다. Unit Ⅱ-1의 하부인 깊이 170~180cm의 토색은 적등색(10R 6/8)이며 상부보다 밝아진다. Unit Ⅱ-2의 토색은 적색(10R 5/8)이며 폭 2cm 이상의 토양쐐기가 수직으로 발달해 있다. 육안 관찰상 Unit I 및 Unit Ⅱ-1에서 발견되지 않았던 조립입자가 발견되었으며 하부로 갈수록 그 양은 증가한다.

강릉 단면에서 Unit Ⅲ(깊이 240~465cm)는 깊이 350cm를 기준으로 보다 조립인 Unit Ⅲ-1과 세립인 Unit Ⅲ-2로 세분된다. 상부의 Unit I 및 Unit Ⅱ와 달리 Unit Ⅲ는 주로 모래로 이루어져 있으며 수평의 층리 구조가 확인된다. Unit Ⅲ는 전체적

[표 10.9] 강릉 단면의 OSL 연대측정 결과(박충선 외, 2014)

시료명	^{238}U (Bq/kg)	^{226}Ra (Bq/kg)	^{232}Th (Bq/kg)	^{40}K (Bq/kg)	연간 선량 (Gy/ka)	수분 함량 (%)	등가 선량 (Gy)	표본 수 (n)	OSL 연대 (ka)
GRBH50 (4~11μm)	50.1±12.8	34.7±0.8	65.6±2.1	497±13	2.83±0.08 (2.65±0.07)	27.2 (34.8)	411±29	14	145±11 (155±12)
GRBH100 (4~11μm)	45.1±11.5	33.1±0.8	57.8±1.8	387±11	2.43±0.07 (2.01±0.06)	26.7 (51.6)	464±57	15	191±24 (231±29)
GRBH150 (4~11μm)	41.6±7.4	38.3±1.3	62.3±1.9	399±17	2.39±0.07 (2.14±0.06)	35.6 (49.9)	391±27	47	164±12 (182±14)
GRBH270 (90~250μm)	16.2±4.3	14.2±1.0	21.6±1.3	869±17	2.62±0.07 (2.44±0.07)	33.4 (42.4)	109±36	15	41±14 (44±15)

으로 등색(2.5YR 6/6 또는 2.5YR 7/6)과 밝은 황갈색(10YR 6/6)이 교대로 나타나며, 깊이 290~295cm에는 회백색 또는 흰색의 모래가 다량 포함되어 있다. 또한 깊이 295~365cm에서는 유기물로 추정되는 지름 0.5cm 내외의 검정색 결핵(nodule)이 발견된다. 깊이 465cm 이하에는 약간 풍화된 기반암(화강암)이 나타난다.

(3) 분석 결과

① OSL 연대측정

강릉 단면의 OSL 연대측정 결과는 표 10.9에 제시되어 있다. 가장 젊은 연대(41±14ka)는 측정 시료 가운데 맨 하부 깊이 270cm 층준에서 채취한 시료(GRBH270)에서 얻었으며, 이것은 조사 단면에서 남동쪽으로 약 15m 떨어져 있는 노두의 모래 층준 OSL 연대(40~56ka)와 유사하다(불화산 단구; 김종욱 외, 2008). 한편 깊이 150cm에서 채취한 시료(GRBH150)는 깊이 100cm의 채취한 시료(GRBH100)보다 더 젊은 값이 나와서 연대가 역전되었다. 깊이 50cm에서 채취한 시료 GRBH50과 GRBH100은 층서와 대략 어울리는 연대 값이 도출되었다.

강릉 단면은 해안단구 위에 형성된 풍성 퇴적층이다. 동해안에서 해발고도 17m 정도의 지형면은 해안단구 저위 I면으로 분류되고 형성 시기는 대체로 MIS 5e로 추정한다(최성길, 1993). 따라서 강릉 단면에서 측정된 연대 값 4개 가운데 3개가 MIS 6에

[그림 10.75] 강릉 단면의 층서, 대자율(MS), 입경 중앙값 및 Y값 변화(박충선 외, 2014)

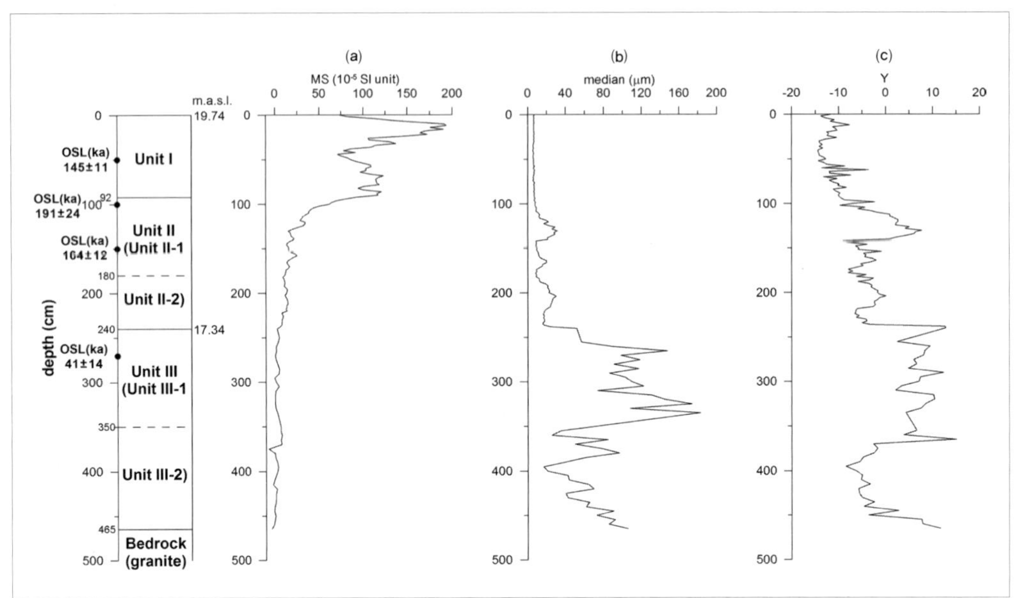

해당하므로 OSL 연대 값의 신뢰 범위를 초과하였으며, 지형면 형성 시기도 역전되어 있다. 또한 가장 아래에 퇴적된 풍성층이 가장 젊은 연대를 나타내고 있어서 OSL 연대측정 결과를 신뢰하기 어렵다.

② 대자율 및 입도 분석

그림 10.75는 강릉 단면의 층서 및 깊이에 따른 대자율, 입경 중앙값 그리고 Y값의 변화를 그린 것이다. 강릉 단면은 대자율에 기초하여 Unit I과 Unit II의 경계인 깊이 92cm를 기준으로 상부와 하부 단면이 구분된다. 상부 단면은 상대적으로 높은 대자율로 특징지을 수 있는 반면 하부 단면에서는 대자율이 낮다.

Unit I에서 대자율은 깊이 0cm에서 하부로 갈수록 증가하는 경향을 보이다가 깊이 12cm에서 최대치(약 194×10^{-5} SI unit)에 이른다. 이후 대자율은 약간의 변동을 보이면서 하부로 갈수록 감소하는 경향을 나타낸다. 깊이 44cm에서 대자율은 약 71×10^{-5} SI unit이며 이후 깊이에 따라 약간의 변동을 보이면서 다시 증가한다. 깊이 68cm에서 약 124×10^{-5} SI unit의 두 번째로 높은 대자율을 보인다. 깊이 68cm와 92cm 사이

[그림 10.76] 강릉 단면의 입도 조성 변화(박충선 외, 2014)

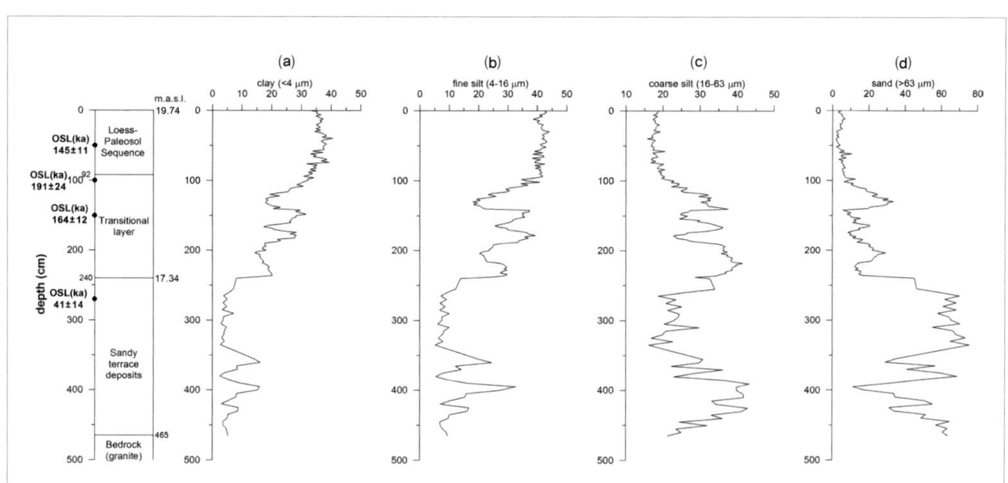

에서 대자율은 거의 변화가 없지만 이후 크게 감소한다.

Unit Ⅱ(2~34×10^{-5} SI unit)와 Unit Ⅲ(-7~8×10^{-5} SI unit)에서 대자율은 각 층준 내에서 큰 변동 없이 깊이에 따라 완만하게 감소하는 경향을 보인다. Unit I보다 Unit Ⅱ에서 대자율이 낮은 것은 풍화의 차이와 더불어 석영과 같은 규산염광물이 혼합되었기 때문이며, Unit Ⅲ의 낮은 대자율은 Unit Ⅱ보다 규산염광물이 더 많은 데 기인하는 것으로 생각된다.

강릉 단면 퇴적물의 입경 중앙값은 대자율과 대조적인 변화양상을 보인다. 일반적으로 중국 뢰스고원은 뢰스 층준에 비해 고토양 층준에서 대자율이 높은데, 이는 간빙기 동안의 토양생성작용으로 인한 극세립 강자성물질의 형성과 강한 풍화작용의 결과이며 입경의 세립화 경향과도 관련되어 있다. 즉 강릉 단면에서도 대자율이 큰 Unit I에서는 입경 중앙값이 작고 하부로 가면서 대자율이 작고 입경 중앙값이 커지는 관계를 확인할 수 있다.

입경 중앙값은 세립 중심의 Unit I에서는 거의 변화가 없는 반면 Unit Ⅱ와 Unit Ⅲ는 큰 변화를 보인다. Unit I의 입경 중앙값은 5.5~7.4μm, Unit Ⅱ는 7.0~52μm이며 깊이 130cm(약 32μm), 166cm(약 20μm) 그리고 204cm(약 31μm)에서 3번의 정점이 확인된다. 그러나 Unit Ⅱ의 최하부(깊이 240cm)는 Unit Ⅱ의 다른 시료보다 입경 중앙값이 매우 큰데, 이는 하부 층준(Unit Ⅲ)과의 혼합에 의한 것으로 생각된다. 한편 Unit Ⅱ-1의 입경 중앙값이 Unit Ⅱ-2의 입경 중앙값에 비해 약간 작지만 큰 차이를 보이지는 않는 반면, Unit Ⅲ-1과 Unit Ⅲ-2에서는 차이가 크다. Unit Ⅲ-1의 입경 중앙값은 57~183μm로서 Unit Ⅲ-2의 17~105μm에 비해 조립이다. 그러나 깊이 450cm 이하의 시료들은 Unit Ⅲ-1과 유사하게 입경 중앙값이 큰데, 이는 기반암에서 유래한 조립 물질과의 혼합에 의한 것이다. 조사 단면의 각 층준은 서로 다른 입도 특성을 보이고 있으며, 이는 각 층준이 서로 다른 퇴적환경에서 형성되었음을 의미한다.

강릉 단면에서 각 층준의 입도 특성은 Y값 변화에서도 확인된다. Unit Ⅰ에서 Y값은 대부분 -10 이하인 데 반해 Unit Ⅱ의 Y값은 대부분 -10보다 크다. Unit Ⅲ-1의 Y값이 2.1~12인 데 비해 Unit Ⅲ-2의 Y값은 -8.5~15이다.

강릉 단면의 입도별 비율, 특히 모래 함량은 각 층준의 특성을 잘 반영하고 있다(그림 10.76 (d)). 모래 함량의 변화 경향은 퇴적물의 입경 중앙값 변화(그림 10.75 (b)) 및 Y값 변화(그림 10.75 (c))와 조화를 이룬다. Unit Ⅰ에서 모래 함량은 시료 사이의 큰 편차 없이 2~11%인 반면 Unit Ⅱ에서는 최대 약 45%(깊이 240cm)에 이른다. Unit Ⅲ-1과 Unit Ⅲ-2의 모래 함량은 각각 47~76%, 11~69%이다. 상술한 바와 같이 Unit Ⅱ의 경우 각각 3번의 조립과 세립 시기가 입도 비율에서도 확인되며, 이는 Unit Ⅱ가 형성되는 동안 퇴적환경이 다른 시기가 교대로 3번 나타났음을 의미하는 것으로 생각된다.

한편 점토 함량은 Unit Ⅰ에서는 32~41%인 반면, 하부로 갈수록 감소하여 Unit Ⅱ에서는 8~34% 그리고 Unit Ⅲ에서는 2~16%를 차지하고 있다. 세립 실트 함량 역시 상부에서 하부로 갈수록 감소하는 경향을 보이고 있는데 각각 38~44%, 14~42% 그리고 5~33%를 차지하고 있다. Unit Ⅰ, Unit Ⅱ 그리고 Unit Ⅲ에서 조립 실트 함량은 각각 16~21%, 20~41% 그리고 16~43%이다. 점토 함량과 세립 실트 함량의 변화는 강릉 단면의 전체 층준에 걸쳐 그 경향이 서로 조화된다. 뢰스-고토양 연속층뿐 아니라 심지어 기반암 풍화층이 혼합된 해안단구 퇴적층으로 추정되는 Unit Ⅲ에서도 점토와 세립 실트 및 조립 실트 함량 변화가 유사하다. 다만 점토 및 세립질 실트 함량과 모래 함량은 면상 대칭관계로 볼 정도로 변화 경향이 대조적이다. 모래와 조립질 실트의 관계는 Unit Ⅰ과 Unit Ⅱ에서는 유사한 경향을 하고 있으나 Unit Ⅲ에서는 반대의 경향을 보인다.

입도분석은 강릉 단면의 간빙기와 빙기 퇴적층 구분을 가능하게 한다. 강원 고성 아야진 단면에서 이미 논의한 것처럼, 간빙기와 빙기의 기후변화에 따른 해면의 승강과 해안선의 공간 변화에 의해 해안 지역에서 풍성 작용으로 인한 지역적 퇴적물의 공급량 변화가 통제되어 왔다. 즉 Unit I과 II는 빙기에 퇴적되었으며 Unit III는 해면이 상승한 간빙기에 형성된 것이다. 따라서 국지적인 단거리 풍성 물질인 모래와 조립 실트의 공급은 아야진 지역과 조화된다(그림 10.72와 (4) 지역적 퇴적물의 유입과 고기후적 의미 참조). 즉 간빙기인 해안단구 지형면 형성 시기에는 모래 공급이 상대적으로 많았으며 빙기에는 감소하였다.

③ 주원소 분석

강릉 단면의 주원소 조성을 화강암(granite), 퇴적암(sedimentary rock), 안인사구(Anin sand dune), 한국 뢰스(Korean loess), 중국 뢰스고원(Chinese Loess Plateau) 및 UCC, PAAS와 함께 그린 것이 그림 10.77이다.

전체적으로 강릉 단면의 Unit I과 이보다 하부의 Unit II는 원소 조성에 차이가 있다. Unit III에서도 Unit III-1과 Unit III-2의 원소 조성의 차이를 확인할 수 있다. 또한 중국 뢰스고원은 SiO_2와 Al_2O_3가 서로 약한 비례관계를 보이거나 별 관계를 나타내지 않지만, 강릉 단면의 SiO_2와 Al_2O_3는 Unit I, Unit II 및 Unit III 모두에서 반비례 관계를 나타낸다(그림 10.77 (a)). 강릉 단면의 Al_2O_3 함량은 Unit II가 가장 높고 Unit III, Unit I 순이다. 전체 층준에 걸쳐 중국 뢰스고원보다 높은데, Al_2O_3는 풍화작용에 대한 저항력이 강하여 강한 풍화작용을 받으면 상대적으로 함량이 높아질 수 있다. 강릉 단면 Unit I의 Al_2O_3 함량은 한국 뢰스의 Al_2O_3 함량과 유사한 값이다. 따라서 Unit I에서 Al_2O_3 함량이 높은 것은 중국 뢰스고원에 비해 Unit I이 보다 강한 풍화작용을 경험한 데 기인하는 것으로 생각된다.

Unit II와 Unit III의 Al_2O_3 함량이 Unit I보다 더 높은 것은, 강한 풍화작용과 더불어 Unit I과는 이질적인 물질로 이루어져 있거나 이질적인 물질이 혼합되어 있기 때문인 것으로 생각된다. 화강암은 Unit III와 유사한 조성을 나타내고 있으며 퇴적암은 상당히 다양한 원소 조성을 보이고 있다. 사구 시료들은 강릉 단면에 비해 SiO_2 함량이 높고 Al_2O_3 함량은 낮다.

[그림 10.77] 강릉 단면, 화강암, 퇴적암(Lee, 2002), 안인사구(Choi, 2009), 한국 뢰스(윤순옥 외, 2011; 황상일 외, 2011), 중국 뢰스고원(Gallet et al., 1996; Jahn et al., 2001) 및 UCC와 PAAS(Taylor and McLennan, 1985)의 주원소 조성(박충선 외, 2015)

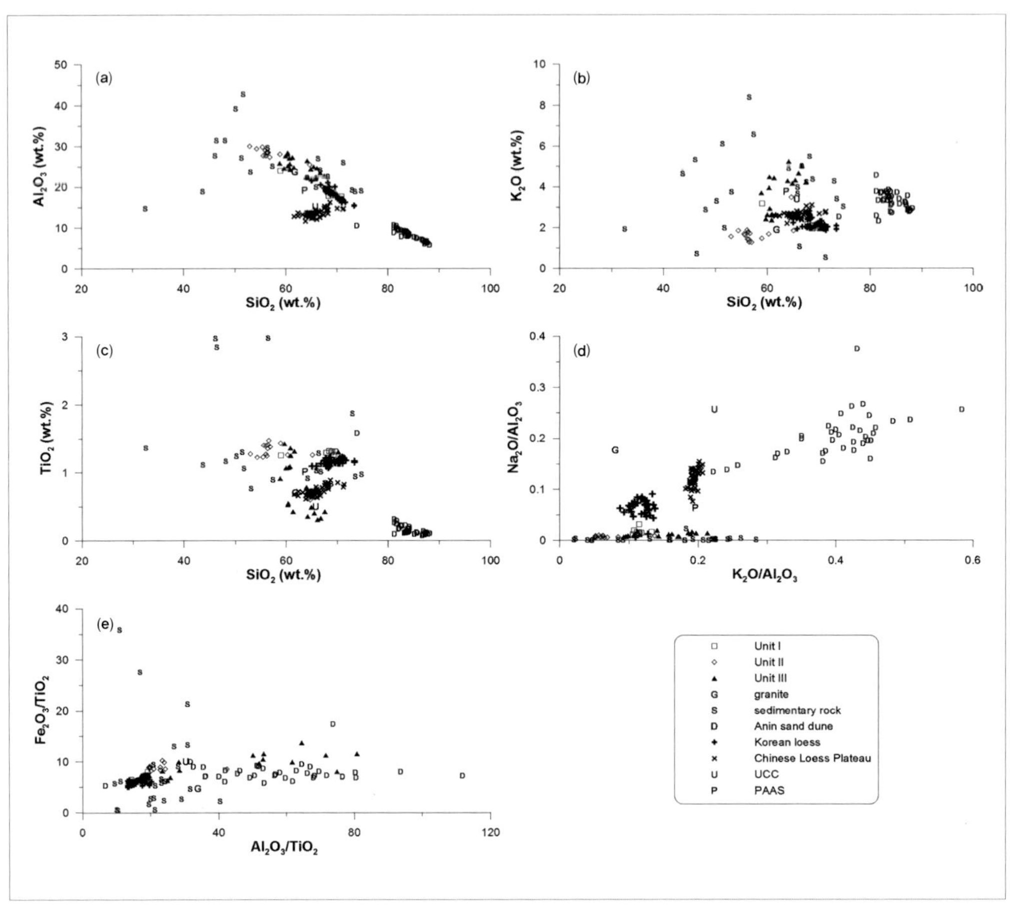

SiO_2와 K_2O의 경우(그림 10.77 (b)) 중국 뢰스고원은 SiO_2 함량에 관계없이 K_2O 함량은 2~3wt.%이며, 강릉 단면의 Unit I 역시 SiO_2의 함량에 관계없이 K_2O 함량은 2wt.% 내외이다. Unit II의 K_2O 함량은 Unit I에 비해 약간 낮아서 1.5wt.% 내외이다. Unit III는 Unit I 및 Unit II와는 전혀 다른 K_2O 조성을 보이며 깊이 335cm를 경계로 두 개의 집단으로 세분된다.

강릉 단면의 Unit I은 중국 뢰스고원보다 약간 낮은 K_2O 함량을 보이고 있으며, 이런 현상은 한국의 뢰스에서 확인할 수 있다. 이는 강릉 단면 Unit I을 포함한 국내 뢰스가 퇴적 이후 풍화작용을 심하게 받아 K_2O가 제거되어 중국 뢰스고원보다 상대적으로 낮은 함량을 보이는 것으로 생각된다. Unit I 및 Unit II와는 대조적으로 Unit III는 중국 뢰스고원보다 K_2O의 함량비가 훨씬 더 높다. 따라서 Unit III는 보다 상위의 층준과는 기원지가 다른 물질들이 많이 혼입되었을 가능성이 크다. 화강암의 K_2O 함량은 Unit I과 유사하고, 사구 시료는 Unit I보다 약간 높은 K_2O 함량을 보이고, 퇴적암의 K_2O 함량은 매우 다양하다.

SiO_2와 TiO_2의 경우(그림 10.77 (c)) 중국 뢰스고원은 비례관계를 나타내고 있지만, 강릉 단면은 SiO_2 함량에 관계없이 Unit III를 제외하면 TiO_2 함량은 1~1.5wt.%의 범위에 있으며, Al_2O_3와 마찬가지로 Unit III를 제외하면 TiO_2 함량은 중국 뢰스고원보다 높다. 이렇게 높은 TiO_2 함량은 한국 뢰스에서도 확인된다. TiO_2는 Al_2O_3와 더불어 풍화작용에 대한 저항력이 강한 원소이다. 강릉 단면 Unit I과 II 및 한국 뢰스에서 TiO_2 함량이 높은 것은 풍화작용을 심하게 받아 상대적으로 함량이 증가한 데 기인한다. 단면 Unit III-1은 중국 뢰스고원보다 TiO_2 함량이 낮다. 사구 시료는 0.5wt.% 이하의 매우 낮은 TiO_2 함량을 보이는 데 반해, 퇴적암은 일부 시료를 제외하면 조사 단면과 유사한 TiO_2 함량을 나타내고 있다. 화강암은 Unit I보다 낮으며 이것은 Unit III의 일부 시료와 유사하다.

Na_2O/Al_2O_3와 K_2O/Al_2O_3는 퇴적 분별 작용(sedimentary fractionation)과 더불어 풍화작용의 영향을 동시에 보여 준다(그림 10.77 (d), Gallet et al., 1998; Újvári et al., 2008). 예를 들어 각각 약 0.2를 기준으로 퇴적 분별 작용의 경우 Na_2O/Al_2O_3 비율은 감소하고 K_2O/Al_2O_3 비율은 증가하는 방향으로 이루어지는 반면 풍화작용, 특히 강한 풍화작용은 두 비율 모두를 감소시킨다. 즉 풍화의 초기 단계에는 K의 제거보다 Ca 또는 Na의 제거가 빠르게 이루어지고 Al은 큰 변화가 없기 때문에(Chen et al., 1998, 2001) 상대적으로 Na_2O/Al_2O_3 비율은 감소하지만 K_2O/Al_2O_3 비율은 증가한다. 그러나 강한 풍화작용을 겪게 되면 Na 또는 Ca뿐만 아니라 K도 제거되기 때문에 두 비율 모두 감소하게 된다.

그림 10.77 (d)에서 중국 뢰스고원의 K_2O/Al_2O_3 비율은 거의 일정하지만 Na_2O/Al_2O_3 비율은 시료 사이의 차이를 보이고 있어, 퇴적 분별 작용이 풍화작용보다 더 우세한 것으로 생각된다. 이와는 대조적으로 강릉 단면 Unit I과 Unit II는 두 비율 모

두 중국 뢰스고원보다 낮으며, 이러한 경향은 퇴적암 중 일부 시료 그리고 한국 뢰스에서도 확인할 수 있다. 즉 강릉 단면을 포함하는 한국 뢰스는 일정 정도의 퇴적 분별작용을 겪은 것으로 보이지만 풍화작용이 보다 우세했던 것으로 생각된다. 따라서 이 그림에서 강릉 단면을 포함하는 한국 뢰스의 Na_2O/Al_2O_3와 K_2O/Al_2O_3 비율이 낮은 것은 한국 뢰스가 중국 뢰스고원보다 풍화작용을 더 심하게 받았음을 시사한다. 사구 시료의 Na_2O/Al_2O_3와 K_2O/Al_2O_3 비율은 강릉 단면 및 중국 뢰스고원보다 높고, 화강암의 K_2O/Al_2O_3 비율은 Unit I과 유사하지만 Na_2O/Al_2O_3 비율은 Unit I보다 훨씬 더 높다.

Al_2O_3, TiO_2와 함께 Fe_2O_3 역시 풍화작용에 대한 저항력이 큰 원소로 강한 풍화작용을 받으면 상대적으로 함량이 증가할 수 있지만, 이러한 원소들의 비율은 거의 일정하게 유지되기 때문에 기원지를 추론하는 데 이용될 수 있다. 그림 10.77 (e)에서 강릉 단면 Unit I, 한국 뢰스, 중국 뢰스고원의 비율은 매우 유사하며, 강릉 단면 Unit Ⅱ는 일부 층준에서 Unit I과 비슷한 비율을 보이지만 이것과는 쉽게 구분된다. Unit Ⅲ의 일부 시료는 Unit I 및 Unit Ⅱ와 큰 차이를 보이고 있으며, 다른 일부 시료는 Unit Ⅱ와 유사한 구역에 분포한다.

따라서 강릉 단면의 Unit I은 한국 뢰스와 공통의 기원지를 서로 공유하고 있는 것으로 생각되며, Unit Ⅱ는 Unit I을 이루고 있는 물질과 이와는 이질적인 물질이 혼합되어 형성된 것으로 판단된다. 또한 이러한 이질적인 물질은 Unit Ⅲ의 형성에 기여하였지만 또 다른 이질적인 물질 역시 Unit Ⅲ에 포함되어 있는 것으로 생각된다. 사구 시료의 Fe_2O_3/TiO_2 비율은 5~10으로 거의 일정한 반면 Al_2O_3/TiO_2 비율은 시료 사이에서 상당히 큰 차이를 보이고 있으며, 퇴적암은 두 비율 모두 상당히 차이가 크다. 화강암은 퇴적암의 범위에 포함된다.

강릉 단면의 풍화 특성을 확인하기 위해 중국 뢰스고원 및 UCC, PAAS와 함께 강릉 단면과 화강암의 주원소 조성을 A-CN-K 다이어그램에 나타내었으며(그림 10.78 (a)), 이것과의 비교를 위해 퇴적암, 안인사구 및 한국 뢰스도 함께 도시하였다(그림 10.78 (b)). 중국 뢰스고원의 CIA 값은 57~70인 데 반해 강릉 단면 Unit I의 CIA 값은 79~95로, Unit I이 중국 뢰스고원에 비해 강한 풍화작용을 받은 것으로 나타났다. 또한 Unit Ⅱ는 CIA 값이 85~95, 그 하부의 Unit Ⅲ는 79~90이었으며, 두 층준 모두 퇴

[그림 10.78] 강릉 단면과 화강암((a)), 퇴적암(Lee, 2002), 안인사구(Choi, 2009), 한국 뢰스(윤순옥 외, 2011; 황상일 외, 2011)((b)), 중국 뢰스고원(Gallet et al., 1996; Jahn et al., 2001), UCC와 PAAS(Taylor and McLennan, 1985)의 A-CN-K 다이어그램 및 CIA(박충선 외, 2015)

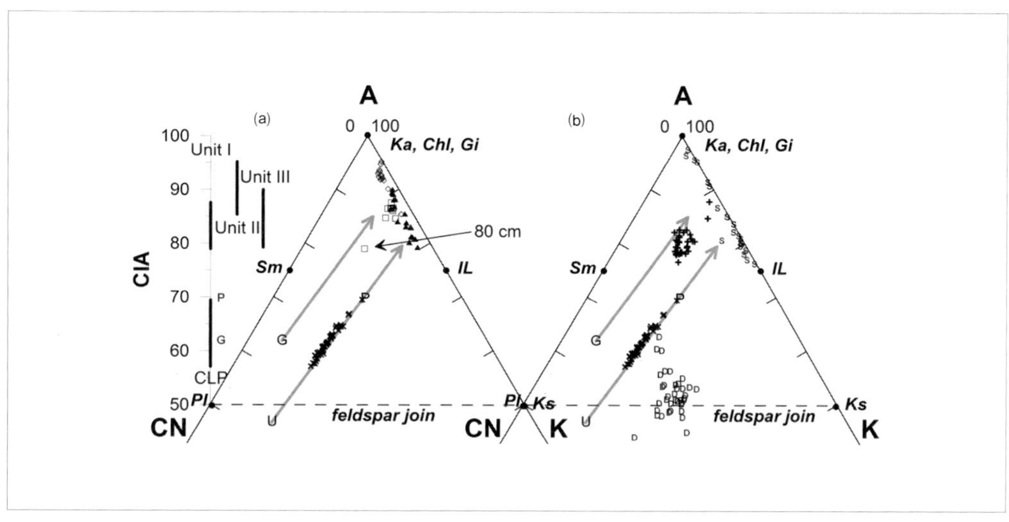

Sm=smectite; Pl=plagioclase; IL=illite; Ks=K-feldspar; Ka=kaolinite; Gi=gibbsite; Chl=chlorite; A=Al_2O_3; CN=CaO*+Na_2O; K=K_2O 범례는 그림 10.77과 동일함

적 이전 또는 이후 풍화작용을 강하게 받은 것으로 볼 수 있다. 화강암의 CIA 값은 약 62이다.

강릉 단면의 Unit I은 A-K 축과 거의 평행하게 분포하고 있으며 중국 뢰스고원은 A-CN 축과 거의 평행하게 분포하고 있다. 다이어그램상의 이와 같은 분포는, 중국 뢰스고원의 경우 Ca-Na 또는 사장석이 제거되는 풍화의 1단계이지만 강릉 단면 Unit I은 Ca와 Na가 제거된 이후 K 또는 정장석이 제거되는 풍화의 2단계에 해당됨을 의미한다(Chen et al., 1998, 2001). 이에 비해 한국 뢰스는 대부분 1단계와는 간격이 있으며 강릉 단면 Unit I에 접근한 구역에 놓여 있다.

깊이 80cm에서 채취한 시료는 Unit I의 다른 시료들과 약간 다른 분포 양상(다른 풍화 특성)을 보이고 있다(그림 10.78 (a)). Unit I의 경우 Na_2O 함량이 0.21~0.56wt.%이지만, 깊이 80cm에서 채취한 시료의 Na_2O 함량은 약 1.42wt.%로 다른 시료들에 비해 상당히 높다. 이는 일종의 Na-교대작용(Na-metasomatism; Fedo et al., 1995; Cullers and Podkovyrov, 2000), 즉 Na의 첨가가 있었던 것으로 생각되지만, 입도 조성(그림 10.75) 및 미량원소와 희토류원소 함량이 Unit I의 다른 시료들과 크게 다르지 않기 때문에 인근 바닷가에서 바람에 의해 소량의 염기성 물질이 유입된 것으로 생각된다.

강릉 단면 Unit II 및 Unit III 모두 Unit I과 유사하게 A-K 축에 평행하게 분포하고 있다. 화강암은 UCC와는 화학조성에 있어 분명한 차이를 보이고 있다. 또한 Unit III의 일부 시료는 단면 주변의 기반암인 화강암의 풍화 경향에서 벗어난 K-교대작용(Fedo et al., 1995; Cullers and Podkovyrov, 2000)의 특성을 보이고 있어, 화강암 풍화산물 이외의 또 다른 물질이 Unit III 형성에 영향을 미친 것으로 생각된다.

④ 미량원소 분석

강릉 단면 및 화강암 시료의 상대적인 함량을 비교하기 위해, 중앙값으로 나타낸 퇴적암, 한국 뢰스, 중국 뢰스고원과 함께 강릉 단면 및 화강암 시료의 미량원소 함량을 PAAS로 표준화하여 그림 10.79에 제시하였다. 강릉 단면 Unit I은 층준 사이의 미량원소 함량이 대단히 유사하였으며, 이 값은 중앙값으로 표현된 한국 뢰스의 미량원소 함량과 거의 같은 범위에 있다(그림 10.79 (a), (d)). 이와 같은 사실은, 강릉 단면 Unit I의 층준 대부분이 단일 기원지 또는 등질적인 기원지에서 기원한 물질로 이루어져 있으며, 국내 다른 지역에 퇴적되어 있는 뢰스 퇴적층과 그 기원지를 서로 공유하고 있음을 의미한다.

Unit II는 층준 사이 미량원소 조성의 편차가 다소 커서 Unit I보다 다양한 원소 조성을 보이며, 특히 깊이 240cm에서 채취한 시료는 Unit I 및 Unit II보다는 Unit III와 경향이 유사하다(그림 10.79 (b)). Unit III는 전체적으로 층준 사이의 차이가 대단히 크다(그림 10.79 (c)).

Unit I은 전체적으로 PAAS에 비해 Nb, Pb, Th가 약간 부화(enrichment)되어 있고 Sr은 크게 결핍(depletion)되어 있으며, 다른 원소들은 PAAS에 비해 약간 결핍되어 있다. Unit II의 경우 Sc, Cr, Pb가 PAAS에 비해 약간 부화되어 있는 것을 제외하면 대부분의 원소가 PAAS에 비해 결핍되어 있다. Ba, Pb가 Unit III에서 크게 부화되어 있지만 부화의 정도는 시료 사이의 차이가 크다. 특히 Co의 경우 일부 시료는 크게 부화되어 있는 반면 일부 시료는 크게 결핍되어 있다.

UCC, PAAS와 함께 강릉 단면, 화강암, 퇴적암, 한국 뢰스 및 중국 뢰스고원의 미

[그림 10.79] 강릉 단면 Unit I((a)), Unit II((b)), Unit III((c)), 화강암, 퇴적암(Lee, 2002), 한국 뢰스(윤순옥 외, 2011; 황상일 외, 2011), 중국 뢰스고원(Gallet et al., 1996; Jahn et al., 2001; (d))의 PAAS(Taylor and McLennan, 1985)로 표준화한 미량원소 함량(박충선 외, 2015)

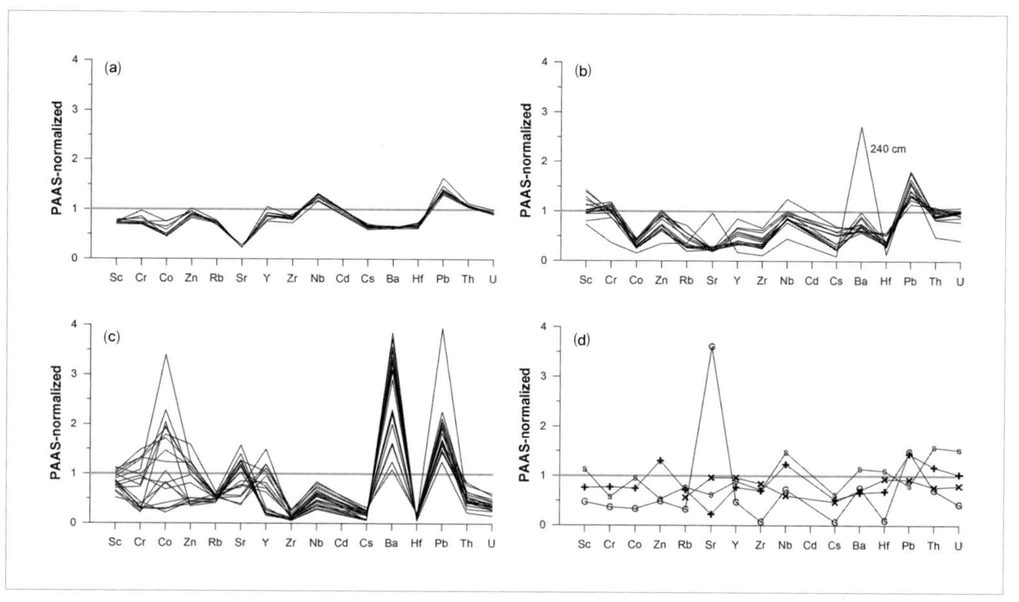

퇴적암, 한국 뢰스 및 중국 뢰스고원은 중앙값으로 표현되어 있으며 범례는 그림 10.77과 동일함

량원소 비율을 그림 10.80에 제시하였다. 전체적으로 미량원소 조성 역시 강릉 단면의 각 층준에서 상당히 큰 차이를 보이고 있다. 희토류원소 La와 미량원소 Th는 대단히 유사한 지구화학적 거동을 보이는데(McLennan et al., 1980), 이러한 특성은 뢰스 퇴적층(Gallet et al., 1996; Jahn et al., 2001)뿐 아니라 호소, 하천 퇴적층 및 퇴적암(Vital and Stattegger, 2000; Das and Haake, 2003; Jin et al., 2006)에서도 보고된 바 있다(그림 10.80 (a)).

중국 뢰스고원은 대부분 La/Th=2.8을 따라 분포하고 있으며 매우 일정한 비율을 보이고 있지만, 강릉 단면 Unit II와 Unit III는 약간 다른 특성을 나타내고 있다. Unit I의 La/Th 비율은 2.3~2.8로 한국 뢰스의 범위(1.9~3.4)에 포함되며 중국 뢰스고원(2.5~3.8) 및 UCC(약 2.8) 그리고 PAAS(약 2.6)보다 약간 낮지만 거의 유사하다. 또한 Unit I의 La와 Th 함량은 중국 뢰스고원보다 높은데, 이는 입도 효과(grain size effect), 즉 세립화의 영향으로 생각된다(Vital and Stattegger, 2000; Das and Haake, 2003; Jin et al., 2006). 이와는 달리 Unit II의 La/Th 비율은 1.3~2.0의 범위에 있으며 전체적으로 깊이에 따

[그림 10.80] 강릉 단면, 화강암, 퇴적암(Lee, 2002), 한국 뢰스(윤순옥 외, 2011; 황상일 외, 2011), 중국 뢰스고원(Gallet et al., 1996; Jahn et al., 2001) 및 UCC와 PAAS(Taylor and McLennan, 1985)의 미량원소 비율(박충선 외, 2015)

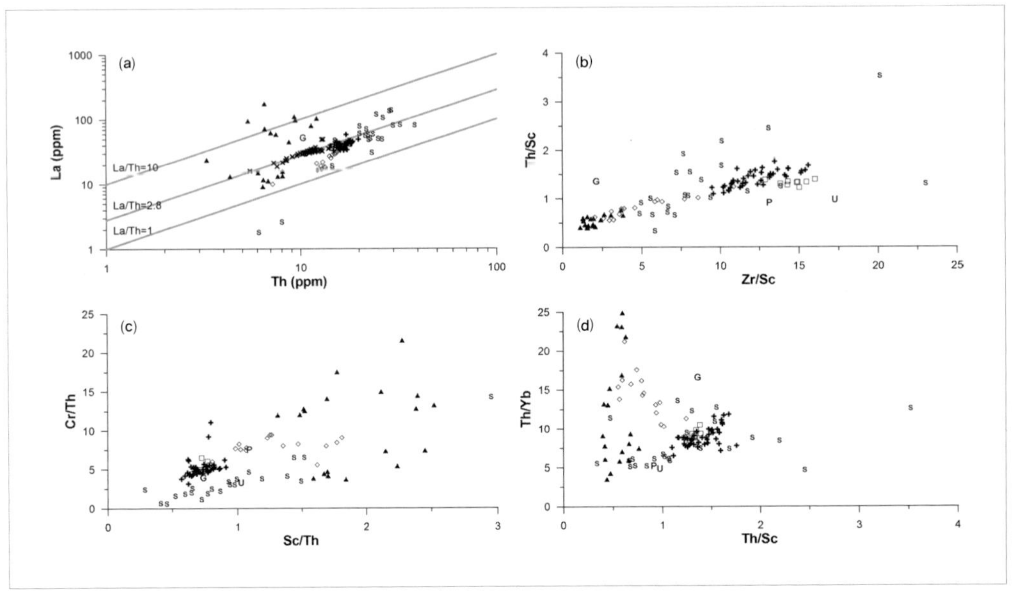

범례는 그림 10.77과 동일함

라 작아진다. 한편 Unit Ⅲ-1은 1.4~3.1, Unit Ⅲ-2는 5.1~27이다. 화강암은 La/Th 비율이 약 5.0이며, 퇴적암은 0.3~4.8로 시료들 사이에 상당히 큰 차이가 있다.

퇴적 순환 동안의 지르콘 부화 및 기원지를 확인하기 위한 지표로 이용되어 온 Zr/Sc 및 Th/Sc 비율(McLennan et al., 1993)에서 강릉 단면의 층준들은 각각 다른 구역에 분포하고 있다. Unit Ⅰ이 Zr/Sc(13~16) 및 Th/Sc(1.2~1.4) 값이 가장 크다(그림 10.80 (b)). Unit Ⅱ의 Zr/Sc(2.0~11) 값과 Th/Sc(0.6~1.2) 값은 Unit Ⅰ과 Unit Ⅲ 사이에 분포하며 Unit Ⅲ와 약간 겹친다. Unit Ⅲ에서 Zr/Sc 값은 Unit Ⅲ-1(1.1~1.8)보다 Unit Ⅲ-2(1.6~3.8)에서 약간 높지만, 주원소와 미량원소 조성과 달리 Unit Ⅲ-1과 Unit Ⅲ-2 사이의 차이가 분명하지는 않다. Th/Sc 비율 역시 각각 0.4~0.6, 0.4~0.8로 Unit Ⅲ-1과 Unit Ⅲ-2의 차이가 확연하지 않다.

한국 뢰스의 Zr/Sc(9.5~16) 값과 Th/Sc(1.1~1.8) 값은 강릉 단면 Unit Ⅰ보다 상당히 큰 범위에 있는데, 이는 강릉 단면 Unit Ⅰ에 비해 한국 뢰스가 보다 다양한 퇴적 순환을 경험하였거나 이질적인 물질이 소량 혼합되어 있음을 의미하는 것으로 생각된다. 퇴적암은 두 비율 모두 상당히 분산된 분포 경향을 보이고 있으며, 화강암은 Unit Ⅲ와 유사한 Zr/Sc 비율(약 2.1) 그리고 Unit I과 유사한 Th/Sc 비율(약 1.4)을 나타내고 있다.

한국 뢰스와 강릉 단면 Unit I의 지구화학적 유사성은 Cr/Th와 Sc/Th 비율에서도 확인된다(그림 10.80 (c)). 퇴적물의 기원지를 확인하는 데 Sc/Th와 함께 사용되는 Cr/Th 값은 Condie and Wronkiewicz(1990)에 의해 제안되었으며, 많은 퇴적층에서 기원지를 확인하는 데 이용되어 왔다(Vital and Stattegger, 2000; Das and Haake, 2003; Jin et al., 2006). 강릉 단면의 Unit I과 한국 뢰스의 지구화학적 유사성은 국내 뢰스 물질이 공통의 기원지를 공유한다는 것을 의미한다. Unit Ⅲ-1 및 Unit Ⅲ-2는 서로 다른 구역에 분포하고, Unit Ⅱ는 Unit I, Unit Ⅲ-1 및 Unit Ⅲ-2 사이에 위치하며, Unit Ⅱ-1은 Unit I과 그리고 Unit Ⅱ-2는 Unit Ⅲ-1과 유사한 분포 특성을 보이고 있다. 한편 퇴적암은 상당히 다양한 비율을 나타내고 있으며, 화강암은 두 비율 모두 Unit I과 유사한 구역에 분포하고 있다.

강릉 단면 Unit I, Unit Ⅱ 그리고 Unit Ⅲ-1, Unit Ⅲ-2가 지구화학적으로 특성이 다른 것은 Th/Sc 및 Th/Yb 비율에서도 확인할 수 있다(그림 10.80 (d)). 즉 Unit I은 한국 뢰스와 유사한 구역에 분포하며, Th/Sc 비율은 Unit Ⅲ-1 및 Unit Ⅲ-2가 서로 유사하지만 Th/Yb 값은 Unit Ⅲ-1이 Unit Ⅲ-2에 비해 높다. 또한 이들 사이에 Unit Ⅱ가 분포하고 있다. 이러한 지구화학적 특성은 결국 Unit I은 한국 뢰스와 기원지를 서로 공유하고 있으며, Unit Ⅲ의 경우 Unit Ⅲ-1과 Unit Ⅲ-2의 기원지가 각각 차이를 보이고, Unit Ⅱ는 이 세 층준의 혼합에 의해 형성되었음을 시사한다. 또한 Unit Ⅱ-1은 Unit I과, Unit Ⅱ-2는 Unit Ⅲ-1과 유사한 지구화학적 특성을 보인다는 것은, Unit Ⅲ-1 형성 이후 Unit Ⅱ의 형성 시기 동안 지역적 퇴적물의 유입이 시간에 따라 감소하였다는 것을 의미하며, 이는 결국 퇴적환경이 변화하였음을 시사한다. 한편 화강암은 Unit I과 유사한 Th/Sc 비율 및 Unit I보다 높은 Th/Yb 비율을 보이고 있다. 퇴적암은 다양한 비율을 보이고 있지만 일부 시료의 비율은 UCC, PAAS뿐만 아니라 Unit I과 유사하다.

미량원소의 이와 같은 특징을 보면, Unit I은 한국 뢰스와 더불어 중국 뢰스고원과 공통의 기원지를 공유하며, Unit Ⅱ는 상부의 Unit I을 이루고 있는 뢰스 물질이 주를 이루면서 주변에서 기원한 Unit Ⅲ-1과 유사한 조립 물질이 혼합된 것으로 생각된다. Unit Ⅲ-2는 다양한 원소 조성을 보이는데, 이는 화강암 풍화산물과 더불어 다른 퇴적물이 혼입되었기 때문일 것으로 판단된다.

⑤ 희토류원소 분석

강릉 단면 및 화강암의 Leedey 운석으로 표준화된 희토류원소 분포를 UCC 및 PAAS뿐만 아니라 중앙값으로 나타낸 퇴적암, 한국 뢰스, 중국 뢰스고원과 함께 그림 10.81에 제시하였다.

강릉 단면의 Unit Ⅰ에서는 경희토류(light rare earth element; $(La/Eu)_N$=9.4~11.6)가 부화되어 있으며, 편평한 중희토류(heavy rare earth element; $(Tb/Lu)_N$=1.8~2.3) 분포와 더불어 중간 정도의 음의 Eu 이상(Eu anomaly; Eu/Eu*=0.53~0.60)을 보이고 있다(그림 10.81 (a)). 이러한 Unit Ⅰ의 분포 양상은 중앙값으로 나타낸 한국 뢰스(그림 10.81 (d))와 매우 유사하다. 한편 Unit Ⅱ는 Unit Ⅰ보다 덜 부화된 경희토류($(La/Eu)_N$=6.0~11.9), 비슷한 정도의 편평한 중희토류($(Tb/Lu)_N$=1.7~2.2) 분포 및 중간 정도의 음에서 보이는 약한 양의 Eu 이상(Eu/Eu*=0.59~1.18)이 특징적이다(그림 10.81 (a), (b)). Unit Ⅲ(그림 10.81 (c))는 경희토류의 부화($(La/Eu)_N$=5.1~12.5)와 편평한 중희토류($(Tb/Lu)_N$=1.8~5.6) 그리고 중간 정도의 음에서 보이는 약한 양의 Eu 이상(Eu/Eu*=0.66~1.25)을 나타내고 있다. Unit Ⅰ은 중간 정도에서 약간 음의 Ce 이상(Ce anomaly; Ce/Ce*=0.85~0.97)을 보이고 있지만, Unit Ⅱ는 중간 정도의 음에서 약간 양의 Ce 이상(Ce/Ce*=0.56~1.38)을 나타내고 있다. 그리고 매우 넓은 범위의 Ce 이상(Ce/Ce*=0.42~2.74)이 Unit Ⅲ에서 확인된다.

Unit Ⅰ은 시료 사이에서 상당히 유사한 희토류원소 조성을 보이고 있는데, 이는 등질적인 기원지 또는 단일의 기원지에서 기원하였음을 의미하는 것으로 볼 수 있다. Unit Ⅱ와 Unit Ⅲ는 희토류원소 조성에서 층준들 사이의 큰 차이를 나타내고 있으며, 이는 다양한 기원지에서 기원한 물질이 혼합되어 있음을 시사한다. 중앙값으로 나타낸 퇴적암은 중국 뢰스고원에 비해 모든 희토류원소가 부화된 양상을 보이고 있지만, 화강암은 중희토류들이 중국 뢰스고원에 비해 약간 결핍된 것이 특징이다(그림 10.81 (d)).

퇴적암, 한국 뢰스, 중국 뢰스고원 및 UCC, PAAS와 함께 강릉 단면과 화강암의 희토류원소 비율을 그림 10.82에 나타내었다. 강릉 단면의 희토류원소 비율은 Unit Ⅰ, Unit Ⅱ 그리고 Unit Ⅲ-1과 Unit Ⅲ-2와 같은 각 층준의 지구화학적 특성을 잘 반영

[그림 10.81] 강릉 단면 Unit I((a)), Unit II((b)), Unit III((c)), 화강암, 퇴적암(Lee, 2002), 한국 뢰스(윤순옥 외, 2011; 황상일 외, 2011), 중국 뢰스고원(Gallet et al., 1996; Jahn et al., 2001) 및 UCC와 PAAS(Taylor and McLennan, 1985; (d))의 chondrite(Masuda et al., 1973; Masuda, 1975)로 표준화된 희토류원소 분포(박충선 외, 2015)

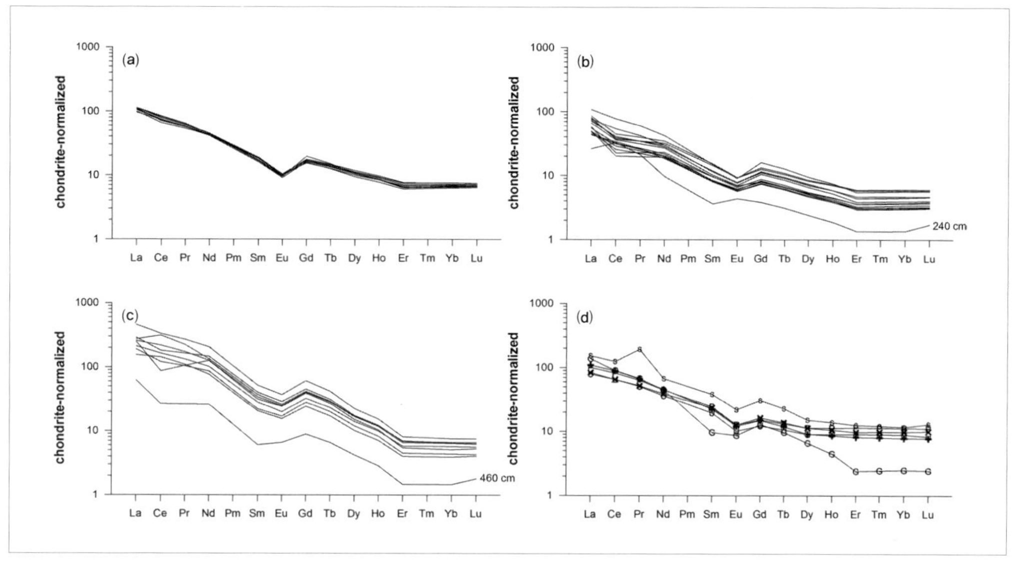

퇴적암, 한국 뢰스 및 중국 뢰스고원은 중앙값으로 표현되어 있으며 범례는 그림 10.77과 동일함

하고 있으며, 이 중 Unit III(▲)는 다른 층준과 확연히 구분된다. 경희토류에서 확인되는 약간의 부화를 제외하면 강릉 단면의 Unit I과 한국 뢰스 및 중국 뢰스고원은 희토류원소 조성이 매우 유사하며, 이는 결국 이들이 공통의 기원지를 공유하고 있음을 의미한다. 그러나 자세히 살펴보면 Unit I은 한국 뢰스와 약간 다른 희토류원소 비율을 보이고 있다. Unit I의 Eu 이상은 0.53~0.60이므로, 0.62~0.68에 있는 한국 뢰스와 중국 뢰스고원의 Eu 이상(Eu/Eu*=0.61~0.67)의 범위를 벗어난다(그림 10.82 (a)). 이는 강릉 단면 Unit I의 대부분이 한국 뢰스와 동일한 기원지를 갖는 물질로 이루어져 있지만 지역적 퇴적물을 소량 포함하고 있음을 의미한다. 그러나 화강암은 전혀 다른 희토류원소 조성을 보이고 있으며 퇴적암은 매우 다양한 희토류원소 조성을 보이고 있어, 어떠한 물질이 Unit I 형성에 영향을 미쳤는지 분명하지 않다. 화강암 및 퇴적암 모두 Unit I 형성에 기여하였을 가능성도 있다.

강릉 단면 Unit II는 Unit I과 유사한 희토류원소 조성을 보이고 있지만 Unit III-

[그림 10.82] 강릉 단면, 화강암, 퇴적암(Lee, 2002), 한국 뢰스(윤순옥 외, 2011; 황상일 외, 2011), 중국 뢰스고원(Gallet et al., 1996; Jahn et al., 2001) 및 UCC와 PAAS(Taylor and McLennan, 1985)의 희토류원소 비율(박충선 외, 2015)

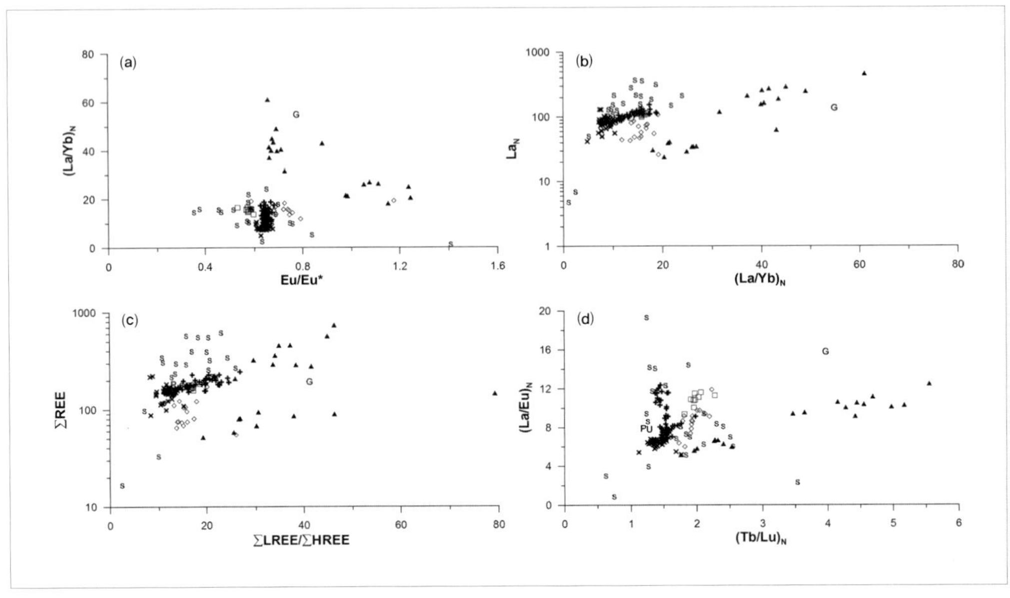

범례는 그림 10.77과 동일함

1을 향해 분산되어 있는 분포 양상을 나타내고 있다(그림 10.82). 분산 정도는 Unit II 내에서 깊이에 따라 증가하여, 깊이 240cm에서 채취한 시료는 Unit III-1과 동일한 희토류원소 조성을 하고 있다. 이는 결국 Unit II가 대부분 Unit I과 유사한 뢰스 물질로 이루어져 있지만 Unit III-1을 이루고 있는 물질의 기원지로부터 근거리를 이동한 물질이 혼입되었음을 의미한다. 또한 Unit II-1보다는 Unit II-2가 하부의 Unit III-1과 유사한 특성을 보이고 있다는 것은, 근거리 이동에 의해 운반된 물질이 시간이 지나면서 점점 감소하였음을 시사한다. 환경 변화에 의해 근거리 물질 기원지가 강릉 단면으로부터 멀어졌을 가능성이 크다고 볼 수 있다.

Unit III-2는 전체적으로 화강암과 유사한 희토류원소 조성을 보이고 있다(그림 10.82). 이는 Unit III-2가 화강암에서 기원한 물질에 의해 형성되었음을 의미하지만, Unit III-2의 원소 조성이 상당히 다양하기 때문에 다른 물질도 Unit III-2에 포함되어 있는 것으로 생각된다. 한편 Unit III-1은 화강암과는 다른 희토류원소 조성을 보이고 있어 화강암이 아닌 다른 기원지에서 기원한 물질에 의해 형성된 것으로 생각된다. Lee(2002)에 따르면, 평안누층군의 하부와 중부(퇴적암)는 심하게 풍화된 화강암 물질이 다단계의 퇴적 순환을 겪으면서 형성하였으며, 상부는 화강암의 1차 순환 물질에서 기원하였다. 이렇게 볼 때, Unit Ⅲ-2는 강릉 단면 일대의 화강암뿐 아니라 이 지역 퇴적암의 풍화산물에서도 기원한 것으로 생각된다.

Unit Ⅲ-1의 희토류원소 조성에서 가장 특징적인 것은 낮은 희토류원소 함량(ΣREE=52~145ppm)과 중희토류 결핍($(La/Yb)_N$ 비율(18.0~26.8))이며, 또한 Eu 이상(Eu/Eu^*=0.98~1.25)은 거의 나타나지 않는 것이다(그림 10.82 (a)). 이는 알칼리 화산암(Condie, 1993) 또는 현무암과 같은 고철질 암석의 전형적인 특징이다(Hofmann et al., 2003). 그러나 알칼리 화산암 및 고철질 암석은 강릉 단면에 영향을 줄 수 있는 하천의 유역 분지 내에 분포하지 않으므로, 외해 또는 연안류를 따라 이동되어 퇴적된 것으로 추정된다.

(4) 토론

① 뢰스 퇴적층의 형성 과정과 퇴적환경

강릉 단면 상부의 Unit Ⅰ은 토양쐐기(soil crack)와 함께 세립 실트가 주를 이루고, Unit Ⅱ에서는 조립질 실트, 모래와 같은 상대적으로 조립인 입자들이 높은 비율을 차지하지만 자갈은 육안으로 관찰되지 않았다. 또한 강릉 단면 하부의 Unit Ⅲ에서는 층리 구조가 확인되었으나 Unit Ⅰ 및 Unit Ⅱ에서는 이러한 퇴적 구조가 없었다. 게다가 Unit Ⅰ의 입경 중앙값은 5.5~7.4μm이며 모래 함량은 2~11%에 불과하다.

Unit Ⅰ과 Unit Ⅱ의 입도 조성 및 퇴적상은 사면 이동이나 하천 또는 파랑의 작용에 의해 형성된 퇴적층과는 판이하게 다르고, 기존에 국내에서 보고된 뢰스-고토양 연속층과 매우 유사하다. 따라서 이러한 퇴적상 및 입도 특성은 조사 단면의 Unit Ⅰ과 Unit Ⅱ가 바람에 의해 형성된 풍성 퇴적층인 뢰스임을 의미한다.

강릉 단면의 퇴적환경을 확인하기 위해, 국내에서 보고된 뢰스 퇴적층의 입도 변수를 Unit Ⅰ의 입도 변수와 비교하였다(그림 10.83). 강릉 단면 Unit Ⅰ과 국내 뢰스 퇴적층의 일부 시료를 제외하면, Unit Ⅰ은 국내 뢰스 퇴적층과 서로 구분할 수 없을 정도로 매우 유사한 입도 특성을 보이고 있다. 예를 들어 강릉 단면의 Unit Ⅰ과 국내 뢰스 퇴적층의 평균입경 및 입경 중앙값은 대부분 5~9μm 범위에 있으며, 대부분의 시

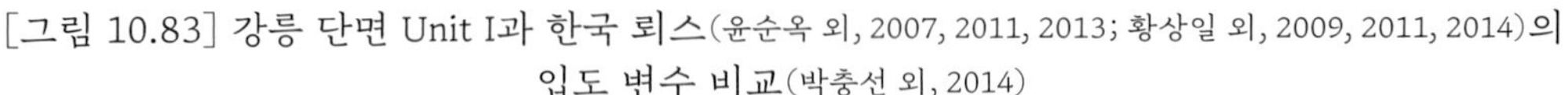

[그림 10.83] 강릉 단면 Unit I과 한국 뢰스(윤순옥 외, 2007, 2011, 2013; 황상일 외, 2009, 2011, 2014)의 입도 변수 비교(박충선 외, 2014)

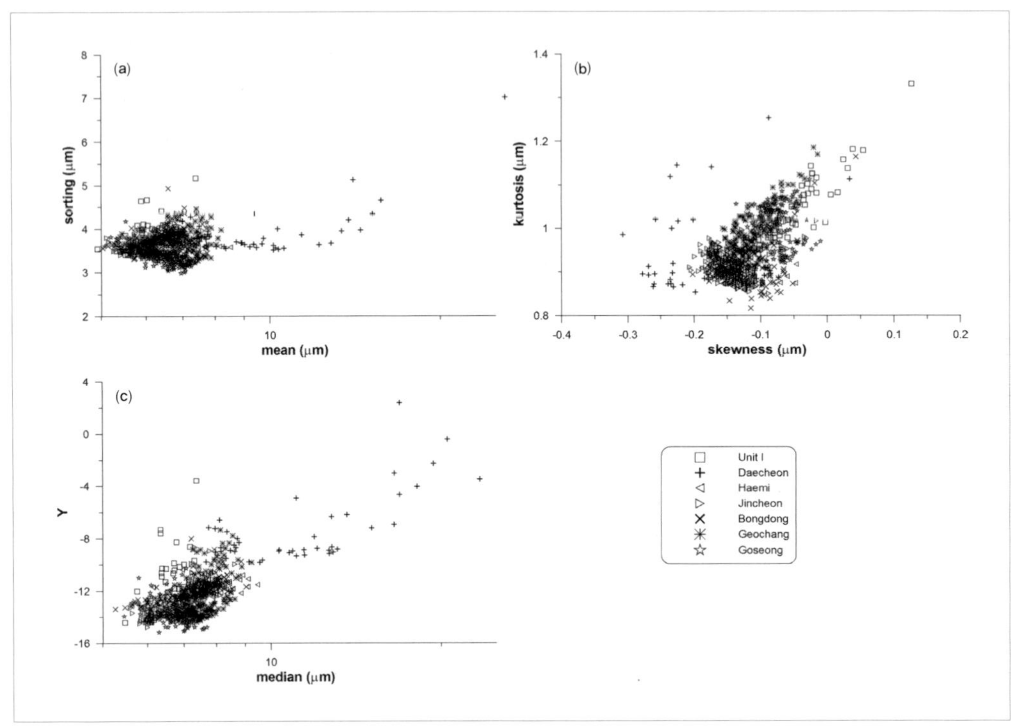

료가 -8 이하의 Y값을 보이고 있다. 이것은 강릉 단면의 Unit I이 국내 뢰스 퇴적층과 동일한 기작에 의해 형성된 풍성 퇴적층임을 지시한다. 그러나 Unit I과 국내 뢰스 퇴적층 사이에서 약간의 차이도 확인된다. 즉 Y값이 국내 뢰스 퇴적층보다 약간 크며 왜도 및 첨도 역시 다른 뢰스 퇴적층과는 다소 차이가 있다. 또한 국내 뢰스 퇴적층의 모래 함량은 대략 5% 이하인 데 반해 조사 단면의 Unit I은 모래 함량이 최대 11%에 이른다. 이러한 차이는 국내 다른 지역의 뢰스 퇴적층보다 많은 양의 조립 물질이 혼입되었음을 의미한다.

퇴적환경을 알고 있는 퇴적물의 입도분석을 통해 도출된 경험적인 수식인 Y값은 다양한 퇴적환경을 구분하기 위해 사용되어 왔다. Y값이 약 -2.7보다 작으면 풍성 퇴적층으로 간주되며, 호소 퇴적층의 경우 920~1,290 그리고 하천 퇴적층의 Y값은 -0.5~3.2이다(Lu et al., 2001; Liu et al., 2014). 아울러 퇴적물이 세립일수록 Y값도 작아진다(Lu et al., 2001). 중국 뢰스고원에서 뢰스와 고토양 시료의 Y값은 -7.9~0.1이며 홍색토는 -12.3~0이다(Lu et al., 2001). 양쯔 강 하류의 뢰스 퇴적층은 Y값이 -21.8~-4.9이다(Zhang et al., 2005).

따라서 Y값이 -10 내외인 Unit I은 중국 뢰스고원의 뢰스와 고토양 시료보다 Y값이 약간 더 작고 홍색토와 가장 유사하며 샤슈 뢰스에 비해 다소 큰 편이다. 이러한 사실은 Unit I이 중국 뢰스고원과 공통의 기원지를 공유하거나 중국 뢰스고원에서 재운반된 물질로 이루어져 있음을 의미한다. 이와 더불어 퇴적 이후 심하게 받은 풍화작용도 Unit I의 입도 특성에 영향을 미쳤을 가능성이 있다.

강릉 단면 Unit I이 주로 장거리 운반을 통해 퇴적된 물질로 이루어져 있다는 사실은 조사 단면 주변의 해안사구 퇴적물과의 입도 특성 비교를 통해서도 확인할 수 있다(그림 10.84). 강릉 단면의 평균입경과 분급은 해안사구 시료와의 분명한 차이를 보이고 있다. 그림 10.84 (a)에서 해안사구를 이루고 있는 모래 입자 역시 뢰스 퇴적물과 마찬가지로 기원지에서 멀어질수록 세립의 경향을 보인다. 그러나 강릉 단면 Unit I의 시료는 해안사구 구성 물질보다 훨씬 더 세립질이다. 이는 강릉 단면 주변의 해안사구를 이루고 있는 물질에 의해 Unit I이 형성되지 않았음을 의미한다. Unit II 역시 해안사구 시료와의 차이를 보이고 있으며, 이는 Unit II가 퇴적되는 동안 주변에서 단거리 운반된 조립 물질이 소량만 혼입되었음을 의미한다. 아울러 강릉 단면 Unit II는 해안단구가 형성되었던 간빙기와는 관계없는 시기에 퇴적된 것으로 볼 수 있다.

한편 왜도와 첨도 사이의 관계(그림 10.84 (d))에서 해안사구의 일부 시료와 강릉 단면의 Unit I이 유사한 특성을 보이고 있는데, 이것은 풍성 퇴적물의 특성을 나타내는 것으로 생각된다. 이 관계에 있어서 Unit III는 Unit I 및 Unit II와 차이가 있다.

Unit II의 경우 상부의 Unit I과 동일한 물질이 주를 이루고 있으나 조립 물질이 보다 많다. 따라서 Unit III가 형성된 이후, 뢰스 퇴적의 초기에 장거리 운반으로 퇴적된 세립 물질과 더불어 주변에서 운반된 조립 물질이 혼입되어 Unit II를 형성한 것으로 생각된다. 하부의 Unit III와 달리 층리 구조가 확인되지 않는다는 점, Unit II와 Unit I의 퇴적 구조 유사성 그리고 Unit II와 Unit I 사이에서 부정합과 같은 퇴적의 휴지기 등이 발견되지 않는다는 점 등에서, 바람에 의해 Unit II가 형성되었으며 기원지가 다른 이질적인 물질이 혼입되었던 것으로 볼 수 있다. Unit II에서 확인되는 3번

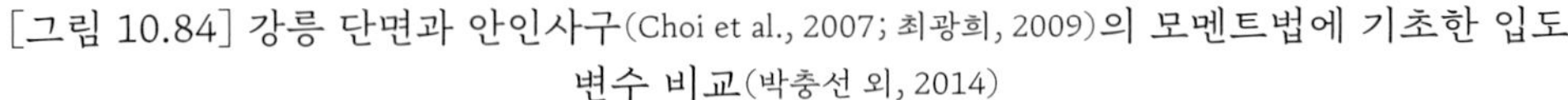
[그림 10.84] 강릉 단면과 안인사구(Choi et al., 2007; 최광희, 2009)의 모멘트법에 기초한 입도 변수 비교(박충선 외, 2014)

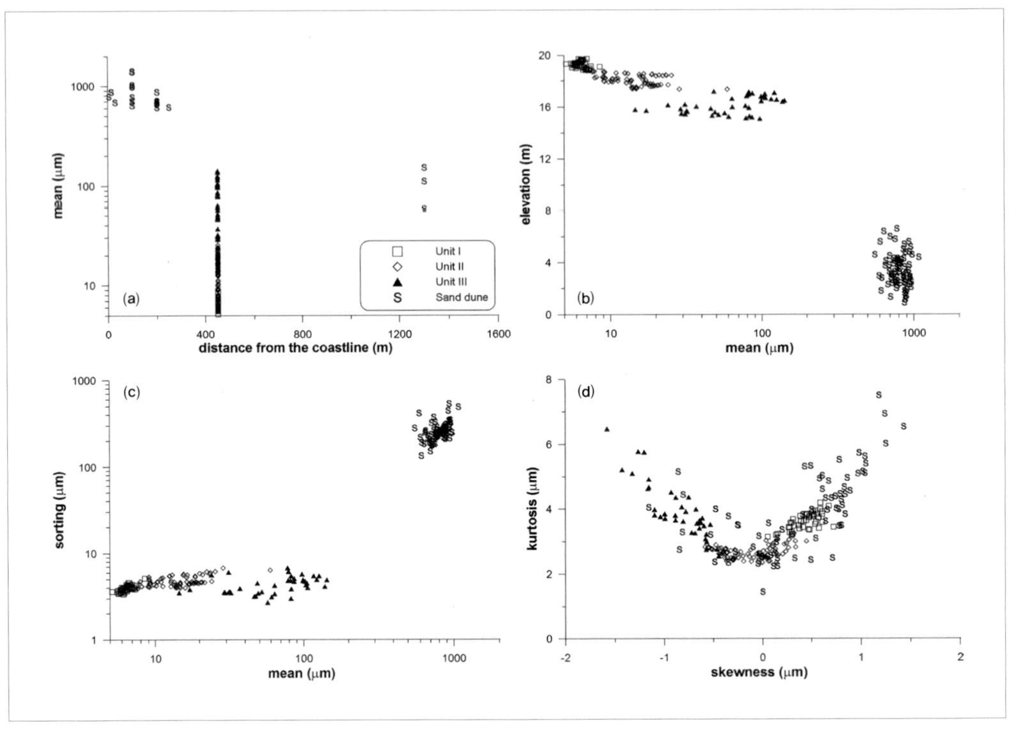

의 조립과 3번의 세립 시기는 빙기 내에 있었던 기후변화를 반영하며, 상대적으로 조립인 시기는 아간빙기로 추정된다.

강릉 단면 하부의 Unit Ⅲ는 상부의 Unit I 및 Unit Ⅱ와는 달리 층리 구조가 뚜렷하게 관찰되어 흐르는 물에 의해 형성된 퇴적층으로 생각된다. Unit Ⅲ의 기원과 관련하여 하천작용에 의해 형성되었다는 주장(김종욱 외, 2008)도 있지만, 조사 단면이 위치한 지역이 간빙기의 고해수면 환경에서 헤드랜드에 해당하기 때문에 간빙기의 고해면기에 파랑 작용으로 형성된 것으로 생각된다. Unit Ⅲ는 입도분석 결과로 볼 때, 상부의 Unit Ⅲ-1과 하부의 Unit Ⅲ-2로 세분되며 Unit Ⅲ-1이 Unit Ⅲ-2에 비해 더 조립이다. 따라서 동일한 작용에 의해 형성되었다 하더라도 두 층준의 퇴적환경은 각기 달랐던 것으로 생각된다. 남대천 하구부(안목항 일대)로부터 남쪽의 임곡천 하구부(염전 해안)에 이르는 해안 지역에서 수심 -30m까지 이루어진 퇴적물의 입도분석 결과(오재경 외, 2007)에 따르면, 수심이 깊어짐에 따라 세립화 경향이 보였으며 모래 함량 역시 점차 감소하였다. 또한 수심이 약 -20m에 이르면 평균입경이 약 125μm에 달하는데 이때의 입경 중앙값은 100~300μm였다. 수심 -30m에서 채취된 시료 중 일부만이 100μm 이하의 평균입경을 보였다. 따라서 Unit Ⅲ-1과 Unit Ⅲ-2는 서로 다른 수심 환경에서 퇴적된 것으로 생각된다.

② 뢰스 퇴적층의 편년

조사 단면에서 Unit Ⅲ의 상부 고도는 약 17.34m이다. 최성길(1993, 1996)의 해안단구 저위 I면과 동일한 지형면인 이 층준은 최종 간빙기 중 가장 온난했던 시기인 MIS(marine isotope stage) 5e(약 125ka)에 형성된 것으로 추정된다. 이 해안단구는 동해안 해안단구 및 해면변동성 하안단구 저위 I면(윤순옥 외, 2003; 황상일 외, 2003)과 대비된다.

대자율 변화를 보면 조사 단면의 Unit I과 Unit Ⅱ는 각각 고토양과 뢰스 층준으로 판단된다. 만약 해안단구에 해당하는 층준인 Unit Ⅲ의 형성 시기를 MIS 5e로 생각한다면, Unit I은 최종 간빙기 가운데 비교적 온난한 시기였던 MIS 5a 또는 MIS 5c에 형성되었고, Unit Ⅱ는 최종 간빙기 중 비교적 한랭한 시기였던 MIS 5b 또는 MIS 5d에 형성되었을 것이다. 그러나 약 5만 6,000년 동안 지속되었고 퇴적률이 상당히 낮았을 최종 간빙기에 한반도 동해안에서 두께가 약 240cm에 달하는 뢰스 퇴적층이 형성되기에는 무리가 있다.

한편 Unit I이 최종 빙기 중 아간빙기에 해당하는 MIS 3에 그리고 Unit Ⅱ는 MIS 4에 형성되었을 가능성도 있다. 그러나 아간빙기인 MIS 3에 형성된 고토양 층준이 상당히 높은 대자율을 보이고 있다.

다른 한편으로 GRBH150의 연대측정 결과가 상부의 GRBH100의 연대보다 젊지만, Unit I과 Unit Ⅱ에서 분석된 시료들이 전반적으로 MIS 6에 해당하는 연대를 보이고 있다. 이러한 분석 결과를 받아들인다면 하부의 Unit Ⅲ는 MIS 7에 형성된 해안단구 퇴적층이 된다. 그러나 이러한 연대 추정은 기존에 국내 동해안에서 이루어진 해안단구 연구 결과와의 큰 차이를 보인다.

따라서 뢰스와 고토양 층준에 해당하는 Unit Ⅱ와 Unit I의 경우 상술한 추정 연대를 해안단구 지형면 형성과 관련지으면, Unit I은 MIS 3 그리고 Unit Ⅱ는 MIS 4 시기, 그리고 Unit Ⅲ의 형성 시기는 MIS 5로 생각하는 것이 합리적이다. 특히 OSL 분석으로 얻은 연대 값이 10만 년을 훨씬 경과하여 신뢰도가 낮으므로 고려할 가치가 거의 없다고 판단되며, 상부와 하부 층준 사이의 매우 큰 연대 역전 현상도 이와 같은 판단을 뒷받침한다.

③ 강릉 단면 Unit Ⅱ 입도 조성 변화의 의미

Unit Ⅱ의 입경 중앙값은 7~52μm 범위에서 변하는데 세 번의 정점이 나타난다. 정점의 층준에서는 모래와 조립 실트 비율은 높아지고 점토와 세립 실트는 감소한다. 이 두 그룹은 면상 대칭관계로 볼 수 있을 정도로 상반된 변화 경향을 보인다. Unit Ⅱ 뢰스층의 대부분은 장거리 운반을 통해 이동한 세립 퇴적물이지만 주변에서 운반된 조립 퇴적물도 소량 혼입되었다. 입도 변수 가운데 퇴적환경을 구분하는 지표로 쓰는 Y값의 변화도, 입경 중앙값이 정점이 되는 시기에는 파랑의 영향으로 퇴적된 Unit Ⅱ의 값에 접근하고, 저점이 되는 시기에는 장거리 운반으로 퇴적된 뢰스인 Unit Ⅰ에 가까워진다. 아울러 강릉 단면은 해면 변화의 영향을 받는 위치에 있으므로 해안선과의 거리에 의해 조립 퇴적물 공급량에 변화가 발생한다(그림 10.72 참조). 즉 해면이 하강한 시기에는 해안선이 멀어지므로 모래와 조립 실트의 공급이 감소하여 입도 조성이 상대적으로 세립화하며, 해면이 상승한 시기에는 사구가 분포하는 해안선과의 거리가 가까워지므로 조립화한다. 따라서 강릉 단면 Unit Ⅱ의 입도 조성과 Y값의 변화는 기후변화와 이에 따라 발생한 해면변동 및 해안선 변화에 기인한 것으로 볼 수 있다.

10) 경북 경주시 황룡사 지역

(1) 지역 개관

황룡 단면(GJHR)은 경상북도 경주시 구황동 황룡사지 남쪽 가장자리 중간부분에 위치하고 있다. 이 단면의 바로 북쪽으로는 북천이 그리고 남쪽으로는 남천이 각각 북서류 및 남서류하고 있다(그림 10.85).

황룡 단면이 있는 경주 시가지 일대는 경주 선상지라 불리는 단일 규모로는 국내

[그림 10.85] 경주 지역의 지형 개관

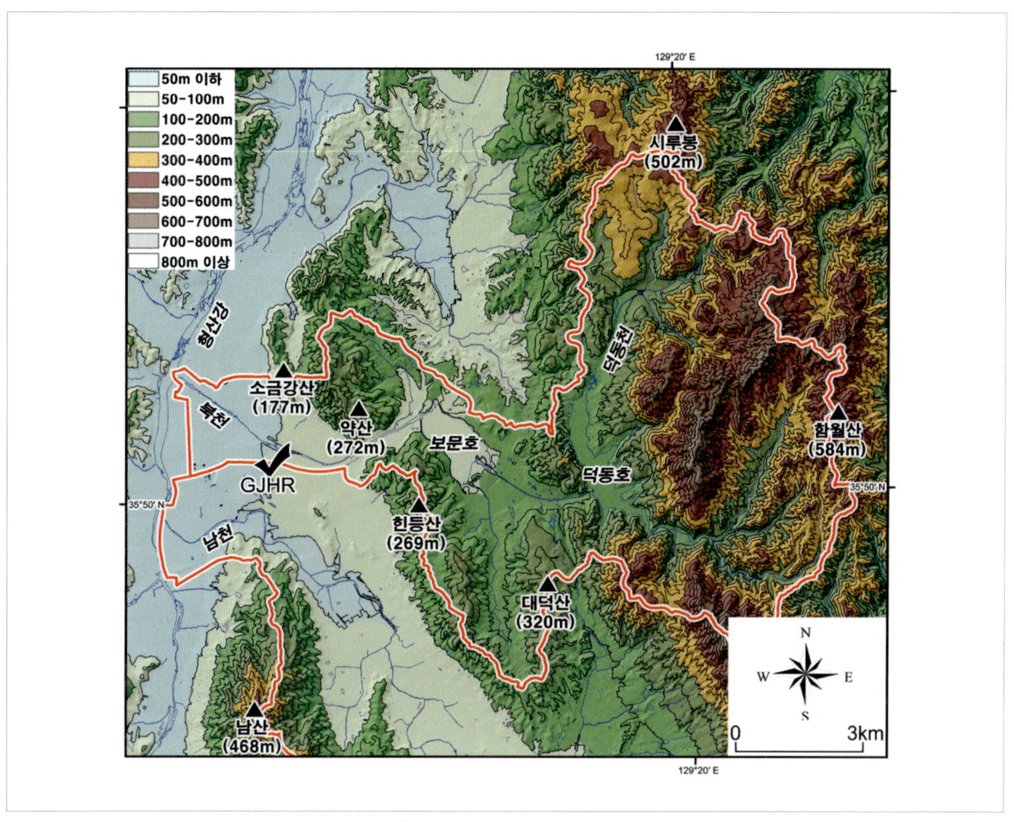

에서 가장 큰 선상지에 위치하며 고대에는 신라의 중심지인 왕경이 자리 잡았다. 왕경 지역은 경주 선상지 지형면 가운데 가장 최근에 형성된 저위면에 해당된다(윤순옥, 황상일, 2004; 윤순옥 외, 2005). 우리나라에서 선상지는 산지의 식생 피복이 빈약하고 한랭한 기후로 인해 일주적 동결 및 융해의 빈도가 많아 다량의 암설이 공급되었던 빙기에 형성되었으며, 간빙기 및 홀로세에는 강수량 증가로 하천유량이 증가하면서 하천의 침식작용으로 이전에 형성된 선상지가 단구화되었는데, 저위면의 경우 최종 빙기에 형성되었다(윤순옥, 황상일, 2004).

좁은 하곡 및 가파른 사면 경사를 보이는 북천의 상류부를 중심으로 신생대 제3기의 산성 화산암류 및 중생대 백악기 하양층군의 진동층이, 보문호의 북쪽에는 신생대 제3기의 하부 연일층군이 분포한다(그림 10.86). 진동층은 약산(272m) 일대에서도

[그림 10.86] 경주 지역 기반암 분포(한국자원연구소(1998)에서 편집)

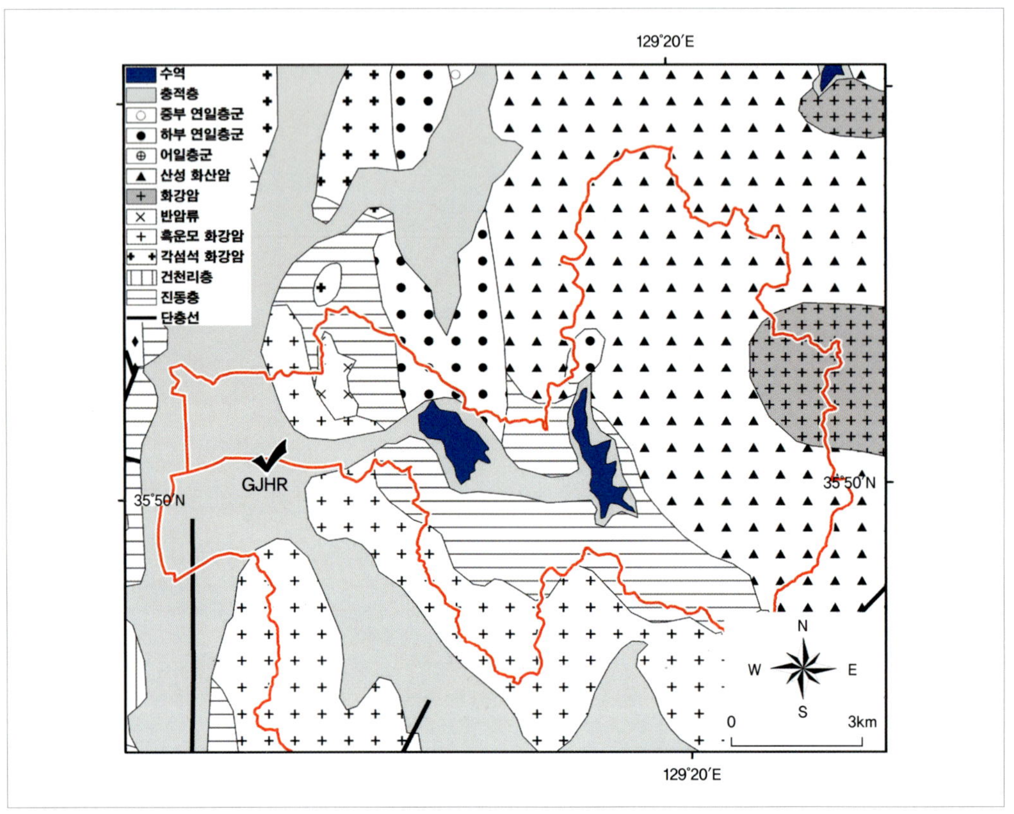

확인되며, 소금강산(177m) 일대에는 중생대 백악기 불국사 관입암류의 흑운모 화강암 및 반암류의 암석이 분포하고 있다. 또한 북천의 최상류부를 중심으로 신생대 제3기의 화강암이 소규모로 확인된다.

(2) 황룡 단면의 퇴적상

황룡 단면(GJHR section)의 상부에서는 약 75cm의 매립토가 확인되었는데 황룡사를 조성한 시기에 이루어진 것으로 생각된다. 매립토의 최상부는 고고학 발굴을 위해 일부가 제거되었다(그림 10.87). 매립토에는 자갈이 포함되어 있는데 상부에서 하부로 갈수록 입경이 커진다. 자갈과 더불어 매립토에는 모래도 포함되어 있지만 매립토 아래 층준의 퇴적 물질도 일부 포함되어 있다. 매립토 하부는 흑갈색(5YR 2/1 또는 5YR

[그림 10.87] 황룡 단면 퇴적상

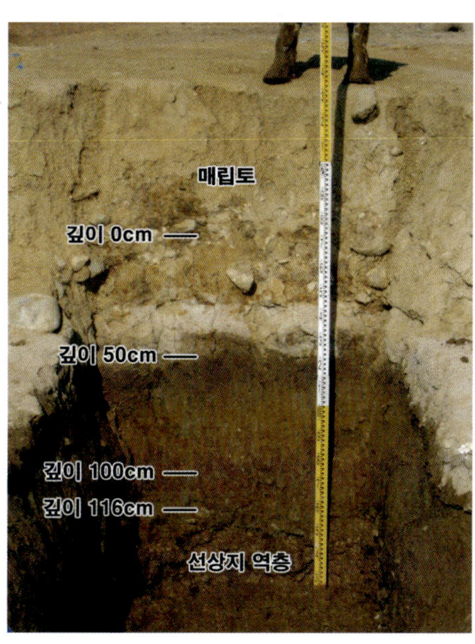

3/1)이지만 매립토 상부 토색은 옅은 주황색(7.5YR 6/4)이다. 매립토의 가장 하부를 깊이 0cm로 간주하였다.

황룡 단면의 두께는 약 116cm이다. 깊이 0~24cm에 위치한 층준은 밝은 황갈색(10YR 6/6)인데, 퇴적층에 나타나는 갈색의 반점이 이 층준의 전체 토색 결정에 크게 영향을 미친 것으로 생각된다. 깊이 10~18cm에서 최대 직경 10cm 내외의 자갈이 발견되는 등 하부에 놓인 층준에 비해 자갈이 많이 발견된다. 이 층준이 형성된 시기는 이미 경주 지역에서 인간 활동이 대단히 활발하였던 삼국시대이다. 특히 황룡 단면이 위치한 왕경 지역은 고대국가 핵심지역이므로 자연적 환경에서 뢰스 퇴적층이 형성되었을 가능성은 낮다. 다만 이 시기 경주 지역 주변 산지에서는 식생 파괴가 진행되었고, 특히 경주 선상지의 대부분 구간에서도 벌채로 식생이 사라졌을 것으로 추정된다. 따라서 최종 빙기 이후 형성된 경주 선상지와 경주분지 주변의 뢰스 퇴적층으로부터 바람에 의해 뢰스가 재이동하여 황룡 단면 0~24cm 층준을 형성한 것으로 생각된다.

깊이 24~40cm 층준은 이보다 하부에 위치한 층준과는 토색에서 분명한 차이를 보이지만 퇴적상에서는 큰 차이가 없다. 이 층준의 토색은 밝은 청회색(5PB 7/1)으로 환원 작용을 받은 것으로 생각된다. 이 층준에서는 상부와 유사한 갈색의 반점이 다수 발견되는데 이 반점은 밝은 갈색(7.5YR 5/8)이다.

깊이 40~50cm 층준의 토색은 하부에 놓인 층준과 상부에 놓인 층준 사이의 점이적인 황회색(2.5Y 5/1)이다. 시료 채취 당시 하부 층준의 경우 물에 잠겨 있었으나 이 층준은 대기 중에 노출되어 있었기 때문에, 수분함량의 차이로 인해 토색이 달리 보일 가능성도 있다.

깊이 50~116cm 층준의 토색은 황갈색(10YR 5/6)이며, 전체적으로 실트나 점토 같은 세립 입자가 주를 이루지만 모래가 다소 많이 포함되어 있고, 하부로 갈수록 모래와 같은 조립 입자의 크기나 비율도 증가하는 양상을 보이며, 드물게 최대 직경 1.5cm 내외의 pebble급 자갈도 발견된다. 밝은 회백색(2.5Y 7/1)의 반점이 마치 soil crack과 같은 형태로 세로로 길게 분포하고 있다. 깊이 116cm 이하에는 선상지 자갈층이 퇴적되어 있다.

황룡 단면에서 2cm 간격으로 시료를 채취(n=59)하였으며, 또한 단면 인근에서 노란색 계열의 토색(GJHR YS) 및 붉은색 계열의 토색(GJHR RS)을 보이는 시료를 각각 채취하여, 조사 단면에서 채취한 시료와 동일한 방법으로 입도 및 원소 함량을 분석하였다. 시료명의 숫자는 시료 채취 깊이(cm)를 의미한다.

(3) 분석 결과

① OSL 연대측정

표 10.10에 황룡 단면의 OSL 연대측정 결과를 정리하였다. 가장 하부에 위치한 GJHR100은 MIS 3 후기에 해당하는 27.5±1.9ka의 연대 값을 얻었다. GJHR100보다 30cm 상부에 위치한 GJHR70은 MIS 2와 MIS 1의 경계에 해당하는 11.8±0.6ka에 퇴적되었다. 깊이 50cm 및 깊이 30cm에서 채취한 GJHR50 및 GJHR30은 각각 8.5±0.5ka 및 2.0±0.2ka의 연대 값이 추출되었다. 이는 모두 홀로세인 MIS 1에 해당되고, 특히 가장 상부에 위치한 GJHR30은 삼한시대에 해당한다. 따라서 황룡 단면은 MIS 3 말기~1 시기에 퇴적되었다. OSL로 측정하여 얻은 이 정도의 연대값들은 신뢰도가 상당히 높은 편이다.

[표 10.10] 황룡 단면의 OSL 연대측정 결과

시료명	연간 선량 (Gy/ka)	수분함량 (%)	등가 선량 (Gy)	표본 수 (n/N)	OSL 연대 (ka)	MIS
GJHR30	2.89±0.08 (2.81±0.08)	19.8 (22.6)	5.7±0.5	16/16	2.0±0.2 (2.0±0.2)	1
GJHR50	2.87±0.08 (2.87±0.08)	27.4 (27.5)	24.5±1.3	16/16	8.5±0.5 (8.5±0.5)	1
GJHR70	3.07±0.09 (3.07±0.09)	23.2 (23.2)	36.2±1.7	16/16	11.8±0.6 (11.8±0.6)	1/2
GJHR100	3.26±0.09 (3.26±0.09)	25.6 (25.6)	90.0±5.6	15/16	27.5±1.9 (27.5±1.9)	3

괄호 안의 숫자는 물로 포화되었을 때의 값을 의미함

OSL 연대값, 입도 조성 및 미량원소 조성 그리고 퇴적 속도를 기초로 각 층준의 퇴적 속도를 계산하면, MIS 3 말기~2 시기에는 퇴적 속도가 1.90cm/ka이고, MIS 2에서 MIS 1로 전환되던 홀로세 초기에는 매우 짧은 기간에 십수 cm가 퇴적되었다(그림 10.88). 그리고 기온이 상승하고 강수량이 증가하면서 편서풍에 의해 한반도에 도달한 뢰스 입자들은 지표면에 퇴적되지 못하고 대부분 제거되었으므로 기후최적기(Climatic Optimum)가 시작된 8,000년 BP 이후 청동기시대가 시작된 3,000년 BP까지 뢰스는 거의 퇴적되지 못하였다. 그러나 농경이 본격적으로 시작되고 인구가 급격하게 증가한 청동기시대부터 식생이 제거되어 사라지는 공간이 급격하게 확대되면서 토양침식이 빠르게 발생하였으며, 경주선상지에서 상대적으로 해발고도가 낮은 곳에는 주변에서 재이동되어 온 뢰스가 퇴적되었다.

MIS 3 말기~2 시기의 뢰스층 퇴적속도(1.90cm/ka)를 선상지 자갈층과의 경계인 깊이 116cm에 적용하면 뢰스층은 대략 36ka 전에 퇴적되기 시작하였다. 그러므로 조사 단면 하부에 위치한 선상지 퇴적층은 최종 빙기 중 MIS 4와 MIS 3 시기 동안에 형성된 것으로 볼 수 있다.

② 대자율 및 입도 분석

그림 10.89는 황룡 단면의 대자율, 평균입경, 입경 중앙값과 Y값을 정리한 것이다.

[그림 10.88] 황룡 단면의 OSL 연대측정 결과와 퇴적 속도

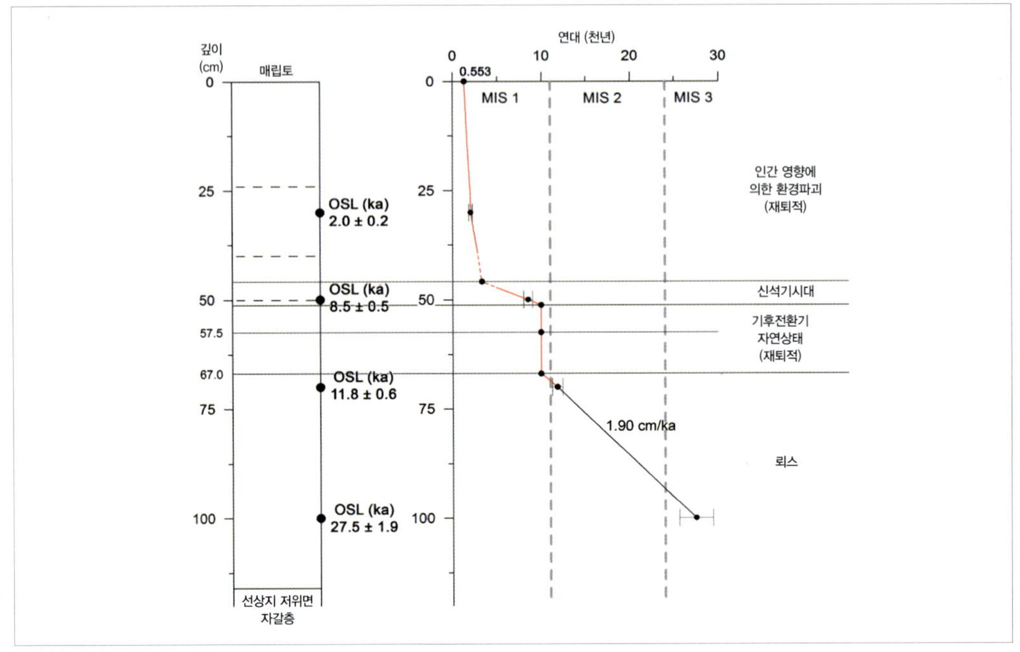

대자율(그림 10.89 A)은 4.19~734×10^{-5} SI unit 범위에 있으며, 깊이 50~60cm 층준이 가장 낮았고 가장 하부에 위치한 깊이 116cm 층준이 가장 높았다. 황룡 단면의 가장 상부에 해당하는 깊이 0cm에서의 대자율은 약 276×10^{-5} SI unit이고, 깊이에 따라 크게 감소하여 깊이 4cm에서는 약 34.9×10^{-5} SI unit이다. 이후 깊이 50~60cm까지 대자율은 깊이에 따라 약간의 미변동과 함께 점점 감소하는 경향이지만, 깊이 50~60cm보다 하부에 있는 층준에서는 약간의 미변동과 더불어 깊이에 따라 점점 증가하는 경향을 보인다. 매우 높은 대자율을 보이고 있는 최상부와 최하부를 제외하면, 황룡 단면의 대자율은 4~70×10^{-5} SI unit의 범위에 있다. 조사 단면의 최하부에서 대자율이 크게 증가하는 것은 하부에 놓인 선상지 자갈층과의 혼합에 의한 것으로 판단되며, 조사 단면 최상부에서의 높은 대자율 역시 매립층의 영향에 기인한 것으로 생각된다.

중국 뢰스고원에 분포하고 있는 뢰스-고토양 연속층의 경우, 풍화작용의 강도로 인해 대자율은 빙기나 아빙기에 대비되는 뢰스 층준에서는 낮게 그리고 간빙기나 아간빙기에 대비되는 고토양 층준에서는 높게 나타난다(Liu, 1985; An et al., 1991). 그러나

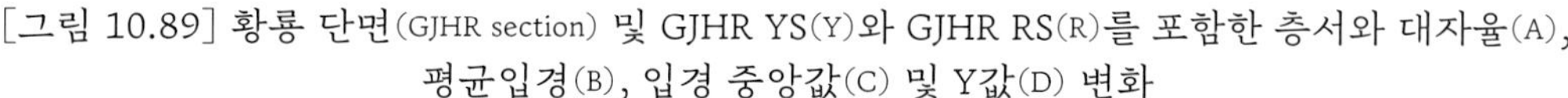

[그림 10.89] 황룡 단면(GJHR section) 및 GJHR YS(Y)와 GJHR RS(R)를 포함한 층서와 대자율(A), 평균입경(B), 입경 중앙값(C) 및 Y값(D) 변화

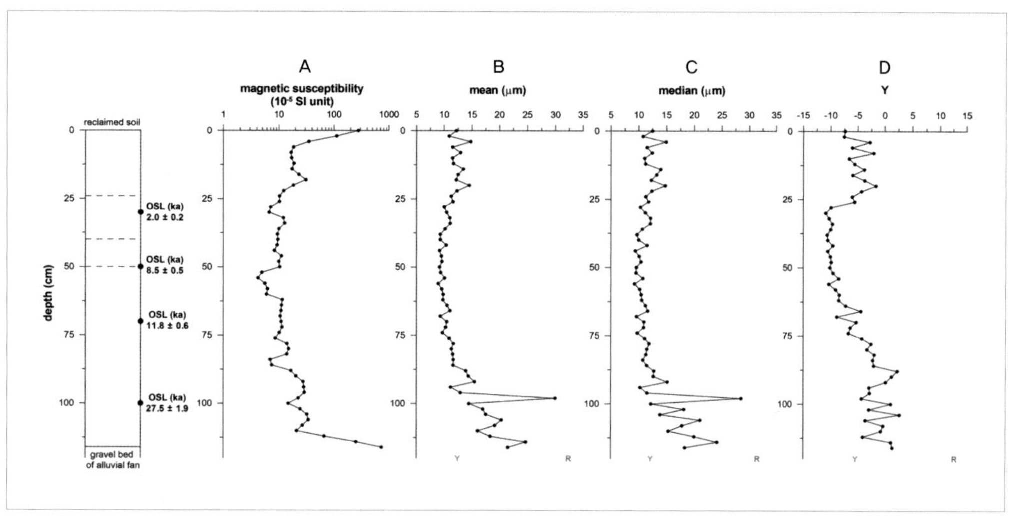

황룡 단면에서는 홀로세에 해당하는 깊이 30~50cm보다 MIS 3 말기~2 시기에 형성된 깊이 70~100cm 층준의 대자율이 더 높다. 황룡 단면의 이와 같은 대자율 변화는 풍화작용의 강도보다는 풍화작용을 받은 기간 또는 이미 풍화된 물질과의 혼합에 의한 영향이 더 크기 때문으로 추정된다.

황룡 단면의 평균입경(그림 10.89 B)은 깊이 0~24cm에서는 10~15μm 범위에서 미변동하는 양상을 보이고 있으며, 이후에는 깊이에 따라 약간씩 감소하여 깊이 56cm에서 평균입경이 가장 세립이다. 이후 평균입경은 깊이에 따라 약간씩 증가하여 깊이 98cm에서 최대가 된 다음 다시 크게 감소한다. 깊이 100cm보다 하부에서는 깊이에 따라 다시 증가하는 양상을 나타낸다. 황룡 단면의 입경 중앙값(그림 10.89 C)은 9.24~28.5μm로, 평균입경보다는 층준 사이의 차이가 작지만 평균입경과 유사한 경향을 보이며 변화한다. 황룡 단면의 평균입경과 입경 중앙값의 크기는 언양 단면의 값과 유사하다.

황룡 단면의 Y값은 -10.9~2.7의 범위에 있다(그림 10.89 D). Y값은 깊이 0cm부터 24~26cm까지 -7.5~0의 범위에서 미변동하며 미변동 양상은 평균입경이나 입경 중앙값과 유사하지만, 이후 크게 감소하여 대략 깊이 50cm까지 큰 변화를 나타내지 않거나 매우 약하게 증가하는 경향을 보이고 있다. 그러나 이하의 층준에서 Y값은 크게 증가하여 깊이 88cm에서 약 2.3을 나타낸 후, 이보다 하부에 있는 층준에서는 -5.0~5.0 범위 안에서 미변동하는 모습을 나타낸다. 한편 GJHR YS는 약 -5.5의 Y값을 나타내며 GJHR RS는 이보다 매우 큰 약 12.7의 Y값을 지시하였다. 이러한 두 시료의 Y값은, GJHR YS의 경우 조사 단면과 유사한 데 반해 GJHR RS는 조사 단면보다 매우 크다.

Y값은 다양한 퇴적환경을 구분하기 위해 사용되어 왔으며, Y값은 작을수록 입도의 세립화를 의미하므로 Y값의 차이는 상이한 퇴적환경을 지시한다. Y값이 약 -2.7보다 작으면 풍성 퇴적층으로 간주되며, 호소 퇴적층의 경우 920~1,287 그리고 하천 퇴적층은 -0.5~3.2이다(Lu et al., 2001; Liu et al., 2014). 중국 뢰스고원에서 뢰스-고토양 연속층의 Y값은 -7.9~0.1이며, 뢰스-고토양 연속층의 하부에 놓인 신생대 제3기에 형성된 홍색토(Red Clay)의 Y값은 -12.3~0이다(Lu et al., 2001). 양쯔 강 하류의 샤슈 뢰스 퇴적층의 Y값은 -21.8~-4.9이다(Zhang et al., 2005).

전북 완주 봉동 단면은 -13.39~-7.99로서, 중국 뢰스고원의 뢰스 및 고토양보다는 홍색토나 샤슈 뢰스와 유사하고 대천 뢰스(-9.81~-2.27; 윤순옥 외, 2007)보다 작다. 또한 충북 진천 지역에서 확인된 뢰스-고토양 연속층의 Y값은 모두 -8 이하이며(윤순옥 외, 2013) 강원도 고성 지역에서 확인된 뢰스-고토양 연속층의 Y값은 -13.8~-9.5(Hwang et al., 2014) 그리고 강릉 지역에서 확인된 뢰스-고토양 연속층은 -10 이하이다(박충선 외, 2014).

이러한 국내 뢰스-고토양 연속층의 Y값에 기초하였을 때, 조사 단면은 크게 3개의 층준으로 구분 가능하다. 즉 깊이 0~27cm, 27~67cm 그리고 깊이 67cm 이하의 층준으로 구분되는데, 깊이 0~27cm 층준의 Y값은 -7.5~-1.5이므로 국내 뢰스-고토양 연속층보다 크고 중국 뢰스고원과 유사하며, 최하부의 깊이 67cm 이하 층준의 Y값은 -5~-2.7이므로 풍성 퇴적층 외에 다른 기구가 개입한 퇴적물도 포함되어 있다. 이와는 대조적으로 그 사이에 위치한 깊이 27~67cm 층준은 국내 뢰스-고토양 연속층과 대체로 유사한 범위에 있다. 이 사실은 이 층준이 진천, 고성 및 강릉 지역에서 확인된 뢰스-고토양 연속층과 마찬가지로 중국 뢰스고원과 공통의 기원지를 공유하거나 중국 뢰스고원에서 재운반된 물질로 이루어졌음을 의미한다. 또한 이 층준의 Y값은 중국 뢰스고원의 뢰스-고토양 연속층보다 상당히 작으며, 중국 뢰스고원의 뢰스-고토

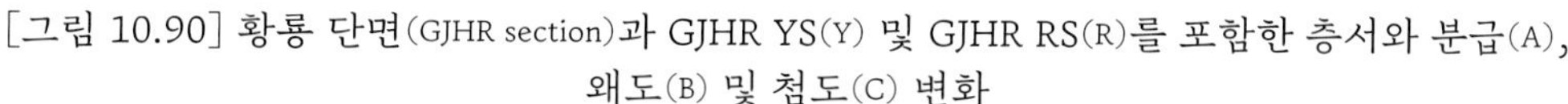

[그림 10.90] 황룡 단면(GJHR section)과 GJHR YS(Y) 및 GJHR RS(R)를 포함한 층서와 분급(A), 왜도(B) 및 첨도(C) 변화

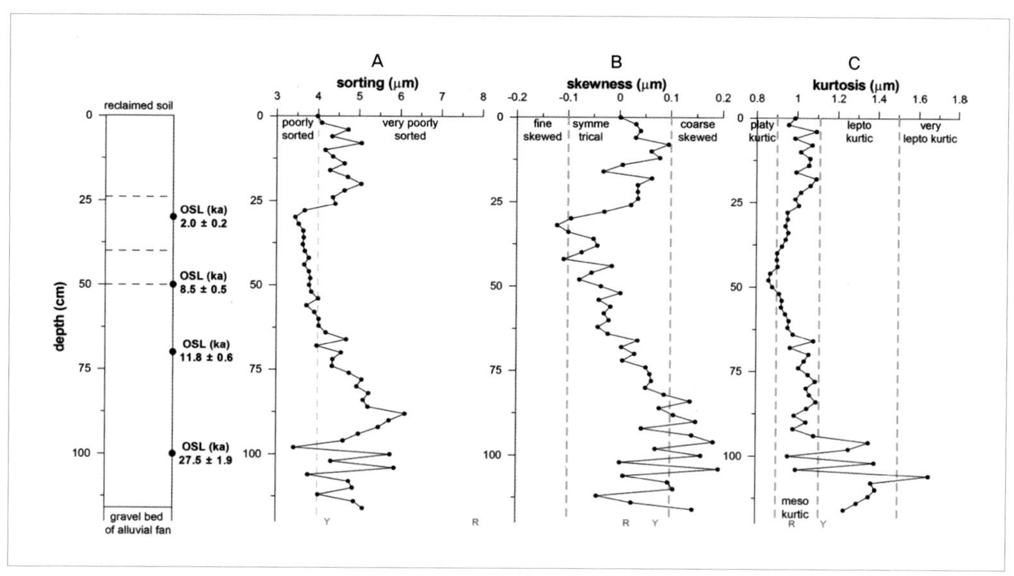

양 연속층보다 강한 풍화작용을 경험한 Red Clay 또는 양쯔 강 하류의 뢰스 퇴적층과 유사하다. 이는 퇴적 이후의 풍화작용 역시 조사 단면의 Y값 감소에 기여하였을 가능성을 의미하는 것으로 생각된다.

황룡 단면에서 깊이 0~27cm와 67cm 하부 층준은 인근에서 기원한 소량의 조립물질이 포함되면서 Y값이 증가하였을 가능성이 있으며, 이러한 영향은 황룡 단면 하부에서 보다 컸던 것으로 생각된다. GJHR YS의 Y값이 황룡 단면의 범위에 포함되기 때문에 유사한 작용으로 형성되었을 가능성이 있다. GJHR RS의 경우 조사 단면보다 매우 큰 Y값을 보이고 있어 황룡 단면과는 전혀 관련 없는 다른 작용에 의해 형성되었을 가능성도 있다.

황룡 단면의 분급, 왜도와 첨도는 평균입경 및 입경 중앙값보다는 Y값과 유사한 변화를 보이고 있다(그림 10.90 A). 깊이 0~27cm 층준의 분급은 매우 불량(very poorly sorted)하지만, 깊이 27cm에서 대략 깊이 67cm까지의 층준은 불량한 분급(poorly sorted)을 보이고 있어서 상대적으로 분급이 양호한 편이고, 깊이 67cm 이하의 층준은 일부 시료를 제외하면 대부분 다시 매우 불량한 분급(very poorly sorted)을 보이고 있다.

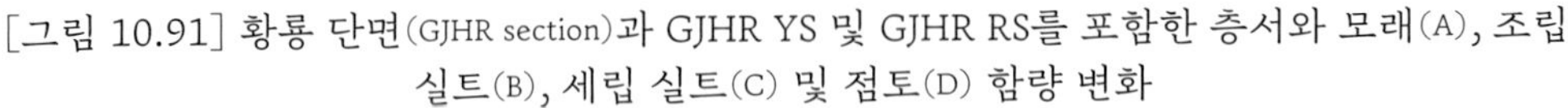

[그림 10.91] 황룡 단면(GJHR section)과 GJHR YS 및 GJHR RS를 포함한 층서와 모래(A), 조립 실트(B), 세립 실트(C) 및 점토(D) 함량 변화

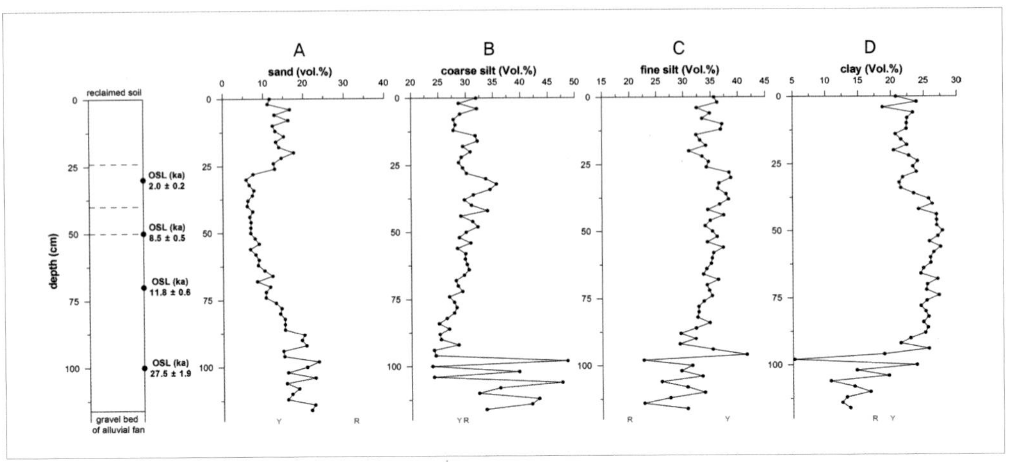

황룡 단면의 왜도(그림 10.90 B)는 깊이에 따라 분급과 유사하게 변화한다. 일반적으로 왜도 값이 크면 조립질의 분급이 양호하고 왜도 값이 작으면 세립질의 분급이 양호하다. 이 단면의 왜도는 -0.12~0.19μm로, Folk and Ward(1957)의 구분에 따르면 대부분의 시료가 대칭분포(symmetrical)를 나타내지만 일부 시료는 세립 쪽 분포(fine skewed) 또는 조립 쪽 분포(coarse skewed)를 나타내기도 한다.

첨도(그림 10.90 C)의 경우 0.86~1.65μm로, Folk and Ward(1957)의 구분에 따르면 대부분의 시료가 중간 분포(mesokurtic)에 해당되지만, 조사 단면의 하부에 위치한 시료들은 뾰족한 분포(leptokurtic)를 하며, 깊이 106cm에서 채취된 시료는 매우 뾰족한 분포(very leptokurtic)를 나타낸다. 한편 깊이 46~50cm에 위치한 시료는 편평한 분포(platykurtic)이다.

그림 10.91은 황룡 단면의 모래, 조립 실트, 세립 실트 및 점토의 함량 변화이다. 모래 함량은 5.76~23.71% 구간에서 변화한다. 이 단면은 깊이 0~27cm에서는 모래 함량이 10~20%이지만, 이후 대략 깊이 67cm까지는 10% 미만, 이보다 하부에서는 깊이에 따라 증가하고, 대략 깊이 80cm 이하 층준에서는 20% 내외를 유지하면서 미변동한다. 모래 함량 변화 곡선은 평균입경, Y값, 분급, 왜도, 첨도 변화와 가장 유사한 형태를 보인다. 이것은 장거리 운반으로 이동한 뢰스에 경주 선상지 지표 퇴적물, 왕

[그림 10.92] GJHR YS와 GJHR RS를 포함한 황룡 단면(GJHR section) 입도분포와 표준편차

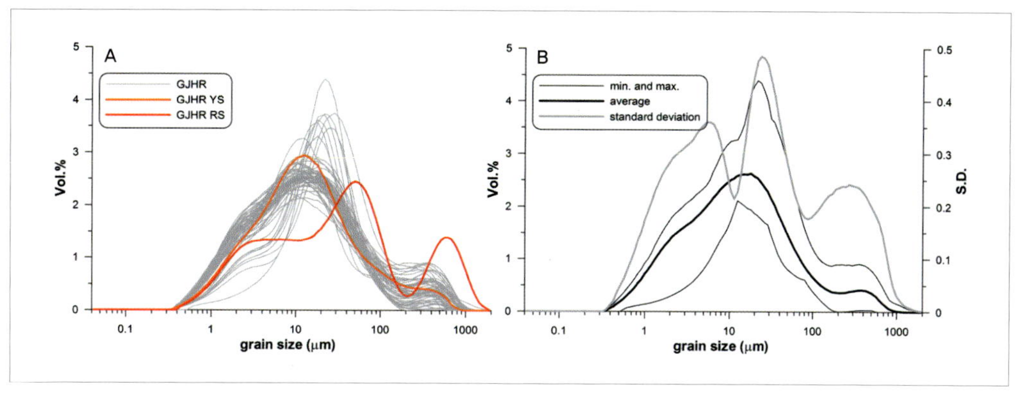

경을 둘러싸고 흐르는 북천, 남천, 형산강의 범람 퇴적물, 고려시대 이후의 왕경 범람원으로부터 단거리 운반으로 공급된 모래의 함량이 황룡 단면의 입도 변수에 큰 영향을 미친 것으로 볼 수 있다.

조립 실트 함량은 23.78~48.54%의 범위에 분포한다(그림 10.91 B). 깊이 27cm까지는 30% 내외를 유지하고, 이보다 하부 층준에서는 전체적으로 깊이에 따라 조립 실트의 함량이 감소하여 깊이 95cm에서 최소가 된다. 그러나 깊이 95cm에서 조립 실트 함량은 크게 증가하여 최댓값에 도달한다. 깊이 98cm 이하의 층준에서는 시료 사이의 편차가 매우 크고 깊이에 따라 감소하는 경향을 보인다.

세립 실트(그림 10.91 C)는 대략 깊이 27cm까지는 약간의 미변동과 더불어 35% 내외를 유지하지만, 깊이 30~92cm에서는 깊이에 따라 세립 실트의 함량이 점점 감소한다. 이후 크게 증가하여 깊이 96cm에서 약 41.55%로 최대 함량에 도달하고 깊이에 따라 점점 감소하는 경향을 보이고 있다.

황룡 단면의 점토 함량(그림 10.91 D)은 5.18~27.83% 범위에서 변화하는데, 깊이 0cm부터 27cm까지 20~25%를 유지하지만 이후 약간 증가하여 대략 깊이 90cm까지는 25~30%이다. 90cm 이하의 층준에서 점토 함량은 크게 감소하여 깊이 98cm에서 최소치에 이르며, 다시 증가하다가 깊이에 따라 감소하는 경향을 보이고 있다.

황룡 단면에서 채취된 시료의 입도분포는 10~20μm에서 최빈값(mode)을 보이는 집단과 이보다 조립인 30~50μm에서 최빈값을 보이는 집단으로 구분된다(그림 10.92).

후자는 대부분 황룡 단면 하부, 특히 깊이 100cm 이하의 층준들이며 전자는 대부분 깊이 0~100cm에서 채취된 시료이다(그림 10.92 A).

0~20μm 및 30~50μm의 최빈값과 더불어, 황룡 단면의 시료는 2~4μm 그리고 300~500μm에서도 작은 정점을 확인할 수 있다. 황룡 단면 시료의 입도분포에서 확인되는 이러한 정점은 입도와 표준편차(그림 10.92 B)에서도 확인된다. 입도와 표준편차를 통해 변동성이 큰 입도 간격을 확인할 수 있는데(Huang et al., 2011), 입도와 표준편차에서 확인되는 정점의 수는 시료를 이루고 있는 성분(component)의 수 및 각 성분의 크기와 유사한 경향이 있다(Park, 2014). 입도와 표준편차를 보면 앞서 언급한 정점과 유사한 크기를 갖는 2~4μm, 10~20μm 그리고 300~500μm에서 정점을 확인할 수 있으며, 이는 곧 조사 단면의 시료가 주로 이러한 크기를 갖는 3개의 성분으로 이루어져 있음을 의미한다.

이러한 크기는 해미 지역에 분포하고 있는 뢰스-고토양 연속층의 입도 자료를 와이불 함수를 이용해 분리하였을 때 확인된 modal size와 상당히 유사하다. 즉 해미 지역에서 확인되었듯이 뢰스-고토양 연속층을 프라운호퍼 이론(FA)으로 변환한 입도 자료는 2.1~3.0μm, 13.5~20.1μm 및 257~508μm의 modal size를 갖는 2개 또는 3개의 성분으로 분리되었으며(Park et al., 2014), 이러한 크기는 황룡 단면의 입도와 표준편차에서 확인된 정점의 크기와 상당히 유사하다. 이는 결국 황룡 단면도 충남 해미 지역에서 확인된 뢰스-고토양 연속층과 유사한 과정, 즉 주로 편서풍과 겨울 계절풍에 의해 형성되었음을 의미하는 것으로 생각되지만, 시료에 따라 근거리에서 혼합된 물질을 포함하고 있으며, 특히 황룡 단면의 하부 층준에서 그 비율이 더 높은 것으로 생각된다.

이상의 내용을 정리해 보면, 황룡 단면은 한국의 뢰스-고토양 연속층의 시료에 포함되며 입도 특성을 기초로 크게 3개의 층준으로 구분된다. 다시 말해 깊이 0~27cm 층준, 깊이 27~67cm 층준 그리고 깊이 67cm 이하 층준으로 구분되며, 깊이 67cm 이하 층준의 경우 대략 깊이 80~90cm를 기준으로 상부 층준과 하부 층준으로 세분할 수 있다. 깊이 80~90cm 하부 층준의 경우 다른 층준에 비해 다량의 조립 물질을 포함하고 있으며, 깊이 67cm와 깊이 80~90cm 사이에 위치한 층준은 바로 위의 깊이 27~67cm의 층준과 그리고 80~90cm 바로 아래에 위치한 층준 사이의 점이적인 특성을 나타내며, 가장 상부의 깊이 0~27cm 층준은 깊이 27~67cm 층준과는 서로 다

[그림 10.93] PAAS(Post-Archean Australia shale; Taylor and McLennan, 1985)로 표준화된 황룡 단면(A, B) GJHR YS와 GJHR RS(C) 및 주변 기반암(D; 이준동, 황병훈, 1999; Lee and Lee, 2003)의 주원소 함량

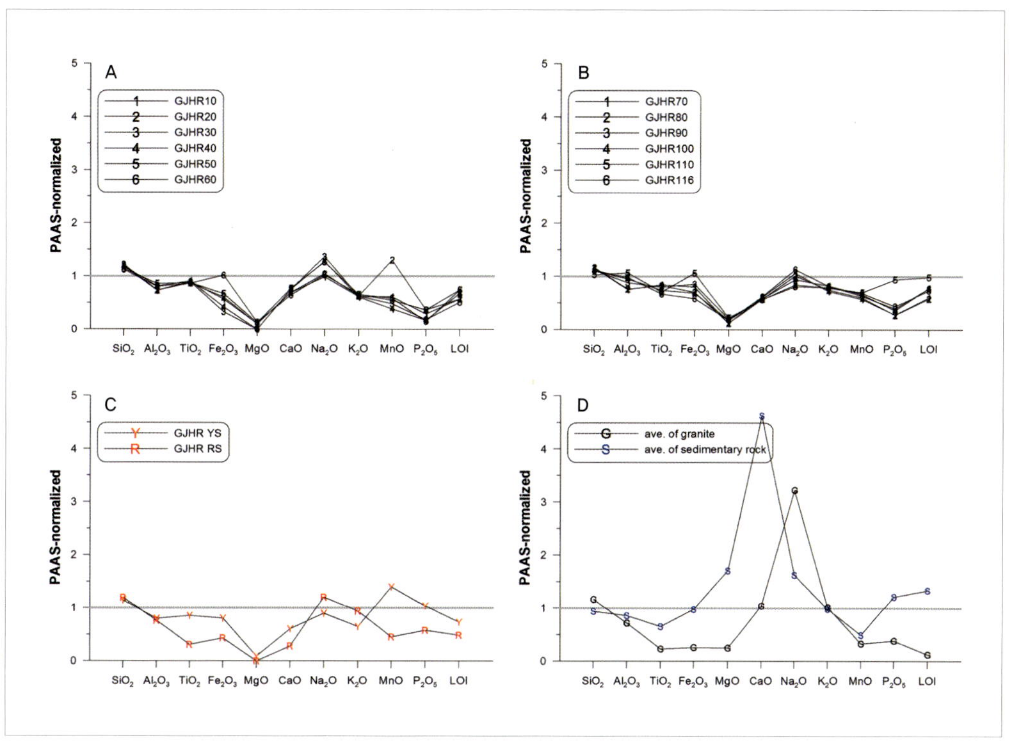

기반암의 함량은 평균치임

른 입도 특성을 보이고 있다.

③ 주원소 분석

황룡 단면, GJHR YS 및 GJHR RS의 주원소 함량을 PAAS로 표준화하여 그림 10.93에 제시하였으며, 비교를 위해 화강암 및 퇴적암과 같은 기반암의 평균 주원소 함량도 PAAS로 표준화하여 함께 나타내었다. 전체 층준의 Fe_2O_3, Na_2O와 GJHR60의 Fe_2O_3, GJHR20의 MnO, GJHR110의 P_2O_5와 같은 일부 층준의 일부 원소를 제외하면, 황룡 단면의 층준들은 주원소 조성이 매우 유사하다(그림 10.93 A, B).

황룡 단면에서 채취한 모든 시료가 PAAS에 비해 SiO_2의 부화(enrichment)를 나타내며, Al_2O_3의 경우 깊이 110cm 층준을 제외하면 모든 시료가 PAAS에 비해 결핍(de-

[그림 10.94] 황룡 단면, GJHR YS, GJHR RS 및 기반암(이준동, 황병훈, 1999; Lee and Lee, 2003), 한국 뢰스(윤순옥 외, 2011; 황상일 외, 2011), 중국 뢰스(CLP)(Gallet et al., 1996; Jahn et al., 2001), UCC와 PAAS(upper continental crust and Post-Archean Australia shale; Taylor and McLennan, 1985)의 A-CN-K 다이어그램

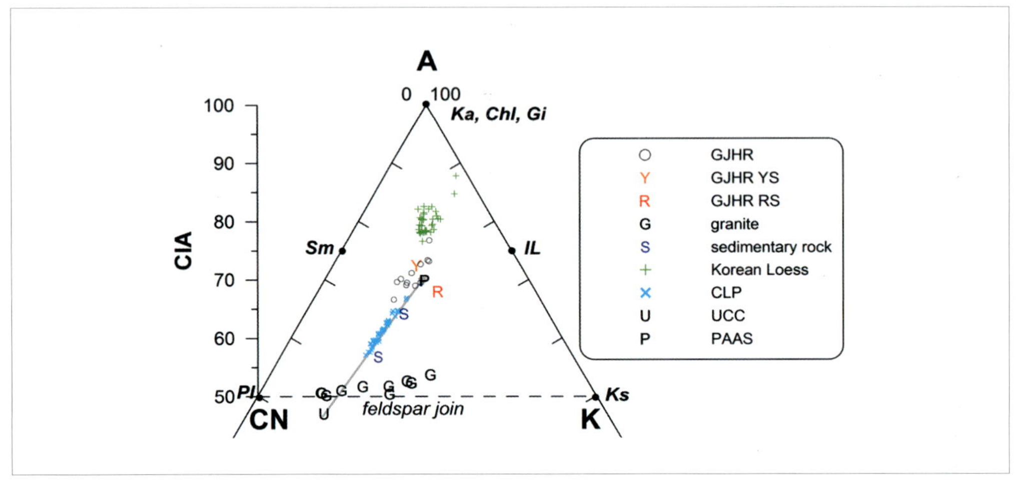

Sm=smectite; Pl=plagioclase; IL=illite; Ks=K-feldspar; Ka=kaolinite; Gi=gibbsite; Chl=chlorite; A=Al_2O_3; CN=CaO*+Na_2O; K=K_2O 회색 선은 풍화 경향을 의미함

pletion)되어 있다. TiO_2의 경우 모든 시료가 PAAS에 비해 결핍되어 있고, MgO의 경우 모든 시료가 PAAS에 비해 상당히 결핍되어 있으며, CaO도 PAAS에 비해 결핍되어 있지만 결핍의 정도는 MgO에 비하면 그리 크지 않다. Na_2O의 경우 상부 시료는 대체로 부화를 그리고 하부 시료는 대체로 결핍을 나타낸다. K_2O는 PAAS에 비해 모두 결핍되어 있다. MnO의 경우 깊이 20cm에서 채취한 시료를 제외하면 모두 PAAS에 비해 결핍되어 있으며, P_2O_5는 모든 시료가 PAAS에 비해 결핍되어 있다.

그림 10.94는 한국 뢰스, 중국 뢰스고원, UCC 및 PAAS와 더불어 황룡 단면, GJHR YS, GJHR RS 및 화강암과 퇴적암 같은 기반암 시료의 주원소 조성을 A-CN-K 다이어그램에 나타낸 것이다. 중국 뢰스고원은 UCC와 PAAS를 연결한 풍화 경향(weathering trend)을 따라 선형으로 분포하고 있으며, 그 끝에 그리고 A축 쪽으로 약간 치우쳐 한국 뢰스가 위치한다. GJHR YS와 더불어 황룡 단면에서 채취한 뢰스 시료(GJHR)는 중국 뢰스고원과 한국 뢰스 사이에 자리 잡고 있다. 이는 황룡 단면, 한국 뢰스 및 중국 뢰스고원이 서로 동일한 물질로 이루어져 있음을, 다시 말하면 공

[그림 10.95] 황룡 단면의 층서와 CIA(A; Nesbitt and Young, 1984, 1989), CIW(B; Harnois, 1988), Rb/Sr(C; Chen et al., 1999), Zr/Rb(D; Chen et al., 2006) 및 $(CaO+Na_2O+MgO)/TiO_2$(E; Yang et al., 2006) 변화

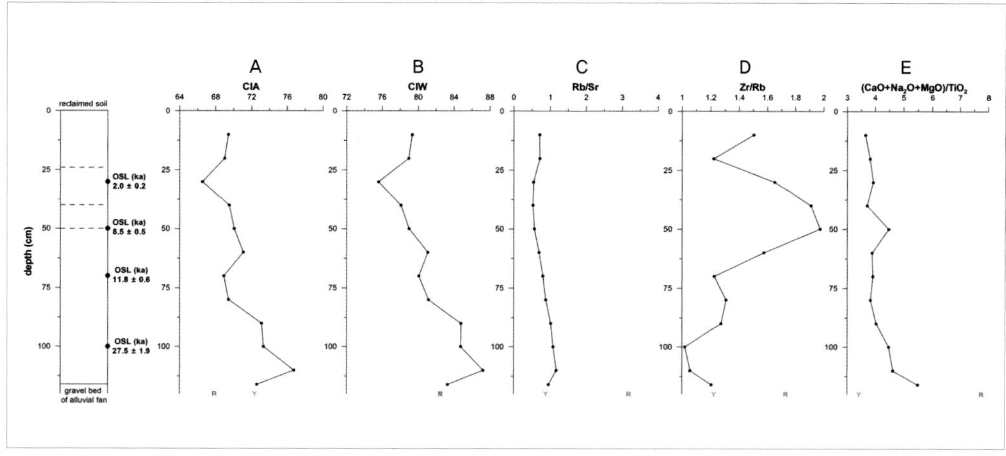

통의 기원지를 공유하고 있음을 의미하는 것으로 생각된다. 다만 한국 뢰스에 비해 황룡 단면이 약간 덜 풍화된 양상을 나타낸다. 즉 중국 뢰스고원의 CIA는 55~70이며 한국 뢰스는 75 이상이지만 황룡 단면의 CIA는 65~75이다. 또한 중국 뢰스고원의 경우 UCC(U)와 PAAS(P)를 연결한 풍화 경향을 따라서 분포하지만, 황룡 단면 및 한국 뢰스는 이러한 풍화 경향으로부터 약간 벗어난 구역에 분포하고 있다. 이것은 중국 뢰스고원은 전형적인 안정된 상태의 풍화(steady state weathering) 환경이지만, 한국 뢰스는 불안정한 상태의 풍화(non-steady state weathering) 환경임을 의미한다(Nesbitt et al., 1997). 따라서 황룡 단면은 다른 한국 뢰스에 비해 약한 풍화작용을 경험하였으나 그 풍화 환경은 서로 유사하였던 것으로 생각된다.

화강암은 상당히 다양한 원소 조성을 보이고 있으며, 퇴적암은 UCC 및 PAAS를 연결한 풍화 경향과 상당히 인접해 분포하고 있다. 또한 일부 화강암 시료 및 퇴적암 시료가 UCC 및 PAAS를 연결한 풍화 경향, 즉 중국 뢰스고원, 황룡 단면 및 한국 뢰스로 연결되는 풍화 경향을 따라 분포하고 있다. 따라서 황룡 단면이 한국 뢰스에 비해 덜 풍화된 양상을 보이는 현상, 즉 한국 뢰스의 CIA에 비해 황룡 단면의 CIA가 낮은 것은, 이 단면이 한국 뢰스에 비해 약한 풍화작용을 경험하였기 때문일 수 있다. 다른 한편으로는 비슷한 강도의 풍화작용을 경험하였으나 기반암 풍화산물이 혼입되면서 다른 한

국 뢰스에 비해 일종의 Ca 또는 Na-교대작용(Ca or Na-metasomatism; Fedo et al., 1995; Cullers and Podkovyrov, 2000), 다시 말해 Ca나 Na 함량이 높은 물질과 혼합되면서 Ca 또는 Na가 첨가되어 약한 풍화작용을 경험한 것처럼 보일 가능성도 있다.

한편 CIA, CIW(chemical index of weathering=100×Al_2O_3/(Al_2O_3+Na_2O+CaO^*); Harnois, 1988) 및 Rb/Sr(Chen et al., 1999)과 같은 풍화지수(weathering index)에 의하면, 국지적인 퇴적물, 즉 경주 선상지 지형면으로부터 공급된 풍화산물을 더 많이 포함하고 있을 것으로 생각되는 하부의 층준이 상부의 층준에 비해 풍화작용을 더 많이 받은 신호를 보여 주고 있다. 그리고 입도의 영향을 받지 않는 지수인 (CaO+Na_2O+MgO)/TiO_2(Yang et al., 2006)는 상부와 하부의 풍화작용 강도 차이가 크지 않지만 오히려 상부가 약간 더 풍화된 양상을 보인다. 또한 Zr/Rb(Chen et al., 2006)와 같은 풍화지수는 오히려 상부 층준이 하부 층준에 비해 풍화를 강하게 받은 양상을 보이고 있다(그림 10.95).

④ 미량원소 분석

황룡 단면, GJHR YS 및 GJHR RS의 미량원소 함량을 PAAS로 표준화하여 그림 10.96에 나타내었으며, 비교를 위해 화강암 및 퇴적암과 같은 기반암의 평균 미량원소 함량도 PAAS로 표준화하여 함께 나타내었다. 층준들 사이에서 매우 유사한 변화를 보이는 주원소와 달리 미량원소 조성은 층준들 사이에 차이를 나타내고 있으며, 특히 황룡 단면에서 최하부 층준은 다른 층준에 비해 모든 원소가 결핍되어 있다(그림 10.96 A, B). 모든 층준에서 Sc, Cr, Co, Rb, Sr, Zr, Cs, Ba, Hf, Th 등과 같은 원소는 PAAS에 비해 결핍되어 있으며 이 중에서 Cs와 Co의 결핍이 특징적이다. 최하부 층준을 제외한 모든 층준의 Pb는 PAAS에 비해 부화되어 있으며, Y의 경우 상부에 위치한 층준은 대체로 부화되었으나 하부에 위치한 층준은 모두 결핍을 나타낸다. Zn은 상부에 위치한 층준은 모두 PAAS에 비해 결핍을 나타내고 있으며 하부에 위치한 층준 중 일부는 부화를 나타내기도 한다. Pb는 전체 층준에서 부화 정도가 크고 층준들 사이의 함량 차이도 비교적 크다. Co는 상부 층준에서, Zn은 하부 층준에서 층준별 함량 차이가 크다.

화강암은 평균적으로 Nb에서 PAAS에 비해 부화를 보이고 있으며 Rb의 경우 PAAS와 매우 유사하고 Y 및 Th의 경우 약간 결핍되어 있다. 이외의 원소는 모두 결핍

[그림 10.96] PAAS(Post-Archean Australia shale; Taylor and McLennan, 1985)로 표준화된 황룡 단면(A, B), GJHR YS와 GJHR RS(C) 및 주변 기반암(D; 이준동, 황병훈, 1999; Lee and Lee, 2003)의 미량원소 함량

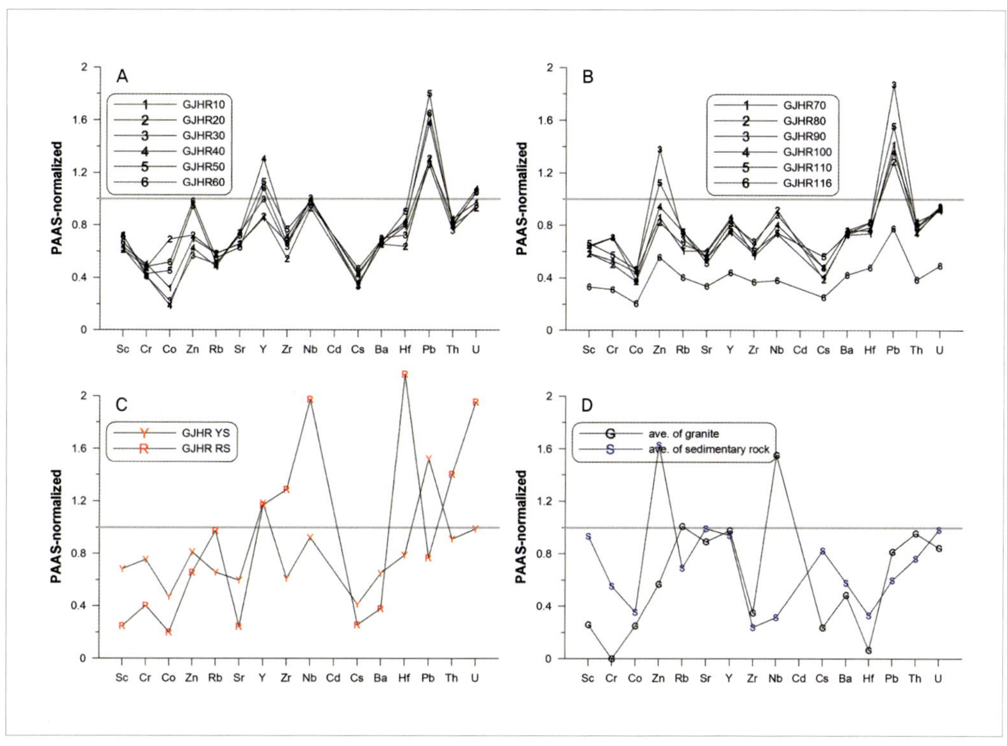

기반암의 함량은 평균치임

되어 있다. 퇴적암의 경우 Zn의 부화가 상당히 특징적이며 Sc, Sr, Y 및 U 등과 같은 원소는 PAAS와 거의 유사하고 이외의 모든 원소는 PAAS에 비해 모두 결핍되어 있다.

⑤ 희토류원소 분석

황룡 단면과 GJHR YS 및 GJHR RS의 희토류원소 함량을 Leedey 운석으로 표준화하여 그림 10.97에 나타내었으며, 비교를 위해 화강암 및 퇴적암과 같은 기반암의 평균 희토류원소 함량도 표준화하여 함께 제시하였다. 황룡 단면의 경희토류는 중희토류에 비해 부화되어 있으나($(La/Eu)_N$=5.69~6.70) 한국의 다른 뢰스에 비해 그 정도가 상당히 낮다. 중희토류는 편평한 분포를 보이고 있으나($(Tb/Lu)_N$=1.06~1.58) 한국의 다른 뢰스에 비해 더 평평하며, 중간 정도 음의 Eu 이상(Eu anomaly; Eu/Eu*=0.65~0.71)을

[그림 10.97] Chondrite(Masuda et al., 1973; Masuda, 1975)로 표준화된 황룡 단면(A, B), GJHR YS와 GJHR RS(C) 및 주변 기반암(D; 이준동, 황병훈, 1999; Lee and Lee, 2003)의 희토류 함량

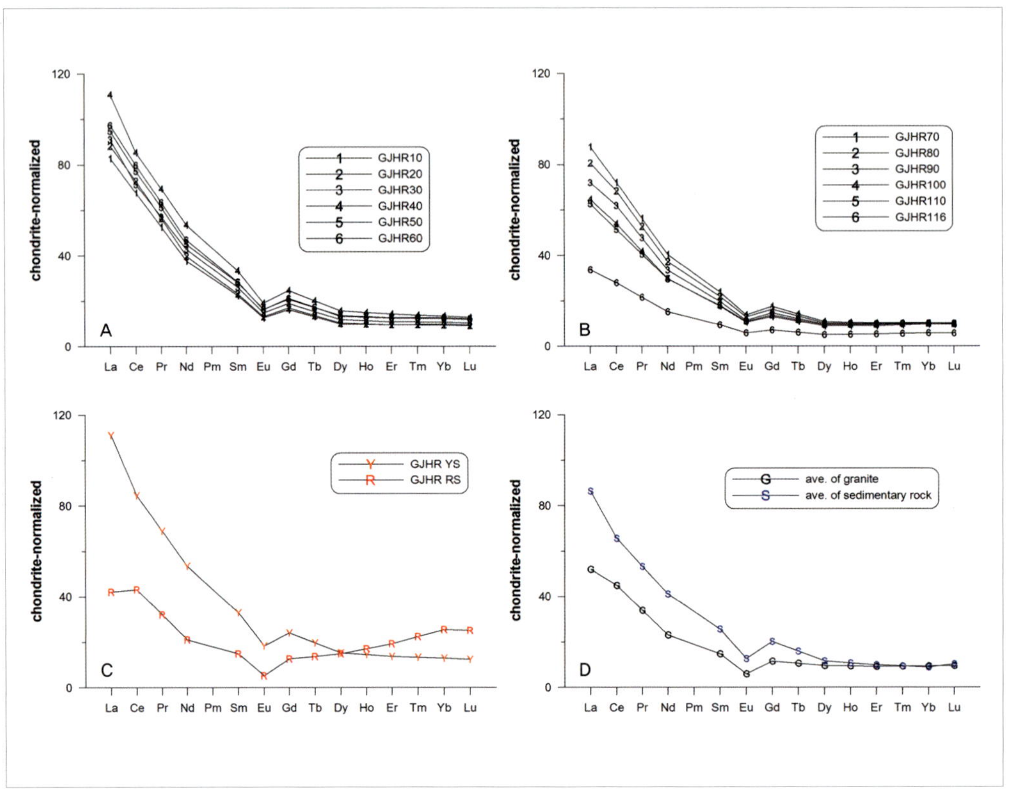

기반암의 함량은 평균치임

나타낸다. 다만 최하부 층준의 경우 모든 희토류원소가 다른 층준에 비해 결핍되어 있으며 Eu 이상(Eu/Eu*=0.71)도 다른 층준에 비해 그리 현저하지 않다. 또한 깊이 40cm 층준에서는 경희토류가 다른 시료에 비해 부화되어 있다. 황룡 단면의 시료는 특히 경희토류에서 함량 차이가 있으며, 또한 상부에 위치한 층준에 비해 하부 층준의 희토류원소가 결핍되어 있는 것으로 나타났다(그림 10.97 A, B).

화강암 및 퇴적암과 같은 기반암의 경우(그림 10.97 D) 평균적으로 경희토류의 부화($(La/Eu)_N$=6.80~8.57), 중희토류의 편평한 분포($(Tb/Lu)_N$=1.10~1.54)로 특징지을 수 있으며, 화강암과 퇴적암은 평균적으로 각각 약 0.46, 0.55의 Eu 이상을 보이고 있다. 또한 퇴적암의 경우 화강암에 비해 경희토류의 부화가 특징적이다.

이상의 황룡 단면, GJHR YS 및 GJHR RS의 원소 조성을 정리해 보면, 조사 단면에서 깊이 30~60cm에 위치한 층준은 그 상부와 하부에 위치한 층준과는 원소 조성에 있어 차이를 보이고 있으며, 또한 깊이 116cm에 위치한 시료도 황룡 단면의 다른 층준과 차이가 있다. 깊이 30~60cm 층준들의 원소 조성은 다른 층준들과 기원지가 다르다는 것을 의미하는 것으로도 볼 수 있으며, 한편으로는 기원지가 서로 다른 물질이 혼합되어 이 층준을 형성하였을 가능성도 있다. 최하부 층준의 경우 선상지 자갈층에서 유래한 물질과의 혼합으로 인해 황룡 단면과의 차이를 나타내는 것으로 생각된다.

(4) 황룡 단면 뢰스-고토양 연속층의 특성

황룡 단면과 GJHR YS 및 GJHR RS의 기원지 확인에 유용한 주요 미량원소 및 희토류원소의 비율을 그림 10.98에 나타내었으며, 비교를 위해 화강암 및 퇴적암과 같은 기반암, 한국 뢰스, 중국 뢰스고원의 미량원소 및 희토류원소 비율도 함께 제시하였다. 화강암 및 중국 뢰스고원의 경우 Sc 및 Cr의 함량이 보고되지 않았으므로 일부 그림에서는 제외되었다.

황룡 단면은 층준 간의 미량원소와 희토류원소 비율이 상당히 유사하며 화강암 및 퇴적암과 같은 기반암과는 차이가 분명하다. 또한 황룡 단면의 이들 원소 비율은 한국 뢰스 및 중국 뢰스고원과 상당히 유사하다. 예를 들어 황룡 단면의 Eu 이상은 0.65~0.71이며 $(La/Yb)_N$은 5.70~9.31의 범위에 있다(그림 10.98 A). 중국 뢰스고원의 Eu 이상 및 $(La/Yb)_N$의 범위는 각각 0.61~0.67, 4.93~10.42이며, 한국 뢰스의 경우 각각의 범위는 0.62~0.68 및 10.72~18.85이다. 따라서 Eu 이상은 일부 층준이 차이를 보이지만 중국 뢰스고원과 한국 뢰스보다 약간 크고 한국 뢰스와 더 많이 겹친다. $(La/Yb)_N$은 중국 뢰스고원의 범위에 포함되고 한국 뢰스보다는 약간 작다.

한편 황룡 단면의 ΣREE 범위는 64.98~207.71ppm이며 ΣLREE/ΣHREE는 9.39~13.26이다(그림 10.98 D). 중국 뢰스고원과 한국 뢰스의 ΣREE는 각각 87.85~222.41ppm, 143.37~245.55ppm이며 ΣLREE/ΣHREE는 각각 8.20~15.19, 12.91~26.87이다. 따라서 황룡 단면의 ΣREE는 중국 뢰스고원의 범위에 포함되며 한국 뢰스보다는 작다. ΣLREE/ΣHREE 역시 황룡 단면은 중국 뢰스고원의 범위에 포함되며 한국 뢰스보다는 작은 것을 확인할 수 있다.

[그림 10.98] 황룡 단면, GJHR YS, GJHR RS, 주변 기반암(이준동, 황병훈, 1999; Lee and Lee, 2003), 한국 뢰스(윤순옥 외, 2011; 황상일 외, 2011), 중국 뢰스고원(Gallet et al., 1996; Jahn et al., 2001), UCC, PAAS(upper continental crust and Post-Archean Australia shale; Taylor and McLennan, 1985)의 희토류원소(A, B, C, D)와 미량원소(E, F) 비율

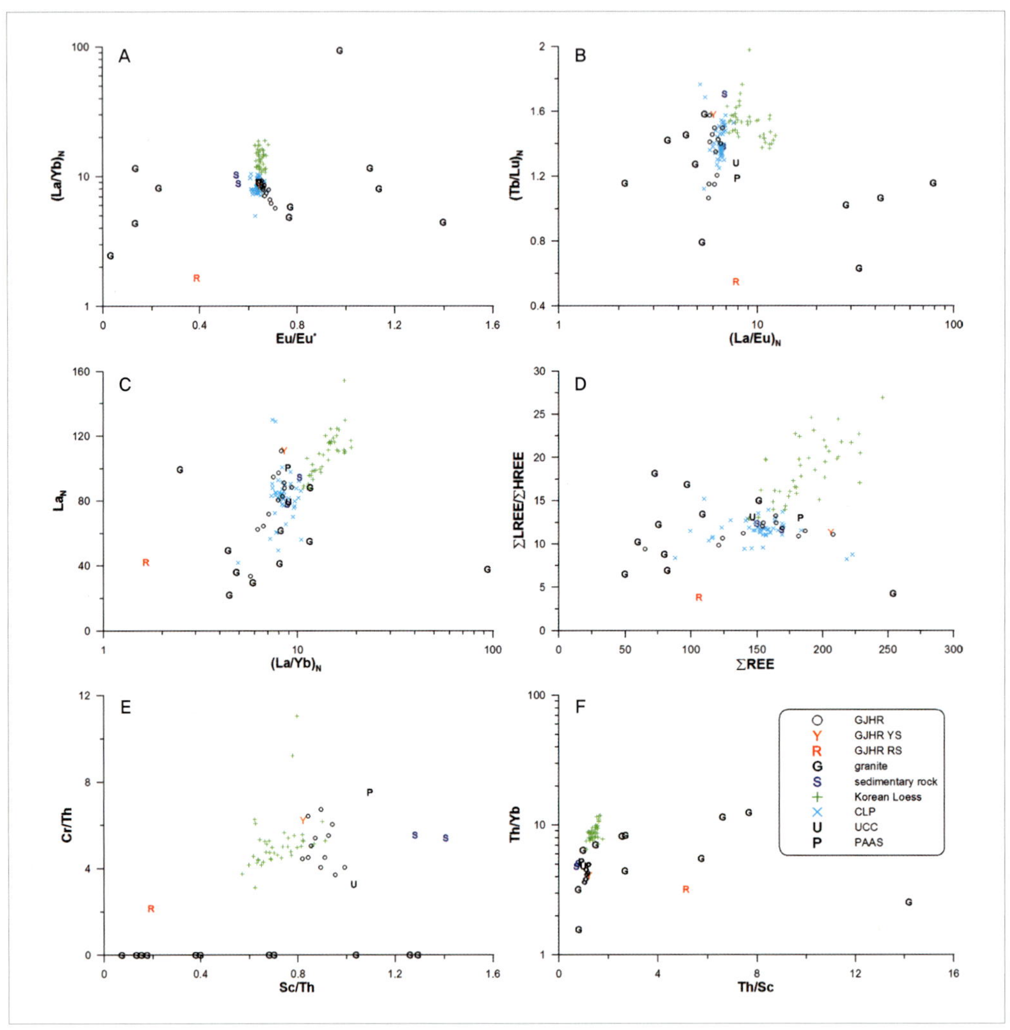

기원지, 특히 규장질(felsic) 및 고철질(mafic) 기원지를 구분하는 데 유용한 Th/Sc와 Th/Yb의 경우(Taylor and McLennan, 1985; Condie and Wronkiewicz, 1990; 그림 10.98 F), 황룡 단면의 Th/Sc와 Th/Yb 값은 각각 1.01~1.22, 3.63~5.00이며 한국 뢰스는 각각 1.10~1.76, 6.51~11.86의 범위에 있다. 중국 뢰스고원의 Sc 함량은 보고되지 않았으며

Th/Yb 값은 2.61~5.45이다. 한편 중국 뢰스고원과 매우 유사한 원소 조성을 보이는 UCC와 PAAS의 Th/Sc 값은 각각 약 0.97, 0.91이며 Th/Yb 값은 각각 약 4.86, 5.21이다. 따라서 황룡 단면의 Th/Sc 및 Th/Yb는 한국 뢰스보다 약간 작지만 대체로 유사하며 Th/Yb의 경우 중국 뢰스고원의 범위에 포함된다. 그리고 UCC와 PAAS의 Th/Sc 및 Th/Yb와도 대체로 유사하다.

한편 화강암의 Th/Sc와 Th/Yb 값은 각각 0.96~14.17(평균 약 4.58), 2.55~76.00(평균 약 14.26)이며, 퇴적암은 각각 0.71~0.78(평균 약 0.75), 4.82~5.09(평균 약 4.95)이다. 그러므로 황룡 단면은 화강암보다 Th/Sc 및 Th/Yb 값이 작으며, 퇴적암과는 Th/Yb 값은 유사하지만 Th/Sc 값은 황룡 단면이 약간 크다.

황룡 단면이 한국 뢰스 및 중국 뢰스고원과 원소 조성이 유사하므로 이들 지역에서 보고된 뢰스 퇴적층과 공통의 기원지를 공유하고 있음을 알 수 있다. 또한 기반암과도 차이를 나타내고 있으므로 황룡 단면이 장거리 운반에 의해 형성된 뢰스 퇴적층임을 알 수 있다.

그러나 황룡 단면의 원소 조성을 자세히 살펴보면 일부 층준의 경우 약간 다른 원소 조성을 보인다. 다시 말해 중국 뢰스고원 및 한국 뢰스와 유사한 원소 조성을 보이는 층준과 달리 일부 층준은 기반암, 특히 일부 화강암 시료를 향해 분산된 형태의 분포를 보이고 있다. 예를 들어 $(La/Yb)_N$과 La_N에서 깊이 10~80cm 층준의 $(La/Yb)_N$은 7.45~9.31 범위에 있고 La_N은 80.75~110.90의 범위에 분포하는 데 반해, 깊이 90~116cm 층준에서는 각각 5.70~7.06, 33.73~72.05의 범위에 있어서 차이가 있다(그림 10.98 C). 그림 10.98의 모든 그림에서 깊이 90~116cm 층준은 그 상부에 위치한 층준과 원소 조성의 차이를 보이고 있다. 이것은 황룡 단면 하부에 놓인 선상지 퇴적층에서 유래한 물질과의 혼합에 의한 결과로 보인다. 즉 선상지 퇴적층이 형성된 이후 뢰스 물질이 퇴적되기 시작하여 두 물질이 혼합되면서 하부 층준의 원소 조성이 상부 층준과 차이를 나타낸 것으로 생각된다.

황룡 단면의 입도 조성은 대략 깊이 27cm 및 67cm를 기준으로 서로 다른 입도 특성을 보이는 3개의 층준으로 구분되며, 깊이 67cm 이하 층준의 경우 깊이 80~90cm를 기준으로 입도 특성이 다른 2개의 층준으로 세분된다. 이러한 황룡 단면의 구분은 원소 조성을 통한 구분과는 차이가 있다. 가장 상부에 위치한 깊이 0~27cm

층준의 경우 그 하부 층준과 입도 조성에서는 차이를 보이고 있지만, 원소 조성에서는 큰 차이가 없다. 따라서 깊이 0~27cm 층준의 경우 그 하부의 깊이 27~67cm 그리고 깊이 67cm부터 깊이 80~90cm까지의 층준과 동일한 물질로 이루어져 있으며 퇴적 이후 다른 작용의 영향을 받으면서 입도 조성이 약간 변화된 것으로 판단된다. 아마도 황룡 단면 상부에 위치한 매립층의 형성과 같은 인위적인 교란의 영향을 받았을 가능성이 높다.

한국 뢰스 퇴적층은 희토류원소 가운데 경희토류, 특히 La의 부화가 특징적인데, 황룡 단면은 La의 부화 정도가 한국의 다른 지역 뢰스층에 비해 뚜렷하게 작다(그림 10.98 B). 그리고 황룡 단면의 원소 조성 중 한 가지 특이한 점은, 이것이 한국 뢰스 및 중국 뢰스고원과 유사하지만 한국 뢰스보다는 중국 뢰스고원에 더 가깝다는 점이다. 황룡 단면의 La_N은 한국 뢰스(+)보다 중국 뢰스고원(x)의 구역에 분포하고(그림 10.98 C), 황룡 단면 경희토류(ΣLREE)도 역시 중국 뢰스고원 구역에 있으며 한국 뢰스 구역과는 분명하게 구분된다(그림 10.98 D).

또한 국내에서 보고된 뢰스 퇴적층 중 지구화학적으로 근거리에서 혼합된 물질이 확인되지 않은 해미 및 거창 지역의 뢰스 퇴적층은 모래 함량이 대부분 5% 이하이며(Hwang et al., 2011; Yoon et al., 2011), 근거리에서 운반, 퇴적된 물질을 포함하고 있는 강릉 지역 뢰스 퇴적층의 경우 모래 함량이 2~11%이다(Park et al., 2014a). 전술하였듯이 황룡 단면의 모래 함량은 5.76~23.71% 범위에 있으며, 깊이 27~67cm 층준은 모래 함량이 5~9%이지만, 이보다 상부의 깊이 0~27cm 층준과 깊이 67cm부터 깊이 80~90cm까지의 층준은 모래 함량이 10~15%이고, 깊이 80~90cm 이하의 층준에서는 15% 이상을 차지하고 있다. 따라서 황룡 단면은 국내에서 보고된 뢰스 퇴적층보다 전체적으로 모래를 약간 더 포함하고 있는데, 이러한 크기의 입자는 바람에 의한 장거리 운반보다는 근거리에서 주로 도약운동에 의해 운반된다(Pye, 1987; Tsoar and Pye, 1987; Qin et al., 2005).

황룡 단면의 입도분석 전처리 과정에서 염산을 사용하였기 때문에 망간 결핵으로 인해 모래 함량이 증가한 것으로는 보이지 않는다. 이는 결국 조사 단면이 근거리에서 운반된 모래를 일정 정도 포함하고 있으며, 그 비율은 국내 다른 지역의 뢰스 퇴적층보다 높다는 것을 의미한다. 또한 일부 화강암 및 퇴적암 시료는 한국 뢰스보다 경희토류의 부화가 약한데, 이러한 물질과의 혼합에 의해 국내에서 보고된 뢰스 퇴적층보다 경희토류의 부화가 약하게 나타나는 것으로 생각된다.

(5) 황룡 단면 뢰스-고토양 연속층의 형성 과정

황룡 단면의 OSL 연대값 및 입도 조성과 미량원소 조성으로 뢰스층을 나누면, 깊이 0~67cm의 상부 층준과 깊이 67~116cm 하부 층준이 구분된다. 홀로세에 형성된 상부 층준은 두께 67cm로서 기존에 보고된 한국 뢰스 가운데 홀로세 층준으로는 가장 두껍다. 이것은 중국 뢰스고원에서 장거리 이동으로 운반되어 쌓인 것이 아니라 근거리에서 재이동되었기 때문이다. 하부 층준은 MIS 3 말기~2 시기에 뢰스 입자가 중국의 황토고원에서부터 원거리를 이동하여 경주 선상지 위에 퇴적되었다.

상부 층준은 지표면 아래 27cm를 경계로 세분되는데, 깊이 0~27cm 층준은 하부 층준(깊이 67~116cm)과 비교하면 입도 조성과 원소 조성이 유사하지만 미량원소 조성에 차이가 있다. 그리고 이 층준은 깊이 27~67cm 홀로세 뢰스와는 입도 조성에서 차이가 크고 미량원소 조성에도 차이가 있다. 즉, 0~27cm 층준은 MIS 3 말기~2 시기에 경주 분지에 퇴적된 하부 층준의 뢰스 성분과 유사하므로 주변의 선상지 자갈층 위에 쌓인 뢰스층으로부터 수백 년에 걸쳐 재이동하여 퇴적된 뢰스층이다. 또한 이 층준은 깊이 27~67cm 층준보다 모래 함량이 많아서 아마도 왕경 지역의 식생 파괴와 관련될 것이다. 황룡 단면이 위치한 왕경 지역은 선사시대 이래 인간활동이 활발하였으므로, 0~27cm 층준의 뢰스는 역사시대에 상당히 단기간 동안 인간활동이 진행되고 있던 환경에서 퇴적된 것으로 보인다.

깊이 27~67cm 층준은 하부 층준과 비교하면 입도 조성과 지구화학적 특징 특히, 희토류 함량 조성에서 차이가 크고, 깊이 0~27cm 층준과도 차이가 있다. 이 층준의 하부에 해당하는 깊이 57.5cm를 중심으로 십 수 cm 두께의 뢰스층은 최종 빙기가 끝나는 마지막 한랭기인 영거드라이아스(Younger Dryas)에 형성되었다. 이 시기는 제4기 플라이스토세(Pleistocene)와 홀로세(Holocene)의 경계인 약 10,000년 BP 경으로 기후 변화의 진폭(fluctuation) 즉, 기온과 강수량의 변화가 대단히 컸으며, 퇴적층이 반복하여 침식으로 제거되고 이것들이 다른 장소에 누적적으로 퇴적되었다. 경북 영양읍 반변천 구하도 YY2 지점의 토탄층에는 영거드라이아스(Younger Dryas)기 동안 토탄과는 퇴적 환경이 다른 두께 20cm의 모래층이 퇴적되었다(윤순옥·조화룡, 1996). 그리고 신석기 시대에는 식생피복이 양호하여 뢰스가 거의 퇴적되지 않았으며, 청동기시대부터 농경이 본격적으로 시작되었으므로 토양침식이 심해지면서 뢰스층이 빠르게 재퇴적되었다.

깊이 27~67cm의 홀로세 뢰스층에는 주변 지역으로부터 단거리 이동한 모래와 같은 조립질이 훨씬 적게 공급되었는데, 이것은 기온이 상승하고 강수량이 증가하면서 식생피복이 양호하였기 때문이다.

이와는 대조적으로 MIS 3 말기~2 시기에는 경주 분지 내 식생이 대단히 불량하였을 것이다. 따라서 선상지 퇴적층과 북천, 남천, 형산강의 하상이 공기 중에 노출되면서 바람에 의해 상대적으로 조립질인 모래가 운반되기 쉬운 환경이었으므로, 뢰스층에 조립물질이 상대적으로 많이 혼입되어 평균 입경이 커졌다. 깊이 67~116cm 층준에서도 깊이 80~90cm보다 아래에는 모래가 거의 20% 포함되어 있다. 주변 하상으로부터 모래 공급이 없는 경우라면 층후가 더 얇았을 것이다. 이런 상황을 고려하면 최종 빙기가 끝났을 때 경주 지역에는 지표면에 뢰스가 50cm가량 퇴적되어 있었던 것으로 추정된다.

| 제4부 |

황사와 뢰스의 관련성

11.

황사와 뢰스의 입도 특성

황사는 기상현상 가운데 하나로, 중국 대륙의 황토지대에서 바람에 의해 대기 중으로 불려 올라간 다량의 황토 먼지가 대기에 떠다니다가 서서히 하강하는 현상을 일컫는다(기상청 홈페이지). 황사는 일반적으로 'Asian dust' 또는 'yellow sand'라 번역되지만, 후자의 경우 입자의 크기를 의미하는 'sand'라는 용어가 사용되어 혼동을 줄 수 있기 때문에 본 연구에서는 정확한 표현일 것으로 생각되는 'Asian dust'를 사용하였다.

한반도에서 황사는 주로 봄철에 발생하며, 최근 기원지인 중국의 산업화와 이에 따른 자연환경의 파괴 및 사막화 등으로 인해 그 피해와 영향이 증가하고 있다(전영신 외, 2002). 우리나라는 이러한 피해를 최소화하기 위해 범정부적인 차원에서 다양한 노력을 기울이고 있다(추장민 외, 2003; 강광규 외, 2004).

황사는 현재 및 역사시대[21]에 중국 뢰스고원 및 중국 내륙에서 불어오는 먼지를 지칭하며, 뢰스는 플라이스토세(Pleistocene) 동안 주로 빙기에 바람에 의해 풍성먼지가

21 황사와 뢰스의 시간적 구분 및 경계를 분명하게 규정한 사례는 없으므로 필자는 동아시아 고대 문헌에 황사현상에 대한 기록이 있는 것을 고려하여, 역사시대에 있었던 현상과 퇴적층을 황사, 선사시대 및 플라이스토세의 현상과 퇴적층은 뢰스로 구분하여 사용하였음.

다량으로 운반되어 쌓인 토양층을 의미한다. 빙기에는 현세에 비해 더 많은 양의 풍성먼지가 중국 뢰스고원 및 중국 내륙에서 서풍 또는 북서풍에 의해 운반되어 뢰스로서 한반도에 두껍게 퇴적되었다.

한국에서 이루어진 뢰스 연구에서 뢰스의 기원지는 인접한 서해나 한강 및 임진강 등 근거리 기원과 중국 뢰스고원 기원으로 크게 나누어진다. 이러한 주장의 근거는 일정 부분 뢰스의 입도 특성에 기반을 두고 있다. 즉 뢰스가 근거리에서 기원하였다면 중국 뢰스고원에서 이동되어 온 것보다 조립의 특징을 가지고, 중국 뢰스고원 또는 중국 내륙에서 기원하였다면 상대적으로 세립의 경향을 보인다는 것이다. 그러므로 현재 중국 뢰스고원이나 중국 내륙의 사막 지역에서 기원하여 한반도에 운반되는 황사 물질의 입도 특성은 이러한 논의에 있어서 중요한 단서를 제공할 수 있다.

황사의 특성을 파악하기 위해서는 입도 특성이 가장 먼저 검토되어야 한다. 황사의 입도 특성에 관한 연구는, 주로 다양한 공극의 크기를 갖는 필터(Kim and Park, 2001)를 이용하거나 PM2.5, PM10[22] 등과 같이 특정 크기 이하의 입자농도(김민영 외, 2003; 정진도 외, 2008)를 측정하여 얻은 자료 또는 광학 입자 계수기(optical particle counter)를 이용하여 획득한 자료를 통해 이루어지고 있다(Chun et al., 2001; 정창훈 외, 2005; 김지영, 최병철, 2002). 그러나 이러한 방법을 사용한 입도 자료의 낮은 해상도, 분석 기기 및 분석 방법과 원리의 차이 등에 따른 문제로 인해 실제 퇴적물로서 황사의 입도 특성과 차이가 발생할 수 있다.

황사의 입도 특성이 가지는 중요성에도 불구하고, 황사를 포집하여 토양이나 퇴적물의 입도분석과 동일한 방법으로 입도 조성을 파악한 연구 성과는 소수에 불과하다. 장용선 외(2005)는 2002년과 2004년 수원과 태안에서 상용 집진기를 이용하여 포집한 황사 시료를 확산제로 처리한 후 pipette 법으로 분석하여 황사의 평균입경이 5.6~11.8μm인 것을 보고하였으며, 박찬원(2008)은 2005~2007년 수원, 원주, 대관령, 태안에서 흡입식 채취기로 포집한 황사 시료를 레이저 입도분석기로 분석하여 황사의 평균입경을 9.3~14.1μm로 파악하였다. 또한 2002년 3월 베이징에서 증류수를 채

---

22 PM(particulate matter)2.5 및 10은 2.5μm 또는 10μm 이하의 크기를 갖는 입자의 농도(보통 μg/㎥으로 표현)를 의미함.

운 용기로 포집하여 얻은 시료를 과산화수소, 염산 및 확산제 처리 과정을 거쳐 레이저 입도분석기로 분석한 결과 황사의 평균입경은 12~13μm이었으며(Yang et al., 2007), Zdanowicz et al.(2006)은 캐나다 St. Elias Mountains에서 2001년 4월에 고비 사막, 중국 북부, 내몽골에서 기원하여 눈과 함께 퇴적되어 있는 황사 시료를 채취하여 확산 과정을 거쳐 레이저 입도분석기로 분석한 결과 4.0μm의 최빈값(mode)을 확인하였다. 한편 Mason et al.(2003)과 McTainsh et al.(1997)에 의해 지적되었듯이 퇴적물, 특히 풍성 퇴적물의 이동이 개별 입자의 형태가 아니라 뭉쳐진 형태로 이루어지기 때문에 입도분석 전처리 과정에서 초음파 및 확산제 등을 이용하여 확산시킬 경우 실제 이동하는 퇴적물의 입도 특성과 차이를 보일 수 있다. 특히 미립질인 황사의 입도 특성은 전처리 방법이나 순서, 입도분석 방법, 분석 기기의 특성 등 다양한 변수에 의해 달라질 수 있다.

황사의 입도 조성 특징을 파악하기 위해 2010년 봄 서울 지역에서 포집한 황사를 대상으로, 전처리 과정을 생략한 최소 확산(minimal or effective dispersion)과 확산제를 사용하여 전처리 과정을 거친 최대 확산(ultimate or full dispersion; Mason et al., 2003; McTainsh et al., 1997) 방법을 각각 적용한 다음 레이저 입도분석기로 입도분석을 하였다. 그리고 이러한 방법으로 얻은 결과를 광학 입자 계수기로 얻은 자료와 비교하여 입도분석 방법의 차이에 따른 유사성과 차이점을 밝혔으며, 이미 보고된 충남 대천 및 전북 봉동 지역 뢰스와 고토양 시료의 입도 조성과 비교하여 과거 빙기에 주로 운반된 뢰스 퇴적물과 현재 황사 물질 퇴적의 관련성을 검토하였다.

1) 연구방법

황사 포집은 2010년 3월부터 5월까지 실시되었다. 서울 기상청에 따르면 2010년 1월에서 5월까지 서울 지역에서는 1월에 1일(25일), 3월에 4일(13, 15, 16, 20일), 4월에 1일(2일), 5월에 2일(10, 11일) 등 총 8일에 걸쳐 황사가 관측되었다. 그 가운데 3월 15일과 16일에는 황사주의보가, 3월 20일에는 황사주의보와 황사경보가 발표되었다. 황사 포집은 기상청 발표를 기초로 황사가 발생하기 직전부터 시작하여 24시간 단위로

[표 11.1] 2010년 봄철 서울 지역 황사 관측일과 시료 수집 기간(윤순옥 외, 2010)

황사(AD) 시기				
관측 일자	**수집 일시**	**수집 시간(h)**	**시료명**	**비교**
1월 25일	-	-	-	no sampling
3월 13일	-	-	-	no sampling
3월 15일 3월 16일	3월 15일 16:30 ~ 3월 16일 16:30	24.00	ADD-2010-1	황사주의보
3월 20일	3월 20일 12:00 ~ 3월 21일 12:00	24.00	ADD-2010-2	황사경보, 황사주의보
4월 2일	4월 1일 10:30 ~ 4월 4일 10:43	72.22	ADD-2010-3	
5월 10일 5월 11일	5월 10일 15:00 ~ 5월 12일 15:05	48.08	ADD-2010-8	
비황사(NAD) 시기				
	4월 13일 18:00 ~ 4월 14일 18:00	24.00	ADD-2010-4	
	4월 27일 10:00 ~ 4월 29일 10:05	48.08	ADD-2010-5	
	5월 2일 19:30 ~ 5월 4일 19:35	48.08	ADD-2010-6	
	5월 8일 09:00 ~ 5월 9일 09:00	24.00	ADD-2010-7	

이루어졌다. 또한 황사가 24시간 이상 지속될 경우에는 2일 또는 3일 동안 포집이 이루어지기도 하였다. 기상청 발표에 의해 황사 관측일로 기록된 날에 포집된 시료는 황사(Asian dust, AD) 시료, 그렇지 않은 날에 포집된 시료는 비황사(non-Asian dust, NAD) 시료라 표기하였으며(표 11.1), 동일한 방법으로 두 종류의 시료를 분석하였다.

황사를 포집하는 데에는 일반적으로 공기 포집기(air sampler)가 이용되고 있다. 이

[그림 11.1] 황사 시료 수집을 위한 플라스틱 박스((a)) 및 수집된 황사((b))(윤순옥 외, 2010)

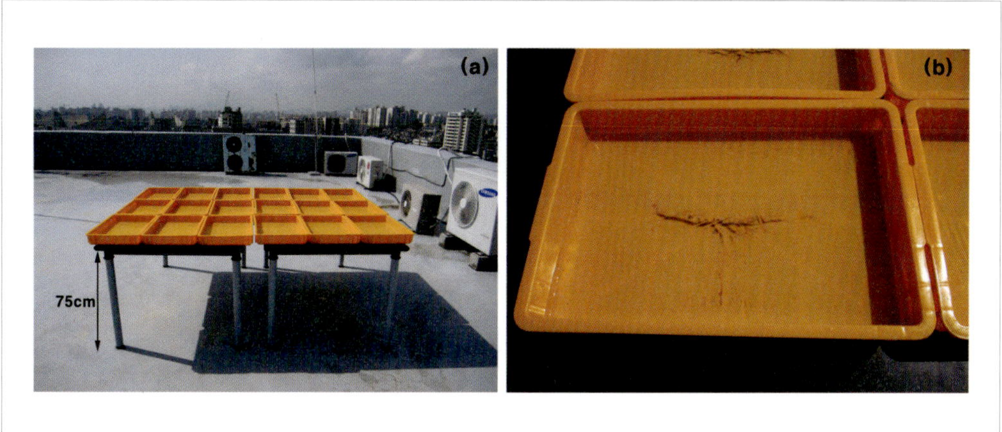

(a): 2010년 4월 27일 (b): 2010년 3월 21일

경우 필터와 포집된 시료를 분리하기 위해 많은 방법이 제안되어 왔지만(Kiefert et al., 1992) 필터와 시료를 완벽하게 분리하기는 거의 불가능하다. 또한 공기 포집기는 강제로 공기를 흡입하여 대기 중에 포함된 물질을 포집하므로 황사의 실제 퇴적량과는 차이가 있을 수 있다. 따라서 본 연구에서는 대기를 이동하는 황사 또는 대기 먼지가 지표면에 자연스럽게 퇴적되는 원리를 이용한 건/습식 퇴적 방식(dry/wet deposition; McTainsh et al., 1997; Yang et al., 2007; Qiang et al., 2010)으로 황사를 포집하였다. 이러한 방식은 설치가 용이하고 비용이 적게 들지만 공기 포집기에 비해 상대적으로 시료의 양을 충분히 얻기 어렵다.

황사를 포집하기 위해 서울특별시 동대문구 회기동 경희대학교 이과대학 동관 옥상에 외부 크기와 내부 크기가 각각 48×33×7cm, 45×30×6cm(가로×세로×높이)인 플라스틱 소재의 박스를 설치하였다(그림 11.1). 경희대학교 서울캠퍼스는 서울의 북동쪽에 위치하고 있어, 황사로 인한 대기 먼지뿐만 아니라 서울 지역 자체에서 발생한 대기 먼지까지 영향을 미칠 수 있는 지역이다. 그러나 주변이 대부분 주택가이며 반경 1km 이내에 큰 산업 시설 및 간선도로가 없어, 대기 먼지의 포집에 적당하다고 판단된다. 다만 학교 내에 운동장이 있기 때문에 이의 영향을 배제할 수는 없다. 또한 남서쪽과 남쪽 그리고 동쪽에도 넓은 운동장이 있는 초등학교 및 중고등학교가 위치하고 있다. 한편 포집 지점의 북쪽과 서쪽에는 화강암으로 이루어진 고황산이 위치하고 있는데, 대부분 식생으로 피복되어 있으나 기반암이나 풍화토가 노출된 곳도 일부 존재한다.

가능한 한 많은 양의 시료를 얻기 위해 여러 개의 박스를 설치하여 황사를 포집하였다. 또한 지면의 영향을 배제하기 위해 옥상 바닥과는 약 75cm의 간격을 두었다. 그리고 각 박스에 일정량(깊이 1~2cm)의 증류수를 담아 두어 퇴적된 황사가 재부유되는 것을 방지하였다.

이렇게 설치된 박스에는 황사와 같은 대기 먼지뿐 아니라 모기나 파리와 같은 곤충류, 꽃잎과 나뭇잎같이 주변에서 유입된 유기물질 그리고 정확하게 확인이 되지 않는 인위적인 물질까지 함께 섞여 포집되었다. 포집된 시료는 건조로(60°C)를 이용하여 증류수 및 빗물을 증발시키고 30mesh(600μm)의 체로 습식 체질하여 곤충류, 큰 사이즈의 유기물질 및 인위적인 물질 등을 분리하였다.

이런 과정을 통해 획득한 퇴적물을 동일 온도에서 다시 건조시킨 후 각 시료에서 0.25g의 GS1과 GS2 등 두 개의 부시료(subsample)를 만들었다. GS1 시료는 아무런 처리 과정을 거치지 않고 바로 입도분석(최소 확산)을 하였으며, GS2 시료는 30%의 과산화수소(H_2O_2)로 유기물을 제거하고 0.4%의 나트륨 헥사메타인산염(sodium hexametaphosphate, $(NaPO_3)_6$)으로 퇴적물을 확산(최대 확산)하여 입도분석을 하였다.

입도분석은 경희대학교 중앙기기센터에서 Malvern Instruments의 Laser Particle Size Analyzer Mastersizer-2000을 이용해 진행하였다. 분석된 결과를 기초로 Folk and Ward(1957)의 방식에 따라 입경 중앙값과 평균입경, 분급, 왜도 및 첨도 등의 입도 통계치 및 점토(clay, 〈4μm), 세립 실트(fine silt, 4~16μm), 조립 실트(coarse silt, 16~63μm), 모래(sand, 〉63μm)의 비율을 산출하였다.

또한 퇴적환경을 파악하기 위해 퇴적환경을 알고 있는 퇴적층으로부터 도출된 경험적 수식인 Y(Lu et al., 2001; Zhang et al., 2005)값을 산출하였다. Y값은 작을수록 입도의 세립화를 의미하며 Y값의 차이는 상이한 퇴적환경을 지시한다. 입도 통계치와 함께 Y값을 대천 및 봉동 지역 뢰스-고토양 연속층(윤순옥 외, 2007; 황상일 외, 2009)과 비교하여 퇴적 특성을 검토하였다.

$$Y = -3.5688 \times M + 3.0716 \times SD^2 - 2.0766 \times SK + 3.1175 \times K$$

(Φ 단위, M: 평균, SD: 분급, SK: 왜도, K: 첨도)

2) 분석 결과 및 토론

(1) 최소 확산과 최대 확산에 따른 황사의 입도 특성

표 11.2와 11.3은 각각 최소 확산(GS1)과 최대 확산(GS2)으로 분석된 황사의 입도분석 결과를 나타낸 것이다. GS1 시료의 경우 평균입경이 19~92μm로 상당히 넓은 범위에 걸쳐 분포하지만, GS2 시료는 13~30μm로서 분포 범위가 좁고 GS1 시료보다 세립질이었다. 또한 GS1 시료의 분급은 2.7~3.6μm로서, Folk and Ward(1957)의 구분에 의하면 불량한 분급(poorly sorted)에 해당한다. GS2 시료의 경우 분급이 2.9~4.7μm이며,

[표 11.2] 최소 확산에 의한 황사 GS1 시료의 입도분석 결과(윤순옥 외, 2010)

	황사				비황사			
GS1 (μm 또는 %)	ADD-2010-1	ADD-2010-2	ADD-2010-3	ADD-2010-8	ADD-2010-4	ADD-2010-5	ADD-2010-6	ADD-2010-7
평균입경	27.56	19.05	29.53	55.51	37.34	49.66	51.13	91.90
분급	2.82	3.61	2.85	3.16	2.69	3.51	2.93	3.44
왜도	0.04	-0.05	0.02	-0.08	-0.04	-0.05	0.11	-0.14
첨도	1.39	1.21	1.58	1.14	1.26	1.13	1.28	0.95
입경 중앙값	25.57	19.60	28.93	57.48	36.92	50.64	47.57	99.22
모래 (>63μm)	18.24	15.79	18.39	46.70	27.47	42.87	38.62	63.48
조립 실트 (63~16μm)	55.50	42.25	59.95	39.76	56.31	40.34	51.06	27.30
세립 실트 (16~4μm)	20.90	31.23	16.45	10.38	12.12	12.78	7.60	7.33
점토 (<4μm)	5.35	10.73	5.20	3.16	4.10	4.00	2.72	1.90

[표 11.3] 최대 확산에 의한 황사 GS2 시료의 입도분석 결과(윤순옥 외, 2010)

	황사				비황사			
GS2 (μm 또는 %)	ADD-2010-1	ADD-2010-2	ADD-2010-3	ADD-2010-8	ADD-2010-4	ADD-2010-5	ADD-2010-6	ADD-2010-7
평균입경	19.20	12.66	19.04	19.63	24.49	13.81	28.46	30.01
분급	3.11	3.31	3.09	3.87	2.87	3.69	3.45	4.68
왜도	-0.13	-0.11	-0.24	-0.27	-0.20	-0.09	0.02	-0.01
첨도	1.38	1.01	1.25	1.05	1.27	1.99	1.54	1.23
입경 중앙값	20.31	13.72	21.89	25.41	26.53	14.73	27.91	29.78
모래 (>63μm)	12.01	7.67	10.95	16.65	15.55	11.71	21.16	28.57
조립 실트 (63~16μm)	49.65	38.02	52.79	45.50	55.88	36.44	53.23	40.87
세립 실트 (16~4μm)	27.97	37.45	25.25	24.19	20.62	34.41	18.20	20.52
점토 (<4μm)	10.37	16.87	11.02	13.67	7.96	17.43	7.41	10.05

GS1 시료보다 분급이 더욱 불량하여 불량한 분급(poorly sorted) 또는 매우 불량한 분급(very poorly sorted)에 해당한다. 그리고 GS1과 GS2 시료의 입경 중앙값은 각각 20~99μm와 14~30μm로서 평균입경과 마찬가지로 GS2 시료가 GS1보다 세립질이었다.

본 연구와 유사한 퇴적물 입도분석 방법으로 이루어진 연구에서 확인된 황사의 평균입경이 5~14μm(장용선 외, 2005; 박찬원, 2008)인 것을 감안하면, GS1과 GS2 시료 모두 상대적으로 조립질이다. GS1 시료의 왜도는 -0.14~0.11이며 GS2 시료의 왜도는 -0.27~0.02로서 GS2 시료가 보다 세립으로 치우쳐 있으며(fine skewed), GS1과 GS2 시료의 첨도는 각각 0.95~1.58과 0.99~1.54로서 GS1 시료의 입경이 약간 더 넓은 범위에 분포하고 있다.

시료마다 약간의 차이가 있으나, GS1 시료의 경우 조립 실트가 대부분이고 그다음 모래 크기의 입자가 많았으며 이어서 세립 실트, 점토의 순이다. GS2 시료에서 가장 비율이 높은 것은 조립 실트였는데, GS1보다 대체로 비율이 낮았으나 황사 시기

[그림 11.2] 2010년 봄 서울 지역에서 수집된 시료의 입도분포(윤순옥 외, 2010)

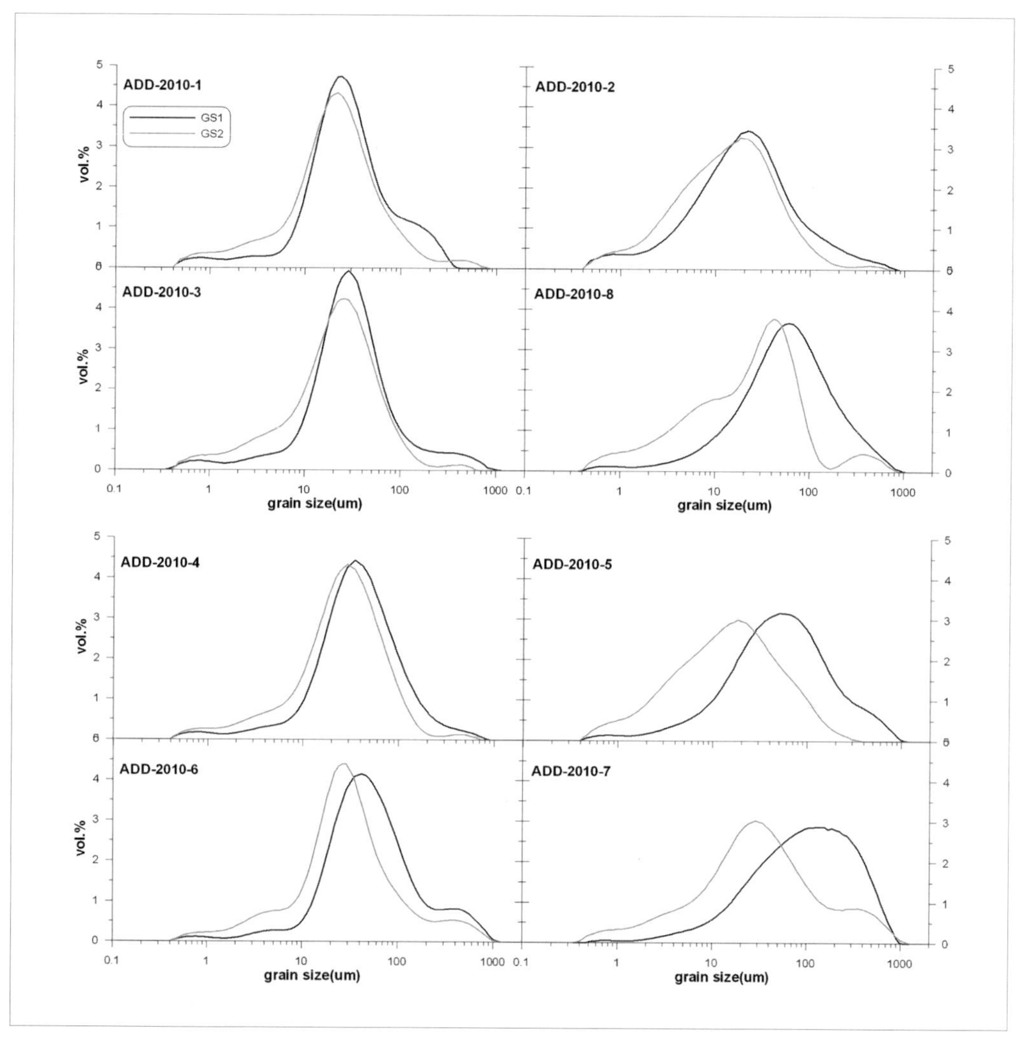

ADD-2010-8과 비황사 시기 ADD-2016-6과 7에서는 오히려 GS1보다 높다. 조립 실트 다음으로 많은 것은 세립 실트였으며 GS1보다 비율이 높다. GS2에서는 점토의 비율도 GS1보다 훨씬 더 높다.

그림 11.2는 2010년 봄 서울 지역에서 포집된 황사와 비황사 시료의 입도분포곡선을 나타낸 것이다. 그림의 상단부는 황사 시료(ADD-2010-1, 2, 3, 8), 하단부는 비황사 시료(ADD-2010-4, 5, 6, 7)의 입도분포곡선이다. 최대 확산된 GS2 시료가 최소 확산

된 GS1 시료에 비해 세립질이며, 이러한 경향은 특히 ADD-2010-5와 ADD-2010-7 시료에서 가장 뚜렷하다. GS1 시료의 경우 입자크기는 0.34~1,100μm이며 GS2 시료의 입자크기는 0.34~1,200μm 범위에 있다. GS1 시료는 최빈값(mode)이 22~128μm로 대부분 일봉형(unimodal)의 분포이지만, ADD-2010-6 시료는 약 390μm에서 하나의 정점이 더 확인되는 쌍봉형(bimodal)의 분포를 나타낸다. 대부분의 GS2 시료는 18~42μm에서 최빈값을 보이는 일봉형이지만, ADD-2010-8과 ADD-2010-6은 쌍봉형이며 ADD-2010-7 시료는 약 325μm에서 하나의 정점이 더 확인되는 쌍봉형의 분포를 하고 있다. 쌍봉형의 경우 조립질인 모래 입자의 영역에서 그 비율이 상대적으로 높아 제2의 정점을 만들며, 이것은 주변에서 공급된 유기물일 가능성이 높다. 이는 확산제로 전처리 과정을 거친 경우에도 H_2O_2 처리를 하지 않아 퇴적물에 포함된 유기물이 제거되지 않은 데 기인하는 것으로 판단된다.

(2) 봄철 서울 지역 대기에 포함된 황사의 입도 특성

황사 기간과 비황사 기간에 포집된 황사 시료를 비교해 보면(표 11.2, 11.3), GS1 시료의 경우 황사 시료의 평균입경은 19~56μm이며 비황사 시료는 37~92μm로 황사 시료가 상대적으로 더 세립질이었다. GS2 시료 역시 황사 시료의 평균입경은 13~20μm, 비황사 시료는 14~30μm로 황사 시료가 더 세립질이다.

GS1의 경우 황사 시료에서 세립 실트의 함량은 10~32%인 반면 비황사 시료는 7~13%이다. 또한 GS2에서 황사 시료와 비황사 시료의 세립 실트 함량은 각각 24~37%와 18~34%로, 황사 시료는 비황사 시료에 비해 많은 양의 세립 실트가 포함되어 있다. 황사 발생 시 대기 중에서 세립의 입자가 증가하므로 황사 시료에 더 많은 세립 입자가 포함될 수 있다고 생각된다.

황사 시료(AD)와 비황사 시료(NAD)의 차이를 보다 자세히 알아보기 위해 각각 네 차례에 걸쳐 포집된 시료를 두 가지 방법으로 전처리하여 입도분석 결과를 평균하였고, 황사 시료와 비황사 시료의 평균 입도분포곡선과 이의 비율(AD/NAD)을 그래프로 나타내었다(그림 11.3). 황사 시료가 비황사 시료에 비해 세립질 함량이 더 높은 것을 확인할 수 있다. 또한 황사와 비황사 시료의 비율은 GS1의 경우 40μm, GS2의 경우 이보다 세립인 22.5μm에서 같았으며(AD/NAD=1), 이보다 세립인 입자는 황사 시료

[그림 11.3] 황사 및 비황사 시료의 평균 입도 비교(윤순옥 외, 2010)

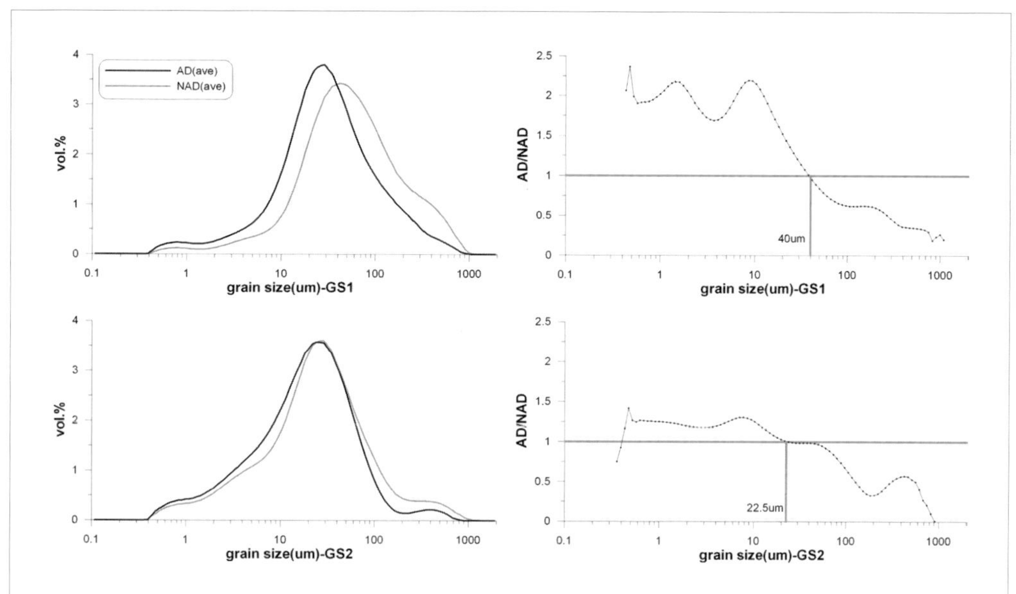

에, 큰 입자는 비황사 시료에 보다 많이 포함되어 있다. 특히 최소 확산 전처리를 한 GS1 시료에서 10μm 이하의 입자 비율은 비황사 시기보다 황사 시기에 거의 2배 정도 증가한다. 이와 같은 경향은 최대 확산 전처리를 한 GS2 시료에서는 약 1.25배로 낮아지지만 황사 시기에 세립 입자의 비율이 크게 증가하는 것은 분명하다. 아울러 약 70μm 이상인 입자의 비율은 황사 시료보다 비황사 시료에서 훨씬 높다. 이와 같은 경향은 GS1과 GS2에서 유사하게 나타난다. 비황사 시료가 조립질이 상대적으로 더 많은 것은 조사 지역의 국지적인 특성을 반영하는 것으로 생각된다. 즉 피복이 이루어지지 않은 상태로 노출되어 있는 운동장과 주변의 고황산으로부터 조립의 퇴적물이 일시적인 강한 바람에 의해 근거리 이동으로 운반되었을 것이다.

GS1 시료의 경우 황사 시료와 비황사 시료의 비율에서 3개의 정점을 확인할 수 있는데, 이는 각각 약 0.5μm, 1.5μm 그리고 8.5μm이다. GS2 시료에서도 GS1 시료만큼 뚜렷하지는 않지만 약 0.5μm와 7.8μm에서 정점을 확인할 수 있다. 이들 가운데 마지막 정점은 세립 실트에 해당한다. 이러한 황사와 비황사 시료의 비율과 특정 크기의 입자를 중심으로 한 정점의 존재는, 황사 발생 시 이와 유사한 크기의 입자를 중심으로 20~40μm 크기의 입자까지 한반도의 대기 중으로 유입되는 것을 의미한다.

이러한 결과는 광학 입자 계수기를 통해 알려진 결과와 상당히 큰 차이를 보인다. 즉 Chun et al.(2001)이 광학 입자 계수기를 통해 조사한 바에 따르면, 1998년 4월 서울에서 발생한 황사의 경우 0.5μm 이하의 입자는 평소보다 감소하는 반면 1.35~10μm의 입자는 증가하며 10μm보다 큰 입자는 별 변화가 없었다. 따라서 이들 연구자는 황사로 인해 1.35~10μm의 입자가 대기 중에 유입되지만 10μm 이상의 입자는 지역적인 영향을 더 받는다고 결론지었다. 또한 김지영, 최병철(2002)은 서울에서 황사 발생 시 2~3μm 크기의 입자가 크게 증가한다고 보고하였다.

그러나 이 연구에서는 최소 확산의 경우 약 0.5μm, 1.5μm 그리고 8.5μm를 중심으로 약 40μm 크기의 입자까지, 최대 확산의 경우 0.5μm와 7.8μm를 중심으로 약 22μm 크기의 입자까지 황사로 인해 한반도에 유입되었음을 확인할 수 있다. GS2 시료의 경우 GS1 시료보다 이러한 정점이 불분명한 것은 확산의 영향으로 생각된다.

(3) 뢰스-고토양 연속층 및 황사의 입도 특성과 기원지

제4기 동안 반복된 빙기와 간빙기의 기후변화로 뢰스와 고토양은 차별적인 토양 생성작용을 거치지만, 뢰스와 황사가 동일한 기원지를 갖는 풍성 퇴적물이라면 입도 조성에서 공통점이 있을 것으로 생각된다.

황사 및 비황사 시료와 대천과 봉동 지역 뢰스와 고토양 시료(윤순옥 외, 2007; 황상일 외, 2009)의 입도분석으로 추출한 입도 통계치 사이의 유사성을 검토하였다(그림 11.4). 뢰스와 고토양 시료는 GS2와 동일한 전처리 과정을 거쳐 입도분석을 하였다. 최대 확산으로 분석한 황사의 GS2 시료는 입도 통계 가운데 평균입경과 첨도(kurtosis)에서 뢰스 및 고토양 시료와 차이를 보이지만 분급(sorting)은 유사하다. 그리고 입도 조성에서 GS2 시료는 GS1 시료에 비해 뢰스 및 고토양 시료와 더 유사하다.

즉 뢰스와 고토양 시료의 분급은 대체로 3.3~5.1μm이며 GS2의 황사 시료는 3.1~3.9μm로, GS2의 황사 시료가 분급이 약간 더 좋다. 뢰스와 고토양 시료의 왜도는 -0.31~-0.02로서 GS2의 황사 시료(-0.27~-0.11)보다 넓은 범위에 있다. 또한 뢰스 및 고토양 시료와 황사의 GS2 시료의 첨도는 각각 0.82~1.25와 1.01~1.38로, 황사의 GS2 시료가 약간 더 큰 값을 나타낸다.

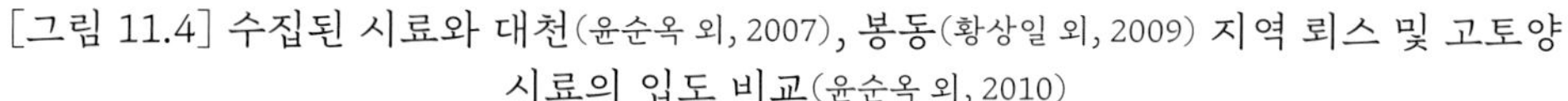

[그림 11.4] 수집된 시료와 대천(윤순옥 외, 2007), 봉동(황상일 외, 2009) 지역 뢰스 및 고토양 시료의 입도 비교(윤순옥 외, 2010)

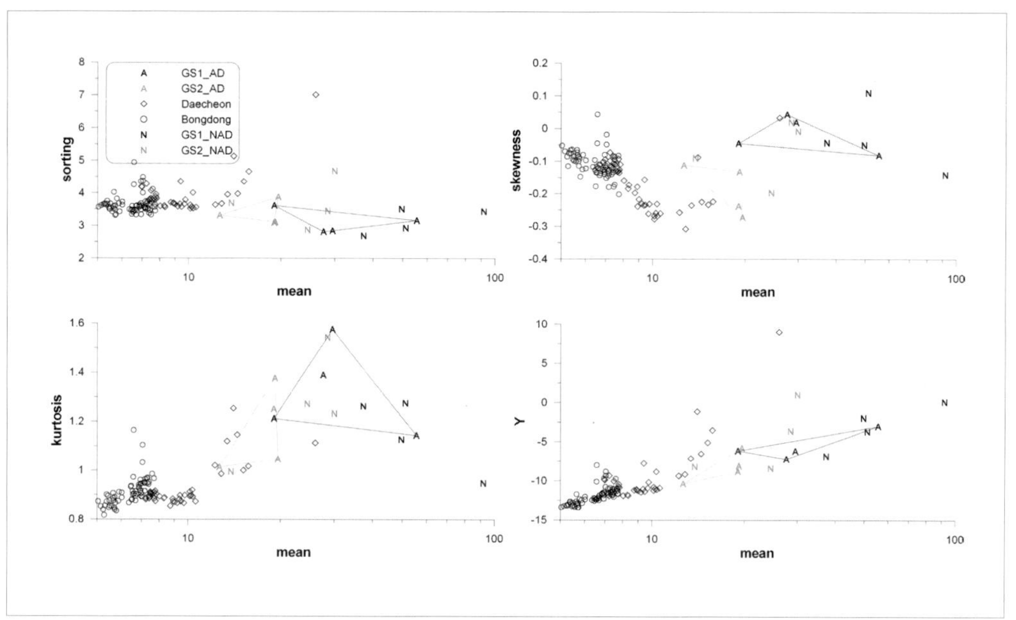

대천(윤순옥 외, 2007), 봉동(황상일 외, 2009) 그리고 거창(황상일 외, 2011) 지역 뢰스-고토양 연속층의 Y값은 대략 -10~-5이다. GS2의 황사 시료는 -10.4~-5.8이므로 한국 뢰스-고토양 연속층의 Y값과 대체로 일치한다. 황사와 뢰스 및 고토양 시료의 Y값이 유사한 범위에 있는 것은 이 두 퇴적물이 거의 같은 퇴적환경에서 형성되었음을 시사한다. 아울러 보다 세밀하게 검토하면, 뢰스와 고토양 시료의 Y값은 대부분 -7.5 이하인데 뢰스와 고토양 퇴적물이 황사에 비해 Y값이 다소 작은 것은 보다 세립인 상태임을 반영하며, 이것은 풍화작용을 받은 기간과 강도 차이에서 기인하는 것으로 생각된다.

Yang and Ding(2004)은 중국 뢰스고원에서의 입도 연구를 통해 뢰스-고토양 연속층이 풍화작용을 받으면 왜도는 커지는 반면 첨도는 작아진다고 하였다. 평균입경이나 입경 중앙값도 풍화작용을 받을수록 작아지며, 풍화작용에 반응하는 특성이 입자의 크기에 따라 약간씩 다를 수 있기 때문에 분급 역시 불량해질 수 있다고 보고하였다. 예를 들어 입자가 큰 모래의 경우 석영과 같은 물질이 많기 때문에 풍화작용에 덜 민감하게 반응하는 반면, 점토광물이 많은 세립의 실트나 점토 크기의 입자는 보다 빠르게 풍화될 수 있다. 따라서 풍화가 진행될수록 퇴적물의 분급은 불량해질 수 있다. Y값 역시 풍화가 진행되면 더 작아진다(Lu et al., 2001).

한편 GS1 시료의 경우 황사, 비황사 시료에 관계없이 입도 통계치들이 뢰스-고토양 연속층과 상당한 차이가 있지만, 비황사 시료보다는 황사 시료가 뢰스 및 고토양 시료와 더 유사하다. 즉 뢰스-고토양 연속층과 황사 시료(GS1)의 차이는 풍화작용과 더불어 입도분석 전처리 차이로부터 영향을 받은 것으로 생각된다. 따라서 뢰스 및 고토양 시료와 동일한 전처리 과정을 거쳐 입도분석이 이루어진 황사 시료(GS2)의 입도 조성 차이는 풍화작용의 기간과 강도에 기인한 것으로 볼 수 있다. 황사 물질이 한반도에 운반되어 퇴적된 이후 오랜 기간 동안 중국 뢰스고원보다 고온 다습한 환경에서 지속적인 풍화작용을 받는다면, 대천 및 봉동에서 확인된 뢰스-고토양 연속층과 유사한 입도 특성을 보일 것이다. 이는 한반도의 뢰스-고토양 연속층이 근본적으로 황사현상에 의해 형성되었으며, 퇴적 이후 풍화작용이 황사 또는 뢰스 물질의 입도 변화에 상당한 영향을 미쳤음을 의미한다.

황사의 풍화 강도는 뢰스 연구에서 풍화의 정도를 정량적으로 파악하기 위해 흔히 사용되는 Rb/Sr과 Ba/Sr(Gallet et al., 1996; Chen et al., 1999; Jahn et al., 2001)을 통해 검토할 수 있다. 이승구, 염승준(2008)은 2007년 봄 대전에서 포집한 황사를 분석하여 Rb/Sr 값이 0.45~0.58, Ba/Sr 값은 2.13~2.48로 보고하였다. UCC와 PAAS(upper continental crust and Post-Archean Australia shale; Taylor and McLennan, 1985)의 Rb/Sr 값은 각각 0.32와 0.80, Ba/Sr 값은 1.57과 3.25이며, 중국 뢰스고원 뢰스 층준의 Rb/Sr 값은 0.17~0.55, Ba/Sr 값은 1.22~2.96(Gallet et al., 1996; Jahn et al., 2001)이므로 국내에서 포집된 황사는 중국 뢰스고원의 뢰스 층준 범위에 대략 포함된다. 따라서 이러한 Rb/Sr과 Ba/Sr 값으로 볼 때, 한반도에 운반되는 황사 물질은 중국 뢰스고원의 뢰스 층준과 유사하게 매우 약한 정도의 풍화작용만을 경험한 것으로 생각된다.

한반도 뢰스의 기원지와 관련하여 일부 연구자들은 중국 뢰스고원 및 중국 내륙보다는 한반도에 인접한 육화된 서해나 한반도 하천의 범람원 등 인근 지역에서 뢰스가 유입된 것으로 주장하고 있다. 그러나 본 연구 결과에 의하면, 최대 확산과정으로 처리한 대천 및 봉동 지역의 뢰스-고토양 연속층은 동일한 전처리 방법으로 분석된 GS2 시료와 유사한 특성을 보이며, 비황사 시료보다는 황사 시료와 유사한 특성을 나타낸다. 즉 뢰스-고토양 연속층의 입도 조성이 GS2 시료와 유사하거나 혹은 훨씬 세립질인데, 이러한 입도 특성은 한국의 뢰스가 황사와 마찬가지로 원거리에 위치하는 중국 뢰스고원 및 중국 내륙에서 기원하였음을 지지하는 또 하나의 증거가 된다.

| 제5부 |

뢰스-고토양 연속층의 식물 규소체 분석으로 복원한 환경 변화

12.

경남 거창군 지역

신생대 제4기에는 잦은 기후변동과 더불어 인류의 출현과 진화 그리고 문명의 발달이 있었다. 이 시기 자연환경의 급격한 변화는 인류의 문명을 탄생시키는 계기가 되었고, 고환경을 복원하는 것은 인류의 생활을 직접적 또는 간접적으로 이해할 수 있는 중요한 단서가 되며 또한 미래의 기후변화예측에도 기여한다. 고환경을 복원하는 데에는 당시의 기후, 식생, 퇴적상, 인간 활동 등을 나타내는 대리 자료(proxy data)로서 화분(pollen), 규조(diatom), 식물 규소체(phytolith 또는 plant opal) 등의 미화석(microfossil)이 사용된다.

화분은 고식생 환경 복원에 유용하여 전 세계적으로 널리 이용되고 있으나, 호소성 퇴적물이나 소택지 및 해안평야의 저습지 퇴적물과 같이 일부 제한된 퇴적층에서만 보존되므로 시료 획득에 어려움이 있다. 그뿐 아니라 화분은 현미경 동정 시 볏과(Gramineae)식물의 종 구별이 용이하지 않아서 상세한 농경에 관한 정보를 얻는 데에도 어려움이 많다.

식물 규소체는 토양 속 수용성 규소가 식물의 뿌리에 의해 체내에 흡수되어 생긴 규소 물질(SiO_2)로서, 풍화작용에 대한 저항력이 강하며 형태학적으로 분류가 가능하다(Bowdery, 1989). 또한 화분과 달리 실트 및 세사 등 보존되는 토양시료의 제한을 받지 않으므로 화분분석이 불가능한 지역에서도 자료를 생산할 수 있다. 특히 볏과식물에서 특징적으로 잘 형성되고 재배벼나 볏과의 아과와 속 단위에서도 동정이 가능하므로, 농경에 대한 상세한 내용과 특색을 파악하는 데 유용하다. 따라서 식물 규소체 분석은 동일한 시료를 동시에 분석할 경우 화분분석과 상호 보완할 수 있는 대리 자료로서의 장점이 있다.

우리나라의 식물 규소체 분석은 연구 주제별로 크게 식물의 계통분류학적인 연구(김경식, 황성수, 1992), 고고학 유적지에서의 활용과 농경의 유무(곽종철 외, 1995; 이융조, 김정희, 1998; 이경아, 1999) 그리고 홀로세의 고환경 복원(이지영, 2008; 김효선, 2009; 윤순옥 외, 2009; Hwang et al., 2011)으로 구분할 수 있다. 이처럼 홀로세 퇴적층을 대상으로 한 식물 규소체 연구는 최근에 다수 행해지고 있으나 제4기 플라이스토세 퇴적층에서의 식물 규소체 연구는 찾기 어렵다. 전 세계적으로도 플라이스토세 뢰스층에서 행해진 식물 규소체 연구는 극히 소수에 불과한데, 이것은 퇴적된 지 오래된 토양층에서는 풍화가 진행되면서 식물 규소체가 크기나 종류에 따라 부서지거나 원형보전이 어려워 산출량이 매우 적고 또한 동정도 어렵기 때문이다.

식물 규소체 분석 시료는 거창분지의 하안단구 위에 퇴적된 뢰스-고토양 연속층(loess-paleosol sequence) 단면에서 채취하였으며, 식물 규소체의 조성 변화를 통해 제4기 플라이스토세 식생 및 기후 환경 변화를 복원하고자 하였다. 아울러 홀로세 퇴적층에서 이루어진 식물 규소체 기후지수가 플라이스토세 퇴적층에도 적용될 수 있는지 검토하였다. 또한 뢰스-고토양층의 식물 규소체 형태 변화를 통해 풍화 정도도 검토하였다. 이것은 연대 자료가 적은 제4기 후기 퇴적층의 연대를 결정하는 데 의미 있는 지표가 될 것으로 생각된다.

1) 연구 지역 및 연구방법

경상남도 거창군은 한반도 남동부에 위치하며 동쪽으로 경상북도 고령군, 북쪽으로 경상북도 김천시, 남쪽으로 경상남도 진주시, 사천시, 서쪽으로 전라북도 장수군에 접하고 있다. 거창분지의 동쪽은 금귀산(710m), 일솔봉(628m), 감토산(517m) 그리고 서쪽은 취우산(781m), 거열산(563m), 관술산(612m)으로 둘러싸여 있다. 분지의 북쪽에는 위천과 황강천에 의해 형성된 넓은 충적평야가 펼쳐져 있고 남쪽은 높은 산으로 둘러싸여 있다.

낙동강의 지류인 황강은 거창분지에서 형천, 하월천 등의 지류와 대산천, 가천을 합쳐서 합천군으로 흘러 나간다. 따라서 황강의 본류 및 지류 유역에 크고 작은 분지와 하안단구가 형성되어 농경지가 넓게 분포한다.

거창군은 지리적으로 남해안에 인접하여 중부지방에 비해 연평균 기온이 높아 비교적 온난하다. 연평균 기온은 11.4°C이지만 여름과 겨울 간의 한서 차이가 심하여 대표적인 내륙성기후를 보인다. 연강수량은 1,265.8mm로 여름철 강수량이 많다.

거창분지의 기반암은 주로 화강암으로 되어 있고 주변 산지는 변성암 또는 화강암으로 구성되어 있다. 분지 내부에는 북쪽을 흐르는 위천의 영향을 받아 형성된 제4기 충적층이 존재한다. 연구 지역인 거창군 거창읍 정장리 주변에서는 현재 대부분 과수원 또는 밭으로 토지가 이용되고 있다. 시료 채취는 거창분지 하안단구면을 덮고 있는 뢰스-고토양 연속층에서 이루어졌다(그림 10.29 참조).

거창 정장리 뢰스-고토양 연속층 식물 규소체 분석 시료는 총 34개로 표층에서 330cm까지 10cm 간격으로 채취하였으며, 식물 규소체 분석은 Kondo and Sase(1986)의 방법을 일부 수정 보완하였다. 그리고 식물 규소체의 분류체계는 ICPN(2005, International Code for Phytolith Nomenclature 1.0)을 따랐으며 이지영(2008), 김효선(2009), 윤순옥 외(2009)와 Hwang et al.(2011)을 바탕으로 부채형(cuneiform=fan), 아령형(bilobate), 안장형(saddle), 론델형(rondel), 십자형(cross), 사각형(parallelepipedal), 사다리꼴(trapeziform), 침형(acicular=point), 장방형(elongate), 미동정(unknown)의 10가지 형태가 분류되었다. 이 중 십자형은 산출되지 않았다.

2) 거창 정장리 식물 규소체 분석 결과와 고기후 복원

(1) 뢰스-고토양 연속층의 식물 규소체 분석 결과

그림 12.1은 거창 정장리 뢰스-고토양 연속층의 퇴적 층서, 연대, 평균입경(Φ), 대

자율 값과 함께 식물 규소체(피톨리스)의 총산출량을 나타낸 그래프이다.

식물 규소체 분대(Geochang Phytoliths Zone, GPZ)는 뢰스-고토양 층서 특성과 식물 규소체 총산출량을 기준으로 GPZ Ⅰ(지표면으로부터 깊이 215~330cm), GPZ Ⅱ(깊이 115~215cm), GPZ Ⅲ(깊이 25~115cm) 그리고 GPZ Ⅳ(깊이 0~25cm)로 나누어진다. 각 GPZ 시기에 대한 편년과 뢰스-고토양의 지형학적 연구 성과는 황상일 외(2011)의 결과를 참고하였다.

대자율은 물질이 자화될 수 있는 정도를 나타내는 지수로 그 값이 뢰스층에서 낮고 고토양층은 높게 나타난다. 뢰스층이 퇴적되는 빙기 동안 식생 피복은 매우 불량하고 퇴적량이 증가하여 토양생성작용은 미약하였다. 따라서 한랭 건조한 기후하의 뢰스층에서는 식생 피복에 따른 유기물 공급이 거의 없고 화학적 풍화가 거의 진행되지 않으므로, 자성을 띠는 입자의 비율이 감소하여 대자율 값이 낮다. 반면 온난 습윤한 간빙기에는 토양생성작용이 활발해지며 고토양이 형성되는데, 이때 자철석의 함량 증가로 인해 자성을 띠는 입자의 비율이 증가하므로 대자율 값이 높아진다. 따라서 대자율은 기후를 반영하는 대리 자료가 될 수 있다(Kukla et al., 1988; An et al., 1991).

전체적으로 대자율 값의 증감 경향은 식물 규소체 산출량 변화와 잘 대비된다. 현대 경작층과 간빙기에 형성된 고토양층에서는 식물 규소체 산출량과 대자율 값이 증가하였고, 뢰스층에서는 둘 다 감소하였다. 한편 거창분지 뢰스-고토양 연속층이 퇴적되기 이전에 형성된 하안단구 위의 환원층에서는 식물 규소체 산출량이 상대적으로 많았지만, 대자율은 상부 층준에 비해 매우 낮았다.

또한 식물 규소체 산출량은 GPZ Ⅱ에 비해 GPZ Ⅲ 시기에 보다 증가하였고 GPZ Ⅳ 시기에는 크게 증가하였다. 이것은 퇴적된 시간과 관련되는데, 플라이스토세 층준보다 홀로세 층준을 포함하는 GPZ Ⅳ 시기에 식물 규소체의 산출량이 급증하였음을 잘 보여 준다.

퇴적된 지 오래된 식물 규소체는 장기간 풍화를 받아서 원래의 형태를 보존하기 어렵고, 특히 크기가 작을수록 풍화에 더욱 민감하다(Wu et al., 1995; Madella, 1997; Osterriech et al., 2009). 반면 플라이스토세 퇴적층일지라도 대자율 값이 높은 고토양층(paleosol)에서는 식물 규소체 산출량이 상대적으로 많고, 대자율 값이 낮은 뢰스층에서는 산출량이 적다. 이것은 식물 규소체의 보존 환경이 기온 차이와 토양수분수지

[그림 12.1] 거창 정장리 뢰스-고토양 연속층의 대자율 및 식물 규소체 산출량 비교 그래프(윤순옥 외, 2022)

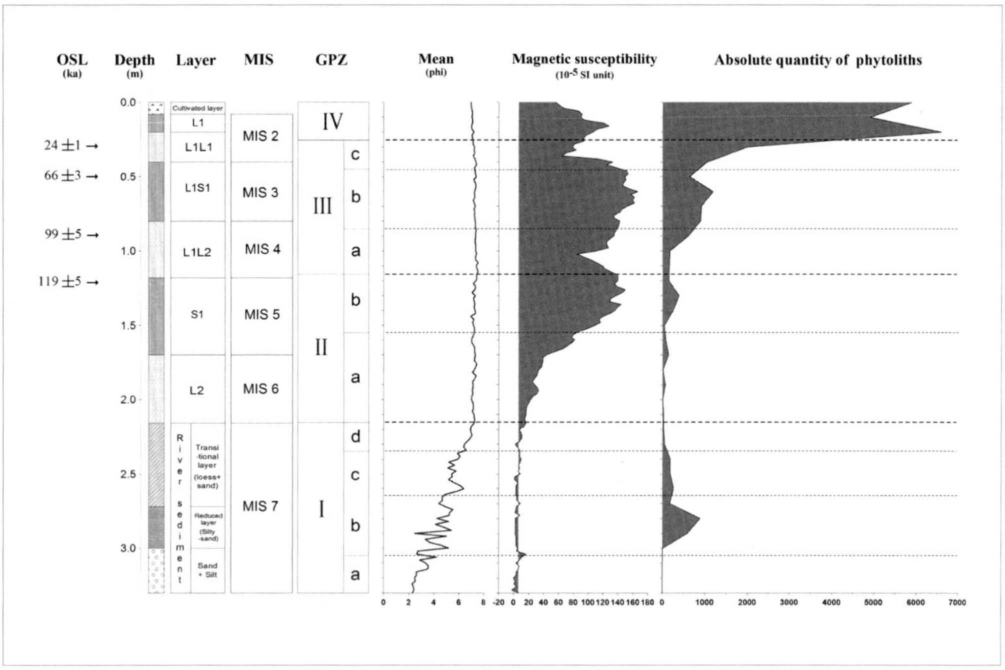

상태 등 기후 환경과 밀접한 관련성이 있기 때문일 것이다.

거창분지 뢰스-고토양 연속층에서의 OSL 연대측정과 지형학적 연구에 의하면, GPZ I은 간빙기인 MIS 7에 해당하고 유수에 의해 운반, 퇴적된 실트, 모래, 자갈들이 교호하여 층리를 이루는 하천 퇴적층이다. GPZ I은 Ia(깊이 305~330cm), Ib(깊이 265~305cm), Ic(깊이 235~265cm), Id(깊이 215~235cm) 등 네 개의 아분대로 세분되었다.

식물 규소체 산출량은 아분대 Ib에서 최대치를 나타내지만 아분대 Ic, Id로 갈수록 점차 감소하고 있다. 아분대 Ia는 pebble급 자갈층과 모래층이 반복되면서 수평 층리를 이루고 식물 규소체가 거의 산출되지 않았다. 밝은 회색 실트질 모래로 된 아분대 Ib는 과거 하안단구 형성 시 하천의 유로변경으로 생성된 범람원상의 배후습지였을 가능성이 있으며, 식물 규소체를 생산할 수 있는 초본식물의 성장에 적합한 환경이었을 것이다. 또한 습지 환원층으로 식물 규소체 보존이 잘되어 식물 규소체 산출량이 300~900개로 GPZ I 시기 중 가장 많았다. 아분대 Ic는 하천의 유로가 변함에 따라 점차 건조해진 환경으로 변하였음을 나타내며 식물 규소체 산출량 역시 190~260개로 아분대 Ib에 비해 감소하였다. 아분대 Id의 경우 퇴적물 입경은 거의 뢰스-고토양 연속층의 평균입경과 비슷하며 하천 퇴적물과 뢰스가 섞인 점이층으로 판단된다. 하천의 영향에서 벗어나 육상화되는 시기로서 식물 규소체 산출량은 층준별 30~50개에 불과하여 매우 적었다.

GPZ Ⅱ는 MIS 6 시기 빙기 뢰스층에 해당하는 아분대 Ⅱa(깊이 155~215cm)와 간빙기인 MIS 5 시기 고토양층에 해당하는 아분대 Ⅱb(깊이 115~155cm)로 구분된다. 식물 규소체는 아분대 Ⅱa에서 Ⅱb로 갈수록 점차 증가하며 최소 6개에서 최대 400개까지 산출되었다. 아분대 Ⅱa에서 식물 규소체 산출량은 소량인 데 비해 고토양층인 아분대 Ⅱb에서는 아분대 Ⅱa보다 4배 이상 많았다.

GPZ Ⅲ은 MIS 4~2 시기에 형성된 뢰스-고토양-뢰스층으로 구성되며 아분대 Ⅲa(깊이 85~115cm), Ⅲb(깊이 45~85cm) 그리고 Ⅲc(깊이 25~45cm)로 세분된다. 식물 규소체 산출량은 160~2,000개 정도이다. 뢰스층인 아분대 Ⅲa와 Ⅲc 시기의 식물 규소체 산출량은 상대적으로 적었고 고토양층인 아분대 Ⅲb의 산출량은 상대적으로 많아서, GPZ Ⅱ와 마찬가지로 대자율 값과 식물 규소체 산출량 변화는 조화된다.

GPZ Ⅳ는 얇은 고토양층과 그 위의 경작층에 해당하며, 식물 규소체는 약 5,000개에서 6,500개 사이로 전체 분대 중 가장 많이 산출된다. GPZ Ⅳ 시기는 경작으로 인해 토양층이 교란되었을 가능성이 크다. 고토양층 위의 경작층은 노란색의 균질한 실트층으로서 플라이스토세 퇴적층에 해당하는 GPZ Ⅰ, Ⅱ, Ⅲ 층준과 달리 식물 규소체가 다량 산출되는데, 이 층준에서 확인되는 식물 규소체는 홀로세 환경에서 서식한 식물 또는 인간 활동이나 경작과 관계되는 것으로 생각된다.

따라서 하천 퇴적물을 제외한 뢰스-고토양 연속층에서는 식물 규소체 산출량과 대자율 값의 증감 변화는 상당히 유사하였다. 뢰스층에서는 식물 규소체가 상대적으로 적게 산출되며 고토양에서는 상대적으로 많고, 퇴적된 지 오래된 뢰스층일수록 식물 규소체의 산출량이 낮았다.

그림 12.2는 전체 층준에서 확인된 식물 규소체의 형태별 총량을 나타낸 다이어그램이다. 온난 습윤한 기후의 지표로는 갈대속(Phragmites), 기장족(Paniceae) 부채형(cuneiform)의 식물 규소체가 있으며, 한랭 건조한 기후 지표로는 론델형(rondel), 사각

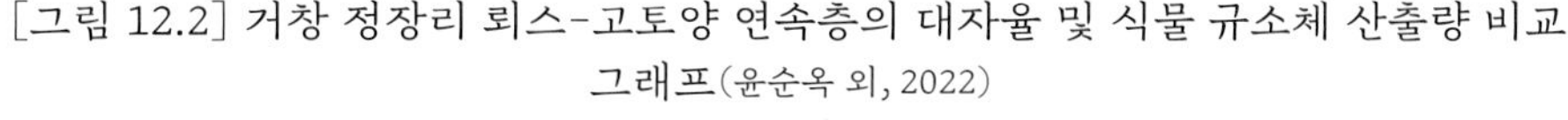
[그림 12.2] 거창 정장리 뢰스-고토양 연속층의 대자율 및 식물 규소체 산출량 비교 그래프(윤순옥 외, 2022)

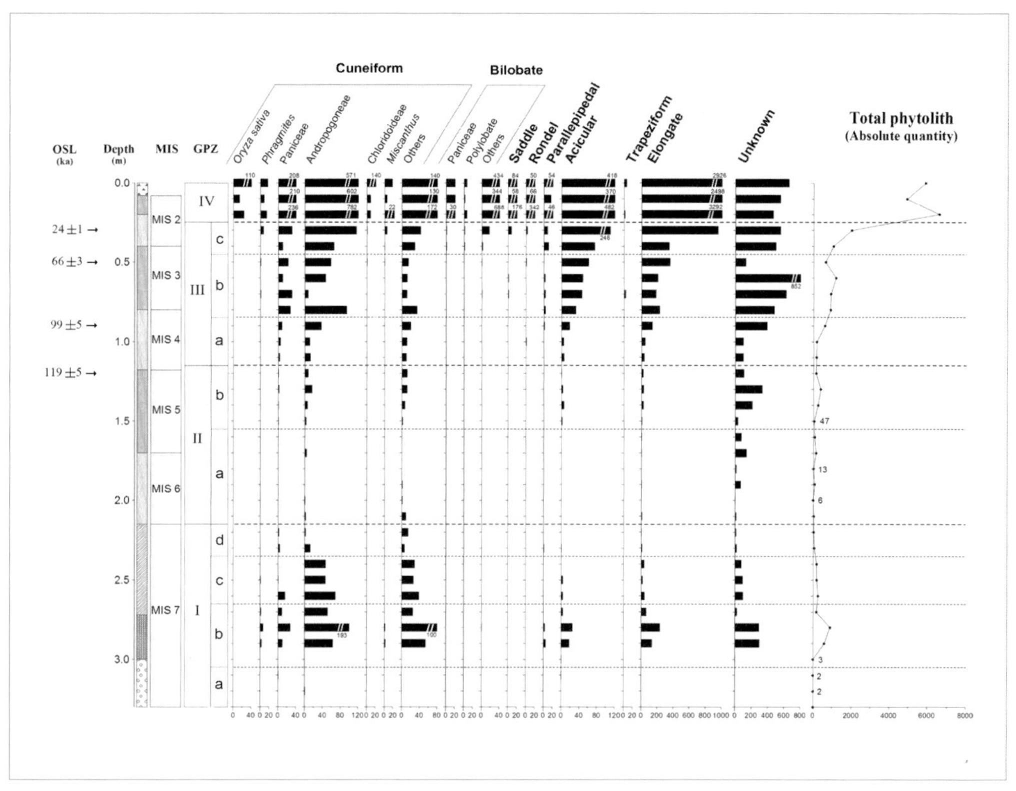

형(parallelepipedal), 침형(acicular), 사다리꼴(trapeziform) 등이 있다(Lu et al., 1991, 1996, 2007; Wu et al., 1995).

GPZ I은 부채형, 장방형, 침형, 론델형 순으로 산출된다. 아분대 Ia는 사력층으로 이루어져 있어 식물 규소체가 0~2개로 거의 확인되지 않았다. 이와는 대조적으로 아분대 Ib는 하천의 배후습지 환원층으로 볏과식물이 서식할 수 있는 환경이었을 것이며, 식물 규소체 보존이 잘되어 비교적 다양한 형태의 식물 규소체가 다량 검경되었다. 특히 부채형 중 온난 습윤함을 지시하는 갈대속 및 기장족 부채형 식물 규소체가 출현하여 퇴적 당시 환경을 알 수 있다. 아분대 Ic는 Ib에 비해 식물 규소체 산출량이 감소하였으며, 아분대 Id의 경우 하천 퇴적층과 함께 뢰스층이 퇴적되어 하부 하천 퇴적층과 상부 뢰스층의 점이적인 특성을 나타낸다.

GPZ Ⅱ는 전체 층준 가운데 산출량이 가장 적었다. 전체적으로 미동정, 장방형, 부채형, 침형 순으로 산출되었다. 미동정 식물 규소체는 풍화를 받아 형태가 불규칙한 식물 규소체를 의미하는데, 형태가 온전한 식물 규소체가 거의 없다는 의미이기도 하다.

GPZ Ⅲ은 미동정, 장방형, 부채형, 침형, 사각형, 아령형, 안장형, 론델형 순으로 산출되었다. GPZ Ⅱ에 비해 소형의 규소체(아령형, 안장형, 론델형)가 더 많고 형태의 다양성이 커졌다. 아분대 Ⅲa보다 Ⅲb에서 식물 규소체 산출량이 증가하였고, 특히 온난 습윤한 환경을 지시하는 기장족이 증가하고 갈대속도 출현하였다. 그러나 기장족은 아분대 Ⅲc에서 감소하였으나 이 아분대 상부에서는 다시 증가하였다. 이것은 식물 규소체 산출량 변화가 빙기-간빙기의 기후변화와 밀접하게 관련되어 있음을 시사한다.

GPZ Ⅳ는 MIS 2 시기 이후에 형성된 고토양층과 홀로세 경작층에 해당하며 식물 규소체 산출량은 GPZ 분대 중 가장 많다. 식물 규소체의 보존 상태 및 형태적인 다양성이 플라이스토세 환경을 지시하는 하부층의 다른 분대와 뚜렷하게 구분된다. 십자형을 제외한 모든 식물 규소체가 산출되었고, 특히 경작을 지시하는 재배벼(*Oryza sativa*)와 기장족 부채형이 많았다.

그림 12.3은 각 층준의 식물 규소체 총량을 100으로 하여 각 형태의 비율을 백분율로 나타낸 다이어그램이며, 각 층준에서 우점하는 식물 규소체와 개별 형태의 산출 비율을 보여 준다.

GPZ I의 아분대 Ia 시기는 식물 규소체의 산출량이 2개 이하에 불과하므로 백분율로 표현하면 그래프상에서 오차가 크다. 하천 충적층 가운데 환원층에 해당하는 아분대 Ib는 혐기성 환경에서 식물 규소체의 보존이 비교적 양호하였으며 부채형 및 미동정의 비율이 높았다. 특히 온난한 환경을 지시하는 기장족 부채형이 10%, 습윤 환경을 지시하는 갈대속 부채형이 2%, 한랭한 환경을 지시하는 침형은 약 9% 산출되었다. 아분대 Ic와 Id는 한랭기에 퇴적된 뢰스를 다량 포함하는 점이층에 해당하며, 기장족과 갈대속 부채형이 아분대 Ib에 비해 감소하였다. 장방형과 미동정 식물 규소체의 비율 역시 낮았다.

GPZ Ⅱ 시기는 미동정 규소체가 대부분을 차지하고 부채형, 장방형, 침형 비율 순으로 나타난다. 아분대 Ⅱa는 특히 풍화 정도가 심하여 원형이 훼손되었기 때문에 부

[그림 12.3] 거창 정장리 뢰스-고토양 연속층의 식물 규소체 백분율 다이어그램(윤순옥 외, 2022)

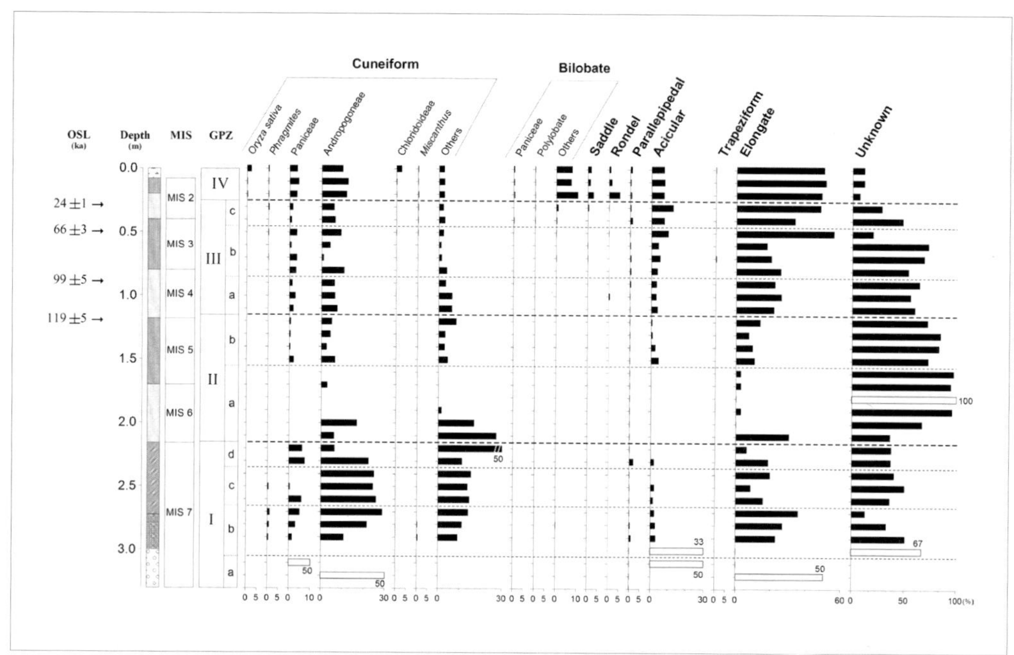

서진 경우가 대부분이다. 따라서 형태가 불분명하여 미동정 식물 규소체의 비율이 매우 높다. 아분대 Ⅱb는 아분대 Ⅱa에 비해서 식물 규소체 형태가 다양하고 부채형 및 장방형, 침형의 비율이 증가하였다.

GPZ Ⅲ에서는 더욱 다양한 식물 규소체가 산출되며 전체적으로 미동정, 장방형, 부채형, 침형 순으로 나타난다. 특히 아분대 Ⅲb 시기에는 기장족 및 쇠풀족 부채형의 비율이 증가하고 장방형도 늘어났다. 그러나 아분대 Ⅲc에서는 기장족과 쇠풀족 부채형의 비율은 감소하고 침형은 증가하였다. 또한 미동정 식물 규소체가 크게 감소하여 식물 규소체의 풍화 정도는 이전 시기에 비해 훨씬 미약하였음을 알 수 있다. 아분대별 식물 규소체 산출 정도와 기후 지표로 사용되는 식물 규소체의 산출량 변동은 빙기와 간빙기 기후 특징과 대략적으로 관련된다.

GPZ Ⅳ는 이전 시기에 비해 미동정 식물 규소체의 비율이 가장 낮다. 특히 재배벼나 갈대속 식물 규소체, 기장아과의 비율이 높고 크기가 작은 식물 규소체의 비율도 높다. 총산출량과 함께 개별 규소체의 산출률도 가장 높아서 볏과식물의 성장이 활발한 시기였음을 알 수 있다. 주로 홀로세 경작층과 관련되므로 미동정 식물 규소체의 비율이 가장 낮고, 또한 풍화작용이 진행되지 않아서 식물 규소체의 형태가 대부분 온전하였다.

(2) 거창 정장리의 제4기 후기 고기후 복원

식물 규소체는 식물이 죽어 땅에서 분해될 때 다시 토양 속으로 방출되며, 토양의 큰 이동이 없는 한 그 지역의 식물 군집 상태와 기후 환경을 지시한다(Carter, 2002). 특정한 식물 규소체의 형태는 특정한 기후를 지시한다.

부채형(cuneiform, fan shape)은 온난한 기후를 지시하며 볏과(Gramineae)식물들에서 잘 생성된다(Lu et al., 1991).

기장아과(Paniceae)는 온난 습윤한 기후를 지시하며 아령형, 십자형, 기장아과 부채형이 포함된다. 따뜻한 곳에서 자라는 C_4 식물로 토양수분이 높은 곳에서 잘 자라는 특징이 있다(Twiss et al., 1969; Tieszen et al., 1979).

침형(acicular)은 유혁모(prickle hair)에서 나타나며 많은 양일 때 냉량한 기후를 지시한다. 중국에서는 한랭 건조한 지역을 선호한다(Lu et al., 1991).

포아풀아과(Pooideae)는 한랭 습윤한 기후를 지시하고 론델형, 사각형, 사다리꼴이 포함된다. 습윤한 지역에서 자라는 자생의 초본(domestic grass)이며(Twiss et al., 1969) 냉량 습윤한 기후를 선호하는 C_3 식물이다(Tiezen et al., 1979). 토양수분이 높은 고지대에서 잘 자라는 특징이 있다(Lu et al., 1991).

나바랭이아과(Chrolidoideae)는 온난 건조한 기후를 지시하고 안장형이 대표적이다. 안장형은 C_4 식물이 우점하는 초지 환경에서 잘 자라며 주로 그령아과(Eragrostoideae) 또는 대나무아과(Bambusoideae)에서 나타난다. 중국에서 그령아과는 강우량이 적고 불규칙한 고온 건조지역에 분포한다(Lu et al., 1991). Fredlund and Tieszen(1997)은 안장형이 나바랭이아과의 단초(short grass) 건생(xeric)식물이라고 언급하였다.

이들 부채형(cuneiform), 기장아과(Panicoideae), 침형(acicular), 포아풀아과(Pooideae), 나바랭이아과(Chloridoideae)를 기후 지시자로 보고, 총합을 100으로 하여 각각 백분율로 환산한 다음 다이어그램을 작성하였다(그림 12.4). 이 중 GPZ 아분대 Ia와 GPZ II는 식물 규소체의 절대적인 산출량이 극히 적었고, GPZ IV를 제외하면 기후 지시자로

[그림 12.4] 거창 정장리 뢰스-고토양 연속층의 식물 규소체 기후 지시자 다이어그램(진민경, 2011에서 수정)

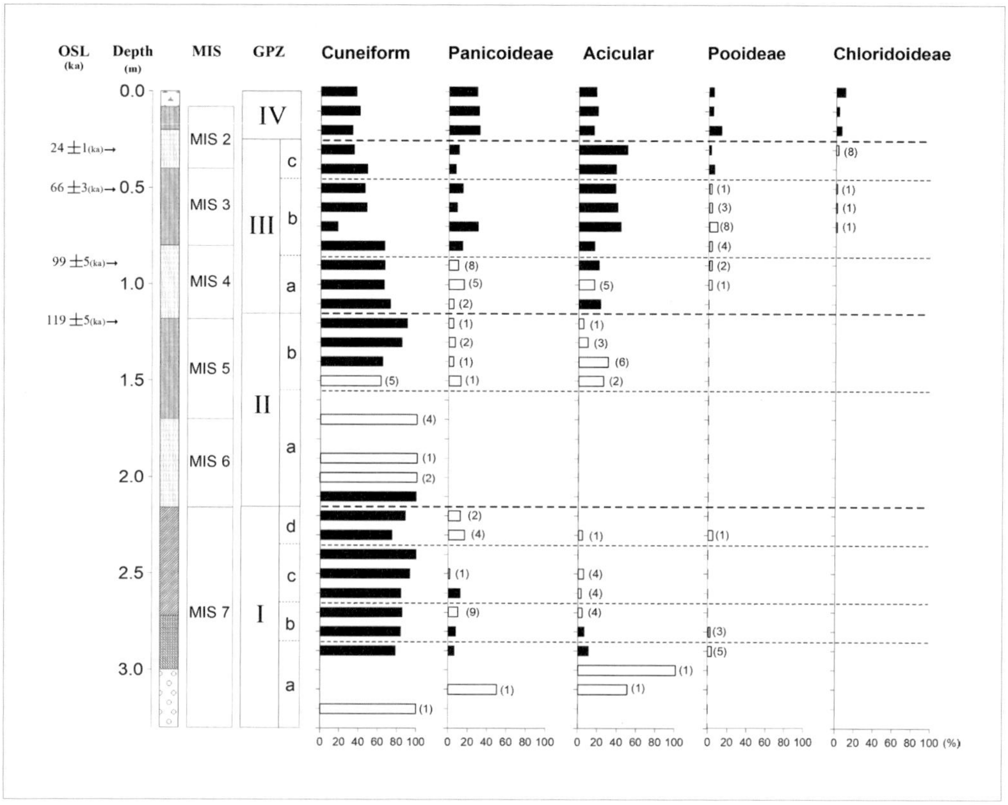

( )의 숫자는 식물 규소체 산출량이 10개 미만일 때 표시

사용되는 아령형, 안장형, 론델형 등의 단세포 식물 규소체가 소량이었다.

GPZ I은 전체적으로 부채형의 비율이 가장 높으며 침형, 기장아과, 포아풀아과 순으로 나타난다. 그러나 몇 개의 식물 규소체 아분대에서는 기후 지시자인 규소체가 소량 산출되었으므로 식생 환경을 해석하는 데 어려움이 있다. 아분대 Ib 시기는 부채형 및 기장아과의 비율이 침형에 비해 높기 때문에 온난 습윤한 환경에서 퇴적되었다고 볼 수 있다.

GPZ II는 식물 규소체가 극히 소량으로 산출되었고, 특히 아분대 IIa에는 풍화에 강한 부채형을 제외한 다른 기후 지시자가 나타나지 않았다. 아분대 IIb는 기장아과와 침형이 출현하였지만 비교적 온난한 기후를 지시하며 MIS 5의 간빙기 기후 환경과 부합한다.

GPZ Ⅲ은 전체적으로 부채형, 침형, 기장아과, 포아풀아과 순으로 나타난다. 상부로 갈수록 부채형이 감소하고 침형 및 포아풀아과가 증가하여 전체적으로 한랭한 기후를 반영한다. 아분대 Ⅲa는 부채형, 침형, 기장아과 순으로 나타나며, 침형의 비율이 좀 더 높아 최종 빙기 초기 MIS 4의 한랭한 기후를 반영한다. 아분대 Ⅲb는 이전 시기에 비해 기장아과가 다소 증가하였지만 침형이 증가하고 부채형은 감소하므로 아간빙기의 기후와 조화된다. 아분대 Ⅲa 층준에서는 침형이 대부분 풍화된 상태여서 산출률이 낮았을 수 있다. 아분대 Ⅲc는 침형이 높은 비율로 우점하며 부채형 및 기장아과가 감소하였으므로 MIS 2 시기의 한랭했던 기후를 반영한다.

GPZ Ⅳ는 홀로세 퇴적층을 포함하므로 모든 종류의 기후 지시자가 많이 산출되며 부채형, 기장아과, 침형, 나바랭이아과, 포아풀아과 순으로 나타난다. 인간에 의한 층간의 교란이 있으나, 전체적으로 부채형 및 기장아과의 우점은 온난한 기후를 지시하므로 온난한 홀로세 기후 환경과 조화된다.

(3) 식물 규소체 기후지수의 적용

표 12.1은 현재 홀로세 퇴적층의 식물 규소체 기후 지시자로 기후변화를 복원하는 데 널리 사용하는 공식이다. 식물 규소체는 오래된 퇴적층에서는 산출량이 급격히 줄어든다. 이것은 토양 속에 퇴적된 시간에 비례하여 물리적, 화학적 풍화작용이 진행되면서 식물규소체가 분해되어 사라질 수 있기 때문이다. 따라서 플라이스토세 퇴적층에서 이들 특정 규소체를 기후지수 공식에 적용한 연구 사례는 거의 없다. 이와 같이 오래된 시료를 분석한다면 산출된 결과도 상이할 것으로 예상되었다. 특히 제4기 기후변화와 함께 한랭 건조한 환경에서 퇴적된 풍성 퇴적층인 뢰스층에서 분석된 예는 거의 확인하기 어렵다.

Iph 지수는 습도-건조지수(humidity-aridity index)이며 특정 지역의 건습 변화를 나타낸다(Diester-Hass et al., 1973). Iph 값이 20~40% 이상이면 나바랭이아과가 우점하게 되어 온난 건조한 환경을 지시한다. 하지만 Iph 값이 20~40% 이하라면 기장아과가 우점하는 온난 습윤한 환경을 지시한다.

C_3 식물과 C_4 식물의 우점도를 알 수 있는 기후지수인 Ic 지수는 Twiss(1987, 1992)

[표 12.1] 식물 규소체를 이용한 기후지수(Diester-Hass et al., 1973; Twiss, 1987, 1992)

지수 이름	식	특징
Iph (습도-건조%)	$\frac{\text{나바랭이아과}}{\text{나바랭이아과+기장아과}} \times 100$	높음: 온난 건조 낮음: 온난 습윤
Ic (기후%)	$\frac{\text{포아풀아과}}{\text{포아풀아과+나바랭이아과+기장아과}} \times 100$	높음: 냉량 낮음: 온난

에 의해 만들어졌다. 이 값이 높으면 냉량, 낮으면 온난한 기후를 지시한다.

위의 두 식을 이용하여 거창 정장리 뢰스-고토양 연속층의 기후지수 곡선을 그림 12.5에 나타내었다. 깊이 0~30cm를 제외한 나머지 층준에서는 기후지수에 사용하는 포아풀아과, 나바랭이아과, 기장아과의 식물 규소체가 거의 산출되지 않는다. 따라서 기후지수 곡선은 수만 년이 경과한 뢰스-고토양 연속층에는 사실상 적용이 불가능한 것으로 보인다. 그림 12.5를 보면 모든 지수가 50% 이하로 산출되며 그래프의 왼쪽으로 치우쳐 있다. 다만 GPZ Ⅳ 분대는 홀로세 퇴적층으로 기후지수 곡선을 적용하기에 충분한 식물 규소체 산출량을 보이며 홀로세의 온난한 기후 환경을 나타낸다.

이렇게 볼 때 식물 규소체 기후지수 곡선은 플라이스토세에 퇴적된 뢰스-고토양 연속층의 기후 복원 지수로는 대표성이 부족하다고 판단되고, 이것을 대체할 대안이 필요할 것으로 생각된다. 하천 퇴적층인 환원층에서는 식물 규소체의 보존 상태가 뢰스층에 비해 상대적으로 양호하였으므로 기후지수의 적용이 가능할 것으로 생각되었으나, 형성 시기가 MIS 7, 즉 250~190ka에 해당하여 심하게 풍화작용을 받았으므로 산출량이 매우 적었고 대부분의 식물 규소체는 훼손되거나 분해된 것으로 판단된다.

3) 뢰스-고토양 연속층의 식물 규소체 풍화 특성

초본류의 잎이나 표피세포에서 형성되는 식물 규소체는 다양한 형태를 가지고 있으며 대기 중의 먼지, 토양, 고토양, 플라이스토세의 뢰스, 해저퇴적물 등에서 발견

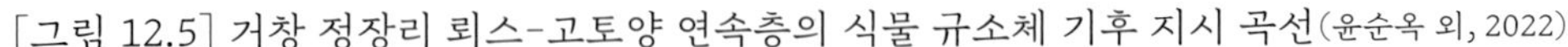
[그림 12.5] 거창 정장리 뢰스-고토양 연속층의 식물 규소체 기후 지시 곡선(윤순옥 외, 2022)

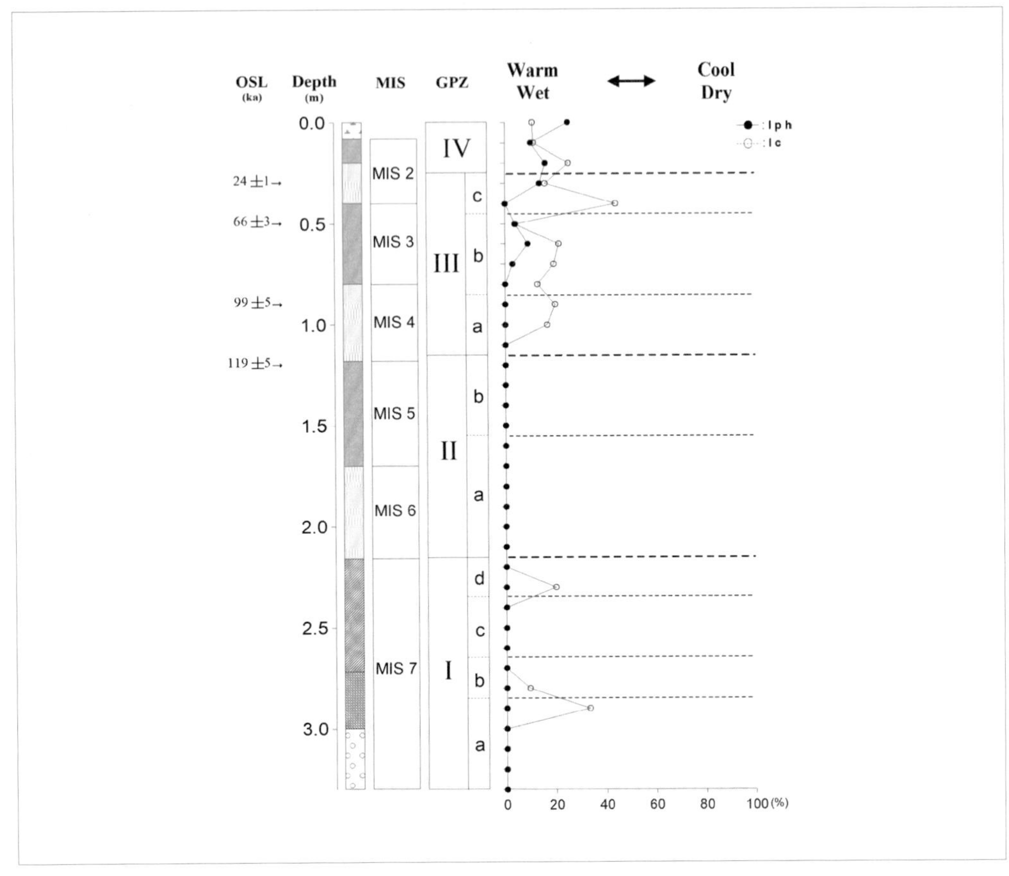

된다(Twiss et al., 1969). 그러나 식물 규소체의 보존 상태는 다양한데, 이는 토양과 마찬가지로 퇴적 기간 및 기후 환경 변화에 따라 풍화작용을 받기 때문이다(Borrelli et al., 2010).

식물이 죽어 식물 규소체가 토양 속에 방출되면 그 식물 규소체는 토양 속에서 화학적, 물리적 풍화를 겪게 되거나 바람과 유수 같은 다른 요인에 의해 이동된다. 퇴적층 속에 묻힌 식물 규소체는 화학적, 물리적 요인의 정도에 따라 풍화 상태가 결정된다. 따라서 식물 규소체의 표면거칠기나 형태 특징 그리고 색깔에 따라 풍화 정도를 구별할 수 있다.

거창 정장리의 분석시료는 주로 뢰스-고토양에서 채취하였으므로 홀로세 경작층에서 보고된 경우와는 식물 규소체 산출량 및 조성에서 차이가 있으며, 시기적으로 오래되어 독특한 풍화 특징을 보인다. 지금까지 국내에서 이루어진 식물 규소체 연구는 고고학 유적지나 고대의 농경층, 토기의 태토 등과 같이 홀로세 토양층을 대상으로 하였다.

분석이 행해진 거창 단면은 경작층(깊이 0~20cm) 아래 뢰스-고토양 연속층이 약 190cm 두께로 쌓여 있고, 그 아래 환원층(깊이 270~290cm)을 포함하는 하천 퇴적층(깊이 240~330cm)이 약 90cm 두께로 퇴적되어 있다.

뢰스는 주로 한랭 건조한 빙기에 퇴적되며 이후 간빙기에 온난하고 습윤해진 기후로 인해 토양생성작용을 받아 고토양이 된다. 이런 작용이 반복되어 뢰스-고토양 연속층에서의 식물 규소체 조성과 산출량은 제4기의 기후변화를 반영하고 있다. 환원층은 하천에 의해 형성되었으나 구하도 및 저습지로 유기되어 산소공급이 거의 없는 환원 상태에서 퇴적된 층준을 뜻한다. 주로 물의 유동이 나쁜 곳이나 유기물 등이 많이 쌓인 곳에 형성되며, 미화석이 양호하게 보존되는 층이다. 따라서 뢰스, 고토양, 환원층의 형성 시기, 토양특성 그리고 퇴적될 때의 기후가 각각 다르므로 식물 규소체의 보존 상태도 다를 것이다.

다양한 퇴적층에서의 식물 규소체 풍화 상태를 비교하기 위해 Osterrieth et al.(2009)은 아르헨티나의 팜파스에서 장방형, 부채형, 침형 식물 규소체를 대상으로 보존 상태를 확인하였다. 그리고 Fredlund and Tieszen(1997)은 장방형과 부채형의 상

[표 12.2] 식물 규소체의 풍화 상태(Fredlund and Tieszen, 1997)

Scale	Description	Observable characteristics
5	Excellent	No pitting of bulliform cells or erosion of elongate forms
4	Good	Slight pitting of bulliform cells and erosion of elongates
3	Acceptable	Some pitting of bulliforms and fragmentation of elongates
2	Poor	Significant pitting of bulliforms and destruction of elongates
1	Extremely poor	Extreme pitting of bulliforms; elongate cells absent
0	Absent	No phytoliths preserve

태를 통해 식물 규소체의 풍화 정도를 단계별로 구분하였다(표 12.2).

0단계는 가장 심각한 풍화 상태로서 거의 보존성이 없는 경우(Absent), 1단계는 장방형은 제거되고 부채형의 풍화혈이 매우 커서 심각하게 풍화된 상태(Extremely poor), 2단계는 장방형이 파손되고 부채형의 풍화혈이 다수 나타나는 상태(Poor), 3단계는 장방형과 부채형이 분리되고 장방형의 풍화혈이 뚜렷한 보통의 풍화 정도(Acceptable), 4단계는 장방형의 침식이 시작되고 부채형에서 풍화혈이 약간 보이는 정도(Good), 5단계는 장방형의 침식이나 부채형의 풍화혈이 전혀 없는 상태(Excellent)이다.

이러한 내용을 기초로 거창 지역 식물 규소체 풍화 특성에 대해 다음과 같은 결과를 얻었다. 플라이스토세 동안 형성된 뢰스층과 고토양층에서 확인한 식물 규소체 보존 상태는 Poor와 Extremely poor의 합이 약 60%이고, 홀로세의 현생 토양은 두 단계의 합이 40%이며 주로 Acceptable이 높은 비율로 나타났다. 따라서 뢰스-고토양층이 현생 토양에 비해 풍화가 훨씬 심하게 진행되었음을 알 수 있었다.

식물 규소체 풍화 상태를 정량적으로 측정하는 것은 매우 어렵지만, 표 12.2의 내용을 참고하여 식물 규소체의 풍화 단계를 검토하였다.

그림 12.6은 거창 정장리 퇴적물에서 동정한 식물 규소체의 사진이다. a~d는 표층(깊이 0~20cm)에서 동정한 식물 규소체로 a는 벼의 부채형, b는 기장족의 부채형 측면, c는 침형, d는 장방형이다. 홀로세의 식물 규소체는 풍화를 거의 받지 않아 표면이 매끄럽고 윤곽이 뚜렷하여 형태를 파악하기 쉽다. 다만 b의 경우 물리적인 풍화를 받아 표면이 훼손되었다. 따라서 풍화 단계는 Good 또는 Excellent에 속하며 무색 또는 불투명한 옅은 갈색을 띠고 있다.

e~h는 뢰스층(깊이 30~40, 90~110, 160~210cm)에서 동정한 식물 규소체로 e는 쇠풀족 부채형, f는 기장족 부채형 측면, g는 침형, h는 장방형이다. 표층의 식물 규소체와는 달리 플라이스토세에 퇴적되었으므로, 풍화가 오래 진행되어 표면이 움푹 패어 있으며 윤곽이 뚜렷하지 않고 형태를 구별하기 어렵다. 특히 f의 경우 화학적 풍화를 받아 표면이 용해되어 본래의 형태를 알아보기 어렵다. 전체적으로 풍화 단계는 Poor 또는 Extremely poor에 속한다고 판단된다. 식물 규소체의 색깔은 한랭 건조한 빙기에 토양생성작용을 많이 받지 않아 비교적 원래의 색과 비슷하거나 옅은 갈색을 띤다.

i~l은 고토양층(깊이 50~80, 120~150cm)에서 동정한 식물 규소체로 i는 기장족의 부

[그림 12.6] 거창 정장리 뢰스-고토양 연속층의 식물 규소체(윤순옥 외, 2022)

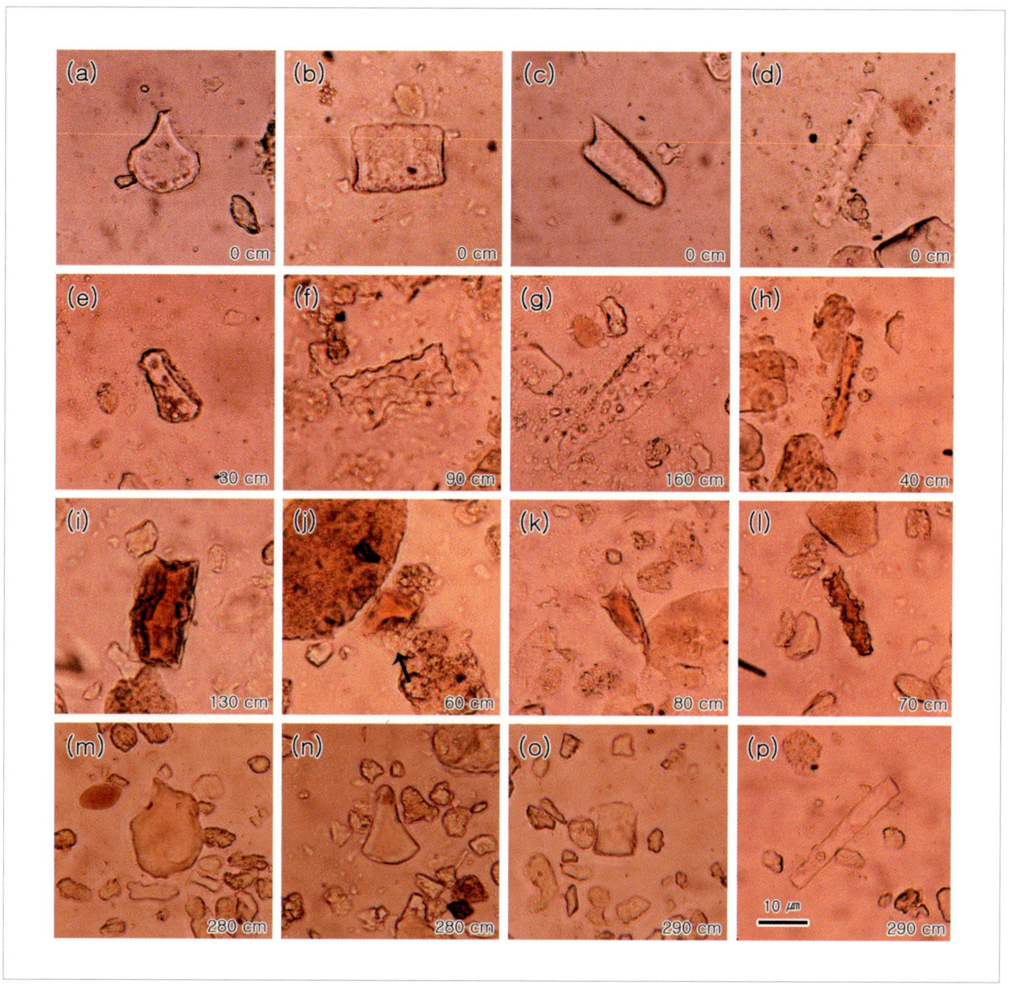

a~d: 표층, e~h: 뢰스층, i~l: 고토양층, m~p: 환원층(scale bar: 10μm)
(a): 재배벼(Oryza sativa) 부채형, (b, f, i): 기장족(Paniceae) 부채형, (c, g, k): 침형(acicular), (d, h, l, p): 장방형 (elongate), (e, j, o, n): 쇠풀족(Andropogeneae) 부채형, (m): 갈대속(Phragmites) 부채형

채형 측면, j는 쇠풀족의 부채형 측면, k는 침형, l은 장방형이다. 뢰스층 식물 규소체와 마찬가지로 풍화를 많이 받았으며 표면이 매끄럽지 못하고 윤곽이 흐릿하다. j의 경우 물리적 풍화를 받아 모퉁이가 떨어져 나갔다. 풍화 단계는 Poor 또는 Extremely poor에 속한다. 온난한 간빙기에 퇴적되어 식생 피복이 양호하여 유기물이 많았으므로 화학적 토양생성작용을 많이 받은 고토양층의 식물 규소체는 불투명하며 색깔은

짙은 갈색 또는 적색이다. 특히 내륙에 위치한 거창분지는 높은 산지로 둘러싸여 여름에는 고온 다습하기 때문에 간빙기에는 화학적 풍화작용을 심하게 받았을 것이다.

m~p는 하천 퇴적층 중 환원층(깊이 270~290cm)에서 동정한 식물 규소체로 m은 갈대속 부채형, n은 쇠풀족 부채형, o는 쇠풀족 부채형 측면, p는 장방형이다. 상술한 뢰스층과 고토양층의 식물 규소체와는 달리 환원층의 식물 규소체는 표층의 식물 규소체와 마찬가지로 표면이 비교적 매끄럽고 형태가 뚜렷하다. MIS 7 시기에 형성된 하천 퇴적층이지만 산소공급이 거의 없이 환원 상태로 퇴적되었기 때문에 식물 규소체는 거의 원형 그대로 보존되었다. 풍화 단계는 Good 또는 Acceptable(=average)로 판단된다. 식물 규소체의 색은 청회색 또는 불투명한 회색이다.

이처럼 거창의 식물 규소체는 퇴적 이후 수만 내지 수십만 년의 시간이 경과하고 제4기 기후변화에 따른 화학적 및 물리적 풍화작용을 함께 받았으므로 붕괴 과정에서의 흔적이 남게 된다. 그리고 이러한 식물 규소체 풍화 상태로 그들이 경험한 기후 환경 변화를 짐작할 수 있다. 그러나 모든 식물 규소체가 기후 특징을 정확하게 반영하는 것은 아니다. 뢰스층에서도 화학적 풍화를 받은 식물 규소체가 나타나거나 짙은 갈색 또는 적색의 식물 규소체가 발견될 수 있고 고토양에서도 마찬가지이다. 따라서 뢰스-고토양의 개별적인 식물 규소체 형태 하나하나에 치중하기보다 전체 풍화 정도의 경향성을 파악하는 것이 중요하다고 생각된다.

4) 플라이스토세 후기 거창분지 환경 변화

거창 정장리 하안단구면 위에 퇴적된 뢰스-고토양 연속층의 식물 규소체 조성 변화를 통해 플라이스토세 후기의 식생과 기후 환경 변화를 복원하였다. 일반적으로 홀로세 퇴적층에서 이루어진 식물 규소체 연구에서 추출된 기후지수가 플라이스토세 퇴적층에도 적용될 수 있는지와 함께 뢰스-고토양층의 식물 규소체 형태 변화를 통해 풍화 정도도 검토하였다. 이것은 연대 자료가 적은 제4기 후기 퇴적층의 연대를 결정하는 데 의미 있는 지표가 될 것으로 생각된다.

뢰스-고토양 연속층으로 분석한 식물 규소체의 산출 특성과 제4기 플라이스토세

빙기/간빙기 고기후와의 관련성을 검토한 결과는 다음과 같다.

1. 거창 단면은 총 3개의 뢰스층과 3개의 고토양층이 교대로 나타나고 하부의 하천 퇴적층과 상부의 홀로세 층으로 구성된다. 식물 규소체 산출량은 홀로세 층준을 포함하는 GPZ Ⅳ 시기에는 GPZ Ⅰ, Ⅱ, Ⅲ에 비해 두 배 이상 많았다. 그리고 식물 규소체 산출량은 대자율 값과도 관련성이 높다. 즉 식물 규소체 산출량은 대자율 값이 낮은 뢰스층에 비해 대자율 값이 높은 고토양층에서 보다 많은데, 식물 규소체 생성과 보전에 상대적으로 적합한 기후 환경임을 반영한 것이다.
2. 뢰스-고토양 연속층의 식물 규소체 풍화 상태 및 특징은 홀로세 퇴적층(농경지, 고고학 유적지 등)과 뚜렷하게 차이를 보인다. 플라이스토세 층은 오랫동안 화학적, 물리적 풍화를 받았기 때문에 형태 구분이 힘든 미동정 식물 규소체의 비율이 매우 높으며, 뢰스-고토양 연속층의 식물 규소체 보존 상태는 매우 불량하다. 이와는 대조적으로 가장 하부의 하천 퇴적층에 해당하는 GPZ Ⅰb 층준에서는 산출량이 많고 보존 상태가 상대적으로 좋았다.
3. 뢰스-고토양 연속층 및 환원층에서 식물 규소체 색깔은 차이를 보인다. 뢰스층은 주로 식물 규소체 본래의 색깔과 비슷하거나 옅은 갈색이지만, 고토양층은 화학적 풍화 및 토양생성작용을 받아 진한 갈색 또는 적색으로 불투명하게 나타난다. 환원층의 식물 규소체는 청회색을 띠고 있다.
4. 뢰스-고토양 연속층과 하천 퇴적층 그리고 상부의 홀로세 퇴적층을 대상으로 대자율, 퇴적층 형성 시기, 식물 규소체 분석 결과를 종합하면 다음과 같이 요약된다.

GPZ Ⅰ은 MIS 7(250~190ka)에 형성된 하천 퇴적층으로 식물 규소체 산출량이 전반적으로 적다. 그러나 아분대 Ⅰb에 존재하는 환원층의 식물 규소체 산출량은 많으며 보존 상태가 양호하다. 환원층은 부채형이 우점하며 그중 갈대속 및 기장족 부채형이 출현하여 퇴적 당시 온난하였음을 시사하고 있다.

GPZ Ⅱ는 MIS 6(190~130ka 전)에 형성된 뢰스층인 아분대 Ⅱa와 MIS 5(130~70ka)에

형성된 고토양층인 아분대 IIb로 이루어져 있다. 아분대 IIa의 경우 식물 규소체 산출량은 매우 적고 형태 구분이 모호한 미동정 식물 규소체의 비율이 가장 높다. 다만 아분대 IIb는 IIa에 비해 부채형을 비롯한 다양한 형태의 식물 규소체가 나타났으며 전반적으로 식물 규소체 산출량이 증가하였다.

GPZ III(70~10ka 전)은 MIS 4의 뢰스층인 아분대 IIIa, MIS 3의 고토양층인 아분대 IIIb, MIS 2의 뢰스층인 아분대 IIIc로 나누어진다. 아분대 IIIa에 비해 IIIb에서 기장족이 출현하며 부채형이 증가하고 있어 온난한 기후였음을 지시한다. 그러나 IIIc에서 기장족은 다시 감소하며 부채형 역시 감소하고 침형은 증가하였다. 이러한 식물 규소체 조성은 LGM 시기의 기후 환경을 반영하고 있다.

GPZ IV는 홀로세 퇴적층과 MIS 2 시기에 해당하는 L1(고토양층)로 구성되는데 경작 등으로 두 층준이 섞였다. 따라서 식물 규소체 산출량이 가장 많으며, Iph, Ic 기후지수 모두 온난 습윤한 환경을 지시하여 홀로세의 환경을 나타내고 현재의 기후와도 거의 일치한다.

식물 규소체 분석 결과를 종합하면, 거창 정장리 뢰스-고토양 연속층의 식물 규소체 산출량은 대자율 및 입도분석 결과 그리고 뢰스-고토양 층서 연대와 조화를 이룬다. 따라서 다른 미화석이 존재하기 힘든 건조한 육성 퇴적층인 뢰스-고토양 연속층의 식물 규소체는 기후와 식생 변화를 복원할 수 있는 좋은 대리 자료가 될 수 있다. 그러나 Iph, Ic 지수는 플라이스토세에 퇴적된 뢰스-고토양 연속층에 적용하는 데 한계가 있다. 이것은 이들 지수를 산출하는 데 대상이 되는 중요한 작은 크기의 식물 규소체들이 오래된 퇴적층에서는 심하게 풍화되어 보존이 어렵기 때문이다.

| 제6부 |

최종 빙기 최성기 자연환경과 뢰스-고토양 연속층의 형성

13.

최종 빙기 최성기의 동아시아 자연환경

최종 빙기 최성기(Last Glacial Maximum, LGM)의 동아시아 자연환경을 이해하고 한국 뢰스의 기원지와 운반에 기여한 풍계를 밝히려면 우선 당시의 기후, 식생 및 지형경관을 복원하여야 한다. 그러나 이들 자료만으로는 한국으로 운반되어 오는 풍성먼지의 기원지를 밝히고 퇴적물의 운반 메커니즘을 검토하는 데 한계가 있으므로, 동아시아 MIS 2 시기의 계절별 기단 분포, 한대전선 및 한대전선제트기류의 위치를 파악하여야 할 필요가 있다.

이 장에서는 중국, 일본, 한국에서 이루어진 화분분석(pollen analysis) 자료를 종합하여 복원한 동아시아의 최종 빙기 최성기 식생과 기후 경관 및 여름철 한대전선의 위치를 제시하였다.

1) 최종 빙기 최성기의 기후 및 지형

가장 최근의 지질시대인 신생대 제4기(Quaternary)의 플라이스토세(Pleistocene)는 대략 200만 년 전[23]부터 1만 년 전까지를 의미하며 기후변화가 대단히 심하여 빙기와 간빙기가 수십 번 반복되었다.[24] 마지막 빙기는 대략 7만~1만 년 전에 있었는데 이 시기 동안에도 기후는 항상 같지 않고 변화를 거듭하였다.

심해저 보링 코어(deep sea core)의 퇴적물 분석에 의하면 최종 빙기는 전기 아빙기(MIS 4), 아간빙기(MIS 3), 후기 아빙기(MIS 2)의 세 시기로 세분된다. 이들 중 가장 한랭했던 후기 아빙기(MIS 2)는 대략 2만 4,000~1만 2,000년 전으로서 최종 빙기 최성기(LGM, 2만~1만 8,000년 전[25])가 출현한 시기이다. LGM은 현재와 가장 가까운 한랭기 가운데 가장 추운 시기이며, 자연환경에 대한 자료가 상대적으로 많이 남아 있으므로 복원이 유리하다. 아울러 LGM의 기후 및 식생 복원은 한반도의 풍계와 지형 형성 과정을 이해하는 기초자료가 된다. 특히 LGM의 기후 환경을 검토하기 위해서는 동아시아의 현재 및 과거 기후 특성에 영향을 미치는 계절풍 및 탁월풍의 특성을 파악하고 최종 빙기 한대전선의 분포를 밝히는 것이 중요하다.

최종 빙기 최성기에는 낮아진 해면에 대응하여 얕은 바다가 공기 중에 드러났고 해안에서는 침식이 부활되었다. 기후 환경을 복원할 수 있는 화분 등의 미화석들이 현재 동아시아 육상의 최종 빙기 최성기 퇴적물에 보존되어 있으므로, 이들 대리 자료(proxy data)를 이용하여 동식물 분포를 비롯한 자연환경을 복원할 수 있다. 한편 육상에 비해 보존 상태가 양호한 심해저 퇴적물 보링 코어의 분석 결과에서도 최종 빙기 최성기에 관한 많은 정보를 획득할 수 있다.

동아시아 뢰스-고토양 연속층의 형성은 제4기 기후변화와 이에 따라 나타난 동아시아 지형경관 변화와 연관되어 있다. 중국, 한국과 일본에서는 뢰스 층준과 고토

23 플라이스토세가 시작하는 시기에 대해서는 260만 년 전부터 또는 180만 년 전부터 시작되었다는 다양한 의견이 있으나, 약 200만 년 전으로 설정하였다.

24 지난 260만 년 동안 대략 50번의 빙기와 50번의 간빙기가 있었으며 이에 따라 MIS 104까지 기재된 자료가 제시되고 있다. 100만~80만 년 전을 경계로 하여 최근까지 빙기와 간빙기 간의 기후 진폭이 그 이전의 진폭보다 더 커지고 빙기의 한랭한 정도도 심해졌다.

25 2만 2,000~2만 년 전을 제시하기도 하는데 이 연대는 당시 대기에 포함된 ^{14}C 연대를 나무 나이테로 환산한 보정 연대이다. 보정한 연대가 2만 년 전이면 보정하지 않은 연대 값은 2,000년 정도 젊은 1만 8,000년 전으로 계산된다.

양 층준이 형성되는 과정에 각각 차이가 있다. 중국의 뢰스고원에서는 빙기와 간빙기에 뢰스층과 고토양층이 각각 형성되지만, 빙기에 엄청난 공급량으로 두꺼운 뢰스층을 형성하고 간빙기에도 비교적 두꺼운 뢰스층이 퇴적된다. 반면 한국과 일본에서는 빙기에 퇴적되는 뢰스층의 두께가 중국에 비해 매우 얇지만 간빙기에 비해 상대적으로 두껍다. 간빙기에는 황사에 의해 풍성 퇴적물이 소량 공급되면서 층준이 얇게 형성되지만, 기온이 높고 강수량이 많아서 지난 빙기에 퇴적된 뢰스층의 아래쪽 상당한 깊이까지 토양생성작용을 받으면서 고토양이 형성된다. 또한 양쯔 강 유역과 같이 위도가 낮은 지역은 뢰스-고토양 연속층의 형성 메커니즘이 뢰스고원과는 다르다.

한편 동아시아 풍성먼지의 기원지는 뢰스고원과 서쪽의 사막들로 알려져 있으나, 이들 기원지로부터의 운반 경로는 연구자들에 따라 다르게 제시되고 있다. 필자는 한반도에 분포하는 뢰스-고토양 연속층을 형성하는 풍성 퇴적물의 대부분이 빙기에 서쪽의 아시아 내륙으로부터 장거리 이동으로 운반되어 온 것으로 보고하였으나, 일본 연구자들은 아시아 대륙 북부의 선캄브리아기 암석 지역으로부터 북서 계절풍에 의해 운반되어 온 것으로 주장한다(Ono et al., 1998; 成瀬, 2006). 그러나 이 풍성먼지를 운반한 바람이 편서풍인지 계절풍인지 또는 아열대제트기류인지 한대전선제트기류인지, 빙기 동안 동아시아 내륙과 서태평양에서 고기압은 어디에 자리 잡고 있었으며 계절에 따라 위치가 어떻게 변하였는지, 빙기에 기후의 경계를 지시하는 한대전선의 위치는 어떻게 분포하였는지 등에 대해서는 여전히 가설을 제시하는 수준에 머물러 있다.

후술하겠지만 일본 연구자들은 ESR 분석을 통해 획득한 산소 공공량 값의 공간 분포를 기반으로 일본열도 북부, 중부 그리고 남부 지역으로의 풍성먼지 운반과 이동경로를 검토하였다. 그리고 이 방법을 한반도 중부 이남의 뢰스-고토양 연속층에 적용하여 동아시아의 풍성먼지 이동경로에 대한 가설을 제시하였다. 그러나 한국 뢰스-고토양 연속층의 ESR 자료는 충분하지 않으며 오로지 일본 연구자들만 이 방법으로 이동경로를 추적하고 있으므로, 앞으로 이 방법의 적합성 등이 어떻게 검증되는가에 대해 지속적으로 살펴보아야 할 것이다.

2) 현재 동아시아 계절풍과 한대전선의 분포

동아시아의 기후 현상 중 가장 특징적인 것은 계절풍(monsoon)이다. 카스피 해 동쪽에서부터 이란과 아프가니스탄으로 이어지는 산지, 그리고 히말라야 산맥으로 이어지는 신기조산대의 높은 산지에 의해 자오선 방향으로의 공기 이동이 저지되고 있다. 대륙을 동서로 가로지르는 히말라야 산맥 북쪽의 육지는 겨울철에 유난히 한랭하여 동아시아에서 강한 고기압을 형성하는데, 그 중심은 시베리아 바이칼 호 주변이다(임경택, 1993).

이 계절풍 발생지의 공기는 매우 차고 건조하여 강수의 가능성이 극히 낮은데, 겨울철 동아시아에서는 이 차가운 공기와 서태평양에서 불어오는 동풍의 경계에 한대전선(polar front)이 형성된다. 현재 일본의 남쪽과 동아시아의 가장자리를 따라 겨울철 한대전선이 분포하며 이 전선대에서 날씨의 교란이 자주 발생한다. 겨울철 한대전선은 북쪽의 한대기단(continental polar airmass, cP)인 시베리아기단과 열대기단(maritime tropical airmass, mT)인 북태평양기단의 경계에서 형성된다. 즉 시베리아 남부, 몽골, 중국 북부의 Dwc(타이가 기후)와 BWk(온대 사막기후) 지역이 발원지인 한랭하고 건조한 기단과 북서 태평양이 발원지인 고온 습윤한 기단의 불연속면에 해당하기 때문에 전선이 명료하다(그림 13.1).

[그림 13.1] 현재 1월과 7월의 한대전선 위치(권혁재, 2000)

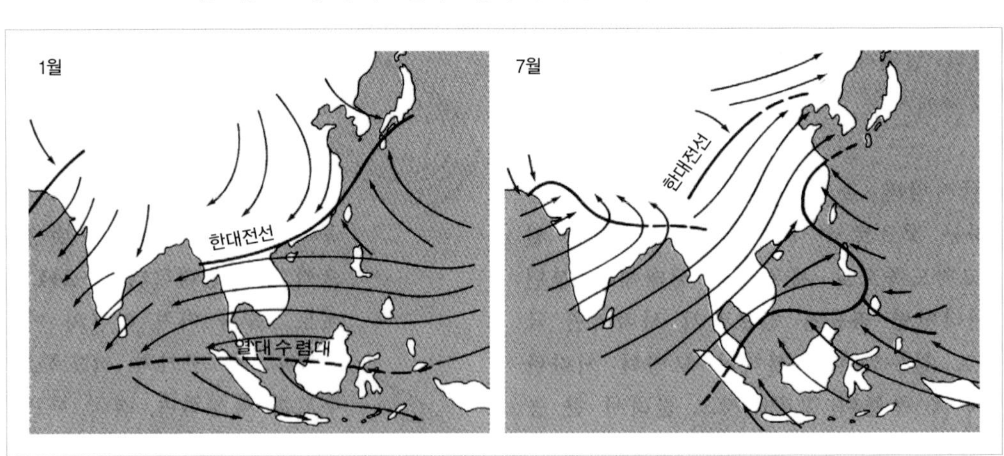

현재 겨울철 한반도에는 시베리아기단이 주로 영향을 미친다. 아시아 대륙 내부에서 겨울철 지표면의 복사냉각에 의해 차가운 공기가 바이칼 호를 중심으로 집적되며, 이 기단은 주기적으로 확장과 수축을 거듭하는데, 한랭한 공기가 3~4일에 걸쳐 축적되면 주변 지역에까지 크게 영향을 미치는 강력한 기단이 되어 매우 한랭하고 건조하다(김연옥, 2001). 이에 비해 북태평양기단은 열대 해양기단으로서 겨울철에는 태평양의 동쪽에 작은 규모로 분포하며, 북서 태평양에는 규모가 큰 저기압이 배치된다. 현재 북태평양기단은 시베리아기단이 약해지는 봄부터 북상하여 여름철 내내 영향을 미치다가 초가을에 세력이 약화하면서 남하하여 물러난다.

한대전선은 동계에는 북위 24° 부근 저위도까지 진출하고 하계에는 북위 50° 부근까지 북상하지만, 대개 중위도에 위치하고 발생 장소가 거의 일정하다. 동아시아에서는 한랭하고 건조한 시베리아기단과 고온 습윤한 열대기단인 북태평양기단이 만나면서 전선성강우가 내리는데 대표적인 예가 여름철 장마전선이다.

3) 최종 빙기 최성기 해안선 후퇴와 사막의 확장

최종 빙기 최성기 동아시아의 바다와 육지 분포는 현재와 크게 달랐다. 동지나해의 대륙붕과 황해는 해면이 하강하면서 대부분 공기 중에 드러났고, 제주도를 포함하여 한반도는 유라시아 대륙에 폭넓게 연결되었으며, 중국과의 사이에 경사가 완만한 저지가 넓게 분포하였다(그림 13.2).

퇴적학적 연구에 의하면 최종 빙기 아시아 중앙부의 경우 카스피 해에서 현재 동중국해의 대륙붕 지역까지 여러 개의 소규모 사막으로 이루어진 반원형 사막지대(semicircular desert zone)가 분포하였고(그림 13.3), 황해의 해양조사 결과와 천해 보링주상도 분석 결과에서도 황해 해저에는 최종 빙기에 형성된 사막이 존재한다고 보고되었다(그림 13.4; Qinn and Zhao, 1991).[26]

---

26 그림 17.12에 의하면 Bk 기후 지역과 Dwa 기후 지역의 경계는 현재 양쯔 강 하류부를 통과하므로, 그림 13.3에서 대륙붕 사막 구역(shelf desert area)의 남쪽과 타이완 해저 사막(Taiwan shoal desert)은 사막이 아니었을 가능성이 높다.

[그림 13.2] 최종 빙기 최성기 한반도 주변 해안선 위치(那須, 1980)

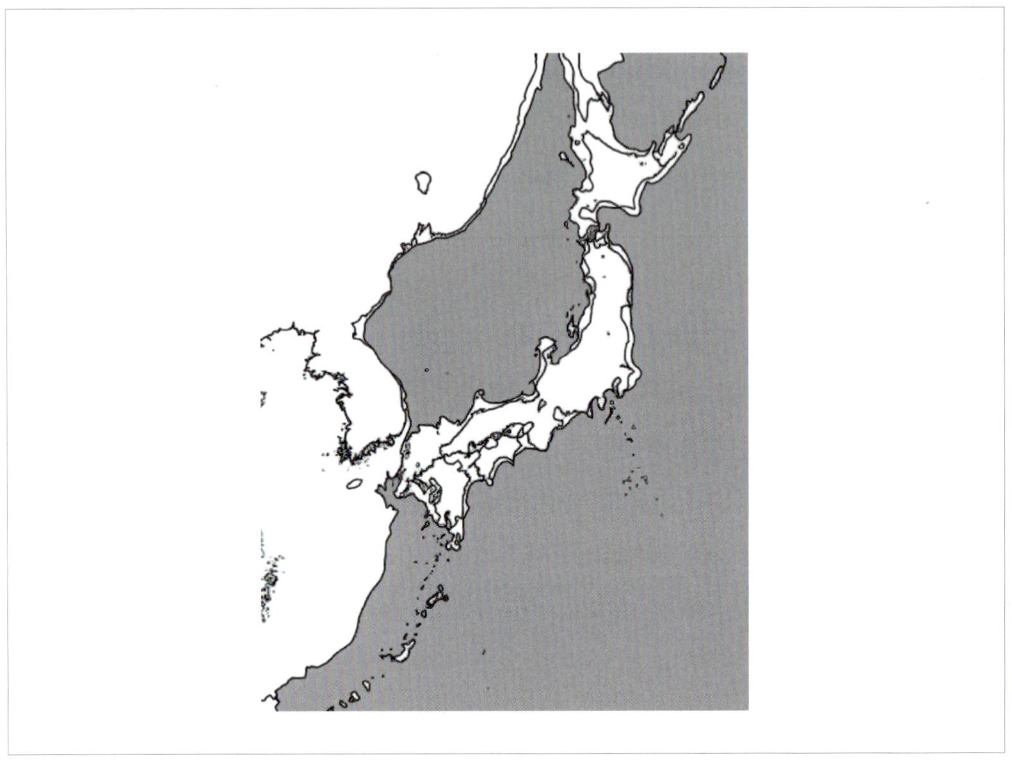

[그림 13.3] 최종 빙기 최성기의 중앙아시아와 동아시아 반원형 사막 분포(Qin and Zhao, 1991)

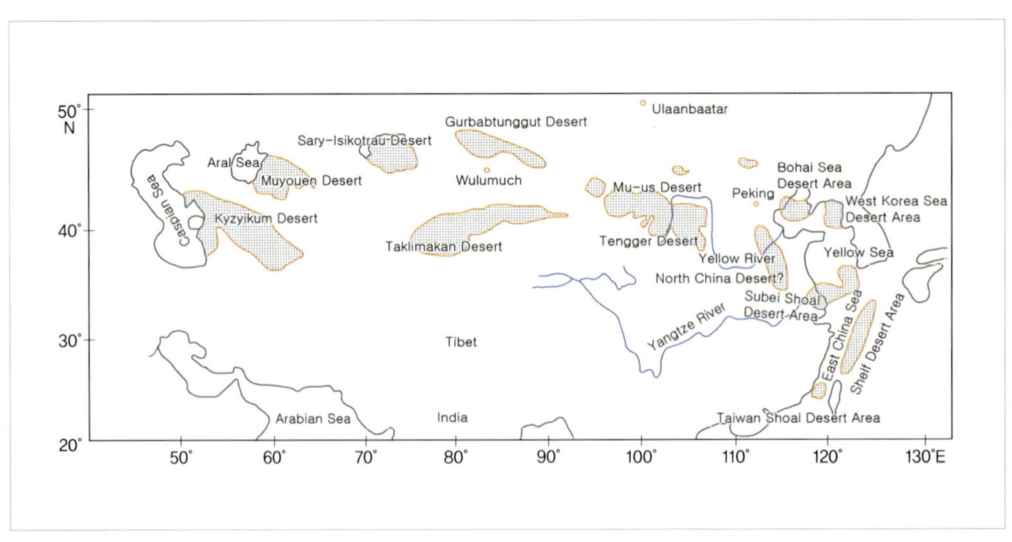

[그림 13.4] 황해 및 남중국해의 해저퇴적물 분포(Qin and Zhao, 1991)

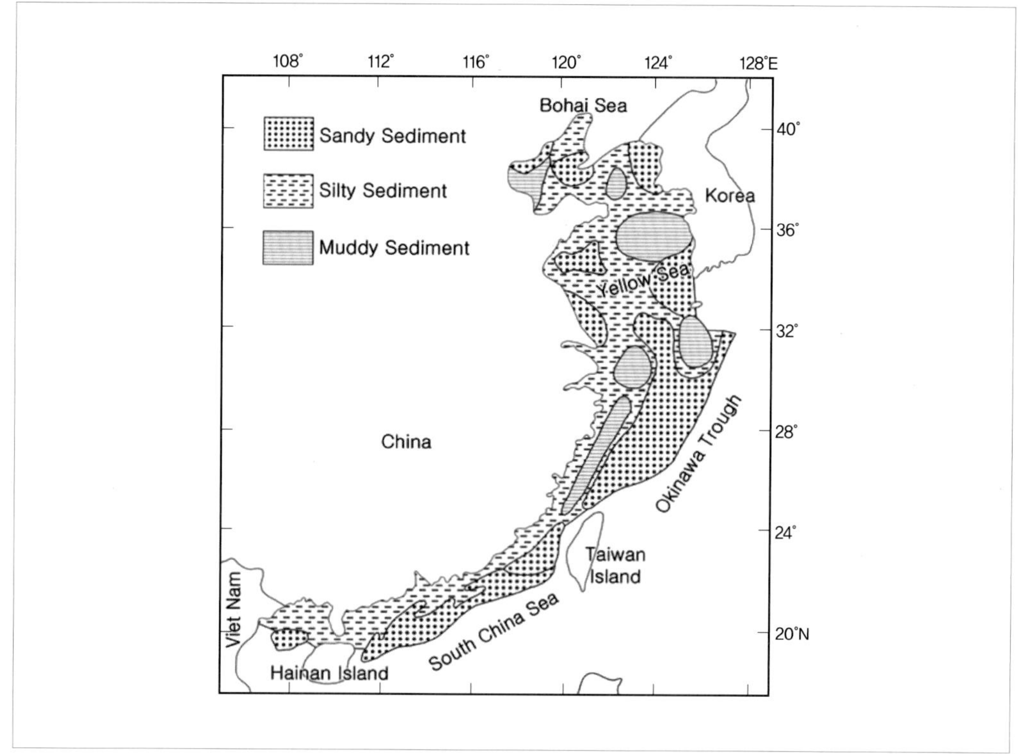

또한 최종 빙기에는 쓰시마(對馬) 해류가 동해로 유입하지 않아 동해는 거대한 호수 환경이었으며, 수온은 현재보다 7~8°C 낮아 8~12°C 정도였던 것으로 보고 있다. 동해에는 해수가 유입되지 않아 육지에서만 물이 공급되었으므로 표면은 담수로 덮였으며, 증발량도 현저하게 적어 동해 주변은 강설량이 현재보다 훨씬 적었을 것이다.

4) 최종 빙기 최성기 동아시아 식생 분포

최종 빙기 최성기에는 동식물의 분포 특성도 현재와 매우 상이하였다. 빙기에 동아시아에서 서식한 대표적 동물은 한랭한 기후를 선호한 매머드(Mammoth primigenius)인데 발해만, 황해, 동중국해 대륙붕 북부 등에서 발견된다. 그 밖에도 대형, 소형 및 미세 동물군과 식물군이 빙기의 한랭한 기후로부터 후빙기 온난한 환경으로 전환되는 시기에 멸종이나 천이 과정을 겪었던 것은 잘 알려져 있다. 동식물의 종 구성 변화는 기후변화를 반영하는데, 여기서는 대표적인 식물 미화석인 화분의 분석 결과를 기초로 밝혀진 중국, 일본 그리고 한국의 최종 빙기 최성기 식물 공간 분포를 동아시아 기후와 관련지어 논의하였다.

(1) 중국

그림 13.5는 현재의 중국 식생 분포와 최종 빙기 최성기(LGM, 대략 1만 8,000년 전) 화분분석 결과를 종합하여 작성한 식생 분포도(Yu et al., 2000)이다. LGM 시기 황하의 하류 화북평야에서 양쯔 강의 하류부까지는 스텝(steppe) 경관이었고, 이보다 서쪽은 사막이며 베이징과 상하이 부근에도 사막이 존재하였다. 그리고 현재 스텝 경관을 보이는 다싱안링(大興安嶺) 산맥 서쪽의 북위 43~49° 지역은 타이가(taiga) 지대였으며, 이보다 동쪽의 북위 48° 부근에 위치하는 하바롭스크와의 국경 지역은 한대 혼효림(cold mixed forest)이었다. LGM 당시 온대낙엽수림(temperate deciduous forest) 지역인 후베이 성 이창(宜昌) 부근(대략 31°N)은 현재 난온대 상록/낙엽 혼효림(broadleaved evergreen/warm mixed forest)이 분포한다.

LGM 동안 화북과 화중 평야는 전체적으로 매우 건조하였다. 그리고 현재 북위 37~50°에 분포하는 온대 건조기후(Bk) 지역이 LGM에는 북위 30~43°에 분포하였다. 온대 건조기후 지역의 북쪽은 타이가와 한대 혼효림이 분포하였다. 그리고 현재 남중국해의 해안 부근에 분포하는 열대우림(tropical rainforest)이 LGM에는 나타나지 않았다. 다만 현재 북위 35° 이남에 광범위하게 분포하는 난온대 상록/낙엽 혼효림이 남중국해 해안을 따라 북위 24° 이남에 서식하였다. 온대 건조기후 지역과 난온대 상록/낙엽 혼효림 분포 지역 사이에는 냉대 혼효림과 온대낙엽수림이 나타났다.

LGM 시기에 온대낙엽수림은 냉대 혼효림 남쪽 경계부를 따라 동서 방향으로 좁게 분포하였을 것이다. 그런데 화분분석 결과에서는 양쯔 강 평야의 한 개 지점(31.10°N, 112.20°E)이 전나무속(*Abies*), 자작나무속(*Betula*), 산사나무속(*Crataegus*), 소나무속(*Pinus*), 참나무속(낙엽수림의 *Quercus*)을 포함하므로 온대낙엽수림으로 분류하였으나, 한랭성 수목인 전나무속과 자작나무속이 출현하고 있어 냉대 혼효림에 가깝다. 온대낙엽

[그림 13.5] 중국의 현재와 1만 8,000년 전 식생 분포도(Yu et al., 2000)

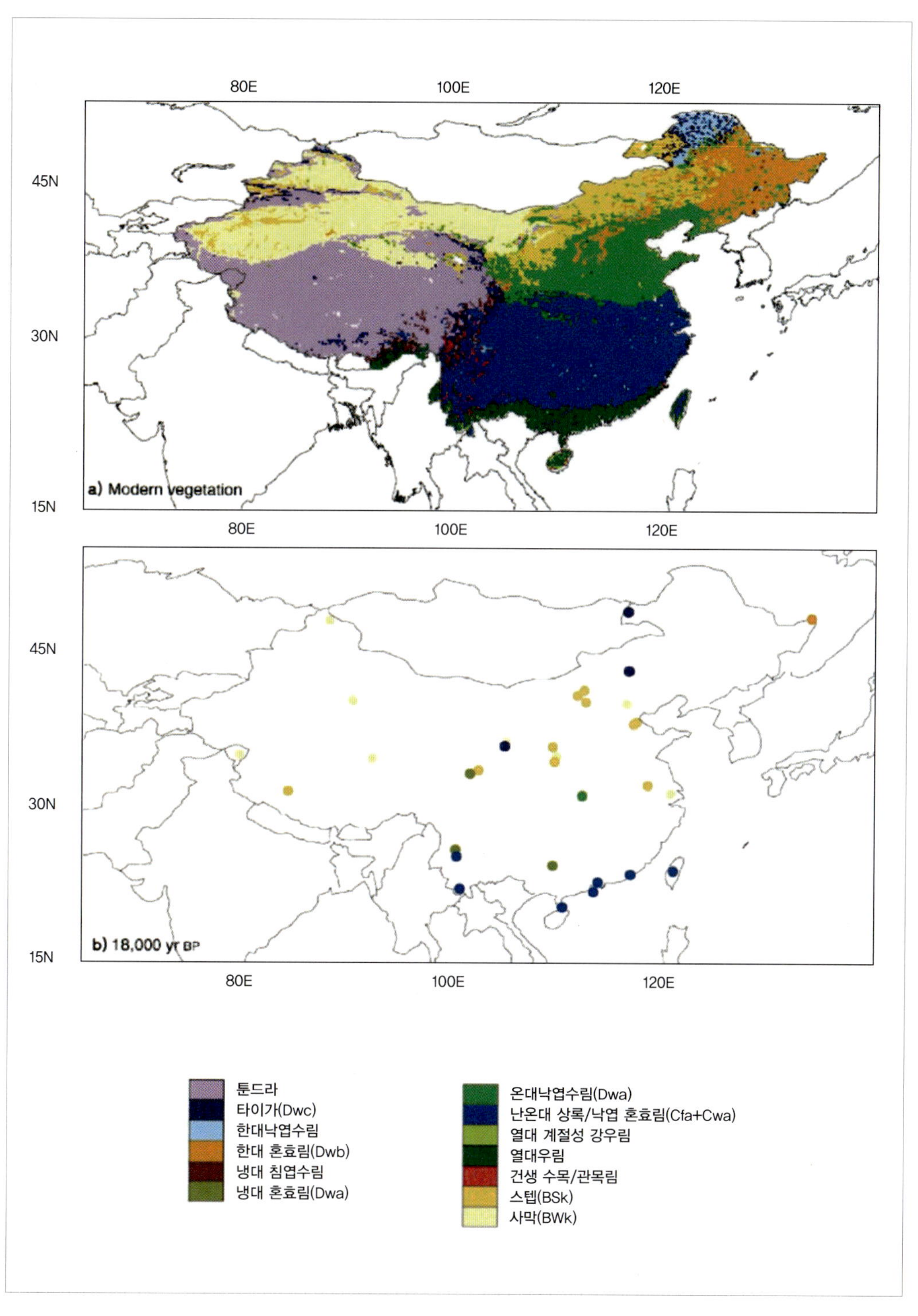

수림이 더 남쪽에도 나타났을 가능성이 있지만, 24°N과 30°N 사이에서는 이러한 가설을 검증할 만한 증거도 없고 냉대 혼효림의 증거만 확인된다.

북위 30°에서 43° 사이는 LGM 시기 스텝과 사막 식생이 동쪽으로 현재 해안선까지 분포하였으나, 오늘날 이 위도대에는 냉대 혼효림과 온대낙엽수림이 분포한다. LGM 동안에 열대우림(tropical rainforest)은 확실하게 사라지고, 난온대 상록/낙엽 혼효림의 북쪽 경계가 남쪽으로 24°N까지 도달하여 오늘날과 비교하면 거의 1,000km나 남쪽으로 이동하였다. 냉대 혼효림(cool mixed forest)은 난온대 상록/낙엽 혼효림의 북쪽 가장자리에 나타났다. 냉대 혼효림은 오늘날 티베트 동쪽 산지의 고지대에서 발견되는데, LGM 동안 동경 100° 동쪽의 북위 30° 이남에 동서 방향으로 넓게 분포하였다.

스텝과 사막지대의 북쪽에서는 타이가(taiga)가 남쪽으로 강력하게 확장하였다. 타이가 식생군 가운데 한 지점인 43.2°N에 위치하는 달라이누어(Dalainuoer)는 오늘날 냉대 혼효림 지역이다. 북위 40°보다 북쪽의 요령성 지역 및 한반도의 백두산과 개마고원 지역도 타이가가 분포하였을 것으로 추정되는데, 이 지역은 산지와 고원으로 이루어져 있기 때문이다. 아울러 현재 아시아 대륙에서 타이가 기후는 북위 50~70°에 분포하는데 이 남한계가 1,000km 정도 남쪽으로 이동하면 북위 40°까지 도달한다. 중국 북부 삼림지대 식생의 위도대가 이동한 것도 중국 북동부 지역의 기온이 연중 매우 낮았음을 시사한다.

티베트 고원은 오늘날 툰드라 식생대로 분류되지만, 중국 화분분석 연구자들은 1만 8,000년 전 LGM 시기에 사막 환경(그림 13.5)이었다고 판단하였다(Yu et al., 2000). 그러나 해발고도 5,000m 이상인 티베트 고원은 당시 7월 평균기온이 현재보다 대략 10°C 하강하여 토양은 연중 완전히 동결되는 영구동토였으므로, 여름에도 활동층은 거의 없고 오히려 강설이 거의 녹지 않고 계속 누적되는 환경이었기 때문에 빙설기후(EF)에 가까웠을 것이다.

화분분석 결과에서 중국 북서쪽 타림 분지와 북쪽의 중가리아 분지 지역은 현재와 마찬가지로 사막 환경이었으므로, LGM 시기 스텝과 사막 식생은 중국의 내륙과 고원지대뿐 아니라 현재 중위도(30~43°N)의 동쪽 해안까지 확장되었을 것이다. 또한 30~43°N에 위치한 건륙화된 황해와 동지나해 지역에서 확인된 LGM 시기 동아시아 사막 분포(그림 13.3)와 육상퇴적물 분포(그림 13.4)로 볼 때, 육상화된 황해와 동지나해 대륙붕은 사막과 스텝 식생으로 피복되었다고 보는 것이 합리적이다.

현재의 냉대 혼효림과 온대낙엽수림 지역이 LGM 시기에 스텝과 사막 지역이었던 것은 당시 중국의 동부 지역이 현재보다 훨씬 더 건조한 환경이었다는 것을 의미한다. 이러한 내용은 중국의 중부 지역에 퇴적된 최종 빙기 뢰스층의 엄청난 두께와도 조화된다. 이 시기 해면은 현재보다 140m나 낮았고, 동지나해 해안선은 125~127°E에 있는 대륙붕 가장자리까지 멀리 후퇴하였다.

한편 LGM 동안 북서부 중국에는 여전히 광범위한 사막이 존재하였지만 상당히 한랭한 기후로 인해 전반적으로 식물의 성장 일수가 줄었고, 식생과 수면으로부터 발생하는 증발량의 감소, 길어진 호수 동결 일수, 툰드라 식생의 저지로의 이동, 그리고 연간 광범위한 기온 저하로 인한 호수의 수위 변동 등이 나타났다.

이 시기 30~43°N에 분포하는 건조지역의 저지대 또는 분지에는 호수 규모가 현재보다 훨씬 더 큰 다우호(pluvial lake)가 형성되었을 가능성이 있다. 이것은 최종 빙기 동안 거의 같은 위도의 북아메리카에서 본네빌(Bonneville) 호[27]가 형성된 것과 같이, 기온이 하강하면서 증발량이 감소하고 유역 분지의 산지에서 설선 고도가 낮아지면서 융빙수가 공급된 것으로 추정되기 때문이다.

한반도와 인접한 중국에서의 현재 식생 분포(그림 13.5 a))와 7월의 한대전선 위치(그림 13.1)를 중첩하면, 한대전선은 사막과 스텝으로 이루어진 건조 식생 지역과 냉대 혼효림 및 온대낙엽수림으로 이루어진 목본 분포 지역의 경계와 대체로 일치한다. 이와 같은 기준으로 LGM의 7월 한대전선의 위치를 설정하면 대체로 냉대 혼효림 지역 남쪽과 온대낙엽수림 지역의 북쪽 경계가 된다. 이것을 기후 지역으로 바꾸면 BWk와 BSk로 이루어진 온대 건조기후(Bk) 지역과 냉대 혼효림(Dw) 및 온대낙엽수림(Cw) 지역의 경계에 MIS 2 시기 여름 한대전선이 위치하는데 대략 30°N 부근이다.

---

27 미국 서부 유타 주, 네바다 주, 오리건 주, 아이다호 주 및 캘리포니아 주의 건조기후 지역에 걸쳐 대단히 넓게 형성된 빙기의 다우호를 말하며, 현재 유타 주에 소규모로 축소되어 남아 있는 대염호(Great Salt Lake)의 전신(前身)이다.

[그림 13.6] 1만 8,000년 전 일본의 식생 분포(那須, 1980에서 수정)

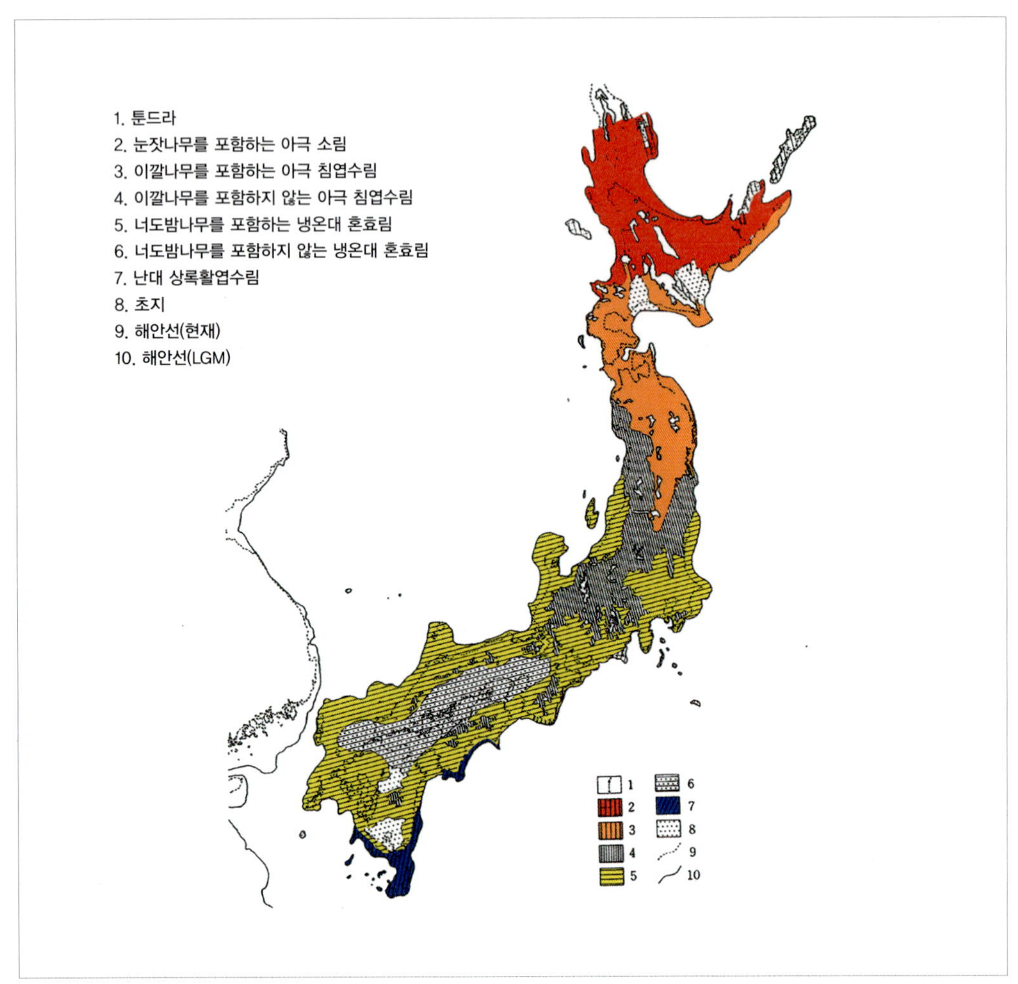

(2) 일본

최종 빙기 최성기 LGM의 식생 분포는 나서(那須, 1980)에 의해 복원되었다(그림 13.6). 홋카이도의 대부분은 잣나무(*Pinus pumila*)가 우점하는 아한대성 소림(疎林)으로 구성되어 있다. 혼슈(本州)의 북부, 즉 간토(關東) 지방 북부와 홋카이도 남부지방은 낙엽송 또는 이깔나무(*Larix gmelini*)를 포함하는 아극 침엽수림 군락으로 이루어졌으며, 이보다 남쪽 산간지대에는 이깔나무를 수반하지 않는 아극 침엽수림이 분포하였다.

혼슈 중부 이남은 너도밤나무를 포함하는 냉온대 혼효림(cool and temperate mixed

[그림 13.7] 한반도와 일본의 현재 식생 분포(那須, 1980에서 수정)

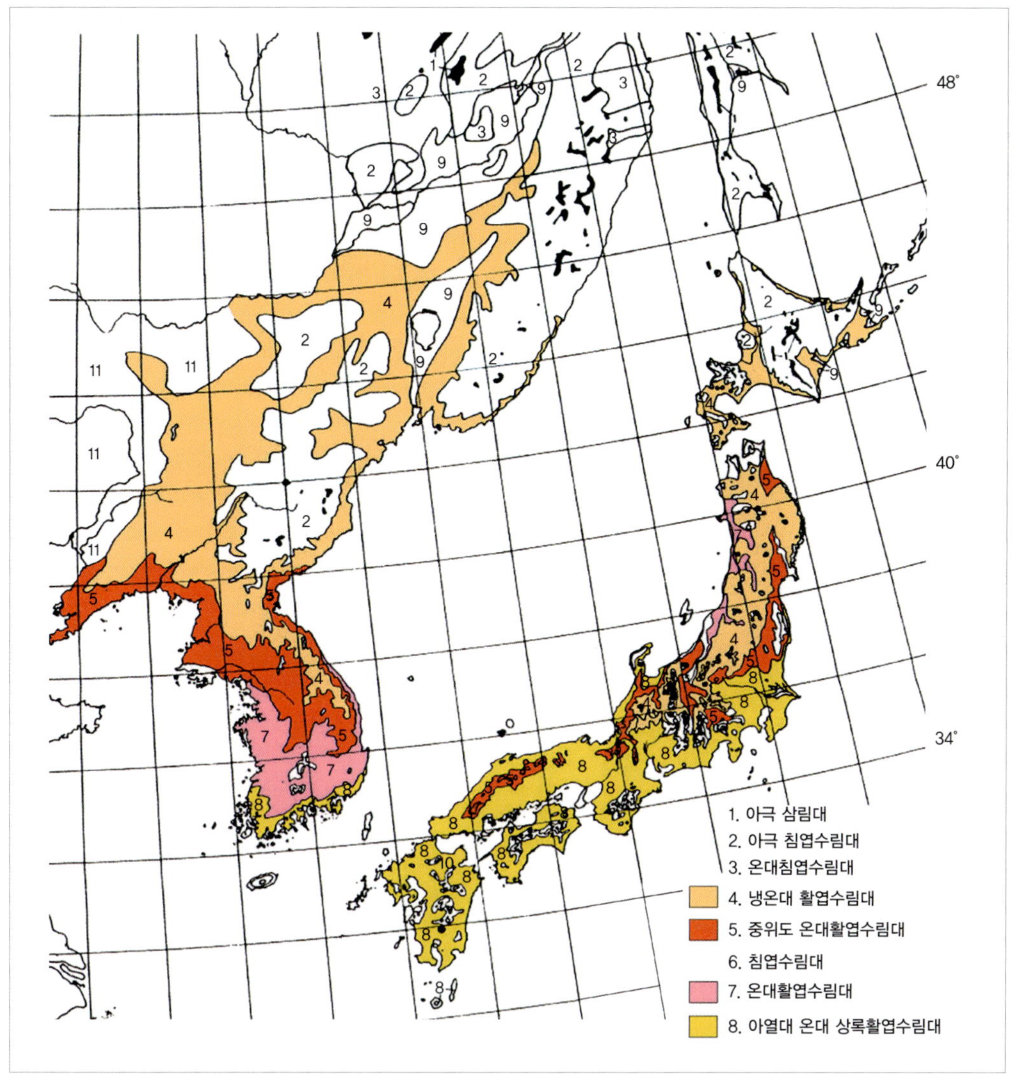

forest with *Fagus crenata*)이 동해와 태평양의 해안지대에 광범위하게 분포하였고, 이 지역의 산지에는 너도밤나무를 포함하지 않는 냉온대 혼효림(cool and temperate mixed forest without *Fagus crenata*)이 분포하였다. 일본의 최종 빙기 최성기 식생 분포는 같은 위도의 중국 대륙과는 상당히 다르다. 홋카이도 연해주형의 북방침엽수림(그림 13.6의 3)은 혼슈 북부까지 분포 지역이 확대되었다. 혼슈형 아한대 침엽수림(4)의 분포 지역은 남

[그림 13.8] 최종 빙기 최성기 일본의 한대전선 복원도(小野, 1992; 埴原和郎에서 재인용)

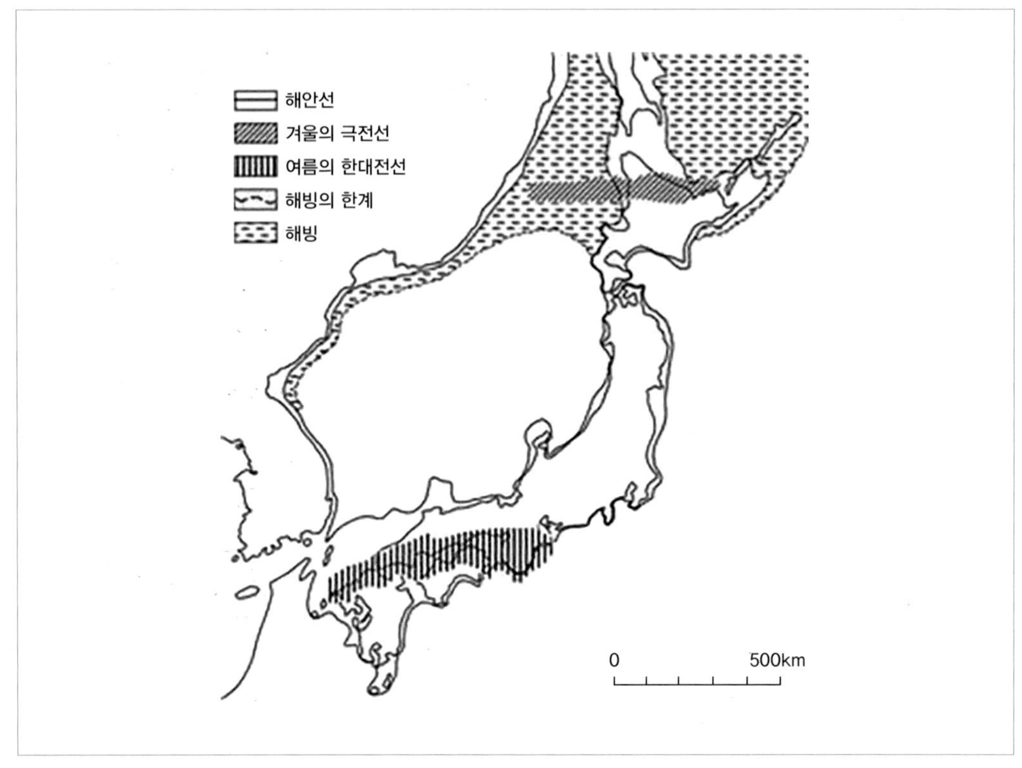

쪽으로 갈수록 식생의 밀도가 높아진다. 냉온대 혼효림의 경우, 습윤기후를 선호하는 너도밤나무가 혼슈 중남부 동해 쪽 다설지역과 태평양 쪽 다설지역에 해안을 따라 분포하였고(그림 13.6의 5) 산지 내륙에는 분포하지 않았다(6). 그리고 난대 상록활엽수림 또는 조엽수림(7)(subtropic evergreen leaves forest)은 거의 자취를 감추었다.

이와 같은 특징을 현재의 식생 분포(그림 13.7)와 비교하면, 최종 빙기 최성기에는 연평균 기온이 현재보다 10°C 정도 낮아 현저하게 한랭하였다(那須, 1980). 고노(小野, 1992)에 의하면, 대륙을 뒤덮은 한대기단은 강한 위력으로 여름에도 혼슈의 이세 반도-시코쿠의 중앙부-규슈의 중앙부를 연결하는 선까지 남하하였으며, 일본열도 전체가 건조화하여 현재 보이는 다우지역은 한대전선의 남쪽에 한정되었고, 또한 동계 계절풍이 매우 강하여 태평양 쪽의 홋카이도와 도호쿠(東北) 지방 북부의 건조화가 현저하였고, 특히 겨울철에 눈이 적게 오고 한파가 심하였다(그림 13.8).

그림 13.6의 LGM 시기 식생 분포도에 의하면, 태평양 쪽 혼슈 중앙의 간토 평야에도 너도밤나무를 포함하는 냉온대 혼효림이 분포하고 있다. 즉 이 식생의 분포 지역은, 고노가 LGM 한대전선의 동쪽 가장자리로 추정한 나고야 남쪽의 이세 반도보다 더 북쪽으로 연장되어 있다. 이미 중국에서 LGM 여름철 한대전선의 북쪽 경계를 이 식생대와 북쪽 가장자리 건조지역의 경계로 설정하였으므로, 한대전선의 동쪽 가장자리는 거의 36°N보다 약간 북쪽에 이르렀을 것으로 볼 수 있다.

한편 동해 쪽에는 냉온대 혼효림이 북위 37°N까지 분포하고 있었다. 이것은 시베리아기단에서 한대전선으로 수렴하는 공기가 동해를 통과하면서 수증기를 얻은 후, 혼슈 중부지방에서 북-남 내지 북북동-남남서, 북동-남서 그리고 동-서 방향의 산맥과 만나 지형성강우를 형성하면서 나타난 식생 분포 현상일 것으로 생각된다.

(3) 한반도

최종 빙기 최성기 고기후 및 식생 복원은 화분분석 자료 가운데 경상북도 영양(Hwang(Yoon), 1994; 윤순옥, 조화룡, 1996), 속초 영랑호(安田, 1980), 부여 규암 나복리(윤순옥, 2008)와 천안 불당동 지역(박지훈, 2006) 그리고 제주도 하논 마르 호수 지역(정철환, 2007) 등 다섯 지역을 선정하여 검토하였다.

속초 영랑호에서는 약 7m 두께의 호소층 맨 하부층이 LGM에 가까운 1만 7,000~1만 5,000년 전에 형성되었으며, 화분분석 결과에서 가장 오래된 화분대 I 시기로 분류되었다. 이 시기는 아한대성 수목인 전나무속(*Abies*), 잣나무(*Pinus koraiensis*)를 비롯한 오엽송(*Pinus Haploxylon*), 가문비나무속(*Picea*), 이깔나무속(*Larix*)이 거의 동일한 비율로 출현하여 현재의 식생과 매우 상이하였으며, 한국 중부 동해안 영동 지방의 가장 추웠던 시기에 근접한 식물상으로 간주되었다.

경북 영양 지역의 경우 반변천 구하도 YY1 지점에서 4.5m, YY2 지점에서 7m 두께의 후기 플라이스토세 토탄층을 대상으로 화분분석이 행해졌다(그림 13.9, 13.10). 약 6만 년 전~현재에 이르는 연속적인 식생 환경이 복원되어 다섯 시기의 화분대가 구분되었다. 화분대 I~Ⅲ는 최종 빙기에 해당하였으며 화분대 Ⅳ와 V는 홀로세 식생 환경을 지시하였다. 화분대 Ⅲ의 마지막 아분대 Ⅲd 시기가 최종 빙기 최성기에 대비된다.

[그림 13.9] 영양 YY1 단면의 화분 다이어그램(Hwang(Yoon), 1995)

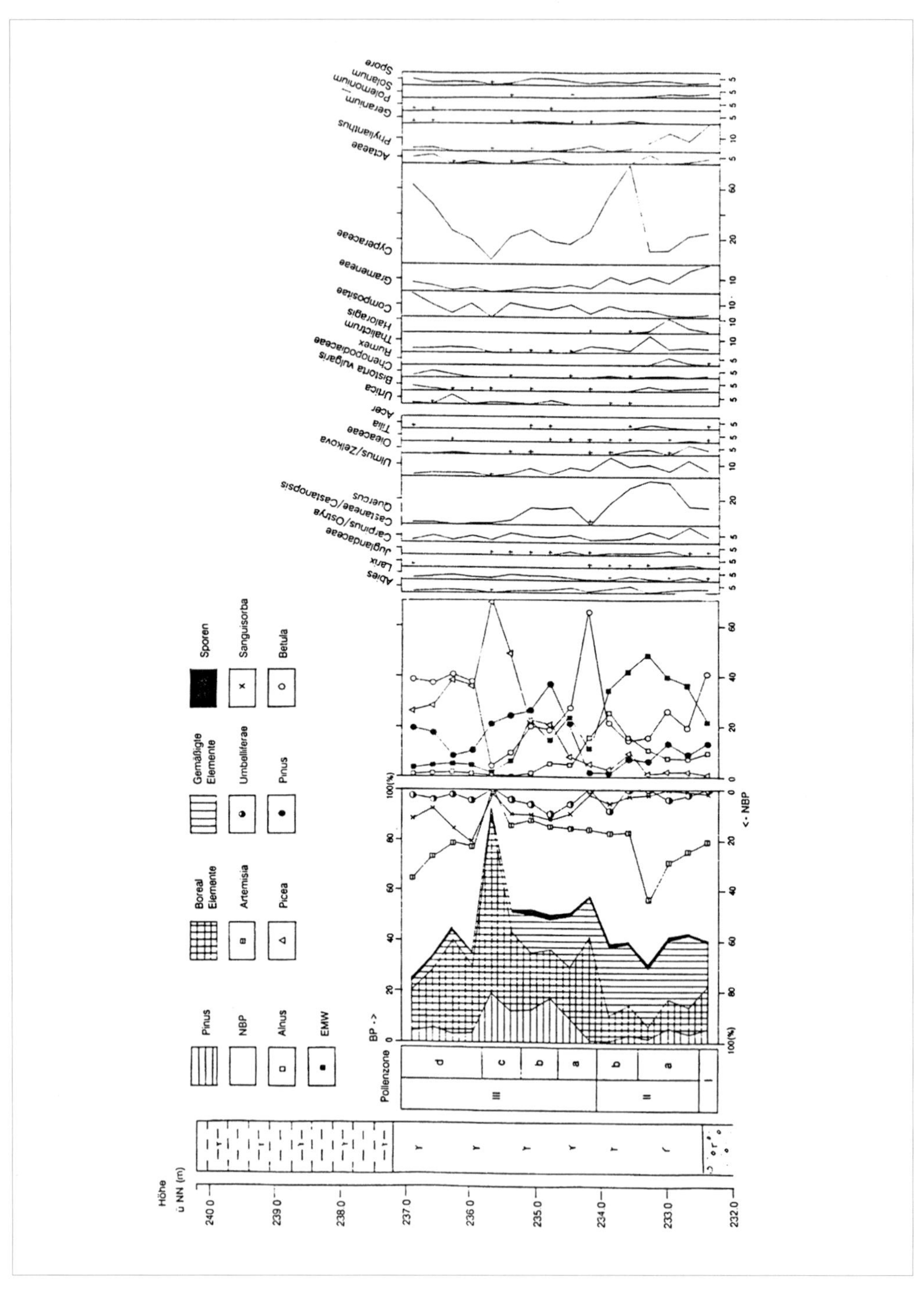

Boreal elemente: 한랭성 수목, Gemäßigte elemente: 온난성 수목, Sporen: 포자, NBP: 초본 화분, EMW: 참나무 혼합림

[그림 13.10] 영양 YY2 단면의 화분 다이어그램(Hwang(Yoon), 1995)

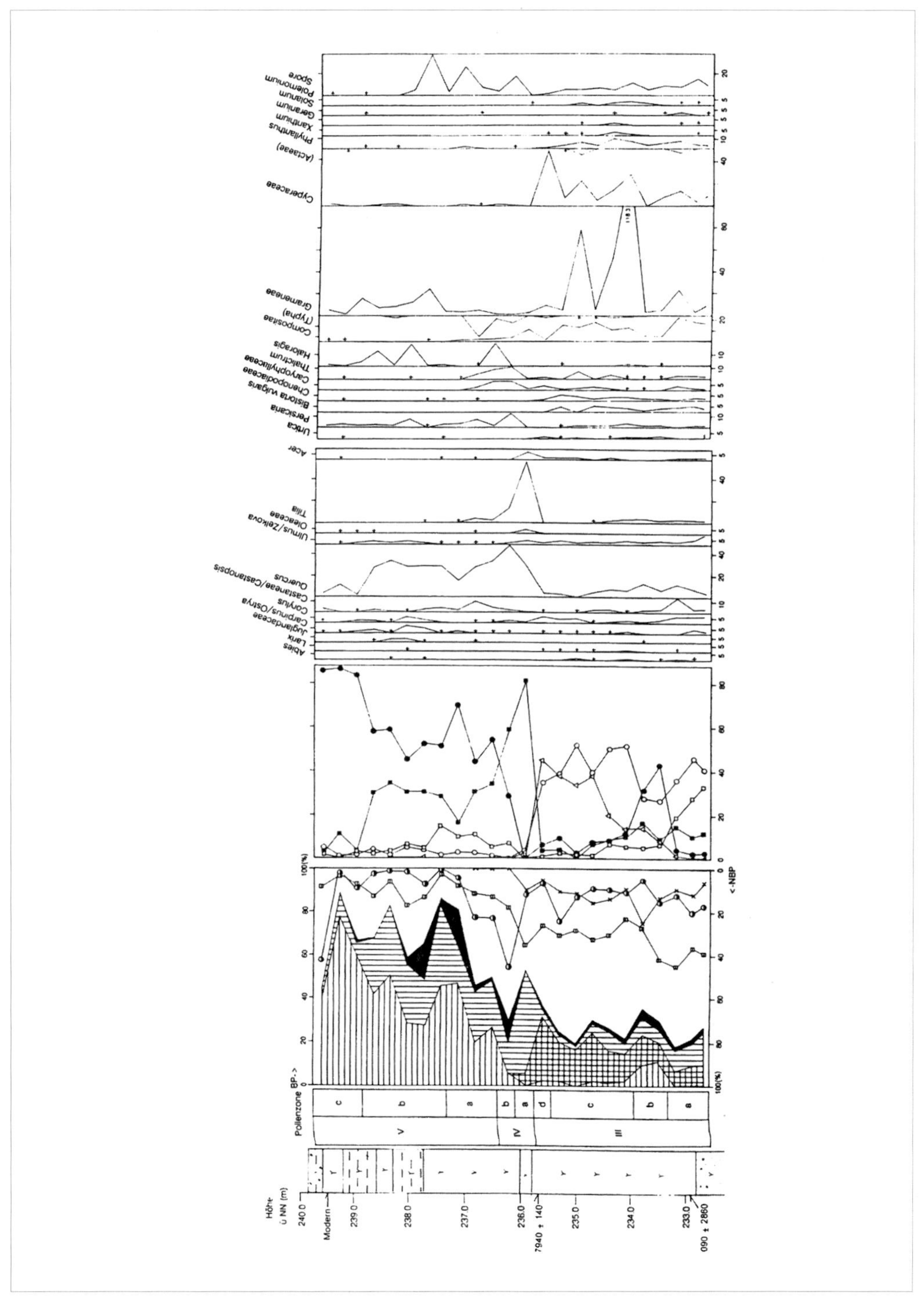

YY1 지점의 경우 아분대 IIId 시기인 2만 6,200~1만 5,000년 전에는 가문비나무속(*Picea*)이 우점하였고 이와 함께 자작나무속(*Betula*)이 우세하였다. YY2 지점에서는 아분대 IIId 시기가 2만 600~1만 5,000년 전에 해당하며 자작나무속이 우점하고 가문비나무속이 우세하였다. 영양 일대는 최종 빙기 최성기를 전후하여 초본이 우점하였으며 반면 삼림은 드물게 분포하였다. 목본 화분은 전체 화분량의 20~40%에 지나지 않았으며 가문비나무와 자작나무속이 대부분을 차지하였다. 이 시기 영양에서는 영랑호에서 중요한 수목이었던 전나무속과 이깔나무속이 거의 출현하지 않았고, 영랑호에서는 영양에서 크게 우점하였던 자작나무속이 거의 나타나지 않았다.

충남 부여 규암면 나복리의 경우 3만~2만 년 전에 형성된 토탄층에서는 소나무속이 우점하였고, 그 가운데 오엽송인 잣나무속(*Pinus koraiensis*)이 다량 출현하여 한랭한 기후였음을 지시하였다. 영양 지역과 달리 가문비나무속이나 자작나무속의 비율이 매우 낮았고 오리나무속(*Alnus*)과 참나무 혼합림(EMW)[28]의 비율은 상대적으로 높았다. 반면 영양 지역과 유사하게 오이풀속(*Sanguisorba*), 산형과(Umbelliferae), 국화과(Compositae), 쑥속(*Artemisia*), 볏과(Gramineae), 사초과(Cyperaceae) 등 초본 화분의 비율이 목본 화분에 비해 훨씬 높았다.

충남 천안 불당동 지역은 현재 냉온대 남부/저산지형의 낙엽활엽수림 지역이지만, 최종 빙기 최성기를 벗어난 시기부터 만빙기 후기(1만 6,000~1만 2,000년 전)까지는 신갈나무(*Quercus mongolica*)와 잣나무(*Pinus koreana*)가 중심이므로 당시의 기후는 현재보다 훨씬 한랭하였다. 천안 지역은 부여 규암과 유사하게 잣나무속과 소나무속 그리고 참나무속을 포함한 냉온대 북부/고산지형의 침엽수 활엽수 혼합림 지역으로 분류되었다.

한반도 동부 지역에 위치하는 영랑호나 영양 지역과 달리, 서부의 부여 규암과 천안 불당동 일대는 LGM의 목본 화분 조성이 대체로 온난 습윤성 온대 활엽수가 중심이었다. 그러나 충남의 두 지역 모두 초본류 비율이 목본류보다 훨씬 높아서 홀로세 식생 환경과는 뚜렷이 차이가 난다. 이러한 식생 조성 차이는, 당시의 기후가 공통적으로 현재와 달리 대단히 건조하고 한랭하였으나 한반도 동부 지역에 비해 서부 지

28 참나무 혼합림(EMW): 참나무속, 물푸레나무속, 개암나무속 등을 포함하는 낙엽활엽수림을 의미하며 EMW는 독일어 Eichen Misch Wald의 약어이다.

역이 상대적으로 온난 습윤하였음을 지시한다.

이와 같은 특징적인 식생 경관은 한반도 동부와 서부 지역 간의 LGM 시기 지형 및 수문 차이에서 그 원인을 찾을 수 있다. 서부 지역은 육화된 서해로 이어지는 완만한 사면 경사를 유지하였고, 육화된 황해 가운데에는 황하나 양쯔 강이 흐르며 이들 하천으로 이어지는 크고 작은 하곡이 형성되어 있었으므로, 동부 지역보다 온난하였을 것으로 판단된다. 한편 동해안은 LGM 동안 해면이 140m 정도 하강하였음에도 불구하고 해퇴로 인해 공기 중에 드러나 육화된 해저의 면적은 미미하였고, 동해는 규모 면에서 현재와 거의 차이가 없었으나 난류가 유입하지 않는 내해였으므로 해수 온도는 연중 매우 낮았다.

결론적으로 최종 빙기 최성기에 한반도는 목본의 밀도가 낮고 주로 초지가 넓게 전개되었으며, 한반도 서부 지역 역시 한랭하고 건조한 기후 아래 목본은 드물게 서식하며 초본이 우세한 식생 경관을 이루고 있었다. 이것은 연평균 기온의 하강, 해면 하강으로 인한 해안선 후퇴와 현재보다 더 강력한 시베리아기단의 영향, 그리고 여름철 한대전선의 북한계가 제주도 남쪽 해상에 있었던 것 등에 기인한다.

한편 제주도 역시 최종 빙기와 만빙기에 걸친 시기(21,800~14,400cal yr BP)에는 쑥속(*Artemisia*)을 중심으로 초본류가 목본류보다 훨씬 높은 비율을 차지하였고 목본류로는 참나무속이 우점하였다. LGM 이후 만빙기로 전환되면서 온대 낙엽활엽수림이 확장하고 초지가 축소되었다. 제주도의 식생 경관은 온난 습윤한 환경을 선호하는 목본의 비율이 높아서, 태백산맥으로 이어지는 산간지역인 영양이나 영랑호보다는 서해안에 가까운 부여 규암이나 천안 불당동의 식생 환경과 유사하였던 것으로 판단된다.

한반도 남부지방 LGM 시기 기온과 강수량에 대한 정보는 영양 지역 화분분석 결과를 통해 유추하였다. 경북 내륙 영양 지역에서는 가문비나무속(*Picea*)과 자작나무속(*Betula*)이 우점하는 가운데 전반적으로 초지가 우세하였다. 영양 지역 최종 빙기에 출현하였던 주요 식생들의 생태적 기후 특징을 Bartlein et al.(1986)이 제시한 7월 평균온도와 연강수량 자료를 통해 살펴보았다(그림 13.11).

자작나무속(*Betula*)은 연강수량 1,500mm 정도, 7월 평균기온 15°C가 적당한 한대성 수목이며, 가문비나무속(*Picea*)은 7월 평균기온 15°C 이하, 연강수량 800mm 이상이 최적 서식 환경이다. 특히 가문비나무속은 생육조건 중 온도와 강수량에 있어서

[그림 13.11] 주요 식생별 7월 평균온도와 연강수량 분포도(Bartlein et al., 1986)

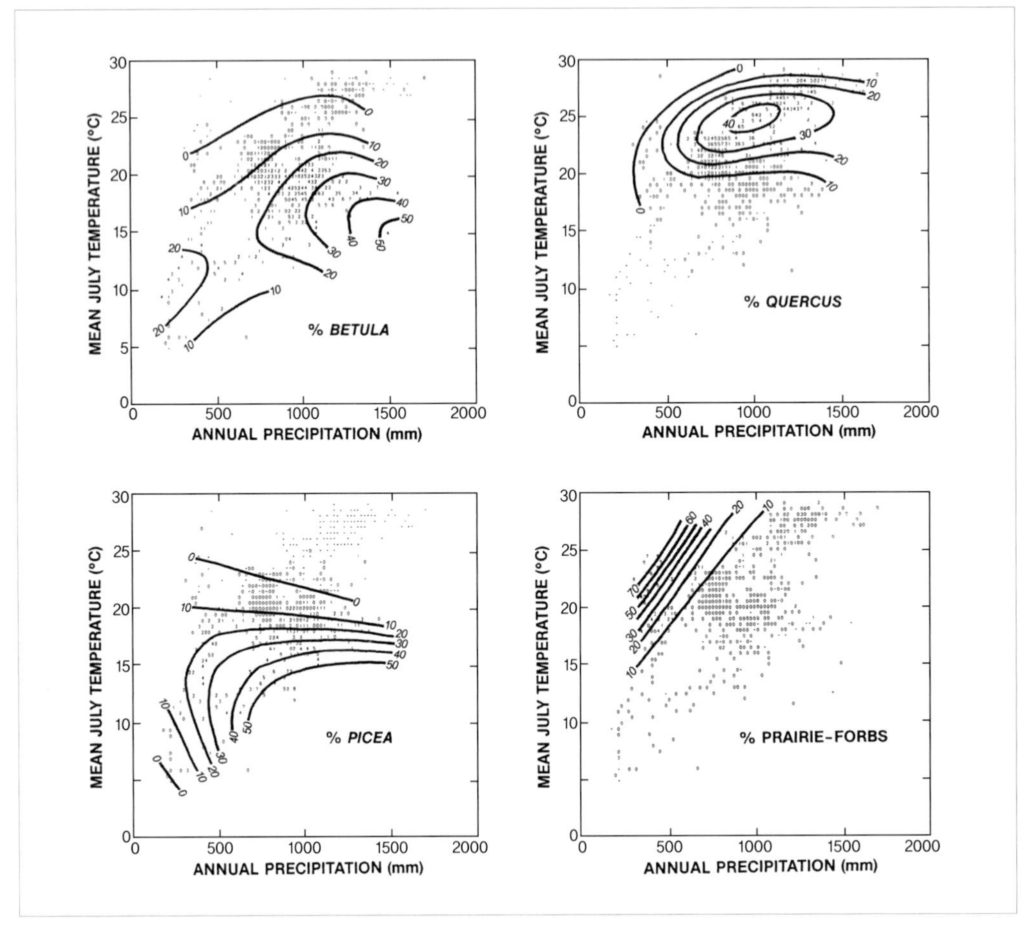

참나무속(*Quercus*)과 대조적이다. 7월 평균기온 20°C가 이들 사이의 경계 온도로, 이보다 따뜻하면 가문비나무속은 서식하기 어렵고 참나무속이 분포하며, 냉량하면 참나무속은 거의 사라지고 가문비나무속에게 유리한 환경이 된다.

최종 빙기 최성기 영양에서 우점하였던 가문비나무속과 자작나무속의 최적 서식 환경과 현재 한반도 남부에서 우점종인 참나무속의 최적 서식 환경을 비교하면, 당시 영양 지역의 7월 평균기온은 현재보다 10°C 정도 낮았으며 초본들이 광범위하게 분포하는 가운데 한대성 수목들이 입지하였다. 이러한 특징은 한반도 기타 지역에도 유사하게 적용될 수 있을 것으로 판단된다.

[그림 13.12] 몽골의 산지 사면향과 식생 분포

왼쪽의 북사면은 수목이 울창하며 오른쪽 남사면과 대조적임(경희대 지리학과 다나카 유키야 교수 제공)

LGM 시기 한반도의 초본과 목본이 분포하는 식생 경관을 복원하면 다음과 같다. 경사가 완만한 구릉지의 사면은 전반적으로 초원이었는데, 태양에 노출되는 일조시간(duration of sunshine)이 긴 남사면은 볏과식물을 포함하는 다양한 초본(grass 또는 prairie forbs)과 키가 작은 관목(shrub)으로 피복되었고, 북사면이나 일조시간이 짧은 사면에는 자작나무속, 가문비나무속, 전나무속, 소나무속 그리고 참나무속을 중심으로 하는 목본들이 자리 잡았을 것이다.

이와 같은 식생 경관은 현재 몽골에서 확인할 수 있다. 사면 경사가 완만하여 일조시간이 긴 남사면의 구릉지는 전부 키가 작은 관목과 볏과식물 중심의 초지 경관이다. 그러나 일조시간이 대단히 짧거나 거의 없는 산지 북사면에는 한랭성 수목림이 분포한다. 산지의 사면 방향에 따른 식생 분포 차이는 토양의 수분수지에 기인하는

데, 강수량이 적은 환경에서 토양의 수분수지는 증발량에 의해 결정된다. 즉 남사면은 증발량이 많아서 토양은 식물이 서식하는 데 필요한 수분을 공급할 수 없으므로, 초본이나 키가 작은 관목과 같이 건조한 환경에서 견디는 식물들이 분포하는 것이다(그림 13.12).

5) 최종 빙기 최성기 동아시아 한대전선[29]의 분포

동아시아 최종 빙기 최성기의 자연환경 및 고기후를 파악하기 위해 먼저 가장 동쪽에 위치한 일본에서 보고된 한대전선 분포와 식생 분포를 검토하였다. LGM 시기 한대전선의 위치는 당시의 기후대와 풍계를 이해하는 열쇠가 된다. 일본의 경우 여름의 한대전선은 당시의 식생 분포로 볼 때 규슈 북부와 세토나이카이를 연결하는 34~35°N 사이를 지난다(그림 13.8). 당시의 식생 분포로 보완하면 이 경계는 태평양 쪽에서는 간토 평야 북부의 36°N 부근 그리고 동해 쪽에서는 37°N과 연결되고 있었다(그림 13.6). LGM의 여름 한대전선은 너도밤나무(*Fagus* 속)가 서식하는 냉온대 혼효림 분포 지역과 관계가 있다. 해양성기후를 선호하는 너도밤나무는 한대전선의 북한계 설정에 의미 있는 지표가 된다. 동해 쪽에서 해안을 따라 너도밤나무가 서식하는 냉온대 혼효림이 분포하는 것은, 동해를 통과하여 한대전선으로 수렴하는 북서 계절풍이 일본열도 중앙을 통과하는 산지와 만나면서 바람맞이인 동해 쪽 산지 사면에 지형성강우가 내려 태평양 쪽보다 습윤해지기 때문이다. LGM 시기 한반도에서는 가장 남쪽에 위치하는 제주도에도 온대낙엽수림이 분포하지 않았다.

이 자료와 더불어 사막의 분포(그림 13.3) 및 건륙화된 황해의 해양퇴적물 분포(그림 13.4), 화분분석 결과로 추정한 중국의 고식생 환경(그림 13.5) 그리고 당시의 한반도 기후 자료 등을 참고할 때, LGM의 여름 동아시아 한대전선은 중국에서는 북위 30°

---

29 한대전선(polar front)은 대기대순환에서 발생하는 극동풍(polar easteries)과 편서풍(westeries)이 만나서 형성되며 현재는 대략 북위 60° 부근에 분포한다. 한대기단과 열대기단 사이에 형성되는 전선이며, 동아시아에서는 시베리아기단(cP)과 북태평양기단(mT)이 수렴하는 경계에 분포한다. 한대전선을 따라 온대저기압이 발생하여 통과한다. 상층에서는 이 전선과 평행하게 한대전선제트기류(polar front jet stream)를 동반하는 경우가 많다.

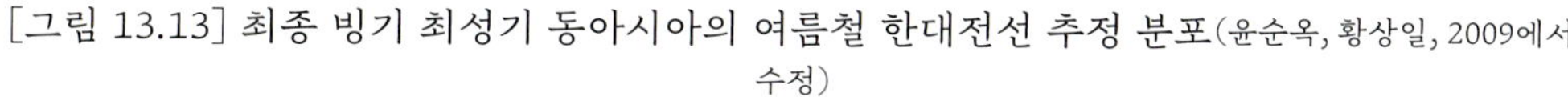
[그림 13.13] 최종 빙기 최성기 동아시아의 여름철 한대전선 추정 분포(윤순옥, 황상일, 2009에서 수정)

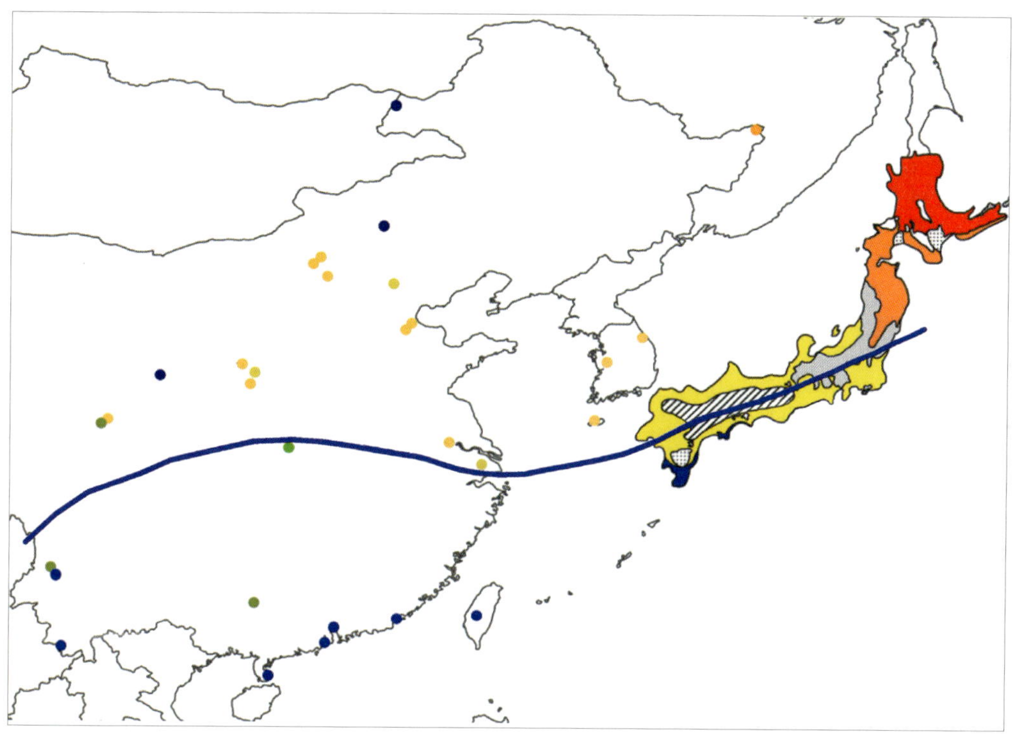

이남에 분포하는 냉대 혼효림의 북쪽 경계를 따라 통과한 것으로 추정된다.[30] 계절풍 기후 지역인 동아시아에서 한대전선은 여름철에 장마전선이므로 한대전선의 북쪽은 강수량이 대단히 적어서 사막과 스텝으로 이루어진 건조기후 지역이 분포한다. 이와 같은 사실들을 종합하면, 한반도 부근에서 LGM의 여름철 한대전선은 제주도보다 훨씬 남쪽에 위치하는 해상을 통과하였을 것이다(그림 13.13).

30 윤순옥, 황상일(2009)에서 중국의 LGM 여름 한대전선의 위치를 난온대 상록/낙엽 혼효림의 북쪽 경계인 24°N으로 제시하였으나, 중국에서 이루어진 화분분석 결과 31°N 지역에서 확인된 온대낙엽수림을 근거로 대략 30°N을 지나가는 것으로 수정하였다. 또한 일본 남서부에서 세토나이카이를 통과하는 선(그림 13.8)은 논문에서 기재한 내용과 동일하지만 태평양 쪽에서는 간토 평야 북부를 지나가는 것으로 고쳤다.

14.

한반도 뢰스 존재 가능성

한반도 뢰스의 존재는 박동원(1985)에 의해 처음 보고되었다. 그는 전북 김제시 일대의 기반암 위에 퇴적된 점토(clay)가 포함된 실트질토양을 대상으로 입도분석과 주원소 분석을 행하고, 이 퇴적물들은 근본적으로 중국의 황토와 매우 유사한 물리적, 화학적 특성을 가지므로 중국으로부터 날아온 풍성의 뢰스이며 일본에 분포하는 뢰스와 동일 기원을 공유한다고 주장하였다. 그러나 이 연구 이후 상당한 기간 동안 국내 연구자들은 기반암 위에 퇴적된 실트 층준이 풍성의 뢰스인지에 대해 의문을 제기하였으며 한반도의 뢰스 존재 가능성은 대체로 부정되었다. 그럼에도 불구하고 김제시 일대의 동일한 노두를 대상으로 다양한 분석에 근거하여 뢰스가 아니라는 것을 증명한 연구나 논의는 없었다. 그리고 우리나라 전역에 걸쳐 넓게 분포하는 점토질 실트층을 토색만으로 황토, 적색토 또는 적황색토로 분류하여 기반암 풍화토나 하천 퇴적층이라고 생각하였다. 기반암 풍화토로 보는 견해(강영복, 1987)는 현재의 기후보다 훨씬 더 고온 다습했던 고기후 환경(심지어 제3기까지 소급된다)에서 생성된 고토양[31]으로 분류하였고 통칭하여 적색토로 명명하였다.

한국의 토양분류를 정밀하게 행하는 농업진흥청에서도 뢰스를 따로 구분하여 분류체계에 포함시키고 있지 않다. 필자는 고토양으로서 적색토가 한반도에 분포할 수 있다고 생각하지만, 적색토의 정의, 토양의 물리적, 화학적 특성을 논의하고 적색토의 분포 구역을 설정하기 위해서는 뢰스와 구분할 수 있는 기준을 만들어야 한다고 본다. 즉 풍성먼지는 대단히 가볍고 공극이 많으며 침식에 대한 저항력이 약하므로, 뢰스가 형성되기 위해서는 사면 경사가 완만한 구릉지나 유수의 영향을 적게 받는 평탄한 지형면과 같은 지형 조건을 충족하여야 하는데, 이런 측면에서 고토양인 적색토와 구분된다. 한편 오경섭, 김남신(1994)은 경기도 연천군 전곡리 용암대지에서 풍성의 뢰스층을 확인하였고, 이 퇴적물이 빙기에 육화된 황해에서 바람에 의해 운반된 뢰스이며 지형 조건이 충족되는 지역에 분포한다고 주장하였으나, 연구가 한 번에 그치면서 뢰스 논의는 활성화되지 못하였다.

세계적인 뢰스 지역으로 알려진 중국의 황토고원은 고비 사막이나 타클라마칸 사막 또는 인접한 서쪽의 건조지역들을 기원지로 한다. 황토고원은 황해를 사이에 두고 한반도에 인접해 있으므로 이 지역으로부터 풍성먼지가 바람에 의해 한반도로 운반되어 퇴적되었을 가능성이 매우 높다. 그럼에도 불구하고 2000년대 중반까지도 우리나라는 유럽과 일본 등에서 진행되는 동아시아 뢰스 연구에 대한 정보가 부족하였으며, 대부분의 연구자들은 한반도 서쪽에 넓은 황해가 있어서 층준을 이룰 만큼 두꺼운 뢰스층은 없을 것으로 추정하였다. 또한 통상적인 편견으로 뢰스는 아시아에서 중국에만 있으며 유럽이나 북미에서는 빙하와 관련되어 뢰스가 분포한다고 보았으므로, 한반도에 뢰스가 존재할 가능성이 무시되었던 측면이 있다.

중국의 뢰스고원이나 뢰스고원 주변의 건조지역을 기원지로 하여 운반된 풍성먼지로 형성된 뢰스가 한반도에 존재하는가에 대해서 회의적인 주장은 대개 다음의 네 가지로 정리할 수 있다. 첫째, 뢰스-고토양 연속층을 기반암이 풍화작용을 받은 결과 형성된 새프롤라이트(saplorite)로 판단하고 육안에 의해 황토나 적색토로 명명하였다(강영복, 1973, 1978, 1979, 1987; 강영복, 박종원, 2000). 둘째, 서해안의 경우 뢰스를 지표면이 평탄한 지역에 분포하는 고간석지 퇴적물로 간주하거나 동해안에서는 석호 퇴적

31 고토양(paleosol): 현재의 기후 조건에서 생성될 수 없는 토양이 있을 때, 이것은 필시 과거의 기후 조건에 의해서 생성되었을 것이므로 고토양이라 함. 그리고 과거의 생성 인자의 흔적이 남아 있다 하여 유물 토양, 유적 토양(relic soil 또는 relict) 또는 화석 토양(fossil soil)이라고도 함.

층으로 해석하였다(임현수 외, 2004). 셋째, 뢰스-고토양 연속층이 홍수 시 범람에 의해 운반되어 저에너지 상태에서 퇴적된 세립질 하천 퇴적물이라는 주장이 있다(김주용 외, 2006). 그리고 조립질 실트와 세사를 포함하는 뢰스 퇴적에는 지형적인 장애물이 필요한데, 바람에 운반되어 온 풍성먼지를 산지가 가로막고 있어야 그 전면에 뢰스가 퇴적될 수 있다는 것이다. 이러한 이유로 뢰스를 형성하는 풍성먼지는 중국의 뢰스고원으로부터 멀리까지 장거리의 경로로 운반되는 것이 아니라,[32] 빙기에 한강과 임진강의 범람원 및 육화된 황해에서 공급되었다고 보았다(오경섭, 김남신, 1994).

기반암이 물리적, 화학적 풍화작용을 받아 세립의 입자로 이루어진 새프롤라이트가 되고, 산화작용으로 산소와의 결합 산물인 산화철과 산화알루미늄이 만들어지면서 토색은 황색이나 적색을 띠게 된다. 그리고 기반암을 구성하였던 세력(granule)급 석영이나 모래질 석영은 풍화되지 않고 남아 있으므로, 이러한 토양은 육안에 의해서도 기반암의 토양화 과정에서 나타난 결과임을 알 수 있다.

아울러 토양의 입도분석, 대자율 분석과 함께 주성분 분석, 미량원소 분석, 희토류 분석 등 다양한 지구화학적 분석을 하면 장거리 운반으로 온 뢰스인지, 뢰스가 분포하는 주변 지역의 기반암에서 기원하였는지를 판단할 수 있다. 한반도 뢰스 존재에 대한 의구심은, 과거에는 암석이나 토양의 지구화학적 분석이 원활하지 못하였으므로 육안 관찰과 경험에 의존한 측면에서 나온 것일 수도 있다.

고간석지층의 세립질 퇴적층에 나타나는 서관 구조(burrow)와 토양쐐기(soil crack) 등은 뢰스 퇴적층에서도 유사하게 확인되지만, 토층 구조와 토색 변화에는 뚜렷하게 차이가 있다. 고간석지층은 현재 간석지층과 마찬가지로 전체적으로 조류(潮流)의 흐름에 따라 퇴적되어 층리가 있고 퇴적층 상부와 하부에 조립의 자갈이 포함될 수도 있는데, 풍성의 뢰스층과 달리 기후변화에 따른 토색의 변화가 관찰되지 않는다.

뢰스-고토양 연속층 최하부에는 지형 발달 과정에서 형성된 지형면의 자갈층이 나타날 수 있지만 상부의 뢰스층에는 자갈층이 존재하지 않는다. 또한 뢰스층은 제

32 건륙화된 황해로부터 운반되어 온 풍성먼지도 장거리 운반으로 분류할 수 있겠지만, 기원지가 황토고원이나 황토고원 주변 사막인 풍성먼지와의 상대적인 거리를 고려한 용어이며 절대적 거리를 의미하는 것은 아니다.

4기 빙기와 간빙기의 반복으로 인해 고토양층과의 토색 차이가 특징적으로 관찰된다. 한편 뢰스 퇴적층과 고간석지층이 교호로 퇴적되었다면 층간에 부정합이 확연히 존재할 것이다. 뢰스-고토양 연속층은 기후변화와 함께 상이한 시기에 형성된 퇴적층이 중첩되므로 대자율 등에서 차이가 있지만, 부정합의 증거는 발견되지 않는다. 그리고 고간석지층은 수평 층리뿐 아니라 환원 환경을 의미하는 회색 및 청회색 토색을 띠고 있어 뢰스 퇴적층과는 뚜렷이 구분된다.

동해안의 경우 뢰스-고토양 연속층이 세립질 퇴적층이라는 점에서 석호 퇴적층으로 해석하려는 경향이 있다. 석호는 과거의 '내만'이라는 지형적 조건이 충족되어야 하지만 뢰스-고토양 연속층은 이러한 지형적 조건과 무관하게 형성된다. 석호 퇴적층은 층리가 있으며 동일 층준에서는 분급이 양호하고 환원 환경에서 퇴적되므로 토색의 특징이 뢰스와는 다르다. 특히 석호 퇴적층은 입도 조성, 대자율과 지구화학적 분석값이 뢰스보다 오히려 주변 해안단구와 더 유사할 것이므로 뢰스와의 구분이 가능하다.

일부 연구자들은 한국 뢰스 분포 환경에 대해 다음과 같은 이유로 지형적인 영향을 강조한다. 즉 한반도에는 북서풍 또는 서풍 계열의 바람에 의해 뢰스 물질이 운반되므로, 탁월풍에 대해 지형적 장애물이 되는 산지가 분포하고 있어야 그 전면에 뢰스가 퇴적될 수 있다는 것이다. 이러한 논리에 따르면 북서풍 또는 서풍에 의해 운반되는 뢰스 물질은 태백산맥에 의해 차단되므로 바람의지(leeward)에 해당하는 동해안을 따라서는 뢰스가 퇴적될 수 없다. 또한 소백산맥의 바람의지인 영남지방에서도 뢰스가 대단히 얇아지거나 퇴적이 어려울 것이다. 그러나 현재까지의 연구에 의하면 한국 중부, 남부 지역 그리고 서해안과 동해안에서 뢰스-고토양 연속층이 보편적으로 분포하고 있는 것이 확인되었다.

그리고 필자가 보고한 대부분의 풍성층 두께는 높은 산지의 분포와 상관없이 2~6m이며, 지형 특성과 사면 경사 등 다양한 요인에 의해 국지적인 차이는 있지만 지역 차가 거의 없을 정도로 유사하다. 따라서 한국 뢰스 형성에 있어서 이와 같은 지형적인 영향이 전혀 없다고 단언할 수 없으나 지형적인 요소가 필수 불가결한 것은 아니다.

그림 14.1은 거창 단면 주변 뢰스층의 경관이다. 소백산맥의 높은 산지로 둘러싸인 거창 분지에는 MIS 7에 형성된 하안단구 자갈층 위에 MIS 6의 빙기 이래 퇴적된 두께 2.15m 뢰스층이 퇴적되어 있다. 이 단면의 뢰스층은 진천 단면(6.40m)이나 아야진

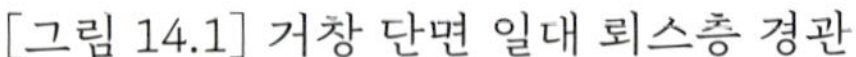
[그림 14.1] 거창 단면 일대 뢰스층 경관

단면(5.00m) 및 강릉 단면(4.65m)에 비해 상대적으로 두께가 얇은 편이다. 한편, 서해안 보령시 남포읍에서 MIS 9에 형성된 해안단구 위에 MIS 8 이래 퇴적된 2.10m 두께의 뢰스층인 대천 단면과 비교하면 내륙 산지에 위치한 거창 단면의 뢰스층이 더 두껍다.

한반도는 제4기 빙기에 아시아 대륙 내부에 넓게 자리 잡은 강력한 시베리아기단에서 불어 나오는 북서풍, 북풍과 같은 지상풍과 상층의 제트기류와 편서풍[33]이 이동하는 경로상에 위치하고, 육화된 황해와 연속되며 뢰스고원 등 풍성먼지 기원지와 인접해 있어 뢰스층이 형성될 수 있는 퇴적의 장이 된다. 따라서 퇴적층 보전에 적합한 지형 조건이 충족된다면 현재까지도 뢰스층이 존재할 가능성이 매우 높다.

한반도에 도달하여 퇴적된 풍성먼지는 연약한 세립질 실트가 주성분으로 토양

33 지상풍으로서 편서풍은 중위도(아열대)고기압대에서 아극저기압대로의 대기 이동을 의미하며, 평균적으로 위도 약 35°에서부터 65°까지 위치한다. 한편 대류권 상층에서는 적도와 극지방의 온도 차에서 기인한 기압 차로 발생하는 기압경도력과 코리올리힘의 관계에서 서풍이 발생한다. 편서풍의 풍속은 고도에 따라 증가하며 대류권계면에서 최대가 된다. 대류권 상층의 편서풍 파동 내에서 최대 풍속을 나타내는 부분이 제트기류이다.

구조가 느슨하기 때문에 퇴적 이후 유수 작용에 의해 토양침식을 받기 쉬워 단기간에 유실될 수 있다. 따라서 제4기를 통해 뢰스가 퇴적되고 이후 현재까지 보전되기에 적합한 지형 조건 가운데 가장 중요한 요소는 지표면의 평탄한 정도이다. 오경섭, 김남신(1994)은 서쪽으로는 다소 열려 있고 동쪽으로는 높은 산(해발고도 500~900m)들로 막혀 있는 전곡리 일대 용암대지(또는 현무암 대지)의 지형적 특색을 뢰스 퇴적층의 형성 요소로 보았다. 뢰스가 퇴적된 후 장기간에 걸쳐 부드럽고 연약한 실트질의 풍성먼지들이 침식으로 제거되지 않고 양호하게 보전된 전곡리 용암대지는 뢰스의 분포 가능성이 높은 적합한 지형 조건이라는 것이다.

이와 달리 전북 부안 단면(BUPS)은 완만하게 경사진 기반암상에 기반암의 경사와 조화되는 기울기로 뢰스층이 퇴적되었다. 아울러 울산이나 영남 분지 동쪽 가장자리의 경주분지에서는 두께가 2m에도 미치지 못하지만, 동해안의 강릉과 고성의 아야진에서는 5m 내외의 뢰스-고토양 연속층이 확인되었다. 한반도 중부와 남부 지방에는 계절풍이나 편서풍의 바람의지와 바람맞이에 구애받지 않고 뢰스-고토양 연속층이 분포한다. 이것은 육화된 황해 해저와 서해안을 향해 열려 있는 바람맞이의 평탄한 지형면과 같은 조건에 맞추어 뢰스 존재 가능성을 매우 제한적으로 인정하지 않아도 된다는 것이다. 지형면 경사가 완만한 선상지나 구릉지에도 뢰스-고토양 연속층이 상당히 광범위하게 분포하고 있다.

퇴적 이후 뢰스의 보전이라는 측면에서는 퇴적지의 지형적인 특성이 영향을 미쳤을 것이다. 경사지에 퇴적된 뢰스층은 사면을 흐르는 유수, 즉 포상류(sheet flow)와 같은 지표류(overland flow) 등에 의해 침식되어 제거될 수 있지만, 완만한 사면이나 평탄한 지형면 위에 형성된 뢰스 퇴적층은 잘 남아 있게 된다. 지금까지 보고된 국내의 뢰스-고토양 연속층이 용암대지나 선상지 혹은 하안단구나 해안단구와 같이 비교적 평탄한 지형면에서 원형이 잘 보전되어 있는 것은 이러한 사실을 뒷받침한다.

해안단구 위에 형성된 뢰스층도 동서해안에서 모두 확인된다. 서해안에서는 두께 약 4.5m의 대천 단면(DCSD)이 해안단구 지형면[34] 위에, 또한 해미 단면(HM) 역시 200cm

34 구정선 고도가 22.88m인 대천 해안단구는 동해안에 비해 낮은 융기율이 적용되며 동해안의 고위면 형성기인 MIS 9로 편년되었다.

두께의 뢰스-고토양 연속층과 아래의 120cm 두께의 점이층을 포함한 320cm 풍성층이 해안단구 역층 위에 퇴적되었다. 동해안의 강릉 해안단구상에도 사구사를 포함한 뢰스층인 강릉 단면(GRBH)이 존재한다. 두께가 약 465cm에 달하는 강릉 단면은 해발고도 약 17.34m인 해안단구 저위 I면 위에 퇴적되어 있다. OSL 연대측정 결과를 신뢰하기 어렵지만 약 20만 년 BP까지 측정되어[35] 강릉 단면 역시 퇴적된 후 오랜 기간 보존될 수 있었는데, 이것은 해안단구의 평탄한 지형면이 중요한 역할을 하였음을 시사한다.

하안단구 지형면상에서 뢰스-고토양 연속층이 보전된 경우가 상대적으로 많았다. 뢰스-고토양 연속층의 두께가 약 320cm인 봉동 단면(BDSJ)과 215cm 두께의 거창 단면(GC)은 비교적 넓은 하안단구 지형면 위에 퇴적되어 있다. 뢰스-고토양 연속층(깊이 0~500cm)과 점이층(140cm 두께)으로 이루어져 640cm로 상당히 두꺼운 진천 단면(JCIC)은 미호천 하안단구 위에서 확인되었다. 그 밖에 태화강 하안단구 저위면에는 점이층을 포함한 160cm 두께의 뢰스층인 언양 단면(UE)이, 강원도 고성군 태백산맥의 동사면을 따라 넓게 분포하는 선상지 지형면에는 점이층을 포함하는 500cm 두께의 뢰스-고토양 연속층인 아야진 단면(GSAY)이 나타난다.

우리나라에서는 뢰스-고토양 연속층으로 판단되는 점토질 실트(clayey silt) 토양을 다양하게 생활에 활용하였다. 가장 대표적인 사례가 전통 건축물의 벽체, 담장, 지붕 재료로 이용된 것인데, 수분을 함유하면 점착성이 높고 건조하면 매우 단단해지면서 습기를 잘 흡수하는 뢰스 토양의 성질을 활용하였다. 전근대 시기 수천 년 동안 전국에서 엄청난 양의 점토질 실트가 소위 '황토'로서 채굴되었으며 그 이후에도 벽돌 재료 등으로 이용되었다. 물론 혈암(mudstone)이 심층 풍화되어 생성된 새프롤라이트 분포 지역과 같이 뢰스를 대체하는 토양을 획득할 수 있는 지역도 있으나, 소위 '적색토'[36] 분포 지역 가운데 상당히 넓은 지역이 뢰스-고토양 연속층인 것으로 생각된다.

---

35 한국 동해안 해안단구 저위 I면은 대체로 MIS 5e에 형성된 것으로 본다. 이 OSL 연대의 신뢰도는 의문이 많으나 참고로 제시한다.

36 권혁재가 집필한 지형학(2004)에 인용되어 있는 '한국 적색토 분포도'의 경우 적색토를 다음과 같이 설명한다. "강영복의 설명에 의하면, 적색토는 황토라고 부르며, 농촌진흥청에서 제작한 정밀토양도에 의거하여 작성한 분포도로 보면, 적색토는 중부와 남부 지방에서 광범위하게 분포하며, 야산에 널리 분포하지만 이에 국한된 것은 아니다."

15.

한반도 뢰스의 기원지와 고기후 특성

1) 뢰스의 기원지 추정

뢰스 퇴적물의 원소 함량은 기원지, 퇴적물의 분급, 입자가 퇴적 이전과 이후에 받은 풍화작용과 속성작용 그리고 개별 원소의 지구화학적 행태 등에 영향을 받는다(Rollinson, 1993). 원소 조성에서 확인한 바와 같이, 풍화작용에 대한 저항력이 강한 주원소들의 조성, 기원지 확인에 유용한 미량원소 조성과 희토류원소 비율 등에서 한국 뢰스는 중국 뢰스고원과 유사하고 뢰스 단면 주변의 기반암과는 달랐다. 이러한 지구화학적 특성은, 한국 뢰스를 구성하는 실트와 점토 등 미립 물질들이 각 단면들 주변에 분포하는 기반암의 풍화산물에서 기원한 것이 아니라 중국 뢰스고원에서 기원하였음을 의미한다.

중국 뢰스고원 퇴적물의 기원지에 관해 지금까지 많은 논란이 있었지만(Gallet et al., 1996; Derbyshire et al., 1998; Jahn et al., 2001; Sun, 2002; Yang et al., 2011 등), 연구자들은 대부분 중국 뢰스고원을 형성하는 토양이 중국 서부의 건조 또는 반건조 지역에서 기원하였다는 데 동의한다. 한편 Sun(2002)에 의해 지적되었듯이 중국 뢰스고원은 뢰스 퇴적의 종착지가 아닌 뢰스 물질 운반의 경로상에 있는 지역으로 간주되고 있다.

이러한 관점에서 한국 뢰스의 기원지를 생각해 보면, 중국 서부의 건조기후 지역으로부터 풍성먼지가 한반도로 직접 운반될 수 있으며, 중국 뢰스고원 역시 우리나라에 분포하고 있는 뢰스 물질의 공급에 기여할 수 있다. 더욱이 뢰스고원이 지리적으로 한국과 더 가깝기 때문에 중국 서부의 건조 및 반건조 지역보다 국내 뢰스 물질 공급에 더 큰 영향을 미칠 수 있다. 따라서 한국 뢰스의 원소 조성을 중국 서부의 건조 또는 반건조 지역이 아닌 중국 뢰스고원과 비교하였으며, 한반도 중부 이남 뢰스의 기원지를 중국 뢰스고원으로 전제하였다. 즉 국내 뢰스가 중국 뢰스고원과 공통의 기원지를 공유하거나 중국 뢰스고원에서 재운반된 물질로 이루어져 있다는 의미이다.

이러한 해석은, 공간적으로 한반도 북부지방의 서쪽에 위치한 베이징(北京)의 풍성먼지가 베이징 주변의 모래 지대가 아니라 중국 서부의 사막에서 공급된 것이라는 점(Yang et al., 2007a, b), 그리고 중국 뢰스고원과 공통의 기원지를 공유하는 것으로 확인되어 필자에 의해 보고된 10개 연구 지점과 Jeong et al.(2013)이 보고한 연천 전곡리, 서울 강동구 고덕동, 용인시 처인구 천리, 경주시 양남면 읍천리의 갈색 점토-실트(BCS) 단면에 의해서도 뒷받침된다.

한편 빙기에 해면이 하강하면서 황해는 공기 중에 드러나 육화되었다. 이때 육화된 황해는 이전 간빙기에 퇴적된 해저퇴적물을 포함하여 보다 서쪽에서 운반된 풍성퇴적물과 양쯔 강, 황하, 요하, 압록강, 한강, 금강 및 이들 지류들이 운반해 온 하천 퇴적물 등으로 피복되었으며, 곳곳에는 사막이 분포하고 있었다.

최종 빙기 최성기에 건륙화된 황해는 건조기후 지역이었으며, 식생 경관은 짧은 초본과 키 작은 관목으로 이루어진 초원이 넓게 펼쳐졌고, 발해만, 평안도 서쪽, 현재 양쯔 강 하구부에서 동쪽으로 모래로 된 사막이 분포하고 있었다. 현재 황해 해저에는 실트가 매우 넓게 분포하는데, 이것은 해진 극상기 이후 파랑, 연안류, 조류에 의해 퇴적된 것이지만 빙기의 실트 분포지와 관련되어 있을 가능성도 있다.

중국에서 동경 100°보다 동쪽에 위치하는 북위 30~43° 구간이 최종 빙기 최성기에는 사막과 스텝으로 이루어졌으므로(Yu et al., 2000), 한반도 전체는 육화된 황해를 통해 중국과 연결된 건조기후 지역이었을 것이다. 이 시기 황해에는 보다 서쪽에서부터 풍성먼지가 운반되어 퇴적되었으며, 이것들이 다시 바람에 의해 한반도와 일본 및 태평양으로 재이동되었을 것이다. 다만 황해 해저의 뢰스층 두께에 대해서는 자료가 없으나 최종 빙기에는 한반도보다 두껍게 퇴적되었을 것이다. 그리고 간빙기에 퇴적된 조간대 물질의 거동이 어떠했는지에 대해서는 알 수 없다.

한국의 뢰스 퇴적 물질 가운데 일부가 지역적 기원지로부터 도약운동(saltation)에 의해 운반되었다면 상대적으로 조립질인 입자도 포함될 수 있다. 그러나 토양의 다양한 물리적 및 화학적 분석 결과에 의하면, 한국의 뢰스-고토양 연속층의 세립 물질은 공간적으로 가까운 범람원이나 해안사구에서부터 지표면을 따라 도약운동으로 운반된 것이 아니라, 대부분 장거리를 이동하여 퇴적되었다. 와이불 함수를 이용한 입도 분리에 의해서도 확인되었듯이, 한국 뢰스 중 일부는 상층대기를 통해 그리고 또 일부는 하층대기를 따라 운반되었는데, 하층대기로 이동한 물질도 지표면을 따라 도약운동을 통해 운반된 것은 아니다.

한국 뢰스 연구에서 중요한 논점들 가운데 하나는 기원지에 대한 논의이며, 이동 거리에 따라 장거리 또는 원거리 기원, 단거리 기원, 다중 기원의 세 가지로 나누어진다. 중국 뢰스고원과 기원지를 공유한다는 장거리 기원, 해면 하강으로 육화되었던 황해나 뢰스 퇴적층에 인접한 주변 지역에서 기원하였을 것이라는 단거리 기원 그리고 이들 기원지 모두를 뢰스 공급원에 포함시킨 것이 다중 기원이다(윤순옥 외, 2012).

필자는 한국 뢰스 가운데 뢰스-고토양 연속층은 장거리 기원이지만, 기반암이나 지형면 형성 이후 근거리에서 운반된 풍성 물질이 장거리 기원 물질에 혼입되어 형성된 하부의 점이층은 다중 기원(multi-source)으로 보는 것이 합리적이라고 생각한다. 즉 대부분의 연구에서는 원거리에서 기원한 뢰스 물질이 한반도 뢰스-고토양 연속층의 주 구성 성분이라는 주장이 설득력을 얻고 있다. 그러나 뢰스-고토양 연속층보다 하부에 퇴적되어 있는 점이층은 장거리 운반에 의한 뢰스 물질과 함께 주변의 근거리에서 기원한 물질이 상당량 혼입되었다. 특히 충남 서산 해미 단면, 충북 진천 단면, 경남 언양 단면 그리고 동해안의 강원도 아야진과 강릉 단면에는 기반암의 풍화 물질이나 단면 주변의 지역적 기원지에서 운반되어 온 물질이 장거리 이동 물질에 혼입된 점이층이 상당한 두께로 퇴적되어 있다.

뢰스의 기원지를 밝히는 가장 보편적인 근거는 바로 입도 특성이다. 한국 뢰스 퇴적층에는 중국 뢰스고원보다 더 조립인 실트 입자와 장거리를 이동할 수 없는 모래와 같은 물질이 포함되었기 때문에, 한국 뢰스 퇴적층이 육화된 황해나 조사 단면과 가까운 지역적 기원지로부터 운반되었다는 주장(오경섭·김남신, 1994)이 있다. 이러한 연구들은 대부분 입도분석 결과를 가장 핵심적인 증거로 제시하지만 입도분석 방법에 대한 세밀한 정보의 제공이 매우 부족하다. 전술하였듯이 입도분석 결과는 적용된 전처리 과정과 분석 방법에 따라 큰 영향을 받으며, 회절 자료를 입도 자료로 변환해 주는 미 이론(DS)[37] 또는 프라운호퍼 이론에 의해서도 영향을 받는다. 입도분석의 전처리, 분석 방법, 자료처리 과정에 대한 구체적인 설명 없이 입도 특성만을 기초로 단거리 운반을 주장하면 오류의 가능성을 내포하게 되므로 검증이 요구된다.

그럼에도 불구하고 육화된 황해 지역에서 한반도로 풍성먼지가 운반되어 온 것은 의심의 여지가 없다. 이와 같은 추론은 건륙화된 황해 지역의 지형, 식생 및 기후 환경이 풍성먼지를 생산할 수 있었기 때문에 가능하다. 다만 빙기 동안 건륙화된 황해의 지표면을 피복한 퇴적물 가운데 대부분은 뢰스고원과 주변의 건조 및 반건조 지역으로부터 공급된 풍성먼지일 가능성이 많으며, 이 물질들이 재이동되어 동쪽의 한반도로 운반되었을 것이다. 따라서 건륙화된 황해로부터 한반도로 운반된 풍성먼지의 대부분은 장거리 이동으로 운반되어 온 풍성먼지와 거의 같은 기원지를 공유한다고 생각된다.

만일 국내 뢰스 물질이 전적으로 인접한 범람원에서 기원하였다면, 유역 분지의 기반암 풍화산물이 하천에 의해 단면 부근까지 이동되고 다시 바람에 의해 단거리를 이동하여 풍성층을 형성하였을 것이다. 이 경우 퇴적층은 풍화에 약한 원소들의 조성에 있어서 약간의 차이가 있을지라도 반드시 유역 분지의 기반암 그리고 하천 퇴적물과 지구화학적으로 닮아 있어야 한다. 또한 서로 다른 기반암으로 구성된 유역 분지들 내에 퇴적된 풍성 퇴적층이라면 지구화학적으로 차이가 뚜렷하게 나타나야 한다. 그리고 육화된 황해나 인접한 주변 지역 기원의 뢰스가 일부 섞여 있다면 이러한 퇴적층은 또한 혼합의 신호를 보여야 할 것이다.

필자 등에 의해 보고된 연구를 포함하여 지금까지 국내에서 진행된 연구에 따르

---

37 DS는 굴절률(RI) 1.52, 흡수율(AI) 0.2로 세팅되어 있다. RI와 AI가 0이 아니면 미 이론이므로 DS는 미 이론에 포함되며 미 이론이 DS보다 큰 개념이다.

면, 뢰스-고토양 연속층의 지구화학적 특성은 단면들 사이의 지리적 거리와 퇴적지의 다양한 기반암 조성에도 불구하고 서로 매우 유사하였다. 우리나라는 주로 편마암류와 화강암류로 이루어져 있으나 몇몇 단면들은 다양한 기반암으로 이루어진 지역에 위치하고 있다. 예를 들어 아야진 단면은 화강암, 편마암과 현무암 등이 분포하며, 강릉 단면은 화강암과 퇴적암, 해미 단면은 화강암, 편마암과 편암, 그리고 진천 단면은 화강암, 편마암과 퇴적암으로 구성되어 있다. 다양한 기반암으로 이루어진 여러 지역들에 분포하는 뢰스-고토양 연속층이 지구화학적 유사성을 보인다는 사실은, 한국의 뢰스가 동일한 기원지 또는 공통의 기원지를 공유한다는 것이며 그 기원지가 국지적이거나 지역적이지 않다는 것이다.

특히 운반작용과 풍화작용이 진행되는 동안 분별 작용(fractionation)의 영향을 적게 받고 동시에 풍화작용에 대한 저항력이 큰 희토류원소 조성의 경우 한국 각 지역 뢰스에서 얻은 값이 유사한 것은, 뢰스-고토양 연속층이 대부분 단거리 운반이 아닌 장거리 운반으로 이동한 것을 의미한다. 다만 울산 언양 및 경주 황룡 단면과 같은 일부 조사 단면에서는 다른 단면에 비해 근거리에서 운반된 물질이 상대적으로 많이 혼입되어 있었다.

더구나 대천과 봉동 뢰스-고토양 연속층의 시료와 2010년 서울에서 포집한 황사 시료의 분급, 왜도, 첨도 그리고 Y값과 같은 입도 특성들이 유사한 것은 이들 퇴적물들이 동일한 기원지에서 운반되어 왔음을 지시한다. 와이불 함수를 이용한 해미 단면 시료의 입도 분리 결과는, 해미 지역에서 기원하여 근거리를 이동한 물질이 약간 포함되어 있긴 하지만 한국 뢰스가 중국 뢰스고원과 동일한 성분으로 이루어져 있음을 확인시켜 주었다.

이러한 사실들은 한국 뢰스가 중국 뢰스고원과 공통의 기원지를 공유하거나 중국 뢰스고원에서 기원하였음을 의미한다. 또한 뢰스 가운데 조립 성분(coarse component, CC)이 중국 뢰스고원 내에서도 북서-남동 방향으로 세립화 특성을 보이며 중국 뢰스고원보다 한반도의 뢰스-고토양 입도 조성이 세립이라는 사실 역시 한국 뢰스의 기원지에 대한 이러한 주장을 뒷받침해 준다.

한편 필자 등이 조사한 뢰스층 노두들의 최하부에는 선상지 자갈층, 단구 모래층, 해안단구 역층, 하안단구 역층 등이 퇴적되어 있으며, 상부의 뢰스-고토양 연속층과 하부의 이들 퇴적층들 사이에는 점이층이 형성되어 있는 경우도 있다. 점이층은 바로 상부에 퇴적된 뢰스-고토양 연속층과는 입도 조성, 대자율, 주원소 및 미량원소, 희토류 조성 등 여러 가지 특성에서 차이가 있다. 즉 상부에서 발견되지 않았던 조립 입자가 육안으로도 관찰되었으며, 입도 조성은 상부 뢰스-고토양 연속층보다 상당히 조립이고, 지구화학적 특성은 상부의 뢰스-고토양 연속층 그리고 단면 주변 기반암의 중간적인 경향을 보인다. 그리고 이러한 점이층의 입도 특성은 점이층 내에서도 층준에 따라 차이를 나타낸다. 즉 점이층의 상부는 뢰스-고토양 연속층의 특성과 유사하지만 점이층의 하부는 단면 주변 기반암의 풍화산물에 가까운 특성을 보이고 있다. 이것은 점이층이 장거리 이동 풍성먼지와 단면 주변 범람원, 사구, 선상지와 같은 지역적 기원지를 갖는 물질 및 기반암의 풍화산물이 혼합되어 형성되었음을 시사한다.

해안선 부근의 뢰스-고토양 연속층 하부에 점이층이 형성되는 과정을 살펴보면 다음과 같다. 뢰스-고토양 연속층의 기저부를 이루는 해안단구와 같은 하부 퇴적층이 형성된 후 빙기가 되면, 해면 하강으로 파랑의 영향에서 벗어나고 해안선과의 거리가 멀어지면서 모래와 조립 실트의 공급이 감소하여 입도 조성이 상대적으로 세립화한다. 이와는 대조적으로 해면이 상승한 시기에는 사구가 분포하는 해안선과의 거리가 가까워지므로 파랑의 영향을 받거나 사구로부터 운반된 물질이 혼입되어 조립화한다. 즉 장거리 이동으로 운반되어 온 상대적으로 적은 뢰스 물질에 단거리 이동으로 운반된 물질과 도약운동으로 이동한 조립질이 혼입된다. 풍성 퇴적물뿐 아니라 간헐적으로 발생한 이벤트 시에는 유수나 파랑에 의해 운반된 퇴적물이 혼합되어 점이층이 형성되는 것이다.

점이층 내에서 깊이에 따라 퇴적물의 물리적 및 지구화학적 특성이 차이를 보이는 것은 지역적 영향, 즉 바람, 유수나 파랑에 의해 단거리 이동으로 운반된 퇴적물의 공급이 시간에 따라 변화하였음을 의미한다. 그러나 점이층 내에서도 하부 퇴적층에서 발견되던 층리와 같은 퇴적 구조가 상부층에서 보이지 않는 것은 유수나 파랑의 작용보다는 풍성 작용의 영향이 훨씬 더 지배적이었음을 의미한다.

[표 15.1] 한국 뢰스의 원소 함량 통겟값

주원소/미량원소/희토류원소	최소	최대	평균	중앙값	표준편차	변동계수
SiO_2 (n=284)	59.01	78.74	69.03	68.87	3.08	4.46
Al_2O_3 (n=284)	12.97	24.83	18.39	18.38	2.16	11.76
TiO_2 (n=284)	0.34	1.75	1.14	1.14	0.11	9.66
Fe_2O_3 (n=284)	4.10	17.25	7.37	7.40	1.19	16.10
MgO (n=284)	0.46	1.89	1.04	0.96	0.36	34.32
CaO (n=284)	0.00	0.76	0.24	0.25	0.12	48.87
Na_2O (n=284)	0.00	1.58	0.39	0.22	0.40	104.73
K_2O (n=284)	1.56	3.79	2.20	2.21	0.31	13.88
MnO (n=284)	0.02	0.68	0.10	0.10	0.07	65.13
P_2O_5 (n=284)	0.00	0.41	0.10	0.10	0.05	49.72
LOI (n=284)	4.27	13.50	7.98	7.81	1.60	20.08
Sc (n=177)	8.87	17.97	13.04	13.21	1.98	15.20
Cr (n=177)	12.65	179.86	72.88	80.12	28.59	39.23
Co (n=135)	4.64	67.77	14.88	14.12	7.45	50.06
Zn (n=177)	64.14	607.32	136.63	100.25	96.27	70.46
Rb (n=135)	79.55	140.10	118.91	120.12	7.99	6.72
Sr (n=177)	36.64	66.08	47.96	46.60	6.03	12.58
Y (n=135)	15.20	30.29	21.29	21.00	2.83	13.31
Zr (n=177)	45.37	247.65	152.46	151.42	40.36	26.47
Nb (n=135)	2.11	41.88	19.29	20.83	5.88	30.49
Cd (n=78)	0.08	0.20	0.15	0.15	0.03	17.22
Cs (n=135)	6.02	12.42	9.08	9.31	1.35	14.85
Ba (n=177)	331.61	549.74	437.99	431.50	49.69	11.35
Hf (n=135)	1.41	4.62	3.50	3.49	0.59	16.71
Pb (n=135)	6.82	73.82	28.41	27.72	6.66	23.43
Th (n=177)	11.79	26.92	16.74	16.59	3.01	17.97
U (n=135)	2.74	5.01	3.41	3.32	0.39	11.32
La (n=188)	21.50	67.29	40.22	39.21	6.37	15.84
Ce (n=188)	36.93	133.43	84.07	86.16	17.58	20.90
Pr (n=188)	4.76	15.61	8.58	8.43	1.54	17.98
Nd (n=188)	17.21	65.72	35.48	34.20	7.59	21.40
Sm (n=188)	3.11	10.08	5.58	5.43	1.25	22.36
Eu (n=188)	0.58	2.05	1.10	1.08	0.26	23.30
Gd (n=188)	3.08	11.70	5.67	5.65	1.32	23.22
Tb (n=188)	0.42	1.37	0.73	0.74	0.16	21.25
Dy (n=188)	2.15	7.47	3.84	3.91	0.81	20.99
Ho (n=188)	0.45	1.45	0.74	0.75	0.15	20.81
Er (n=188)	1.33	4.45	2.21	2.23	0.47	21.35
Tm (n=188)	0.21	0.60	0.32	0.32	0.06	18.21
Yb (n=188)	1.42	4.29	2.11	2.07	0.38	18.14
Lu (n=188)	0.23	2.66	0.37	0.32	0.27	73.49

[그림 15.1] 한국 뢰스의 원소 함량

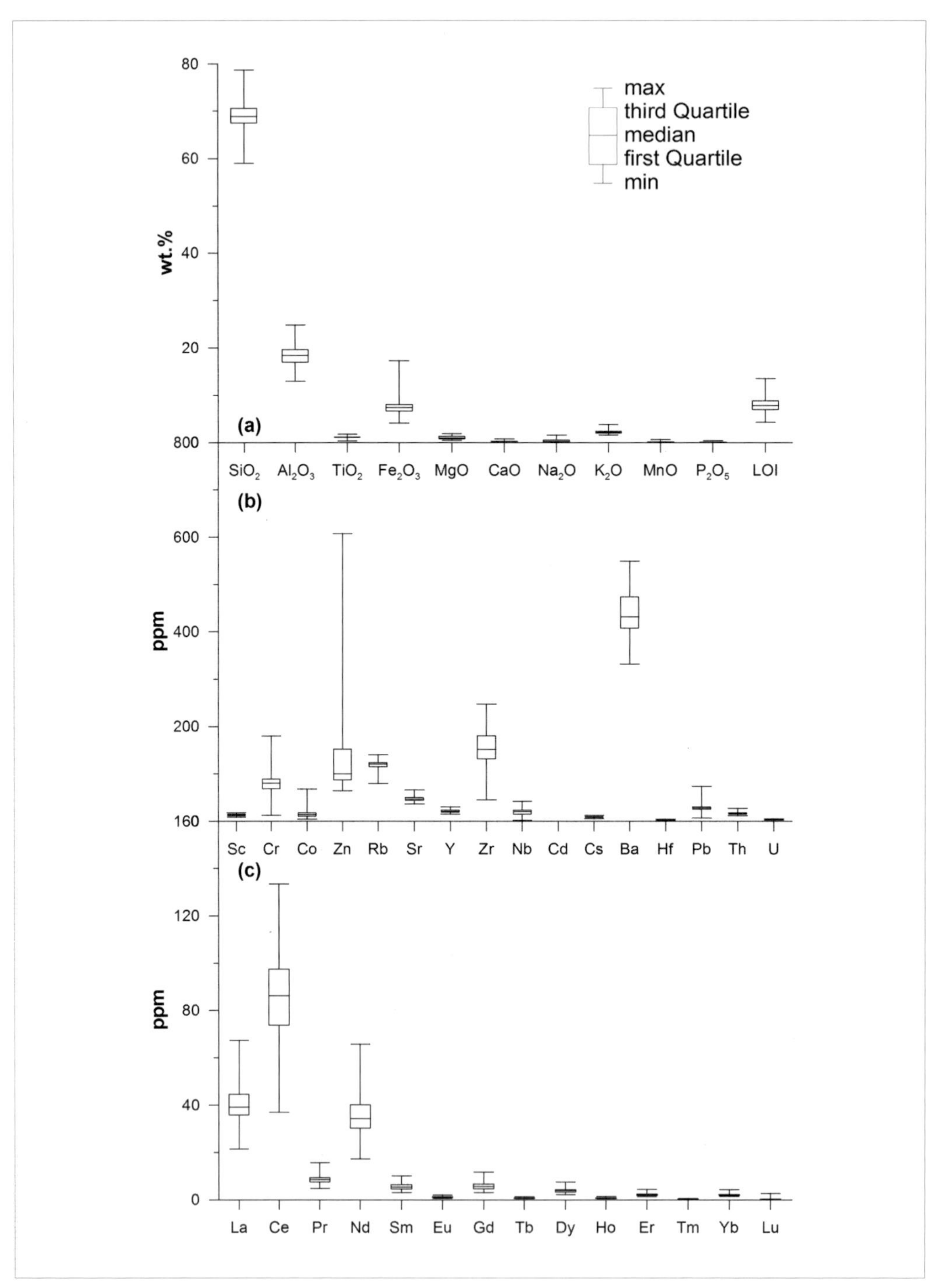

(a) 주원소, (b) 미량원소, (c) 희토류원소

2) 한국 뢰스의 지구화학적 조성 및 풍화 특성

한국 뢰스의 지구화학적 조성과 풍화 특성을 확인하기 위해 황산, 감곡의 2개 시료(박동원, 1985), 전곡리의 74개 시료(18개 시료는 김주용 외, 2002; 42개 시료는 Kim et al., 2012; 14개 시료는 Jeong et al., 2013), 덕소의 27개 시료(Shin, 2003; Yu et al., 2008) 그리고 용인시 천리, 경주 읍천 및 서울 고덕의 14개 시료(Jeong et al., 2013)와 더불어 대천 단면의 21개 시료(윤순옥 외, 2007), 부안 단면의 6개 시료(박충선 외, 2007), 봉동의 5개 시료(황상일 외, 2009), 거창의 21개 시료(황상일 외, 2011), 해미 단면의 20개 시료(윤순옥 외, 2011), 진천 단면의 50개 시료, 아야진 단면의 35개 시료(황상일 외, 2014), 강릉 단면의 9개 시료(박충선 외, 2014, 2015) 등 총 284개 시료의 통곗값을 정리하여 표 15.1에 요약하였으며 이것을 그림 15.1에 제시하였다. 주원소는 휘발성물질이 없다는 가정하에 재계산된 값이며 분석된 원소의 수 및 종류가 연구 지역에 따라 다양하여 시료 수도 함께 표기해 두었다.

각 원소의 상대적인 함량을 비교하기 위해 한국 뢰스(그림 15.2의 ave-Korean loess)와 중국 뢰스고원(그림 15.2의 ave-CLP)의 평균치를 PAAS로 표준화한 주원소, 미량원소, 희토류원소 함량을 각각 그림 15.2의 (a), (c), (e)에, 한국 뢰스의 평균치를 중국 뢰스고원으로 표준화한 함량(CLP-normalized)은 그림 15.2의 (b), (d), (f)에 제시하였다.

주원소 가운데 한국 뢰스의 평균치에서 SiO_2, Al_2O_3, TiO_2와 Fe_2O_3는 PAAS와 유사한 함량을 보이는 반면 상대적으로 풍화에 약한 MgO, CaO, Na_2O, K_2O, P_2O_5와 같은 원소들은 PAAS에 비해 결핍되어 있다. 결핍된 원소 중 CaO가 가장 현저한 결핍을 보이고 Na_2O와 MgO가 그 뒤를 잇고 있는데, 이 세 원소 가운데 CaO와 Na_2O는 중국 뢰스고원에서는 PAAS에 비해 부화되어 있다.

더구나 중국 뢰스고원으로 표준화한 함량(그림 15.2 (b))에서 한국 뢰스 평균치의 경우, 풍화작용에 대한 저항력이 상대적으로 큰 Al_2O_3, TiO_2, Fe_2O_3와 같은 원소는 부화되어 있고 풍화작용에 상대적으로 약한 MgO, CaO, Na_2O, P_2O_5는 결핍되어 있다. 한국 뢰스 평균치에서 SiO_2는 약간 부화되어 있으며 중국 뢰스고원의 평균치와 함량이 거의 같다. 한편 한국 뢰스 평균치에서 MnO는 중국 뢰스고원의 평균치와 함량이 거

[그림 15.2] PAAS로 표준화한 한국 뢰스와 중국 뢰스고원의 평균 원소 함량

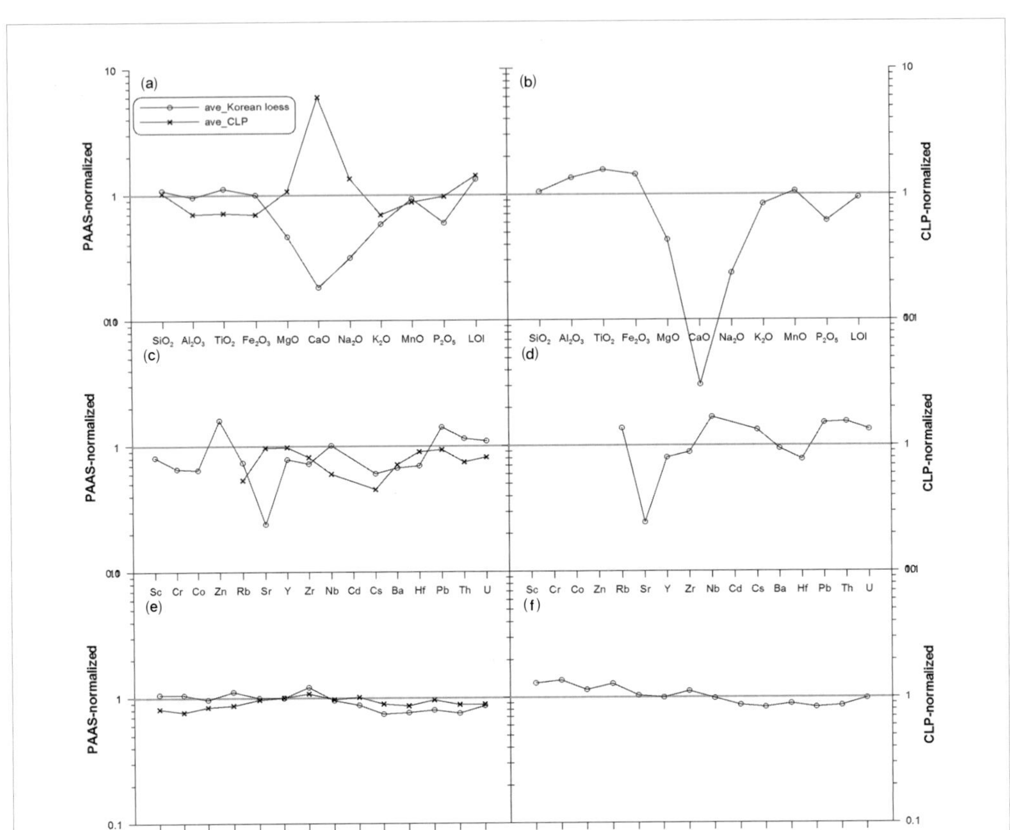

(a), (b) 주원소, (c), (d) 미량원소, (e), (f) 희토류원소

의 같고 K_2O는 약간의 결핍을 보인다. 또한 LOI(작열감량)[38]는 한국 뢰스 평균치에서 PAAS 및 중국 뢰스고원에 비해 각각 부화 그리고 약간 결핍되어 있다.

미량원소의 경우 한국 뢰스 평균치는 PAAS에 비해 Zn, Pb, Th, U와 같은 원소들은 부화되어 있으며 Sc, Cr, Co, Rb, Sr, Y, Zr, Cs, Ba, Hf 등은 결핍되어 있다(그림 15.2 (c)). PAAS에 비해 결핍되어 있는 원소 중 Sr의 결핍이 가장 현저하다. 한편 Nb는 거

38 LOI(loss on ignition)는 보통 950°C에서 30분~1시간 정도 태워서 산출되는 값이다. 따라서 원소(element)는 아니지만 XRF 분석을 하면 함께 산출된다.

의 유사하지만 아주 약간 부화되어 있다. 한국 뢰스 평균치는 중국 뢰스고원 평균치에 비해 Rb, Nb, Cs, Pb, Th, U와 같은 원소가 부화되어 있는 반면 Sr, Y, Zr, Ba, Hf와 같은 원소는 결핍되어 있다. PAAS로 표준화한 것과 마찬가지로 Sr의 결핍이 가장 현저하다(그림 15.2 (d)).

한국 뢰스 평균치의 희토류원소는 앞의 주원소나 미량원소와 달리 PAAS 또는 중국 뢰스고원과 매우 유사한 경향을 보이고 있다. 한국 뢰스 평균치의 경희토류는 PAAS와 매우 유사한 반면 중희토류는 약간 결핍되어 있으나 Gd는 PAAS에 비해 약간 부화되어 있다(그림 15.2 (e)). 또한 한국 뢰스의 평균치는 중국 뢰스고원 평균치에 비해 경희토류는 약간 부화되어 있는 반면 중희토류는 약간 결핍되어 있다(그림 15.2 (f)).

한국 뢰스가 중국 뢰스고원과 공통의 기원지를 공유한다 하더라도, 한국 뢰스는 특히 풍화작용에 대한 저항력이 상대적으로 약한 원소들에서 특징적인 원소 조성을 나타내었다. 이것은 한국 뢰스가 중국 뢰스고원보다 풍화작용을 심하게 받았으므로 이 원소들이 많이 제거되어 함량이 결핍된 결과이다. 각 조사 단면의 A-CN-K 다이어그램에서 확인되었듯이, 중국 뢰스고원의 뢰스 물질은 A-CN 축에 평행하지만 한국 뢰스 퇴적층은 A-CN 또는 A-K 축에 평행하게 분포한다. 이와 같은 분포 경향의 차이는, 중국 뢰스고원이 Ca와 Na 또는 사장석이 제거되는 풍화 초기 단계에 있으며(Chen et al., 1998, 2001), 한국 뢰스 퇴적층은 대부분 풍화 초기 단계의 끝에 그리고 일부는 K 또는 정장석이 제거되는 풍화의 중간 단계에 있다는 것을 의미한다. 중국 뢰스고원에 비해 한국 뢰스에서 크게 결핍되어 있는 미량원소 Sr 함량 역시 이러한 풍화 단계를 반영한다.

국내 뢰스 퇴적층이 K 또는 정장석이 제거되는 풍화 단계에 있다는 사실은, 원소 K와 지구화학적 행태 및 풍화작용에 대한 저항력이 비슷한 원소인 미량원소 Ba와 Rb를 이용한 풍화지수(Gallet et al., 1996; Chen et al., 1999; Jahn et al., 2001) 역시 국내 뢰스 퇴적층에는 적용할 수 없다는 것을 의미한다.

한편 A-CN-K 다이어그램에서 한국 뢰스와 중국 뢰스고원은 분리되어 분포하고 있다. 이와 같은 양상은, 뢰스 가운데 일부가 한반도로 운반되어 퇴적되기 이전에 중국 뢰스고원에서 이미 풍화되었을지라도 한국 뢰스의 대부분은 퇴적 이후 국내 환경에서 풍화되었다는 것을 시사한다. 그리고 뢰스층의 현재 풍화 상태는 국내의 풍화 조건에서 진행된 풍화작용에 의한 결과임을 의미한다.

중국 뢰스고원(CLP)은 A-CN-K 다이어그램에서 풍화 경향을 따라 선적으로 분포하고 있지만, 한국 뢰스(Korean Loess)는 풍화 경향과 조화되지 않는 분산된 형태를 보인다. 이 두 지역의 대조적인 분포 패턴으로부터, 뢰스고원은 안정된 상태의 풍화(steady-state weathering)가 진행되고 있으나 한국 뢰스는 불안정한 상태에서 풍화(non-steady weathering)가 이루어지고 있음을 알 수 있다(Nesbitt et al., 1997). 즉 한반도에서는 중국 뢰스고원보다 풍화가 보다 강력하게 진행되었다는 것을 의미하며, 이러한 특징적인 풍화 환경은 간빙기 기후가 중국 뢰스고원보다 더 고온 다습하기 때문에 이루어졌을 것이다. 또한 한국 뢰스 퇴적층의 두께가 얇아서 풍화작용이 미치는 하방 범위가 이전에 퇴적된 층준 아래까지 도달한 것도 일정 부분 역할을 했을 것으로 생각된다.

A-CN-K 다이어그램에서 한국의 뢰스 퇴적층은 지역에 따라 서로 약간 다른 풍화 양상을 보인다. 다시 말해 한국에서 뢰스 연구가 이루어진 지역들의 풍화 환경이 거의 같음에도 불구하고 풍화 강도의 공간적 차이가 존재한다. 이러한 현상은 고기후를 복원하는 데 있어 뢰스-고토양 연속층의 효용성을 검토할 수 있는 단초가 될 수도 있으나, 그 차이가 국내 뢰스 퇴적층에서 상대적으로 함량이 적은 Ca 및 Na와 같은 원소에 기초하고 있으므로 풍화 강도의 차이를 통한 고기후 복원은 한계가 있을 것으로 예상된다.

한편 한국의 뢰스 시료들이 중국 뢰스고원 풍화 경향의 연장선상에 있지만 A-CN 축 쪽으로 약간 치우쳐 분포하고 있다. 이것은 입도 효과(grain size effect) 또는 분급 효과(sorting effect) 때문인데(Nesbitt et al., 1997), 입도 효과가 현재의 화학조성과 풍화 특성에 어느 정도 영향을 미친 것으로 볼 수 있다.

국내 뢰스 퇴적층은 전반적으로 희토류원소 조성에서 중국 뢰스고원과 매우 유사하지만 몇몇 경희토류, 특히 La와 Ce가 상대적으로 많이 포함되어 있다. 일반적으로 희토류원소는 석영이나 장석류와 같은 규산염광물로 이루어진 조립 입자보다는 점토광물이나 중광물(heavy mineral)로 이루어진 세립 입자에서 그 함량이 높다. 따라서 입도가 세립화됨에 따라 전체적으로 희토류원소들의 부화가 일어날 수 있으며, 이러한 사실은 하천 퇴적물(Singh and Rajamani, 2001; Lee et al., 2008)이나 풍성 퇴적물(Yang et al., 2007; Schettler et al., 2009)에서도 보고된 바 있다. 한편 세립의 풍성 퇴적물에서 중희토류의 부화(Li et al., 2007; Feng et al., 2011)도 보고된 바 있다. 전자의 견해라면 입도가 작아짐에 따라 ΣREE(희토류원소의 총합)는 증가하나 ΣLREE/ΣHREE(중희토류 총합에 대한 경희토류 총합의 비율)와 $(La/Yb)_N$ 비율은 큰 변화가 없어야 한다. 이와는 대조적으로 후자의 견해에 따르면 중희토류가 부화되므로 ΣLREE/ΣHREE와 $(La/Yb)_N$ 비율은 감소하고 ΣREE는 증가하여야 한다.

그러나 국내 뢰스 퇴적층의 희토류원소 조성의 특징은 경희토류만 부화한다는 것이다. 즉 ΣREE가 증가할 뿐 아니라 ΣLREE/ΣHREE와 $(La/Yb)_N$ 비율 역시 증가하므로, 입도 효과만으로는 이러한 경희토류의 부화를 설명할 수 없다. 또한 각기 다른 기반암으로 이루어진 지역에 퇴적된 한국 뢰스가 공통적으로 경희토류의 부화를 보인다는 사실은, 이 현상이 주변 지역에서 기원한 기반암 풍화산물과의 혼합에 의한 결과가 아니라는 것을 보여 준다.

3) 한국 뢰스의 고기후 대리자

교호하는 뢰스 층준과 고토양 층준이 하나의 뢰스-고토양 연속층으로 나타나는 중국의 뢰스고원에서는, 대자율 및 입도 조성과 같은 퇴적층의 물리적 분석 자료, 원소분석과 CIA 등의 화학적 분석 자료, 화분 및 식물 규소체와 같은 미화석 분석과 대형 화석 분석으로 얻은 자료가 퇴적 당시의 기후 환경을 복원하는 데 고기후 대리자로 활용된다. 이 자료들은 크게는 빙기와 간빙기를 구분하며, 세부적으로는 바람의 강도, 강수량과 기온의 변화 및 이에 따른 식생 경관 변화와 풍화 강도 변화에 대한 정보를 제공한다.

그림 15.3은 아야진 단면(GSAY), 강릉 단면(GRBH), 해미 단면(HM), 진천 단면(JCIC) 뢰스-고토양 연속층의 대자율, 입경 중앙값(median), CIA, CIW, Zr/Rb, Rb/Sr, size-independent index[39] 분석 결과를 그래프로 비교한 것이다. 국내에서 보고된 뢰

39 풍화지수는 보통 세립화의 영향을 받는데, size-independent index(Yang et al., 2006)는 입도의 영향을 받지 않는 풍화지수이며 $(CaO+Na_2O+MgO)/TiO_2$로 계산된다.

스-고토양 연속층에서 얻은 기존의 여러 고기후 대리자의 경우, 뢰스 층준과 고토양 층준의 특징적인 변화가 중국 뢰스고원과 달리 뚜렷하지 않으며 각 대리자에 의해 지시되는 경계 역시 서로 일치하지 않는다.

예를 들어 아야진 단면(GSAY)의 뢰스-고토양 연속층(LPS)은 깊이 약 80cm와 200cm 부근에서 대자율이 높지만 100~140cm와 300~400cm에서는 낮다(그림 15.3). 그러나 입경 중앙값의 경우는 깊이 약 100cm까지 큰 변화가 없으며 깊이 100~250cm 층준에서 작아지다가 그 이하에서는 약간 커진 후 다시 작아진다. 중국 뢰스고원의 경우 입경 중앙값이 작을수록 대자율이 높아지는 경향과 달리, 아야진을 포함하여 한반도에서는 대자율과 입경 중앙값의 변화 경향이 조화되지 않는다.

또한 풍화지수 CIA와 CIW도 아야진 단면(GSAY)의 뢰스-고토양 연속층에서 유사한 변화를 보이는데, 200~230cm를 경계로 상부 뢰스-고토양 연속층은 층준 간에 큰 변동이 있지만 하부 뢰스-고토양 연속층에서는 층준 사이에 큰 차이가 없으며 상부에서 하부로 갈수록 풍화가 더 많이 진행된 특징을 보인다. 이러한 대자율, 입경 중앙값 그리고 다양한 풍화지수 간의 불일치 현상은 국내 다른 뢰스-고토양 연속층에서도 확인할 수 있다. 또한 각 대리자의 변화가 지시하는 경계 역시 정확하게 일치하지는 않는다.

아야진 단면의 뢰스-고토양 연속층에서 대자율을 기초로 뢰스 층준과 고토양 층준을 구분하면 대략 깊이 250cm 부근에서 경계가 나타나지만, CIA 기준으로 구분하면 200~210cm가 된다. 또한 대자율은 상부 뢰스-고토양 연속층보다 하부 뢰스-고토양 연속층이 풍화 정도가 더 약하게 진행되었다는 신호를 보내지만, 풍화지수는 상부보다 하부가 더 심하게 풍화되었음을 나타내고 있다.

한편 신재봉 외(2004)는 대자율에 기초하여 전곡리 구석기 유적지 E55S20IV 피트에서 두께 약 4.5m 토양층을 5개의 뢰스 층준과 5개의 고토양 층준으로 구분하였다(그림 9.2 참조). 이것을 기후변화로 표현하면 세 번의 빙기(MIS 8, 6, 4~2)와 세 번의 간빙기(MIS 9, 7, 5) 순환으로 형성되었다고 할 수 있다. 그러나 Jeong et al.(2013)에 의하면, 거의 같은 구역인 전곡리 구석기 유적지의 약 4.2m 두께 뢰스-고토양 연속층 단면은, 다양한 광물학적 그리고 물리적 및 화학적 특성에 기초할 때 단 한 번의 빙기와 한 번의 간빙기 순환만으로 형성되었다. 아울러 Jeong et al.(2013)은 천 단면(용인시 천리)과

[그림 15.3] 한국 뢰스-고토양 연속층의 깊이에 따른 고기후 대리자 변화

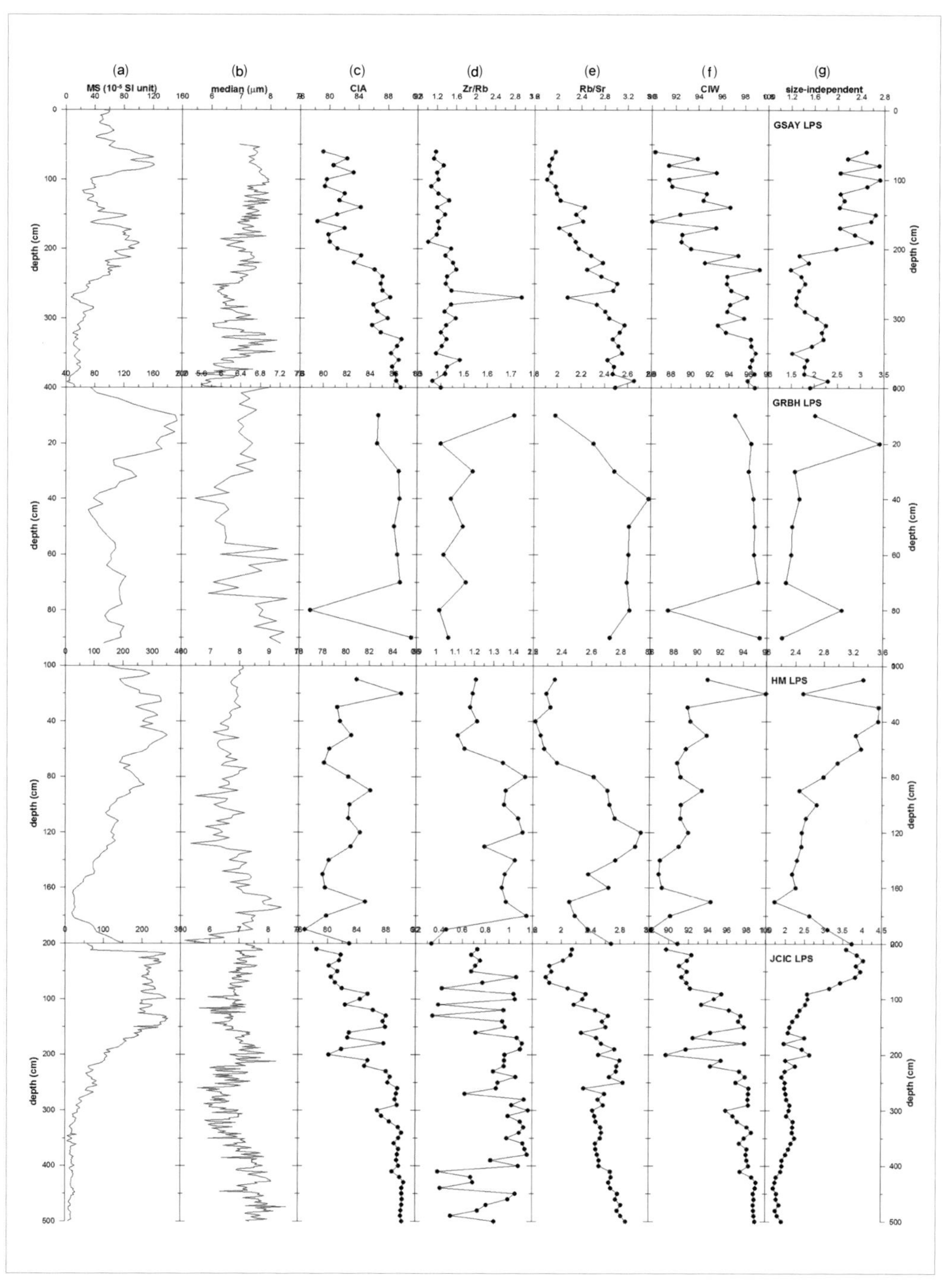

위에서부터 GSAY(아야진), GRBH(강릉), HM(해미), JCIC(진천)의 순서임.

고덕 단면(서울 강동구)에서 단면 하부에 퇴적되어 있는 국지적인 붕적층의 영향으로 인해 빙기/간빙기 순환을 발견하지 못하였으며, 경주시 읍천 단면에서는 주변 층준과 확연하게 구분되지는 않지만 적색의 고토양 층준을 발견하였다고 보고하였다. 또한 이들 지역의 뢰스-고토양 연속층에서 빙기/간빙기 순환을 확인하기 어려운 것은, 빙기와 간빙기의 풍성먼지 퇴적률 차이 그리고 간빙기의 온난 습윤한 기후 아래 하부의 빙기 퇴적층까지 하방으로 깊게 영향을 미치는 강한 화학적 풍화작용 때문이라고 주장하였다.

Feng et al.(2004)에 의하면, 상부의 고토양이 화학적 풍화작용을 받을 때 하부에 퇴적되어 있는 뢰스층에 영향을 미치는 풍화작용의 깊이는 기후 조건에 따라 달라지는데, 연평균강수량이 300~400mm인 Lanzhou(蘭州)에서는 거의 0m인 반면 연평균강수량이 600mm인 Lantian(藍田)[40]에서는 약 2.5m였다. 만약 Feng et al.(2004)의 주장대로 기후 조건과 함께 강수량 및 온도 증가에 따라 화학적 풍화작용이 미치는 깊이가 증가한다면, 국내 뢰스-고토양 연속층은 하나의 단면 전체가 영향을 받을 수도 있다.

또한 만일 이 주장과 같은 양상으로 한반도에서 퇴적 이후 풍화작용이 지속된다면, 뢰스-고토양 연속층의 하부는 여러 차례 간빙기 동안 누적적으로 풍화작용의 영향을 받으므로 하부층일수록 풍화작용을 더 많이 받으며, 단면의 상부로 갈수록 덜 풍화된 양상을 보이게 될 것이다. 이와 같은 사례는, 단면의 풍화지수(CIA)가 대부분 상부보다 하부로 갈수록 커지는 아야진 단면(GSAY)에서 찾을 수 있다. 그러나 아야진 단면에서도 대자율은 풍화지수와 조화되지 않는다(그림 15.3 (a), 첫 줄). 그리고 강릉 단면의 CIA와 Rb/Sr 그리고 해미 단면의 경우 입도에 영향을 받지 않는 지수인 size-independent index, CIA 또는 CIW와 같은 풍화지수 사이에서도 차이를 보인다. 이러한 사실들은 한국 뢰스-고토양 연속층이 Feng et al.(2004)의 주장대로 풍화가 이루어지지 않았고 다른 작용이 일정 부분 영향을 미쳤음을 의미한다.

중국 뢰스고원에서 뢰스 층준과 고토양 층준의 대자율은 아시아 계절풍, 특히 여름 계절풍의 장기간 변화를 논의하는 데 기초적인 대리자로 여겨지고 있다(An et al., 1990). 그러나 중국의 160개 이상 지점에서 현대(modern age)에 퇴적된 실트질토양의 대

40 중국 산시(陝西) 성 란텐(藍田) 현.

자율을 측정한 Han et al.(1996)에 따르면, 양쯔 강 지대의 아열대 고온 습윤한 지역에서는 온도와 강수량이 증가함에 따라 대자율이 감소하는 경향을 보이는데, 이것은 철을 함유하는 광물이 자성이 약한 광물로 변화하였기 때문이라고 해석되었다. 이 연구를 수행한 연구자들은 연평균 기온 15°C 또는 연평균강수량 1,200mm를 임계치로 설정하였다.

또한 Balsam et al.(2011)은 전 세계에서 획득한 277개 시료에서 대자율과 강수량의 관계를 조사하였는데, 연강수량 1,000~1,200mm까지는 강수량이 증가하면 대자율이 증가하지만 이후 강수량이 증가할수록 대자율은 감소하였다. 그리고 강수량이 2,000mm를 넘을 때 페리자성의 토양생성작용이 시작되고, 비록 상부 한계를 명확하게 설정할 수는 없다 하더라도 연강수량이 약 2,200mm를 넘으면 토양생성작용이 중단되었다. 한편 Ji et al.(2001)은 연강수량이 1,500~2,000mm에 접근함에 따라 철의 환원 형태가 증가하여 대자율은 감소한다고 보고하였다. 따라서 중국 뢰스고원과 같이 건조 또는 반건조 지역에서는 대자율을 여름 계절풍 강도의 대리자로 간주할 수 있으며, 연평균강수량이 1,100~1,200mm인 한반도에서도 대자율은 어느 정도 신뢰할 수 있는 고기후 대리자가 될 수 있다고 판단된다.

입도 조성의 경우 한반도 동해안과 서해안 사이에서 공간적인 차이가 어느 정도 인정되고, 동일 단면의 뢰스-고토양 연속층 내에서 큰 변화를 나타내기도 하지만 일부 층준에서는 변화가 크지 않다. 이러한 변화는 우선 상당히 먼 장거리를 이동하면서 나타나는 분별 작용을 통해 비교적 세립의 입자만이 한반도에 운반되어 와서 퇴적되었기 때문으로 볼 수 있다. 또한 퇴적 이후 시간이 경과함에 따라 강력한 풍화작용을 받아 입도 조성이 변화되었을 가능성도 있고, 상대적으로 강한 토양생성작용을 받으면서 입도 조성 변화의 규칙성이 갑작스럽게 사라졌을 수도 있다(Sun et al., 2010).

앞서 언급하였듯이 중국 뢰스고원보다 한반도에서 풍화 강도가 더 크지만, 공급지에서부터 거리가 멀어짐에 따라 발생하는 입도 효과로 인해 더 풍화된 프록시(proxy) 지표를 보일 수 있다. 또한 풍화지수 자체의 한계로 인해 고기후 변화를 제대로 반영하지 못할 수도 있다. 예를 들어 Cs, Rb, Ba, K와 같은 원소의 이동성에 기초한 풍화지수인 Cs/K, Ba/K, Rb/K, K/Zr, K/Ti, K/Al 값들은, 이온반경이 증가할수록 점토광물에 흡착되려는 이온의 경향성이 증가하여 이동성이 감소하기 때문에 약한 풍화작용에는 상대적으로 덜 민감하다(Buggle et al., 2011).

더구나 A-CN-K 다이어그램에서 확인하였듯이 강력한 풍화작용은 K는 물론 K와 지구화학적 행태가 유사한 Rb와 Ba까지 제거할 수 있다(Chen et al., 1999, 2001; Buggle et al., 2011). 한편 Ca, Mg 또는 Sr과 같은 원소에 기초한 풍화지수는 토양생성작용 과정에서 이들 원소가 2차 탄산염광물을 형성할 수도 있기 때문에 고토양 층준의 실제 풍화와 풍화 강도를 정확하게 반영한다고 보기는 어렵다(Buggle et al., 2011). 그러나 한국 뢰스에서 2차 탄산염의 영향은 강력한 풍화작용으로 인해 작을 것으로 생각된다. 오랜 기간 풍화 상태가 심하게 진행되면 Ca와 Sr이 대량으로 제거되기 때문에 Ca와 Sr에 기초한 지수는 한국 뢰스에 적용하기 어렵다. 더구나 일부 원소는 환원 조건에 의해 통제되기도 하므로 풍화 연구에서 Fe와 Mn 같은 원소의 이용은 적절치 않은 것으로 보인다(Buggle et al., 2011).

한국 뢰스의 경우 다양한 풍화지수가 유사한 경향을 보이고, 입도에 영향을 받지 않는 풍화지수(그림 15.3의 size-independent index) 역시 다른 지수와 유사한 경향을 나타낸다. 따라서 한국 뢰스-고토양 연속층에서 지수들의 변화 원인은 결국 퇴적 이후의 환경 변화, 즉 고기후 변화로 볼 수 있다. 특히 고기후 대리자의 환경 변화에 대한 반응시간의 차이 및 고기후 대리자의 환경 변화에 대한 민감도의 차이로 인해 한국 뢰스-고토양 연속층에서 여러 대리자들이 불일치하는 현상이 발생할 수 있다.

건조한 중국 뢰스고원의 경우 퇴적 속도가 빨라서 대자율 신호에 의해 결정되는 층서적 경계는 각 지역의 풍화 강도와 시간의 영향을 받지 않으므로 이런 요소들에 대해 초월적인 경향이 있다. 반면 간빙기에 기후가 고온 습윤해지는 지역에서는 퇴적물 공급이 고토양 형성에 중요하며 기후변화와는 다른 방식으로 변화한다(Lai and Wintle, 2006). 한국 뢰스-고토양 연속층의 얇은 퇴적층도 고기후 대리자들 사이에 나타나는 불일치에 일정 부분 역할을 했을 것이다. 다시 말해 중국 뢰스고원의 경우 뢰스 층준이 충분히 두껍기 때문에 이러한 점이적인 층준을 무시할 수 있겠지만, 한국의 경우 뢰스층과 고토양 층준이 얇아서 퇴적 이후 지속적으로 풍화작용의 영향을 받을 수도 있다는 것이다.

따라서 풍화작용이나 토양생성작용으로 발생하는 지구화학적 변화의 두께, 즉 지표면 혼합(surface mixing)의 두께가 증가하면, 진폭이 큰 신호는 영향을 크게 받으며 변화를 일으키지만 진폭이 작은 신호는 상대적으로 변화의 폭이 크지 않아 변화가 거의 없는 것처럼 보이기 때문에, 지표면 혼합의 정도에 따라 기후 대리자 강도가 달라질 가능성이 있다(Sun et al., 2010). 또한 강수량이 증가하고 기온이 높아지면서 지표면 혼합 깊이가 증가하면, 진폭이 큰 대리 자료일지라도 날카로운 변화가 점진적으로 감소하여 부드러운 경향, 즉 변화의 변곡이 사라지고 점차적으로 변해 가는 형태를 보이게 된다(Sun et al., 2010). 결과적으로 국내 뢰스-고토양 연속층에서 대리 자료의 날카로운 변화(sharp variation)가 결여되어 있는 것은 이러한 지표면 혼합의 영향 때문일 것이다.

한편 이러한 영향은 퇴적률이 높은 지역에서는 무시될 수 있지만, 풍화작용이 강하고 퇴적률이 낮은 지역에서는 대리자들 사이의 편차를 일으킬 수 있다(Sun et al., 2010; Zhao et al., 2013). 예를 들어 Zhao et al.(2013)에 의하면, 중국 뢰스고원의 북서쪽 끝에 위치한 바이차오위안(Baicaoyuan, 白草源) 단면에서는 홀로세 뢰스의 대자율 변동 경향이 입경 중앙값보다 더 부드러워 일부 정점과 계곡이 발견되지 않지만, 입경 중앙값 변동 곡선에서는 톱니 형태의 정점과 계곡이 확인된다. 그들은 바이차오위안 단면이 사막과 거리가 가까워 풍성먼지 퇴적률이 높고 시베리아고기압에서 불어 나오는 겨울 계절풍이 강한 지역이므로, 지표면 혼합과 토양생성작용이 고기후 대리 자료들에 영향을 미치지 않는다고 하였다. 그러나 한국은 사막과 먼 거리에 위치하여 퇴적률이 낮고 홀로세 동안 중국 뢰스고원보다 겨울 계절풍이 약하기 때문에, 지표면 혼합과 토양생성작용은 뢰스-고토양 연속층에 큰 영향을 미치면서 결국 고기후 대리자들 사이의 불일치를 일으킬 수 있다.

16.

동아시아 뢰스 퇴적량 및 퇴적 속도

한반도의 뢰스 퇴적량을 논의하기 위해서는 공간적으로 균등하게 동일 측정 방법으로 실행된 연구가 충분하게 축적되어 있어야 한다. 그러나 현재 수준에서는 한국의 뢰스 퇴적량을 계량화하는 데 한계가 있다. 이러한 문제를 해결하는 방법들 가운데 가능한 것은 연구 성과가 축적된 중국과 일본의 자료를 기초로 한반도의 공간적 위치를 통해 추정하는 것이다.

특히 일본의 경우 분화 시기가 확인된 화산재(tephra)가 많아서 뢰스-고토양 연속층의 정확한 편년 자료가 풍부하고, 고해상도의 자료 축적이 이루어져 있으므로 지역에 따라 상세한 퇴적량이 보고되어 있다. 화산재에 대한 연구가 진척된다면 한반도에도 이 방법을 적용할 수 있겠지만, 현재 적용할 수 있는 화산재는 AT와 K-Ah[41] 등 소수에 지나지 않으므로 한계가 있다.

그럼에도 불구하고 이제 연구를 시작하는 한국의 입장에서는 중국의 풍성먼지

41 K-Ah(Kikai-Akahoya): 남 규슈 지방 기카이 칼데라에서 약 4,000~9,000년 전에 분출하였으나 약 1/3은 6,300년 전에 집중된 화산재.

퇴적량과 일본의 뢰스 퇴적량 연구 성과를 통해 뢰스 연구방법에 대한 다양한 아이디어를 얻을 수 있다. 이 장에서는 뢰스층이 대단히 두꺼운 중국보다 뢰스 퇴적량과 풍화 환경의 측면에서 한반도와 유사한 일본의 연구 과정을 참고하였다. 중국과 일본의 풍성먼지 퇴적량에 대한 내용은 나루세(成瀨, 2006)의 자료를 이용하였다.

1) 중국

황토를 구성하는 물질은 대부분 풍성먼지이다. 황토(뢰스)층이 두꺼워 퇴적량 측정 방법이 간단하며 풍성먼지 퇴적량 계산식은 다음과 같다.

$$\text{풍성먼지 퇴적량(g/cm}^2\cdot\text{1,000년)} = \frac{\text{건조 용적 무게}(DBD)^{42} \times \text{두께}(H)}{\text{퇴적시간}(T)}$$

황토고원의 뢰스에는 방해석($CaCO_3$)이 집적되어 있으므로 An et al.(1991a)은 황토고원의 루오추안(Luochuan) 단면에서 칼슘을 제거한 최종 간빙기 이후의 퇴적량을 구하였다. 그들의 분석에 의하면, 풍성먼지 퇴적량은 최종 간빙기 동안 6.04~7.5g/cm²·1,000년이었으나 최종 빙기에 17.22g/cm²·1,000년으로 증가하였고, 특히 전기 아빙기인 7.5~6.5만 년 전과 후기 아빙기인 2.5~1.5만 년 전의 두 시기에는 25.60g/cm²·1,000년으로 정점(peak)에 도달하였으며, 중기 아간빙기에 해당하는 5.5~3.5만 년 전에는 10~12g/cm²·1,000년으로 감소하였다. 홀로세 초기에는 15.87g/cm²·1,000년으로 5.5~3.5만 년 전보다 많고, 홀로세 중기에는 일단 감소했던 것으로 판단하였다. Xiao et al.(1992)은 퇴적량이 증가하는 시기에 황토가 조립화하는 것은 동계 계절풍이 강하였기 때문이라고 주장하였다.

---

42 DBD(dried bulk density): 단위면적당 건조 용적 무게.

2) 일본

(1) 풍성먼지 퇴적량의 측정 방법

일본에서는 풍성먼지의 양적 변화를 단위 체적당 풍성먼지 퇴적량(g/cm³·yr)으로 나타내었다. 그러나 이 방법은 이미 알려진 화산재 연대에서 단위시간당 퇴적량으로 계산할 수 있는데, 예를 들면 AT(始良)와 DKP[43](大山倉吉) 화산재 사이에 협재한 뢰스 퇴적량은 화산이 분화하여 퇴적된 시간의 차이인 2만 6,000년 내지 2만 9,000년 동안의 평균 퇴적량만을 계산할 수 있다. 이러한 한계를 극복하고 더욱 정밀한 양적 변화를 파악하기 위해 현지에서 뢰스 단면 시료를 10cm 등간격으로 채취하여 단위 체적당 풍성먼지 퇴적량(g/cm³)을 측정하였다.[44]

일본에서는 뢰스 퇴적 속도가 중국에 비해 크게 느리므로 중국과 동일한 방식으로 계측하기는 어렵다. 단위 체적당 퇴적량(g/cm³)은 뢰스-고토양 연속층의 동일한 층준에서 지역별 퇴적량을 비교하는 자료로 사용할 수 있으나, 단위시간에 퇴적된 양을 계산하기 위해서는 이것을 화산재로 산정하여 다시 계산하여야 한다. 그러므로 여기에서 제시하는 일본의 뢰스 퇴적량은 중국의 경우와 직접 비교할 수 없다.

풍성먼지 퇴적량(g/cm³) = 건조 체적량(g/cm³) × 20μm 이하 중량(%)

시료 채취에는 용량 100cc의 스테인리스 관을 장착한 토양 채토기(soil sampler)를 이용하였고, 시료는 105°C에서 건조시킨 후 건조 체적량을 구하였다. 입도를 20μm 이하로 정한 것은, 풍성먼지의 평균입경이 3~30μm이지만 30μm 이하부터 20μm 이

---

43 DKP(Daisen Kurayoshi Pumice): 긴키 지방 후쿠이 현 다이센(大山) 화산에서 약 5만 5,000년 전에 분출한 화산재.

44 이와 같은 측정 방식은 시료 채취 장소가 고사구(古砂丘)이므로 채택되었다. 여기에는 사구사(砂丘砂)와 풍성먼지가 교대로 퇴적되어 있고, 뢰스 층준이 사구사에 의해 피복되어 보존이 양호하다. 그러므로 사구사층을 제거하고 이들 사이에 협재된 뢰스 층준에서 시료를 채취하였고 20μm 이하의 풍성먼지를 계측하여 퇴적량 변화를 검토하였다. 한국에서도 이 측정 방식은 고사구에서 가능하며, 일본 연구 결과와의 비교연구도 의미 있을 것으로 판단된다.

[그림 16.1] 풍성먼지 퇴적량 분석을 위한 시료 채취 지점(成瀨, 2006)

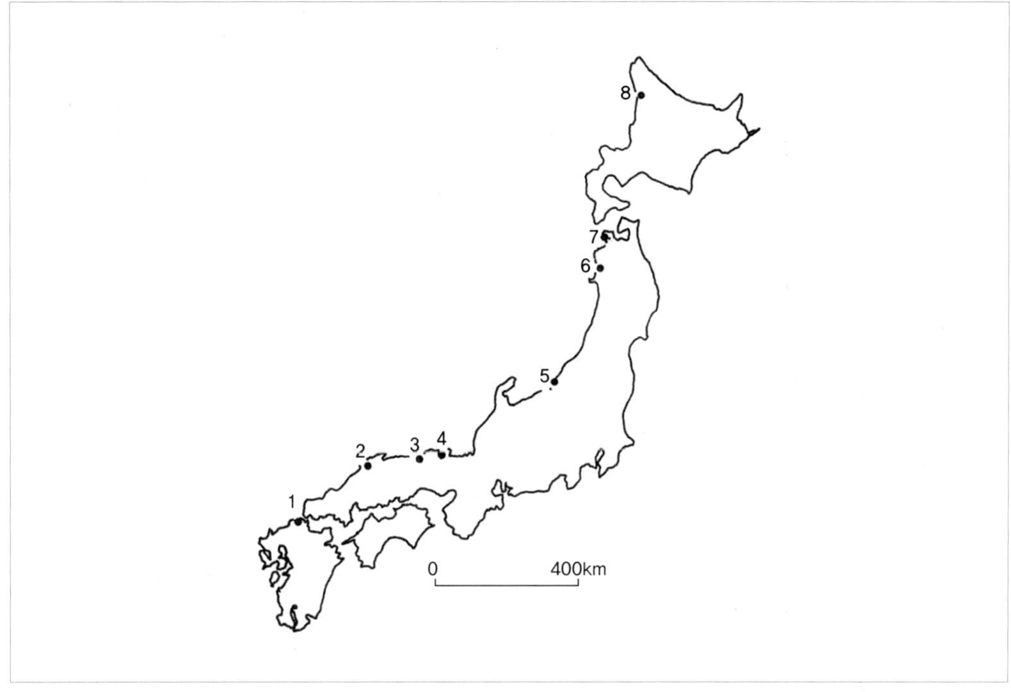

1. 산리마츠바라(三里松原), 2. 이즈모(出雲), 3. 돗토리(鳥取), 4. 아미노(網野), 5. 가타마치(潟町), 6. 노시로(能代), 7. 뵤부 산(屛風山), 8. 하보로(羽幌)

상까지 입자의 양은 1g/cm³ 이하에 지나지 않으며 풍성먼지 입자의 대부분이 거의 20μm 이하이기 때문이다.

(2) 규슈~홋카이도 뢰스에 기록된 풍성먼지 퇴적량

일본의 뢰스 퇴적량을 구하기 위해 조사 장소로서 동해 쪽 해안에 분포하는 고사구(古砂丘)들 가운데 여덟 곳을 선택하여 주로 풍성먼지로 이루어진 뢰스를 채취하였다(그림 16.1).

고사구를 선정한 이유는 첫째, 주위에서 유수 물질로 운반되어 올 가능성이 있는 퇴적물의 양이 적기 때문이다. 둘째, 일본열도와 같이 강수량이 많은 지역에서는 대부분의 뢰스가 토양침식으로 심하게 삭박되어 뢰스 단면 대부분이 퇴적량 계산에 부적합한데, 고사구는 근거리에서 운반된 풍성 모래가 뢰스를 피복하고 있으므로 뢰스

[그림 16.2] MIS 5 이후 일본의 풍성먼지 퇴적량(成瀨, 2006)

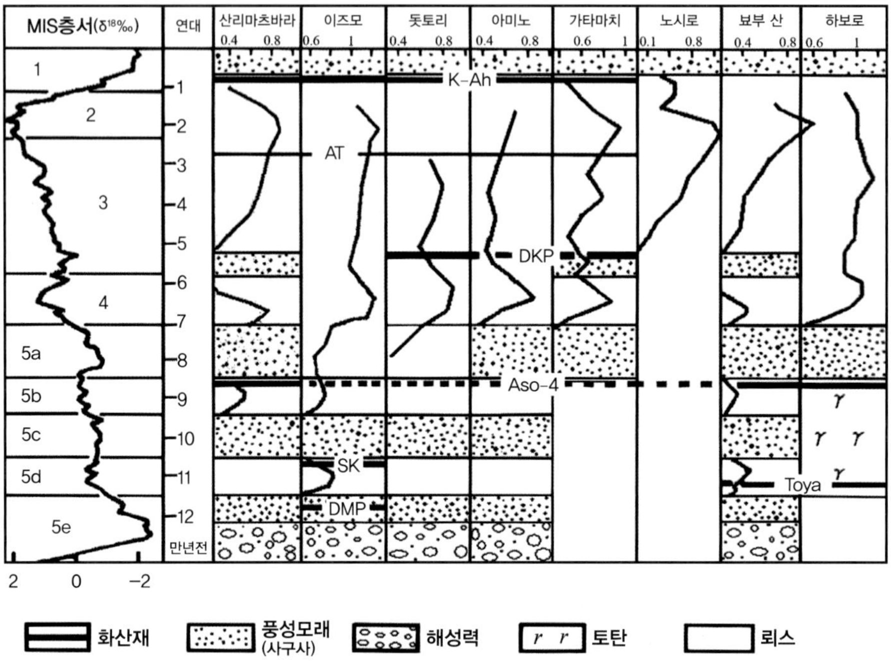

첫째 줄 지명 아래 숫자는 풍성먼지 퇴적량 단위(g/cm³)임

의 보존 상태가 비교적 양호하기 때문이다.

북 규슈 북부 해안의 산리마츠바라(三里松原)는 成瀨, 井上(1982), 시마네 현 이즈모(出雲)는 成瀨, 井上(1983), 돗토리(鳥取)와 아미노(網野)는 成瀨(1989), 가타마치(潟町)는 成瀨(1993), 아키타 현 노시로(能代)와 아오모리 현 뵤부 산(屛風山)은 劉(1992) 그리고 홋카이도 하보로(羽幌)는 成瀨 외(1997)에 의해 각각 층서 및 퇴적 연대 분석이 이루어졌다.

이들 지역의 뢰스층은 MIS 5e 이후의 MIS 5c, 5a와 MIS 3 그리고 MIS 1에 퇴적된 풍성의 사구 모래들 사이에 위치한 MIS 2~5d의 다섯 층준으로 구분된다. 뢰스 2는 MIS 2, 뢰스 3은 MIS 3, 뢰스 4는 MIS 4, 뢰스 5b는 MIS 5b, 뢰스 5d는 MIS 5d에 각각 대비된다. 이 뢰스의 퇴적량(g/cm³)을 측정한 결과는 그림 16.2와 같다.

① 최종 간빙기 MIS 5

MIS 5e, 5c, 5a 등 세 번의 온난기에는 상대적으로 해면이 높았으며 해빈으로부터 모래가 바람에 의해 운반되어 사구가 형성되었다. 한편 뢰스 5d와 뢰스 5b는 MIS 5d 및 MIS 5b의 상대적으로 한랭한 시기에 퇴적되었다. 이 시기에 해당하는 층준은 한국 전곡리 뢰스에서도 확인되며, 풍성먼지가 증가한 시기였다. 뢰스 5d의 퇴적량은 이즈모에서 0.71g/cm^3, 뵤부 산에서 0.44g/cm^{3}이다. 뢰스 5b는 산리마츠바라 0.5g/cm^3, 이즈모 0.74g/cm^3, 뵤부 산 0.37g/cm^{3}이다.

② 최종 빙기 MIS 4~2

최종 빙기에 퇴적된 뢰스 2, 3, 4의 퇴적량은 동해 쪽 전체 해안에서 증가하였고, 특히 뢰스 4와 뢰스 2에서 크게 높아졌는데 이 두 시기 가운데에서도 MIS 2에 형성된 뢰스 2에서 퇴적량이 가장 많았다. 뢰스 3은 뢰스 2와의 경계부인 AT 바로 위 층준에서 피크가 인정된다.

MIS 4에 퇴적된 뢰스 4는 산리마츠바라 0.76g/cm^3, 이즈모 1.28g/cm^3, 돗토리 0.97g/cm^3, 아미노 0.85g/cm^3, 가타마치 0.74g/cm^3, 뵤부 산 0.44g/cm^3, 하보로 1.05g/cm^{3}이다. MIS 3의 뢰스 3은 뢰스 4나 뢰스 2만큼은 아니지만 확실히 퇴적량이 많았다. 산리마츠바라 0.70g/cm^3, 이즈모 1.1g/cm^3, 돗토리 0.8g/cm^3, 아미노 0.55g/cm^3, 가타마치 0.8g/cm^3, 노시로 0.5g/cm^3, 뵤부 산 0.5g/cm^3, 하보로 1.0g/cm^{3}이다.

MIS 2에 해당하는 뢰스 2의 퇴적량은 최종 빙기 가운데 가장 많았다. 산리마츠바라 0.9g/cm^3, 이즈모 1.23g/cm^3, 아미노 0.7g/cm^3, 가타마치 0.96g/cm^3, 노시로 1.06g/cm^3, 뵤부 산 1.02g/cm^3, 하보로 1.0g/cm^{3}이다.

③ 홀로세

홀로세에 형성된 사구로 매몰된 쿠로스나(黑砂, black sand)[45]에도 대륙 기원의 풍성먼지가 많이 포함되어 있다(成瀨, 1989). 홋카이도 데시오(天鹽) 사구의 검은 모래인 쿠

45 해빈에서 파랑이나 해류에 의해 중광물이 모여 이루어진 국지적 퇴적물. 주요 광물은 자철광, 티탄철광 외에 금홍석, 석류석, 휘석, 감섬석 등이 포함된다.

로스나에 포함된 미세 석영(1~10μm)의 산소 동위체비는 15.6‰, 하마돈가(浜頓別) 사구의 쿠로스나는 15.9‰였다(Naruse, 1986). 쿠로스나에 포함된 석영의 산소 동위체비 값을 볼 때, 쿠로스나에 포함된 미세 석영은 아시아 대륙 기원이며, 홀로세에도 아시아 대륙 기원의 풍성먼지가 사구에 퇴적되었음을 알 수 있다. 그리고 사구 표층의 열악한 이화학성이 개량되어 사구 위에 식물들이 자리 잡고 서식하면서 쿠로스나의 집적을 촉진시켰을 것이다.

그림 16.2에서는 보이지 않지만 쿠로스나에 포함된 풍성먼지의 퇴적량은 산리마츠바라 0.15g/cm^3, 가타마치 0.49g/cm^3, 노시로 0.49g/cm^3, 뵤부 산 0.47g/cm^{3}이다. 따라서 뢰스 2는 홀로세 쿠로스나에 혼입된 풍성먼지보다 2.0~4.7배 많아서 최종 빙기 최성기에는 풍성먼지의 공급량이 홀로세보다 훨씬 많았음을 알 수 있다.

(3) 일본의 풍성먼지 퇴적량과 고환경 변화

북 규슈에서 홋카이도에 걸친 동해 쪽 해안의 경우, 최종 간빙기 마지막 시기인 MIS 5a 이후의 풍성먼지 퇴적량 평균치는 AT 위에 퇴적된 뢰스 2가 0.98g/cm^{3}로 최대이고 이어서 DKP와 Aso-4[46] 사이에 퇴적된 뢰스 4가 0.87g/cm^{3}이며 뢰스 3은 0.80g/cm^{3}이다. 그리고 최종 간빙기의 뢰스 5b는 0.54g/cm^3, 뢰스 5d는 0.58g/cm^3, 홀로세 쿠로스나는 0.40g/cm^{3}이다.

황토고원에서 풍성먼지 유입량이 증가하는 시기는 뢰스 4에 대비되는 MIS 4와 뢰스 2에 대비되는 MIS 2의 두 시기(An et al., 1991a)이므로, 풍성먼지의 퇴적작용이 활발했던 시기는 중국 대륙과 일본열도가 대략 같다. 이와 같이 동아시아에서 공통적으로 최종 빙기에 풍성먼지 퇴적량이 많고 최종 간빙기와 홀로세에 적었던 것은 기후변동, 특히 풍성먼지를 운반하는 겨울 계절풍 변동을 반영한다(成瀨, 2006).[47]

---

46 규슈 아소 칼데라에서 약 8만 5,000~9만 년 전에 분출한 화산재.

47 이 주장은 논쟁의 여지가 대단히 많다. 후술하는 'MIS 2 시기 동아시아의 고환경 복원'에서의 필자 견해에 따르면, MIS 2 시기 동아시아 기후대 분포, 한대전선의 위치와 현재 시베리아고기압에 해당하는 아시아 내륙 고기압의 배치로 볼 때, 최종 빙기 동안 지표면이 동결된 겨울에는 풍성먼지가 생성될 수 없다. 따라서 겨울에 풍성먼지가 한국이나 일본으로 운반되었을 가능성이 낮고 오히려 지표면 온도가 상승한 여름철에 운반되었을 것이다.

[그림 16.3] 황토고원 루오추안, 산리마츠바라, 뵤부 산의 풍성먼지 퇴적량(成瀨, 小野, 1997)

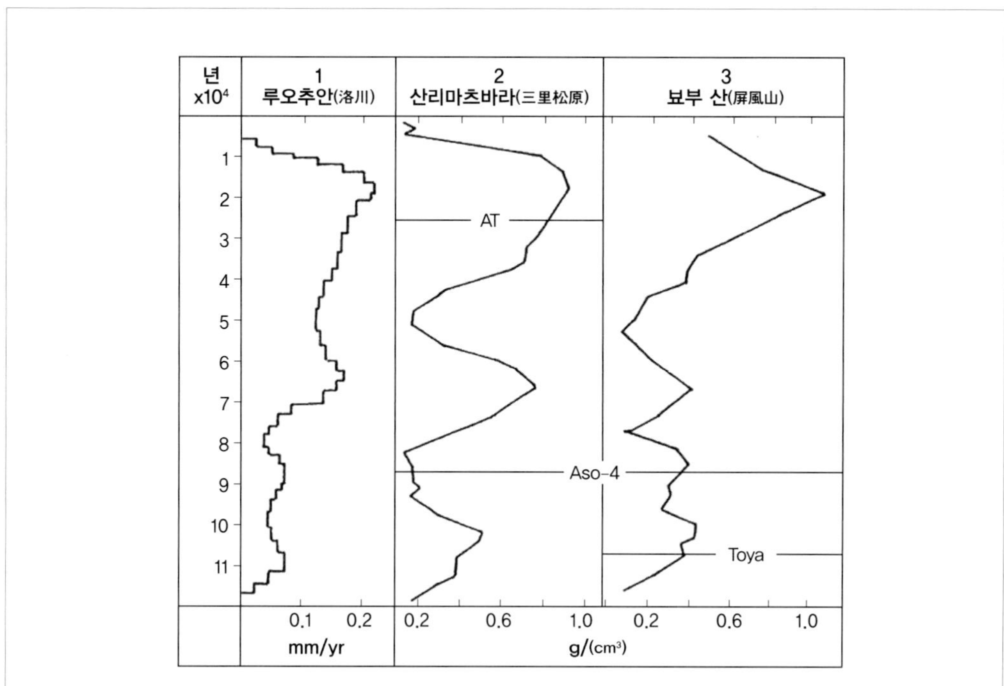

루오추안(洛川)은 Anderson and Hallet(1996)에 의함

MIS 4와 MIS 2 시기에는 일본을 시작으로 동아시아에 빙하가 발달하였다(Ono, 1991). 이들 시기에는 톈산 산맥이나 쿤룬 산맥 등에 발달한 빙하에서 clay나 silt와 같은 미립의 물질이 융빙수를 통해 흘러나와 타클라마칸 사막이나 고비 사막으로 대량 공급되었고, 이러한 사막에서 발원한 풍성먼지가 동쪽으로 운반되어 북위 30~40°에 위치한 황토고원, 육화된 황해와 동지나해, 한반도와 일본열도에 퇴적되었다. 이 두 시기 외에도 황토고원에서는 MIS 3 후기에 해당하는 약 3만 3,000년 전부터 풍성먼지 유입량이 증가하기 시작했으며, 일본열도에서도 이때 풍성먼지 퇴적량이 증가하는 것으로 확인된다(그림 16.3).

그런데 An et al.(1991a)은 황토고원 루오추안(洛川)의 풍성먼지 유입량(g/cm³)이 MIS 4와 MIS 2에서 같거나 MIS 4 시기에 오히려 더 많았다고 보고했으나, Anderson and Hallet(1996)은 황토고원 루오추안의 MIS 2 퇴적량(mm/yr)이 MIS 4보다 약 1.3배 많았다고 주장하였다(그림 16.3). Anderson and Hallet의 주장은 남극 보스토크 코어에서 검출된 풍성먼지의 양적 변화(Petit et al., 1990)와도 일치한다. 만약 황토고원의 풍성먼지 퇴적량이나 유입량이 기후변동을 반영한 것이라면 황토고원과 일본열도 모두 동일한 변화를 보일 것이다(成瀬, 小野, 1997).[48]

MIS 2와 MIS 4의 풍성먼지 퇴적량(g/cm³)의 차이를 북 규슈 산리마츠바라와 혼슈 북쪽 가장자리에 위치하는 뵤부 산 사구의 예에서 보면, 산리마츠바라에서는 MIS 4에 비해 MIS 2 시기에 1.3배 많고 뵤부 산에서는 2.5배 정도 많다. 이것은 최종 빙기에 아시아 대륙 중위도 사막을 풍성먼지의 기원지로 하는 북 규슈와 아시아 대륙 북쪽의 광활했던 사막(Wang and Sun, 1994;[49] Ding et al., 1999)을 기원지로 하는 혼슈 북부지방의 풍성먼지 유입량 차이를 반영한다고 나루세(成瀬)는 생각하였다.[50] 특히 북 규슈의 경우 대륙 기원의 풍성먼지 유입량 차이뿐만 아니라 빙기에 동지나해와 황해의 건륙화된 면적이 MIS 4보다 MIS 2에 더 컸으므로 이를 고려할 필요가 있다고 보았다. 해면이 저하한 최종 빙기 일본열도에서는 아시아 대륙뿐 아니라 육화한 황해, 남해와 동지나해에서 날아온 풍성먼지가 퇴적되었다.

또한 고노(小野, 1988)는 일본열도 산악빙하가 확대되는 규모가 MIS 2보다 MIS 4에 더욱 컸던 것은 양 시기의 육화한 황해, 남해와 동지나해 면적에 차이가 있었기 때문이라고 생각하였다. 즉 MIS 2 시기에는 MIS 4보다 대륙붕 면적이 넓었으므로 빙

---

48 이러한 견해는 황토고원 루오추안의 풍성먼지 유입량 자료들 가운데 Anderson and Hallet(1996)의 측정값이 An et al.(1991a)의 자료보다 신뢰도가 더 높다고 평가한 것이다.

49 Wang and Sun(1994)의 논문에서는 웨이난(陝西省 渭南, 34°29′N, 109°28′E) 한 지점과 베이징(39°54′N) 근처 한 지점 등 모두 두 개 지점의 화분분석 자료를 이용하여 중국 전체 식생대를 복원하였다. 이 두 지점의 LGM 식생은 한랭성 수목이 10% 이하이고 나머지는 초본이 차지하여 반건조 초원인 스텝이었다. 이 두 화분분석 자료를 근거로 하여 중국 북동부 40°N 이북은 모두 사막과 스텝으로 구분하였다. 이와 같은 주장은, 기후대와 식생대가 위도와 상관관계가 있으며, 특히 영구동토층의 분포 및 기온 하강에 따른 증발량 감소와 상대습도의 상승, 토양수분수지 등의 요소를 고려하지 않았기 때문에 수정되어야 한다. LGM 시기 40°N 이북의 중국 동북부 식생은 타이가였으며 부분적으로 한대혼효림(cold mixed forest)이 분포하였을 것이다.

50 이 주장의 구체적인 풍성먼지 이동경로는 그림 17.11에 표현되어 있다. 成瀬는 북 규슈와 혼슈 북부지방의 MIS 2와 MIS 4 시기 풍성먼지 퇴적량을 비교하여 그 원인을 이와 같이 설명하고 있으나, 아오모리 현 뵤부 산보다 더 북쪽의 홋카이도 하보로에서는 거의 같은 퇴적량을 나타낸다. 그리고 중국 동북지방을 MIS 2 시기 사막 환경으로 판단하였는데, 화분분석 결과에 따르면 타이가 또는 한대 혼효림 지역이었으므로 이 설명은 수정되어야 한다.

하 형성의 수원이 줄어들었고 반면 풍성먼지의 공급원이 확대되었으므로 풍성먼지의 퇴적량은 증가했으며, 결론적으로 최종 빙기의 아빙기인 이들 두 시기의 상이한 풍성먼지 퇴적량은 대륙붕으로부터 오는 공급량이 달랐기 때문이라는 것이다.[51]

이상과 같이 일본열도에서는 풍성먼지의 퇴적량이 최종 간빙기에는 적고 최종 빙기가 되면 증가하며, 특히 대륙붕이 가장 넓게 확대된 MIS 2 시기에 최대치에 도달하였다. 일본열도에는 아시아 대륙에서만 풍성먼지가 공급된 것이 아니라 육화한 해저로부터 추가 공급되었으므로 시기적으로 또는 지역적으로 퇴적량의 차이가 발생하였다.

3) 한국[52]

중국과 일본의 뢰스 퇴적량 계산 방법은 상이한데, 중국에서는 $g/cm^2 \cdot 1{,}000yr$(An et al., 1991a)과 mm/yr(Anderson and Hallet, 1996)로 계산하였고 일본에서는 g/cm^3로 측정하였으므로 이것을 정확하게 비교하려면 같은 계산법으로 표현하여야 한다. 중국 뢰스고원의 경우 퇴적량이 대단히 많아서 비교적 단순하게 퇴적 속도를 나타낼 수 있으나, 일본의 경우 뢰스층의 두께가 얇아서 퇴적 속도를 계산하는 데 한계가 있으므로 층준별 또는 시기별로 단위 체적($1cm^3$)당 20μm 이하 입자의 무게(g)로 계산하였다. 중국에 비해 퇴적 속도가 대단히 느림에도 불구하고 많은 연구를 통해 일본에 도달하는 장거리 이동 입자의 크기는 대부분 20μm 이하인 사실을 확인하였고, 퇴적층에도 절대연대를 알 수 있는 많은 화산재(tephra)가 협재되어 있어서 특정 시기별로 단위 체적에 퇴적된 뢰스의 양을 측정할 수 있었다.

---

51 MIS 2와 MIS 4 시기 해안선 변화에 대한 자료는 없으나, 일반적으로 MIS 2 시기에는 해면이 현재보다 140m 정도 아래에 있었다고 본다. MIS 4 시기의 해면은 MIS 2보다 더 높았지만 계량화하여 추정한 자료는 없다. 그러므로 육화된 해저 면적이 MIS 2와 MIS 4의 풍성 공급량 차이에 영향을 미쳤을 가능성은 있으나 그 영향의 크기를 단정할 수 없다.

52 필자가 논의한 내용임.

한편 한국 뢰스의 퇴적 속도나 퇴적량을 측정하는 데는 중국 및 일본과 상황이 크게 달라서 고려하여야 할 몇 가지 조건이 있다.

첫째, 뢰스의 입경을 어떻게 설정할 것인가 하는 점이다. 퇴적량을 계량하려면 이 조건을 결정하여야 한다. 중국 황토고원 그리고 육화된 황해와의 거리가 일본보다 가까우므로 한국은 일본보다 큰 입경까지 포함하여야 할 것이다. 그 경계를 silt와 sand의 경계인 64μm로 할 것인지 또는 조립질 실트인 40μm나 50μm로 할 것인지 아니면 다른 입경으로 할 것인지를 결정하여야 한다. 무게로 표현하므로 기준의 변화에 따라 차이가 크다.

빙기의 동아시아 육지 분포는 간빙기와 크게 다른데 최종 빙기 최성기에는 현재 황해, 남해와 동지나해가 건륙화되면서 육지와 바다의 비율이 달랐다. 황해의 해저는 가장 깊은 곳이 해발고도 약 -80m이며 남해도 -100m보다 얕아서 풍성먼지의 공급원이 될 수 있었다.

현재까지 보고된 한국 뢰스 단면의 물리적 및 지구화학적 분석에 의하면, 한국 뢰스-고토양 연속층을 형성한 풍성먼지의 대부분은 중국 뢰스고원과 뢰스고원 퇴적층의 기원지가 되는 중국 내륙의 사막에서 장거리 이동으로 운반되어 온 것이다. 그럼에도 불구하고 빙기에 북위 30~43°에 분포하는 건조기후 지역이 중국에서 황해를 거쳐 한반도까지 연속하여 나타나므로, 현재의 뢰스고원뿐 아니라 건조기후 지역 전체를 한국 뢰스-고토양 연속층의 기원지로 보아야 할 것이다. 따라서 육화된 해저로부터 상대적으로 조립의 풍성먼지가 인접한 한반도로 운반되어 왔다고 볼 수 있다. 특히 한반도와 상대적으로 근거리에 있는 육화된 황해에서부터 풍성먼지가 한국 서해안으로 운반되어 왔으며 더 나아가 한반도 전체에 풍성먼지가 공급되었을 것이다.

빙기에 건륙화되었던 황해는 현재 바다이므로 이 지역에 대한 토양학적 조사에는 한계가 있으나, 육화된 황해 일대에도 중국 뢰스고원과 뢰스고원의 기원지가 되는 주변 건조기후 지역으로부터 풍성먼지가 운반되어 와서 뢰스로 퇴적되었다. 그리고 황하를 비롯한 하천들의 연장천에 의해 운반된 하천 퇴적물이 범람원을 이루었고 상당히 넓은 면적의 사막도 분포하였다. 그러므로 육화된 황해로부터 바람에 의해 운반되어 온 풍성먼지의 지구화학적 성질도 중국 뢰스고원의 풍성먼지와 거의 같았을 것으로 추정된다. 따라서 한국 뢰스-고토양 연속층에서 중국 뢰스고원 기원 입자와 육화된 황해 기원 입자를 구분할 수 있는 기준은 지구화학적 특성이 아니라 입도의 크기가 거의 유일하다고 생각되지만, 입도의 경계를 설정하는 것은 과제로 남아 있다.

둘째, 한국에는 일본처럼 절대연대를 알 수 있는 화산재(tephra)가 거의 없으므로 퇴적 속도나 퇴적량을 측정하는 데 한계가 있다. 한편 중국 뢰스고원에서는 뢰스-고토양 연속층의 경계가 명확하게 설정되므로 이와 같은 문제를 해결할 수 있다. 한국에서는 절대연대 측정 기술이 더욱 발전하여 신뢰할 수 있는 수준에 도달하기 전까지는 OSL 연대측정이 편년의 거의 유일한 수단이다. 그러나 이 방법은 유효한 측정한계가 10만 년 정도에도 미치지 못하고 이보다 오래된 연대는 정확도가 크게 떨어지므로 중국과 일본보다 상황이 좋지 못하다. 현실적으로 가능한 방법은 기본적으로 뢰스-고토양 연속층의 층서를 보다 정교하게 구분할 수 있는 방법을 고안하는 것이라고 생각한다.

17.

동아시아 최종 빙기 풍성먼지 운반에 기여한 바람 체계

나루세(成瀨, 2006) 외 일본 연구자들[53]은 한국 제주도와 일본의 세 지역에서 토탄에 포함된 풍성먼지의 ESR 분석으로 얻은 산소 공공량의 공간적 분포를 통해 MIS 3, MIS 2, MIS 1 시기의 동아시아 고몬순과 고풍계를 복원하였다. 이 장에서는 그 내용을 소개하면서 필자가 복원한 최종 빙기 최성기 동아시아 기후와 식생 그리고 한대전선 분포로 복원한 고풍계를 통해 비판적으로 검토하였다.

다음에 기술하는 '습지 퇴적층에 포함된 풍성먼지의 ESR 분석을 통한 계절풍 변동'에서는 成瀨(2006)가 풍성먼지가 퇴적되어 있는 보링 코어를 획득하여 분석한 내용을 가능한 범위에서 상세하게 소개하였다. 이것을 통해 수m의 뢰스-고토양 연속층에서 연구 목적에 필요한 정보를 만들어 내는 과정을 간접적으로 경험할 수 있기 때문이다.

53 成瀬 외, 1996, 1997, 1998; 成瀬, 小野, 1996; Ono et al., 1998; Toyoda and Hattori, 2000; Toyoda and Naruse, 2002; Toyoda et al., 1992; Yatagai et al., 2002 등.

1) 습지 퇴적층에 포함된 풍성먼지의 ESR 분석을 통한 계절풍 변동

뢰스는 바람에 의해 장거리 이동으로 운반되어 온 물질들이 퇴적된 것이므로, 뢰스의 형성 메커니즘을 파악하기 위해서는 기원지에서 퇴적지까지 풍성먼지를 운반하는 바람 체계를 이해할 필요가 있다. 현재 한국을 포함하는 동아시아는 편서풍 지역이면서 겨울 계절풍이 탁월하다. 그러나 풍성먼지의 퇴적 속도가 빨랐던 최종 빙기의 풍계는 현재와 달랐으며 MIS 4, MIS 3 그리고 MIS 2 시기의 풍계에도 각각 차이가 있었을 것이다.

풍성먼지는 지표면 어디에나 쌓일 수 있지만 장소에 따라 보존 상태는 다르다. 일반적으로 육상에서는 퇴적보다 침식이 빠르게 진행되는 경우가 많아서, 육상퇴적물을 대상으로 풍성먼지 유입량이나 퇴적량 변화를 정확하게 분석하는 데는 한계가 있다.

[그림 17.1] ESR 분석을 위한 시료 채취 지점(成瀬, 2006을 수정)

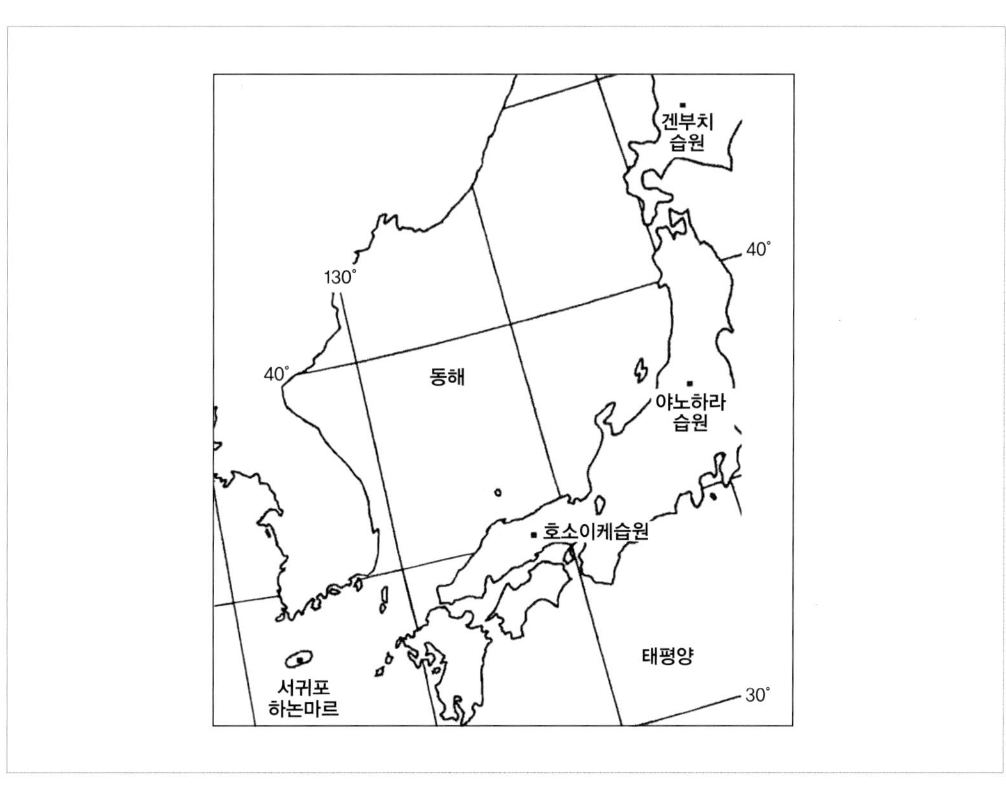

그러나 토탄층에 포함된 풍성먼지는 퇴적 당시의 상태가 비교적 잘 보존되어 있으므로 고해상도 연구에 좋은 자료가 된다(阪口, 1977). 따라서 한국 제주도 서귀포 하논 마르, 일본의 오카야마(岡山) 현 호소이케(細池) 습원, 후쿠시마(福島) 현 야노하라(矢の原) 습원, 홋카이도 겐부치(劍淵) 습원의 보링 코어를 획득하여, 토탄과 유기질토양에 포함된 풍성먼지 물질에 대해 10~100년 단위로 퇴적환경 복원을 시도하였다(그림 17.1).

(1) 제주도 서귀포 하논 마르

하논 마르에는 9.4m 두께의 유기질층이 퇴적되어 있으며 최하부 층준의 퇴적 연대는 29,128cal yr BP였다. 유기질층에 포함된 무기물질의 입경은 60μm 이하인데, 마르 내에는 퇴적물을 운반할 수 있는 하계망이 거의 없으므로 무기물 대부분을 풍성물질로 볼 수 있다.

하논 마르에 퇴적된 무기물의 양은 온난한 아간빙기(interstadial, Is)에 감소하고 한랭한 아빙기(stadial period)에 증가하였다(그림 17.2). 이러한 증감에는 입경 20μm 이상의 조립 물질 변화량이 크게 기여하였다. 이 조립 물질은 크기로 보아 아시아 대륙에서 바람에 의해 장거리로 운반된 것이 아니라, 빙기에 육화한 황해나 남해 그리고 동지나해에서 또는 간석지로부터 날아온 것이다. 한편 20μm 이하의 미세 물질은 육화한 해저에서 운반된 것 외에 아시아 대륙에서 운반된 풍성먼지가 혼합되었을 것이다. 2.9~2.6만 년 전의 층준에 포함된 미세 석영의 산소 공공량은 9.5~10.4라는 높은 값을 보이므로, 대부분 아시아 대륙의 선캄브리아기 암석 지역에서 날아온 풍성먼지로 생각된다. 그런데 2.5~1.0만 년 전의 산소 공공량은 2.6~6.7로 크게 낮아진다. 이 수치는 선캄브리아기 암석의 산소 공공량인 10.0 이상이 아니고, 제3기층(2.0~2.8)~고생대(3.3~4.7)의 석영이나 황토고원의 뢰스 산소 공공량 값(5.8~8.7)에 가깝다.

2.5만 년 전부터 제주도 주변의 황해, 남해 그리고 동지나해가 건륙화되었는데 이 지역에는 제3기층이 넓게 분포한다(齊藤, 1998). 특히 황해에는 황하가 상류역으로부터 운반한 황토 물질이 두껍게 퇴적되어 있었다. 산소 공공량으로 보면 육화된 황해 해저에 퇴적된 물질이 풍성먼지가 되어 마르에 운반된 것으로 생각된다. 거기에 타클라마칸이나 고비 사막에서 편서풍에 의해 운반된 풍성먼지가 혼입되었을 가능성도 있다. 이 경향은 MIS 1에 다시 해면이 상승하여 황해, 남해, 동지나해의 해역이 확장될

[그림 17.2] 제주도 하논 마르 코어 분석 결과(Yatagai et al., 2002)

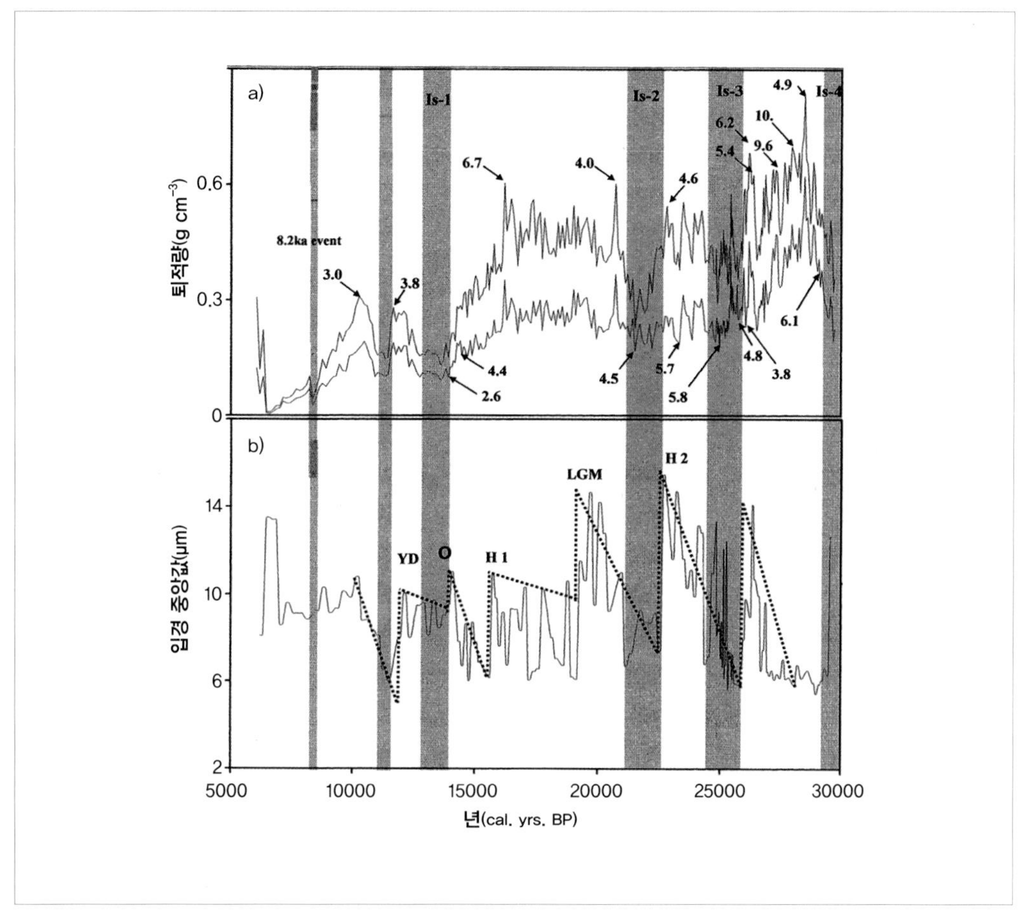

a) 풍성먼지 퇴적량, 위 선은 총량, 아래 선은 20μm 이하의 양, 숫자는 20μm 이하 미세 석영의 산소 공공량 (1.3×10^{15}spin/g)

b) 입경 중앙값, Is-1~Is-4: 아간빙기, O: 올드드라이아스기, YD: 영거드라이아스기, 입경 중앙값은 한랭한 H2나 LGM에는 조립이고 온난한 Is-3과 Is-2에는 급감하는 톱니상의 변화를 보임

때까지 지속된다.

입경 중앙값을 보면 최종 빙기 가운데 한랭기를 향하면서 서서히 조립화하고 아간빙기에는 급격하게 세립화한다. 예를 들면 Is-3 시기에 6μm였던 것이 하인리히 이벤트(Heinrich event) H2를 향하면서 점차 조립화되어 H2에서 15μm가 된다. 그러나 그 직후 아간빙기 Is-2에서는 7μm로 급격히 세립화한다. 이러한 변화는 풍성먼지를 운반하는 겨울 계절풍의 바람 세기가 H2를 향하면서 점차 강해지고 Is-2에는 급격하게

약화된 것을 보여 준다. 이러한 입경 중앙값의 톱니상 변화는 대서양 해저 코어에서 밝혀진 톱니상 기후변동인 본드 사이클(Bond cycle)과 유사하다.

(2) 오카야마 현 호소이케 습원

오카야마 현 북동부에 위치한 해발고도 970m의 호소이케 습원으로 흘러 들어가는 오륜원천의 집수역에는 제4기 현무암이 분포하고 있고, 습지에는 최종 빙기 2.7만 년 전부터 홀로세에 걸쳐 두께 약 3m의 실트질 토탄이 퇴적되었다. 보링 코어에서 12개 층준의 테프라층이 확인되었다.

호소이케 습원의 C1, C2 보링 코어는 표층, 토탄, 실트층, 사력층, 실트질 모래층으로 구성된다. 이 가운데 자갈은 현무암의 풍화산물이고 모래는 화산재와 현무암의 풍화 물질, 실트의 대부분은 풍성먼지와 화산재 물질이다. 코어의 5개 층준에는 화산재[54]가 협재해 있는데 위에서부터 K-Ah, SUk,[55] DHg,[56] AT이다(그림 17.3). 이 밖에 C2의 깊이 99cm 층준에 포함된 목재의 ^{14}C 연대는 15,619±526cal yr BP(Beta-181007)이고, 깊이 256cm에 포함된 목재의 ^{14}C 연대는 24,788±526cal yr BP(Beta-181008)이다.

3만 년 전 층준에서 2만 4,000년 전에 분화한 DHg 층준 사이에는 무기물의 양이 많았다. 입도분석이 이루어진 C2에는 조립의 현무암 자갈이나 화산모래가 많이 포함되어 있고 45μm 이상 조립질이 43% 이상을 차지하므로 전체적으로 유수성 퇴적물이다. 이 층준에 10% 정도 포함된 미세 석영의 산소 공공량 값은 13.5 내외이므로 선캄브리아기 암석 지역을 기원지로 하는 풍성먼지로 생각된다. 이 층준의 퇴적물은 Is-4와 Is-3과 관련되므로 상대적으로 온난하고 강수량이 많은 시기에, 그때까지 현무암 산지 사면에 퇴적되어 있던 풍화된 자갈, 테프라, 풍성먼지가 유수에 의해 습지로 운반되었던 것으로 볼 수 있다.

---

54 실제로 자료에 제시된 것은 4개이다.

55 SUk(三瓶浮布): 긴키(近畿) 지방 나라(奈良) 현 사카테(阪手)에서 2만~2만 1,000년 전에 분출한 화산재.

56 DHg(大山東大山): 주고쿠(中國) 지방 돗토리(鳥取) 현 다이센(大山) 부근에서 3만~2만 4,000년 전에 분출한 화산재.

[그림 17.3] 호소이케 습원의 주상도(成瀨, 2006을 수정)

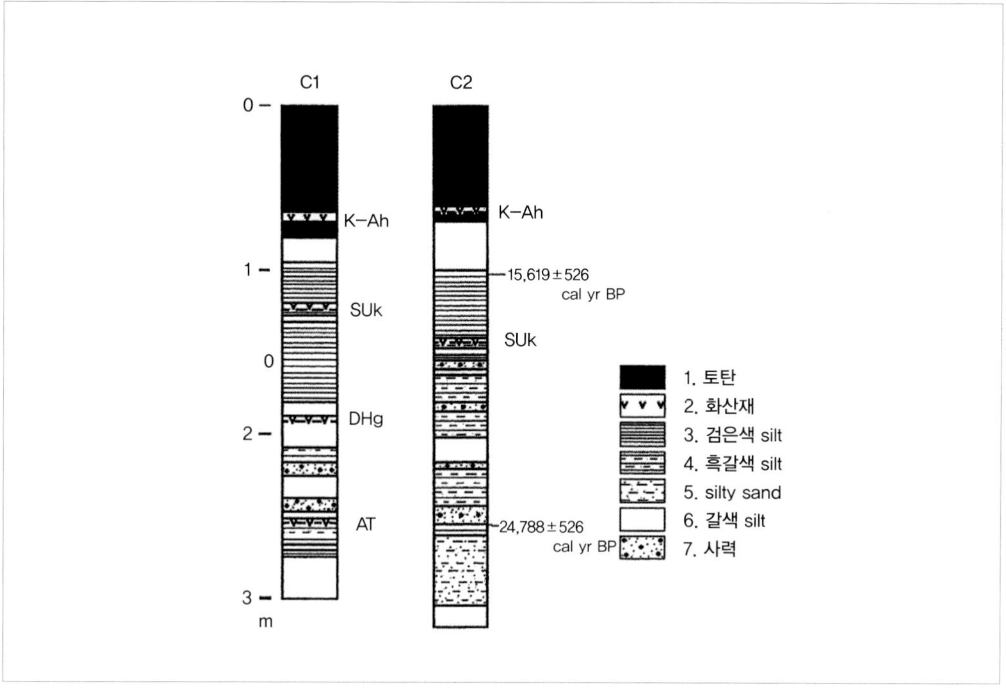

K–Ah: 기카이–아카호야 화산재(4,000∼9,000년 전), SUk: 사카테 화산재(20,000∼21,000년 전), DHg: 다이센 화산재(30,000∼24,000년 전), AT: 아이라–탄자와 화산재(26,000∼29,000년 전)

DHg 퇴적 이후 2.2만 년 전까지 무기물의 양이 감소하고 세립화한다. 와이불 분포(Sun et al., 2002)에 의해 구해진 입경 중앙값 10.8μm에서 최빈값을 갖는 정규분포 집단(그림 17.5의 ⑤)은 미세 석영의 산소 공공량이 11.8인데, 이것으로 판단할 때 이 집단의 대부분은 장거리 이동에 의한 풍성먼지로 이루어진 것으로 보인다. ⑤에서는 작지만 2.8μm에서 최빈값을 갖는 정규분포 집단이 인정된다. 이 집단은 풍성먼지의 입경보다 훨씬 더 세립질이어서 유수성 부유물질의 가능성이 있다. 즉 이 시기에 유수 물질은 감소하였고 풍성먼지가 증가하였다.

Is–2에 대비되는 2.1만 년 전에는 무기물의 양이 $0.8g/cm^3$ 전후로 급증하고, 그림 17.5의 ④와 같이 7μm와 20μm에서 최빈값을 갖는 2개의 정규분포 집단으로 구성된다. 전자는 풍성먼지, 후자는 유수 물질로 생각되고 양자의 비율은 대체로 비슷하다. 따라서 이 시기까지 산지 사면에 퇴적된 조립 물질과 풍성먼지가 유수에 의해 습지로

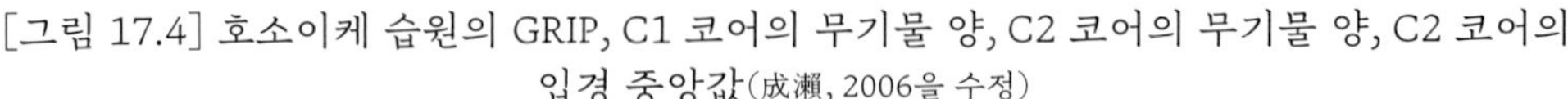

[그림 17.4] 호소이케 습원의 GRIP, C1 코어의 무기물 양, C2 코어의 무기물 양, C2 코어의 입경 중앙값(成瀬, 2006을 수정)

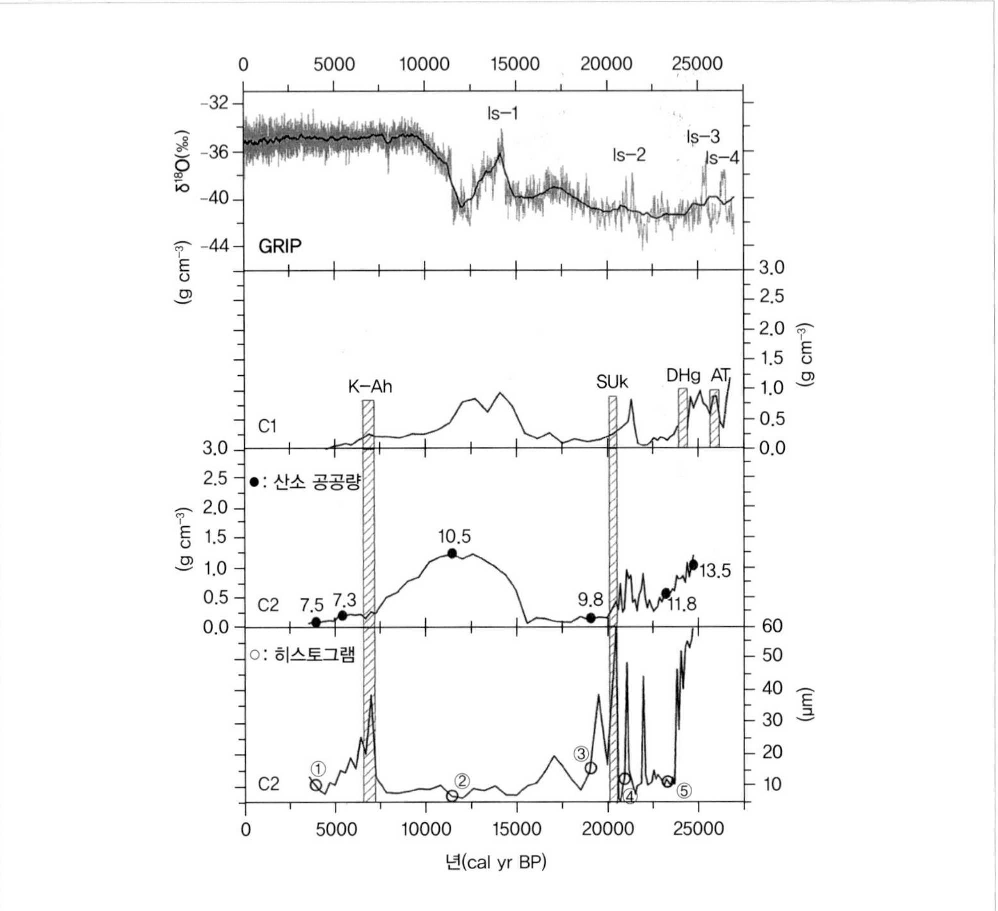

C2 코어의 히스토그램 ①~⑤는 그림 17.5에 제시함
무기물 퇴적량과 입경 중앙값은 Is-1~Is-3에 증가하고 또한 조립 화산재 층준에서 증가함

운반되어 오는 습윤 환경이 지속되었다.

최종 빙기 최성기(LGM)에 대비되는 2.1~1.5만 년 전이 되면 무기물의 양이 감소하고, SUk(사카테) 화산재 및 이 화산재의 재퇴적물로 이루어진 3개의 피크(그림 17.4의 맨 아래 C2의 Md 분포곡선) 외에는 입경 중앙값이 대체로 7~15μm 범위에 있다. C2 코어의 층준 ③에서는 Md 13μm와 60μm에서 최빈값을 갖는 2개의 정규분포 집단이 확인된다. 전자는 산소 공공량 9.8로 볼 때 풍성먼지이고 후자는 SUk 화산재의 재퇴적물

[그림 17.5] C2 코어의 히스토그램(成瀨 외, 2005)

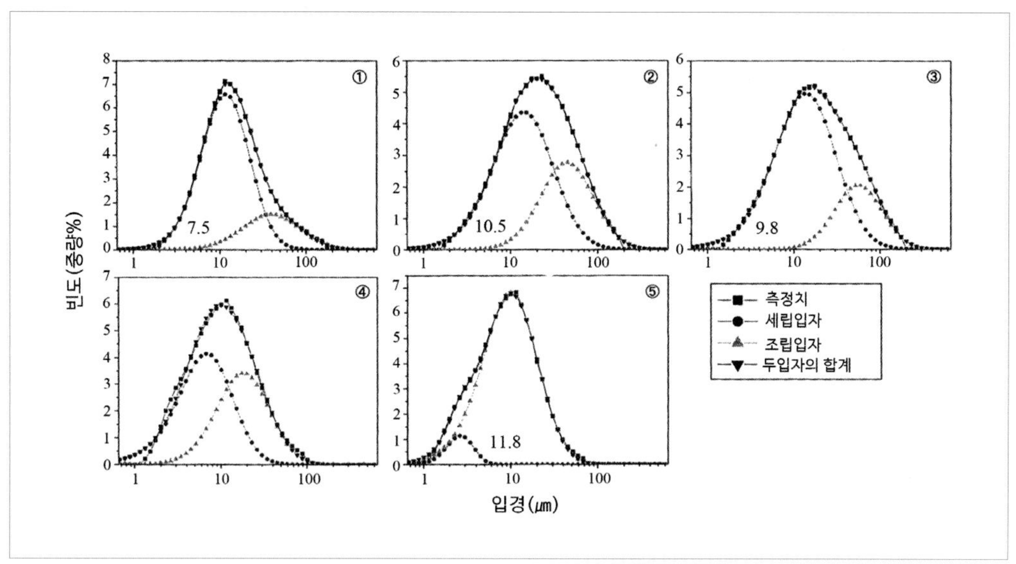

①~⑤는 그림 17.4에 표시되어 있음
곡선들 사이의 수치는 미세 석영의 산소 공공량
①, ③, ⑤는 풍성먼지가 많고 ②와 ④는 풍성먼지와 유수 물질이 각각 절반 정도 차지함

이다. 이 층준에서는 최빈값이 13μm이며 세립 물질의 양이 많은 것으로 볼 때, SUk 화산재가 재퇴적되었을 가능성은 적고 풍성먼지 퇴적이 크게 증가하는 환경으로 변하였다. 따라서 이 시기는 기후가 건조하여 하천의 운반력이 감소한 환경이었을 것으로 추정할 수 있다.

Is-1에 대비되는 1.5만 년 전경부터는 LGM과 대조적으로 무기물의 양이 증가하면서 폭넓게 피크가 형성된다. C2 코어의 층준 ②에서는 14μm와 45μm에서 최빈값을 갖는 2개의 정규분포 집단이 구분되는데, 전자는 산소 공공량 10.5로 볼 때 풍성먼지이고 후자는 그 입경으로 볼 때 유수 물질로 판단된다. 그 양적인 비율은 히스토그램 ③보다 조립 부분이 증가하고 세립 부분은 감소하였다. 이것은 LGM 시기에 산지 사면에 퇴적된 풍성먼지가 1.5만 년 전부터 증가하기 시작한 유수에 의해 산지 사면으로부터 조립 물질과 함께 습지에 운반되었음을 보여 준다. 즉 1.5만 년 전 온난화가 시작되는 시기부터 강수량이 많아지고 하천의 유량이 증가하였으며, 식생이 빈약한 산지 사면에서 토양침식이 진행되었던 것으로 추정된다.

1.1만 년 전 무렵부터 무기물의 양이 감소하는 것은, 기후가 온난해지면서 너도밤나무를 주체로 하는 상록활엽수림이 사면을 피복하여 토양침식이 억제되었기 때문으로 판단된다. 산소 공공량 7.5를 나타내는 층준 ①은 12μm와 40μm에서 최빈값을 갖는 2개의 정규분포 집단으로 구분된다. 전자는 산소 공공량으로 보아 풍성먼지이고 후자는 하천 퇴적물로 생각되며, 두 개의 최빈값 가운데 12μm가 훨씬 더 많은 양을 차지하는 것은 무기물의 대부분이 풍성먼지임을 의미한다.

이상과 같이 3만 년 전 이후는 GRIP(Greenland Ice Core Project)[57]의 $\delta^{18}O$ 변화에 의해 보여진 기후변동(Dansgaard et al., 1993)과 호소이케 습원 무기물의 양을 연계하여 비교하는 것이 가능하다. 그리고 아간빙기에는 여름 계절풍이 활성화되면서 강수량이 증가하여 하천 퇴적물이 증가하였고 한랭기에는 풍성먼지가 많이 퇴적되었다. 한편 MIS 2와 MIS 3 시기에 미세 석영의 산소 공공량은 9.8~13.5였고 MIS 1 시기에는 7.3~7.5였다. 양자의 차이는 기원지의 변화를 의미한다. 즉 MIS 3과 MIS 2에 이 지역은 한대전선(polar front)의 북쪽에 위치하여 선캄브리아기 암석 지역에서부터 북서 계절풍에 의해 풍성먼지가 운반되었고,[58] MIS 1에는 이 지역이 한대전선의 남쪽에 들어가면서[59] 중국 내륙의 건조지역에서 풍성먼지가 운반되어 온 것이다.

(3) 후쿠시마 현 야노하라 습원

후쿠시마(福島) 현 오누마(大沼) 군 카시와무라(沼和村)에 위치한 해발고도 700m의 야노하라 고원에는 노지리가와(野尻川)의 지류가 막혀 생긴 54ha의 야노하라 습원이 있다. 이 습지에서 채취한 코어의 길이는 3.2m이며, 그 가운데 지표면 아래 -3.1~

---

57 GRIP(Greenland Ice Core Project): 1989년부터 1995년까지 진행되었으며, 그린란드 빙상의 3,029m 얼음 코어를 통해 100만 년 이상의 동위원소와 대기 성분 변화에 대한 자료를 획득하였다.

58 MIS 2, 3 시기에 북서 계절풍에 의해 풍성먼지가 운반되었다는 것은 이동 시기가 겨울임을 시사한다. 그러나 최종 빙기 중국 동북지방의 기후에서는 풍성먼지의 공급이 불가능하므로 이 주장은 수정되어야 한다.

59 이 습지는 현재(MIS 1) 여름에는 한대전선의 남쪽에 위치하지만 겨울에는 한대전선의 북쪽이거나 한대전선에 걸쳐 있다. MIS 1 시기 계절풍의 강도는 겨울이 여름보다 훨씬 강하고 분명하다. 따라서 MIS 1에 이 지역에 퇴적된 풍성먼지는 한대전선제트기류뿐 아니라 겨울철~봄철 북서 계절풍에 의해 운반된 것으로 볼 수 있다.

[그림 17.6] 야노하라 습원의 주상도와 산소 공공량, 무기물 양(蓑輪, 2001)(成瀨, 2006에서 재인용)

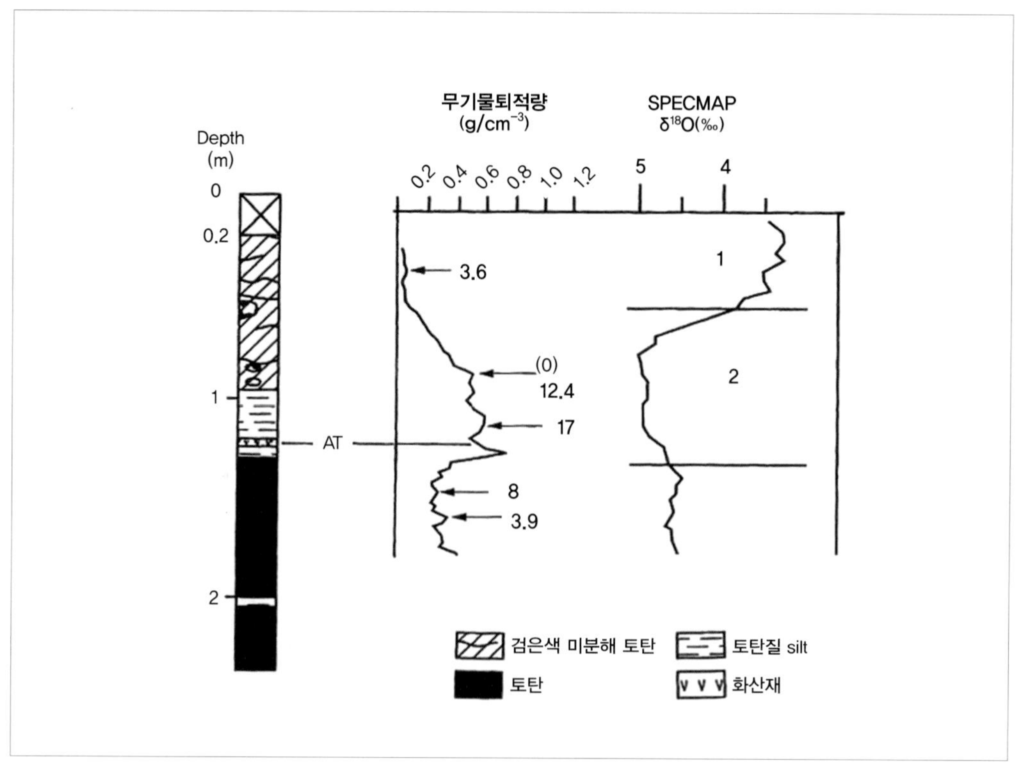

-2.7m는 갈색 토탄이고 토탄 사이에 두께 9cm의 DKP가 협재되어 있다. DKP 위에는 흑색 토탄, 암회색 실트가 퇴적되었고 두께 3cm의 AT가 협재한다(그림 17.6). 그 위에는 토탄질 실트층, 미분해된 식물의 유기물층 그리고 맨 위의 표층에는 식물뿌리층이 나타난다. 무기물의 양은 DKP~AT 사이에서 0.2~0.3g/cm^{3}인 것으로 추정되지만, AT 바로 아래부터 무기물의 양이 증가하고 가장 많은 층준은 0.7g/cm^{3}이다. AT 상부의 MIS 2에 대비되는 층준은 0.5~0.6g/cm^{3}이다. 그러나 이후 무기물의 양이 감소하였고, 특히 -0.65~-0.2m에서는 0.05g/cm^{3}로 크게 감소한다.

조립 석영 가운데 제4기에 분출한 화산암 석영의 산소 공공량은 0~0.8이고, MIS 2에 해당하는 층준의 미세 석영은 17.0과 12.4이므로 미세 석영이 현지 물질이 아니라 선캄브리아기 암석 기원임을 알 수 있다.

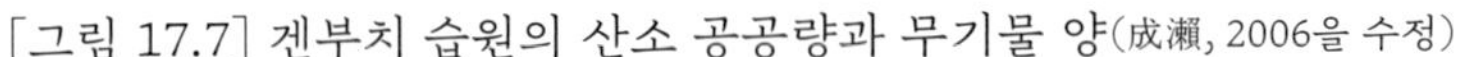
[그림 17.7] 겐부치 습원의 산소 공공량과 무기물 양(成瀨, 2006을 수정)

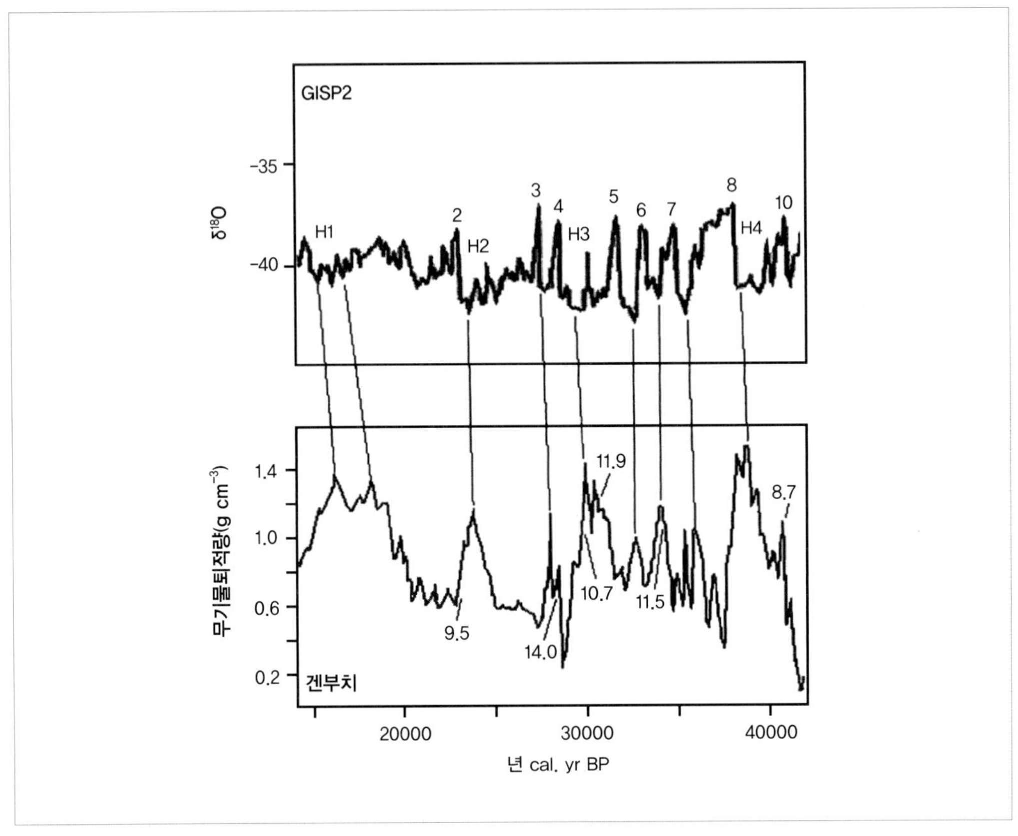

GISP 2의 2~10은 Is(interstadial), H1~H4는 하인리히 이벤트, 겐부치의 수치는 미세 석영의 산소 공공량임

(4) 홋카이도 겐부치 습원

나요로(名寄) 분지의 기타하라(北原) 겐부치(劍淵, 44°03′N, 142°23′E) 습원에는 4.2~2.2만 년 전에 형성된 토탄이 퇴적되어 있다. 겐부치 토탄층에 포함된 무기물은 입경 중앙값이 대개 20μm 이하이고 미세 석영의 산소 공공량이 8.7~14.0이므로, 현지성이 아니라 대부분 아시아 대륙으로부터 날아온 풍성먼지임을 알 수 있다.

풍성먼지의 주체인 무기물의 양은 제주도 코어와 많이 닮아서 톱니상 변화를 보인다(그림 17.7). 예를 들면 H4로 가면서 무기물의 양은 증가한 후 Is-8에서 급감한다. H3이나 H2를 향하면서 재차 증가하고 마찬가지로 Is-4나 Is-2에서는 급감한다. 그러나 제주도와 다른 점은 제주도의 경우 한랭기에 조립화하는 데 반해 홋카이도에서는 세립화하는 것이다. 홋카이도에서는 무기물의 양이 피크 직후에 0.2~0.6g/cm³로 급감하지만 이 시기 입경 중앙값과 최빈값은 조립화한다.

Is-8에 해당하는 시기에는 입경 중앙값이 17μm, 최빈값은 60μm이므로 이 퇴적물은 하천에 의해 운반된 조립 물질로 볼 수 있다. MIS 2에도 큰 피크가 두 층준에서 확인되는데, 최종 빙기 최성기에 해당하는 1만 9,000년 전의 무기물 양은 1.2g/cm³이며 H1에 해당하는 층준의 무기물 양은 1.4g/cm³이다. 또한 그림 17.7에는 보이지 않지만, 깊이 200cm에서 추출한 토탄의 연대는 약 3,000년 전을 지시하고 가운데 포함된 미세 석영의 산소 공공량은 6.0이었다.

(5) 최종 빙기와 후빙기 동아시아 계절풍 변동

① MIS 3(5.9~2.4만 년 전)

이 시기의 동아시아 계절풍 변동에 대한 나루세(成瀨, 2006)를 비롯한 일본 연구자들의 주장은 다음과 같다.

평균기온은 급격하게 변동하였고 상대적으로 온난한 아간빙기(Is)와 한랭한 아빙기가 반복되었으며, 특히 한랭한 하인리히 이벤트가 이들 사이에 존재하였다. 하인리히 이벤트 4(H4)가 Is-9와 Is-8 사이, H3은 Is-5와 Is-4 사이, H2는 Is-3과 Is-2 사이에 있었다. 네 지역의 보링 코어에도 이들 간의 기후변동 경향이 분명하게 기록되어 있다. 겐부치 코어에서는 약 4만 년 전 H4에 대비되는 시기에 무기물의 양이 증가하고 Is-8 직전 피크에 도달한 후 Is-8에서 급감하는데(그림 17.7), 그림에는 보이지 않지만 이 피크층은 입경 중앙값이 8μm인 세립의 풍성먼지이며 급감층에 해당하는 Is-8은 Md 18μm의 조립질 하천 퇴적물로 이루어진다.

H4와 마찬가지로 큰 피크는 H3 그리고 H2가 시작되면서 몇 개 확인되고 각각의 무기물질 피크는 한랭기를 향하면서 서서히 증가하며 아간빙기에 급감하고 있다. 그리고 피크에 도달할 때에는 전부 세립질이지만 피크 직후에는 입경 중앙값이 조립화한다. 이러한 입경의 변화는, Is-10부터 Is-2까지 상대적으로 온난한 아간빙기에 온난화가 급격하게 진행되고 여름 계절풍이 활성화됨에 따라 강수량이 증가하면서 하천에 의해 운반된 조립 물질이 증가한 데 기인한다. 제주도에서도 동일한 경향이 확인되어 H2를 향하면서 서서히 무기물의 양이 증가하다가 H2에 입경 중앙값의 피크가 나타나

지만, 홋카이도 겐부치와 달리 아빙기에 조립화하고 아간빙기에 세립화한다.

필자는 일본 연구자들의 이와 같은 주장에 대해 다음과 같은 의견을 제시하고자 한다.

MIS 3 시기 동안의 기후변화에 따른 무기물 양과 입경 중앙값의 변동에 영향을 미친 계절풍 변화를 일본 연구자들은 미세 석영의 산소 공공량으로 추정하였다. 즉 아빙기(H1~H4)의 미세 석영 산소 공공량을 볼 때, 시베리아고기압으로부터 강력하게 불어오는 겨울철 북서 계절풍에 의해 건륙화된 황해, 남해 그리고 동지나해에서 조립의 풍성먼지가 다량 운반되어 제주도 마르 바닥에 퇴적되었으므로 피크에 도달하였다고 주장한다.

건륙화된 남해, 황해와 동지나해로부터 조립 입자가 공급된다는 주장은 이들 지역과 제주도의 공간 관계에서 그 가능성을 검토해 볼 수도 있다. 그런데 필자의 연구 결과에 의하면 이 시기 서해안에 위치하는 보령시 대천의 입경 중앙값은 5.61~7.03μm, 완주 봉동은 5.26~9.03μm, 서산 해미는 6.5~9.5μm였다. 제주 서귀포 마르 습지 입경 중앙값이 6~15μm이므로 최댓값은 서귀포와 차이가 있지만 최젓값은 네 지역 모두 유사하다. 한편 동해안 고성 아야진의 뢰스-고토양 연속층 입경 중앙값은 6~8μm, 내륙의 진천은 5.6~8.6μm, 거창은 6.76~7.38μm로서 해미의 최댓값이 다소 높지만 서해안, 동해안, 내륙에 관계없이 입경 중앙값은 유사하다. 그들의 가설에 의하면 서해안의 보령과 서산도 겨울철 북서 계절풍의 영향을 받을 수 있는 위치이지만 최댓값이 10μm 이하이므로, 건륙화된 해저의 면적과 북서 계절풍에 의한 조립의 풍성먼지 공급에 대한 그들의 주장은 보다 많은 자료를 가지고 검토하여야 한다. 그리고 제주도와 다른 지역의 입경 중앙값 차이를 이해하려면, 필자에 의해 실시된 입도분석과 일본 연구자들에 의해 이루어진 입도분석의 실험방법 및 전처리 방법 등에 차이가 있는지를 먼저 확인하고 입경 중앙값의 조립화 경향에 미친 요인을 검토하여야 할 것이다.

한편 일본 연구자들은 Is-10부터 Is-2까지 아간빙기에는 급격하게 온난해지면서 겨울 계절풍이 약화되었기 때문에 조립의 풍성먼지 공급이 감소하였으나, 대륙으로부터 운반되어 오는 세립의 풍성먼지는 감소하지 않고 그대로 운반되어 퇴적되었는데, 그럼에도 불구하고 MIS 3 시기의 아간빙기에 퇴적된 무기물의 양은 감소하였다고 보았다. 그들은 MIS 3 시기 동안 한랭기인 아빙기를 향하면서 서서히 무기물의 양이 증가하고 이와 대조적으로 온난기인 아간빙기에는 무기물의 양이 급감하였으며, 특히 제주도 마르에서 무기물의 양과 입경 중앙값의 톱니상 변화가 여러 번 반복된 현상을 지적하였다. 그리고 무기물의 양이나 입경 중앙값의 톱니상 변화는 기후변동, 특히 풍성먼지를 운반하는 바람의 강약과 강수량의 증감을 지시하는 계절풍 변동을 반영한 것이라고 주장하였다.

이러한 주장과 관련하여 필자는 무기물의 양이나 입경 중앙값의 톱니상 변화가 기후변동을 반영한 것이라는 내용은 동의할 수 있으나, 산소 공공량으로 가설을 세우고 풍성먼지를 공급하는 것을 겨울 계절풍으로 설정하는 것은 논쟁의 여지가 있다고 생각한다. 특히 제주도 하논 마르와 겐부치 습원의 자료에서 무기물 양의 변화 원인으로 제시한 아빙기인 하인리히 이벤트 시기와 이들 사이의 아간빙기에 건륙화된 해저 면적의 차이가 풍성먼지 공급에 영향을 줄 정도인지에 대해서는 의문이다. 이와 같은 의문을 해소하기 위해서는 MIS 3 시기 해면변동에 의한 아빙기와 아간빙기 사이의 해면 고도 차이에 대한 자료가 제공되어야 할 것이다.

② MIS 2(2.4~1.2만 년 전)

일본 연구자들은 한국 제주도와 일본의 습지에서 채취한 풍성먼지의 ESR 분석을 통해 MIS 2 시기의 풍성먼지 변화와 산소 공공량 공간 분포를 발생시킨 원인을 다음과 같이 정리하였다.

이 시기 동안 아시아 대륙에서는 시베리아고기압 세력이 확장되고 사막이 확대되었다. 여기서부터 불어오는 북서 계절풍이나 한대전선제트기류에 의해 선캄브리아기 암석 지역의 광대한 사막에서 대량의 풍성먼지가 일본열도로 날아왔다.

홋카이도에서는 풍성먼지로 이루어진 무기물질이 증가하였고 후쿠시마 야노하라 습원에서도 하천에 의해 운반된 물질이 크게 감소하였다. 이 시기는 아시아 대륙으로부터 날아온 풍성먼지의 퇴적작용이 우세한 건조 환경이었다. 宮城 외(1996)에 의하면, 2.3~1.2만 년 전 도호쿠(東北) 지방[60]은 유수 작용이 인정되지 않으며 유수가

60 일본 혼슈의 동북부 동해 쪽과 태평양 쪽에 위치한 아오모리 현, 이와테 현, 미야기 현, 아키타 현, 야마가타 현, 후쿠시마 현을 아우르는 37~41°N 지역.

암설의 매트릭스를 세탈하는 수준일 정도로 극히 한랭하고 건조한 환경이었다. 야노하라 습원에 운반된 풍성먼지의 산소 공공량은 12.4와 17.0이고 Md도 10μm 이하였다.

북위 35°에 위치하는 호소이케 습원에서는 최종 빙기 최성기(LGM)에 대비되는 2.1~1.5만 년 전 동안 퇴적량이 감소하였으며 퇴적물은 주로 풍성먼지였다. 한편, 제주도에서는 LGM과 H1에 풍성먼지 퇴적이 증가하였다. 이와 같이 온난기인 MIS 3 시기에는 풍성먼지가 감소하였지만, 한랭기인 MIS 2는 풍성먼지가 특히 많이 퇴적되고 하천 퇴적물이 감소한 극히 건조한 환경이었다.

제주도에서는 1.4만 년 전 무렵부터 풍성먼지 퇴적량이 감소하기 시작한다. 예를 들면 LGM의 퇴적량은 Is-1에 비해 4.5배이다(그림 17.2). 기후가 온난해지면서 풍성먼지의 기원지 환경이 변화하여 풍성먼지 공급이 감소하고 동시에 풍성먼지를 운반하는 바람도 약해졌다. 제주도의 경우에는 건륙화한 해저 면적이 해면 상승에 의해 감소한 것도 풍성먼지 감소에 영향을 미쳤을 것이다.

상술한 나루세 외 일본 연구자들의 주장과 함께 MIS 2 시기 동아시아 기후 및 경관의 공간 분포와 풍계에 대해 필자는 후술하는 17장 3절에서 문제점들을 지적하였고, 당시의 기후 분포와 여름 및 겨울의 한대전선 위치를 복원하여 풍성먼지 운반에 기여한 풍계에 대해 논의하였다.

③ MIS 1(1.2만 년 전~현재)

무기물의 양은 극단적으로 감소하였으며 입경 중앙값은 조립화하고 유수 퇴적물이 증가하였다. 즉 여름 계절풍이 상대적으로 강해지고 강수량이 증가하면서 기원지가 습윤화하여 혼슈 중부에서는 풍성먼지의 공급이 감소하였다. 또한 풍성먼지를 운반하는 탁월풍이 약화된 것도 풍성먼지 공급 감소의 원인이었을 것이다.

5,000년 전 무렵 호소이케 습원의 토탄층에 포함된 미세 석영의 산소 공공량이 7.3과 7.5이고 겐부치 습원에서는 약 3,000년 전 6.0이었다. Toyoda and Naruse(2002)와 成瀨(2006)는 이 시기 풍성먼지가 중국 내륙사막으로부터 아열대제트기류에 의해 홋카이도까지 운반되었다고 보았다. 즉 MIS 1에 한대전선이 홋카이도 북부까지 북상하여 여름철 아열대제트기류가 중국 내륙사막에서 홋카이도로 풍성먼지를 운반하였

다는 것이다.[61]

그리고 MIS 1 시기 서일본은 온대낙엽수림 지역이었기 때문에 습지로 유입하는 하천 퇴적물이 감소하였다. 또한 온난한 기후로 변함에 따라 여름철에 강수량이 증가하고 동해로 대마난류가 유입하여 강설이 증가하면서 국지적으로 조립 물질이 대량 유입하게 되었다.

2) ESR 분석을 이용한 동아시아 MIS 2의 고풍계 복원[62]

석영은 결정 이후 자연방사선에 의해 산소가 Si-O-Si 결합에서 이탈하게 되고 산소 분자가 빠지는 구멍인 산소 공공(酸素空孔 또는 酸素公格子)이 형성된다. 이 산소 공공은 시간이 길어질수록 증가한다. 산소 공공량과 석영 생성 이후 경과된 시간 사이에서는 상관관계가 인정되므로 산소 공공량 신호강도로부터 석영의 생성 연대를 구할 수 있으며, 또한 이 원리로 석영의 산지를 동정하여 기원지를 밝힐 수 있다(Toyoda et al., 1992; Toyoda and Hattori, 2000). 풍성먼지의 주요 구성 입자인 입경 20μm 이하 세립의 석영 입자를 ESR 분석하여 산소 공격자 신호강도인 산소 공공량을 구하고, 이것을 통해 장거리 이동으로 운반된 풍성먼지인지의 여부를 판정하여 풍성먼지의 기원지 추정과 함께 고풍계를 복원할 수 있다.

일본에 분포하는 풍성먼지 가운데 20μm 이하 미세 석영의 산소 공공량 측정값은 석영이 생성된 시기에 따라 상이한데, 많은 석영 시료에서 고생대보다 오래된 값이 얻어졌다. 이 값은 일본에 극히 제한적으로 분포하는 기반암에 포함된 석영의 산소 공공량이므로, 일본 연구자들은 이런 석영이 일본에서 기원한 것이 아니라 선캄브리아기 암석이 넓게 분포하는 아시아 대륙으로부터 바람에 의해 운반되어 온 것이라고 해석하였다.

---

61 홀로세 중국 내륙사막과 황토고원에서부터 한반도와 일본으로 운반되는 풍성먼지는 주로 봄철에 이동한다. 이 시기 여름철은 풍성먼지 공급이 봄철에 비해 훨씬 적으므로, 아열대제트기류가 아니라 겨울에서 봄에 걸쳐 한대전선제트기류에 의해 운반된 것으로 보는 것이 타당하다.

62 成瀨 외(1997)에서 정리하여 요약하고 필자의 의견을 추가하였음.

ESR 분석에서 얻은 산소 공공량의 공간 분포를 통해 풍성먼지의 기원지와 이것을 운반하는 풍계를 파악하기 위해서는 동아시아 다양한 지역의 기반암들과 뢰스 퇴적층의 산소 공공량을 검토하여야 한다. 현지성 기반암에서 기원한 조립 석영의 산소 공공량은 선캄브리아기 암석이 10 이상, 중생대 혹은 고생대 석영은 3.3~4.7, 제3계의 석영은 2.0~2.8, 제4계 및 제4기 화산재가 많이 혼입된 것은 0.7 미만이다. 풍성먼지 기원 20μm 이하 미세 석영의 산소 공공량 측정치를 살펴보면, 타림 분지 서단의 사막 뢰스는 8.2이고 쿤룬(崑崙) 산맥에서 차이담(柴達木) 분지에 유입하는 유수 퇴적물은 6.2이며 풍성먼지의 퇴적지인 황토고원과 베이징의 황토는 5.8~8.3이었다. 산시 성(陝西省) 시안(西安)의 황토는 5.8이다.

이와 대조적으로 중국 동북부 다롄(大連), 선양(瀋陽), 창춘(長春)에서는 산소 공공량이 12.4~17.1이고 창춘에서는 30μm 이상의 조립 석영이 5.1이었다. 그리고 중국 남부 호남성(湖南省)에서도 미세 석영의 산소 공공량이 8.4~12.9로 높았다. 한국 구룡포, 언양, 경주 말방리, 부여의 단구상에서 채취한 뢰스의 미세 석영 측정치는 10.7~19.5이고[63] MIS 1의 뢰스는 6.9~7.7이었다. 타이완에서는 미세 석영의 산소 공공량이 낮아서 5.6~6.5였다. 타이완의 중앙부를 북북동-남남서 방향으로 달리는 산지의 기반암에 제3계가 넓게 분포하는데 여기에서 유래한 석영이 혼입했을 가능성이 있다.

나루세(成瀨)를 비롯한 일본 연구자들은 상술한 산소 공공량에 대한 이론적 기반과 현장조사에서 얻은 자료를 바탕으로 산소 공공량 공간 분포를 통해 풍성먼지의 이동경로를 설정하고 MIS 2 시기 동아시아 풍계를 복원하였으며, 마지막으로 풍계를 발생시키는 요인들인 기단 배치, 계절풍, 제트기류 등에 대한 가설을 설정하였다. 그리고 거리상으로 약 4,500km 떨어진 중국 서부에서 한국 사이에 분포하는 황사나 토양에 포함된 미세 석영의 산소 공공량 차이는, 황토의 기원지로 생각되는 티베트 고원, 쿤룬 산맥, 타림 분지, 고비 사막 등이 위치한 지역의 기반암 차이와 각지에서 날아온 풍성먼지가 혼합된 정도의 차이를 반영한다고 생각하였다.

그러나 동일한 지역에서 같은 방법을 적용하였음에도 불구하고, 1998년을 경계

63 한국 뢰스의 산소 공공량은 후술하는 바와 같이 동일한 지역에서도 1997년 이전과 1998년 이후의 측정값이 상이하다.

로 이전 시기와 이후 시기의 연구 결과가 상이하다. 아마도 1998년 이전 시기 연구 결과가 그들이 생각한 가설과 차이가 있어서 1998년 및 이후 자료를 새롭게 정리하여 수정된 결과를 제시한 것으로 추정된다. 그러나 1998년 및 이후의 논문에서도 이전의 연구에 대해 문제점을 지적하거나 이런 가설에 대해 비판을 제기하지 않았다. 따라서 여기에서는 이 두 시기 일본 연구자들의 연구 내용을 각각 요약하여 제시하였다.

아울러 필자는 나루세(成瀨)를 필두로 하는 일본 연구자들에 의해 제시된 두 가지 가설의 문제점을 지적하고, MIS 2의 풍계를 검증하고자 최종 빙기 최성기 동아시아 고환경을 복원하였다. 당시의 고환경 대리 자료로서 가장 광범위하게 연구된 것이 화분분석이므로 한국, 중국, 일본의 화분분석 결과를 종합하여 동아시아 식생대와 기후대를 복원하고, 이를 기반으로 계절별 한대전선의 위치를 확인하였다.

(1) 1997년까지의 연구 결과

MIS 2 시기에 일본에 퇴적된 미세 석영의 산소 공공량 값은 지역에 따라 균일하지 않고 다르다. 成瀨 외(1997)는 표 17.1의 자료를 토대로 동아시아 산소 공공량의 공

[그림 17.8] 동아시아 MIS 2 시기 풍성먼지 석영의 산소 공공량 강도(成瀨 외, 1997; Ono, 1998)

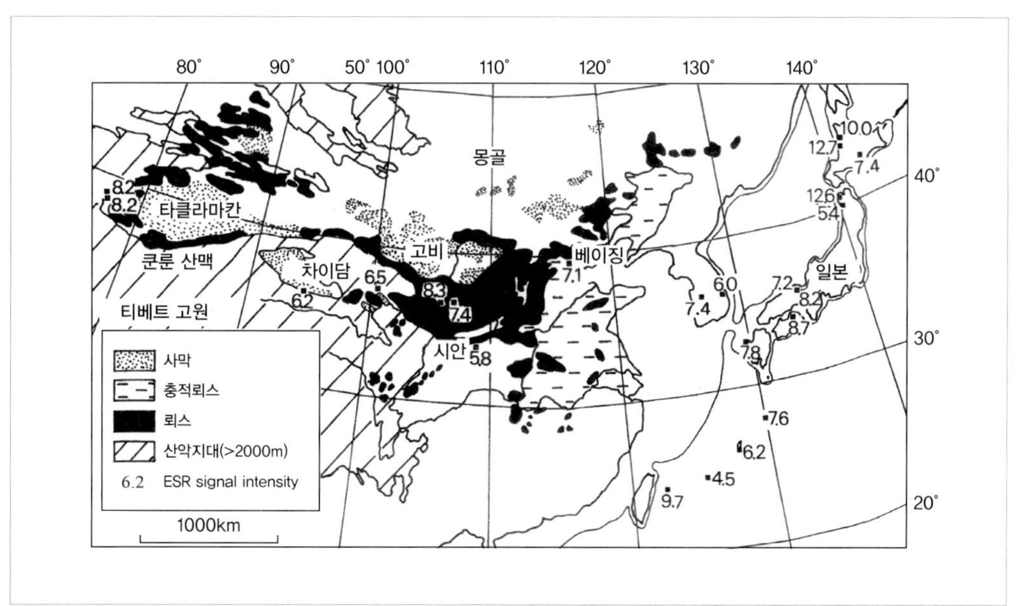

[표 17.1] 사막 뢰스, 와디 퇴적물, 황토, 토양, 고토양, 토탄에 포함된 석영(20μm 이하)의 산소 공공량 강도(임의 단위)(成瀨 외, 1997)

시료 채취 지점				시료 채취 지점 주변의 지질	석영의 ESR 신호강도	
					20μm 이상의 단거리 물질(기반암)	20μm 이하의 풍성먼지
1	카슈가르		**	사막 뢰스		8.2
2	카슈가르		**	사막 뢰스		8.2
3	거얼무		**	와디 퇴적물		6.2
4	르웨산(日月山)		**	뢰스		6.5
5	시지		**	뢰스		8.3
6	구위안		**	뢰스		7.4
7	시안		**	뢰스		5.8
8	베이징		**	뢰스		7.1
9	서울		*	화강암		7.7
10	부여		**	하안단구 퇴적물		7.4
11	경주		**	하안단구 퇴적물		6.0
12	요나구니 섬		**	석회암	3.5(T)	9.7
13	미야코 섬		**	석회암	3.6(T)	4.5
14	오키나와 섬		**	석회암	4.7(T-P)	6.2
15	기카이 섬		**	석회암	2.2(T)	7.6
16	나나츠가마		**	현무암	5.2(T)	7.8
17	야시마		**	안산암	2.6(T)	8.7
18	돗토리	TY-2	***	고사구 모래		5.9
19	아미노	AM-1	***	고사구 모래		4.2
20	구로타	KR-20	**	토탄		8.2
	구로타	KR-24	**	토탄	3.6(P)	7.2
21	아와라	10	***	고사구 모래	2.5(T)	
22	사루와카		**	고사구 모래	0.6(Q)	5.4
23	우시가타		**	고사구 모래	1.3(Q)	12.6
24	도마마에	1-3	*	사구 모래	2.0(T)	4.4
	도마마에	1-7	**	고사구 모래	2.1(T)	12.7
25	하보로	3-5	**	해안단구 퇴적물	2.8(T)	10.0
	하보로	3-10	***	해안단구 퇴적물		8.6
26	오비히로	9	**	하안단구 퇴적물	1.5(Q)	7.4
	오비히로	A3	***	하안단구 퇴적물		5.2
27	피오리아 뢰스		**	뢰스		11.0~14.0

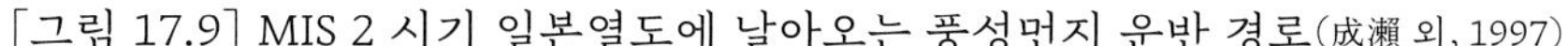
[그림 17.9] MIS 2 시기 일본열도에 날아오는 풍성먼지 운반 경로(成瀨 외, 1997)

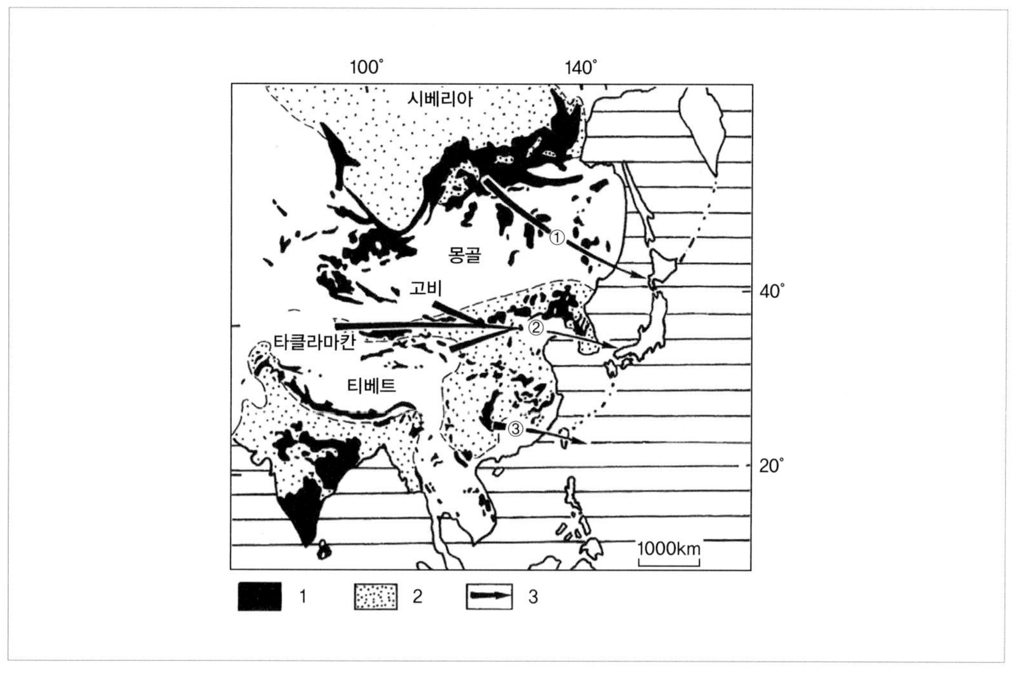

선캄브리아기 암석 분포 지역은 Godwin(1991)에 의함
1: 선캄브리아기 암석 분포 지역, 2: 선캄브리아기 암석 피복 지역, 3: 풍성먼지 이동경로(①고위도 경로, ②중위도 경로, ③저위도 경로)

간 분포를 작성하였고(그림 17.8), MIS 2의 풍성먼지 기원지와 이것을 운반한 경로를 추정하여 다음과 같이 세 개의 경로와 이에 기여한 풍계에 대해 구체적으로 논의하였다(그림 17.9).

첫째, 북부 일본(고위도 경로) 지역이다. 이 지역으로 운반되어 온 풍성먼지는 중앙-서남 일본 지역과 달리 기원지가 동북아시아에 광범위하게 분포하는 선캄브리아기 암석 분포 지역이다. 즉 시베리아-몽골-중국 북동부를 경유하는 경로를 통해 날아왔을 가능성이 높다. 이것은 현재 겨울 계절풍이 통과하는 경로에 해당하는데, MIS 2 시기에 미세 석영이 이 경로를 따라 부는 강한 탁월풍에 의해 운반되었다고 볼 수 있다.[64]

64 MIS 2 시기의 겨울에도 동북아시아의 고기압 배치 및 계절풍 경로가 현재와 동일하다고 전제하여야 성립되는 가설이다. 그러나 실제로 MIS 2 시기는 기압배치와 풍계가 현재와 다르므로 이 가설은 옳지 않다.

둘째, 중앙-서남 일본(중위도 경로)의 경우이다. 이 지역의 뢰스, 고토양과 토탄층에 포함된 미세 석영의 산소 공공량은 중국 내륙사막, 황토고원과 거의 같은 6.2~8.7의 값을 나타낸다. 최종 빙기 동안 풍성먼지가 편서풍에 의해 아시아 대륙의 건조, 반건조 지역으로부터 중위도 경로에 해당하는 타클라마칸-황토고원-한국의 경로를 통해 일본의 30~35°N 지역으로 날아와 퇴적된 것이다.

현재 타클라마칸 사막 등으로부터 운반되어 오는 황사는 4~5월에 편서풍 제트기류[65] 중심축이 30~40°N 부근을 통과하는 시기에 집중되고 있다(井上 외, 1994). 여름 7~8월에는 북상하여 40~45°N을 지나간다. 최종 빙기 한랭기에는 편서풍 제트기류의 위치가 전체적으로 남하하여 여름에도 중부 일본 이남까지 도달한 것으로 생각된다(Ono, 1991). 따라서 최종 빙기의 여름에 30~35°N 부근에 위치하였던 편서풍 제트기류가 오히려 겨울에는 남하하면서 중위도 코스를 통과하게 되므로 1년 내내 일본에 대량의 풍성먼지를 공급하였을 가능성이 있다.

셋째, 저위도 경로이다. 이 경로를 설정하는 가장 중요한 근거는 요나구니 섬(與那國島)[66]의 높은 석영 공공량 값인데, 이는 선캄브리아기 암석 기원 석영이 다량 포함되어 있음을 의미한다. 북부 일본 지역의 산소 공공량 수치에 비해 약간 작은 것은 중위도 경로를 통과하는 광역 풍성먼지가 상대적으로 많이 혼입되었기 때문이라고 추정하였다. 요나구니 섬 미세 석영의 공급원은 중국 남부 또는 인도 등의 선캄브리아기 암석 분포 지역으로 생각되고, 이 지역을 통과하는 아열대제트기류에 의해 운반되어 왔을 가능성이 있다.

나루세를 비롯한 일본 연구자들이 1997년까지의 논문과 보고서 등에서 ESR 분석으로 얻은 산소 공공량을 논의하는 것과 관련하여 지적되어야 할 점은, 동아시아 지역 산소 공공량 공간 분포(표 17.1, 그림 17.8)가 후술하는 1998년 이후 보고한 산소 공공량 분포(표 17.2, 그림 17.11)와 다르다는 것이다.

---

65 成瀬 외(2006)는 아열대제트기류를 편서풍 제트기류로 표현하였으나, 한대전선제트기류로 표기하는 것이 타당하다. 현재 4~5월 동아시아의 북위 30~45°를 통과하는 것은 한대전선제트기류이다.

66 오키나와 현 나하에서 509km 떨어진 북태평양에 있는 섬. 일본열도의 최서단, 타이완의 동쪽에 인접하여 있다.

[표 17.2] ESR 분석으로 얻은 산소 공공량 강도(成瀨 외, 2006)

시료 번호	채취 지점		20μm 이하		30μm 이상	시료 번호	채취 지점		20μm 이하		30μm 이상
			MIS 1	MIS 2					MIS 1	MIS 2	
1	러시아	시베리아		11.5~17.1 (3)	9.8~16.9 (3)	30	일본	소야 곶	7.8		
2	몽골	고비			5.6	31		하보로		10.0	2.8
3		고비			8.3	32		도마마에		12.7	2.1
4	중국	창춘		17.1	5.1	33		오비히로		5.2~7.4 (3)	1.5
5		다롄		12.4		34		오무	7.0	10.4, 16.6	2.2
6		선양		17.1		35		나요로	4.7	10.2	1.6
7		카슈가르			8.2	36		고무가이	2.8	7.6	
8		카슈가르			8.2	37		겐부치	6.0	9.5, 14.0	2.2
9		거얼무			6.2	38		아오모리 현 우시가타		12.6	1.3
10		일월산		6.5		39		아오모리 현 롯카쇼 마을		6.9	
11		시지		8.3		40		아키타 현 사루카와		5.4	0.6
12		구위안		7.4		41		후쿠시마 현 야노하라	3.7	12.4~17.0	
13		시안		5.8		42		후쿠시마 현 도진보	7.7		
14		스푸		7.6		43		후쿠시마 현 나카이케미		12.1	
15		서북경계		7.4		44		시가 현 요고 호수	5.4, 7.0		
16		란저우		6.0		45		교토 부 아미노쵸		4.2	
17		둔황			6.6	46		효고 현 호소이케 습원	6.8	11.4	
18		후난 성	4.5	8.4~12.9 (3)		47		돗토리 사구 지역		1.9	
19	타이완	린커우		6.5	0.1	48		오카야마 현 호소이케 습원	7.3, 7.5	9.8~13.5 (4)	0.1
20		난터우		6.5	3.3	49		야마구치 현 야카요시다		9.2	
21		관산		5.6	2.1	50		가가와 현 야시마		8.7	2.6

시료 번호	채취 지점		20μm 이하		30μm 이상	시료 번호	채취 지점		20μm 이하		30μm 이상
			MIS 1	MIS 2					MIS 1	MIS 2	
22		어란뻬		5.8	1.3	51		고치 현 에류가		7.7	
23	한국	서울	7.7			52		사가 현 가라쓰시		7.8	
24		부여		11.2		53		가고시마 현 시라스 대지		8.1	
25		말방리	6.0	16.7, 17.6	2.1	54		기카이 섬 가미카테쓰		7.6	2.2
26		언양		16.5~19.5 (3)		55		오키나와 섬		6.2~6.6 (4)	2.2
27		정자리	6.9		0.6	56		미야코 섬		13.2	
28		구룡포		10.7~16.7 (4)		57		이리오모테 섬		13.4	
29		제주도	3.0	2.6~6.7 (8)		58		요나구니 섬		9.7	3.5

1997년에 발표한 논문과 보고서에서는 MIS 2 시기 동안 일본 19개 지역에 퇴적된 풍성먼지에서 추출한 입경 20μm 이하 석영의 산소 공공량 값이 네 지역에서 10 이상이고 나머지는 10 이하이다. 이것을 구역별로 나누어 검토하면, 중위도 경로의 북한계보다 북쪽에서는 산소 공공량 10 이하인 지점이 두 개이고 10 이상은 세 지점이다. 그런데 이 구역을 산소 공공량 10 이상인 구역으로 설정하고 시베리아, 중국 북동부를 거쳐 이동하는 겨울 북서 계절풍에 의해 풍성먼지가 운반되어 온 지역으로 분류하였다. 그러나 산소 공공량 값이 골고루 섞여 분포하므로 10 이상인 구역으로 분류하는 것은 무리이다. 한편 한반도와 일본 남부지방, 오키나와 섬까지는 산소 공공량이 10 이하이므로 이 구역은 중위도 경로에 포함시켜도 무리가 없어 보인다.

(2) 1998년 및 이후의 연구 결과

成瀬 외 일본 연구자들은 1998년 및 이후 연구에서 러시아, 몽골, 중국, 타이완, 한국, 일본 각지에 분포하는 뢰스 및 뢰스질 토양 가운데 58개 지점에서 시료를 채취하여 산소 공공량을 분석하였다(표 17.2, 그림 17.10). 일본의 경우에는 홋카이도에서 규

[그림 17.10] 산소 공공량 측정 지점과 시료 번호(成瀨 외, 2006)

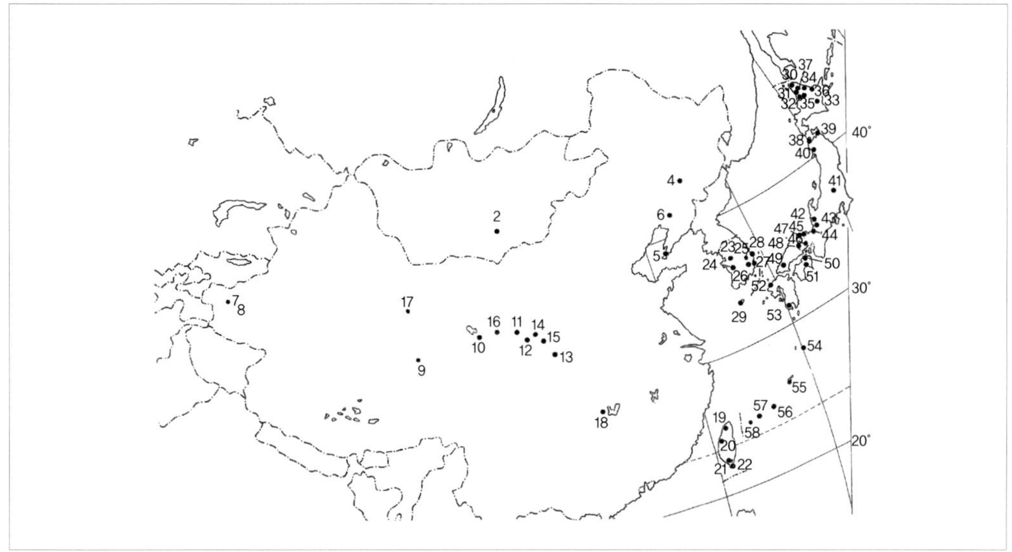

지역명과 측정값은 표 17.2에 있음

슈까지 시료 번호 30~53 가운데 21개 지역에서 MIS 2 시기 미세 석영의 산소 공공량 값을 얻었다. 이 가운데 11개 지역이 10 이하, 8개 지역이 10 이상이며 2개 지역은 10 이상과 10 이하인 값을 함께 포함한다. 북위 30°보다 남쪽의 난세이(南西) 제도 54~58번에서는 3개 지역이 10 이하이고 2개 지역이 10 이상이다.

그리고 그들은 동아시아 각지에서 채취한 풍성 퇴적물 가운데 MIS 2 시기에 해당하는 뢰스, 뢰스질 토양, 화산재 뢰스, 토탄층에 포함된 입경 20μm 이하 미세 석영의 산소 공공량 값을 기초로 고풍계를 작성하였다(그림 17.11). MIS 2 시기 아시아 대륙 북쪽의 선캄브리아기 암석 분포 지역, 중국 동북부와 한국의 20μm 이하 뢰스의 미세 석영은 제주도를 제외하면 10 이상이다.[67] 일본에서는 세토나이카이(瀬戸内海)보다 북쪽의 지역은 산소 공공량이 10 이상인데, 이 수치는 선캄브리아기 기반암의 산소 공공량 측정값 범위에 포함되므로 이 지역의 뢰스 및 뢰스질 토양은 시베리아에서 중국 동북부에 걸친 선캄브리아기 암석이 넓게 분포하는 지역으로부터 운반되어 온 것으

67 한국의 산소 공공량 값은 1997년 보고서(표 17.1)에 제시된 값과 크게 차이가 난다.

[그림 17.11] MIS 2의 뢰스, 뢰스질 토양, 화산재 뢰스, 토탄층에 포함된 미세 석영의 산소 공공량으로 본 고풍계(Ono et al., 1998; 成瀨 외, 2006)

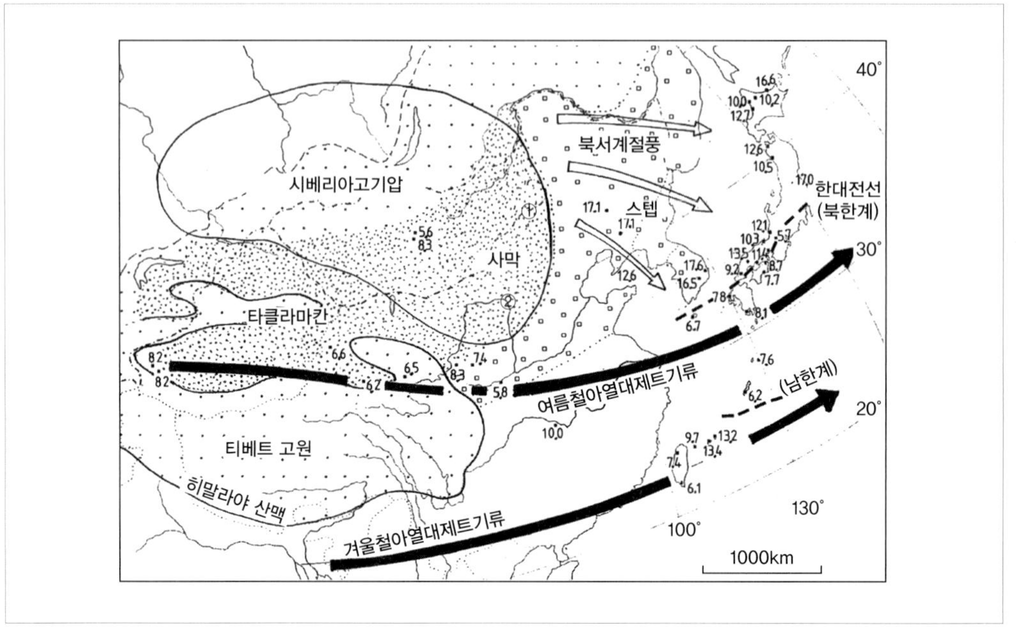

북한계와 남한계는 풍성먼지 이동의 중위도 경로의 범위를 의미함

로 생각하였다. 그러나 표 17.2를 세밀하게 검토하면 산소 공공량 값이 10 이하인 자료들이 그림 17.10에서는 대부분 제외되었다. 즉 홋카이도를 비롯한 북부 일본(시료 번호 31~40)에서는 10개 지점 가운데 4개 지점이 10 이하이며, 세토나이카이보다 북쪽의 중부 일본(시료 번호 41, 43, 45~49)에서는 7개 지점 가운데 4개 지점에서만 10 이상인데, 그림 17.11에서는 산소 공공량 값 10 이하인 지점들이 누락되어 있으므로 수정되어야 할 것이다.

또한 그들은 MIS 2 시기 한대전선이 세토나이카이에 있었을 가능성이 높다는(Toyoda and Naruse, 2002; 小野 외, 1983)[68] 것과, MIS 2 시기 동아시아에는 시베리아고기압이 크게 발달하여 아시아 대륙 북쪽에 넓게 분포하는 선캄브리아기 암석 지역(그림

68 Toyota and Naruse(2002)가 한대전선의 분포를 추정하는 근거는 세토나이카이를 경계로 북쪽에서는 산소 공공량이 10 이상이고 남쪽에서는 산소 공공량이 10 이하라는 것이다. 그들은 이 경계선의 북쪽은 강한 북서 계절풍의 영향을 받으며 남쪽은 아열대제트기류의 영향을 받는다고 판단하였다.

17.9 참조)이 대단히 건조하였으므로[69] 강설량이 현재보다 감소하여 겨울에도 눈으로 피복되지 않았던 사막이 크게 넓어졌다는(Ding et al., 1999; Wang and Sun, 1994) 점을 바탕으로 이 시기의 풍계(그림 17.11)[70]를 작성하였다. 그러나 현재 중국 동북부는 같은 위도의 내몽골에 비해 강수량이 많아서 식생은 한대 혼효림(cold mixed forest)이 분포하며, 최종 빙기에도 내륙에 비해 해안에 더 가까운 중국 동북지방은 상대적으로 더 습윤하였을 것이다. 더욱이 MIS 2 시기의 식생대는 화분분석 연구에 의하면 전체적으로 현재보다 위도 10°, 약 1,000km 정도 남쪽으로 평행 이동하였으므로 중국 동북지방은 건조지역이 아니라 타이가 지역으로 보는 것이 합리적이다(그림 17.12).

成瀬 외(2006)는 이 시기 중국 동북부, 한국, 세토나이카이-홋카이도에 퇴적된 뢰스의 산소 공공량은 아시아 대륙 북부의 선캄브리아기 암석 분포 지역을 기원지로 하는 풍성먼지가 시베리아고기압에서 불어 나오는 강한 북서 계절풍[71]에 의해 주로 운반되었음을 시사한다고 주장하였다.

한대전선이 통과하는 세토나이카이부터 남쪽의 오키나와까지는 MIS 2의 미세석영 산소 공공량이 한대전선 북쪽과는 대조적이었으며, 그 값은 5.7~8.7로서 중국의 내륙사막과 황토고원의 산소 공공량과 유사하였다. 따라서 이 지역에는 현재의 황사가 이동하는 경로와 같이 타클라마칸과 고비 사막으로부터 MIS 2의 여름철에 아열대 제트기류에 의해 풍성먼지가 운반되었다고 보았다. 그리고 타이완과 그 동쪽의 도서들에서 미세 석영의 산소 공공량은 10 이상이며 거의 같은 위도의 후난(湖南) 성 뢰스의 산소 공공량은 8.4~12.9이다.

---

69 MIS 2에 이 지역은 영구동토층이 연속적으로 분포하고 타이가가 퍼져 있었으므로 바람에 의한 취식작용(deflation)이 불가능하였을 것으로 판단된다. 짧은 여름 동안 얇은 활동층은 수분으로 포화되며 초본으로 피복되었을 것이다.

70 이 그림에서 시베리아고기압이 설정되어 있으므로 이 고풍계는 MIS 2의 겨울 기압배치와 풍계를 나타낸 것으로 볼 수 있다. 시베리아고기압의 범위는 현재 1월 1,032hPa의 분포와 대체로 일치한다. 그러나 MIS 2의 기압배치가 현재와 달랐으므로 이 고풍계에서 제시한 계절풍과 제트기류는 재검토되어야 한다.

71 MIS 2 시기 시베리아고기압에서 북서 계절풍이 동북아시아로 불어 나오면서 풍성먼지가 이동하는 것을 추정한 내용이다. 그런데 이런 바람이 부는 것은 겨울이므로 成瀬 외 일본 연구자들이 작성한 그림 17.11의 풍계는 MIS 2 시기 겨울철 기압배치를 복원한 것이다. MIS 2 시기 북서 계절풍이 통과하는 동아시아에서는 겨울에 풍성먼지가 생성될 수 없으며, 따라서 풍성먼지의 이동도 가능하지 않다고 본다.

Ono et al.(1998)과 成瀬 외(2006)는 이 지역에 퇴적된 풍성먼지가 중국 남부, 티베트 고원 등의 선캄브리아기 암석 지역으로부터 겨울철에 아열대제트기류에 의해 운반되었다고 주장하였다. 그러나 당시에 풍성먼지를 운반한 것은 아열대제트기류가 아니라 한대전선제트기류였다. 일반적으로 현재에도 아열대제트기류는 여름에도 30°N이 북쪽 한계이므로, 그림 17.11에서도 아열대제트기류는 한대전선제트기류로 수정되어야 할 것이다.

3) ESR에 의한 고풍계 분석의 문제점

나루세(成瀨)를 중심으로 일본 연구자들은 뢰스 퇴적물 가운데 20μm 이하 세립 석영의 ESR 분석으로 산소 공공량 값을 획득하여 동아시아 MIS 2의 풍계를 복원하였으나, 상술한 바와 같이 1998년 이전과 이후 논문에서 제시한 내용이 서로 다르다. 이 두 가지 연구의 가장 큰 차이는 MIS 2 시기에 한반도와 일본 중부지방으로 운반되어 온 풍성먼지의 공급원과 이것을 운반하는 탁월풍의 내용이다. 이것은 한국 뢰스에 관한 논의와도 직접 관련되므로 다시 한번 검토할 가치가 있다.

이 가설의 문제점은 다음과 같이 지적할 수 있다.

첫째, MIS 2 시기 고풍계(그림 17.11)를 보면 공통적으로 시베리아고기압의 분포가 어느 계절에 해당하는지 불분명하다. 대륙 내부는 여름철에 기온이 상승하여 저기압이 형성되므로 겨울철의 기압배치를 나타낸 것으로 생각된다. 이렇게 본다면 최종 빙기 동안 가장 한랭하였던 이 시기 시베리아고기압의 분포가 간빙기인 현재 겨울철 위치와 유사한 것은 모순이다.

둘째, 1998년 이전과 이후 계측한 동아시아 산소 공공량 공간 분포와 풍성먼지 이동에 기여한 풍계가 서로 조화되지 않는다. 특히 1998년 및 이후 자료에서는 일본의 중부 이북에도 산소 공공량 10 이하인 곳이 홋카이도에 두 지점, 혼슈 북부에 두 지점이 있다. 시베리아고기압에서 불어 나와 북서에서 남동쪽으로 시베리아, 중국 동북지방, 한반도를 거쳐 불어오는 겨울 계절풍이 풍성먼지를 운반하였다면, 홋카이도에서 세토나이카이까지 전 지역의 산소 공공량이 10 이상이어야 한다.

셋째, 1998년 및 이후 한국에서 측정된 산소 공공량은 6개 지점 가운데 제주도를 제외하면 모두 10 이상이다. 1997년에는 세 개 지점 모두 산소 공공량이 10 이하였으나 1998년 이후 자료에서는 이 수치가 제외되었다.

넷째, 1998년 이전과 이후의 산소 공공량 값이 동일한 장소에서 다르고 계측 지점도 많이 달라진다. 미야코는 4.5에서 13.2로 바뀌었고, 도마마에는 4.4 대신 12.7을 선정하였다. 이것은 시료 선택에 문제가 있거나 계측 방법이 상이해서 발생한 일일 수도 있고 우연에 의한 결과일 수도 있다.

다섯째, 한반도와 황해를 둘러싸는 요령성을 포함한 중국 동북부 지역에는 선캄브리아기 암석이 넓게 분포한다. 물론 20μm 이하인 세립 석영으로 ESR 분석을 하였지만, 육화된 황해를 둘러싼 광대한 지역(그림 17.9)은 산소 공공량 10 이상인 세립 석영을 생산할 수 있는 환경이다. 그러므로 산소 공공량 값만으로 한국의 세립 석영이 시베리아에서 북서 계절풍으로 운반되어 온 것인지 또는 육화된 황해 및 주변 중국으로부터 온 것인지 판단하기 어렵다.

ESR 분석으로 얻은 산소 공공량을 설명하기 위해 만든 1998년 이전(그림 17.9)과 이후(그림 17.11)의 고풍계 복원도에 의하면, 한반도로 풍성먼지를 운반하는 바람 체계는 서로 상이한 경로를 제시하고 있다. 1998년 이전에는 여름철 아열대제트기류와 겨울철 한대전선제트기류에 의해 타클라마칸 사막과 고비 사막-황토고원-건륙화된 황해를 통해 운반되었다고 하였으나(成瀨 외, 1997), 1998년 이후에는 겨울철 시베리아고기압에서 불어 나오는 북서 계절풍이 풍성먼지 대부분을 운반한다고 보았다(Ono et al., 1998; 成瀨 외, 2006).

나루세(成瀨)를 비롯한 일본 연구자들은 산소 공공량 값의 공간 분포를 이용하여 풍성먼지의 기원지와 공급원을 결정하고 이것에 부합하는 동아시아 풍계를 설정하였다. 보다 구체적으로 살펴보면, 최종 빙기에 풍성먼지를 운반하는 기후적 요소로 시베리아고기압, 한대전선, 겨울철 북서 계절풍, 한대전선제트기류, 여름과 겨울의 아열대제트기류를 설정하여 MIS 2 시기 동아시아 풍계를 복원하였다.

이와 같은 논의 과정에서 노정된 여러 가지 모순되는 사실들은 이미 적시하였다. 그리고 사막, 스텝과 같은 식생 분포 범위 및 시베리아고기압의 분포 범위와 계절에 따른 차이는 논쟁의 여지가 있으며, 특히 Ding et al.(1999)의 자료(그림 5.4)를 인용하여 주장한 북위 40° 이북의 중국 동북부 지역의 스텝과 사막 분포는 재고되어야 한다. 아울러 식생 분포와 기후 분포에 대한 정보가 결여되었으므로 제시한 기압배치와 풍계는 수정되어야 한다.

현재도 이 지역은 해안에서 내륙 쪽으로 삼림 지역, 스텝, 사막이 분포하고 있다. 즉 35~50°N의 중국, 몽골, 러시아 지역의 식생 경관은 강수량 분포를 반영하며, 해안은 연강수량이 800~1,000mm이지만 서쪽으로 갈수록 적어져서 다싱안링 산맥보다 서쪽은 연강수량이 500mm 이하가 되어 스텝과 사막이 차례대로 나타난다. MIS 2 시기에도 연강수량의 절댓값은 현재보다 적었지만 해안이 내륙보다 상대적으로 더 많았으며, 여름에 기온은 해안보다 내륙이 더 높았으므로 증발량이 해안보다 더 많았을 것이다. 그러므로 MIS 2 시기 다싱안링 산맥보다 동쪽은 상대습도도 더 높고 토양의 수분수지도 더 양호하였던 것으로 볼 수 있다.

LGM을 중심으로 하는 MIS 2 시기에는 현재보다 여름철 평균기온이 10°C 정도 낮았으므로 영구동토층 범위가 40°N까지 분포하였다. 따라서 해안에서는 40°N, 내륙에서는 47°N까지 영구동토층 분산대가 분포하였을 것이다. 중국 동북지방과 한반도 북부는 침엽수 삼림으로 이루어진 타이가 경관이었다고 판단된다. 아울러 중국 동북부 해안 역시 삼림지대이며 다싱안링 산맥과 내몽골 지역은 타이가 경관이었을 것이다.

4) MIS 2 시기 동아시아의 고환경 복원

나루세(成瀨)를 비롯한 일본 연구자들은 ESR 분석으로 얻은 산소 공공량 자료를 이용하여 MIS 2 시기 기압배치와 풍계를 포함하는 동아시아 고환경을 복원하였다. 이것은 산소 공공량이 뢰스 기원지 결정에 가장 중요한 정보라는 가설에 근거하여 연역적 추론으로 동아시아 고환경을 복원한 것이다. 연역적 추론이 타당성을 가지려면 먼저 전제가 참이어야 하는데, 다양한 기반암으로 이루어진 거대한 아시아 대륙에서 시간의 흐름에 따라 변화하는 다양한 풍계에 의해 이동하는 석영 입자들의 산소 공공량 공간 분포가 확연하게 구분될 수 있을지 의문이 든다. 헤겔은 시간의 흐름에 따라 변화하는 것에 대해 연역적 추론을 적용하는 것은 제한적이라고 지적하였다. 고환경 복원이라는 작업은 계측과 관측에 의한 자료가 없는 경우가 대부분이므로 연역적 추론을 하는 데 한계가 있다. 일본 연구자들은 이 한계를 극복하기 위해 산소 공공량 자료를 활용하여 고풍계를 복원하였으며 기압대, 아열대 제트기류의 계절적 위치, 식생분포, 계절풍 방향을 설정하였다. 그러나 이와 같은 논의는 전제에 대한 보다 많은 검증이 요구된다.

MIS 2 시기 풍계를 추정하려면 당시의 기후 환경을 가장 잘 반영할 수 있는 식생분포 및 이것을 기초로 한 기후대를 복원한 후 기단과 전선에 대해 논의하여야 한다. 특히 연역적 추론을 위해서는 산소 공공량 공간 분포 외에 가능한 한 다양한 자료를 검토하여 추론의 신뢰도를 제고할 필요가 있다. 이 경우 기후요소에 대한 정보를 얻을 수 있는 화분분석과 같은 미화석 분석 자료를 기반으로 생산된 대리 자료가 유용하다.

일본 연구자들은 20μm 이하 풍성먼지 석영의 산소 공공량 공간 분포와 산소 공공량이 높은 값을 보이는 선캄브리아기 암석의 분포, 이 두 가지 요소를 통해 시베리아를 기원지로 하는 풍성먼지의 공간 분포도를 작성하였다. 그러나 한반도 중부, 남부 지방과 일본의 혼슈에는 20μm 이하 세립 석영 산소 공공량이 10 이상인 지점들과 10 이하인 지점들이 혼재되어 있어 경계선을 획정하여 공간을 구분하기가 사실상 어렵다. 아울러 동아시아의 선캄브리아기 암석도 일정한 지역에 편재되지 않고 상당히 넓은 지역에 걸쳐 분포하므로(그림 17.9), 산소 공공량 값이 10 이상인 풍성먼지가 어디에서부터 운반되어 온 것인지 특정하는 것은 불가능하다. 이러한 문제를 해소하고 MIS 2 시기 동아시아 풍계를 복원하려면 다음과 같은 논의 과정을 거쳐야 한다.

첫째, LGM을 중심으로 하는 MIS 2 시기 동아시아 식생 분포를 복원하고 이를 통해 기후대를 구분하여야 한다. 복원된 식생과 기후 분포를 통해 여름과 겨울의 평균기온과 연평균 기온을 추정할 수 있다.

둘째, 복원된 식생 분포도에서 여름과 겨울철 한대전선(polar front)의 위치를 파악하여 강수량에 대한 정보를 획득한다.

셋째, 복원된 기후 및 식생 분포와 계절별 한대전선의 위치를 기초로 여름과 겨울의 시베리아고기압 분포와 계절풍 풍계, 한대전선제트기류의 계절적 위치를 복원한다.

LGM 시기는 홀로세보다 7월 평균기온이 약 10°C 더 낮았으며, 이것은 Yu et al.(2000)과 경북 영양에서 추정한 7월 평균기온의 차이와 같다. 한편 LGM 동안의 강수량은 한대전선의 위치와 화분분석 결과를 통해 개략적으로 추정할 수 있다. 즉 한반도는 여름에도 장마전선이 진입하지 못하여 상당히 건조하였으며, 이것은 화분 조성에서 목본보다 초본의 비율이 훨씬 더 높은 것에서도 확인할 수 있다.

그림 17.12는 13장에서 논의한 내용을 바탕으로 LGM 시기 동아시아 식생 경관과 기후대를 복원한 것이다. 중국의 동북지방과 몽골의 동쪽 지역은 Dwc(타이가 기후) 지역으로서 타이가 경관이 넓게 분포하였다. 30~43°N은 건조기후 지역으로 사막(BWk, 온대 사막기후)과 스텝(BSk, 온대 스텝기후)이 분포한다. 현재 타클라마칸 사막, 그 동쪽의 같은 위도의 무우스(Mu-us) 사막, 황토고원도 당시에는 사막이었다. 그리고 현재 황하 하류부와 육화된 서해에도 BSk 기후에 해당하는 스텝이 넓게 분포하였고 한반도도 여기에 포함된다.

24°N 이남의 가장 남쪽은 아열대기후(Cwa) 지역으로서 난온대 상록/낙엽 혼효림(broad leaved evergreen/warm mixed forest)이 분포하였다. 24~30°N 지역은 냉대 혼효림(cool mixed forest)과 온대낙엽수림(temperate deciduous forest)으로 이루어져 있었는데, 온대낙엽수림은 Cwa 기후와의 경계부를 따라 분포하고 북쪽은 Dwa(냉온대 습윤 대륙성기후) 기후 지역으로서 냉대 혼효림 경관이었을 것이다. Ono and Naruse(1997)에 의하면 MIS 2와 MIS 4 시기 동안 티베트 고원의 설선은 해발고도 3,800m이다. 따라서 이 시기 티베트 고원은 해발고도가 4,500m로 설선보다 더 높기 때문에 EF 기후 지역으로 분류하였다.

LGM의 기후대와 식생대는 후빙기인 현재와 비교하면 자오선 방향으로 약 1,000km 차이가 있으며, 이것을 위도로 환산하면 약 10° 차이에 해당한다. 또한 LGM의 겨울철 시베리아고기압 배치는 현재와 상당한 차이가 있었다고 생각된다. 그리고 한랭하고 건조한 대륙성기단인 시베리아고기압 외에 다른 기단들의 성격도 간빙기인 현재와는 차이가 있었을 것이다. 그럼에도 불구하고 상대적으로 온난하고 습윤한 북태평양고기압과 오호츠크 해와 알류샨 열도가 거의 동결될 정도로 차고 습윤한 해양성기단인 오호츠크 해 고기압은 전선을 형성하고 기온과 강수량에 영향을 미쳤을 것이다.

아울러 LGM의 동아시아 여름과 겨울의 기압배치도 현재와는 차이가 컸을 것이다. 겨울에는 시베리아기단이 강해지고 범위가 크게 확대되면서 한대전선은 태평양

[그림 17.12] 현재와 LGM의 동아시아 식생대, 기후대 및 여름과 겨울 한대전선 분포

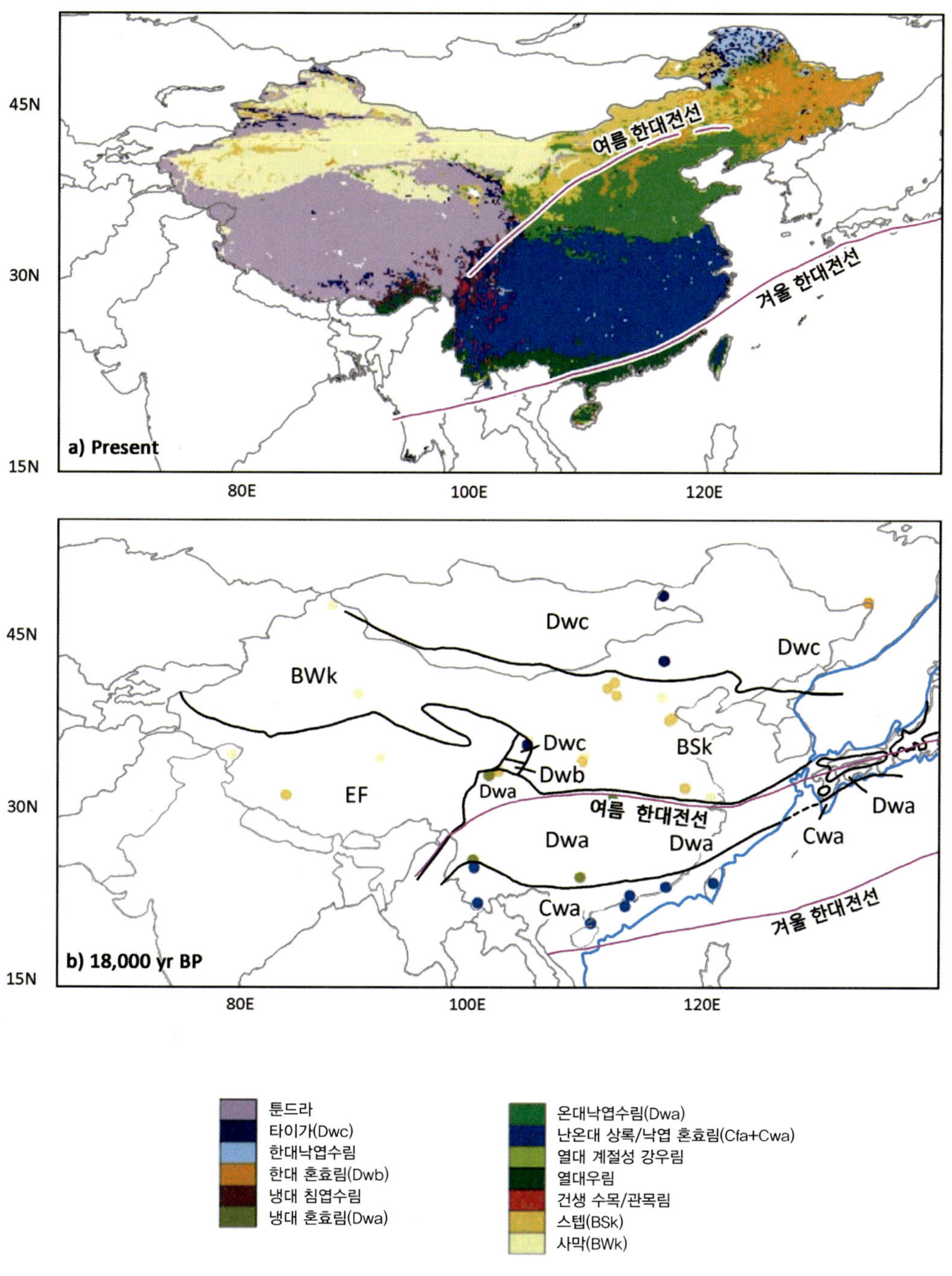

쪽으로 크게 물러나서 거의 해양에 위치하였다. 현재 동아시아 겨울철 한대전선은 중국의 화남 지방에서 열대우림의 북한계와 일치하며 일본에서는 아열대 상록활엽수림의 남쪽 경계부를 통과한다(그림 13.1, 17.12 참조). 현재 겨울철 한대전선 분포와 식생 분포의 상관관계를 통해 동아시아 LGM의 겨울철 한대전선의 위치를 추정할 수 있다. LGM의 겨울철 중국에는 한대전선이 위치하지 않았다. 현재 24°N인 열대우림 식생대의 북한계를 위도 10° 정도 남쪽으로 이동시키면 베트남 중부지방이 되고 한대전선은 필리핀 루손 섬 북부와 일본열도 남쪽의 태평양과 연결된다.

이와 같은 LGM의 겨울철 한대전선 배치로 볼 때, 시베리아고기압이 영향을 미치는 범위는 현재의 겨울보다 훨씬 남쪽과 동쪽으로 확장하였으며 시베리아고기압의 중심 구역은 동쪽으로 중국의 길림성과 요령성까지, 남쪽으로는 대략 35°까지 확장되었을 것으로 추정된다. 그러므로 겨울철 동아시아 대륙에는 강수가 거의 없었고 위도 35°N 이북[72] 지표면은 긴 겨울 동안 동결되었을 것이다. 한반도에서 지표면이 동결되는 기간은 10월부터 이듬해 4월까지 지속되었다고 추정된다. 현재 90°E보다 동쪽으로는 50°N까지 영구동토의 분산대가, 55°N보다 북쪽은 영구동토 불연속대가 분포하는데, MIS 2 시기에는 이 라인을 자오선 방향으로 10° 남하시킬 경우 45°N까지는 불연속대 그리고 40°N까지는 영구동토 분산대였다고 볼 수 있다.

여름을 제외한 기간에는 대단히 한랭 건조한 시베리아고기압이 넓게 자리 잡았으므로, 사막이 아닌 지역의 지표면은 강설로 피복되거나 또는 강설이 빈약하더라도 동결되기 때문에 풍성먼지가 생성되거나 이동되었을 가능성이 거의 없다. LGM의 여름에도 타이가가 펼쳐진 북위 40~45°보다 북쪽은 지표면이 융해되어 얇은 활동층이 형성되지만 상대습도가 높아서 지표면은 선태류, 초본식물로 피복되었으며 토양의 습도가 높았으므로 풍성먼지 생산이 거의 없었을 것이다.

한편 여름에는 기단의 공간적 배치가 현재의 겨울과 유사하였지만 대륙 내부는 기온이 상승하므로 여기에 위치하는 기단의 고기압적 순환은 거의 없어지기 때문에 대륙 내부로부터의 계절풍에 의한 풍성먼지 이동은 거의 없었을 것이다. LGM 시기

72 대구시(36°N)에서 주빙하지형에 해당하는 크리오터베이션(cryoturbation)에 의한 인볼루션(involution) 구조가 확인되는 것을 기준으로 하였다.

40°N 부근에서 여름에 지표면이 융해되는 기간은 대략 4월부터 10월까지였다.[73] 여름철 한대전선이 일본의 세토나이카이-제주도 남쪽 해상-중국의 항저우-양쯔 강-쓰촨 분지를 연결하는 30°N을 통과하고 있었으므로 동아시아 30°N과 40°N 사이 지역은 건조하였다. 이 지역의 경우 봄에서 여름으로 바뀌는 시기에는 강수가 거의 없는 가운데 건조한 날씨가 지속되고 동결과 융해가 반복되는 기간을 거치면서 토양층이 느슨하게 되었다. 그리고 여름에는 기온이 상승하여 지표면이 융해되었으며 지표의 미립 물질은 바람에 의해 대기로 날아올라 이동하였다. 다시 말해 봄에 동결된 토양층이 융해되면 서릿발작용(frost heaving)으로 토양 알갱이가 분리되면서 공극이 더 커지고, 여름에는 바람에 의한 취식 작용(deflation)으로 풍성먼지가 용이하게 다량으로 생성될 수 있었을 것이다. 취식 작용에 의해 공기 중으로 높이 상승한 실트와 같은 미립 물질들은 편서풍에 의해 운반되었으며, 한대전선제트기류는 보다 장거리의 운반에 기여하였다.

화분분석을 통한 식생 분포, 동토층 분포 자료로 LGM의 계절별 식생, 기후, 한대전선, 한대전선제트기류 등을 복원한 것은, 최종 빙기 가운데 LGM을 중심으로 하는 MIS 2 시기에 한반도로 운반되어 온 풍성먼지의 기원지를 논의하기 위한 것이다. 이와 같은 환경은 MIS 4 시기에도 유사하게 나타났을 것이지만, 이들 사이의 기온이 상승한 아간빙기인 MIS 3 시기에는 동아시아 기후 및 식생 분포가 MIS 2 시기와 다소 차이가 있었을 것이다. 필자는 이 시기의 동아시아 기후 및 식생 분포에 대한 구체적인 자료를 확보할 수 없어 논의에 한계가 있으나, 아마도 동아시아 기후대와 식생대는 전체적으로 MIS 2 시기보다 약간 북쪽으로 이동하였을 것으로 생각된다.

MIS 2 시기 동아시아에서 풍성먼지 생산이 가능한 계절은 여름으로 볼 수 있다. LGM의 기후 및 식생 분포와 여름 및 겨울 한대전선의 위치는 이미 설명한 것처럼 현재와 비교하면 자오선 방향으로 10° 정도 남쪽으로 평행 이동하였다. 이와 같은 내용을 토대로 LGM의 여름철 지상풍 풍계를 파악하기 위해 시베리아기단의 위치를 확인하고, 상층의 풍계를 결정하는 제트기류 가운데 한대전선제트기류(polar front jet stream)

---

73 47.6°N에 위치한 울란바토르의 기온을 참고하여 추정한 것이다.

[그림 17.13] 현재 겨울 동아시아 상하층의 대기순환(김연옥, 1979)

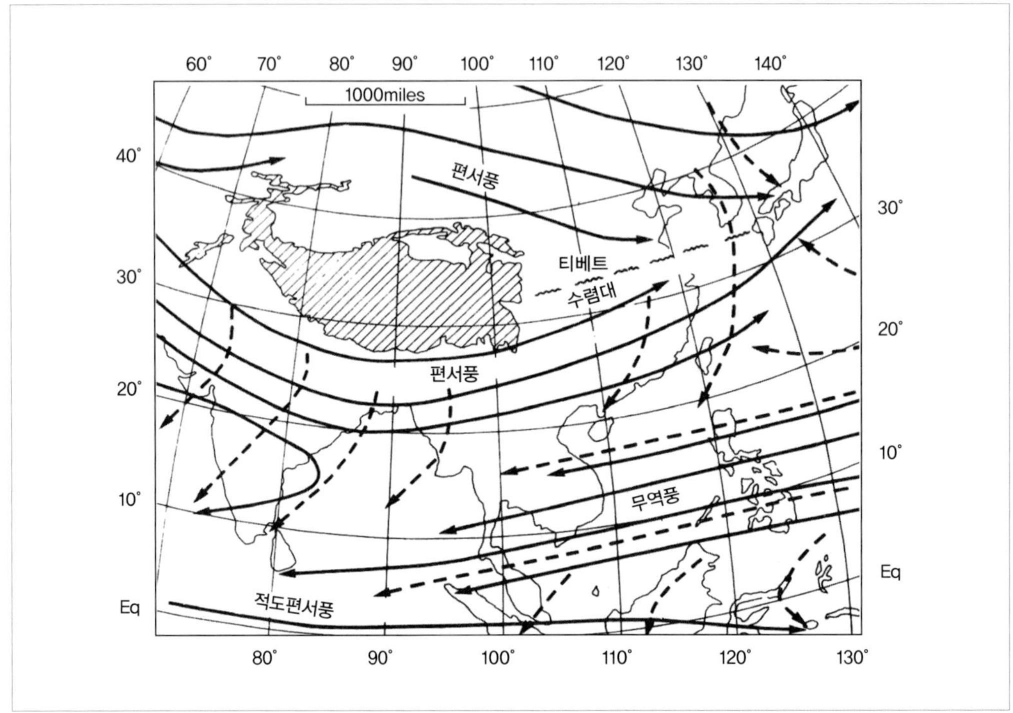

실선은 해발고도 6,000m, 점선은 해발고도 600m이며 빗금 부분은 티베트 고원임

의 경로를 검토하였다.

첫째, LGM의 여름철 시베리아에 중심을 둔 기단은 한대전선의 위치로 볼 때 중심부는 현재보다 다소 북쪽으로 이동하여 바이칼 호 부근에 있었을 것이다. 이 저기압의 남쪽 한계도 거의 40°N 부근까지 도달하였다. 최종 빙기 최성기에도 여름에는 대륙이 더워지므로 이 기단은 고기압의 특색을 거의 갖지 못할 정도로 고기압적 순환이 미약하였다. 따라서 계절풍의 강도가 약하였으므로 타이가 지역을 통과하면서 지표면으로부터 풍성먼지를 운반하지 못하였을 것이다.

둘째, 상층의 한대전선제트기류는 수직적 구조로 지상에서 한대전선과 연결되므로 통과하는 범위에 대한 추측이 가능하다. 현재 제트기류는 티베트 고원에서 남북으로 양분되어 장축 1,400km, 단축 300km, 평균 높이 4km로 고원을 둘러싸고, 티베트 고원 동부 100°E에서 수렴대가 발생하며 일본 남부를 지난다(그림 17.13). 티베트 고원 주위를 통과하는 제트기류로 인해 상층기류는 서풍이 동아시아를 지배한다. MIS 2 시기 여름철 한대전선은 현재의 겨울철 한대전선 위치인 25°N보다 5° 정도 북쪽에 있었으므로, 한대전선제트기류도 5° 정도 북쪽으로 이동한 북위 30°N 정도에 위치하였을 것이다. 그러나 이것은 티베트 고원을 우회하여 통과하므로 MIS 2 시기 여름 한대전선제트기류는 현재와 유사하거나 조금 더 북쪽에서 편서풍으로 통과하였으며, 100°E에서 수렴대는 현재보다 약간 더 북쪽으로 이동하여 한반도와 일본의 중앙을 지나는 경로를 통과하였다고 볼 수 있다.

즉 MIS 2 시기 여름의 상층부에서는 타클라마칸 사막, 황토고원, 건륙화된 황해, 한반도, 일본 혼슈를 통과하는 선을 따라 한대전선제트기류가 통과하였다. 따라서 MIS 2 시기 한반도로 풍성먼지를 운반하는 데 가장 중요한 역할을 한 것은 여름철 한대전선제트기류와 편서풍이다. MIS 2 시기 여름에 이 탁월풍이 타클라마칸 사막과 황토고원을 포함하는 BWk 지역과 그 동쪽의 건륙화된 BSk 지역으로부터 한반도에 풍성먼지를 운반하였을 것이다. 아울러 MIS 4와 MIS 3 시기에도 풍성먼지가 거의 같은 기원지에서 유사한 탁월풍을 통해 운반되어 왔으나 퇴적량에 차이가 있었다고 생각된다.

18.

한국 뢰스-고토양 연속층 형성 모델

중국 연구자들은 뢰스고원을 비롯한 중국의 뢰스-고토양 연속층의 형성 과정을 설명하기 위해 형성 모델(그림 18.1)을 만들었으며, 이 모델의 중요한 전제는 다음과 같다.

첫째, 뢰스의 퇴적 속도와 토양생성작용의 강도는 조화되지 않는다. 빙기와 간빙기의 어느 시기에도 퇴적과 토양생성작용 중 어느 한 과정이 중단되지 않으며 상대적으로 우세한 시기와 미약한 시기가 존재할 따름이다. 한랭하고 건조한 빙기에는 토양생성작용보다 풍성먼지의 퇴적작용이 우세하여 두꺼운 뢰스 층준이 형성되지만 토양생성작용이 중단되는 것은 아니다. 이와는 대조적으로 온난하고 습윤한 간빙기에도 풍성먼지 퇴적량이 상대적으로 감소하지만 뢰스 퇴적이 중단되는 것은 아니고, 토양생성작용을 강하게 받게 되므로 붉은색을 띠는 고토양이 형성된다.

둘째, 뢰스-고토양 연속층은 지속적으로 형성된다(Derbyshire, 2003). 즉 빙기와 간빙기가 교대되면서 퇴적량이 많거나 적어지지만 퇴적이 중단되는 일은 없다.

셋째, 한 번의 빙기 또는 간빙기 동안 퇴적된 후 매몰된 뢰스층이나 고토양층은 각각 다음의 간빙기 또는 빙기에 운반되어 와 퇴적된 풍성먼지에 의해 매몰되면 풍화전선(weathering front)과는 깊이에서 차이가 나므로 더 이상 풍화작용을 비롯한 토양생

[그림 18.1] 중국 뢰스고원 뢰스-고토양 연속층 형성 모델

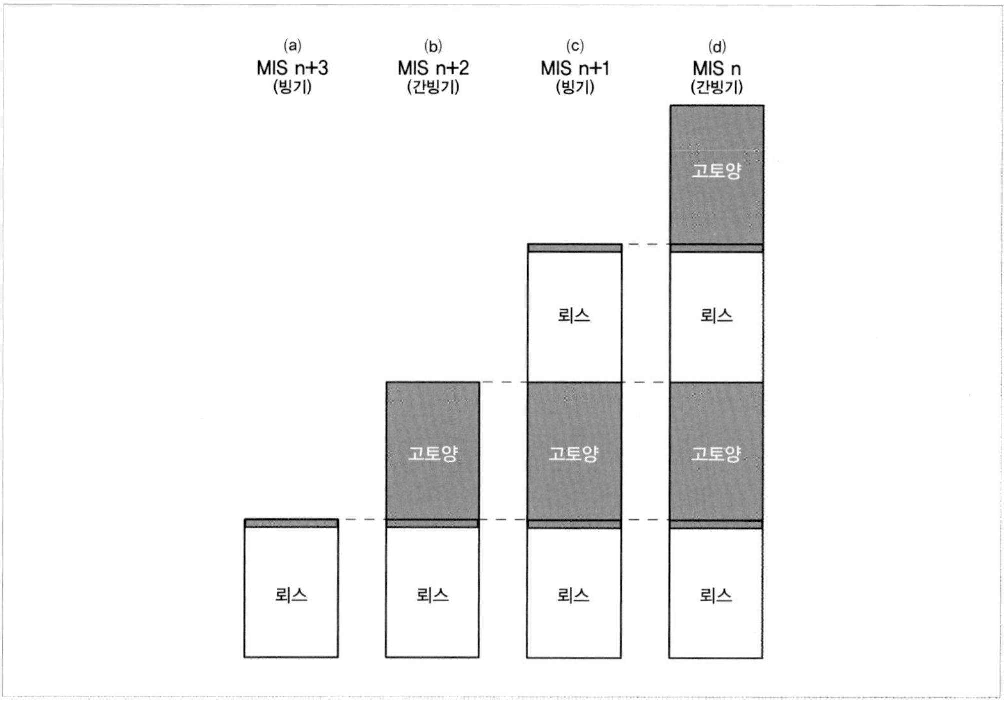

성작용을 받지 않는다. 따라서 매몰된 뢰스-고토양 연속층의 토양생성작용은 퇴적될 당시의 환경에 의해 형성된 것이다.

An et al.(1991)은 이에 대해 대자율이 퇴적률의 변화 또는 토양생성작용에 영향을 받지만, 뢰스 층준과 고토양 층준의 대자율은 퇴적될 당시의 환경에 의해 영향을 받는다고 주장하였다. 그러므로 각각의 뢰스층과 고토양층은 형성 당시의 환경에 대한 정보를 보존하고 있으므로 환경 복원에 유용한 대리 자료를 제공할 수 있다는 것이다.

넷째, 간빙기에 형성된 고토양은 간빙기에 퇴적된 뢰스와 바로 이전 빙기에 쌓인 뢰스층의 상부가 토양생성작용을 받아 형성된 것이다. 하계에는 많은 강수량과 높은 기온으로 화학적 풍화작용의 강도가 강하여 토양생성작용이 영향을 미치는 깊이가 상당하므로, 뢰스층과 고토양층의 경계를 토색으로 구분하는 것은 용이하지 않다. 그러므로 연대측정, 입도분석, 대자율, 주원소, 미량원소 및 희토류 분석 등 다양한 방법

을 적용하여 검토하여야 한다. 아울러 토양생성작용을 받으면 풍화에 대한 저항력이 약한 Ca, Na 등의 주원소와 Sr 등의 미량원소가 제거되므로 다른 광물의 함량 비율은 증가한다. 이와 같은 전제조건을 기초로 중국 뢰스고원의 뢰스-고토양 연속층 형성 모델을 그린 것이 그림 18.1이다.

중국 뢰스고원의 경우 하나의 뢰스-고토양 연속층은 문자 그대로 교호하는 뢰스 층준과 고토양 층준으로 이루어져 있으며, 각 층준들은 물리적, 지구화학적 기준에 따라 용이하게 구분된다. 고토양 층준은 높은 대자율, 상대적으로 세립질의 입경 그리고 보다 풍화된 양상을 보이는 풍화지수 등으로 특징지을 수 있으며, 이와 대조적으로 뢰스 층준의 특징은 낮은 대자율, 상대적으로 조립질의 입경 그리고 덜 풍화된 양상을 보이는 풍화지수 등이다. 중국 뢰스 층준과 고토양 층준의 경우 토양의 물리적, 화학적 분석 그리고 미화석 등으로 복원한 고기후 대리자들의 변화는 빙기와 간빙기의 각 시기와 잘 대비된다. 하나의 뢰스-고토양 연속층에서 고기후 대리자들의 경계는 대체로 일치하며, 뢰스 층준과 고토양 층준 사이의 점이적인 성격을 보이는 층준은 일반적으로 인정되지 않는다.[74]

한반도에서 뢰스는 빙기에 주로 퇴적되었다. 빙기가 되면 한반도 서쪽의 황해는 건륙화되고, 동아시아의 30~43°N 지역에서는 기후가 한랭하고 건조해져 식생 피복이 불량하므로 토양에 공급되는 유기물의 양도 감소하고 토양생성작용은 미약해진다. 빙기 동안 뢰스고원과 그 서쪽의 건조한 기후 지역은 풍성먼지의 기원지가 되며, 풍성먼지 공급량이 크게 증가하여 뢰스고원을 비롯하여 동쪽의 한반도에도 뢰스 층준이 비교적 두껍게 퇴적된다. 간빙기에는 상대적으로 뢰스의 퇴적 속도가 크게 감소하면서 얇게 쌓이고 동시에 온난하고 습윤해진 기후 환경에서 토양생성작용이 진행되는데, 특히 고온 다습한 여름 동안 토양생성작용을 심하게 받는다. 이때 뢰스의 특성이 변화하는데 대자율은 증가하고 토양 내 또는 표층에 공급되는 유기물의 양도 증가한다. 그림 18.2는 이와 같은 내용을 기초로 한반도에서 빙기와 간빙기의 환경 변화에 따라 뢰스층과 고토양층이 형성되는 과정을 모식적으로 그린 것이다.

---

74 그림 18.1 ⓐ와 ⓒ에서 최상부에 표시된 고토양 층준은 빙기에도 미약하게나마 토양생성작용이 신행되는 것을 의미하며, 퇴적된 뢰스 층준 상부에 고토양층이 형성되었음을 의미하지는 않는다.

[그림 18.2] 한반도 뢰스-고토양 연속층 형성 모델

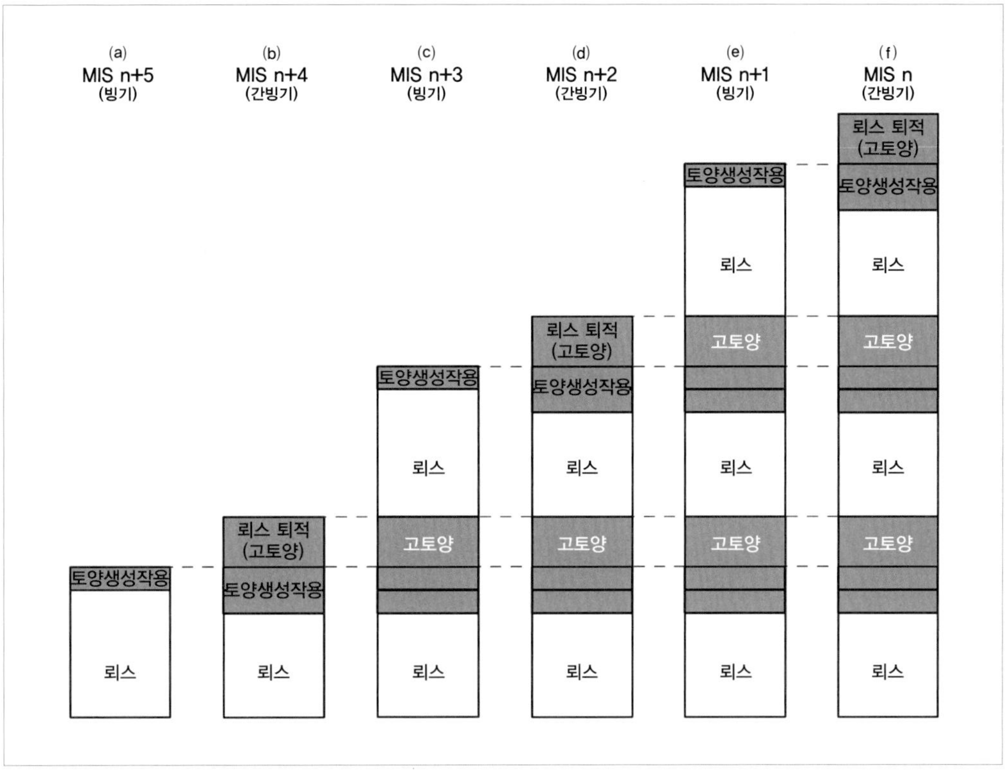

이 그림의 각 층준별 두께는 그림 18.1의 경우와 정확한 비교 대상이 아님

그러나 중국 뢰스-고토양 연속층 형성 모델을 설정하는 데 제시된 네 가지 핵심 전제조건들 가운데 세 번째 전제조건을 한국 뢰스에 적용하려면 예외적인 경우를 고려하여야 한다. 이 전제조건은 빙기에 뢰스의 퇴적 속도가 높아서 뢰스층이 두껍게 형성되는 경우에 적용할 수 있으나, 한국 뢰스의 경우 지역에 따라 빙기에 퇴적된 뢰스층이 충분히 두껍지 않을 수 있다. 또한 한국의 간빙기 여름은 기온이 높고 강수량이 집중되므로 이전에 매몰된 뢰스-고토양 연속층에도 토양생성작용의 영향이 미치는 경우도 있다.

한반도는 뢰스 퇴적의 주변부에 위치하고 있어서 퇴적되는 풍성먼지 양이 적은 편인데, 중국 뢰스고원보다 기온이 높고 강수량이 훨씬 많아서 풍화작용이 더 심하게 진행된다. 따라서 간빙기에 접어들면 이전 빙기에 퇴적된 뢰스 층준의 많은 부분, 더

나아가 하부의 고토양 층준까지 토양생성작용을 받을 수 있다. 아울러 간빙기의 뢰스 퇴적량이 빙기에 비해 적기 때문에 고토양 층준이 매우 얇은데, 많은 강수량으로 인해 상부의 고토양 층준에서 용탈, 세탈된 물질이 하부의 뢰스층 혹은 고토양 층준에까지 집적될 수도 있다.

한반도에서는 빙기에 뢰스가 두껍게 퇴적되고(그림 18.2 (a), (c), (e)) 간빙기에도 풍성 먼지가 공급되지만 공급지의 식생 피복이 회복되므로 퇴적량은 빙기에 비해 훨씬 적다. 간빙기에는 이전 빙기에 퇴적된 뢰스 층준의 상부까지 토양생성작용을 받는다(그림 18.2 (b), (d), (f)).

빙기인 MIS *n+5* 시기에 형성된 뢰스 층준이 있으며 뢰스층 가장 윗부분의 얇은 층준은 약한 토양생성작용을 받는다(a). 그 위로 간빙기인 MIS *n+4* 시기에 퇴적된 뢰스는 고토양이 되고, MIS *n+5* 빙기에 퇴적된 뢰스층 상부는 지속적으로 토양생성작용을 받는다. 따라서 간빙기에는 고토양 층준뿐 아니라 하부층까지 토양생성작용을 받아 대자율 값이 높아진다(b). 이후 빙기인 MIS *n+3* 시기에 뢰스가 두껍게 퇴적되며 가장 상부는 약한 토양생성작용을 받는다(c).

MIS *n+2* 간빙기가 되면 뢰스가 얇게 퇴적되면서 고토양이 되고, 이것과 함께 MIS *n+3* 시기에 쌓인 뢰스층 상부는 지속적으로 토양생성작용을 받는다(d). MIS *n+1* 빙기(e)와 MIS *n* 간빙기(f)에도 상술한 빙기와 간빙기 뢰스층과 고토양층의 형성 과정이 진행된다.

간빙기에는 간빙기 동안 퇴적된 뢰스 물질뿐 아니라 그 하부에 있는 이전 빙기에 퇴적된 뢰스 물질도 토양생성작용을 받으며 뢰스 층준 상부의 최소량만 고토양으로 변한다는(Feng et al,, 2004) 중국 뢰스 형성 모델의 네 번째 전제조건도 한국 뢰스-고토양 연속층에 적용할 경우 주의를 요한다. 그렇다면 빙기에 퇴적되었으나 이후 간빙기에 토양생성작용을 받아 고토양화된 층준을 과연 어떤 시기로 편년할 것인가 하는 문제가 제기된다. 이것은 결국 뢰스층과 고토양층 경계 설정의 문제이다. 전술하였듯이 중국에서는 단지 최소량이 영향을 받는 것으로 보고 이 부분을 무시하는 경향이 있지만, 한국의 상황에서는 경우에 따라 중요한 논의 대상이 될 수 있다.

한국의 뢰스 형성 메커니즘을 이해하려면 뢰스층과 고토양층의 경계 설정이 어떻게 이루어지는지 검토하여야 한다. 여러 특성과 무관하게 '뢰스'라는 용어를 바람에 의해 상대적으로 장거리를 이동한 풍성먼지 퇴적층이라 정의한다면, 이는 형성 작용에 기초한 정의로 고토양까지 포함하는 개념으로 보아야 할 것이다. 그러나 뢰스와 여기에 협재되어 있는 고토양을 구분하는 기준에 의하면, '뢰스'는 풍화되지 않은(unweathered) 풍성층이고 '고토양'은 풍화된(weathered) 층준이라고 정의할 수 있다. 여기서 고토양에 적용되는 '풍화되었다'는 용어는 '재이동(reworked)'을 의미하지는 않으며, 고토양은 풍화작용, 토양생성작용(soil forming process)[75] 그리고 속성작용(diagenesis)[76] 등에 의해 퇴적층 특성이 상당히 많이 변화한 1차 뢰스(primary loess)를 의미한다(Pye, 1987).

우리나라에서 이루어진 대부분의 뢰스 연구에서도 뢰스 퇴적층을 일련의 뢰스 층준과 고토양 층준으로 구분하였으며, 일부 연구(Jeong et al., 2013)만이 하나의 전체적인 퇴적 연속층(whole sedimentary sequence)으로 간주하였다. 후자의 단면은 풍화된 층준과 풍화되지 않은 층준으로 구성되며, 풍화된 층준은 뢰스 퇴적의 휴지기 동안 형성된 단일의 토양단면을 의미하거나, 뢰스 퇴적이 느리거나 중간 정도인 시기에 형성된 여러 고토양 층준(pedocomplex라고 부르기도 함)으로 이루어져 있지만(Pye, 1987), 연속층으로 간주하고 층준을 구분하지 않는 것이다.

Wu et al.(2002), Feng et al.(2004), Liu et al.(2004), Lai and Wintle(2006) 등에 의해 이러한 점이적인 층준 또는 각 대리자에 의한 경계의 불일치 등에 대한 논의가 진행되었다. 이들 가운데 Liu et al.(2004)에 의한 뢰스-고토양 연속층 발달 과정과 기후변화에 따른 대자율 경계의 생성 과정은 다음과 같다(그림 10.62 참조). 첫 번째 단계로 빙기 동안 뢰스는 상대적으로 높은 퇴적률을 보이며 지속적으로 퇴적된다. 두 번째 단계에서는 빙기에서 간빙기로의 빠른 기후변화가 일어난다. 이 시기에 풍성층은 퇴적

75 토양 내에서 진행되는 토양 물질의 여러 가지 조성, 성질 및 토양단면 형태를 형성하는 화학적, 물리적, 생물학적 현상의 총체. 이들 제 현상들 간에는 일정한 조합이 존재하는데, 이것을 기초적 토양생성작용이라 하며 다음의 10가지가 있다. ① 초생 토양생성작용, ② 점토화작용(siallitization), ③ 라테라이트화작용, ④ 부식 축적작용, ⑤ 토탄 축적작용, ⑥ 염류화작용, ⑦ 탈염화작용, ⑧ 글라이화작용, ⑨ 포드졸화작용, ⑩ 유사포드졸화작용.

76 초기 퇴적 당시부터 고화될 때까지 일어나는 퇴적물의 모든 물리, 화학, 생물학적 변화이다. 해저나 호저에 퇴적된 물질이 고화되어 퇴적암이 만들어지는 과정에 적용한다.

률이 낮아지지만 지속적으로 퇴적된다. 두 번째 단계에 이어 세 번째 단계에서도 고온 습윤한 기후로 인해 토양생성작용을 받게 되는데, 이 시기에 퇴적되고 있는 층준뿐 아니라 그 하부의 빙기 물질 최상부도 동일한 풍화대에 놓이게 된다. 네 번째 단계에서는 새로운 빙기에 접어들어 퇴적률은 다시 증가하고 토양생성작용은 약화된다. 이러한 과정을 통해 빙기와 간빙기 사이의 기후적 경계는 토양생성작용에 의해 모호해진다.

한반도에서도 이러한 모델과 유사하게 뢰스-고토양 연속층이 발달한다고 본다. 국내 뢰스-고토양 연속층에서 주의할 것은 '빙기에 퇴적된 물질의 풍화층(alteration of glacial material)'이다. Liu et al.(2004)은 연평균강수량이 약 500mm인 중국 뢰스고원의 북서 경계부에 위치한 Yuanbao(圓包山) 단면에서 약 1.1m 두께의 변화된 L2(MIS 6의 뢰스)를 발견하였다. 더구나 Wu et al.(2002)도 중국 북서부 Hexi Corriodor(河西走廊)의 사구 단면에서 S1(MIS 5의 고토양) 하부에 놓인 L2 층준에서 토양생성작용의 영향이 하부 방향으로 약 40cm 확장된 것을 발견하였다. 중국 뢰스고원 북서 경계부 Yuanbao에서는 OSL 연대측정값(퇴적물 공급)과 대자율 신호에 나타난 플라이스토세와 홀로세 사이의 경계 불일치도 보고된 바 있다(Lai and Wintle, 2006). 한편 Feng et al.(2004)은 이러한 점이적인 층준은 기후 조건에 따라 변화한다고 주장하였다. 다시 말해 S1이 하부에 놓인 L2에 영향을 미치는 깊이는, 연평균강수량이 300~400mm인 Lanzhou(蘭州)에서 약 0m이지만 연평균강수량이 600mm인 Lantian(藍田)에서는 2.5m 정도에 달한다고 보고하였다.

한국 뢰스-고토양 연속층 연구의 경우 강수량과 토양생성작용이 하방으로 영향을 미치는 깊이의 관계를 적용할 수 있을지에 대해서는 검증된 바가 없다. 필자가 보고한 뢰스-고토양 연속층 연구에서는 뢰스층과 고토양층의 경계를 설정하기 위해 입도 조성, 대자율, 토색 등 토양의 물리적 특성들을 종합하였다. 이들 가운데 대자율을 가장 중요한 기준으로 판단하였으며, 연구 결과에서 설정된 고토양층 하부의 토양생성작용이 진행된 층준과 하부 뢰스층의 경계는 Liu et al.(2004)이 제시한 모델(그림 10.62)의 대자율 경계(susceptibility boundary)에 해당한다.

한편 10만 년 전보다 젊은 연대 자료가 있는 경우에는 비교적 신뢰도가 높다고 보고 연대 값을 대자율보다 우선시하여 경계 설정의 기준으로 삼았다. 예를 들면 아야진 단면에서 최종 빙기에 형성된 뢰스층은 깊이 76~150cm 층준인데, 이 가운데 깊이 76~92cm 층준의 대자율은 이 단면에서 가장 높다. 대자율 값으로만 경계를 설정한다면 MIS 1과 최종 빙기 퇴적층의 경계는 깊이 92cm가 합리적이다. 그럼에도 불구하고 MIS 1 고토양과 최종 빙기 뢰스층 사이의 경계를 깊이 76cm로 설정한 것은 깊이 80cm 층준의 OSL 연대 값이 1만 6,000년 전으로 LGM에 가까운 시기를 나타냈기 때문이다. 실제로 야외조사에서 기후 경계(climatic boundary)를 획정하는 것은 거의 불가능하며, 토양의 물리적 특성들을 종합하여 검토하더라도 기후 경계를 설정할 수 없다. 단면의 지구화학적 특성은 토양생성작용의 결과를 반영한 것이므로 정확한 연대 자료가 없다면 기후 경계를 설정하는 기준으로 적합하지 않다.

19.

한반도 뢰스 연구의 활용

20세기 초부터 시작된 중국과 일본의 뢰스-고토양 연속층에 대한 물리적, 지구과학적 분석의 결과는 동아시아의 제4기 기후 및 자연 환경을 복원하는 데 의미 있는 기초 자료가 되고 있다. 더 나아가 제4기 기후변화의 영향을 받아 형성된 뢰스-고토양 연속층이 전 지구적으로 넓게 분포하고 있으므로 전 지구적 기후 환경 변화를 이해하는 데 활용될 수 있다. 그럼에도 불구하고 한국에서는 2000년대 초부터 지형학 및 지질학자들에 의해 뢰스-고토양 연속층에 대한 물리적, 지구과학적 분석 결과가 보고되고 있다. 거의 20년 동안 연구가 진행되었음에도 불구하고 여전히 한반도 뢰스에 대한 관심은 높지 않으며, 대학의 전공수업에서도 건조지형 내지 풍성 지형학의 한 분야로 소략하게 소개하는 데 그치고 있다.

전 세계 연구자들의 주목을 받고 있는 뢰스고원이 황해가 건륙화된 빙기 동안 거의 같은 위도의 한반도에 영향을 미쳤을 개연성이 높았음에도 불구하고 한국 지형학자들의 관심을 받지 못했다. 이것은 우선 한반도 뢰스의 존재를 부정하는 주장이 있었고, 지표면의 기복을 연구하는 지형학자들이 뢰스와 지형면의 직접적인 관련성을 찾기 어려웠기 때문일 것이다. 특히 뢰스 연구의 경험이 있는 연구자가 부재하였으므로 전형적인 뢰스 퇴적층 노두를 통해 훈련할 수 있는 기회를 갖지 못한 것도 영향을 미쳤다고 생각한다.

이와 같은 환경에서 뢰스-고토양 층서 연구를 가장 먼저 활용한 분야는 고고학이었다. 2000년대에 들어와 고고학계에서는 뢰스-고토양 층서를 이용하여 전곡리 구석기 유적의 형성 시기를 약 30만 년 전으로 편년함으로써, 동아시아에서 한반도가 '찍개 문화'가 아닌 '주먹도끼 문화'를 가진 지역으로 인정받게 되는 중요한 성과를 얻었다. 이 연구에서는 뢰스-고토양 연속층의 층서, OSL 연대측정, 대자율(MS) 측정 및 입도 조성과 지구화학적 분석 그리고 테프라와 화분 분석, 식물 규소체 분석 등의 다양한 대리 자료(proxy data)들이 구석기 유물과 유적의 편년뿐 아니라 제4기 고환경을 복원하는 데 활용되었다.

이 장에서는 한반도 뢰스-고토양 연속층의 층서를 지형학 및 고고학 연구에 활용한 사례를 소개한다. 뢰스-고토양 연속층 연구는 해안단구, 하안단구, 선상지의 형성 시기를 규명하는 데 기여할 수 있으며, 특히 한반도 남부의 대구 구석기 유적지의 주빙하 기후 환경에서 형성된 인볼루션 구조는 지형학 및 제4기학 연구에서 이 토양의 활용 가능성이 높다는 것을 시사하고 있다. 제4기 기후변화의 증거를 보전하고 있는 뢰스-고토양 층서의 연구는 편년 자료가 부족한 한반도 선사, 고대의 자연환경과 인간 생활을 복원하는 데 활용될 수 있을 것이다.

1) 해안단구

해안단구 역층 위에 뢰스-고토양 연속층이 퇴적되어 있는 강릉 단면에서 OSL 연대 값은 역전되거나 14만 년 전보다 오래된 것으로 나타나 신뢰도가 낮다. 다만 대자율(MS)과 입도분석 결과 및 지구화학적 분석 결과를 통해, 해발고도 17.3m 해안단구 지형면 위에 퇴적된 2.4m 두께의 뢰스와 고토양 층준이 각각 MIS 4와 MIS 3에 대비되어 해안단구의 형성 시기가 MIS 5e로 편년되었다. 이와 같은 논의는 한국 동해안의 해안단구 저위 I면[77]이 MIS 5e에 형성된 것으로 판단하는 것과 조화된다.

서해안의 대천 단면은 해안단구 위에 퇴적된 뢰스-고토양 연속층인데, 지표면의 해발고도는 25.28m이고 해안단구 자갈층의 상부 해발고도는 22.88m이다. 이 단면의 OSL 연대 값, MS 값, 입도 조성과 지구화학적 분석 결과를 종합하여 해안단구가 MIS 9에 형성된 것으로 판단하였다. 대천 단면이 위치하는 보령시 남포읍 달산리, 양항리, 양기리 일대에는 형성 시기를 달리하는 다섯 단의 해안단구가 분포한다. 대천 단면을 포함하는 해발고도 20~23m 지형면은 MIS 9에 형성되었으며 이보다 한 단 아래인 해발고도 15~17m 해안단구는 MIS 7에 형성된 것으로 추정된다. 아울러 해발고도 25~30m, 35~40m, 42~45m 지형면들은 MIS 9보다 더 이전의 간빙기에 형성되었을 것이다. 뢰스-고토양 연속층 편년에 의하면 서해안 대천 지역 해안단구 지형면은 대부분 10만 년 이전에 형성되었다. 따라서 OSL 연대측정 한계치를 벗어나 절대연대 측정이 거의 불가능한 해안단구 지형면을 편년할 경우, 뢰스-고토양 연속층의 층서 연구는 큰 의미를 가진다(그림 19.1).

충남 서산시 고북면에 있는 해미 단면은 해안단구 자갈층 상부 해발고도가 9.39m이며, 뢰스-고토양 연속층의 편년으로 볼 때 이 자갈층은 MIS 5e 시기에 퇴적된 것으로 생각된다. 상술한 대천 지역 해안단구와 연계하면 보령시와 서산시 지역의 해안단구는 MIS 9 간빙기에 해발고도 20~23m 지형면, MIS 7 간빙기에 해발고도 15~17m 지형면, MIS 5e에 해발고도 10m 지형면이 형성되었다.

한반도 동해안의 해안단구에 대해서는 1970년대부터 연구가 시작되어 다양한 연구자들에 의해 많은 성과가 축적되었으며, 지형면 형성 시기의 경우 연구자에 따라 다소 차이가 있으나 대체로 의견들이 모아지고 있다. 그럼에도 불구하고 해발고도가 높은 지형면은 절대연대 측정에 한계가 있으므로 상대 편년에 의존하고 있다.

동해안과는 대조적으로 서해안 해안단구 연구는 여전히 시작의 단계에 머물러 있다. 서해안에서는 해안단구가 해안을 따라 광범위하게 분포하지 않으며 해발고도

---

77 최성길은 동해안의 해안단구 저위 I면의 구정선 고도를 해발고도 18m로 한정하지만, 필자 등은 해발고도 20~24m의 범위에 있는 해안단구를 같은 시기에 형성된 것으로 보고 있다. 구정선 고도는 해안단구 자갈층의 상한을 기준으로 하지만, 노두가 확인되지 않는 경우 해안단구 지형면의 높은 쪽으로 결정하므로 지형면에서 고도차가 발생한다. 현재 강릉 단면의 지표면 해발고도는 20m 정도이다.

[그림 19.1] 보령시 남포 지역 해안단구 분포도(윤순옥 외, 2015)

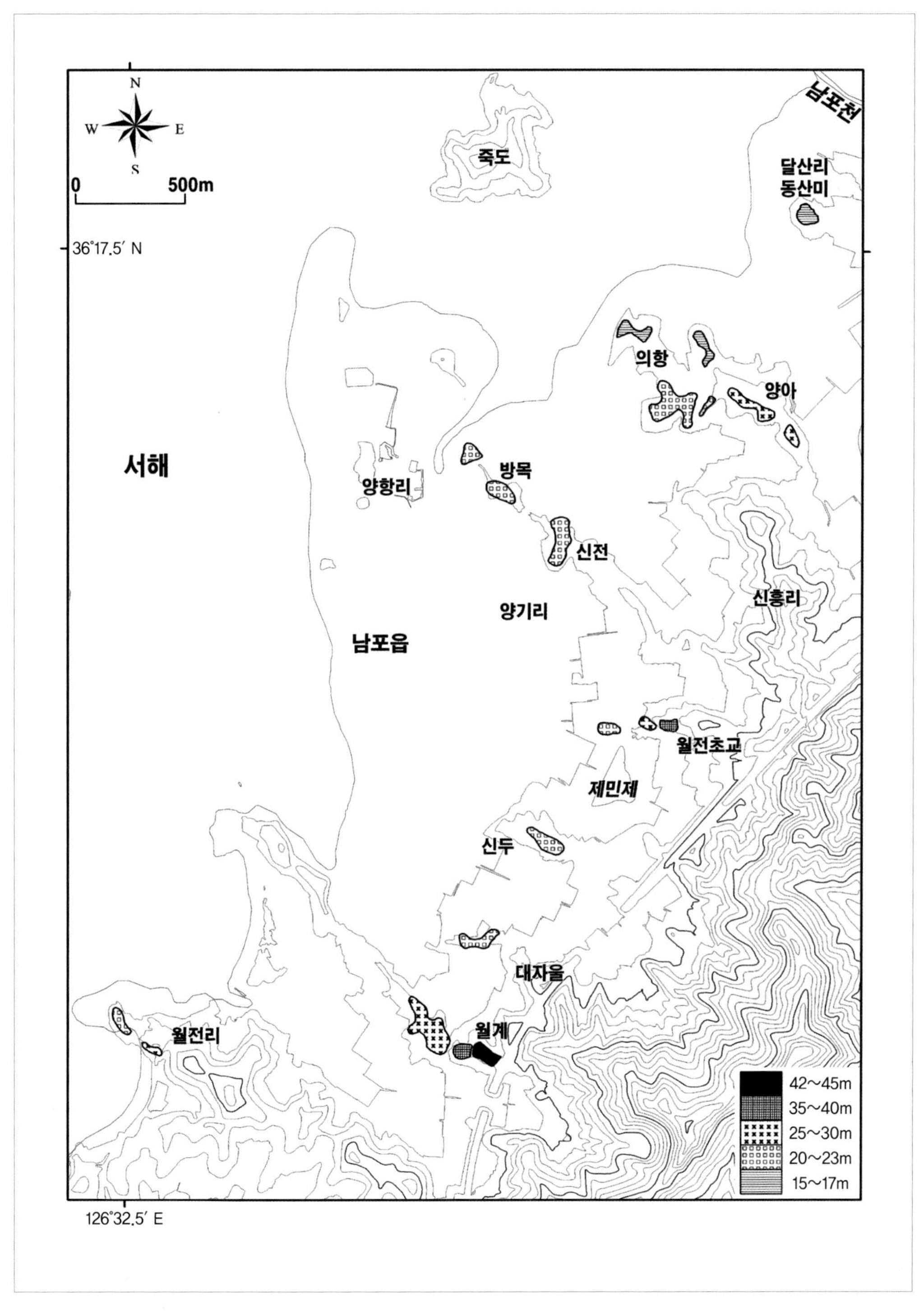

가 높은 지형면을 찾기 어렵기 때문이다. 또한 서해는 조차가 커서 파랑에너지가 수직으로 수m에 걸쳐 분산됨에 따라 파식대 발달이 부진하다. 따라서 해안단구 지형면의 규모가 작고 지형면의 경사가 상대적으로 급하며 시간이 경과하면 사면 퇴적물에 의해 피복되어 버린다. 특히 서해안 해안단구 지형면 편년의 경우 연구자들 사이의 견해차가 크다. MIS 5e의 퇴적층도 OSL 연대측정의 한계치에 있으므로, 해안단구 연구가 많이 축적되어 신뢰도가 높은 상대 편년이 가능하여야만 견해차를 줄일 수 있을 것으로 생각된다. 한반도 전체에 분포하는 광역 화산재(tephra)가 드문 환경에서 뢰스-고토양 연속층의 층서는 연대측정의 한 가지 방법으로 적용할 수 있을 것이다.

해안단구 지형면 편년에 있어서 동해안의 강릉 단면, 서해안의 대천 단면과 해미 단면의 뢰스-고토양 연속층 연구 결과가 절대연대 측정의 한계를 극복할 수 있는 가능성을 보여 준 것은 의미가 크다고 생각한다.

2) 선상지 및 하안단구

강원도 고성 아야진 단면은 선상지 지형면 위에 퇴적된 뢰스-고토양 연속층이다. 이 선상지 지형면의 형성 시기를 판단할 수 있는 자료는 선상지 자갈층의 자갈 풍화각을 제외하면 거의 없다. 그러나 아야진 단면의 뢰스-고토양 연속층에 대한 OSL 연대측정, 입도분석, MS 분석, 지구화학적 분석을 통해 지표면에서 5m 아래에 있는 선상지 퇴적층이 MIS 8의 빙기에 퇴적된 것으로 추정하였다.

경주 선상지의 저위면에 위치하는 황룡 단면은 황룡사지 남쪽 가장자리의 선상지 자갈층 위에 퇴적된 뢰스-고토양 연속층이며, 퇴적 시기는 최종 빙기와 홀로세이다. 선상지 저위면을 구성하는 자갈층은 MIS 4~2의 최종 빙기 동안 불국사 산지의 사면에서부터 하곡으로 운반되어 온 사력들이 북천에 의해 산지 전면의 경주분지에 퇴적된 것이다. 그리고 북천의 유로가 안정된 이후 선상지 자갈층 위에 풍성먼지가 퇴적되었다. 경주 선상지의 황룡 단면은 최종 빙기 뢰스층뿐 아니라 홀로세 뢰스층도 두껍게 잘 보존되어 있다.

홀로세에는 풍성먼지의 공급량이 적기 때문에 뢰스층이 대체로 매우 얇고, 더욱이 경작 등으로 인해 침식되거나 인위적으로 훼손된 경우가 많아서 홀로세 뢰스는 존재를 확인하기도 어렵다. 그러나 황룡 단면의 홀로세 뢰스 층준 두께는 거의 0.6m에 달하여 다소 두껍게 보존되었다. 이것은 경주 선상지의 지형면 경사가 대단히 완만하므로 강수가 자갈층에 침투하여 지표류(overland flow)가 거의 없어서 토양침식이 미약하였기 때문이다.

한국의 선상지는 형성 시기를 달리하는 여러 지형면으로 구성되어 있는 합성 선상지이며, 경주분지에 형성된 경주 선상지는 대부분 저위면으로 이루어져 있다(윤순옥, 황상일, 2004). 황룡 단면의 뢰스층 형성에서는 최종 빙기에 형성된 경주 선상지가 중요한 공급원일 가능성이 있으나, 지구화학적 분석 결과 대부분 장거리 운송에 의해 퇴적된 것으로 확인되었다. 절대연대 자료가 있어서 황룡 단면의 퇴적 속도도 알 수 있었다. 아울러 황룡 단면 상부에 퇴적된 홀로세 뢰스층은 보존 상태가 좋은 식물 규소체가 포함되어 있으므로 고환경 복원 자료가 될 수 있다.

한반도 남부의 대표적인 내륙분지인 거창분지와 진천분지 내에는 여러 단의 하안단구가 분포하고 있다. 이들 하안단구의 형성 시기를 규명하는 데 뢰스-고토양 층서가 활용되었으며, MIS 6의 빙기에 퇴적된 뢰스층의 하부에 있는 하안단구 자갈층의 형성 시기는 두 지역 모두 간빙기인 MIS 7로 편년되었다.

거창분지 뢰스-고토양 층준의 경우 식물 규소체 분석이 동일 층준에서 이루어졌고, 맨 하부 하천 퇴적층의 식물 규소체 분대인 GPZ I(지표면으로부터 깊이 215~330cm)은 바로 상부에 퇴적된 뢰스층이 MIS 6 시기를 지시하므로 하천 퇴적층의 형성 시기는 MIS 7로 편년되었다. 또한 GPZ I 분대의 식물 규소체 조성은 기후 지시자인 부채형의 비율이 가장 높아서 온난 습윤한 환경을 지시하므로 간빙기임이 확인되었다. 따라서 거창분지의 하안단구는 MIS 7 시기에 퇴적된 충적단구가 된다.

진천분지 뢰스-고토양 연속층은 하부가 두꺼운 역층으로 이루어진 하안단구 지형면 위에 퇴적되어 있다. 지형면 위에는 점이층을 포함하여 약 6m의 두꺼운 뢰스층이 퇴적되어 있으며, 이들은 MIS 6~4 시기에 퇴적된 것으로 편년되었다. 진천분지를 빠져나가는 미호천의 하류부는 감입곡류의 형태로 협착부가 만들어져 유량이 많은 간빙기에는 분지 내부의 유량이나 퇴적물이 본류로 원활하게 유입되지 못하였는데,

MIS 7의 간빙기에 진천분지의 하상에는 하천 퇴적층이 두껍게 쌓이며 충적단구가 형성되었을 것이다.

3) 주빙하지형

대구시 서쪽 달성군 하빈면 감문리 산록에서 뢰스-고토양 연속층이 확인되었다. 입도 조성은 대부분 실트이며 세립 모래가 포함되어 있다. 이 퇴적층에서 5~7만 년 전 구석기 유물이 발견되었으며, 아울러 최종 빙기 동안 세립질토양층에서 토양의 동결과 융해 작용이 반복되면서 크리오터베이션(cryoturbation)에 의해 형성된 인볼루션(involution) 구조의 화석 지형이 확인되었다(그림 19.2, 19.3). 트렌치(trench)의 벽면에서 인볼루션 구조의 토양 형태를 발견하였으며, 고고학 발굴을 위해 일정 면적의 토양층을 전면적으로 걷어 내면서 완벽한 원형을 관찰하였다. 그림 19.2 상단의 트렌치 벽면 중간부분에서는 같은 시기에 해당하는 구석기 문화층이 폭 2~3m의 凸형 구조를 보이고 있다. 바람에 의해 운반된 실트로 이루어진 퇴적층은 일반적으로 층리가 없으나 트렌치 벽면에서는 무수히 많은 인볼루션 구조가 확인되었다.

한반도 중부 이남의 경우 해발고도가 낮은 평지에서 확인할 수 있는 주빙하지형은 거의 없다. 토양쐐기는 빙기에도 형성되지만 후빙기 퇴적층에도 형성되므로 전형적인 주빙하지형으로 볼 수 없다. 그리고 한반도에서 간빙기에는 크리오터베이션이 진행되지 않는다. 따라서 이 지형은 빙기에 형성된 것으로 볼 수 있으며, 퇴적층에서 확인되었기 때문에 현재와 기후가 상이한 시기에 만들어진 화석 지형이다. 대구 지역에서 주빙하지형이 확인된다면 한반도 전역에 인볼루션 구조가 존재할 수 있으므로 빙기 환경 복원의 대리 자료로 활용할 수 있다.

인볼루션 구조는 화석 지형이지만 자갈이 포함된 조립질 퇴적층에서는 확인하기 어렵고 토탄이나 실트, 점토가 주를 이루는 퇴적층에는 존재할 가능성이 있다. 향후 뢰스-고토양 연속층 단면을 관찰할 때 저지의 퇴적층에서 화석 지형으로 보존된 인볼루션 구조에 관심을 가진다면, 한국의 주빙하지형 연구 성과도 축적될 것으로 생각된다.

[그림 19.2] 대구시 달성군 하빈면 감문리 뢰스-고토양 연속층의 인볼루션 구조와 구석기 유물

흰 표식은 5~7만 년 전 구석기 유물임

[그림 19.3] 대구시 달성군 하빈면 감문리 뢰스-고토양 연속층의 인볼루션 구조

4) 고고학 연구

한국에서 뢰스 연구가 가장 집중적으로 이루어진 지역이 경기도 연천 전곡리 구석기시대 유물 발굴지이다. 이 유적지에서는 유럽과 아프리카의 전기 구석기시대 전형적인 석기인 아슐리안형 석기가 동아시아 최초로 발견되어 세계 고고학계의 이목을 집중시켰다. 왜냐하면 아시아에는 아슐리안형 석기가 없다는 기존 고고학계의 가설을 무너뜨리는 결정적 증거가 되었기 때문이다.

전곡리 구석기 유적에서 가장 큰 쟁점은 구석기의 편년이다. 한양대 배기동 교수는 30~40만 년 전으로 주장하고 있으나 서울대 이선복 교수는 4~5만 년 전으로 보고 있다. 편년 문제를 해결하기 위해 K-Ar 법, ^{14}C 연대측정, 뢰스-고토양 연속층 분석, 화산재 분석 등의 방법을 적용하였으나, 양쪽 견해를 지지하는 연대 값이 각각 제시되고 있어서 여전히 통일된 결론에 도달하지 못하고 있다.

이 논쟁에 참여한 한국과 일본 공동 연구자들은 화산재 동정, 대자율 분석, 뢰스-고토양 연속층 연구 등을 통해 구석기 문화층이 약 30만 년 전에 형성되었다는 자료들을 제시하였다(신재봉 외, 2004). OSL 연대측정의 한계가 거의 10만 년 정도임을 감안하면, 뢰스-고토양 연속층 연구가 편년 문제 해결에 크게 기여하고 설득력 있는 자료를 제시한 것으로 판단된다. 다만 이 자료의 신뢰성을 의심하는 연구자들은 한반도 뢰스 존재 자체에 대해 의구심을 가지므로, 앞으로도 연구 성과를 축적하여야 할 것으로 생각한다. 전곡리 구석기 연대의 경우 뢰스-고토양 연속층에 대한 추가적인 조사와 보다 발전된 연대측정을 통해 기존에 제시된 연대 자료를 엄밀하게 평가하고 새로운 자료를 추가한다면, 이 지역 구석기 편년도 결정할 수 있을 것이다.

한국에서는 뢰스-고토양 연속층에서 구석기 유물이 발견되는 경우가 있다. 그러나 구석기 문화층에 대한 입도분석, MS 측정값, 주원소, 미량원소, 희토류원소 분석과 같은 지구화학적 분석 등이 이루어져 뢰스-고토양으로 분류된 사례는 드물다. 따라서 특정하기는 어렵지만 구석기 유물이 발견된 다수의 토양층이 뢰스-고토양 연속층일 것으로 추정된다. 왜냐하면 한국에서 풍성먼지가 퇴적되는 시기인 빙기가 구석기에 해당하기 때문이다. 구석기인들이 반드시 뢰스층에서만 활동한 것은 아니지만 풍성먼지가 쌓인 평탄한 공간에서 그들의 활동이 이루어졌을 것이다. 울산시 언양 단면에서 구석기가 발굴되었으며 대천 단면에도 석영으로 만든 구석기가 포함되어 있다. 아울러 대구시 달성군 하빈면의 뢰스-고토양 연속층에서도 구석기 발굴이 이루어졌다.

5) 지형면 편년

뢰스 연구 결과로 얻을 수 있는 가장 중요한 정보들 가운데 하나는 뢰스-고토양 연속층 형성 시기의 경우 기존의 ^{14}C 연대측정이나 OSL 연대측정, 화산재를 통해 얻을 수 있는 최댓값보다 더 오래된 연대 값을 획득할 수 있다는 것이다. 뢰스-고토양 연속층의 입도분석, MS 분석, 주원소 및 미량원소 분석, 희토류 분석을 종합하여 뢰스층과 고토양층의 층위를 구분하고 각 층준의 형성 시기를 판단하는 과정을 거쳐 신뢰할 수 있는 자료를 제공한다. 다만 각 층준이 얇은 경우에는 토양생성작용이 중복되어 뢰스층과 고토양층의 경계 획정에 어려움이 있으므로 많은 경험과 정밀한 조사 및 분석이 요구된다.

그 밖에 화분분석이나 식물 규소체 분석 등도 절대연대를 보완하는 유용한 방법이 될 수 있다. 경북 영양 지역에서는 ^{14}C 연대측정 결과 4만 3,000년 동안 형성된 것으로 드러난 토탄층의 화분분석 결과를 인접한 지점의 화분분석 성과에 대비함으로써 한반도에서 가장 오랜 기간인 약 6만 년 동안의 식생 변천사를 복원할 수 있었다.

또한 거창 단면에서는 뢰스-고토양 연속층의 층서를 대자율 변화와 심해퇴적물 산소 동위원소 변화에 대비하고 OSL 연대측정을 참고하여 뢰스-고토양 연속층의 편년을 행하였다. 그런데 OSL 연대측정의 한계를 넘어서는 하부 L2 뢰스층(MIS 6)에서는 신뢰하기 어려운 연대가 나왔으며, 식물 규소체 분석 결과로 보완함으로써 거창의 하안단구가 MIS 7에 형성된 충적단구임을 증명할 수 있었다.

지형학 연구의 대상인 선상지, 해안단구, 하안단구의 경우 지형면 형성 시기 판단은 현재 대부분 OSL 연대측정법을 이용하고 있지만, 이 방법으로 얻은 연대측정 결과의 신뢰도에 자주 의문이 제기되고 있다. 특히 지형학적 해석에서는 10만 년 이상 경과된 층준의 연대가 매우 젊게 나오고(김종욱 외, 2007a, b; 황상일 외, 2011), 일부 지역 또는 시료는 층서 간의 연대가 역전되어 있거나 층서 차이를 반영하지 못하기도 한다(박충선 외, 2014; 황상일 외, 2011; 윤순옥 외, 2011).

한편 뢰스 퇴적층을 구성하는 광물 입자의 크기에 따라 루미네선스 특성이 다르기 때문에, OSL 연대측정에 이용되는 광물 입자(보통 석영)를 크기별로 선별해서 측정 기법을 적용해야 한다는 보고도 있다(최정헌, 2011). 그러나 정밀한 OSL 연대측정에 사용되는 광물 입자의 입경을 구분하여 연대측정 결과를 제시한 뢰스-고토양 연속층 연구는 아직 한국에는 없으며 여전히 실험 단계에 있다. 진천 단면의 경우에도 최상부 시료(JCIC50)의 연대 결과(64±2ka)를 제외하면 대부분 132~168ka로 10만 년 이상 경과되어 일반적인 OSL 연대측정값의 한계치를 넘어선다. 오래된 연대 값일수록 정확도가 떨어지는 점을 생각하면 MIS 6을 지시하는 연대 결과를 전적으로 신뢰하기에는 무리가 있다. 그러나 현재의 기술 수준에서 플라이스토세 후기에 형성된 퇴적층의 절대연대 측정은 OSL 외에는 선택의 여지가 없다. 그러므로 10만 년보다 오래된 OSL 연대 값은 참고하는 수준에서 검토하는 것이 바람직하다고 생각된다.

2m 두께의 거창 단면 뢰스-고토양 연속층의 경우 6개 층준(깊이 30cm, 50cm, 90cm, 120cm, 180cm, 200cm)에서 OSL 연대측정이 행해졌다. 그 결과 표층과 L1은 홀로세 뢰스층 그리고 L1L1은 MIS 2의 뢰스층, L1S1(고토양)은 MIS 4~5c, L1L2(뢰스층)는 MIS 5c~5d, S1(고토양)은 MIS 5e, L2(뢰스층) 역시 MIS 5e였다. 즉 L1L1을 제외하면 L1L2와 S1 그리고 L2는 모두 간빙기인 MIS 5c~5e에 해당한다. 따라서 뢰스인 L1L2와 L2의 두께 약 1m 층준이 최종 간빙기 MIS 5d의 2만 3,000년 동안 퇴적되었다는 것인데, MIS 5d는 전후 시기의 빙기(MIS 4와 MIS 6)와 비교하면 현저히 온난하므로 거창 단면 전체의 1/2에 해당하는 뢰스층이 퇴적되는 것은 거의 불가능하다.

특히 하부 두 개 층준 GC-180, 200의 연대 자료는 예상보다 훨씬 젊은 시기인 MIS 6을 지시하였으므로 본 층서의 연대 결정에서 제외하였다. 왜냐하면 MIS 6은 대체로 130~180ka에 해당하는 빙기인데, 이 값은 일반적으로 OSL 연대측정의 신뢰도 한계를 초과하기 때문이다. 대략 10만 년보다 오래된 시기를 지시하는 해안단구나 하안단구 등 형성 시기가 오래된 지형면의 경우 OSL 연대 값의 정확도가 현저하게 떨어지는 사례가 다수 보고되고 있다.

지형학 연구 결과로 추정한 지형면의 형성 시기와 OSL 연대측정치의 부조화는 근본적으로 OSL 연대측정의 한계와 관계가 있는 것으로 판단된다. 10만 년보다 오래된 OSL 연대측정 결과는 그대로 인정하기 어려우며 다만 각 층준의 형성 시기를 결정하는 데 참고자료로 활용하여야 할 것이다. 그럼에도 불구하고 지형학 연구 결과로 판단한 형성 시기는 계측의 결과가 아닌 추정치이므로 신뢰성의 한계를 안고 있다.

지형학적 시간 범위(수천~수십만 년)의 유역 분지 규모에서 삭박률을 측정하여 편년하는 경우, Fission track이나 U-Th/He와 같이 다양한 열형광색을 계측하는 방법론(Theromochrometry)이 적용되어 왔다. 그러나 수백 년 이하의 단기적인 변화나 지형학적 시간 범위에서의 삭박률 측정은 방법론의 한계로 인해 매우 제한적인 범위에서 사용되어 왔다. OSL 연대측정은 5만 년 전보다 더 오래된 절대연대 측정에 거의 유일한 방법으로 적용되고 있으며, 이 연대측정의 한계를 넘어서는 지형학적 범위의 시기를 측정하는 방법으로 최근 우주선 유발 동위원소인 ^{10}Be이 이용되고 있다.

이 동위원소들은 기반암의 주요 구성물인 석영 안에서 중성자와 같은 높은 에너지를 갖는 우주선(cosmic ray) 유발 물질과의 반응으로 매년 일정하게 형성되는데, 유역분지 내에서의 삭박작용으로 인해 일정 기간 유역 분지 내에 머물게 되며 침식률과 부(負)의 상관관계를 가진다(성영배 외, 2013). 이러한 분석 방법 또한 아직은 실험 단계에 있어 안정된 연대 자료를 제시하기 위해서는 많은 검증이 요구되므로, 기존의 뢰스-고토양 연속층 층서에 대한 지형학적 해석과 다양한 토양분석 그리고 고해상도의 절대연대 측정을 발전시켜 나간다면 보다 정확한 지형면 형성 시기 결정이 가능할 것으로 판단된다.

참고문헌

강광규, 추장민, 정회성, 한화진, 유난미, 2004, 동북아지역의 황사피해 분석 및 피해저감을 위한 지역 협력방안 II, 한국환경정책평가연구원.

강영복, 1973, 화강편마암에 발달하는 적색토에 관한 연구, 서울대학교 교육대학원 석사학위논문.

강영복, 1978, 한국의 적색토 풍화과정의 특성, 지리학 18, 1-12.

강영복, 1979, 한국의 적색토 생성에 있어서 고토양 문제에 관한 연구, 지리학과 지리교육 9, 256-266.

강영복, 1987, 우리나라 습윤 온대기후지역 평탄면지형 위 고적색토의 토양지형생성적 특성, 지리교육논총 18, 38-54.

강영복, 박종원, 2000, 쌍천 하성단구의 토양 특성, 대한지리학회지 35(2), 159-176.

국토지리정보원, 2003, 한국지리지 충청편, 국토지리정보원.

권영인, 이승구, 김건한, 신재봉, 유강민, 2004a, 중국 타클라마칸 사막 중동부지역 표층 시료의 지화학 특성, 지질학회지 40, 383-393.

권영인, 이승구, 유강민, 신재봉, 김건한, 2004b, 지화학 특성으로 살펴본 풍성퇴적물의 근원지와 특징: 중국 오도스 및 알라샨 사막 표층시료의 경우, 지질학회지 40, 119-132.

권종택, 지정만, 장윤호, 1999, 한반도 서해안 변산지역의 연안퇴적물과 육상지질과의 지화학적 상관관계, 한국자원공학회지 36, 42-66.

권혁재, 2000, 자연지리학, 법문사.

길영우, 신홍자, 고보균, 2007, 강원도 고성지역에 분포하는 알칼리 현무암질 마그마의 상승경로, 암석학회지 16, 196-207.

김경식, 황성수, 1992, 식물규소체의 특성과 식물학적 응용, 식물학회지 35(3), 283-305.

김명진, 2020, 구석기유적 절대연대측정의 현황과 문제점, 2019년 한국구석기학회 정기 학술대회 proceeding(구석기연구와 자연과학분석 2020), 한국구석기학회, 35-48.

김민영, 조석주, 김광래, 이민환, 2003, 황사기간 중 PM2.5, PM10, TSP 농도 특성에 관한 연구, 한국지구화학회지 24, 315-324.

김연옥, 1987, 개정 기후학개론, 정익사.

김연옥, 2001, 제4기 기후변동(한국의 제4기 환경, 박용안, 공우석 외 편집), 서울대학교출판부.

김영래, 2007, 차령 산지 내 소규모 분지에 퇴적된 풍적토 특성-안성시 일죽면, 한국지형학회지 14, 67-81.

김종욱, 장호완, 최정헌, 최광희, 변종민, 홍성찬, 2008, 강릉 해안 일대의 단구 지형 특성 및 단구 퇴적물에 대한 OSL 연대 측정, 2008년 한국지형학회 하계학술대회 자료집, 38-42.

김주용, 배기동, 양동윤, 남욱현, 홍세선, 고싱모, 이윤수, 강문경, 2002, 한국 전곡 구석기 유적 E55S20-IV Pit의 토양, 퇴적물 분석 결과, 東北亞細亞舊石器硏究, 117-146.

김주용, 양동윤, 봉필윤, 김진관, 오근창, 최돈원, 2006, 거창지역 하성퇴적층 형성환경과 화분산상 연구, 제4기학회지 20, 39-50.

김지영, 최병철, 2002, 한반도에서 측정된 에어러솔의 크기 분포와 지역별 특성, 한국기상학회지 38, 95-104.

김효선, 2009, 식물규소체 분석 성과와 경포호의 환경변화, 경희대학교 석사학위논문.

도성재, 김광호, 1999, 고지자기학, 아르케.

동국문화재연구소, 법무부, 2019, 달성 감문리 유적, (재)동국문화재연구원 학술조사보고 제34책.

문대영, 2006, 한탄강 유역 용암 대지와 관련된 단열 곡류 협곡 발달과 미립질 피복물 퇴적 과정, 한국교원대학교 석사학위논문.

박동원, 1985, 김제·정읍 일대에 분포하는 뢰스상 적황색토에 대한 연구, 지리학 32, 1-10.

박지훈, 2006, 화분분석을 이용한 천안시 불당동 지역의 제4기 후기 환경변화, 한국지형학회지 13, 105-112.

박찬원, 2008, 한국과 중국에 강하한 황사의 토양학적 특성, 고려대학교 박사학위논문.

박충선, 2006, 서해안 대천, 봉동, 부안지역의 뢰스-고토양 층서와 편년, 경희대학교 석사학위논문.

박충선, 윤순옥, 2005, 뢰스연구를 위한 방법론, 지리학총 33, 36-49.

박충선, 윤순옥, 황상일, 2007a, 전북 부안 화강암지역 뢰스-고토양 연속층의 퇴적물 특성과 기원지, 대한지리학회지 42, 898-913.

박충선, 윤순옥, 황상일, 2007b, 한국 뢰스 연구의 성과 및 논의, 한국지형학회지 14, 29-45.

박충선, 윤순옥, 황상일, 2014, 강릉시 불화산 일대 뢰스 퇴적층의 형성과정과 퇴적 환경, 한국지형학회지 21(3), 49-61.

박충선, 윤순옥, 황상일, 2015, 강릉시 불화산 일대 뢰스 퇴적층의 지구화학적 특성, 한국지형학회지 22(4), 63-80.

박희두, 이문재, 2004, 진천 지역의 하성지형 특성, 한국지형학회지 11, 33-46.

배정엽, 2003, 영동일대 소백산지 북사면 산지 지형, 한국교원대학교 석사학위논문.

서경원, 지정만, 장윤호, 1998, 한반도 서해안 변산-태안지역 연안 퇴적물과 육상지질과의 지화학적 상관관계, 자원환경지질 31, 69-84.

신재봉, Naruse, T., 유강민, 2005, 뢰스-고토양 퇴적층을 이용한 홍천강 중류에 발달한 하안단구의 형성시기, 지질학회지 41, 323-333.

신재봉, 유강민, Naruse, T., Hayashida, A., 2004, 전곡리 구석기 유적 발굴지인 E55S20-IV 지점의 미고결 퇴적층에 대한 뢰스-고토양 층서에 관한 고찰, 지질학회지 40, 369-381.

오건환, 1980, 한반도의 해성단구와 제4기 지각변동, 부산여대 논문집 9, 377-415.

오경섭, 김남신, 1994, 전곡리 용암대지 피복물의 형성과 변화과정, 한국제4기학회지 8, 43-68.

윤순옥, 1996, 제사기학에 있어서 화분분석의 적용과 한반도에서의 화분분석연구, 지리학총 24, 19-47.

윤순옥, 2008, 부여 나복리 통실, 석우리, 원문리 유적, 충청문화재연구원 문화유적 조사보고 63집.

윤순옥, 김효선, 황상일, 2009, 경포호의 식물규소체(Phytoliths) 분석과 Holocene 기후변화, 대한지리학회지 44(6), 691-705.

윤순옥, 박충선, 황상일, 2010, 뢰스-고토양 퇴적물의 전처리 과정에 따른 입도분석 결과 비교, 대한지리학회지 45, 553-572.

윤순옥, 박충선, 황상일, 2011, 충남 서산 해미지역 뢰스-고토양 연속층의 지구화학적 특성, 지질학회지 47, 343-362.

윤순옥, 박충선, 황상일, 2012, 울산시 언양 지역 최종빙기 뢰스 형성과 퇴적물 특성, 한국지형학회지 19, 157-168.

윤순옥, 박충선, 황상일, 2013, 진천분지 뢰스-고토양 연속층의 형성과 퇴적 환경, 한국지형학회지 20(3), 1-14.

윤순옥, 박충선, 황상일, Naruse, T., 2007, 대천 지역 뢰스-고토양 연속층의 풍화특성, 지질학회지 43, 281-296.

윤순옥, 사이토 쿄지, 황상일, 다나카 유키야, 오구치 다카시, 2005, 한국 선상지의 이론적 고찰과 분포특성, 대한지리학회지 40, 335-352.

윤순옥, 조화룡, 1996, 제4기 후기 영양분지의 자연환경변화, 지리학 31, 447-468.

윤순옥, 진민경, 황상일, 2022, 뢰스-고토양 연속층의 식물규소체 분석으로 복원한 Pleistocene 후기 거창분지 환경 변화, 한국지형학회지 29(2), 79-92.

윤순옥, 황상일, 2004, 경주 및 천북 지역의 선상지 지형발달, 대한지리학회지 39, 56-69.

윤순옥, 황상일, 2009, 한반도와 주변지역의 최종빙기 최성기 자연환경, 한국지형학회지 16(3), 101-112.

이경아, 1999, 식물유체 복원법의 발달과 식물규소체 분석의 고고학적 의의, 한국선사고고학보 6, 21-47.

이선복, 2005, 임진강 유역 용암대지의 형성에 대한 신자료, 한국지형학회지 12, 29-48.

이승구, 김통권, 이진수, 송윤호, 2005, 우리나라 고온성 온천수에 함유된 희토류원소의 지구화학적 특징, 지질학회지 41, 35-44.

이승구, 송용선, Masuda, A., 2004, 경기육괴 중부 남단(용인-안성지역)에 분포하는 선캠브리아기 변성암류의 지구화학적 특징, 암석학회지 13, 142-151.

이승구, 양동윤, 홍세선, 곽재호, 오근창, 2003, 희토류원소를 이용한 순창지역 섬진강 수계 내 하상퇴적물의 기원지 연구, 지질학회지 39, 81-97.

이승구, 염승준, 2008, 대전지역 황사(아시아 먼지) 내 희토류원소 분포도의 지구화학적 특성-근원지 규명을 위한 초기연구, 한국암석학회지 17, 44-50.

이용일, 이선복, 2002, 용인시 평창리 구석기유적발굴지 고토양 특성과 이의 고고지질학적 적용, 지질학회지 38, 471-489.

이융조, 김정희, 1998, 한국 선사시대 벼농사의 새로운 해석-식물규소체 분석자료를 중심으로, 한국고대학회 11, 11-45.

이의한, 1998, 미호천유역의 충적단구, 지리학연구 32, 35-56.

이준동, 황병훈, 1999, 경주 남산-토함산 일원의 화강암류에 관한 암석학적 연구, 한국지구과학회지 20, 80-95.

이지영, 2008, 부여군 규암면 나복리 통실 곡저평야의 환경복원-plant opal 분석을 중심으로, 경희대학교 석사학위논문.

임경택, 1993, 기상학과 대기오염, 한국환경보전연구원.

임현수, 이용일, 이용우, 이선복, 장수범, 김정빈, 2004, 전곡 및 나주지역에서 관찰되는 대형 서관구조에 대한 예비연구, 지질학회지 40, 559-566.

장용선, 김유학, 손연규, 이계준, 김명숙, 김선관, 원항연, 좌재호, 엄기철, 김상효, 곽한강, 김한명, 2005, 한국에 강하한 황사의 토양학적 특성, 한국토양비료학회지 38, 301-306.

장윤섭, 박형동, 2001, 암석의 컬러 및 텍스쳐 정보에 대한 영상분석기법 연구, 한국자원공학회지 38, 352-363.

전성오, 2009, 지표피복물에서 파악한 제4기 지형, 토양 환경: 청원~공주 일대의 화강암 구릉과 편마암 산지 사면을 사례로, 한국교원대학교 석사학위논문.

전영신, 금정숙, 임주연, 조경미, 2002, 최근 100년간 황사 관측일수, 대기 12, 236-237.

전영신, 이영복, 조성묵, 2001, 동아시아 황사현상의 어원 고찰, 한국제4기학회지 15(1), 21-28.

정진도, 황승민, 최희석, 2008, 아산지역 황사/비황사 시 PM2.5, PM10 농도특성에 관한 연구, 대한환경공학회지 30, 1111-1115.

정창훈, 조용성, 이종태, 2005, 광학적 입자계수기를 이용한 2004년 황사기간 인천지역 에어로졸 특성, 한국환경과학회지 14, 565-575.

조성권, 이철우, 손영관, 황인걸, 1995, 퇴적학, 우성.

조화룡, 1987, 한국의 충적평야, 교학연구사.

조화룡, 2006, 한국의 지형발달과 제4기 환경변화, 한울.

진민경, 2011, 거창분지 뢰스층 식물규소체 분석으로 복원한 기후환경 변화, 경희대학교 석사학위논문.

채교익, 1979, 분산제의 차이가 흙의 입도분석에 끼치는 영향, 상주대학교 논문집 18, 135-141.

최광희, 2009, 홀로세의 해안사구 형성과 해수면 변화: 동해안과 서해안을 중심으로, 서울대학교 박사학위논문.

최재희, 2007, 진천분지의 지형환경 특색 및 발달과정, 한국교원대학교 석사학위논문.

최정헌, 2011, OSL 연대측정법의 지형학적/고고학적 적용: 가능성과 한계, 그리고 전망, 2011 한국제4기학회 추계 학술대회 자료집.

최정헌, 정창식, 장호완, 2004, 석영을 이용한 OSL(Optically Stimulated Luminescence) 연대측정의 원리와 지질학적 적용, 지질학회지 40, 567-583.

추장민, 정회성, 강광규, 유난미, 김미숙, 2003, 동북아지역의 황사피해 분석 및 피해저감을 위한 지역협력방안 I, 한국환경정책평가연구원.

한국자원연구소, 1996, 1:250,000 대전 지질 도폭 설명서, 과학기술처.

한국자원연구소, 1997, 1:250,000 광주 지질 도폭 설명서, 과학기술부.

한국자원연구소, 1998, 1:250,000 부산 지질 도폭 설명서, 과학기술부.

한국자원연구소, 1999, 1:250,000 서울-남천점 지질 도폭 설명서, 과학기술부.

한국지질자원연구원, 2001, 1:250,000 강릉-속초 지질 도폭 설명서, 한국지질자원연구원.

한미, 2010, 거창 일대에 분포하는 섬록암류와 화강암류에 대한 암석학적 연구, 부산대학교 석사학위논문.

홍만섭, 김영원, 1969, 한국 지질도 삼례도폭(1:50,000) 및 설명서, 국립지질조사소.

황상일, 강창혁, 윤순옥, 2011, 경남 거창분지 정장리 뢰스-고토양 연속층의 퇴적물 특성과 편년, 대한지리학회지 46, 1-19.

황상일, 박충선, 윤순옥, 2009, 전북 완주군 봉동 하안단구 상부 뢰스-고토양 연속층의 풍화특성과 기원지, 대한지리학회지 44, 463-480.

황상일, 윤순옥, 2020a, 한국 남동해안 감포읍 지역 해안단구 지형발달, 한국지역지리학회지 26(4), 336-349.

황상일, 윤순옥, 2020b, 한국 남동해안 감포 연대산 지역 해안단구 상고위면과 고고위면 지형발달, 한국지형학회지 27(4), 13-28.

황택진, 진치섭, 민덕기, 김치영, 2005, 디지털 이미지 처리 기법을 이용한 조립토의 입도분포 분석, 대한토목학회논문집C 25, 259-266.

加藤誠軌(김문집, 서일환 공역), 1993, X-선 회절 분석, 반도출판사.

那須孝悌龜, 1980, ウルム氷期最盛期の古植生について,ウルム氷期以降の生物地理に關する總合研究(關西自然史研究所), 55-66.

成瀬敏郎, 1982, 最終氷期以降の日本沿岸域の風成堆積, 第四紀研究 21, 223-227.

成瀬敏郎, 2002, 最終間氷期以降における東アジアの風成塵と堆積古環境變動, 兵庫教育大學課題番號 11680095.

成瀬敏郎, 2006, 風成塵とレス, 朝倉書店.

成瀬敏郎, 2007, 世界の黄砂·風成塵, 朝倉書店.

成瀬敏郎, 柳 精司, 河野日出夫, 池谷元伺, 1996, 電子スピン共鳴(ESR)による中國·韓國·日本の風成塵基源石英の同定, 第四紀研究 35, 25-34.
成瀬敏郎, 柳 精司, 河野日出夫, 池谷元伺, 1996, 電子スピン共鳴(ESR)による中國·韓國·日本の風成塵基源石英の同定, 第四紀研究 35, 25-34.
成瀬敏郎, 小野有五, 平川一臣, 岡下松生, 池谷元伺, 1997, 電子スピン共鳴(ESR)によ東アジアの風成塵石英の産地同定ーアイソトープスージ2の卓越風復元への試みー, 地理學評論 70, 15-27.
成瀬敏郎, 小野有五, 平川一臣, 岡下松生, 池谷元伺, 1997, 電子スピン共鳴(ESR)によ東アジアの風成塵石英の産地同定ーアイソトープスージ2の卓越風復元への試みー, 地理學評論 70, 15-27.
成瀬敏郎, 井上克弘, 1983, 山陰および北陸沿岸の古砂丘に埋没するレスについて, 地学雑誌 92, 44-129.

埴原和郎編, 日本人の起源及び周邊民族との關係をめぐって-배기동 역, 1992, 일본인의 기원, 학연문화사.

安田喜憲, 塚田松雄, 金遵敏, 李相泰, 1980, 韓國における環境変遷史と農耕の起源, 文部省學術調査告, 1-19.

町田 洋, 新井房夫, 1992, 火山灰アトラス-日本列島とその周辺, 東京大學出版会.

Akagi, Y., 1970, Pediment in the Taean Peninsula and the Yeongsan River Basin, Korea, The science reports of the Tohoku University 24, 183-203.

Amhad, K.E., 1994, Modified weighed least-squares estimators for the three-parameter Weibull distribution, Applied Mathematics Letters 7, 53-56.

An, Z.S., 2000, The history and variability of the East Asian paleomonsoon climate, Quaternary Science Review 19, 171-187.

An, Z.S., Kukla, G.J., Porter, S.C., Xiao, J.L., 1991, Magnetic susceptibility evidence of monsoon variation on the Loess Plateau of central China during the last 130,000 years, Quaternary Research 36, 29-36.

An, Z.S., Kutzbach, J.E., Prell, W.L., Porter, S.C., 2001, Evolution of Asian monsoons and phased uplifted the Himalaya-Tibetan plateau since late Miocene times, Nature 411, 62-66.

An, Z.S., Porter, S.C., 1997, Millennial-scale climatic oscillations during the last interglaciation in central China, Geology 25, 603-606.

Asahara, Y., Tanaka, T., Kamioka, H., Nishimura, A., Yamazaki, T., 1999, Provenance of the north Pacific sediments and process of source material transport as derived from Rb-Sr isotopic systematics, Chemical Geology 158, 271-291.

Bartlein, P.J., Prentice, I.C., Webb Ⅲ, T., 1986, Climate response surfaces from pollen data for some eastern North American taxa, Journal of Biogeography 13, 35-57.

Bell, M., Walker, M.J.C., 1992, Late Quaternary environmental change, Longman Scientific & Technical.

Bettis Ⅲ, E.A., Muhs, D.R., Roberts, H.M., Wintle, A.G., 2003, Last glacial loess in the conterminous USA, Quaternary Science Review 22, 1907-1946.

Beuselinck, L., Govers, G., Poesen, J., Degraer, G., Froyen, L., 1998, Grain-size analysis by laser diffractometry: comparison with the sieve-pipette method, Catena 32, 193-208.

Birkeland, P.W., 1999, Soils and Geomorphology, Oxford University Press.

Biscaye, P.E., Grousset, F.E., Revel, M., Van der Gaast, S., Zielinski, G.A., Vaars, A., Kukla, G., 1997, Asian provenance of glacial dust (stage 2) in the Greenland Ice Sheet Project 2 Ice Core, Summit, Greenland, Journal of Geophysical Research 102, 26765-26782.

Blott, S.J., Pye, K., 2001, GRADISTAT: a grain size distribution and statistics package for the analysis of unconsolidated sediments, Earth Surface Processes and Landforms 26, 1237-1248.

Blott, S.J., Pye, K., 2006, Particle size distribution analysis of sand-sized particles by laser diffraction: an experimental investigation of instrument sensitivity and the effects of particle shape, Sedimentology 53, 671-685.

Borrelli, N., Alvares, M.F., Osterrieth, M.L. and Marcovecchio, J.E., 2010, Silica content in soil solution and its relation with phytolith weathering and silica biogeochemical cycle in Typical Argiudolls of the Pampean Plain, Argentina-a preliminary study, Journal of Soils and Sediments 10(6), 983-994.

Bowdery, D., 1989, Phytoliths analysis: introduction and applications, in Beck, W., Clarke, A. and Head, L.(eds.), Plants in Australian archaeology: Tempus 1, St Lucia University of Queensland, 161-196.

Bronger, A., Heinkele, T.H., 1989, Micromorphology and genesis of palaeosols in the Luochuan loess section, China: Pedostratigraphic and environmental implications, Geoderma 45, 123-143.

Bronger, A., Heinkele, T.H., 1990, Mineralogical and clay mineralogical aspects of loess research, Quaternary International 7, 37-53.

Buggle, B., Glaser, B., Hambach, U., Gerasimenko, N., Marković, S., 2010, An evaluation of geochemical weathering indices in loess-paleosol studies, Quaternary International 240, 12-21.

Buscombe, D., 2008, Estimation of grain-size distributions and associated parameters from digital images of sediment, Sedimentary Geology 210, 1-10.

Carter, J.A., 2002, Phytolith analysis and paleoenvironmental reconstruction from Lake Poukawa Core, Hawkes Bay, Global and Planetary Change 33, 257-267.

Chen, F.H., Bloemendal, J., Wang, J.M., Li, J.J., Oldfield, F., 1997, High-resolution multi-proxy climate records from Chinese loess: evidence for rapid climatic changes over the last 75kyr, Palaeogeography, Palaeoclimatology, Palaeoecology 130, 323-335.

Chen, J., An, Z., Head, J., 1999, Variation of Rb/Sr ratios in the loess-paleosol sequences of central China during the last 130,000 years and their implications for monsoon paleoclimatology, Quaternary Research 51, 215-219.

Chen, J., An, Z., Liu, L., Ji, J., Yang, J., Chen, Y., 2001, Variations in chemical compositions of the eolian dust in Chinese Loess Plateau over the past 2.5 Ma and chemical weathering in the Asian inland, Science in China (Series D) 44, 403-413.

Chen, J., Chen, Y., Liu, L., Ji, J., Balsam, W., Sun, Y. and Lu, H., 2006, Zr/Rb ratio in the Chinese loess sequences and its implication for changes in the East Asian winter monsoon strength, Geochimica et Cosmochimica Acta 70, 1471-1482.

Chen, J., Ji, J., Balsam, W., Chen, Y., Liu, L., An, Z.S., 2002, Characterization of the Chinese loess-paleosol stratigraphy by whiteness measurement, Palaeogeography, Palaeoclimatology, Palaeoecology 183, 287-297.

Chen, J., Ji, J., Qiu, G., 1998, Geochemical studies on the intensity of chemical weathering in Luochuan loess-paleosol sequence, China, Science in China (Series D) 41, 235-241.

Choi, J.H., Murray, A.S., Jain, M., Cheong, C.S., Chang, H.W., 2003, Luminescence dating of well-sorted marine terrace sediments on the southeastern coast of Korea, Quaternary Science Reviews 22, 407-421.

Choi, K.H., Yoon, K.S., Choi, J.H., Shin, Y.K., Lee, J.C., Suh, M.H., Munyikwa, K., Oh, K.H., 2007, Anthropogenic geomorphological changes during the last century in the Kangneung area along the east coast of Korea, Journal of Coastal Research Special Issue 50, 1015-1022.

Chun, Y., Kim, J., Choi, J.C., Boo, K.O., Oh, S.N., Lee, M., 2001, Characteristic number size distribution of aerosol during Asian dust period in Korea, Atmospheric Environment 35, 2715-2721.

Chung, C.H., 2007, Vegetation response to climate change on Jeju Island, South Korea, during the last deglaciation based on pollen record, Geosciences Journal 11, 147-155.

Condie, K.C., 1993, Chemical composition and evolution of the upper continental crust-contrasting results from surface sample and shales, Chemical Geology 104, 1-37.

Condie, K.C., Wronkiewicz, D.J., 1990, The Cr/Th ratio in Precambrian pelites from the Kaapvaal Craton as an index of craton evolution, Earth and Planetary Science Letters 97, 256-267.

Cox, R., Lowe, D.R., Cullers, R.L., 1995, The influence of sediment recycling and basement composition on evolution of mudrock chemistry in the southwestern United States, Geochimica et Cosmochimica Acta 59, 2919-2940.

Culler, R.L., Barrett, T., Carlson, R., Robinson, B., 1987, Rare earth element and mineralogic changes in Holocene soil and stream sediment: A case study in the West Mountains, Colorado, U.S.A., Chemical Geology 63, 275-297.

Culler, R.L., Basu, A., Suttner, L.J., 1988, Geochemical signature of provenance in sand size material in soils and stream sediment near the Tobacco Root Batholith, Montana, U.S.A., Chemical Geology 70, 335-348.

Culler, R.L., Chaudhuri, S., Kilbane, N., Koch, R., 1979, Rare earths in size fractions and sedimentary rocks of Pennsylvanian-Permian age from the mid-continent of the U.S.A., Geochimica et Cosmochimica Acta 43, 1285-1302.

Cullers, R.L., Podkovyrov, V.N., 2000, Geochemistry of the Mesoproterozoic Lakhanda shales in southeastern Yakutia, Russia: implications for mineralogical and provenance control, and recycling, Precambrian Research 104, 77-93.

Das, B.K., Hakke, B., 2003, Geochemistry of Rewalsar Lake sediments, Lesser Himalaya, India: implication for source-area weathering, provenance and tectonic setting, Geosciences Journal 7, 299-312.

De Boer, G.B.J., de Weerd, C., Thoenes, D., Goossens, H.W.J., 1987, Laser diffraction spectrometry: Fraunhofer diffraction versus Mie scattering, Particle & Particle Systems Characterization 4, 14-19.

Derbyshire, E., 2003, Loess, and the Dust Indicators and Records of Terrestrial and Marine Palaeoenvironments (DIRTMAP) database, Quaternary Science Review 22, 1813-1819.

Derbyshire, E., Meng, X., Dijkstra, T.A.(eds.), 1999, Landslide in the thick loess terrain of North-West China, John Wiley & Sons.

Derbyshire, E., Meng, X., Kemp, R.A., 1998, Provenance, transport and characteristics of modern aeolian dust in western Gansu Province, China, and interpretation of the Quaternary loess record, Journal of Arid Environments 39, 497-516.

Di Stefano, C., Ferro, V., Mirabile, S., 2010, Comparison between grain-size analyses using laser diffraction and sedimentation methods, Biosystems Engineering 106, 205-215.

Diester-Hass, L., Sehrader, H.J. and Thicde, J., 1973, Sedimentological and paleoclimatological investigation of two pelagicooze cores off cape Barbas, North-West Africa, 'Meteor' Forschungs-Ergeb. Reihe C. 16, 19-66.

Eshel, G., Levy, G.J., Mingelgrin, U., Singer, M.J., 2004, Critical evaluation of the use of laser diffraction for particle-size distribution analysis, Journal of Soil Science Society of America 68, 736-743.

Fedo, C.M., Nesbitt, H.W., Young, G.M., 1995, Unraveling the effects of potassium metasomatism in sedimentary rocks and paleosols, with implications for paleoweathering conditions and provenance, Geology 23, 921-924.

Feng, J.L., Hu, Z.G., Ju, J.T., Zhu, L.P., 2011, Variations in trace element (including rare earth element) concentrations with grain size in loess and their implications for tracing the provenance of eolian deposits, Quaternary International 236, 116-126.

Feng, Z.D., An, C.B., Tang, L.Y., Jull, A.J.T., 2004, Stratigraphic evidence of a Megahumid climate between 10,000 and 4,000 years B.P. in the western part of the Chinese Loess Plateau, Global and Planetary Change 43, 145-155.

Folk, R.L., Ward, W.C., 1957, Brazos River bar: a study in the significance of grain size parameters, Journal of Sedimentary Petrology 27, 3-26.

Fredlund, G.G., Tieszen, L.T., 1997, Phytoliths and carbon isotope evidence for Late Quaternary vegetation and climate change in the Southern Black Hills, South Dakota, The Quaternary Research 47(2), 206-217.

Frenzel, B., 1968, Grundzüge der pleistozänen Vegetationsgeschichte Nord-Eurasians. -Erdwiss. Forschg., 1, Wiesbaden(Franz-Steiner-Verlag).

Gallet, S., Jahn, B., Lanoë, B.V.V., Dia, A., Rossello, E., 1998, Loess geochemistry and its implications for particle origin and composition of the upper continental crust, Earth and Planetary Science Letters 156, 157-172.

Gallet, S., Jahn, B., Torii, M., 1996, Geochemical characterization of the Luochuan loess-paleosol sequence, China, and paleoclimatic implications, Chemical Geology 133, 67-88.

Garrels, R.M., Mackenzie, F.T., 1971, Evolution of sedimentary rocks, Norton & Company.

Gee, G.W., Bauder, J.W., 1986, Particle-size Analysis, in Klute, A.(Ed.), Methods of soil analysis. Part 1. Physical and mineralogical methods (second edition), American Society of Agronomy and Soil Science Society of America, Madison, 383-411.

Goudie, A.S., Livingstone, I., Stokes, S.(eds.), 1999, Aeolian environments, sediment and landforms, John Wiley & Sons.

Guo, Z.T., Ruddiman, W.F., Hao, Q.Z., Wu, H.B., Qiao, Y.S., Zhu, R.X., Peng, S.Z., Wei, J.J., Yuan, B.Y., 2002, Onset of Asian desertification by 22 Myr ago inferred from loess deposits in China, Nature 416, 159-163.

Han, J., Lu, H., Wu, N., Guo, Z., 1996, The magnetic susceptibility of modern soils in China and its use for paleoclimate reconstruction, Studia Geophysica et Geodaetica 40, 262-275.

Harden, J.W., 1982, A quantitative index of soil development from field descriptions-examples from a chronosequence on central California, Geoderma 28, 1-28.

Harnois, L., 1988, The CIW index: a new chemical index of weathering, Sedimentary Geology 55, 319-322.

Heller, F., Liu, T.S., 1984, Magnetism of Chinese loess deposits, Geophysical Journal of Royal Astronomical Society 77, 125-141.

Hofmann, A., Bolhar, R., Dirks, P., Jelsma, H., 2003, The geochemistry of Archaean shales derived from a mafic volcanic sequence, Belingwe greenstone belt, Zimbabwe: provenance, source area unroofing and submarine versus subaerial weathering, Geochimica et Cosmochimica Acta 67, 421-440.

Holser, W.T., 1997, Evaluation of the application of rare-earth elements to paleooceanography, Palaeogeography, Palaeoclimatology, Palaeoecology 132, 309-323.

Huang, J., Li, A., Wan, S., 2011, Sensitive grain-size records of Holocene East Asian summer monsoon in sediments of northern South China Sea slope, Quaternary Research 75, 734-744.

Hwang(Yoon), S.O., 1995, Untersuchungen zur Jungquartaeren vegetationsentwicklung in den Flussgebieten des Gawaji-, Dodaecheon-, Youngyang-, Unsan-, und Jumunjin-Gebietes Suedkoreas, Freiburger Geographische Hefte 46, 121-274.

Hwang, S., Yoon, S.O., Lee, J.Y., Kim, H.S., Choi, J., 2012, Phytolith analysis and reconstruction of palaeoenvironment at the Nabokri valley plain, Buyeo, Korea, Quaternary International 254, 129-137.

Hwang, S.I., Park, C.S., Yoon, S.O., Choi, J., 2014, Origin and weathering properties of loess-paleosol sequence in the Goseong area on the east coast of South Korea, Quaternary International 344, 17-31.

ICPN Working Group: Madella M., Alexandre A. and Ball T., 2005, International Code for Phytolith Nomenclature 1.0. Annals of Botany 96, 253-260.

Imbrie, J., Hays, J.D., Martison, D.G., McIntyre, A., Mix, A.C., Morley, J.J., Pisias, N.G., Prell, W.G., Shakleton, N.J., 1984, The orbital theory of Pleistocene climate: support for a revised chronology of the marine $\delta^{18}O$ record, in Berger, A., Imbrie, J., Hays, J., Kukla, G., Saltzmann, B.(eds.), Milankovitch and Climate: Understanding the Response to Orbital Forcing, Reidel, Massachusetts, 269-305.

Iriondo, M.H., Kröhling, D.M., 2007, Non-classical types of loess, Sedimentary Geology 202, 352-368.

Jahn, B., Gallet, S., Han, J., 2001, Geochemistry of the Xining, Xifeng and Jixian sections, Loess Plateau of China: eolian dust provenance and paleosol evolution during the last 140 ka, Chemical Geology 178, 71-94.

Jeong, G.Y., Choi, J.H., Lim, H.S., Seong, C.T., Yi, S.B., 2013, Deposition and weathering of Asian dust in Paleolithic sites, Korea, Quaternary Science Reviews 78, 283-330.

Jeong, G.Y., Hiller, S., Kemp, R.A., 2010, Changes in mineralogy of loess-paleosol sections across the Chinese Loess Plateau, Quaternary Research 75, 1-11.

Ji, J., Balsam, W., Chen, J., 2001, Mineralogic and climatic interpretations of the Luochuan Loess section (China) based on diffuse reflectance spectrophotometry, Quaternary Research 56, 23-30.

Jin, Z., Li, F., Cao, J., Wang, S., Yu, J., 2006, Geochemistry of Daihai lake sediments, Inner Mongolia, north China: Implications for provenance, sedimentary sorting, and catchment weathering, Geomorphology 80, 147-163.

Keck, C.M., Müller, R.H., 2008, Size analysis of submicron particles by laser diffractometry-90% of the published measurements are false, International Journal of Pharmaceutics 355, 150-163.

Khim, B.K., Park, Y.H., Bahk, J.J., Jin, J.H., Lee, G.H., 2008, Spatial and temporal variation of geochemical properties and paleoceanographic implications in the South Korea Plateau (East Sea) during the late Quaternary, Quaternary International 176-177, 46-61.

Kiefert, L., McTanish, G.H., Nickling, W.G., 1992, Pretreatment techniques for particle-size analysis of dust samples from high volume sampler filter papers, Journal of Sedimentary Petrology 62, 729-731.

Kim, B.G., Park, S.U., 2001, Transport and evolution of a winter-time Yellow sand observed in Korea, Atmospheric Environment 35, 3191-3201.

Kim, J.C., Lee, Y.I., Lim, H.S., Yi, S.B., 2012, Geochemistry of Quaternary sediments of the Jeongokri archaeological site, Korea: implications for provenance and palaeoenvironments during the Late Pleistocene, Journal of Quaternary Science 27, 260-268.

Kim, K.H., Nagao, K., Tanaka, T., Sumino, H., Nakamuram, T., Okuno, M., Lock, J.B., Youn, J.S., Song, J.H., 2005, He-Ar and Nd-Sr isotopic compositions of ultramafic xenoliths and host alkali basalts from the Korean peninsula, Geochemical Journal 39, 341-356.

Konert, M., Vandenberghe, J., 1997, Comparison of laser grain-size analysis with pipette and sieve analysis: a solution for the underestimation of the clay fraction, Sedimentology 44, 523-535.

Kukla, G., An, Z.S., 1989, Loess stratigraphy in central China, Palaeogeography, Palaeoclimatology, Palaeoecology 72, 203-225.

Küster, Y., Hetzel, R., Krbetschek, M., Tao, M., 2006, Holocene loess sedimentation along the Qilian Shan (China): significance for understanding the processes and timing of loess deposition, Quaternary Science Reviews 25, 114-125.

Lai, Z.P., Wintle, A.G., 2006, Locating the boundary between the Pleistocene and the Holocene in Chinese loess using luminescence, The Holocene 16, 893-899.

Lambeck, K., Chappell, J., 2001, Sea level change through the last glacial cycle, Science 292, 679-686.

Lambeck, K., Esat, T.M., Potter, E.K., 2002, Links between climate and sea levels for the past three million years, Nature 419, 199-205.

Le Maitre, R.W., 1981, GENMIX-a generalized petrological mixing model program, Computer & Geosciences 7, 229-247.

Lee, J.I., Lee, Y.I., 2003, Geochemistry and provenance of Lower Cretaceous Sindong and Hayang mudrocks, Gyeongsang Basin, Southeastern Korea, Geosciences Journal 7, 107-122.

Lee, S.G., Kim, J.K., Yang, D.Y., Kim, J.Y., 2008, Rare earth element geochemistry and Nd isotope composition of stream sediments, south Han River drainage basin, Korea, Quaternary International 176-177, 121-134.

Lee, S.G., Lee, D.H., Kim, Y.J., Chae, B.G., Kim, W.Y., Woo, N.C., 2003, Rare earth elements as indicators of groundwater environment changes in a fractured rock system: evidence from fracture-filling calcite, Applied Geochemistry 18, 135-143.

Lee, S.G., Masuda, A., Kim, H.S., 1994, An Early Proterozoic leuco-granitic gneiss with the REE tetrad phenomenon, Chemical Geology 114, 59-67.

Lee, Y.I., 2002, Provenance derived from the geochemistry of late Paleozoic-early Mesozoic mudrocks of the Pyeongan Supergroup, Korea, Sedimentary Geology 149, 219-235.

Lee, Y.I., 2009, Geochemistry of shales of the Upper Cretaceous Hayang Group, SE Korea: Implications for provenance and source weathering at an active continental margin, Sedimentary Geology 215, 1-12.

Li, F., Jin, Z., Xie, C., Feng, J., Wang, L., Yang, Y., 2007, Roles of sorting and chemical weathering in the geochemistry and magnetic susceptibility of Xiashu loess, East China, Journal of Asian Earth Sciences 29, 813-822.

Lillie, R.J. (김기영, 김영화 편역), 2001, 알기 쉬운 지구물리학, 시그마프레스.

Lim, J., Fujiki, T., 2011, Vegetation and climate variability in East Asia driven by low-latitude oceanic forcing during the middle to late Holocene, Quaternary Science Reviews 30, 2487-2497.

Lim, J., Matsumoto, E., 2006, Bimodal grain-size distribution of aeolian quartz in a maar of Cheju Island, Korea, during the last 6,500 years: Its flux variation and controlling factor, Geophysical Research Letter 33, L21816, doi:10.1029/2006GL027432.

Lim, J., Matsumoto, E., 2008a, Estimation of aeolian dust flux on Cheju Island, Korea, during the Mid- to Late Holocene, Quaternary International 176-177, 104-111.

Lim, J., Matsumoto, E., 2008b, Fine aeolian quartz records in Cheju Island, Korea, during the last 6,500 years and pathway change of the westerlies over east Asia, Journal of Geophysical Research 113, D08106, doi:10.1029/2007JD008501.

Lim, J., Matsumoto, E., Kitagawa, H., 2005, Eolian quartz flux variations in Cheju Island, Korea, during the last 6,500 yr and a possible Sun-monsoon linkage, Quaternary Research 64, 12-20.

Lister, B., 1982, Evaluation of analytical data: a practical guide for geoanalysis, Geostandards Newsletter 6, 105-175.

Liu, B., Qu, J., Ning, D., Gao, Y., Zu, R., An, Z., 2014, Grain-size study of aeolian sediments found east of Kumtagh Desert, Aeolian Research 13, 1-6.

Liu, Q., Banerjee, S.K., Jackson, M.J., Chen, F., Pan, Y., Zhu, R., 2004, Determining the climatic boundary between the Chinese loess and paleosol: evidence from aeolian coarse-grained magnetite, Geophysical

Journal International 156, 267-274.

Liu, T.S., 1985, Loess in China, China Ocean Press.

Liu, T.S., Guo, Z., Liu, J., Han, J., Ding, Z., Gu, Z., Wu, N., 1995, Variations of eastern Asian monsoon over the last 140,000 years, Bulletin de la Société Géologique de France 166, 221-229.

Liu, X.M., Hesse, P., Rolph, T., 1999, Origin of maghaemite in Chinese loess deposits: aeolian or pedogenic?, Physics of the Earth and Planetary Interiors 112, 191-201.

Livingstone, I., Warren, A., 1996, Aeolian geomorphology: An introduction, Longman.

Loizeau, J.L., Arbouille, D., Santiago, S., Vernet, J.P., 1994, Evaluation of a wide range laser diffraction grain size analyser for use with sediments, Sedimentology 41, 353-361.

Lu, H., An, Z., 1998, Pretreated methods on loess-palaeosol samples granulometry, Chinese Science Bulletin 43, 237-240.

Lu, H., Vandenberghe, J., An, Z., 2001, Aeolian origin and palaeoclimatic implications of the 'Red Clay' (north China) as evidenced by grain-size distribution, Journal of Quaternary Science 16, 89-97.

Lu, H.Y., Naiqin, W., Gaozhong, N., Yongji, W., 1991, Phytolith in loess and its bearing on paleovegatation, in Tungsheng Liu, Editor, Loess, Environment and Global Change, Science Press, Beijing, China, 112-123.

Madella, M., 1997, Phytoloths from a Central Asia loess-paleosol sequence and modern soils: Their taphonomical and paleoecological implications, in A. Pinilla, J. Juan-Tresserras and M.J. Machado (eds.), Primer Encuentro Europeo Sobre El Estudio De Fitolitos, Centro de Ciencias Medioambientales Monografias 4, Consejo Superior de Investigaciones Cientificas, 49-58.

Maher, B.A., 1998, Magnetic properties of modern soils and Quaternary loessic paleosols: paleoclimatic implications, Palaeogeography, Palaeoclimatology, Palaeoecology 137, 25-54.

Maher, B.A., Alekseev, A., Alekseeva, T., 2002, Variation of soil magnetism across the Russian steppe: its significance for use of soil magnetism as a palaeorainfall proxy, Quaternary Science Reviews 21, 1571-1576.

Maher, B.A., Thompson, R., 1991, Mineral magnetic record of the Chinese loess and paleosols, Geology 19, 3-6.

Malvern Instruments, 2009, Determination of the particle absorption for laser diffraction size calculations, Malvern Application Note (MRK1308-01), 1-4.

Martinson, D.G., Pisias, N.G., Hays, J.D., Imbrie, J.D., Moore, T.C., Shackleton, N.J., 1987, Age dating and the orbital theory of ice ages: development of a high-resolution 0 to 300,000-year chronostratigrahy, Quaternary Research 27, 1-29.

Mason, J.A., Jacobs, P.M., Greene, R.S.B., Nettleton, W.D., 2003, Sedimentary aggregates in the Peoria Loess of Nebraska, USA, Catena 53, 377-397.

Masuda, A., 1975, Abundance of monoisotopic REE, consistent with the Leedey chondritic values, Geochemical Journal 9, 183-184.

Masuda, A., Nakamura, N., Tanaka, T., 1973, Fine structure of mutually normalized rare-earth patterns of chondrites, Geochimica et Cosmochimica Acta 37, 239-248.

McLennan, S.M., 1993, Weathering and global denudation, The Journal of Geology 101, 295-303.

McLennan, S.M., Hemming, S., McDanniel, D.K., Hanson, G.N., 1993, Geochemical approaches to sedimentation, provenance, and tectonics, in Johnsson, M.J., Basu, A. (eds.), Processes Controlling the Composition of Clastic Sediments, Geological Society of America, Special Paper 285, 21-40.

McLennan, S.M., Nance, W.B., Taylor, S.R., 1980, Rare earth element-thorium correlations in sedimentary rocks, and the composition of the continental crust, Geochimica et Cosmochimica Acta 44, 1833-1839.

McTainsh, G.H., Nickling, W.G., Lynch, A.W., 1997, Dust deposition and particle size in Mali, West Africa, Catena 29, 307-322.

Miao, X., Mason, J.A., Johnson, W.C., Wang, H., 2007, High-resolution proxy record of Holocene climate from a loess section in Southwestern Nebraska, USA, Palaeogeography, Palaeoclimatology, Palaeoecology 245, 368-381.

Mizota, C., Endo, H., Um, K.T., Kusakabe, M., Noto, M., Matsuhisa, Y., 1991, The eolian origin of silt mantle in sedentary soils from Korea and Japan, Geoderma 49, 153-164.

Muhs, D.R., 2013, The geological records of dust in the Quaternary, Aeolian Research 9, 3-48.

Muhs, D.R., Ager, T.A., Bettis III, E.A., McGeehinm, J., Been, J.M., Beget, J.E., Pavich, M.J., Stafford Jr., T.W., Stevens, D.A.S.P., 2003, Stratigraphy and palaeoclimatic significance of Late Quaternary loess-paleosol sequence of the Last Interglacial-Glacial cycle in central Alaska, Quaternary Science Reviews 22, 1947-1986.

Naruse, T., Yu, K.M., Watanabe, M., 2008, Loess-paleosol stratigraphy and chronology after 900 ka for constructing the paleolithic chronology in East Asia, in Basic studies of the paleolithic chronology and paleoenvironmental changes in East Asia (Matsufuji, K. ed.), 65-85.

Nelsen, T.A., 1983, Time- and method-dependent size distributions of fine-grained sediments, Sedimentology 30, 249-259.

Nesbitt, H.W., Fedo, C.M., Young, G.M., 1997, Quartz and feldspar stability, steady and non-steady-state weathering, and petrogenesis of siliciclastic sands and muds, The Journal of Geology 105, 173-191.

Nesbitt, H.W., Markovics, G., Price, R.C., 1980, Chemical processes affecting alkalis and alkaline earths during continental weathering, Geochimica et Cosmochimica Acta 44, 1659-1666.

Nesbitt, H.W., Young, G.M., 1984, Prediction of some weathering trends of plutonic and volcanic rocks based on thermodynamic and kinetic considerations, Geochimica et Cosmochimica Acta 48, 1523-

1534.

Nesbitt, H.W., Young, G.M., 1989, Formation and diagenesis of 584 weathering profiles, The Journal of Geology 97, 129-147.

Nesibtt, H.W., Young, G.M., McLenann, S.M., Keays, R.R., 1996, Effects of chemical weathering and sorting on the petrogenesis of siliciclastic sediments with implication for provenance studies, Journal of Geology 104, 525-542.

Nugteren, G., Vandenberghe, J., 2004, Spatial climatic variability on the Central Loess Plateau (China) as recorded by grain size for the last 250 kyr, Global Planetary Change 41, 185-206.

Nugteren, G., Vandenberghe, J., van Huissteden, J.K., An, Z.S., 2004, A Quaternary climate record based on grain size analysis from the Luochuan loess section on the Central Loess Plateau, China, Global and Planetary Change 41, 167-183.

Ono, Y., Naruse, T., 1997, Snowline elevation and eolian dust flux in the Japanese islands during isotope stages 2 and 4, Quaternary International 37, 45-54.

Ono, Y., Naruse, T., Ikeya, M., Kohno, H., Toyoda, S., 1998, Origin and derived courses of eolian dust quartz deposited during marine isotope stage 2 in East Asia, suggested by ESR signal intensity, Global and Planetary Change 18, 129-135.

Osterrieth, M., Madella, M., Zurro, D., Alvarez, M.F., 2009, Taphonomical aspects of silica phytoliths in the loess sediments of the Argentinean Pampas, Quaternary International 193, 70-79.

Pant, R.K., Basavaiah, N., Juyal, N., Saini, N.K., Yadava, M.G., Appel, E., Singhvi, A.H., 2005, A 20-ka climate record from Central Himalayan loess deposits, Journal of Quaternary Science 20, 485-492.

Park, C.S., 2014, Origin and weathering properties of loess-paleosol sequences in Korea, and inferred paleoclimatic variations, Ph.D. Thesis, Kyung Hee University.

Park, C.S., Hwang, S., Yoon, S.O., Choi, J., 2014, Grain size partitioning in loess-paleosol sequence on the west coast of South Korea using the Weibull function, Catena 121, 307-320.

Paton, T.R., 1978, The formation of soil material, George Allen and Uniwin Press.

Pécsi, M., 1990, Loess is not just the accumulation of dust, Quaternary International 7/8, 1-21.

Porter, S.C., 2000, High-resolution paleoclimatic information from Chinese eolian sediments based on grayscale intensity profiles, Quaternary Research 53, 70-77.

Porter, S.C., 2001, Chinese loess record of monsoon climate during the last glacial-interglacial cycle, Earth-Science Reviews 54, 115-128.

Porter, S.C., An, Z.S., 1995, Correlation between climate events in the North Atlantic and China during the last glaciation, Nature 375, 305-308.

Porter, S.C., Hallet, B., Wu, X., An, Z.S., 2001, Dependence of near-surface magnetic susceptibility on dust accumulation rate and precipitation on the Chinese Loess Plateau, Quaternary Research 55, 271-283.

Pye, K., 1987, Aeolian dust and dust deposits, Academic press.

Pye, K., 1995, The nature, origin and accumulation of loess, Quaternary Science Reviews 14, 653-667.

Qiang, M., Lang, L., Wang, Z., 2010, Do fine-grained components of loess indicate westerlies: Insights from observations of dust storm deposits at Lenghu (Qaidam Basin, China), Journal of Arid Environments 74, 1232-1239.

Qin Y., Zhao, S., 1991, New process in study of sedimentation model of China's shelf area, in Quaternary Coastline Changes in China, Qin, Y., Zhao, S. (eds.), China Ocean Press, 1-20.

Qin, X.G., Cai, B.G., Liu, T.S., 2005, Loess record of the aerodynamic environment in the east Asia monsoon area since 60,000 years before present, Journal of Geophysical Research 110, B01204, doi:101029/2004JB003131.

Qin, Y., Zhao, S., 1991, Quaternary coastline changes in China, China Ocean Press.

Rea, D.K., Hovan, S.A., 1995, Grain size distribution and depositional processes of the mineral component of abyssal sediments: lessons from the North Pacific, Paleoceanography 10, 251-258.

Rock, N.M.S., Webb, J.A., McNaughton, N.J., Bell, G.D., 1987, Nonparametric estimation of averages and errors for small data sets in isotope geoscience: a proposal, Chemical Geology 66, 163-177.

Roddaz, M., Debat, P., Nikíema, S., 2007, Geochemistry of Upper Birimian sediments (major and trace elements and Nd-Sr isotopes) and implications for weathering and tectonic setting of the Late Paleoproterozoic crust, Precambrian Research 159, 197-211.

Roddaz, M., Viers, J., Brusset, S., Baby, P., Boucayrand, C., Hérail, G., 2006, Controls on weathering and provenance in the Amazonian foreland basin: Insights from major and trace element geochemistry of Neogene Amazonian sediments, Chemical Geology 226, 31-65.

Rollinson, H.R., 1993, Using geochemical data: evaluation, presentation, interpretation, Longman.

Saitoh, Y., Tamura, T., Kodama, Y., Nakano, T., 2011, Strontium and neodymium isotopic signatures indicate the provenance and depositional process of loams intercalated in coastal dune sand, western Japan, Sedimentary Geology 236, 272-278.

Scheinost, A.C., Schwertmann, U., 1999, Color identification of iron oxides and hydroxysulfates: Use and limitations, Soil Science Society of America Journal 63, 1463-1471.

Schettler, G., Romer, R.L., Qiang, M., Plessen, B., Dulski, P., 2009, Size-dependent geochemical signatures of Holocene loess deposits from the Hexi Corridor (China), Journal of Asian Earth Sciences 35, 103-136.

Shin, J.B., 2003, Loess-paleosol stratigraphy of Dukso and Hongcheon areas and correlation with Chinese loess-paleosol stratigraphy: application of Quaternary loess-paleosol stratigraphy to the Chongokni paleolithic site, Ph.D. thesis, Yonsei University.

Sing, P., Rajamani, V., 2001, REE geochemistry of recent clastic sediments from the Kaveri floodplains, southern India: Implication to source area weathering and sedimentary processes, Geochimica et

Cosmochimica Acta 65, 3093-3108.

Srivastava, A.K., Randive, K.R., Khare, N., 2013, Mineralogical and geochemical studies of glacial sediments from Schirmacher Oasis, East Antarctica, Quaternary International 292, 205-216.

Sun, D., 2004, Monsoon and westerly circulation changes recorded in the late Cenozoic aeolian sequence of Northern China, Global and Planetary Change 41, 63-80.

Sun, D., Bloemendal, J., Rea, D.K., An, Z., Vandenberghe, J., Lu, H., Su, R., Liu, T., 2004, Bimodal grain-size distribution of Chinese loess, and its palaeoclimatic implications, Catena 55, 325-340.

Sun, D., Bloemendal, J., Rea, D.K., Vandenberghe, J., Jiang, F., An, Z., Su, R., 2002, Grain-size distribution function of polymodal sediments in hydraulic and aeolian environments, and numerical partitioning of the sedimentary components, Sedimentary Geology 152, 263-277.

Sun, D., Su, R., Bloemendal, J., Lu, H., 2008, Grain-size and accumulation rate records from Late Cenozoic aeolian sequences in northern China: Implications for variations in the East Asian winter monsoon and westerly atmospheric circulation, Palaeogeography, Palaeoclimatology, Palaeoecology 264, 39-53.

Sun, D., Su, R., Li, Z., Lu, H., 2011, The ultrafine component in Chinese loess and its variation over the past 7.6Ma: implications for the history of pedogenesis, Sedimentology 58, 916-935.

Sun, J., 2002a, Provenance of loess material and formation of loess deposits on the Chinese Loess Plateau, Earth and Planetary Science Letters 203, 845-859.

Sun, J., 2002b, Source regions and formation of the loess sediments on the high mountain regions of Northwestern China, Quaternary Research 58, 341-351.

Sun, Y., An, Z., 2005, Late Pliocene-Pleistocene changes in mass accumulation rates of eolian deposits on the central Chinese Loess Plateau, Journal of Geophysical Research 110, D23101, doi:10.1029/2005JD006064.

Sun, Y., Wang, X., Liu, Q., Clemens, S.C., 2010, Impacts of post-depositional processes on rapid monsoon signals recorded by the last glacial loess deposits of northern China, Earth and Planetary Science Letters 289, 171-179.

Taylor, E.M., 1988, Instruction for the soil development index template-Lotus 1-2-3, U.S. Geological Survey Open File Report, 88-233.

Taylor, S.R., McLennan, S.M., 1985, The continental crust: Its composition and evolution, Blackwell Scientific Publications.

Taylor, S.R., McLennan, S.M., McCulloch, M.T., 1983, Geochemistry of loess, continental crustal composition and crustal model ages, Geochimica et Cosmochimica Acta 47, 1897-1905.

Tegen, I., 2003, Modeling the mineral dust aerosol cycle in the climate system, Quaternary Science Reviews 22, 1821-1834.

Toyoda, S., Hattori, M., 2000, Formation and decay of the E1' center and of its precursor, Applied Radiation and Isotopes 52, 1351-1356.

Toyoda, S., Ikeya, M., Morikawa, J., Nakamoto, T., 1992, Enhancement of Oxygen vacancies in quartz by natural external β and γ ray dose: a possible ESR a geochronometer of Ma-Ga range, Geochemical Journal 26, 111-115.

Toyoda, S., Naruse, T., 2002, Eolian dust from the Asian deserts to the Japanese Islands since the Last Glacial Maximum: the basis for the ESR method, 地形 23, 811-820.

Tsoar, H., Pye, K., 1987, Dust transport and the question of desert loess formation, Sedimentology 34, 139-153.

Twiss, P.C., 1987, Grass-opal phytoliths as climatic indicators of the Great Plains Pleistocene, in Jonhson, W.C. (eds.), Quaternary Environments of Kansas, Kans. Geol. Surv. Guidebook Ser. 5., 179-188.

Twiss, P.C., 1992, Predicted world distribution of C3 and C4 grass phytoliths, in Rapp, G., Mullholland, S.C. (eds.), Phytolith Systematics. Emerg. Iss. Adv. Archaeol. Mus. Sci. 1, 113-128.

Twiss, P.C., Suess, E. and Smith, R.M., 1969, Morphological classification of grass phytoliths, Soil Science Society of America Proceedings 33, 109-115.

Újvári, G., Varga, A., Balogh-Brunstad, Z., 2008, Origin, weathering, and geochemical composition of loess in southwestern Hungary, Quaternary Research 69, 421-437.

Újvári, G., Varga, A., Raucsik, B., Kovács, J., 2014, The Paks loess-paleosol sequence: A record of chemical weathering and provenance for the last 800 ka in the mid-Carpathian Basin, Quaternary International 319, 22-37.

Vital, H., Stattegger, K., 2000, Major and trace elements of stream sediments from the lowermost Amazon River, Chemical Geology 168, 151-168.

Warrier, A.K., Shankar, R., 2009, Geochemical evidence for the use of magnetic susceptibility as a paleorainfall proxy in the tropics, Chemical Geology 265, 553-562.

Weltje, G.J., 1997, End-member modeling of compositional data: numerical-statistical algorithms for solving the explicit mixing problem, Mathematical Geology 29, 503-549.

Weltje, G.J., Prins, M.A., 2007, Genetically meaningful decomposition of grain-size distributions, Sedimentary Geology 202, 409-424.

Wright, J.S., 2001, "Desert" loess versus "glacial" loess: quartz silt formation, source areas and sediment pathways in the formation of loess deposits, Geomorphology 36, 231-256.

Wu, N.Q., Lu, H.Y., Sun, X.J. and Guo, Z.T., 1995, Climatic factor transfer function from opal phytolith and its application in paleoclimate reconstruction of China loess-paleosol sequence, Scientia Geologica Sinica, Supplementary Issue (1), 105-114.

Xiao, J., Chang, Z., Fan, J., Zhou, L., Zhai, D., Wen, R., Qin, X., 2012, The link between grain-size components and depositional processes in a modern clastic lake, Sedimentology 59, 1050-1062.

Xiao, J., Chang, Z., Si, B., Qin, X., Itoh, S., Lomtatidze, Z., 2009, Partitioning of the grain-size components of Dali Lake core sediments: evidence for lake-level changes during the Holocene, Journal of Paleolimnology 42, 249-260.

Xiao, J., Jin, C., Zhu, Y., 2002, Age of the fossil Dali Man in north-central China deduced from chronostratigraphy of the loess-paleosol sequence, Quaternary Science Reviews 21, 2191-2198.

Xiao, J., Porter, S.C., An, Z.S., Kumai, H., Yoshikawa, S., 1995, Grain size of quartz as an indicator of winter monsoon strength on the Loess Plateau of Central China during the last 130,000yr, Quaternary Research 43, 22-29.

Xiao, J.L., An, Z.S., Liu, T.S., Inouchi, Y., Kumai, H., Yoshikawa, S., Kondo, Y., 1999, East Asian monsoon variation during the last 130,000 years: evidence from the Loess Plateau of central China and Lake Biwa of Japan, Quaternary Science Reviews 18, 147-157.

Yang, S., Ding, F., Ding, Z., 2006, Pleistocene chemical weathering history of Asian arid and semi-arid regions recorded in loess deposits of China and Tajikistan, Geochimica et Cosmochimica Acta 70, 1695-1709.

Yang, S., Ding, Z., 2008, Advance-retreat history of the East-Asian summer monsoon rainfall belt over northern China during the last two glacial-interglacial cycles, Earth and Planetary Science Letters 274, 499-510.

Yang, S.L., Ding, Z.L., 2004, Comparison of particle size characteristics of the Tertiary 'red clay' and Pleistocene loess in the Chinese Loess Plateau: implications for origin and sources of the 'red clay,' Sedimentology 51, 77-93.

Yang, S.Y., Li, C.X., Yang, D.Y., Li, X.S., 2004, Chemical weathering of the loess deposits in the lower Changjiang Valley, China, and paleoclimatic implication, Quaternary International 117, 27-34.

Yang, X., Li, H., Conacher, A., 2012, Large-scale controls on the development of sand seas in northern China, Quaternary International 250, 74-83.

Yang, X., Liu, Y., Li, C., Song, Y., Zhu, H., Jin, X., 2007, Rare earth elements of aeolian deposits in Northern China and their implications for determining the provenance of dust storms in Beijing, Geomorphology 87, 365-377.

Yang, X., Scuderi, L., Paillou, P., Liu, Z., Li, H., Ren, X., 2011, Quaternary environmental changes in the drylands of China-A critical review, Quaternary Science Reviews 30, 3219-3233.

Yang, X., Zhu, B., White, P., 2007b, Provenance of aeolian sediment in the Taklamakan Desert of western China, inferred from REE and major-elemental data, Quaternary International 175, 71-85.

Yatagai, S., Takemura, K., Naruse, T., Kitagawa, H., Fukusawa, H., Kim, M.H., Yasuda, Y., 2002, Monsoon changes and eolian dust deposition over the past 30,000 years in Cheju Island, Korea, Transactions,

Japanese Geomorphological Union 23, 821-831.

Yi, S.B., Soda, T., Arai, F., 1998, New discovery of Aira-Tn ash (AT) in Korea, Journal of the Korean Geographical Society 33, 447-454.

Yoon, S.O., 1994, Untersuchungen zur jungquartären Vegetationsentwicklung in den Flussgebieten des Gawaji-, Dodaecheon-, Youngyang-, Unsan- und Jumunjin-Gebietes Suedkoreas.- Dissertation. Albert-Ludwigs University, Freiburg am Main, Germany.

Yoon, S.O., Hwang, S.I., 2003, The natural environment during the last glacial maximum age around Korea and adjacent area, The Korean Journal of Quaternary Research 17, 33-38.

Yoon, S.O., Kim, H.S. and Hwang, S., 2009, Phytolith analysis of sediments in the Lake Gyeongpo, Gangneung, Korea and climatic change in the Holocene, Journal of the Korean Geographical Society 44(6), 691-705.

Yu, G., Chen, X., Ni, J., Cheddadi, R., Guiot, J., Han, H., Harrison, S.P., Huang, C., Ke, M., Kong, Z., Li, S., Li, W., Liew, P., Liu, G., Liu, J., Liu, Q., Liu, K.-B., Prentice, I.C., Qui, W., Ren, G., Song, C., Sugita, S., Sun, X., Van Campo, E., Xia, Y., Xu, Q., Yan, S., Yang, X., Zhao, J., Zheng, Z., 2000, Palaeovegetation of China: a pollen data-based synthesis for the mid-Holocene and last glacial maximum, Journal of Biogeography 27, 635-664.

Yu, K.M., Shin, J.B., Naruse, T., 2008, Loess-paleosol stratigraphy of Dukso area, Namyangju City, Korea (South), Quaternary International 176-177, 96-103.

Zdanowicz, C., Hall, G., Vaive, J., Amelin, Y., Percival, J., Girard, I., Biscaye, P., Bory, A., 2006, Asian dustfall in the St. Elias Mountains, Yukon, Canada, Geochimica et Cosmochimica Acta 70, 3493-3507.

Zhang, Q., Zhu, C., Jiang, T., Becker, S., 2005, Mid-Pleistocene environmental reconstruction based on Xiashu loess deposits in the Yangtze Delta, China, Quaternary International 135, 131-137.

Zhang, W., Yu, L., Lu, M., Zheng, X., Shi, Y., 2007, Magnetic properties and geochemistry of the Xiashu loess in the present subtropical area of China, and their implications for pedogenic intensity, Earth and Planetary Science Letters 260, 86-97.

Zhao, G., Liu, X., Chen, Q., Lü, B., Niu, H., Liu, Z., Li, P., 2013, Paleoclimatic evolution of Holocene loess and discussion of the sensitivity of magnetic susceptibility and median diameter, Quaternary International 296, 160-167.

Zhao, S., Li, G., 1991, Desertization of the Continental Shelf of China in the Later Stage of Late Pleistocene (in Quaternary coastline changes in China).

Zhou, L.P., Oldfield, F., Wintle, A.G., Robinson, S.G., Wang, J.T., 1990, Partly pedogenic origin of magnetic variations in Chinese loess, Nature 346, 737-739.

국가수자원관리 종합정보시스템 www.wamis.go.kr.
국립국어원 홈페이지 www.korean.go.kr.
기상청 홈페이지 www.kma.go.kr.
기상청 황사센터 홈페이지 www.kma.go.kr/weather/asiandust/density.jsp.
하천관리지리정보시스템 www.river.go.kr.
한국디자인진흥원 홈페이지 www.designdb.com.
Malvern Korea 홈페이지 www.malvern.co.kr.

ㄱ

ㄴ

ㄷ

ㄹ

ㅁ

ㅂ

ㅅ

ㅇ

ㅈ

ㅊ

ㅋ

ㅌ

ㅍ

ㅎ

한국의 뢰스 지형학

초판 1쇄 발행 2022년 8월 31일
초판 2쇄 발행 2024년 3월 20일

지은이 윤순옥
펴낸이 김진상
책임 편집 신승윤
디자인 김민경

펴낸곳 경희대학교 출판문화원
주소 서울시 동대문구 경희대로 26
전화 02-961-0106~8
팩스 02-961-0291
설립 1960년 9월 16일 제5-8호
등록 1977년 11월 8일 제6-5호
홈페이지 www.khupress.com
전자우편 press@khu.ac.kr

ISBN 978-89-8222-730-1 93450